计算机基础与实训教材系列

中文版 AutoCAD 2019 实用教程

李括　刘琦　编著

清华大学出版社
北　京

内 容 简 介

本书由浅入深、循序渐进地介绍 Autodesk 公司最新推出的专业绘图软件——AutoCAD 2019 的操作方法和使用技巧。全书共分 15 章，分别介绍 AutoCAD 基本概念与操作，绘制二维图形，编辑二维图形，设置对象特性，控制图形显示，精确绘制图形，标注图形尺寸，使用文字和表格，创建图案填充和面域，使用图块和外部参照，绘制三维图形，编辑三维模型，三维模型后期处理，输出与共享图形，使用模型空间、图纸空间和图纸集等内容。

本书内容丰富、结构清晰、语言简练、图文并茂，具有很强的实用性和可操作性，是一本适合高等院校及各类社会培训学校的优秀教材，也是广大初、中级电脑用户的自学参考书。

本书对应的电子课件、实例源文件和习题答案可以到 http://www.tupwk.com.cn/edu 网站下载。

图书在版编目(CIP)数据

中文版 AutoCAD 2019 实用教程 / 李括，刘琦 编著. —北京：清华大学出版社，2019（2020.2 重印）
(计算机基础与实训教材系列)
ISBN 978-7-302-51445-9

Ⅰ.①中…　Ⅱ.①李…　②刘…　Ⅲ. ①AutoCAD 软件－教材　Ⅳ. ①TP391.72

中国版本图书馆 CIP 数据核字(2018)第 243454 号

责任编辑：胡辰浩
封面设计：孔祥峰
版式设计：妙思品位
责任校对：成凤进
责任印制：杨　艳

出版发行：清华大学出版社
网　　址：http://www.tup.com.cn，http://www.wqbook.com
地　　址：北京清华大学学研大厦 A 座　　**邮　　编：**100084
社 总 机：010-62770175　　**邮　　购：**010-62786544
投稿与读者服务：010-62776969，c-service@tup.tsinghua.edu.cn
质 量 反 馈：010-62772015，zhiliang@tup.tsinghua.edu.cn
印 装 者：北京密云胶印厂
经　　销：全国新华书店
开　　本：190mm×260mm　　**印　　张：**23　　**字　　数：**604 千字
版　　次：2019 年 1 月第 1 版　　**印　　次：**2020 年 2 月第 2 次印刷
定　　价：68.00 元

产品编号：080062-01

编审委员会

计算机基础与实训教材系列

丛书序

计算机已经广泛应用于现代社会的各个领域，熟练使用计算机已经成为人们必备的技能之一。因此，如何快速地掌握计算机知识和使用技术，并应用于现实生活和实际工作中，已成为新世纪人才迫切需要解决的问题。

为适应这种需求，各类高等院校、高职高专、中职中专、培训学校都开设了计算机专业的课程，同时也将非计算机专业学生的计算机知识和技能教育纳入教学计划，并陆续出台了相应的教学大纲。基于以上因素，清华大学出版社组织一线教学精英编写了这套“计算机基础与实训教材系列”丛书，以满足大中专院校、职业院校及各类社会培训学校的教学需要。

一、丛书书目

本套教材涵盖了计算机各个应用领域，包括计算机硬件知识、操作系统、数据库、编程语言、文字录入和排版、办公软件、计算机网络、图形图像、三维动画、网页制作以及多媒体制作等。众多的图书品种可以满足各类院校相关课程设置的需要。

⊙ 已出版的图书书目

《计算机基础实用教程（第三版）》	《Excel 财务会计实战应用（第三版）》
《计算机基础实用教程(Windows 7+Office 2010 版)》	《Excel 财务会计实战应用（第四版）》
《新编计算机基础教程（Windows 7+Office 2010）》	《Word+Excel+PowerPoint 2010 实用教程》
《电脑入门实用教程（第三版）》	《中文版 Word 2010 文档处理实用教程》
《电脑办公自动化实用教程（第三版）》	《中文版 Excel 2010 电子表格实用教程》
《计算机组装与维护实用教程（第三版）》	《中文版 PowerPoint 2010 幻灯片制作实用教程》
《中文版 Office 2007 实用教程》	《Access 2010 数据库应用基础教程》
《中文版 Word 2007 文档处理实用教程》	《中文版 Access 2010 数据库应用实用教程》
《中文版 Excel 2007 电子表格实用教程》	《中文版 Project 2010 实用教程》
《中文版 PowerPoint 2007 幻灯片制作实用教程》	《中文版 Office 2010 实用教程》
《中文版 Access 2007 数据库应用实例教程》	《Office 2013 办公软件实用教程》
《中文版 Project 2007 实用教程》	《中文版 Word 2013 文档处理实用教程》
《网页设计与制作(Dreamweaver+Flash+Photoshop)》	《中文版 Excel 2013 电子表格实用教程》
《ASP.NET 4.0 动态网站开发实用教程》	《中文版 PowerPoint 2013 幻灯片制作实用教程》
《ASP.NET 4.5 动态网站开发实用教程》	《Access 2013 数据库应用基础教程》
《多媒体技术及应用》	《中文版 Access 2013 数据库应用实用教程》

(续表)

《中文版 Office 2013 实用教程》	《中文版 Photoshop CC 图像处理实用教程》
《AutoCAD 2014 中文版基础教程》	《中文版 Flash CC 动画制作实用教程》
《中文版 AutoCAD 2014 实用教程》	《中文版 Dreamweaver CC 网页制作实用教程》
《AutoCAD 2015 中文版基础教程》	《中文版 InDesign CC 实用教程》
《中文版 AutoCAD 2015 实用教程》	《中文版 Illustrator CC 平面设计实用教程》
《AutoCAD 2016 中文版基础教程》	《中文版 CorelDRAW X7 平面设计实用教程》
《中文版 AutoCAD 2016 实用教程》	《中文版 Photoshop CC 2015 图像处理实用教程》
《中文版 Photoshop CS6 图像处理实用教程》	《中文版 Flash CC 2015 动画制作实用教程》
《中文版 Dreamweaver CS6 网页制作实用教程》	《中文版 Dreamweaver CC 2015 网页制作实用教程》
《中文版 Flash CS6 动画制作实用教程》	《Photoshop CC 2015 基础教程》
《中文版 Illustrator CS6 平面设计实用教程》	《中文版 3ds Max 2012 三维动画创作实用教程》
《中文版 InDesign CS6 实用教程》	《Mastercam X6 实用教程》
《中文版 Premiere Pro CS6 多媒体制作实用教程》	《Windows 8 实用教程》
《中文版 Premiere Pro CC 视频编辑实例教程》	《计算机网络技术实用教程》
《中文版 Illustrator CC 2015 平面设计实用教程》	《Oracle Database 11g 实用教程》
《AutoCAD 2017 中文版基础教程》	《中文版 AutoCAD 2017 实用教程》
《中文版 CorelDRAW X8 平面设计实用教程》	《中文版 InDesign CC 2015 实用教程》
《Oracle Database 12*c* 实用教程》	《Access 2016 数据库应用基础教程》

二、丛书特色

1. 选题新颖，策划周全——为计算机教学量身打造

本套丛书注重理论知识与实践操作的紧密结合，同时突出上机操作环节。丛书作者均为各大院校的教学专家和业界精英，他们熟悉教学内容的编排，深谙学生的需求和接受能力，并将这种教学理念充分融入本套教材的编写中。

本套丛书全面贯彻“理论→实例→上机→习题”4 阶段教学模式，在内容选择、结构安排上更加符合读者的认知习惯，从而达到老师易教、学生易学的目的。

2. 教学结构科学合理、循序渐进——完全掌握“教学”与“自学”两种模式

本套丛书完全以大中专院校、职业院校及各类社会培训学校的教学需要为出发点，紧密结合学科的教学特点，由浅入深地安排章节内容，循序渐进地完成各种复杂知识的讲解，使学生

能够一学就会、即学即用。

对教师而言，本套丛书根据实际教学情况安排好课时，提前组织好课前备课内容，使课堂教学过程更加条理化，同时方便学生学习，让学生在学习完后有例可学、有题可练；对自学者而言，可以按照本书的章节安排逐步学习。

3. 内容丰富，学习目标明确——全面提升"知识"与"能力"

本套丛书内容丰富，信息量大，章节结构完全按照教学大纲的要求来安排，并细化了每一章内容，符合教学需要和计算机用户的学习习惯。在每章的开始，列出了学习目标和本章重点，便于教师和学生提纲挈领地掌握本章知识点，每章的最后还附带有上机练习和习题两部分内容，教师可以参照上机练习，实时指导学生进行上机操作，使学生及时巩固所学的知识。自学者也可以按照上机练习内容进行自我训练，快速掌握相关知识。

4. 实例精彩实用，讲解细致透彻——全方位解决实际遇到的问题

本套丛书精心安排了大量实例讲解，每个实例解决一个问题或是介绍一项技巧，以便读者在最短的时间内掌握计算机应用的操作方法，从而能够顺利解决实践工作中的问题。

范例讲解语言通俗易懂，通过添加大量的"提示"和"知识点"的方式突出重要知识点，以便加深读者对关键技术和理论知识的印象，使读者轻松领悟每一个范例的精髓所在，提高读者的思考能力和分析能力，同时也加强了读者的综合应用能力。

5. 版式简洁大方，排版紧凑，标注清晰明确——打造一个轻松阅读的环境

本套丛书的版式简洁、大方，合理安排图与文字的占用空间，对于标题、正文、提示和知识点等都设计了醒目的字体符号，读者阅读起来会感到轻松愉快。

三、读者定位

本丛书为所有从事计算机教学的老师和自学人员而编写，是一套适合于大中专院校、职业院校及各类社会培训学校的优秀教材，也可作为计算机初、中级用户和计算机爱好者学习计算机知识的自学参考书。

四、周到体贴的售后服务

为了方便教学，本套丛书提供精心制作的 PowerPoint 教学课件(即电子教案)、素材、源文件、习题答案等相关内容，可在网站上免费下载，也可发送电子邮件至 wkservice@vip.163.com 索取。

此外，如果读者在使用本系列图书的过程中遇到疑惑或困难，可以在丛书支持网站(http://www.tupwk.com.cn/edu)的互动论坛上留言，本丛书的作者或技术编辑会及时提供相应的技术支持。咨询电话：010-62796045。

前言

AutoCAD 是 Autodesk 公司推出的专业化绘图软件。近年来，随着计算机技术的飞速发展，AutoCAD 被广泛地应用于需要进行严谨绘图的各个行业，包括建筑装潢、园林设计、电子电路、机械设计等诸多领域。AutoCAD 2019 是目前最新的 AutoCAD 版本，与以前的版本相比，该版本具有更强大的绘图功能，更加适合专业人士使用。

本书从教学实际需求出发，合理安排知识结构，从零开始、由浅入深、循序渐进地讲解 AutoCAD 2019 的操作方法和使用技巧，本书共分 15 章，主要内容如下：

第 1 章介绍 AutoCAD 的工作界面和管理 AutoCAD 图形文件与绘图的基本操作。

第 2 章和第 3 章介绍基本二维图形的绘制方法和常用编辑命令的使用方法。

第 4 章介绍控制对象的显示特性、使用图层、使用颜色以及设置线型与线宽的方法。

第 5 章介绍重画与重生成图形，缩放视图与平移视图的方法与技巧。

第 6 章介绍坐标和坐标系的概念，以及自动捕捉功能和自动追踪绘图的方法与技巧。

第 7 章介绍尺寸标注的规则与组成，设置和创建标注的方法。

第 8 章介绍设置文字样式，创建与编辑单行文字与多行文字，以及创建表格的方法。

第 9 章介绍将图形转换为面域和使用图案填充的方法。

第 10 章介绍创建、调用、编辑图块，以及使用样板绘制图形的方法。

第 11 章介绍三维绘图的工作界面，以及绘制三维点、线、网格和实体的方法与技巧。

第 12 章介绍编辑、修改与标注三维模型的方法与技巧。

第 14 章介绍在实体上使用光源、材质、贴图以及渲染三维模型的方法。

第 15 章介绍使用模型空间与实体空间，以及创建与管理图纸集的方法。

本书图文并茂、条理清晰、通俗易懂、内容丰富，在讲解每个知识点时都配有相应的实例，方便读者上机实践。同时在难以理解和掌握的部分内容上给出相关提示，让读者能够快速地提高操作技能。此外，本书配有大量综合实例和练习，让读者在不断的实际操作中更加牢固地掌握书中讲解的内容。

为了方便老师教学，我们免费提供本书对应的电子课件、实例源文件和习题答案，读者可以到 http://www.tupwk.com.cn/edu 网站的相关页面上进行下载。

本书分为 15 章，其中阜新高等专科学校的李括编写了第 1~9 章，刘琦编写了第 10~15 章。另外，参加本书编写的人员还有陈笑、孔祥亮、杜思明、高娟妮、熊晓磊、曹汉鸣、何美英、陈宏波、潘洪荣、王燕、谢李君、李珍珍、王华健、柳松洋、陈彬、刘芸、高维杰、张素英、洪妍、方峻、邱培强、顾永湘、王璐、管兆昶、颜灵佳、曹晓松等。由于作者水平所限，本书难免有不足之处，欢迎广大读者批评指正。我们的邮箱是 huchenhao@263.net，电话是 010-62796045。

作　者

2018 年 12 月

推荐课时安排

章 名	重点掌握内容	教学课时
第 1 章 基本概念与操作	1. AutoCAD 的工作界面 2. AutoCAD 命令的执行方式 3. 管理 AutoCAD 图形文件 4. 绘图的基本设置与操作	3 学时
第 2 章 绘制二维图形	1. 绘制点、直线、曲线 2. 绘制矩形、正多边形 3. 绘制二维多段线	3 学时
第 3 章 编辑二维图形	1. 选择、删除与移动对象 2. 复制、缩放与旋转对象 3. 偏移、阵列与镜像对象 4. 修剪、拉伸、延伸与打断对象 5. 创建倒角与圆角	3 学时
第 4 章 设置对象特性	1. 控制对象的显示特性 2. 使用与管理图层 3. 使用颜色 4. 设置线型与线宽	3 学时
第 5 章 控制图形显示	1. 重画与重生成图形 2. 缩放视图与平移视图 3. 使用命名视图 4. 使用鸟瞰视图 5 使用平铺视口	3 学时
第 6 章 精确绘制图形	1. 认识坐标和坐标系 2. 使用动态输入 3. 使用捕捉、栅格和正交功能 4. 使用对象捕捉功能 5. 使用自动追踪功能	3 学时
第 7 章 标注图形尺寸	1. 尺寸标注的规则与组成 2. 创建与设置标注样式 3. 长度型尺寸标注 4. 半径、直径和圆心标注 5. 角度标注与其他类型标注	3 学时

(续表)

章　名	重 点 掌 握 内 容	教 学 课 时
第 8 章　使用文字和表格	1. 设置文字样式 2. 创建与编辑单行文字 3. 创建与编辑多行文字 4. 创建表格样式和表格	3 学时
第 9 章　创建图案填充和面域	1. 将图形转换为面域 2. 使用图案填充 3. 绘制圆环与宽线	3 学时
第 10 章　使用图块和外部参照	1. 创建图块 2. 调用图块 3. 编辑图块 4. 使用样板绘制图形	4 学时
第 11 章　绘制三维图形	1. 三维绘图的工作界面 2. 设置三维视图与三维坐标系 3. 绘制三维点、线、三维网格和实体 4. 通过二维对象创建三维对象	3 学时
第 12 章　编辑三维模型	1. 编辑三维模型 2. 修改三维对象 3. 标注三维对象的尺寸	2 学时
第 13 章　三维模型后期处理	1. 使用光源 2. 使用材质 3. 使用贴图 4. 渲染实体模型	3 学时
第 14 章　输出与共享图形	1. 导入与输出图形 2. 在图形中添加超链接 3. 在 Internet 上使用图形文件 4. 使用电子传递	3 学时
第 15 章　使用模型空间、图纸空间和图纸集	1. 使用模型空间与图纸空间 2. 创建与管理图纸集	2 学时

注：1. 教学课时安排仅供参考，授课教师可根据情况作调整。

2. 建议每章安排与教学课时相同时间的上机练习。

目录 CONTENTS

第 1 章　基本概念与操作 …… 1
1.1　AutoCAD 的工作界面 …… 1
1.2　AutoCAD 命令的执行方式 …… 7
1.3　管理图形文件 …… 8
1.3.1　创建图形文件 …… 8
1.3.2　打开图形文件 …… 10
1.3.3　保存图形文件 …… 11
1.3.4　修复和恢复图形文件 …… 11
1.3.5　关闭图形文件 …… 13
1.4　设置绘图环境 …… 14
1.4.1　设置图形界限 …… 14
1.4.2　设置绘图单位 …… 15
1.4.3　设置鼠标右键功能 …… 16
1.4.4　设置命令行显示 …… 16
1.5　上机练习 …… 17
1.6　习题 …… 18

第 2 章　绘制二维图形 …… 19
2.1　绘制直线 …… 19
2.1.1　绘制直线段 …… 19
2.1.2　绘制射线 …… 20
2.1.3　绘制构造线 …… 20
2.2　绘制曲线 …… 21
2.2.1　绘制圆 …… 21
2.2.2　绘制圆环 …… 23
2.2.3　绘制圆弧 …… 23
2.2.4　绘制椭圆和椭圆弧 …… 25
2.3　绘制矩形和正多边形 …… 26
2.3.1　绘制矩形 …… 26
2.3.2　绘制正多边形 …… 28
2.4　绘制点 …… 29
2.4.1　绘制单点 …… 29
2.4.2　绘制多点 …… 29
2.4.3　设置点样式 …… 30
2.4.4　绘制定数等分点 …… 31
2.4.5　绘制定距等分点 …… 31
2.5　绘制多线 …… 32
2.6　绘制和编辑多段线 …… 36
2.7　上机练习 …… 40
2.7.1　绘制平行关系的直线 …… 40
2.7.2　绘制垂直关系的直线 …… 41
2.7.3　绘制直线间的连接圆弧 …… 41
2.7.4　绘制机械手柄 …… 42
2.7.5　绘制六角螺母 …… 44
2.8　习题 …… 48

第 3 章　编辑二维图形 …… 49
3.1　选择对象 …… 49
3.1.1　选择对象的方法 …… 49
3.1.2　快速选择对象 …… 51
3.1.3　过滤选择对象 …… 52
3.1.4　使用编组 …… 53
3.2　删除对象 …… 55
3.3　移动对象 …… 56
3.4　复制对象 …… 57
3.5　缩放对象 …… 57
3.6　旋转对象 …… 58
3.7　偏移对象 …… 60
3.8　阵列对象 …… 62
3.8.1　矩形阵列 …… 62
3.8.2　环形阵列 …… 63
3.8.3　路径阵列 …… 64
3.9　镜像对象 …… 64
3.10　拉伸对象 …… 65
3.11　拉长对象 …… 66
3.12　修剪对象 …… 67
3.13　延伸对象 …… 68
3.14　打断对象 …… 69
3.15　合并对象 …… 69
3.16　倒角对象 …… 70
3.17　圆角对象 …… 71
3.18　使用夹点修改图形 …… 73

3.18.1 使用夹点模式……73
3.18.2 使用夹点编辑对象……74
3.19 上机练习……79
3.19.1 绘制阀盖俯视图……79
3.19.2 绘制立面门……81
3.19.3 绘制阀盖零件图……82
3.20 习题……86

第4章 设置对象特性……87
4.1 对象特性概述……87
4.2 控制对象的显示特性……88
4.2.1 打开或关闭可见元素……89
4.2.2 控制重叠对象的显示……90
4.3 使用与管理图层……90
4.3.1 图层概述……91
4.3.2 创建图层……91
4.3.3 管理图层……95
4.4 上机练习……99
4.4.1 设置图层漫游……99
4.4.2 改变对象所在的图层……100
4.5 习题……102

第5章 控制图形显示……103
5.1 重画图形……103
5.2 重生成图形……104
5.3 缩放视图……104
5.3.1 实时缩放视图……105
5.3.2 窗口缩放视图……105
5.3.3 动态缩放视图……106
5.3.4 显示上一个视图……106
5.3.5 按比例缩放视图……106
5.3.6 设置视图中心点……107
5.3.7 其他缩放命令……107
5.4 平移视图……108
5.4.1 实时平移……108
5.4.2 定点平移……108
5.5 命名视图……109
5.5.1 创建命名视图……109
5.5.2 恢复命名视图……110
5.6 使用平铺视口……111
5.6.1 平铺视口的特点……111
5.6.2 创建平铺视口……112
5.6.3 分割与合并视口……112
5.7 使用 ShowMotion……113
5.8 上机练习……114
5.9 习题……116

第6章 精确绘制图形……117
6.1 使用坐标与坐标系……117
6.2 创建与显示用户坐标系……120
6.2.1 创建用户坐标系……120
6.2.2 命名用户坐标系……121
6.2.3 使用正交用户坐标系……122
6.2.4 设置 UCS 其他选项……122
6.3 使用动态输入功能……122
6.3.1 启用指针输入……122
6.3.2 启用标注输入……123
6.3.3 显示动态提示……123
6.4 使用捕捉、栅格和正交功能……124
6.4.1 设置栅格和捕捉……124
6.4.2 使用 GRID 与 SNAP 命令……126
6.4.3 使用正交模式……128
6.5 使用对象捕捉功能……128
6.5.1 启用对象捕捉功能……128
6.5.2 运行和覆盖捕捉模式……130
6.6 使用自动追踪功能……130
6.6.1 极轴追踪与对象捕捉追踪……130
6.6.2 使用临时追踪点和捕捉自功能……133
6.6.3 使用自动追踪功能绘图……133
6.7 显示快捷特性……137
6.8 提取对象上的几何信息……137
6.8.1 获取距离和角度……137
6.8.2 获取区域信息……138
6.8.3 获取面域/质量特性……138
6.8.4 列表显示对象信息……139
6.8.5 显示当前点坐标值……139
6.8.6 获取时间信息……140
6.8.7 查询对象状态……140
6.9 使用【快速计算器】选项板……141
6.9.1 数字计算器……141

6.9.2 单位转换…………………… 142
6.9.3 变量求值…………………… 142
6.10 使用 CAL 命令计算值和点…… 142
6.10.1 将 CAL 用作桌面计算器…… 143
6.10.2 使用变量…………………… 144
6.10.3 将 CAL 作为点和矢量计算器…………………… 145
6.10.4 在 CAL 命令中使用捕捉模式…………………… 146
6.10.5 使用 CAL 命令获取坐标点…… 146
6.11 上机练习…………………… 147
6.11.1 绘制挡板…………………… 147
6.11.2 绘制六角螺栓…………………… 148
6.11.3 绘制扳手图形…………………… 149
6.12 习题…………………… 152

第 7 章 标注图形尺寸…………………… 153
7.1 认识尺寸标注…………………… 153
7.2 设置尺寸标注样式…………………… 155
7.2.1 创建标注样式…………………… 155
7.2.2 设置线…………………… 156
7.2.3 设置符号和箭头…………………… 157
7.2.4 设置文字样式…………………… 159
7.2.5 设置调整样式…………………… 161
7.2.6 设置主单位…………………… 163
7.2.7 设置单位换算…………………… 164
7.2.8 设置公差…………………… 164
7.3 标注长度型尺寸…………………… 166
7.3.1 线性标注…………………… 167
7.3.2 对齐标注…………………… 168
7.3.3 弧长标注…………………… 169
7.3.4 连续标注…………………… 170
7.3.5 基线标注…………………… 172
7.4 半径、直径和圆心标注…………………… 172
7.4.1 半径标注…………………… 172
7.4.2 折弯标注…………………… 173
7.4.3 直径标注…………………… 174
7.4.4 圆心标注…………………… 174
7.5 角度标注与其他类型标注…………………… 175
7.5.1 角度标注…………………… 175
7.5.2 折弯线性标注…………………… 176
7.5.3 坐标标注…………………… 177
7.5.4 快速标注…………………… 177
7.5.5 多重引线标注…………………… 178
7.5.6 标注间距…………………… 180
7.5.7 标注打断…………………… 180
7.6 标注形位公差…………………… 181
7.7 上机练习…………………… 181
7.7.1 标注底板图形…………………… 181
7.7.2 标注蜗杆后盖图形…………………… 183
7.8 习题…………………… 184

第 8 章 使用文字和表格…………………… 185
8.1 创建与设置文字样式…………………… 185
8.1.1 创建文字样式…………………… 185
8.1.2 设置文字字体…………………… 186
8.1.3 设置文字效果…………………… 187
8.1.4 预览与应用文字样式…………………… 187
8.2 创建与编辑单行文字…………………… 188
8.2.1 创建单行文字…………………… 188
8.2.2 输入特殊字符…………………… 191
8.2.3 编辑单行文字…………………… 192
8.3 创建与编辑多行文字…………………… 193
8.3.1 创建多行文字…………………… 193
8.3.2 编辑多行文字…………………… 196
8.3.3 拼写检查…………………… 196
8.4 在文字中使用字段…………………… 196
8.5 使用替换文字编辑器…………………… 198
8.6 创建表格样式和表格…………………… 199
8.6.1 新建表格样式…………………… 199
8.6.2 设置表格的数据、标题和表头样式…………………… 200
8.6.3 管理表格样式…………………… 201
8.6.4 创建表格…………………… 202
8.6.5 编辑表格和表格单元…………………… 204
8.7 使用注释…………………… 205
8.7.1 设置注释比例…………………… 206
8.7.2 创建注释性对象…………………… 206
8.7.3 添加和删除注释性对象的比例…………………… 207

8.8 上机练习 …… 208
8.9 习题 …… 209

第 9 章 创建图案填充和面域 …… 211
9.1 为图形填充图案 …… 211
9.1.1 创建图案填充 …… 211
9.1.2 编辑图案填充 …… 215
9.1.3 填充渐变色 …… 218
9.1.4 设置孤岛 …… 219
9.2 绘制圆环与宽线 …… 220
9.2.1 绘制圆环 …… 220
9.2.2 绘制宽线 …… 221
9.3 将图形转换为面域 …… 221
9.3.1 创建面域 …… 221
9.3.2 对面域执行布尔运算 …… 222
9.3.3 从面域中提取数据 …… 224
9.4 上机练习 …… 225
9.4.1 填充小链轮零件图形 …… 225
9.4.2 填充阀体零件图形 …… 226
9.4.3 绘制轴承盖零件图形 …… 228
9.5 习题 …… 228

第 10 章 使用图块和外部参照 …… 229
10.1 创建图块 …… 229
10.1.1 图块概述 …… 229
10.1.2 创建内部图块 …… 230
10.1.3 创建外部图块 …… 232
10.2 调用图块 …… 233
10.2.1 插入图块 …… 233
10.2.2 使用设计中心调用图块 …… 234
10.3 编辑图块 …… 235
10.3.1 重命名图块 …… 235
10.3.2 分解图块 …… 236
10.3.3 修改图块 …… 236
10.4 使用带属性的图块 …… 237
10.4.1 图块属性简介 …… 237
10.4.2 创建图块属性 …… 238
10.4.3 编辑图块属性 …… 240
10.4.4 使用块属性管理器 …… 241
10.4.5 使用 ATTEXT 命令提取属性 …… 241
10.4.6 使用【数据提取】向导提取块属性 …… 242
10.5 使用外部参照 …… 244
10.5.1 附着外部参照 …… 244
10.5.2 插入 DWG、DWF、DGN 参考底图 …… 246
10.5.3 管理外部参照 …… 246
10.6 上机练习 …… 247
10.6.1 绘制指北针图块 …… 247
10.6.2 绘制轴线编号图块 …… 248
10.6.3 绘制单扇门图块 …… 249
10.7 习题 …… 250

第 11 章 绘制三维图形 …… 251
11.1 三维绘图基础知识 …… 251
11.1.1 三维建模工作空间 …… 251
11.1.2 三维视图 …… 252
11.1.3 三维坐标系 …… 253
11.1.4 动态 UCS …… 254
11.1.5 视觉样式 …… 255
11.2 绘制三维点和线 …… 256
11.2.1 绘制三维点 …… 256
11.2.2 绘制三维直线和多段线 …… 257
11.2.3 绘制三维样条曲线和螺旋线 …… 257
11.3 绘制三维网格 …… 259
11.3.1 绘制三维面和多边三维面 …… 259
11.3.2 设置三维面的边的可见性 …… 260
11.3.3 使用 3DMESH 命令绘制三维网格 …… 260
11.3.4 绘制旋转网格 …… 261
11.3.5 绘制平移网格 …… 261
11.3.6 绘制直纹网格 …… 261
11.3.7 绘制边界网格 …… 262
11.4 绘制三维实体模型 …… 262
11.4.1 绘制多段体 …… 262
11.4.2 绘制长方体 …… 264
11.4.3 绘制楔体 …… 265
11.4.4 绘制圆柱体 …… 265
11.4.5 绘制圆锥体 …… 266

11.4.6　绘制球体……267
11.4.7　绘制圆环体……267
11.4.8　绘制棱锥体……268
11.5　通过二维对象创建三维对象……269
11.5.1　将二维对象拉伸成三维对象……269
11.5.2　将二维对象旋转成三维对象……270
11.5.3　将二维对象扫掠成三维对象……271
11.5.4　将二维对象放样成三维对象……272
11.5.5　根据标高和厚度绘制三维图形……273
11.6　上机练习……275
11.6.1　绘制挡板模型……276
11.6.2　绘制方形接头模型……278
11.6.3　绘制通孔模型……279
11.6.4　绘制圆心接头模型……280
11.6.5　绘制分支接头模型……281
11.7　习题……284

第 12 章　编辑三维模型……285
12.1　调整三维对象……285
12.1.1　三维移动……285
12.1.2　三维旋转……286
12.1.3　三维对齐……287
12.1.4　三维镜像……288
12.1.5　三维阵列……289
12.2　修改三维对象……290
12.2.1　剖切实体……290
12.2.2　抽壳实体……292
12.2.3　分割实体……292
12.2.4　清除实体……293
12.2.5　对实体修倒角或圆角……293
12.2.6　编辑三维实体的边……294
12.2.7　编辑三维实体的面……296
12.2.8　分解三维实体……299
12.2.9　加厚操作……299
12.2.10　干涉检查……300
12.2.11　转换为实体和曲面……301
12.2.12　三维实体的布尔运算……301
12.3　标注三维对象……303
12.4　上机练习……304
12.4.1　绘制餐桌模型……304
12.4.2　绘制茶杯模型……306
12.4.3　绘制垫圈模型……309
12.5　习题……310

第 13 章　三维模型后期处理……311
13.1　使用光源……311
13.1.1　创建光源……311
13.1.2　查看光源列表……314
13.2　使用材质……314
13.2.1　打开【材质浏览器】选项板……314
13.2.2　创建新材质……315
13.2.3　将材质应用到实体……315
13.3　使用贴图……316
13.3.1　添加贴图……316
13.3.2　调整贴图……318
13.4　渲染实体模型……319
13.4.1　高级渲染设置……319
13.4.2　控制渲染……320
13.4.3　输出渲染图像……320
13.5　上机练习……321
13.5.1　渲染茶杯模型……321
13.5.2　渲染垫圈模型……322
13.5.3　渲染木桌模型……324
13.6　习题……326

第 14 章　输出与共享图形……327
14.1　输入与输出图形……327
14.1.1　输入图形……327
14.1.2　输入与输出 DXF 文件……328
14.1.3　插入 OLE 对象……329
14.1.4　输出图形……329
14.2　在图形中添加超链接……330
14.3　在 Internet 上使用图形文件……331
14.3.1　使用【浏览 Web】对话框……331
14.3.2　处理 Internet 外部参照……331

14.4 使用电子传递 …………………… 332
14.5 上机练习 ………………………… 334
14.5.1 输出 PDF 文件 ……………… 334
14.5.2 输出 JPG 文件 ……………… 335
14.6 习题 ……………………………… 336

第 15 章 使用模型空间、图纸空间和图纸集 …………… 337
15.1 使用模型空间 …………………… 337
15.2 使用图纸空间 …………………… 338
15.2.1 切换模型空间与图纸空间 …… 338
15.2.2 创建和修改布局视口 ……… 339
15.2.3 控制布局视口中的视图 …… 340
15.3 创建与管理图纸集 …………… 342
15.3.1 打开图纸 …………………… 343
15.3.2 组织图纸 …………………… 343
15.3.3 图纸集特性 ………………… 343
15.3.4 锁定图纸集 ………………… 344
15.3.5 归档图纸集 ………………… 344
15.3.6 创建图纸集 ………………… 345
15.4 上机练习 ………………………… 346
15.5 习题 ……………………………… 348

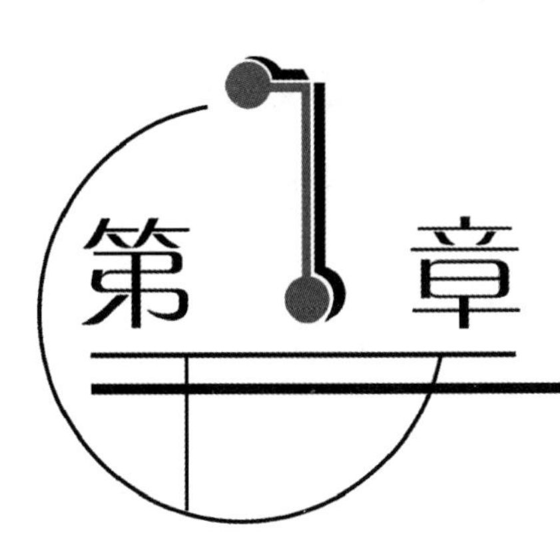

基本概念与操作

学习目标

AutoCAD 是美国 Autodesk 公司开发的通用计算机辅助绘图软件包，是当今设计领域广泛使用的绘图工具。为适应计算机技术的不断发展和用户的设计需求，AutoCAD 自 1982 年诞生以来，先后进行了一系列升级，且每次升级都伴随着软件性能的大幅度提升：从最初的基本二维绘图发展成目前集二维绘图、三维绘图、渲染显示以及数据库管理于一体的通用计算机辅助设计软件。

本章作为全书的开端，将主要介绍 AutoCAD 最新版本 AutoCAD 2019 相关的一些基本概念和操作方法。

本章重点

- AutoCAD 的工作界面
- AutoCAD 命令的执行方式
- 管理 AutoCAD 图形文件
- 绘图的基本设置与操作

1.1 AutoCAD 的工作界面

安装 AutoCAD 2019 后，系统将自动在 Windows 桌面上生成相应的快捷方式图标。双击该快捷方式图标，即可启动 AutoCAD，显示如图 1-1 左图所示的软件界面，单击其中的【开始绘制】图标，将打开如图 1-1 右图所示的工作界面。

AutoCAD 的工作界面主要由标题栏、菜单栏、工具栏、绘图窗口、状态栏以及功能区选项板等部分组成，其各自的功能说明如下。

1. 标题栏

标题栏位于应用程序窗口的最上面，用于显示当前正在运行的程序名及文件名等信息。位于标题栏右侧的窗口管理按钮分别用于实现 AutoCAD 窗口的最小化、恢复窗口大小和关闭等操作。

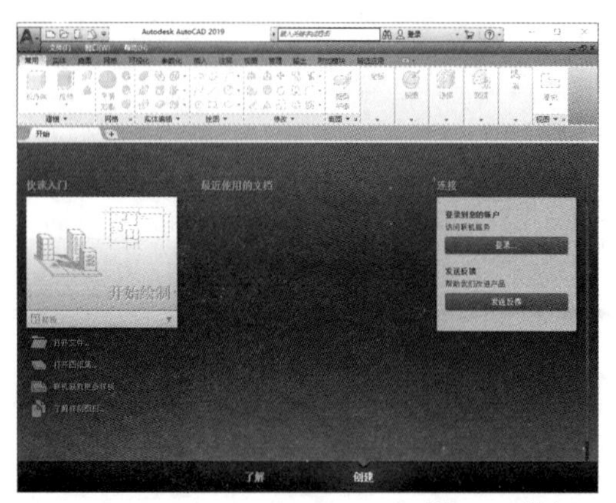

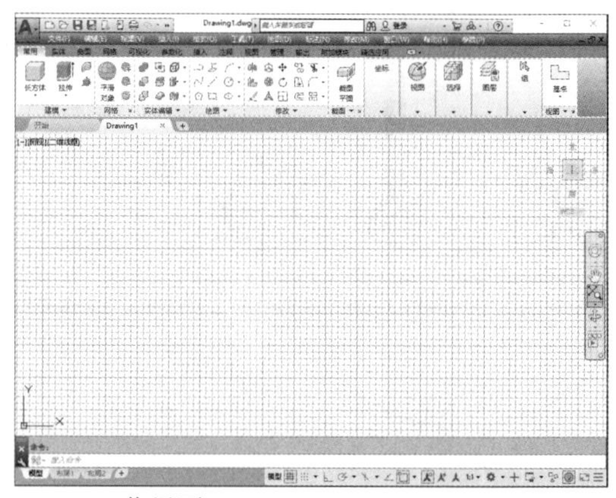

图 1-1　进入 AutoCAD 2019 工作界面

2. 菜单栏

菜单栏通常位于标题栏的下方，其中显示了可以使用的菜单命令。单击快速访问工具栏右侧的【自定义快速访问工具栏】按钮，在弹出的列表中选择【显示菜单栏】或【隐藏菜单栏】选项，可以在 AutoCAD 界面中显示或隐藏菜单栏，如图 1-2 所示。

选择菜单栏中的某个命令，将显示相应的命令菜单，例如图 1-3 所示为【修改】命令菜单。

图 1-2　显示菜单栏

图 1-3　【修改】命令菜单

AutoCAD 的命令菜单有以下几个特点：

- AutoCAD 的命令菜单中，右边有小三角按钮的菜单项，表示其包含子菜单。
- AutoCAD 的命令菜单中，右边有省略号的菜单项，表示单击该菜单项后将会打开一个对话框。
- AutoCAD 的命令菜单中，右边没有任何标识的命令，表示单击该菜单项后会执行对应菜单项的 AutoCAD 命令。

3. 工具栏

AutoCAD 提供了许多工具栏，利用工具栏中的按钮，可以方便地启动相应的 AutoCAD 命令。在默认设置下，要打开工具栏可以在菜单栏中选择【工具】|【工具栏】| AutoCAD 命令，在弹出的子菜单中选择相应的命令即可。

AutoCAD 中的工具栏是浮动的，用户可以将打开的工具栏拖动到工作界面上的任意位置。

4. 绘图窗口

在 AutoCAD 中，绘图窗口就是绘图工作区域，所有的绘图结果都反映在这个窗口中。用户可以根据需要关闭其他窗口元素，如工具栏、选项板等，以增大绘图空间。

5. 十字光标

十字光标用于定位点、选择和绘制对象，由定点设备(如鼠标、光笔)控制。当移动定点设备时，十字光标的位置会相应地移动，这就像手工绘图中的笔一样方便，并且可以通过选择【工具】|【选项】命令，打开【选项】对话框改变十字光标的大小。

6. 坐标系图标

坐标系图标通常位于绘图窗口的左下角，表示当前绘图使用的坐标系的形式以及坐标方向等。AutoCAD 提供了世界坐标系(Word Coordinate System，WCS)和用户坐标系(User Coordinate System，UCS)。世界坐标系为默认坐标系，且默认水平向右为 X 轴的正方向，垂直向上为 Y 轴的正方向，如图 1-4 所示。

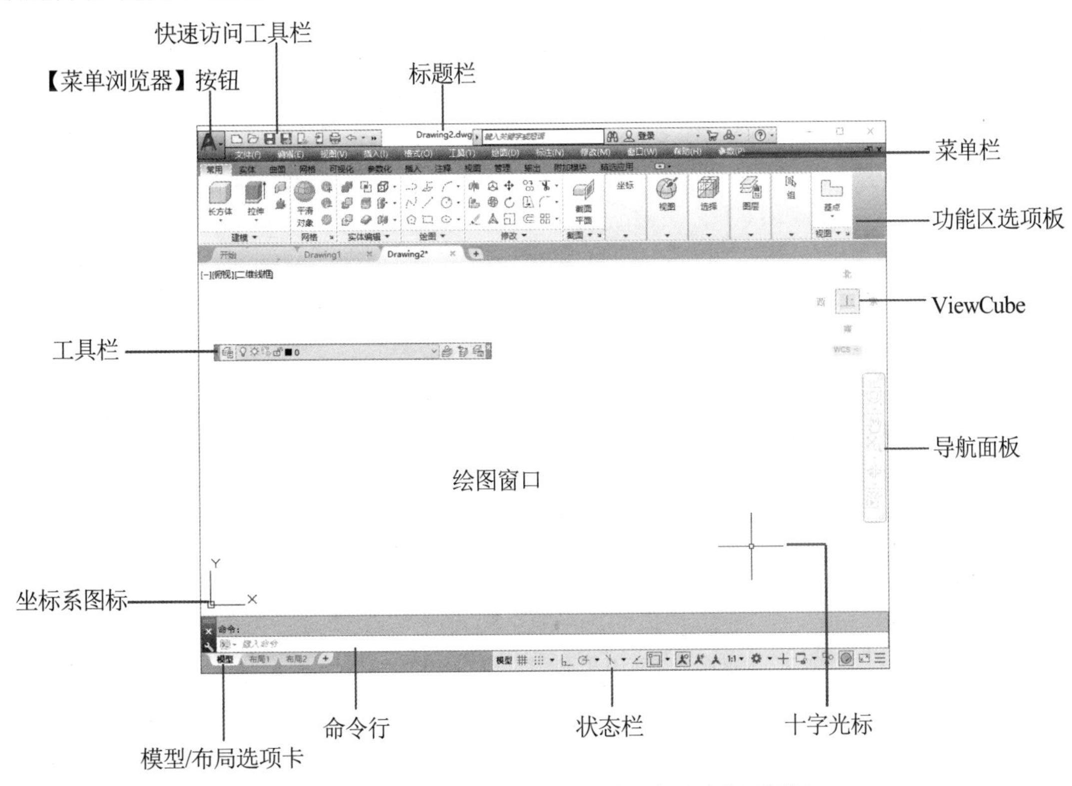

图 1-4　绘图窗口中的工具栏、十字光标和坐标系图标

7. 状态栏

状态栏用于显示 AutoCAD 的当前状态，如当前光标的坐标、命令和按钮的说明等，如图 1-5 所示。

图 1-5　状态栏

(1) 坐标

在绘图窗口中移动光标时，状态栏的【坐标】区将动态地显示当前坐标值。坐标显示模式取决于用户所选择的模式和程序中运行的命令，共有【相对】【绝对】和【无】3 种模式。

(2) 功能按钮

状态栏中包括多个功能按钮，其中常用按钮的功能如下。

- 【显示图形栅格】按钮：单击该按钮，可打开或关闭栅格显示。其中，栅格的 X 轴和 Y 轴间距也可通过【草图设置】对话框的【捕捉和栅格】选项卡进行设置。
- 【捕捉模式】按钮：单击该按钮可打开捕捉设置。此时光标只能在 X 轴、Y 轴或极轴方向移动固定的距离(即精确移动)。单击【捕捉模式】按钮右侧的按钮，在弹出的下拉列表中选中【捕捉设置】选项，打开【草图设置】对话框的【捕捉和栅格】选项卡，在该选项卡中可设置 X 轴、Y 轴或极轴捕捉间距，如图 1-6 所示。

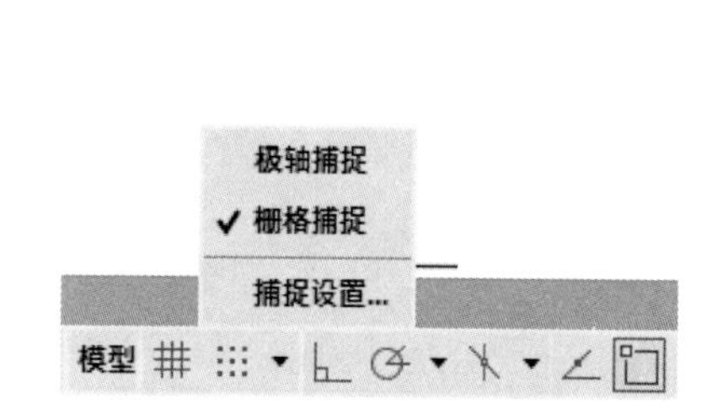

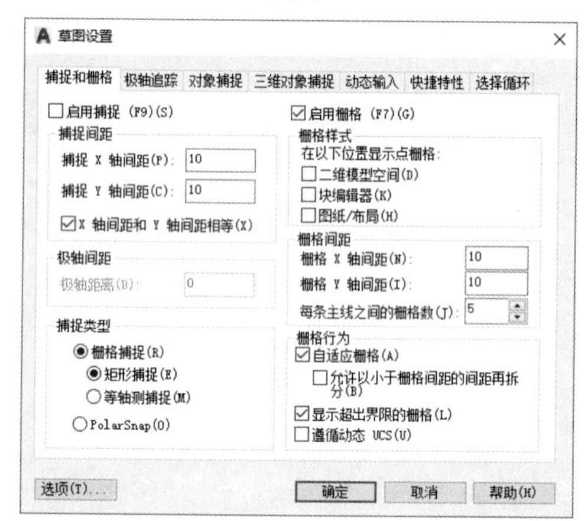

图 1-6　捕捉设置

- 【正交限制光标】按钮：单击该按钮，可打开正交模式。此时只能绘制垂直直线或水平直线。
- 【极轴追踪】按钮：单击该按钮可打开极轴追踪模式。在绘制图形时，系统将根据设置显示一条追踪线，可在该追踪线上根据提示精确移动光标，从而进行精确绘图。
- 【对象捕捉】按钮：单击该按钮可以打开对象捕捉模式。因为所有的几何对象都有一些决定其形状和方位的关键点，所以，在绘图时可以利用对象捕捉功能，自动捕捉这些关键点。
- 【动态输入】按钮：单击该按钮，将在绘制图形时自动显示动态输入文本框，以方便绘图时设置精确的数值。

- 【显示/隐藏线宽】按钮☰：单击该按钮，可打开线宽显示。在绘图时如果为图层和所绘图形设置了不同的线宽，单击该按钮，可以在屏幕上显示线宽，以标识各种具有不同线宽的对象。
- 【快捷特性】按钮▤：单击该按钮，可以显示对象的快捷特性面板，能够帮助用户快捷地编辑对象的一般特性。可以使用【草图设置】对话框的【快捷特性】选项卡设置快捷特性面板的位置模式和大小。

(3) 图形状态栏

在 AutoCAD 2019 状态栏中包含一个图形状态栏，包含【注释比例】【显示注释对象】和【在注释比例发生变化时，将比例添加到注释性对象】3 个按钮，其功能说明如下。

- 【注释比例】按钮：单击该按钮，可以更改可注释对象的注释比例。
- 【显示注释对象】按钮：单击该按钮，可以设置仅显示当前比例的可注释对象或显示所有比例的可注释对象。
- 【在注释比例发生变化时，将比例添加到注释性对象】按钮：单击该按钮，可在更改注释比例时自动将比例添加至可注释对象。

(4) 锁定用户界面

在 AutoCAD 2019 的状态栏中，单击【锁定用户界面】按钮右侧的▼按钮，在弹出的下拉列表中，可以设置工具栏和窗口是处于固定状态还是浮动状态，如图 1-7 所示。

(5) 自定义状态栏

在状态栏上单击最右侧的【自定义】按钮☰，在弹出的菜单中，可以通过选择或取消选择命令，来控制状态栏中坐标或功能按钮的显示，如图 1-8 所示。

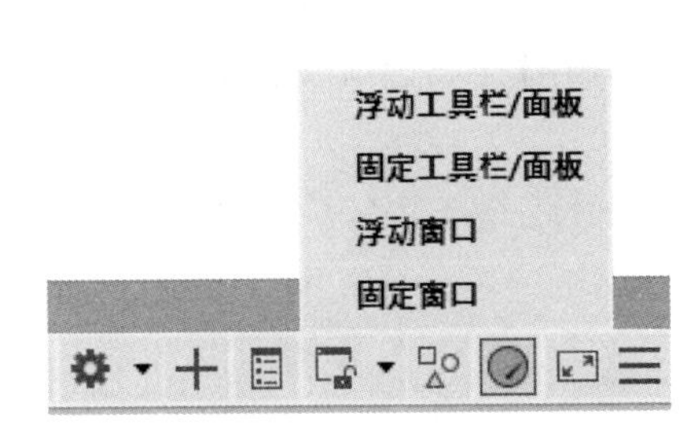

图 1-7　锁定用户界面

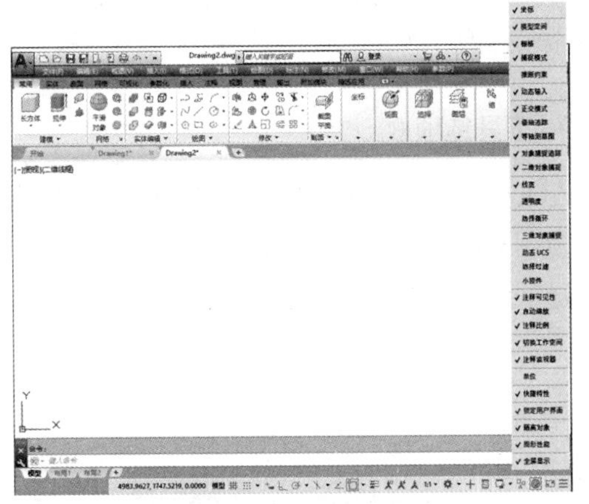

图 1-8　自定义状态栏

8. 功能区选项板

功能区选项板是一种特殊的选项板，位于绘图窗口的上方，用于显示与基于任务的工作空间关联的按钮和控件。默认状态下，在【草图和注释】空间中，【功能区】选项板有 10 个选项卡，其中包含有【默认】【插入】【注释】【参数化】【视图】【管理】【输出】【附加模块】【协作】和【精选应用】。每个选项卡包含若干个面板，每个面板又包含许多由图标表示的命令按钮，如图 1-9 所示。

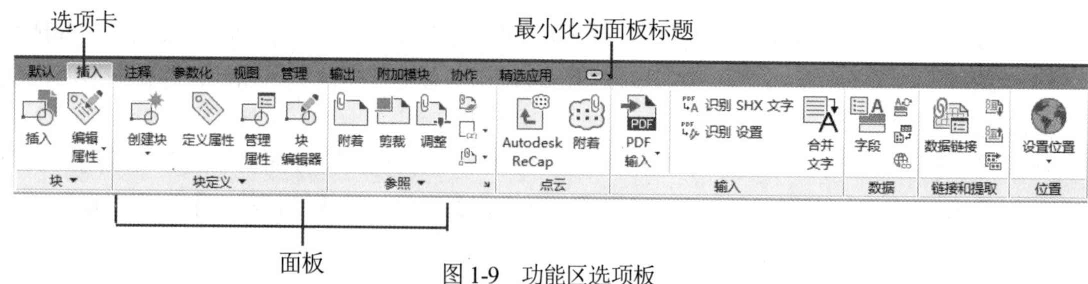

图 1-9　功能区选项板

如果某个面板中没有足够的空间显示所有的工具按钮，单击该面板下方的三角按钮▼，此时可展开折叠区域，显示其他相关的命令按钮。如果在选项卡后面单击【最小化为面板标题】按钮，选项板区域将只显示面板标题的缩略图，如图 1-10 所示。此时，再次单击【最小化为面板标题】按钮，将只显示面板的名称，如图 1-11 所示。如果再次单击该按钮，将只显示选项卡的名称，此时，再次单击该按钮时，将恢复默认样式。

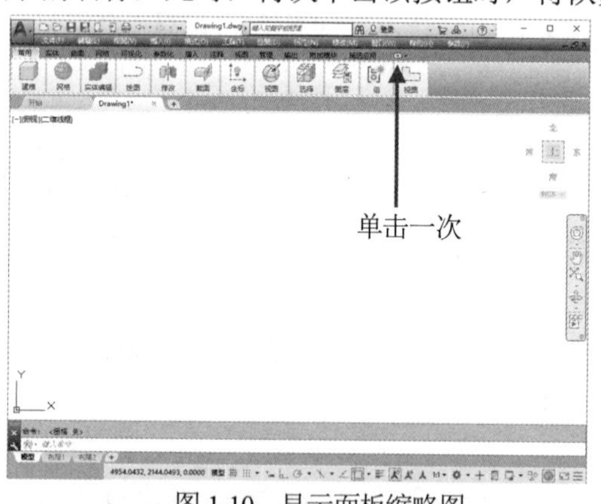

图 1-10　显示面板缩略图

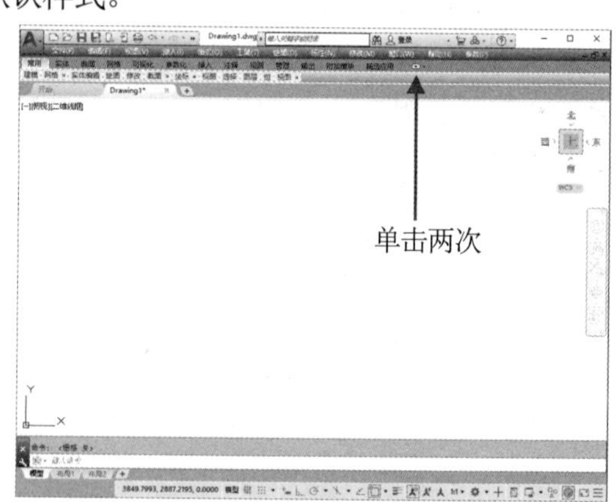

图 1-11　只显示面板名称

9. 工具选项板

AutoCAD 2019 的工具选项板通常处于隐藏状态，要显示所需的工具选项板，用户可以切换至【视图】选项卡，然后在该选项卡的【选项板】选项板中单击【工具选项板】按钮，即可显示工具选项板，如图 1-12 所示。

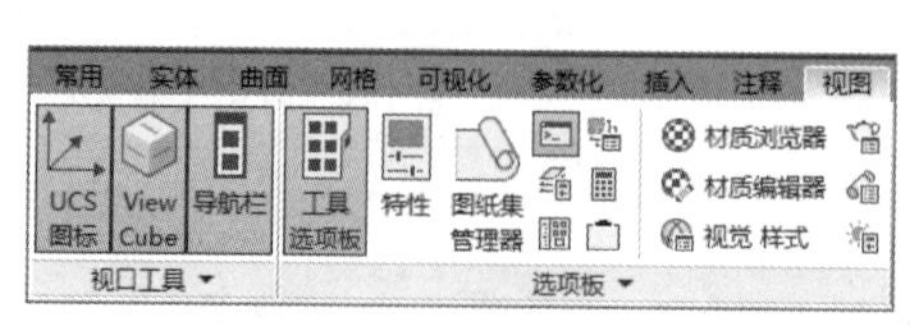

图 1-12　显示工具选项板

10. 命令行与文本窗口

【命令行】窗口位于绘图窗口的底部，用于接收输入的命令，并显示 AutoCAD 提示信息。在 AutoCAD 2019 中，【命令行】窗口可以拖放为浮动窗口，如图 1-13 所示。

AutoCAD 文本窗口是记录 AutoCAD 命令的窗口，也是放大的【命令行】窗口，该窗口记录了已执行的命令，同时也可以用来输入新命令。在 AutoCAD 2019 的菜单栏中选择【视图】|【显示】|【文本窗口】命令、执行 TEXTSCR 命令或按 F2 键即可打开 AutoCAD 文本窗口，该窗口记录了对文档进行的所有操作，如图 1-14 所示。

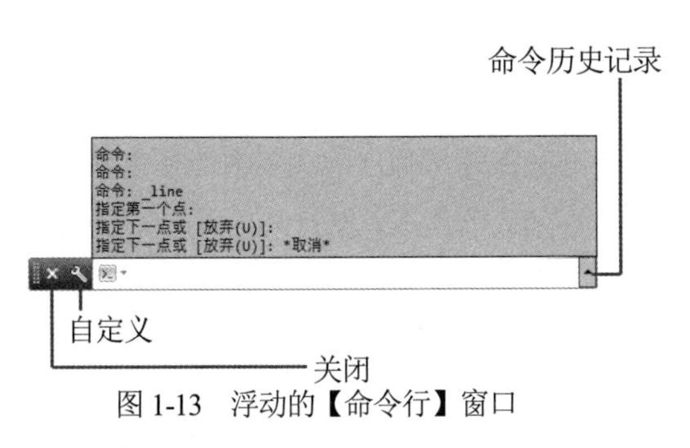

图 1-13　浮动的【命令行】窗口

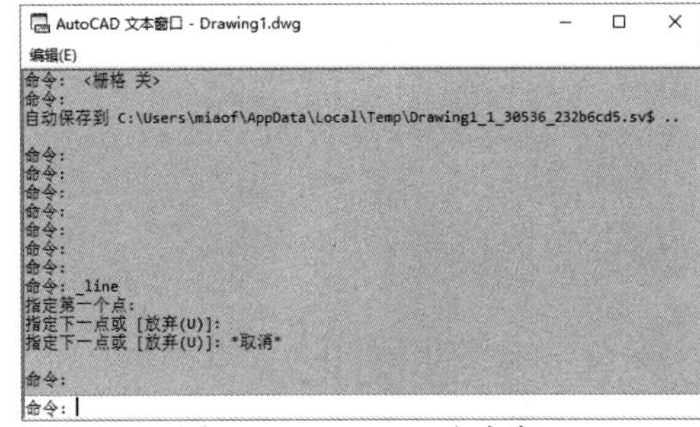

图 1-14　AutoCAD 文本窗口

11. 模型/布局选项卡

AutoCAD 工作界面左下角的模型/布局选项卡用于实现模型空间与布局空间之间的切换。

12. 【菜单浏览器】按钮

【菜单浏览器】按钮位于界面左上角。单击该按钮，将弹出 AutoCAD 菜单，其中包含了 AutoCAD 大部分常用的功能和命令，用户选择命令后即可执行相应操作。

13. ViewCube

ViewCube 是一种导航工具，利用它可以方便地将视图按不同的方位显示。AutoCAD 默认打开 ViewCube，但对二维绘图而言，该功能的作用不大。可以通过选择【视图】|【显示】| ViewCube 命令设置是否在工作界面中显示 ViewCube。

1.2　AutoCAD 命令的执行方式

AutoCAD 的功能大多数是通过执行相应的命令来完成的。一般情况下，可以通过以下一些方法执行 AutoCAD 的命令。

1. 通过键盘输入命令

当命令窗口中的最后一行提示为“命令”时，可以通过键盘输入命令，然后按下 Enter 键或 Space 键来执行该命令，但这种操作方式需要用户牢记 AutoCAD 的命令。

2. 通过菜单执行命令

选择下拉菜单中的菜单命令，可以执行相应的 AutoCAD 命令。

3. 通过工具栏执行命令

单击 AutoCAD 工具栏上的按钮，可以执行相应的 AutoCAD 命令。

4. 重复执行命令

当完成某一命令后，如果需要重复执行该命令，除了可以通过上述三种方式以外，还可以用以下方式重复执行命令。

- 直接按键盘上的 Enter 键或 Space 键。
- 使光标位于绘图窗口，右击鼠标，在弹出菜单的第一行将显示重复执行上一次所执行的命令，选择该命令即可。

在命令的执行过程中，可以通过按 Esc 键，或通过右击并从弹出的菜单中选择【取消】命令的方式终止 AutoCAD 命令的执行。

1.3 管理图形文件

在 AutoCAD 中，图形文件的基本操作一般包括创建新图形，打开已有的图形文件以及保存图形文件等。

1.3.1 创建图形文件

创建新图形的方法有很多种，包括使用向导创建图形或使用样板文件创建图形。无论采用哪种方法，都可以选择测量单位和其他单位格式。

1. 使用样板文件创建图形

在快速访问工具栏中单击【新建】按钮，或单击【菜单浏览器】按钮，在弹出的菜单中选择【新建】|【图形】命令，即可创建新图形文件，此时将打开【选择样板】对话框，如图 1-15 所示。

在【选择样板】对话框中，可以在样板列表框中选中某一个样板文件，这时在右侧的【预览】框中将显示该样板的预览图像，单击【打开】按钮，可以将选中的样板文件作为样板来创建新图形。例如，以样板文件 Tutorial–iMfg.dwt 创建新图形文件后，可以看到如图 1-16 所示的效果。样板文件中通常包含与绘图相关的一些通用设置，如图层、线型、文字样式等，使用样板创建新图形不仅可以提高绘图的效率，而且还保证了图形的一致性。

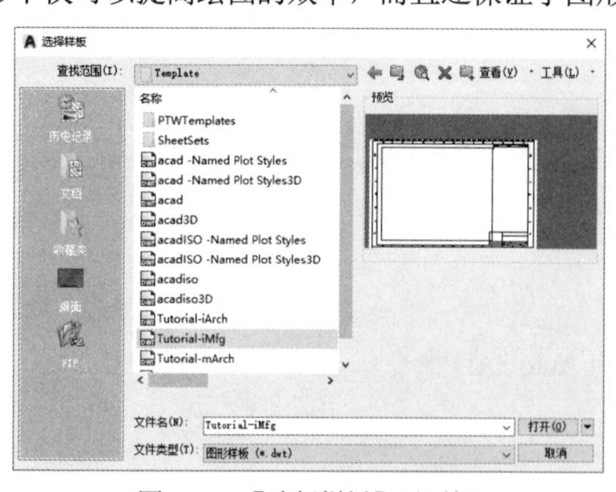

图 1-15 【选择样板】对话框

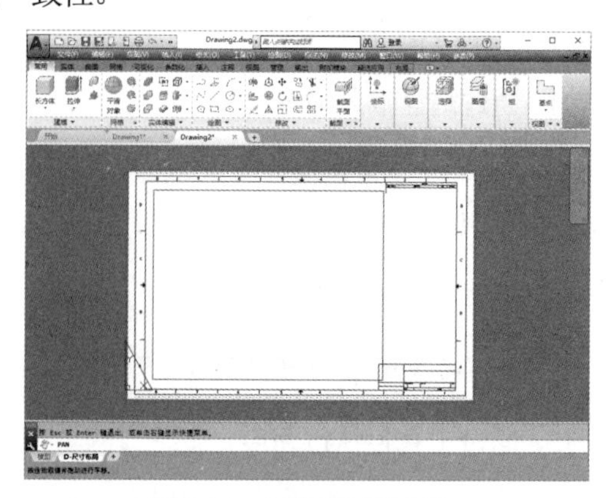

图 1-16 创建新图形文件

2. 使用向导创建图形

在 AutoCAD 中，如果需要建立自定义的图形文件，可以利用向导来创建新的图形文件。

【例 1-1】使用向导创建 AutoCAD 图形。

(1) 在命令行中输入 STARTUP，然后按下 Enter 键。

(2) 在命令行的【输入 STARTIP 的新值<0>:】提示下输入 1，然后按下 Enter 键。

(3) 在快速访问工具栏中单击【新建】按钮，打开【创建新图形】对话框，并选择【英制】单选按钮，如图 1-17 所示。

(4) 单击【使用向导】按钮，打开【选择向导】列表框，然后选择【高级设置】选项，并单击【确定】按钮，如图 1-18 所示。

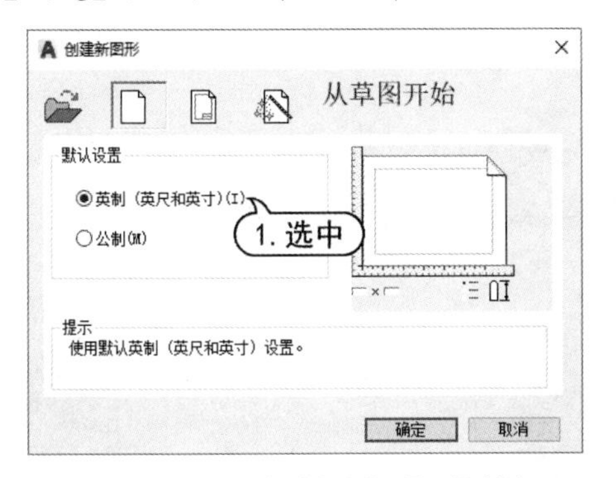

图 1-17　【创建新图形】对话框

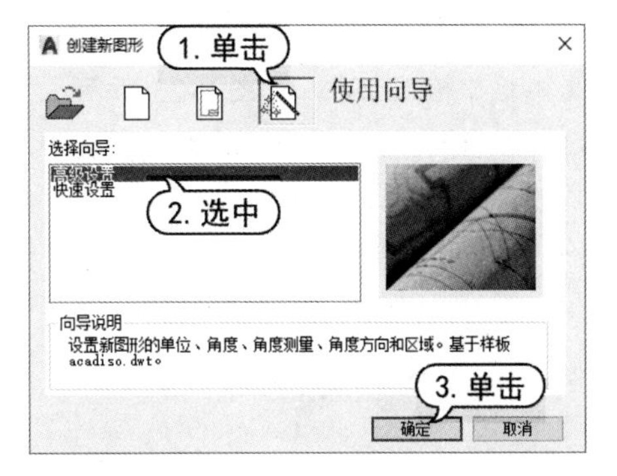

图 1-18　【选择向导】列表框

(5) 打开【高级设置】对话框，选择【小数】单选按钮，然后在【精度】下拉列表中选择 0.0000，如图 1-19 所示。

(6) 单击【下一步】按钮，打开【角度】选项区域，选择【十进制度数】单选按钮，并在【精度】下拉列表中选中【0.00】选项，如图 1-20 所示。

(7) 单击【下一步】按钮，打开【角度测量】选项区域，使用默认设置，如图 1-21 所示。

(8) 单击【下一步】按钮，在打开的【角度方向】选项区域中选中【顺时针】单选按钮，设置角度测量的方向，如图 1-22 所示。

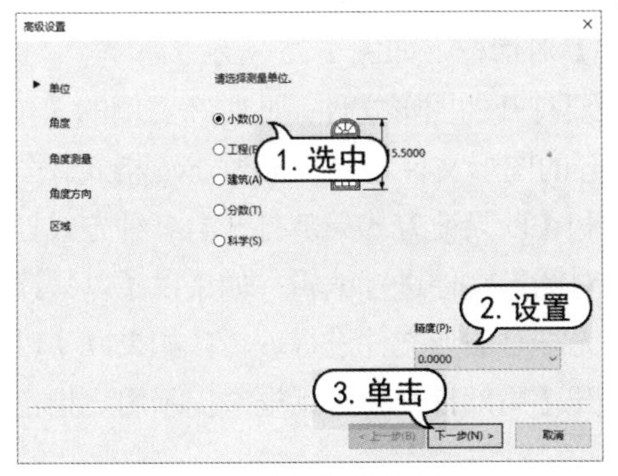

图 1-19　设置测量单位

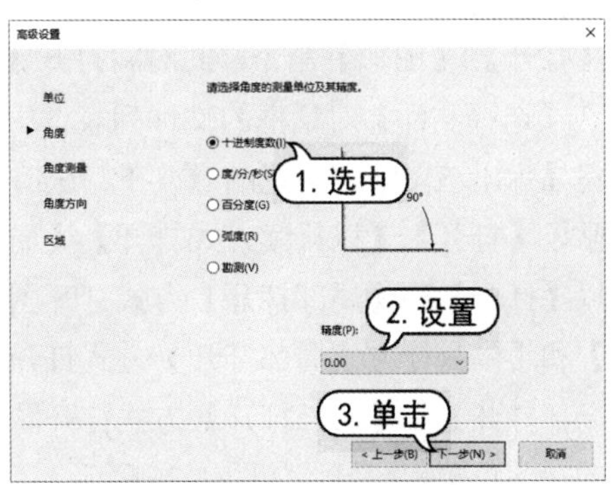

图 1-20　设置十进制度数

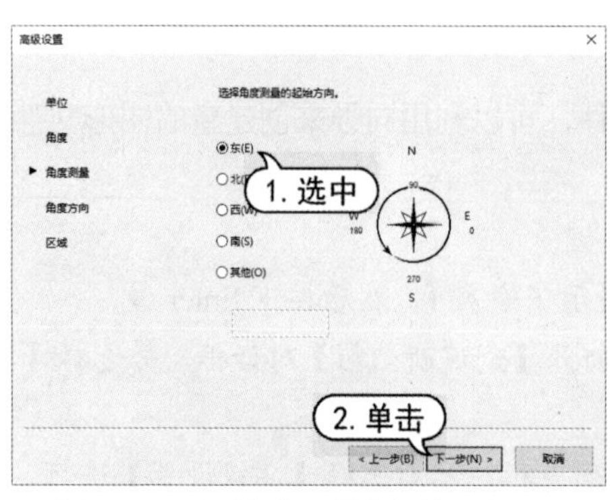

图 1-21　设置角度测量的起始方向

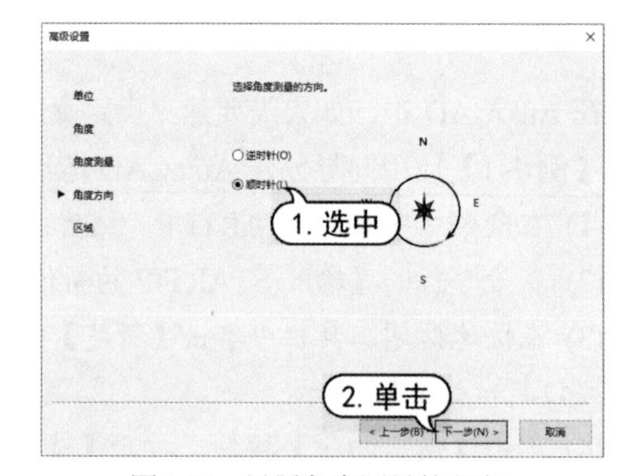

图 1-22　设置角度测量的方向

(9) 单击【下一步】按钮，打开【区域】选项区域，在【宽度】文本框中输入 420，在【长度】文本框中输入 297，如图 1-23 所示。

(10) 完成以上设置后，单击【完成】按钮，即可完成创建图形的操作，如图 1-24 所示。

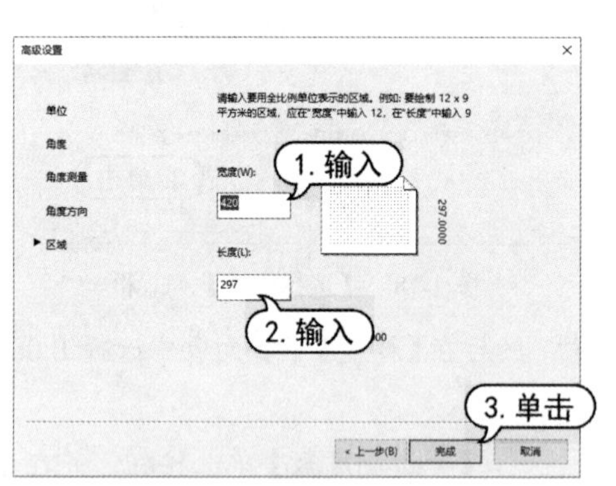

图 1-23　【区域】选项区域

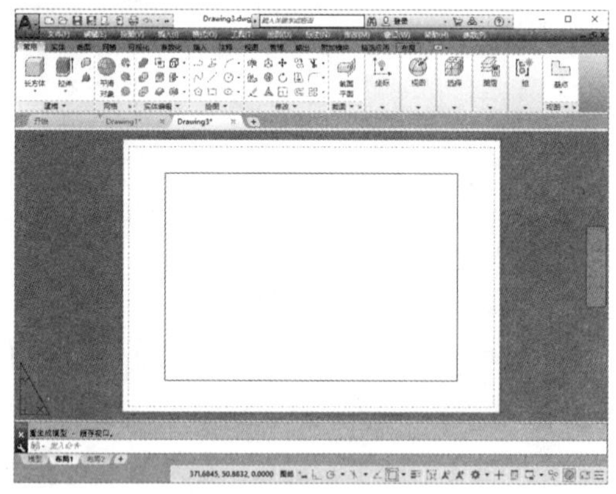

图 1-24　创建图形操作

1.3.2　打开图形文件

在快速访问工具栏中单击【打开】按钮，或单击【菜单浏览器】按钮，在弹出的菜单中选择【打开】|【图形】命令，此时将打开【选择文件】对话框，如图 1-25 所示。

在【选择文件】对话框的文件列表框中，选择需要打开的图形文件，此时在右侧的【预览】框中将显示出该图形的预览图像。在默认情况下，打开的图形文件的格式都为.dwg 格式。图形文件通常以【打开】【以只读方式打开】【局部打开】和【以只读方式局部打开】4 种方式打开。如果以【打开】和【局部打开】方式打开图形，可以对图形文件进行编辑；如果以【以只读方式打开】和【以只读方式局部打开】方式打开图形，则无法对图形文件进行编辑；如果以【以只读方式局部打开】和【局部打开】方式打开图形，将打开【局部打开】对话框，提示用户指定加载图形的视图范围和图层，如图 1-26 所示。

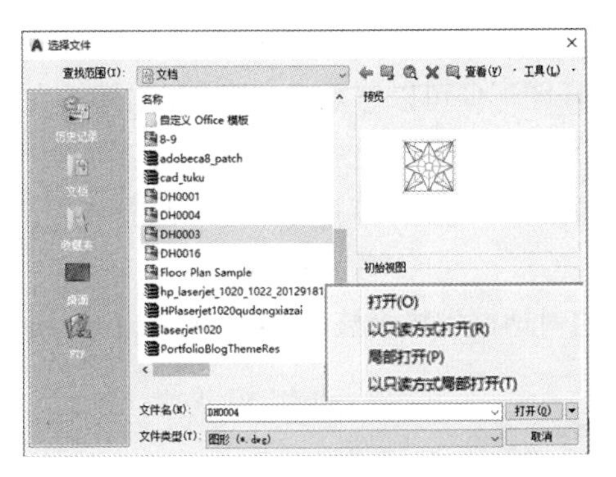

图 1-25　【选择文件】对话框

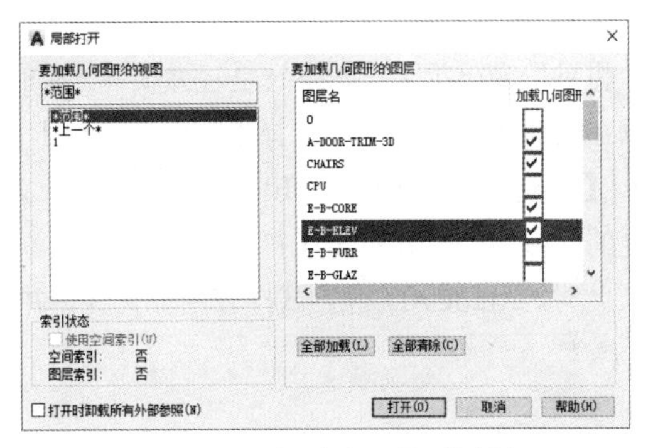

图 1-26　【局部打开】对话框

1.3.3　保存图形文件

在 AutoCAD 中，可以使用多种方式将所绘图形以文件形式存入磁盘。例如，在快速访问工具栏中单击【保存】按钮，或单击【菜单浏览器】按钮，在弹出的菜单中选择【保存】命令(如图 1-27 所示)，以当前使用的文件名保存图形；也可以单击【菜单浏览器】按钮，在弹出的菜单中选择【另存为】|【图形】命令，将当前图形以新的名称保存。

在 AutoCAD 2019 中第一次保存创建的图形时，系统将打开【图形另存为】对话框，如图 1-28 所示。默认情况下，文件以【AutoCAD 2018 图形(*.dwg)】格式保存，也可以在【文件类型】下拉列表框中选择其他格式。

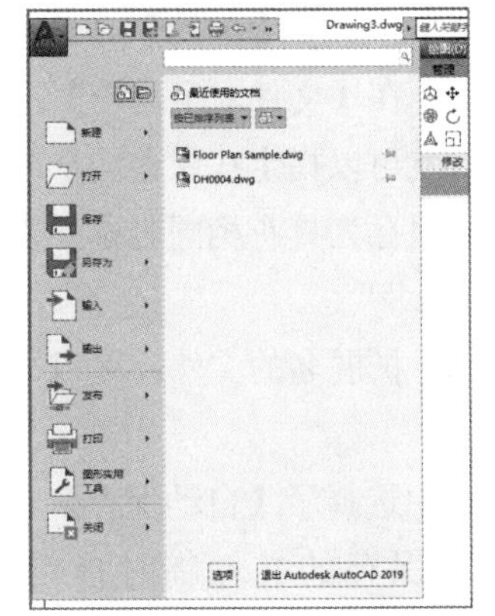

图 1-27　菜单浏览器中的【保存】命令

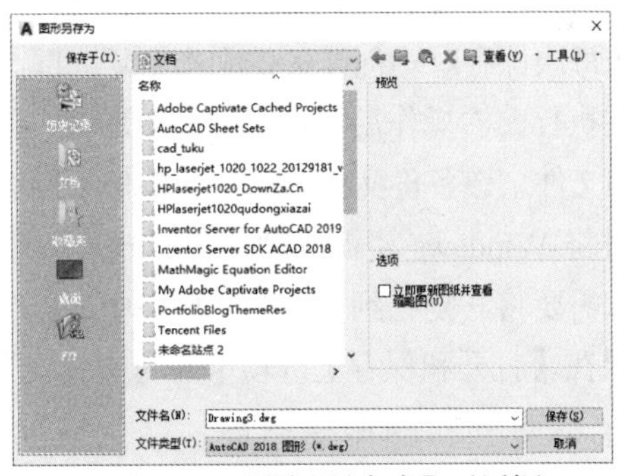

图 1-28　【图形另存为】对话框

1.3.4　修复和恢复图形文件

图形文件损坏后或程序意外终止后，可以通过命令查找并更正错误或通过恢复为备份文件，修复部分或全部数据。

1. 修复损坏的图形文件

在 AutoCAD 中，文件损坏后，可以通过命令查找并更正错误来修复部分或全部数据。出现错误时，诊断信息将记录在 acad.err 文件中，这样用户就可以使用该文件报告出现的问题。

如果在图形文件中检测到损坏的数据或者用户在程序发生故障后要求保存图形，那么该图形文件将标记为已损坏。如果只是轻微损坏，有时只需打开图形便可以修复它。要修复损坏的文件，可以在快速访问工具栏中选择【显示菜单栏】命令，在弹出的菜单中选择【文件】|【图形实用工具】|【修复】命令(RECOVER)，打开【选择文件】对话框，如图 1-29 所示，从中选择一个需要修复的图形文件，并单击【打开】按钮。

此时，AutoCAD 将尝试打开图形文件，并在打开的对话框中显示核查结果，如图 1-30 所示。

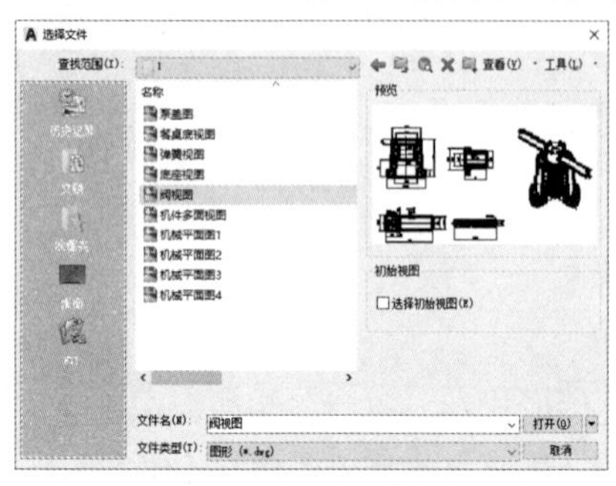

图 1-29　选择需要修复的文件

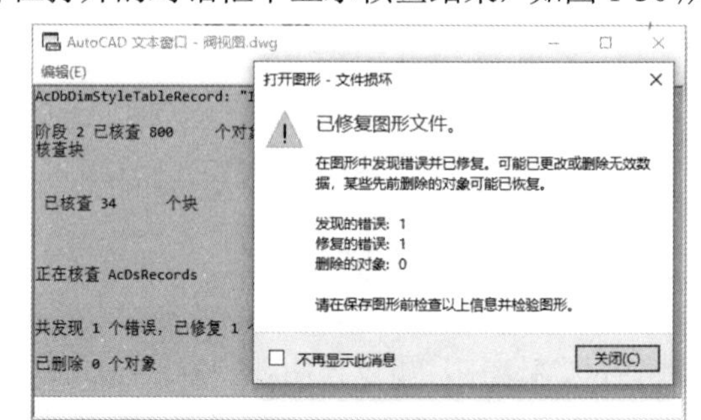

图 1-30　核查结果

2. 创建和恢复备份文件

备份文件有助于确保图形数据的安全。计算机硬件问题、电源故障或电压波动、用户操作不当或软件问题均会导致图形中出现错误。出现问题时，用户可以恢复图形的备份文件。

在快速访问工具栏中选择【显示菜单栏】命令，在弹出的菜单中选择【工具】|【选项】命令(OPTIONS)，打开【选项】对话框，选择【打开和保存】选项卡，在【文件安全措施】选项区域中选择【每次保存时均创建备份副本】复选框，如图 1-31 所示，就可以指定在保存图形时创建备份文件。执行此次操作后，每次保存图形时，图形的早期版本将保存为具有相同名称并带有扩展名.bak 的文件。该备份文件与图形文件位于同一个文件夹中。

通过将 Windows 资源管理器中的.bak 文件重命名为带有.dwg 扩展名的文件，可以恢复为备份版本。需要将其复制到另一个文件夹中，以免覆盖原始文件。

如果在【打开和保存】选项卡的【文件安全措施】选项区域中选择了【自动保存】复选框，将以指定的时间间隔保存图形。默认情况下，系统为自动保存的文件临时指定名称为 filename_a_b_nnnn.sv$。

- filename 为当前图形文件名。
- a 为在同一工作任务中打开同一图形实例的次数。
- b 为在不同工作任务中打开同一图形实例的次数。
- nnnn 为随机数字。

这些临时文件在图形正常关闭时自动删除。出现程序故障或电压故障时，不会删除这些文件。要从自动保存的文件恢复图形的早期版本，可以通过使用扩展名.dwg 代替扩展名.sv$来重命名文件，然后再关闭程序。

3. 从系统故障恢复

如果由于系统原因，例如断电，而导致程序意外终止时，可以恢复已打开的图形文件。程序出现故障，可以将当前文件保存为其他文件。此文件使用的格式为 DrawingFileName_recover.dwg，其中 DrawingFileName 为当前图形的文件名。

程序或系统出现故障后，【图形修复管理器】选项板将在下次启动 AutoCAD 时打开，并显示所有打开的图形文件列表，包括图形文件(DWG)、图形样板文件(DWT)和图形标准文件(DWS)，如图 1-32 所示。

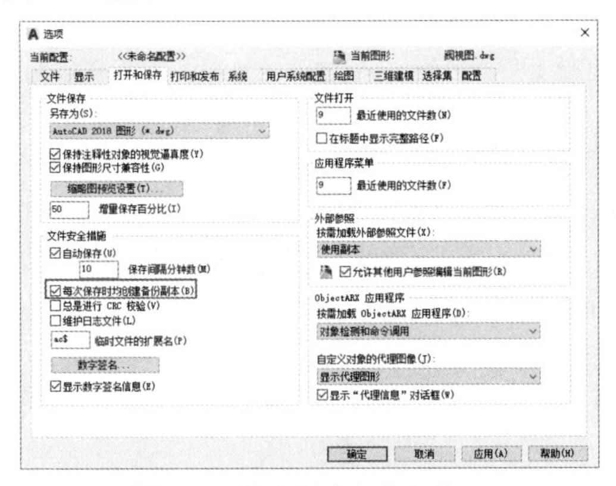

图 1-31　指定创建备份文件

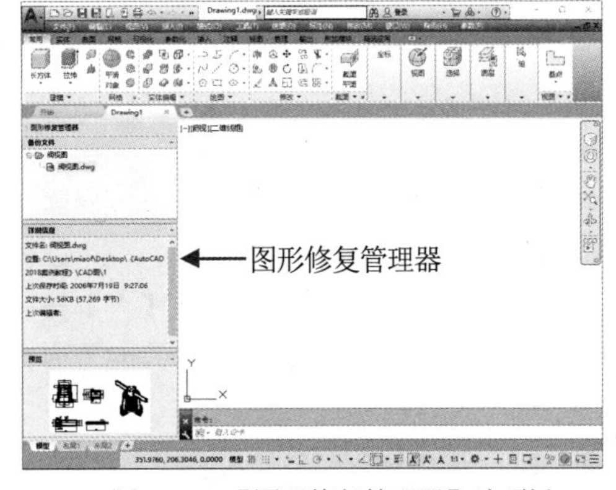

图 1-32　【图形修复管理器】选项板

对于每个图形，用户都可以打开并选择以下文件(如果文件存在)：

- DrawingFileName_recover.dwg；
- DrawingFileName_a_b_nnnn.sv$；
- DrawingFileName.dwg；
- DrawingFileName.bak。

图形文件、备份文件和修复文件将其按时间戳记(上次保存的时间)顺序列出。双击【备份文件】列表中的某个文件，如果能够修复，将自动修复图形。

另外，程序出现问题并意外关闭后，用户发送错误报告可以帮助 Autodesk 诊断软件出现的问题。错误报告包括出现错误时系统状态的信息，也可以添加其他信息(例如出现错误时用户需要执行的操作)。REPORTERROR 系统变量用于控制错误报告功能是否可用，其值为 0，可以关闭错误报告，为 1 时可以打开错误报告。

1.3.5　关闭图形文件

单击【菜单浏览器】按钮，在弹出的菜单中选择【关闭】|【当前图形】命令，或在绘图窗口中单击【关闭】按钮，可以关闭当前图形文件，如图 1-33 所示。

图 1-33　关闭图形文件

在命令行中执行 CLOSE 命令也可以关闭当前图形文件。如果当前图形没有保存，系统将弹出 AutoCAD 提示对话框，询问是否保存文件。此时，单击【是】按钮或直接按 Enter 键，可以保存当前图形文件并将其关闭；单击【否】按钮，可以关闭当前图形文件但不保存；单击【取消】按钮，可以取消关闭当前图形文件，即不保存也不关闭当前图形文件。

1.4　设置绘图环境

AutoCAD 的绘图区域与绘图纸一样。在平常人们绘图时会首先考虑用纸的大小，是 A3 还是 A4，还会考虑纸张是横放还是竖放；以及选择用几号的笔，用什么样子的尺子和圆规。这些都属于制图前的准备工作。对于 CAD 制图来说，同样也需要进行类似的准备，即设置绘图环境。

AutoCAD 为用户提供了很多设置绘图环境的功能，包括设置绘图单位、界限、【选项】对话框等。下面将通过实例操作详细介绍。

1.4.1　设置图形界限

在 AutoCAD 中，软件默认绘图边界无限大，用户可以使用以下两种方法设置绘图的界限，指定在确定的图纸空间大小中进行绘制。

- 选择【格式】|【图形界限】命令。
- 在命令行执行 LIMITS 命令。

执行以上命令后，命令行中将提示以下信息：

```
指定左下角点或 [开(ON)/关(OFF)] <0.0000,0.0000>:
```

在以上提示中，选择【开(ON)】或【关(OFF)】选项可以决定能否在图形界限之外指定一点。如果选择【开(ON)】选项，那么将打开图形界限检查，就不能在图形界限之外结束一个对象，也不能使用【移动】或【复制】命令将图形移到图形界限之外，但可以指定两个点(中心和圆周上的点)来画圆，圆的一部分可能在界限之外；如果选择【关(OFF)】选项，AutoCAD 禁止图形界限检查，用户就可以在图形界限之外画对象或指定点。

【例 1-2】设置 AutoCAD 绘图界限。

(1) 菜单栏中选择【格式】|【图形界限】命令，发出 LIMITS 命令。

(2) 在命令行的【指定左下角点或[开(ON)/关(OFF)] <0.0000,0.0000>：】提示下，按 Enter 键，保持默认设置。

(3) 在命令行的【指定右上角点 <12.0000,9.0000>：】提示下，输入绘图图限的右上角点(20,10)。

(4) 输入完成后，按下 Enter 键，完成图形界限的设置。

执行以上命令设置图形界限后，一般情况下建议用户在设置的图形界限中绘图，但也不是不能在图形界限以外绘图，实际上，设置图形界限后，对用户绘制图形并没有任何影响，这里需要注意以下几点：

- 图形界限会影响栅格的显示。
- 使用【缩放】命令缩放图形时，最大能放大到图形界限设置的大小。
- 图形界限一般用在实际绘制工程图时，此时可以把图形界限设置为工程图图纸的大小。

1.4.2　设置绘图单位

在 AutoCAD 中创建的所有对象都是根据图形单位进行测量的。在开始绘图之前，用户必须要基于所绘制图形确定一个图形单位代表实际大小，然后依据此创建实际大小的图形。

使用以下几种命令之一，即可设置绘图单位。

- 选择【格式】|【单位】命令。
- 在命令行执行 DDUNITS 命令。
- 在命令行执行 UNITS 命令。

在执行以上命令之后，将打开图 1-34 所示的【图形单位】对话框。

其中各个选项区域的功能说明如下：

- 【方向】按钮用于设置起始角度的方向。在 AutoCAD 的默认设置中，起始方向是指正东的方向，逆时针方向为角度增加的正方向。这个设置影响很多与角度有关的操作。单击【方向】按钮后，将打开图 1-35 所示的【方向控制】对话框，在该对话框中，用户可以选择东南西北任何一项作为起始方向，也可以选择【其他】单选按钮，并单击【拾取】按钮，在绘图区域中拾取两个点通过两点的连线方向来确定起始方向。

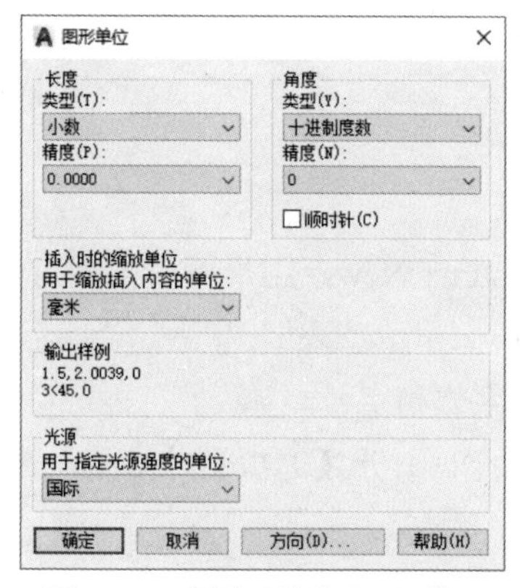

图 1-34　【图形单位】对话框

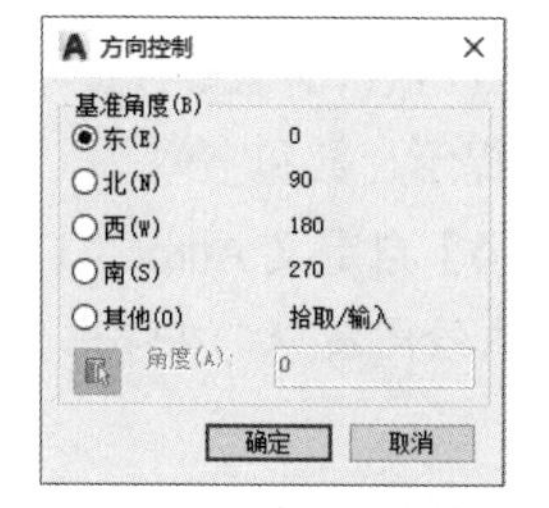

图 1-35　【方向控制】对话框

- 【长度】选项区域用于设置测量的当前单位以及当前单位的精度。
- 【角度】选项区域用于设置当前角度格式和当前角度显示的精度。
- 【插入时的缩放单位】用于控制插入到当前图形中的块和图形的测量单位。如果块或图形创建时使用的单位与该选项指定的单位不同，则在插入这些块或图形时，将对其按比例缩放。插入比例是源块或图形使用的单位与目标图形使用的单位之比。如果插入块时不按指定单位缩放，可以在这里选择【无单位】选项。

1.4.3 设置鼠标右键功能

AutoCAD 在绘制图形时，在不同的绘图阶段可以调出不同的快捷菜单命令，以帮助用户提高绘图效率。用户可以根据自己的使用习惯关闭鼠标右键功能，这样右击鼠标时将执行快捷菜单的第一项命令。

【例 1-3】将 AutoCAD 右键菜单的功能设置为“确认”。

(1) 在绘图窗口中右击，从弹出的菜单中选择【选项】命令，打开【选项】对话框，选择【用户系统设置】选项卡，在【Windows 标准操作】选项区域中单击【自定义右键单击】按钮，如图 1-36 所示。

(2) 打开【自定义右键单击】对话框，在其中的【命令模式】选项区域中选中【确认】单选按钮，然后单击【应用并关闭】按钮，如图 1-37 所示。

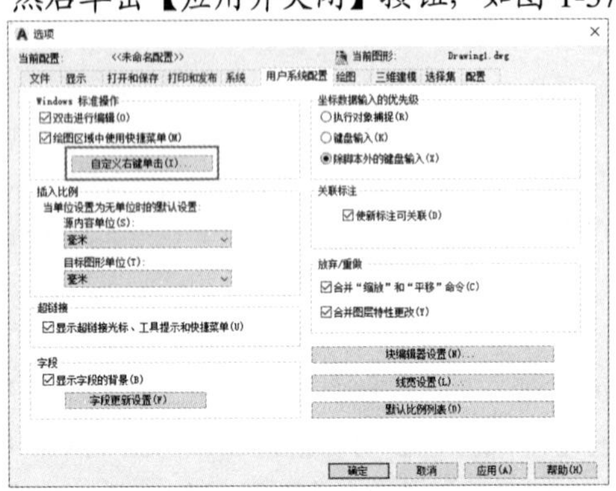

图 1-36 【用户系统设置】选项卡

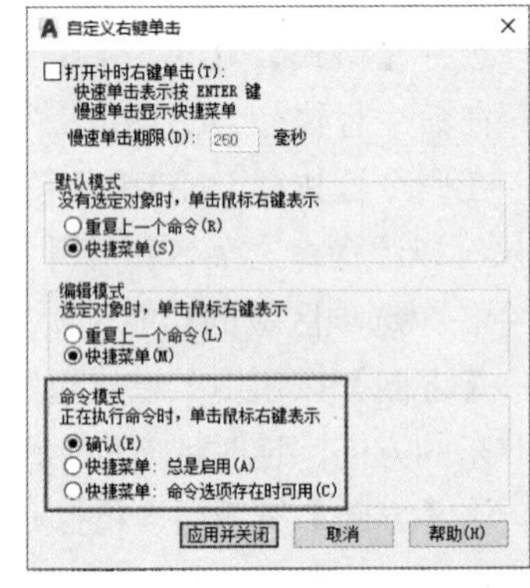

图 1-37 【自定义右键单击】对话框

(3) 返回【选项】对话框，单击【确定】按钮。

1.4.4 设置命令行显示

AutoCAD 默认的命令行提示行数为 3 行，字体为 Courier New，用户可以根据自己的喜好更改命令行的提示行数和字体。

【例 1-4】自定义 AutoCAD 命令行提示说明文字的字体和字号。

(1) 右击绘图窗口，在弹出的菜单中选择【选项】命令，打开【选项】对话框，选择【显示】选项卡。

(2) 在【窗口元素】选项区域中单击【字体】按钮，如图 1-38 所示。

(3) 打开【命令行窗口字体】对话框，在【字体】【字形】和【字号】列表中分别选择合适的字体、字形和字号后，单击【应用并关闭】按钮，如图 1-39 所示。

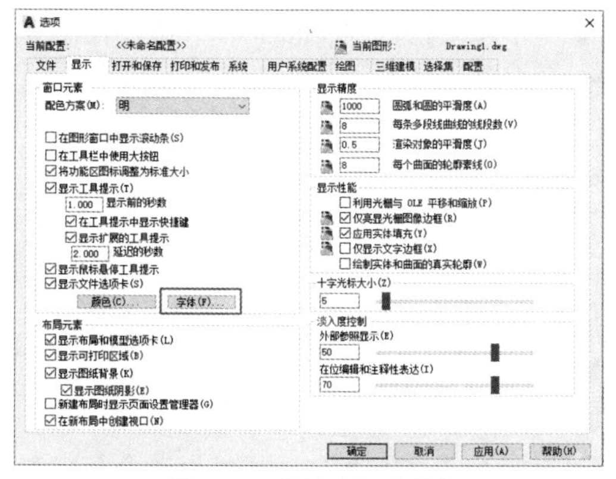

图 1-38　【显示】选项卡

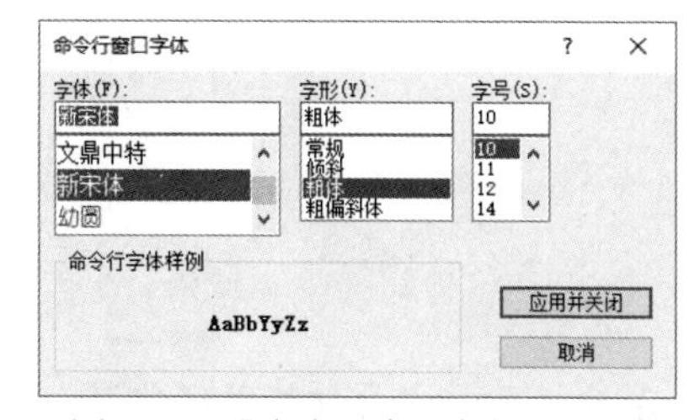

图 1-39　【命令行窗口字体】对话框

(4) 返回【选项】对话框，单击【确定】按钮。

1.5　上机练习

自从 AutoCAD 2015 版开始，软件默认没有经典模式，这对于习惯使用 AutoCAD 传统界面的用户来说，非常不方便。本章上机练习将介绍一种在 AutoCAD 2019 中切换经典界面模式的方法。

(1) 单击快速访问工具栏右侧的【自定义快速访问工具栏】按钮，在弹出的列表中选择【显示菜单栏】命令，显示菜单栏。

(2) 选择【工具】|【选项板】|【功能区】命令，将功能区选项板隐藏，如图 1-40 所示。

(3) 选择【工具】|【工具栏】| AutoCAD 命令，从弹出的子菜单中，依次选中开启 CAD 标准、样式、图层、绘图、特性、修改等命令，如图 1-41 所示。

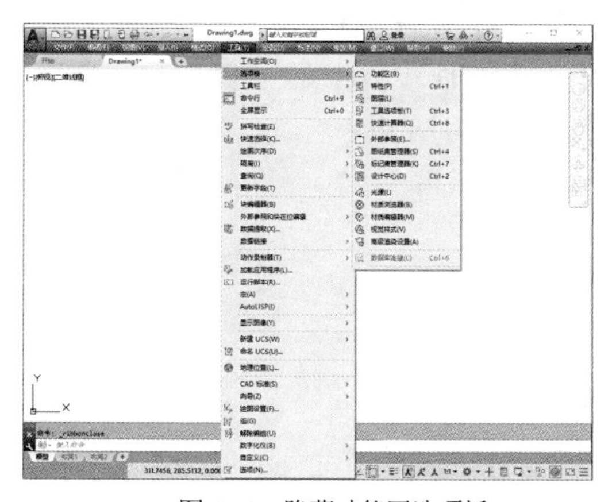

图 1-40　隐藏功能区选项板

图 1-41　显示各种工具栏

(4) 单击软件界面左上角的【工作空间】下拉按钮，从弹出的命令列表中选择【将当前工作空间另存为】命令。

(5) 打开【保存工作空间】对话框，在【名称】文本框中输入“AutoCAD 经典”，然后单击【保存】按钮，将工作空间保存，如图 1-42 所示。

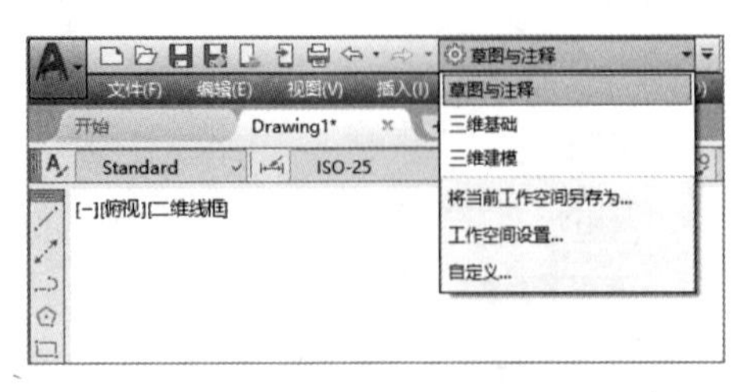

图 1-42　保存工作空间

(6) 此后，当需要切换至经典界面时，单击【工作空间】下拉按钮，从弹出的命令列表中选择【AutoCAD 经典】命令即可，如图 1-43 所示。

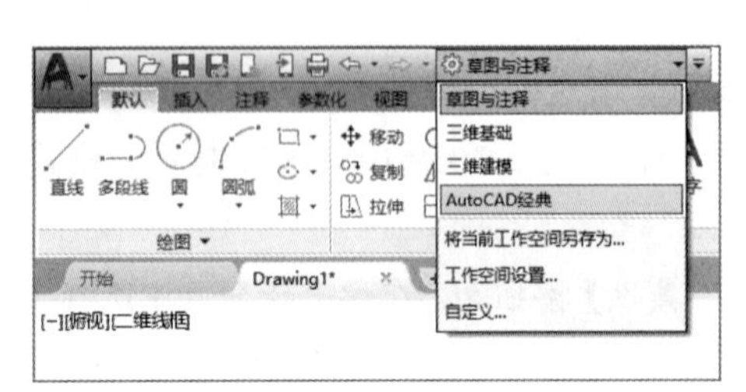

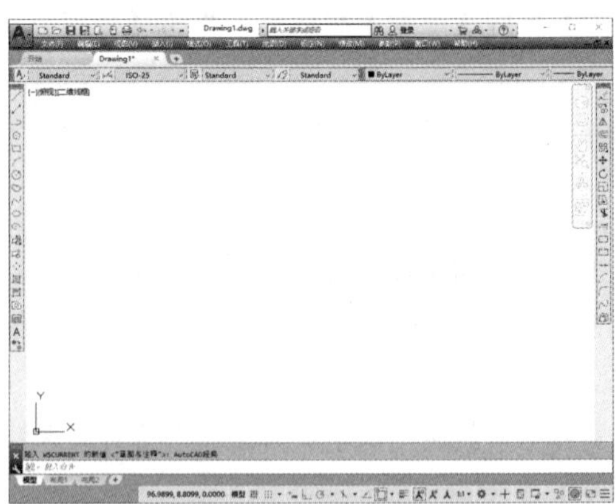

图 1-43　切换至 AutoCAD 经典工作界面

1.6　习题

1. 选择【帮助】|【帮助】命令，在打开的对话框中查询 AutoCAD 2019 有哪些新增功能。

2. AutoCAD 2019 提供了一些示例图形文件(位于 AutoCAD 安装目录下的 Sample 子目录)，打开并浏览图形，试着将其中的图形文件重命名保存于自己的目录中。

3. 打开一个 AutoCAD 图形文件，将其输出为 wmf 文件格式。

绘制二维图形

学习目标

在 AutoCAD 中，用户不仅可以绘制点、直线、圆、圆弧、多边形和圆环等基本二维图形，还可以绘制多段线、多线和样条曲线等高级图形对象。二维图形的创建都很简单，它们是整个 AutoCAD 的绘图基础，只有熟练地掌握它们的绘制方法和技巧，才能够更好地绘制复杂的二维图形及轴测图。

本章重点

- 绘制点、直线、曲线
- 绘制矩形、正多边形
- 绘制二维多段线

2.1 绘制直线

使用 AutoCAD 可以绘制直线段、射线以及构造线等直线对象。

2.1.1 绘制直线段

直线是各种绘图中最常用、最简单的一类图形对象，只要指定了起点和终点即可绘制一条直线。在 AutoCAD 中，可以用二维坐标(x,y)或三维坐标(x,y,z)来指定端点，也可以混合使用二维坐标和三维坐标。如果输入二维坐标，AutoCAD 将会使用当前的高度作为 Z 轴坐标值。

在菜单栏中选择【绘图】|【直线】命令(LINE)，或在【功能区】选项板中选择【默认】选项卡，然后在【绘图】面板中单击【直线】按钮⁄，即可绘制直线。

执行【直线】命令后，命令行提示如下。

```
命令：_line
LINE 指定第一点:
LINE 指定下一点或[放弃(U)]:
LINE 指定下一点或[闭合(C)/放弃(U)]:
```

AutoCAD 绘制的直线实际上是直线段，不同于几何学中的直线，在绘制时需要注意以下几点：

- 绘制单独对象时，在发出 LINE 命令后指定第 1 点，接着指定下一点，然后按 Enter 键。
- 绘制连续折线时，在发出 LINE 命令后指定第 1 点，然后连续指定多个点，最后按 Enter 键结束。
- 绘制封闭折线时，在最后一个【指定下一点或[闭合(C)/放弃(U)]:】提示后面输入字母 C，然后按 Enter 键。
- 在绘制折线时，如果在【指定下一点或[闭合(C)/放弃(U)]:】提示后输入字母 U，可以删除上一条直线。

2.1.2 绘制射线

射线是一端固定，另一端无限延伸的直线。在菜单栏中选择【绘图】|【射线】命令(RAY)，或在【功能区】选项板中选择【默认】选项卡，然后在【绘图】面板中单击【射线】按钮，指定射线的起点和通过点即可绘制一条射线。在 AutoCAD 中，射线主要用于绘制辅助线。

执行【射线】命令后，命令行提示如下。

```
命令：_ray
RAY_ray 指定起点:
RAY 指定通过点:
```

指定射线的起点后，可在【指定通过点:】提示下指定多个通过点，绘制以起点为端点的多条射线，直到按 Esc 键或 Enter 键退出为止。

2.1.3 绘制构造线

构造线是两端可以无限延伸的直线，没有起点和终点，可以放置在三维空间的任何地方，主要用于绘制辅助线。在菜单栏中选择【绘图】|【构造线】命令(XLINE)，或在【功能区】选项板中选择【默认】选项卡，然后在【绘图】面板中单击【构造线】按钮，都可以绘制构造线。

执行【构造线】命令后，命令行提示如下：

```
命令：_xline
XLINE 指定点或[水平(H)/垂直(V)/角度(A)/二等分(B)/偏移(O)]:】
```

命令行中共有 6 种绘制构造线的方法，分别介绍如下。

- 使用指定点方式绘制通过两点的构造线，如图 2-1 所示。

- 通过指定点绘制与当前 UCS 的 X 轴平行的构造线，如图 2-2 所示。

图 2-1　通过两点的构造线　　图 2-2　平行构造线

- 通过指定点绘制与当前 UCS 的 X 轴垂直的构造线，如图 2-3 所示。
- 绘制与参照线或水平轴成指定角度并经过指定点的构造线，如图 2-4 所示。

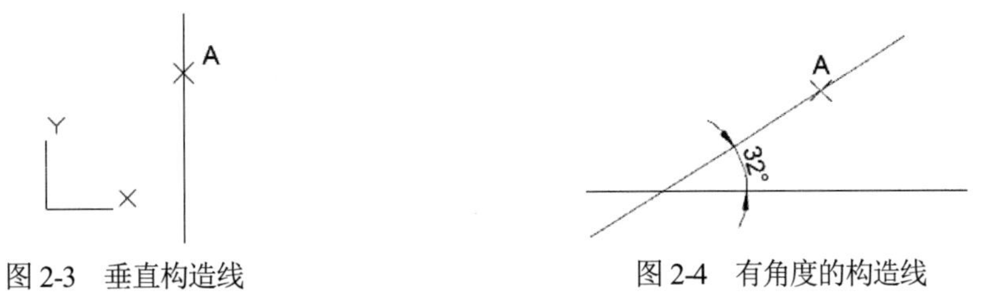

图 2-3　垂直构造线　　图 2-4　有角度的构造线

- 使用二等分方式创建一条等分某一角度的构造线，如图 2-5 所示。
- 使用偏移方式创建平行于一条基线的构造线，如图 2-6 所示。

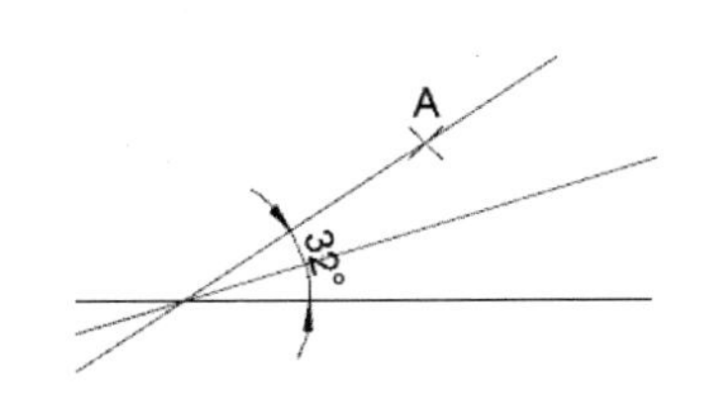

图 2-5　等分角度的构造线

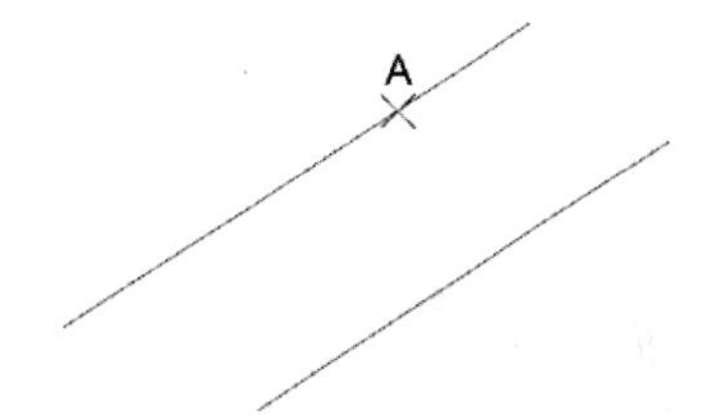

图 2-6　平行于基线的构造线

2.2　绘制曲线

使用 AutoCAD，可以绘制圆、圆环、圆弧和椭圆等曲线对象。

2.2.1　绘制圆

圆是绘制图形时使用非常频繁的图形之一，例如机械制图中的轴孔、螺孔以及建筑制图中的孔洞。圆命令主要有以下几种调用方法：

- 选择【绘图】|【圆】命令中的子命令。
- 在命令行中执行 Circle 或者 C 命令。
- 选择【默认】选项卡，在【绘图】面板中单击【圆】的相关按钮。

在 AutoCAD 中，可以使用 6 种方法绘制圆，如图 2-7 所示。

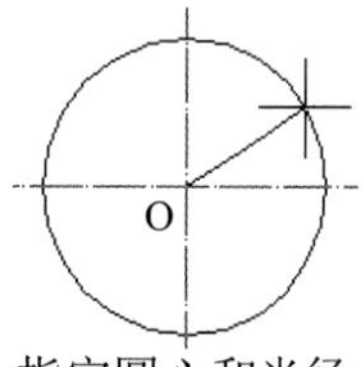

指定圆心和半径

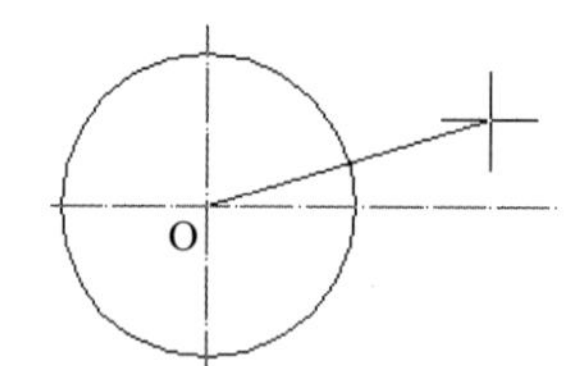

指定圆心和直径

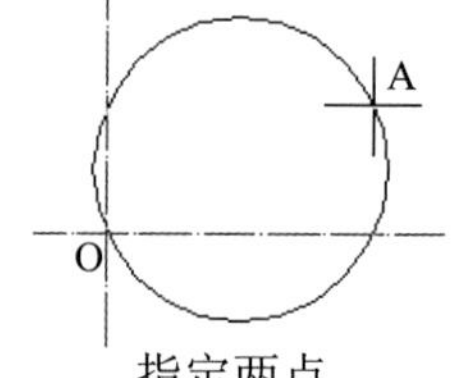

指定两点

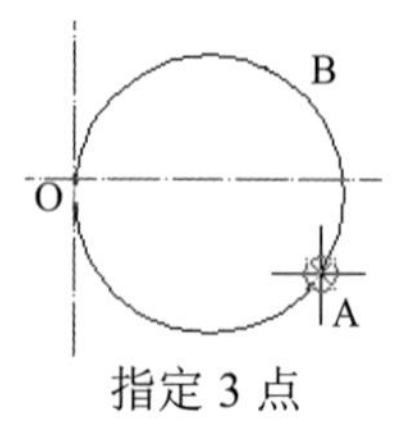

指定 3 点

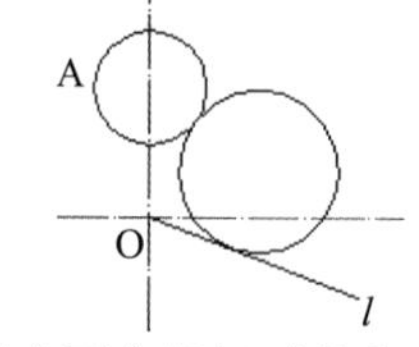

指定两个相切对象和半径

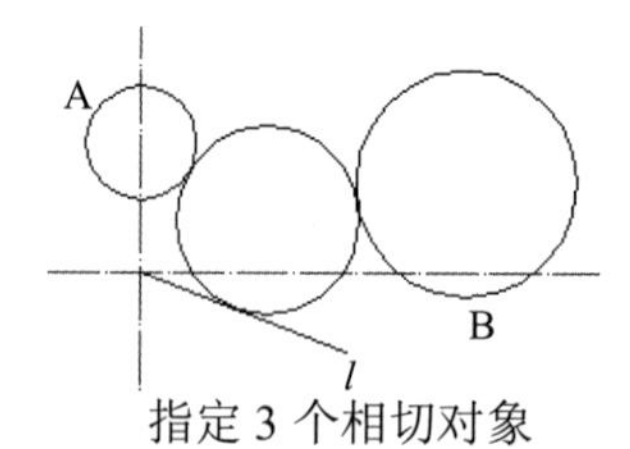

指定 3 个相切对象

图 2-7　圆的 6 种绘制方法

使用【相切、相切、半径】命令时，系统总是在距拾取点最近的部位绘制相切的圆。因此，拾取相切对象时，拾取的位置不同，绘制出的效果可能也不相同，如图 2-8 所示。

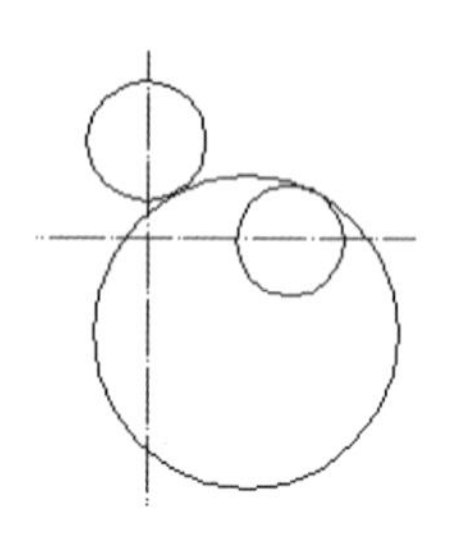
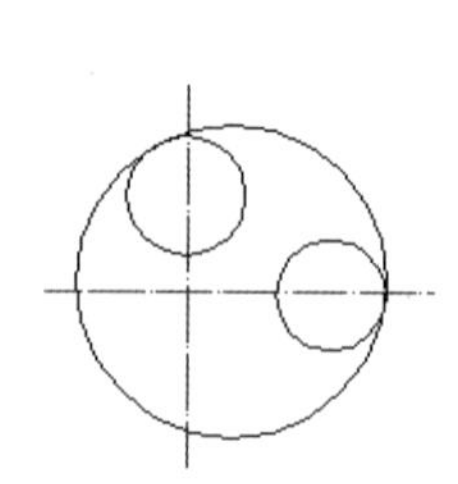
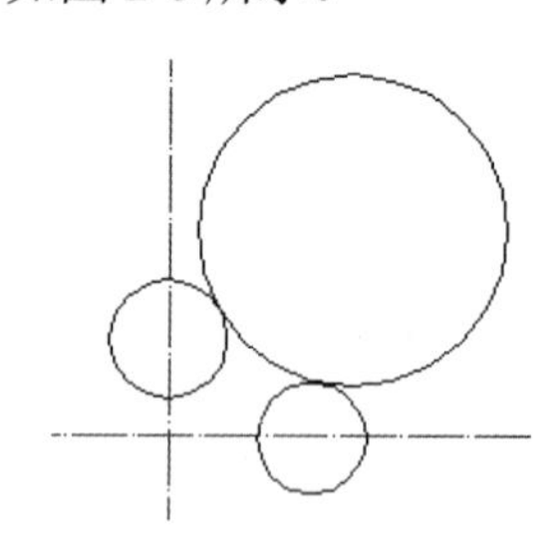

图 2-8　使用【相切、相切、半径】命令绘制圆时产生的不同效果

【例 2-1】在 AutoCAD 中绘制如图 2-12 所示的圆。

(1) 打开正六边形后，在快速访问工具栏中选择【显示菜单栏】命令，在弹出的菜单中选择【绘图】|【圆】|【圆心、直径】命令。以点(0,0)为圆心，绘制直径为 80 的圆 a，如图 2-9 所示。

(2) 选择【绘图】|【圆】|【圆心、半径】命令，绘制同心圆 b，其半径为 100，如图 2-10 所示。

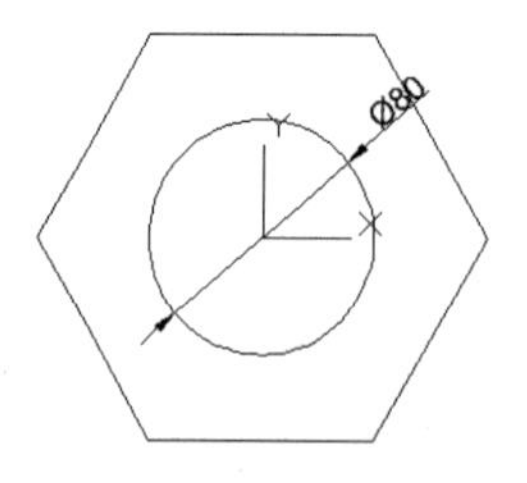

图 2-9　绘制圆 a

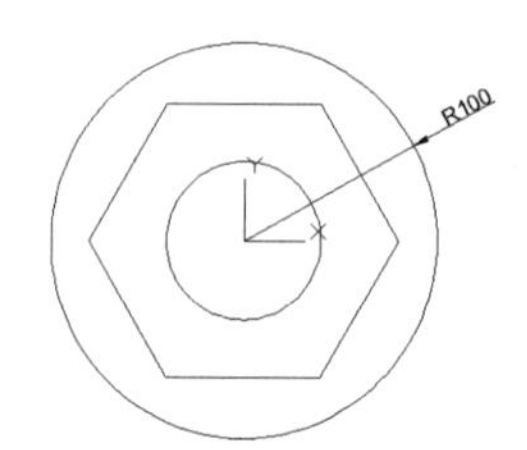

图 2-10　绘制圆 b

(3) 选择【绘图】|【圆】|【两点】命令，绘制一个通过点 c 和点 d 的圆，如图 2-11 所示。

(4) 使用同样的方法绘制其他圆，效果如图 2-12 所示。

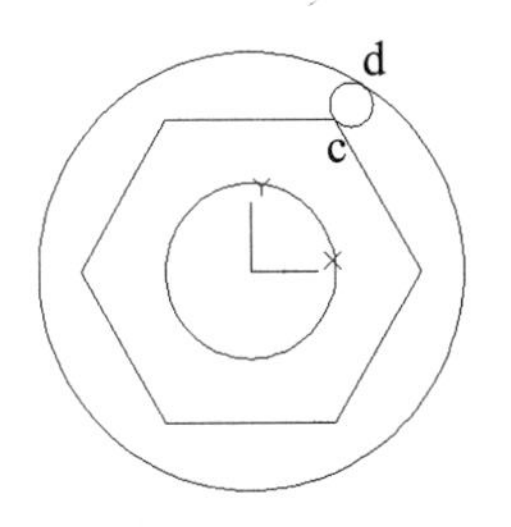

图 2-11　通过两点绘制圆

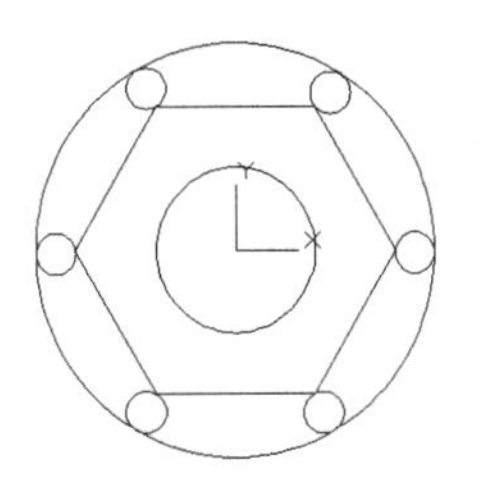

图 2-12　图形效果

2.2.2　绘制圆环

绘制圆环是创建填充圆环或实体填充圆的一个捷径。在 AutoCAD 中，圆环实际上是由具有一定宽度的多段线封闭形成的。要创建圆环，可以执行以下命令：

- 选择【绘图】|【圆环】命令。
- 在命令行中执行 DONUT 命令。
- 选择【默认】选项卡，在【绘图】面板中单击【圆环】按钮◎。

【例 2-2】在坐标原点绘制一个内径为 10，外径为 15 的圆环。

(1) 选择【绘图】|【圆环】命令。

(2) 在命令行的【指定圆环的内径<5.000>:】提示下输入 10，将圆环的内径设置为 10。

(3) 在命令行的【指定圆环的外径<51.000>:】提示下输入 15，将圆环的外径设置为 15。

(4) 在命令行的【指定圆环的中心点或<退出>:】提示下，输入(0,0)，指定圆环的圆点为坐标系原点。

(5) 按下 Enter 键，结束圆环的绘制。圆环对象与圆不同，通过拖动其夹点只能改变形状而不能改变大小，如图 2-13 所示。

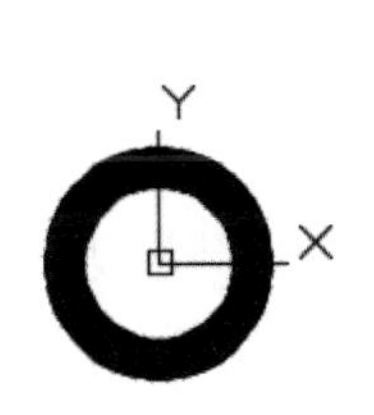

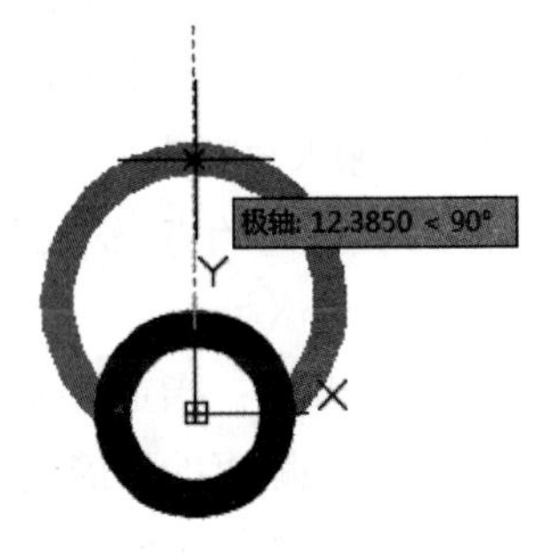

图 2-13　改变圆环的形状

2.2.3　绘制圆弧

圆弧是圆的一部分。圆弧命令主要有以下几种调用方法。

- 选择【绘图】|【圆弧】命令中的子命令。
- 在命令行中执行 ARC 或 A 命令。
- 选择【默认】选项卡，在【绘图】面板中单击【三点】按钮⌒。

执行 ARC(圆弧)命令后，选择不同的选项，创建圆弧的方法也不同。圆弧不仅有圆心、半径，还有起点和端点。AutoCAD 默认的圆弧创建方法是指定 3 点确定一段圆弧，具体绘制方法如下。

【例 2-3】绘制一个圆弧。

(1) 在命令行中输入 A，按下 Enter 键，命令行提示如下。

```
ARC 指定圆弧的起点或[圆心(C)]:
```

(2) 在绘图窗口中单击图 2-14 所示的 A 点，确定绘制圆弧的 3 点中的第 1 点。

(3) 单击绘图窗口中的 B 点，确定第 2 点，如图 2-15 所示。

(4) 在绘图窗口中单击图形上的 C 点，确定第 3 点，如图 2-16 所示。

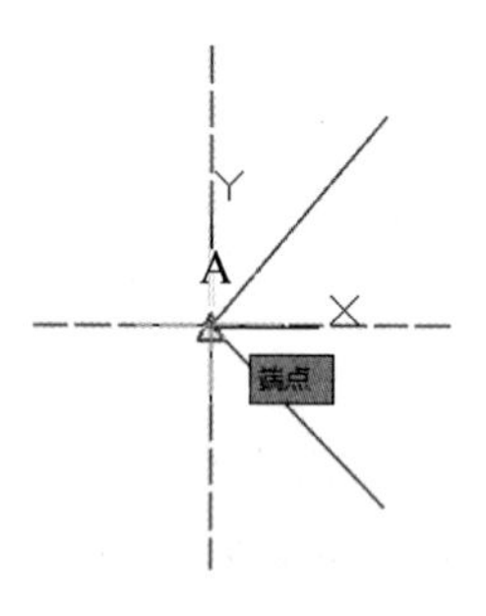

图 2-14　指定第 1 点

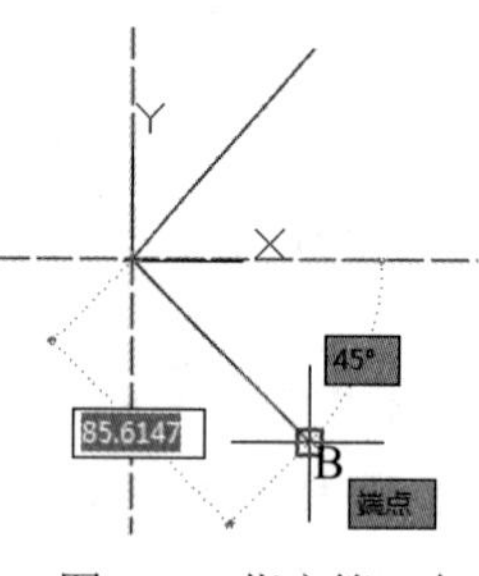

图 2-15　指定第 2 点

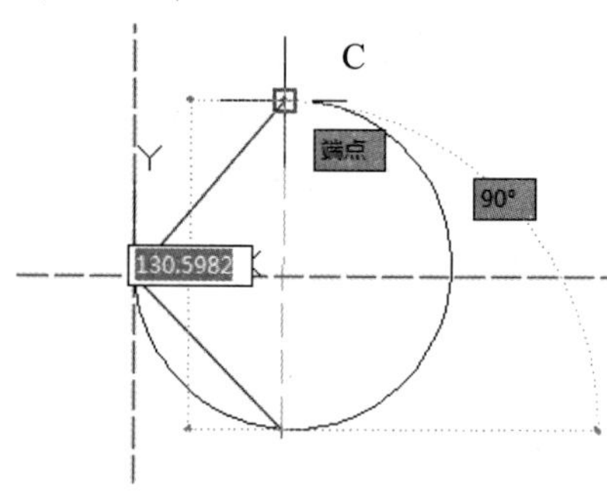

图 2-16　指定第 3 点

在 AutoCAD 中，圆弧的绘制方法有 11 种，具体如下。

- 三点：以给定的 3 个点绘制一段圆弧，需要指定圆弧的起点、通过的第 2 个点和端点。
- 起点、圆心、端点：指定圆弧的起点、圆心和端点绘制圆弧。
- 起点、圆心、角度：指定圆弧的起点、圆心和角度绘制圆弧。此时，需要在【指定包含角:】提示下输入角度值。如果当前环境设置逆时针为角度方向，并输入正角度值，则所绘制的圆弧是从起始点绕圆心沿逆时针方向绘出；如果输入负角度值，则沿顺时针方向绘制圆弧。
- 起点、圆心、长度：指定圆弧的起点、圆心和弦长绘制圆弧。此时，所给定的弦长不得超过起点到圆心距离的两倍。另外，在命令行的【指定弦长:】提示下，所输入的值如果为负值，则该值的绝对值将作为对应整圆的空缺部分圆弧的弦长。
- 起点、端点、角度：指定圆弧的起点、端点和角度绘制圆弧。
- 起点、端点、方向：指定圆弧的起点、端点和方向绘制圆弧。当命令行显示【指定圆弧的起点切向:】提示时，可以拖动鼠标动态地确定圆弧在起始点处的切线方向与水平方向的夹角。拖动鼠标时，AutoCAD 会在当前光标与圆弧起始点之间形成一条橡皮筋线，此橡皮筋线即为圆弧在起始点处的切线。拖动鼠标确定圆弧在起始点处的切线方向后，单击拾取键即可得到相应的圆弧。

- 起点、端点、半径：指定圆弧的起点、端点和半径绘制圆弧。
- 圆心、起点、端点：指定圆弧的圆心、起点和端点绘制圆弧。
- 圆心、起点、角度：指定圆弧的圆心、起点和角度绘制圆弧。
- 圆心、起点、长度：指定圆弧的圆心、起点和长度绘制圆弧。
- 连续：选择该命令，在命令行的【指定圆弧的起点或 [圆心(C)]:】提示下直接按 Enter 键，系统将以最后一次绘制的线段或圆弧确定的最后一点作为新圆弧的起点，以最后所绘线段方向或圆弧终止点处的切线方向为新圆弧在起始点处的切线方向，然后再指定一点，即可绘制出一个圆弧。

2.2.4　绘制椭圆和椭圆弧

1. 绘制椭圆

椭圆是一种特殊的圆，其中心点到圆弧上的距离是变化的，椭圆由定义其长度和宽度的两条轴决定，较长的轴称为长轴，较短的轴称为短轴。

椭圆命令主要有以下几种调用方法。

- 选择【绘图】|【椭圆】命令中的子命令。
- 在命令行中执行 ELLIPSE 或者 EL 命令；
- 选择【默认】选项卡，在【绘图】面板中单击【圆心】按钮。

【例 2-4】绘制一个椭圆。

(1) 在命令行中输入 ELLIPSE 命令，按下 Enter 键。在命令行提示下输入 C。

(2) 按下 Enter 键确认，在命令行提示【指定椭圆的中心点:】下输入(0,0)。

(3) 按下 Enter 键确认，向上移动光标，然后输入 80，如图 2-17 所示。

(4) 按下 Enter 键确认，拖动鼠标向右下角移动光标，然后输入 45。

(5) 按下 Enter 键确认，即可创建如图 2-18 所示的椭圆。

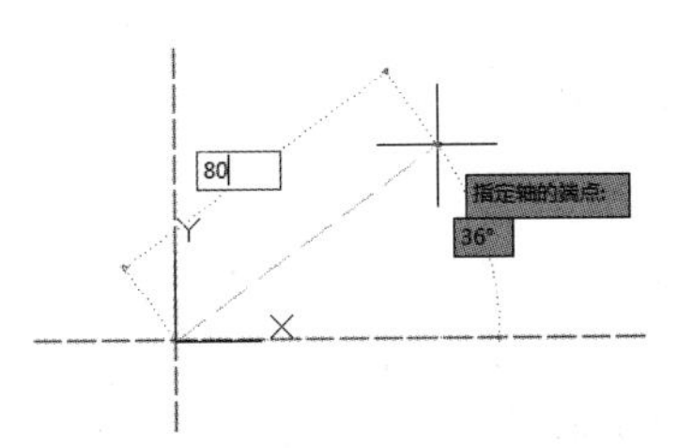

图 2-17　向上移动鼠标并指定距离

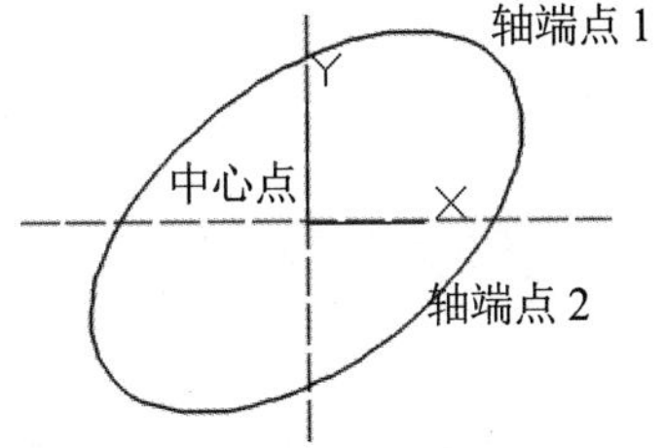

图 2-18　绘制椭圆

在上例中，执行 ELLIPSE 命令显示的命令行提示中，主要选项的说明如下：

- 圆弧(A)：创建一段椭圆弧。第一条轴的角度确定椭圆弧的角度。第一条轴既可定义椭圆弧的长轴，也可以定义椭圆弧的短轴。
- 中心点(C)：通过指定椭圆的中心点创建椭圆。

2. 绘制椭圆弧

在 AutoCAD 中，椭圆弧的绘图命令和椭圆的绘图命令都是 ELLIPSE，但命令行的提示不同。在菜单栏中选择【绘图】|【椭圆】|【圆弧】命令，或在【功能区】选项板中选择【默认】选项卡，然后在【绘图】面板中单击【椭圆弧】按钮，都可绘制椭圆弧。此时命令行的提示信息如下。

```
命令：_ellipse
ELLIPSE 指定椭圆的轴端点或[圆弧(A)/中心点(C)]: _a
ELLIPSE 指定椭圆弧的轴端点或[中心点(C)]:
```

从【指定椭圆弧的轴端点或 [中心点(C)]:】提示开始，后面的操作就是确定椭圆形状的过程。确定椭圆形状后，将出现如下提示信息。

```
ELLIPSE 指定起始角度或[参数(P)]:
```

该命令提示中的选项功能如下。

- 【指定起始角度】选项：通过给定椭圆弧的起始角度来确定椭圆弧。命令行将显示【指定终止角度或 [参数(P)/包含角度(I)]:】提示信息。其中，选择【指定终止角度】选项，系统要求给定椭圆弧的终止角，用于确定椭圆弧另一端点的位置；选择【包含角度】选项，使系统根据椭圆弧的包含角来确定椭圆弧；选择【参数(P)】选项，将通过参数确定椭圆弧另一个端点的位置。
- 【参数(P)】选项：通过指定的参数来确定椭圆弧。命令行将显示【指定起始参数或 [角度(A)]:】提示。其中，选择【角度】选项，切换至角度来确定椭圆弧的方式；如果输入参数，即执行默认项，系统将使用公式 $P(n) = c + a\times\cos n + b\times\sin n$ 来计算椭圆弧的起始角。其中，n 是输入的参数，c 是椭圆弧的半焦距，a 和 b 分别是椭圆的长半轴与短半轴的轴长。

2.3 绘制矩形和正多边形

使用 AutoCAD，可以方便地绘制出矩形和正多边形(等边多边形)。

2.3.1 绘制矩形

矩形，即通常所说的长方形。在 AutoCAD 中，使用矩形命令直接指定矩形的起点及对角点就可以完成矩形的绘制。

矩形命令主要有以下几种调用方法。

- 选择【绘图】|【矩形】命令。
- 在命令行执行 RECTANG 或 REC 命令。
- 选择【默认】选项卡，在【绘图】面板中单击【矩形】按钮▭。

绘制矩形时，命令行显示如下提示信息。

```
指定第一个角点或 [倒角(C)/标高(E)/圆角(F)/厚度(T)/宽度(W)]:
```

默认情况下，通过指定两个点作为矩形的对角点来绘制矩形。当指定矩形的第 1 个角点后，命令行显示【指定另一个角点或 [面积(A)/尺寸(D)/旋转(R)]:】提示信息，此时可直接指定另一个角点来绘制矩形。也可以选择【面积(A)】选项，通过指定矩形的面积和长度(或宽度)绘制矩形；也可以选择【尺寸(D)】选项，通过指定矩形的长度、宽度和矩形另一角点的方向绘制矩形；也可以选择【旋转(R)】选项，通过指定旋转的角度和拾取两个参考点绘制矩形。该命令提示中其他选项的功能如下。

- 【倒角(C)】选项：绘制一个带倒角的矩形，此时需要指定矩形的两个倒角距离。当设定倒角距离后，将返回【指定第一个角点或[倒角(C)/标高(E)/圆角(F)/厚度(T)/宽度(W)]:】提示，提示用户完成矩形的绘制。
- 【标高(E)】选项：指定矩形所在的平面高度。默认情况下，矩形在 XY 平面内。该选项一般用于三维绘图。
- 【圆角(F)】选项：绘制一个带圆角的矩形，此时需要指定矩形的圆角半径。
- 【厚度(T)】选项：按照已设定的厚度绘制矩形，该选项一般用于三维绘图。
- 【宽度(W)】选项：按照已设定的线宽绘制矩形，此时需要指定矩形的线宽。

【例 2-5】使用矩形命令绘制图形。

(1) 在快速访问工具栏中选择【显示工具栏】命令，在弹出的菜单中选择【绘图】|【矩形】命令，或在【功能区】选项板中选择【默认】选项卡，在【绘图】面板中单击【矩形】按钮。

(2) 在【指定第一个角点或[倒角(C)/标高(E)/圆角(F)/厚度(T)/宽度(W)]:】提示下输入 F，创建带圆角的矩形。

(3) 在【指定矩形的圆角半径<0.0000>:】提示信息下输入 3，指定矩形的圆角半径为 3。

(4) 在【指定第一个角点或[倒角(C)/标高(E)/圆角(F)/厚度(T)/宽度(W)]:】提示下输入(100,100)，指定矩形的第一个角点。

(5) 在【指定另一个角点或[面积(A)/尺寸(D)/旋转(R)]:】提示下输入(165,140)，指定矩形的另一个对角点，完成图形中最大矩形的绘制，如图 2-19 所示。

(6) 在【功能区】选项板中选择【默认】选项卡，在【绘图】面板中单击【矩形】按钮。

(7) 在【指定第一个角点或[倒角(C)/标高(E)/圆角(F)/厚度(T)/宽度(W)]:】提示下输入 F，创建带圆角的矩形。

(8) 在【指定矩形的圆角半径<3.0000>:】提示信息下输入 0，指定矩形的圆角半径为 0。

(9) 在【指定第一个角点或[倒角(C)/标高(E)/圆角(F)/厚度(T)/宽度(W)]:】提示下输入(110,110)，指定矩形的第一个角点。

(10) 在【指定另一个角点或[面积(A)/尺寸(D)/旋转(R)]:】提示下输入 D。

(11) 在【指定矩形的长度<0.0000>:】提示下输入 15，指定矩形的长度。

(12) 在【指定矩形的宽度<0.0000>:】提示下输入 20，指定矩形的宽度。

(13) 在【指定另一个角点或[面积(A)/尺寸(D)/旋转(R)]:】提示下在角点的右上方单击，绘制 15×20 的矩形，如图 2-20 所示。

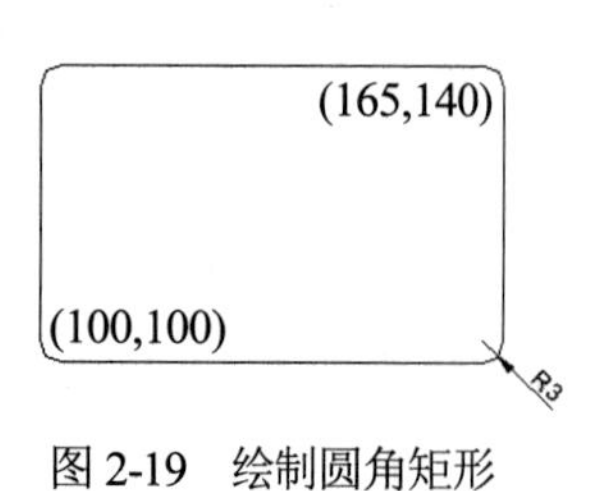

图 2-19　绘制圆角矩形

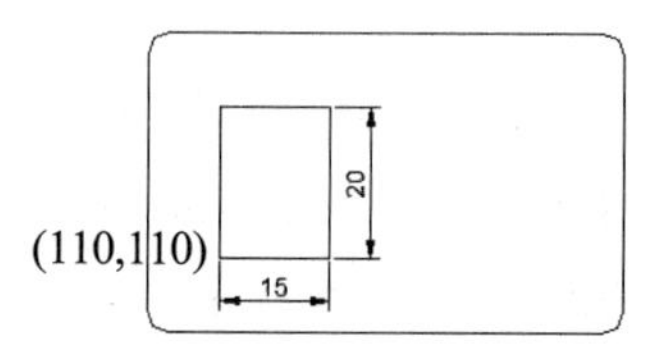

图 2-20　绘制 15×20 的矩形

2.3.2　绘制正多边形

在 AutoCAD 中可以绘制 3~1024 条边的正多边形，在机械和建筑绘图中正多边形的应用十分广泛。

在 AutoCAD 中正多边形命令主要有以下几种调用方法。

- 选择【绘图】|【多边形】命令。
- 在命令行中执行 POLYGON 或 POL 命令。
- 选择【默认】选项卡，在【绘图】面板中单击【矩形】按钮▭边的▼按钮，在弹出的列表中选择【多边形】选项。

执行以上命令，在命令行中指定正多边形的边数后，命令行将显示如下提示信息。

```
指定正多边形的中心点或 [边(E)]:
```

默认情况下，可以使用多边形的外接圆或内切圆来绘制多边形。当指定多边形的中心点后，命令行将显示【输入选项 [内接于圆(I)/外切于圆(C)] <I>:】提示信息。选择【内接于圆】选项，表示绘制的多边形将内接于假想的圆；选择【外切于圆】选项，表示绘制的多边形外切于假想的圆。

此外，如果在命令行的提示下选择【边(E)】选项，可以通过指定的两个点作为多边形一条边的两个端点来绘制多边形。使用【边】选项绘制多边形时，AutoCAD 总是从第 1 个端点到第 2 个端点，沿当前角度方向绘制出多边形。

【例 2-6】绘制一个六角螺钉。

(1) 打开图 2-21 所示的图形后，在命令行中输入 POL，按下 Enter 键。

(2) 在【输入边的数目<4>:】提示下输入 6，指定正多边形的边数。

(3) 按下 Enter 键，在【指定正多边形的中心点或[边(E)]:】提示下选中圆心，如图 2-22 所示。

(4) 在【内接于圆(I)/外切于圆(C)<I>:】提示下输入 I，然后按下 Enter 键。

(5) 在【指定圆的半径:】提示下输入 160，然后按下 Enter 键，即可绘制出效果如图 2-23 所示的六角螺钉。

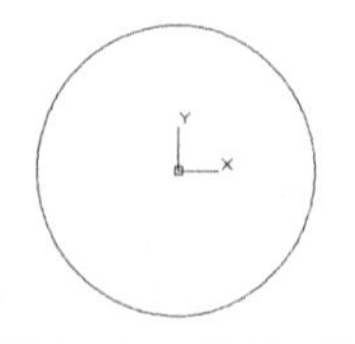

图 2-21　圆形图形

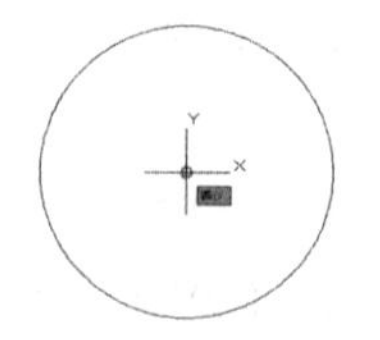

图 2-22　选取圆心

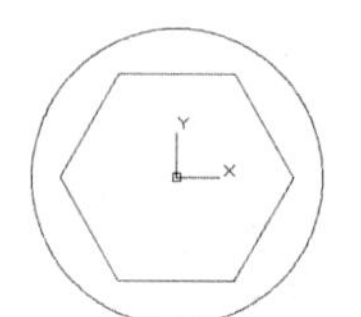

图 2-23　六角螺钉图形

2.4　绘制点

在 AutoCAD 中，点对象可用作捕捉和偏移对象的节点或参考点。可以通过【单点】【多点】【定数等分】和【定距等分】4 种方法创建点对象。

2.4.1　绘制单点

绘制单点首先需要执行单点命令，该命令主要有以下两种调用方法：

- 选择【绘图】|【点】|【单点】命令。
- 在命令行中执行 POINT 或 PO 命令。

【例 2-7】绘制一个单点。

(1) 在命令行中执行 POINT 或 PO 命令，执行单点命令。命令行提示中将显示【当前点模式: PDMODE=3　PDSIZE=0.0000】。

(2) 在命令行的【指定点:】提示下，使用鼠标指针在屏幕上拾取圆心，单击即可绘制一个单点，如图 2-24 所示。

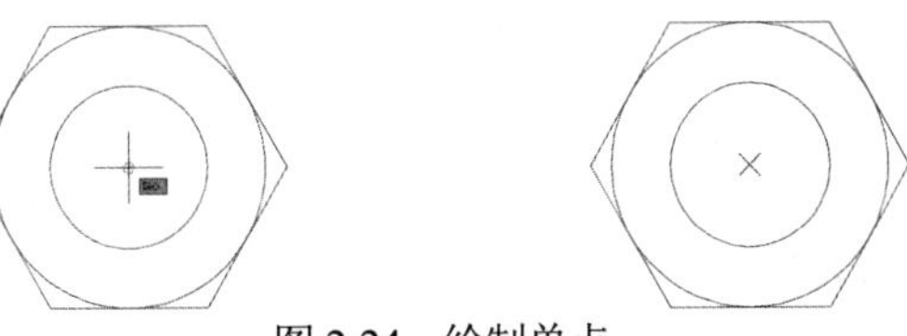

图 2-24　绘制单点

2.4.2　绘制多点

绘制多点需要执行多点命令，该命令有以下两种调用方法：

- 选择【绘图】|【点】|【多点】命令。
- 选择【默认】选项卡，在【绘图】面板中单击【多点】按钮∵。

【例 2-8】在六边形每条边的端点处绘制 6 个点。

(1) 选择【默认】选项卡，在【绘图】面板中单击【多点】按钮，然后在六边形两条边的端点处捕捉端点。

(2) 单击鼠标，绘制 1 个点，然后使用相同的方法捕捉六边形其他边的端点，绘制如图 2-25 所示的多点。

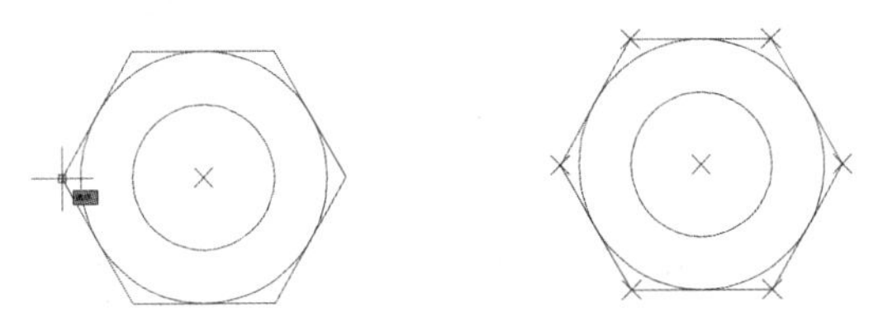

图 2-25　绘制多点

计算机 基础与实训教材系列

2.4.3 设置点样式

在绘制点时，命令提示行的 PDMODE 和 PDSIZE 两个系统变量显示了当前状态下点的样式和大小。在菜单栏中选择【格式】|【点样式】命令，可通过打开的【点样式】对话框对点样式和大小进行设置。

【例 2-9】继续例 2-8 的操作，设置绘制的点样式。

(1) 选择【格式】|【点样式】命令，打开【点样式】对话框。

(2) 在【点样式】对话框中选中一种点样式后，选中【相对于屏幕设置大小】单选按钮，并单击【确定】按钮，如图 2-26 所示。

(3) 此时，绘图区域中的点效果将如图 2-27 所示。

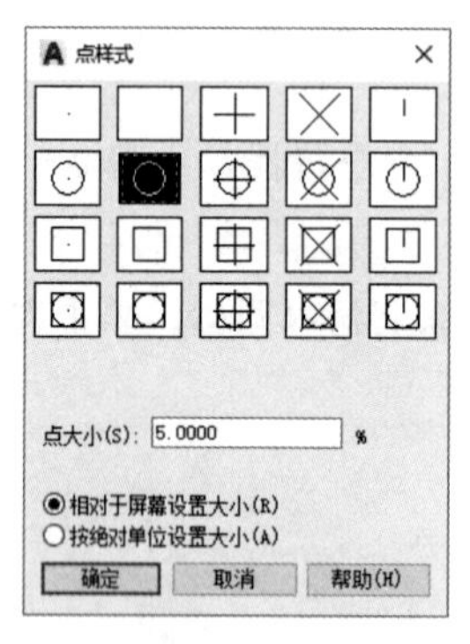

图 2-26 【点样式】对话框

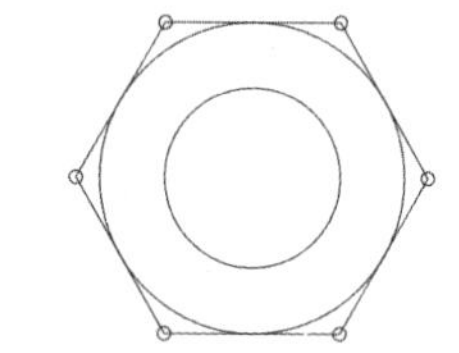

图 2-27 改变样式后的点效果

除此之外，用户还可以使用 PDMODE 命令来修改点样式。点样式对应的 PDMODE 变量值如表 2-1 所示。

表 2-1 点样式与对应的 PDMODE 变量值

点样式	变量值	点样式	变量值
	0		64
	1		65
	2		66
	3		67
	4		68
	32		96
	33		97
	34		98
	35		99
	36		100

2.4.4　绘制定数等分点

绘制定数等分点就是在指定的对象上绘制等分点，即将线条以指定数目来进行划分，每段的长度相等，该命令主要有以下几种调用方法：

- 选择【绘图】|【点】|【定数等分】命令。
- 在命令行执行 DIVIDE 命令。
- 在【默认】选项卡中的【绘图】面板中单击【定数等分】按钮。

【例 2-10】设置点样式为○，使用【定数等分】命令，将图形中的辅助线进行定数等分，将其分为 12 段。

(1) 打开图形后，在命令行中输入 DIVDE 命令。

(2) 按下 Enter 键确认后，选择图形中合适的圆形对象，如图 2-28 所示。

(3) 在命令行中输入 12，按下 Enter 键即可创建出图 2-29 所示的定数等分点。

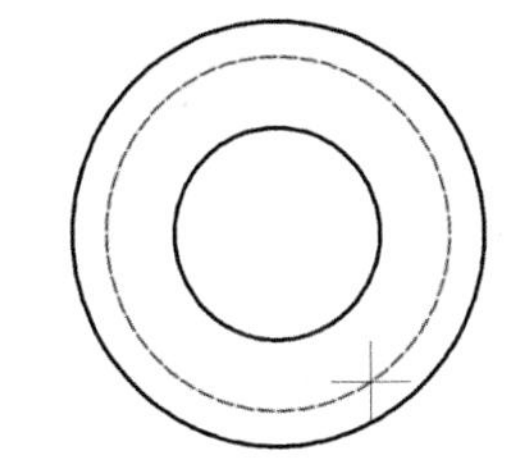

图 2-28　选择定数等分对象

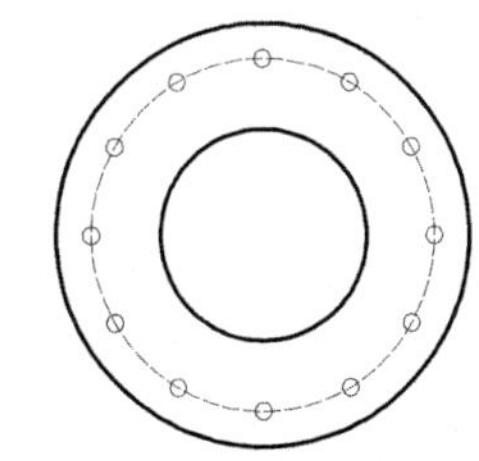

图 2-29　定数等分效果

2.4.5　绘制定距等分点

定距等分点，就是在指定的对象上，按指定的长度将图形对象进行等分。在进行等分操作时，需要在选择要进行等分操作的图形对象后，指定要进行等分操作的长度，并根据该距离来分隔所选对象。

定距等分命令主要有以下几种调用方法：

- 选择【绘图】|【点】|【定距等分】命令。
- 在命令行执行 MEASURE 命令。
- 在【默认】选项卡的【绘图】面板中单击【定距等分】按钮。

【例 2-11】设置点样式为⊠，使用【定距等分】命令，将图形中的一条多段线进行定距等分。

(1) 打开图形后，在命令行中输入 MEASURE 命令。按下 Enter 键确定，在命令行提示下选择图形中的圆形对象，如图 2-30 所示。

(2) 在命令行提示下输入 120，然后按下 Enter 键，即可创建出图 2-31 所示的定距等分点。

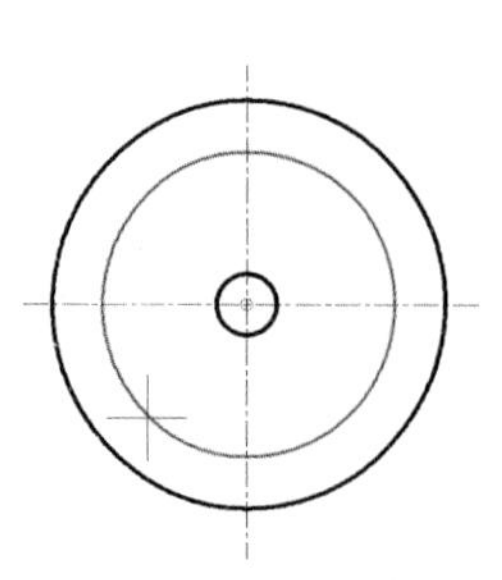

图 2-30　选择定距等分对象

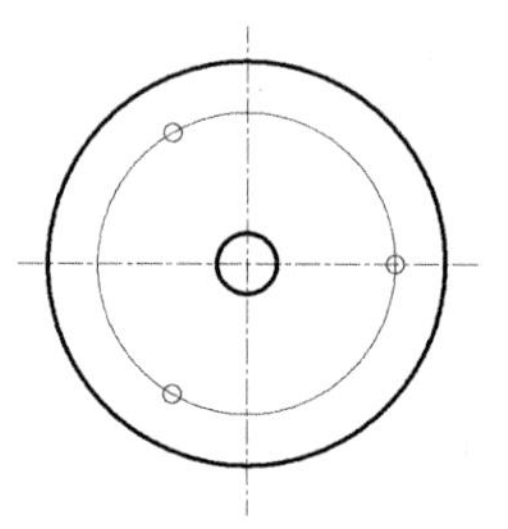

图 2-31　定距等分效果

2.5　绘制多线

多线是一种由多条平行线组成的组合对象，平行线之间的间距和数目是可以调整的，多线常用于绘制建筑图形中的墙体、电子线路图等平行线对象。

多线的绘制方法与直线的绘制方法类似，不同的是多线是由两条或两条以上相同的平行线组成的。【多线】命令主要有以下两种调用方法：

- 选择【绘图】|【多线】命令。
- 在命令行执行 MLINE 或 ML 命令。

执行以上命令后，命令行显示如下提示信息。

```
命令：_milne
当前的设置：对正=上，比例=20.00，样式=STANDARD
指定起点或 [对正(J)/比例(S)/样式(ST)]:
```

在该提示信息中，第 2 行说明当前的绘图格式：对正方式为上，比例为 20.00，多线样式为标准型(STANDARD)；第 3 行为绘制多线时的选项，各选项功能如下。

- 对正(J)：指定多线的对正方式。此时，命令行显示【输入对正类型 [上(T)/无(Z)/下(B)] <上>:】提示信息。【上(T)】选项表示当从左向右绘制多线时，多线上最顶端的线将随着光标移动；【无(Z)】选项表示绘制多线时，多线的中心线将随着光标点移动；【下(B)】选项表示当从左向右绘制多线时，多线上最底端的线将随着光标移动。
- 比例(S)：指定所绘制多线的宽度相对于多线的定义宽度的比例因子，该比例不影响多线的线型比例。
- 样式(ST)：指定绘制多线的样式，默认为标准(STANDARD)型。当命令行显示【输入多线样式名或 [?]:】提示信息时，可以直接输入已有的多线样式名，也可以输入问号(？)，显示已定义的多线样式。

【例 2-12】使用多线绘制墙线。

(1) 在命令行中输入 ML 后，按下 Enter 键。

(2) 在命令行提示【指定起点或[对正(J)/比例(S)/样式(ST)]:】下输入 S，按下 Enter 键。

(3) 在命令行提示【输入多线比例:】下输入 240，按下 Enter 键，设置多线比例。

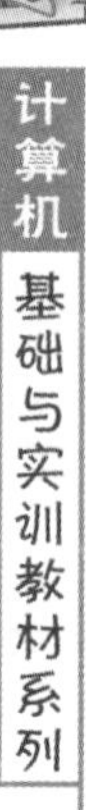

(4) 在命令行提示【指定起点或[对正(J)/比例(S)/样式(ST)]:】下输入 J，按下 Enter 键。

(5) 在命令行提示【输入对正类型[上(T)/无(Z)/下(B)] <上>:】下输入 Z，按下 Enter 键。

(6) 在绘图区域中拾取一点，指定多线的起点位置 A，如图 2-32 所示。

(7) 在命令行提示【指定下一点：】下输入(@300,0)，按下 Enter 键，指定多线的第 2 点位置 B。

(8) 在命令行提示【指定下一点:】下输入(@0,3600)，按下 Enter 键，指定多线的第 3 点位置 C，如图 2-33 所示。

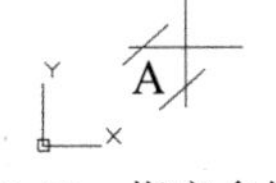

图 2-32　指定多线起始点

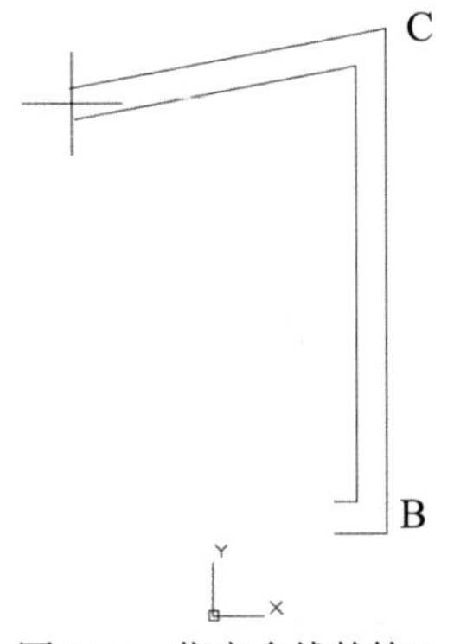

图 2-33　指定多线的第 2、3 点

(9) 在命令行提示【指定下一点:】下输入(@-3000,0)，按下 Enter 键，指定多线的第 4 点位置 D。

(10) 在命令行提示【指定下一点:】下输入(@0,-3600)，按下 Enter 键，指定多线的第 5 点位置 E。

(11) 在命令行提示【指定下一点:】下输入(@1900,0)，按下 Enter 键，指定多线的第 6 点位置 F。

(12) 按下 Enter 键，完成墙线轮廓的绘制，如图 2-34 所示。

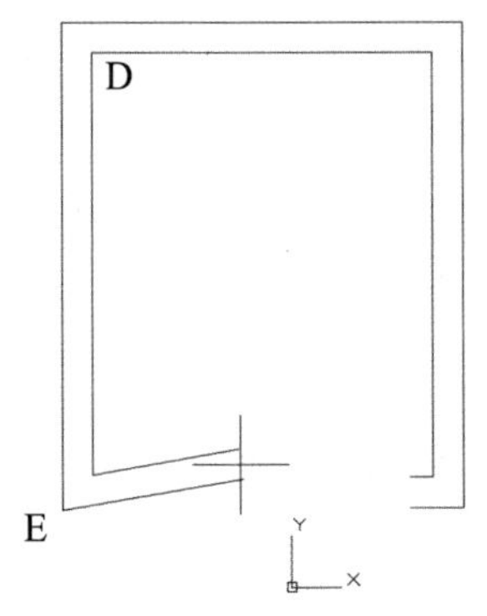

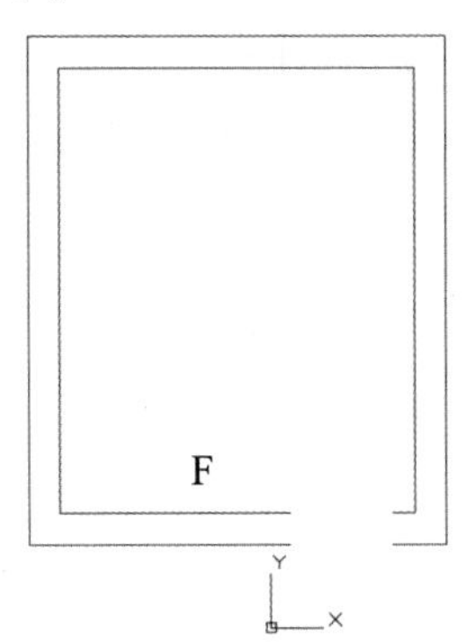

图 2-34　绘制多线

1. 使用【多线样式】对话框

使用以下方法，可以打开图 2-35 所示的【多线样式】对话框，用户可以根据需要创建多线样式，设置其线条数目和线的拐角方式。

◉　选择【格式】|【多线样式】命令。

- 在命令行中执行 MLSTYLE 命令。

【多线样式】对话框中各主要选项的功能说明如下。

- 【样式】列表框：显示已经加载的多线样式。
- 【置为当前】按钮：在【样式】列表中，选择需要使用的多线样式后，单击该按钮，可以将其设置为当前样式。
- 【新建】按钮：单击该按钮，打开图 2-36 所示的【创建新的多线样式】对话框，可以创建新的多线样式。

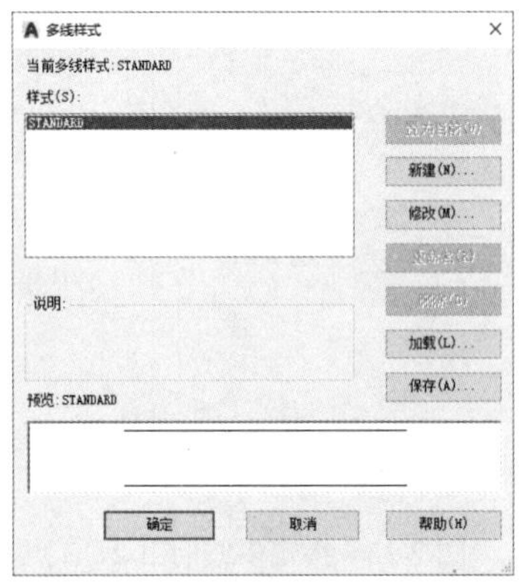

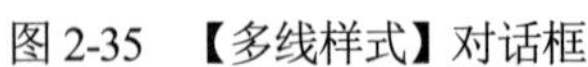
图 2-35 【多线样式】对话框

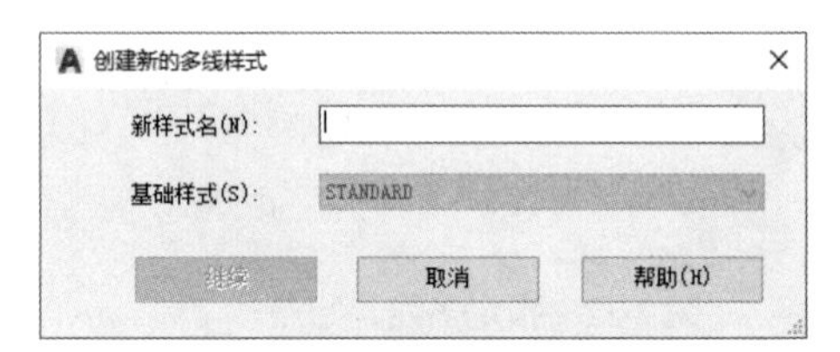

图 2-36 【创建新的多线样式】对话框

- 【修改】按钮：单击该按钮，打开图 2-37 所示的【修改多线样式】对话框，可以对创建的多线样式进行修改。
- 【重命名】按钮：单击该按钮，重命名【样式】列表中选中的多线样式名称，但不能重命名标准(STANDARD)样式。
- 【删除】按钮：单击该按钮，删除【样式】列表中选中的多线样式。
- 【加载】按钮：单击该按钮，打开图 2-38 所示的【加载多线样式】对话框。可以从中选取多线样式并将其加载至当前图形中，也可以单击【文件】按钮，打开【从文件加载多线样式】对话框，选择多线样式文件。默认情况下，AutoCAD 提供的多线样式文件为 acad.mln。

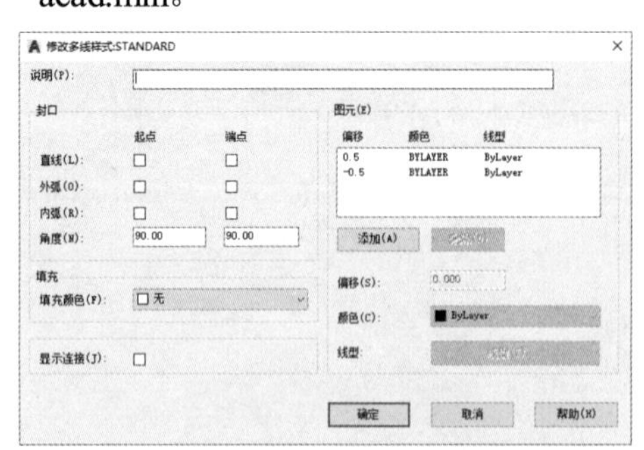

图 2-37 【修改多线样式】对话框

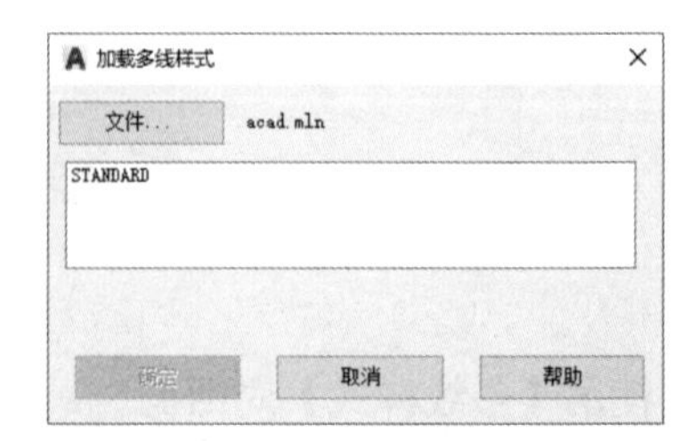

图 2-38 【加载多线样式】对话框

- 【保存】按钮：单击该按钮，打开【保存多线样式】对话框，可以将当前的多线样式保存为一个多线文件(*.mln)。

2. 创建和修改多线样式

在【创建新的多线样式】对话框中单击【继续】按钮，在打开的【新建多线样式】对话框中，用户可以创建新的多线样式的封口、填充和元素特性等内容，如图 2-39 所示。

【修改多线样式】对话框中各选项的功能说明如下。

- 【说明】文本框：用于输入多线样式的说明信息。当在【多线样式】列表中选中多线时，说明信息将显示在【说明】区域中。
- 【封口】选项区域：用于控制多线起点和端点处的样式。可以为多线的每个端点选择一条直线或弧线，并输入角度。其中，【直线】穿过整个多线的端点；【外弧】连接最外层元素的端点；【内弧】连接成对元素，如果有奇数个元素，则中心线不相连，如图 2-40 所示。

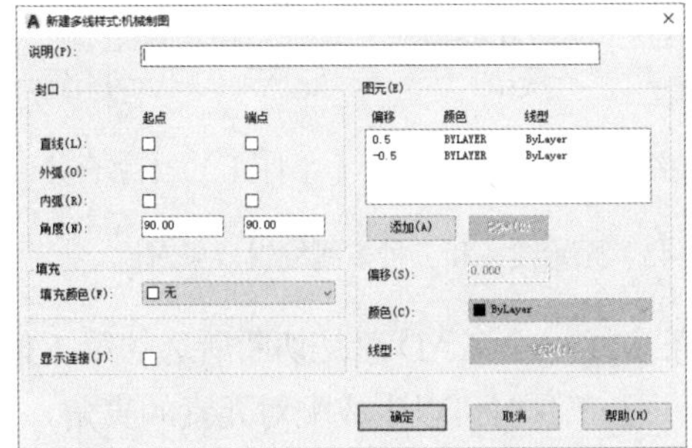

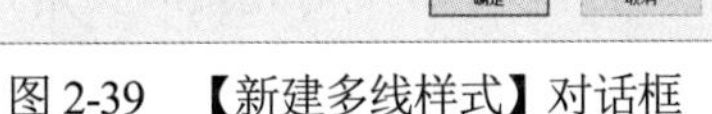

图 2-39　【新建多线样式】对话框

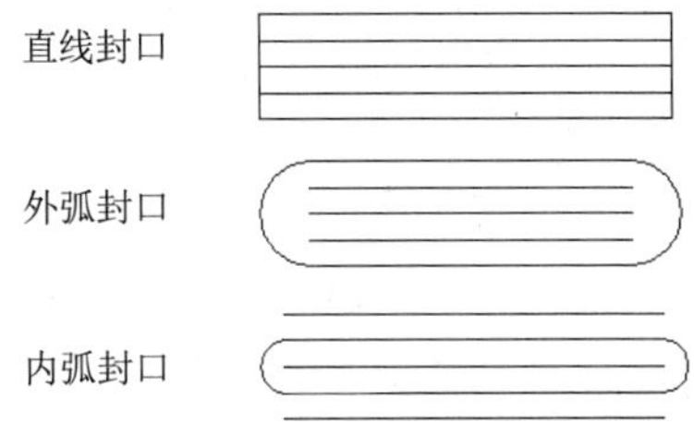

图 2-40　封口效果

- 【填充】选项区域：用于设置是否填充多线的背景。可以从【填充颜色】下拉列表框中选择所需的填充颜色作为多线的背景。如果不使用填充色，则在【填充颜色】下拉列表框中选择【无】选项即可。
- 【显示连接】复选框：选中该复选框，可以在多线的拐角处显示连接线，如图 2-41 所示。

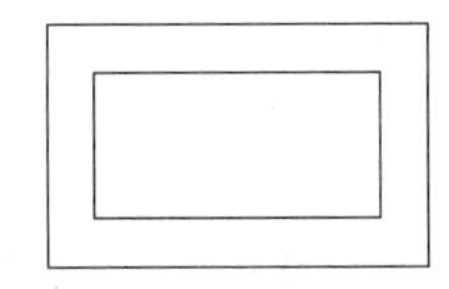

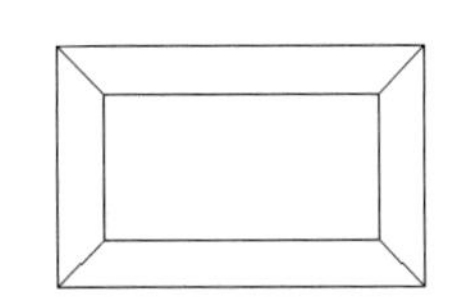

图 2-41　不显示连接与显示连接的对比

- 【图元】选项区域：可以设置多线样式的元素特性，包括多线的线条数目，每条线的颜色和线型等特性。其中，【图元】列表框中列举了当前多线样式中各线条元素及其特性，包括线条元素相对于多线中心线的偏移量、线条颜色和线型。如果需要增加多线中线条的数目，可单击【添加】按钮，在【图元】列表中将加入一个偏移量为 0 的新线条元素；通过【偏移】文本框设置线条元素的偏移量；在【颜色】下拉列表框中设置当前线条的颜色；单击【线型】按钮，使用打开的【线型】对话框设置线条元素的线型。如果要删除某一线条，可在【图元】列表框中选中该线条元素，然后单击【删除】按钮即可。

在【多线样式】对话框中单击【修改】按钮，在打开的【修改多线样式】对话框中可以修改创建的多线样式。

3. 编辑多线

多线编辑命令是一个专用于多线对象的编辑命令。在菜单栏中选择【修改】|【对象】|【多线】命令，可打开如图 2-42 所示的【多线编辑工具】对话框。该对话框中的各个图像按钮形象地说明了编辑多线的方法。

使用 3 种十字形工具、和可以消除各种相交线，如图 2-43 所示。

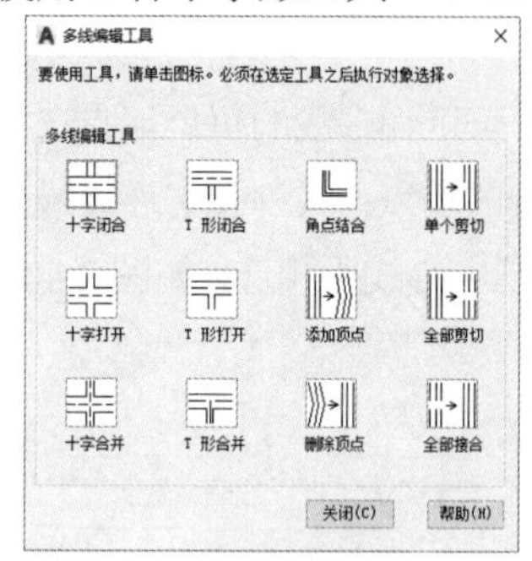

图 2-42 【多线编辑工具】对话框

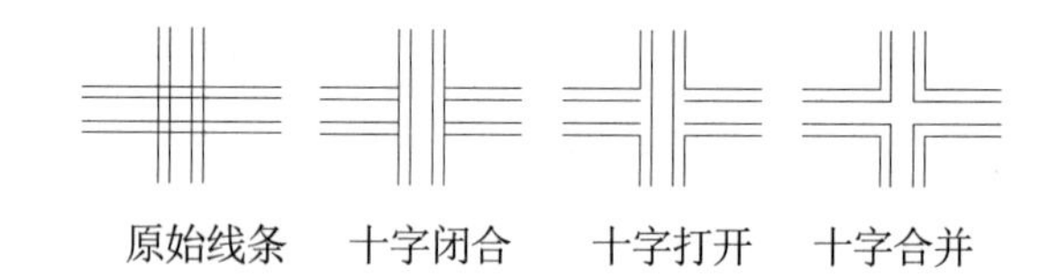

图 2-43 原始线条和三种多线编辑效果对比

当选择十字形中的某种工具后，还需要选取两条多线，AutoCAD 总是切断所选的第 1 条多线，并根据所选工具切断第 2 条多线。在使用【十字合并】工具时可以生成配对元素的直角，如果没有配对元素，则多线将不被切断。

使用 T 字形工具、、和角点结合工具也可以消除相交线，如图 2-44 所示。

图 2-44 消除相交线效果

此外，角点结合工具还可以消除多线一侧的延伸线，从而形成直角。使用该工具时，需要选取两条多线，只需在需要保留的多线某部分上拾取点，AutoCAD 就会将多线剪裁或延伸至其中的相交点上。使用添加顶点工具可以为多线增加若干顶点，使用删除顶点工具可以从包含 3 个或更多顶点的多线上删除顶点，若当前选取的多线只有两个顶点，那么该工具将无效。使用剪切工具、可以切断多线。其中，【单个剪切】工具用于切断多线中的一条线，只需拾取要切断的多线某一元素上的两点，则这两点中的连线即被删除(实际上不显示)；【全部剪切】工具用于切断整条多线。使用【全部接合】工具可以重新显示所选两点间的任何切断部分。

2.6 绘制和编辑多段线

在 AutoCAD 中，【多段线】是一种非常实用的线段对象，通常是由多段直线段或圆弧段组成的一个组合体，既可以同时编辑，也可以分别编辑，还可以具有不同的宽度。本节将介绍如何

绘制和编辑多段线。

多段线是由直线或圆弧等多条线段构成的特殊线段，这些线段所构成的图形是一个整体，可对其进行统一编辑。【多段线】命令主要有以下几种调用方法：

- 选择【绘图】|【多段线】命令。
- 在命令行中执行 PLINE 命令。
- 选择【默认】选项卡，在【绘图】面板中单击【多段线】按钮。

执行 PLINE 命令，并在绘图窗口中指定多段线的起点后，命令行显示如下提示信息。

```
指定下一个点或 [圆弧(A)/闭合(C)/半宽(H)/长度(L)/放弃(U)/宽度(W)]:
```

默认情况下，当指定多段线另一端点的位置后，将从起点到该点绘出一段多段线。该命令提示中其他选项的功能如下。

- 圆弧(A)：从绘制直线方式切换至绘制圆弧方式。
- 半宽(H)：设置多段线的半宽度，即多段线的宽度等于输入值的两倍。其中，可以分别指定对象的起点半宽和端点半宽。
- 长度(L)：指定绘制的直线段的长度。此时，AutoCAD 将以该长度沿着上一段直线的方向绘制直线段。如果前一段线对象是圆弧，则该段直线的方向为上一圆弧端点的切线方向。
- 放弃(U)：删除多段线上的上一段直线段或圆弧段，以方便及时修改在绘制多段线过程中出现的错误。
- 宽度(W)：设置多段线的宽度，可以分别指定对象的起点半宽和端点半宽。具有宽度的多段线填充与否可以通过 FILL 命令进行设置。如果将模式设置成【开(ON)】，则绘制的多段线是填充的；如果将模式设置成【关(OFF)】，则所绘制的多段线是不填充的。
- 闭合(C)：封闭多段线并结束命令。此时，系统将以当前点为起点，以多段线的起点为端点，以当前宽度和绘图方式(直线方式或者圆弧方式)绘制一段线段，以封闭该多段线，然后结束命令。

在绘制多段线时，如果在【指定下一个点或 [圆弧(A)/半宽(H)/长度(L)/放弃(U)/宽度(W)]:】命令提示下输入 A，可以切换至圆弧绘制方式，命令行显示如下提示信息。

```
指定圆弧的端点或
[角度(A)/圆心(CE)/闭合(CL)/方向(D)/半宽(H)/直线(L)/半径(R)/第二个点(S)/放弃(U)/宽度(W)]:
```

以上命令提示中各选项的功能说明如下。

- 角度(A)：根据圆弧对应的圆心角来绘制圆弧段。选择该选项后需要在命令行提示下输入圆弧的包含角。圆弧的方向与角度的正负有关，同时也与当前角度的测量方向有关。
- 圆心(CE)：根据圆弧的圆心位置来绘制圆弧段。选择该选项，需要在命令行提示下指定圆弧的圆心。当确定圆弧的圆心位置后，可以再指定圆弧的端点、包含角或对应弦长中的一个条件来绘制圆弧。
- 闭合(CL)：根据最后点和多段线的起点为圆弧的两个端点，绘制一个圆弧，以封闭多段线。闭合后，将结束多段线绘制命令。

- 方向(D)：根据起始点处的切线方向来绘制圆弧。选择该选项，可以通过输入起始点方向与水平方向的夹角来确定圆弧的起点切向。也可以在命令行提示下确定一个点，系统将把圆弧的起点与该点的连线作为圆弧的起点切向。当确定了起点切向后，再确定圆弧另一个端点即可绘制圆弧。
- 半宽(H)：设置圆弧起点的半宽度和终点的半宽度。
- 直线(L)：将多段线命令由绘制圆弧方式切换至绘制直线的方式。此时将返回到【指定下一个点或 [圆弧(A)/半宽(H)/长度(L)/放弃(U)/宽度(W)]:】提示。
- 半径(R)：可根据半径来绘制圆弧。选择该选项后，需要输入圆弧的半径，并通过指定端点和包含角中的一个条件来绘制圆弧。
- 第二个点(S)：可根据 3 点来绘制一个圆弧。
- 放弃(U)：取消上一次绘制的圆弧。
- 宽度(W)：设置圆弧的起点宽度和终点宽度。

【例 2-13】绘制箭头图形。

(1) 选择【绘图】|【多段线】命令，执行 PLINE 命令。

(2) 在命令行的【指定起点:】提示下，输入 0,0，确定 A 点。

(3) 在命令行【指定下一个点或[圆弧(A)/闭合(C)/半宽(H)/长度(L)/放弃(U)/宽度(W)]:】提示下输入 W。

(4) 在命令行【指定起点宽度<0.0000>:】提示下输入多段线的起点宽度为 5。

(5) 在命令行【指定端点宽度<5.0000>:】提示下按 Enter 键。

(6) 在命令行【指定下一点或[圆弧(A)/闭合(C)/半宽(H)/长度(L)/放弃(U)/宽度(W)]:】提示下在绘图窗口如图 2-45 所示的 B 点位置单击。

(7) 重复步骤(3)~(6)的操作，设置多段线的起点宽度为 15 端点宽度为 1，然后绘制 B 点到 C 点的一段多段线，如图 2-46 所示。

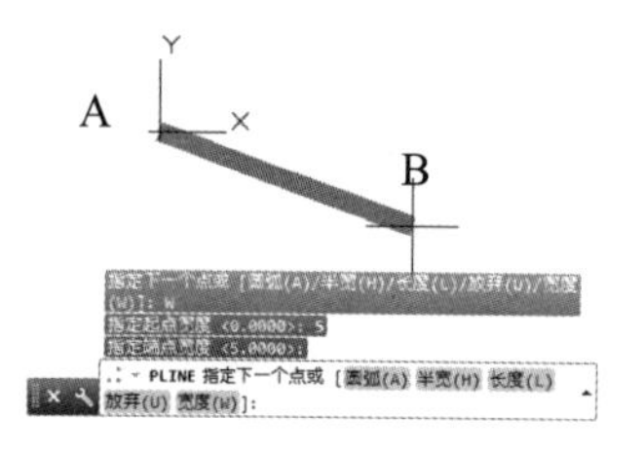

图 2-45　指定 A 点和 B 点

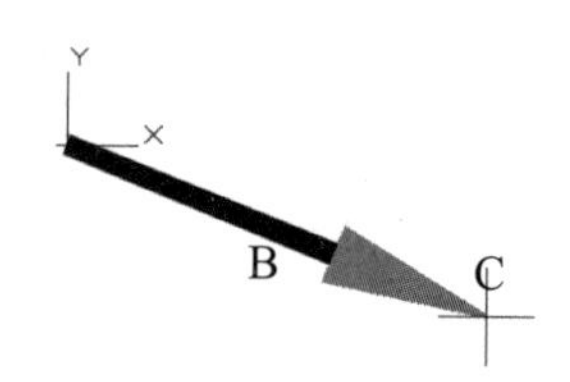

图 2-46　绘制箭头

(8) 在命令行【指定下一点或[圆弧(A)/闭合(C)/半宽(H)/长度(L)/放弃(U)/宽度(W)]:】提示下按下 Esc 键。

在 AutoCAD 中，使用以下几种方法之一，使用【编辑多段线】命令可以编辑绘制的多段线。二维和三维多段线、矩形、正多边形、三维多边形网格都是多段线的变形，都可以使用同样的方法进行编辑。

- 选择【修改】|【对象】|【多段线】命令。
- 在命令行中执行 PEDIT 命令。

- 选择【默认】选项卡，在【修改】面板中单击▼按钮，在展开的面板中单击【编辑多段线】按钮。

执行以上命令后，如果只选择一条多段线，命令行显示如下提示信息。

```
输入选项[闭合(C)/合并(J)/宽度(W)/编辑顶点(E)/拟合(F)/样条曲线(S)/非曲线化(D)/线型生成(L)/放弃(U)]:
```

如果选择多条多段线，命令行则显示如下提示信息。

```
输入选项[闭合(C)/打开(O)/合并(J)/宽度(W)/拟合(F)/样条曲线(S)/非曲线化(D)/线型生成(L)/放弃(U)]:
```

编辑多段线时，命令行中主要选项的功能如下。

- 闭合(C)：封闭所编辑的多段线，自动以最后一段的绘图模式(直线或者圆弧)连接原多段线的起点和终点。
- 合并(J)：将直线段、圆弧或者多段线连接到指定的非闭合多段线上。如果编辑的是多条多段线，系统将提示输入合并多段线的允许距离；如果编辑的是单条多段线，系统将连续选取首尾连接的直线、圆弧和多段线等对象，并将它们连成一条多段线。选择该选项时，需要连接的各相邻对象必须在形式上彼此首尾相连。
- 宽度(W)：重新设置所编辑的多段线的宽度。当输入新的线宽值后，所选的多段线均变成该宽度。
- 【编辑顶点(E)】选项：编辑多段线的顶点，只能对单条多段线操作。在编辑多段线的顶点时，系统将在屏幕上使用小叉标记出多段线的当前编辑点，命令行显示如下提示信息。

```
输入顶点编辑选项
[下一个(N)/上一个(P)/打断(B)/插入(I)/移动(M)/重生成(R)/拉直(S)/切向(T)/宽度(W)/ 退出(X)] <N>:
```

- 拟合(F)：使用双圆弧曲线拟合多段线的拐角，如图 2-47 所示。

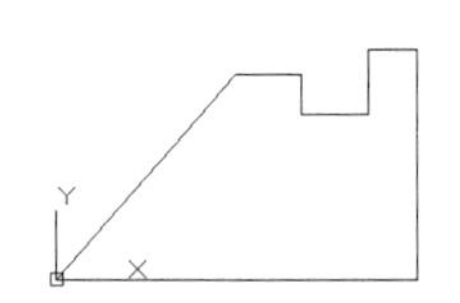

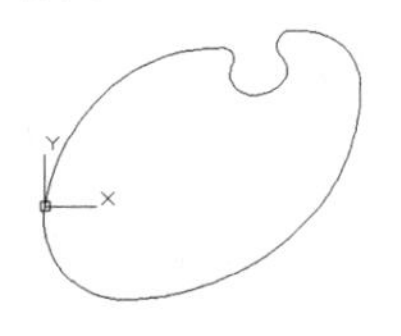

图 2-47　使用曲线拟合多段线的前后效果

- 样条曲线(S)：使用样条曲线拟合多段线，且拟合时以多段线的各顶点作为样条曲线的控制点，如图 2-48 所示。

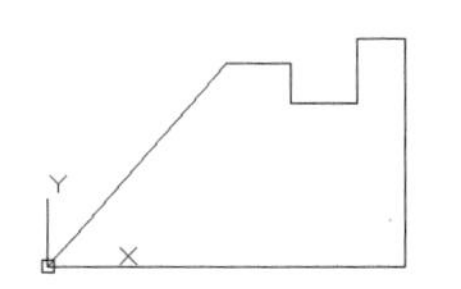

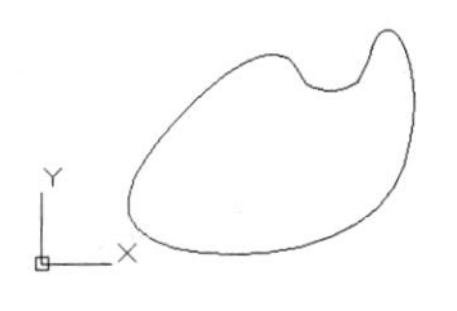

图 2-48　使用样条曲线拟合多段线的前后效果

- 非曲线化(D)：删除在执行【拟合】或者【样条曲线】选项操作时插入的额外顶点，并拉直多段线中的所有线段，同时保留多段线顶点的所有切线信息。
- 线型生成(L)：设置非连续线型多段线在各顶点处的绘线方式。选择该选项，命令行将显示【输入多段线线型生成选项 [开(ON)/关(OFF)] <关>:】提示信息。当用户选择 ON 时，多段线以全长绘制线型；当用户选择 OFF 时，多段线的各个线段独立绘制线型，当长度不足以表达线型时，以连续线代替。

- 放弃(U)：取消 PEDIT 命令的上一次操作。用户可重复使用该选项。

2.7 上机练习

本章的上机练习部分将介绍使用 AutoCAD 绘制各种简单二维平面图形的方法和技巧，用户可以通过实例操作巩固所学的知识。

2.7.1 绘制平行关系的直线

使用 AutoCAD 绘制两条相互平行的直线。

(1) 选择【工具】|【绘图设置】命令，打开【草图设置】对话框，选择【对象捕捉】选项卡，选中【启用对象捕捉】和【平行线】复选框，单击【确定】按钮，如图 2-49 所示。

(2) 在命令行中输入 LINE 命令，绘制一条直线。

(3) 在命令行中输入 LINE 命令，然后在绘图窗口中捕捉一点，指定另一条直线的起点，再将光标移动到要平行的直线上，寻找图 2-50 所示的【平行】捕捉符号。

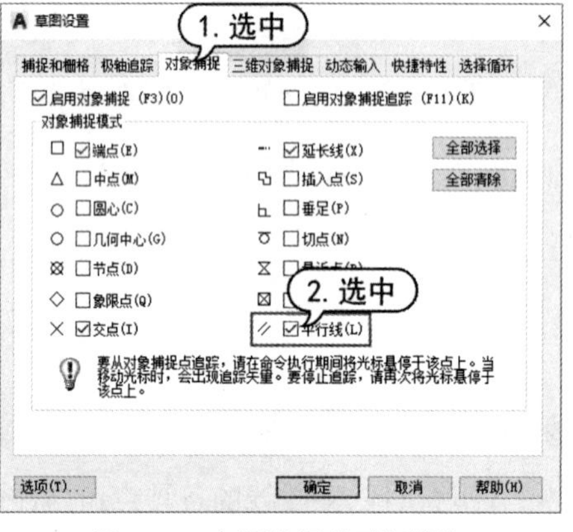

图 2-49 启用捕捉【平行线】

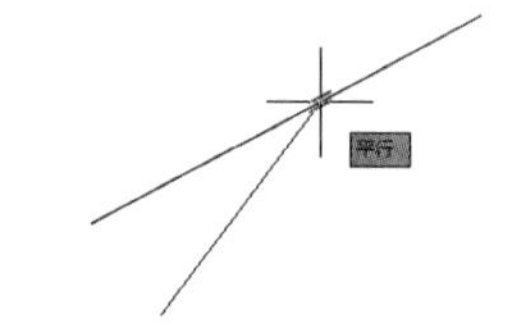

图 2-50 【平行】捕捉符号

(4) 将鼠标光标进行移动，当移动到平行于第一条直线的位置上时，将显示图 2-51 所示的对象追踪线，在追踪线上单击鼠标，即可绘制平行线。

(5) 除此之外，用户还可以使用【偏移】命令绘制平行线条。在命令行中输入 OFFSET 命令，按下 Enter 键执行【偏移】命令。

(6) 在命令行提示下输入 15，指定两条平行线条之间的距离。按下 Enter 键确认，在绘图窗口合适的位置上单击，即可绘制平行线条，如图 2-52 所示。

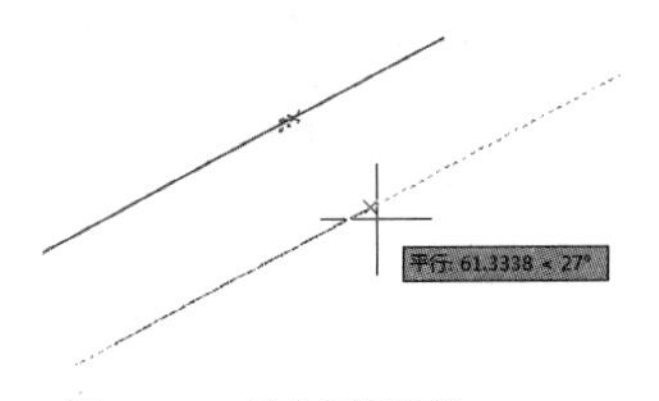

图 2-51　绘制平行线

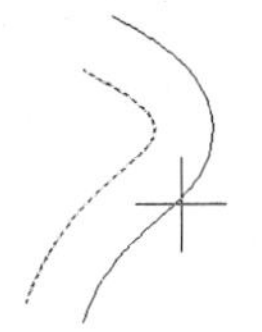

图 2-52　使用【偏移】命令绘制平行线

2.7.2　绘制垂直关系的直线

使用 AutoCAD 绘制两条相互垂直的直线。

(1) 在绘制水平直线与铅垂线方向的垂直图形时，可以在状态栏中单击【正交显示光标】按钮，打开正交功能。

(2) 在命令行中输入 LINE 命令，按下 Enter 键，在命令行提示下捕捉水平直线上的一点，然后拖动光标，即可轻松完成垂直直线的绘制，如图 2-53 所示。

(3) 如果要在倾斜的直线上绘制与其垂直的线条，可以选择【工具】|【绘图设置】命令，打开【草图设置】对话框，选择【对象捕捉】选项卡，选中【启用对象捕捉】和【垂足】复选框。

(4) 单击【确定】按钮后，在命令行中执行 LINE 命令，捕捉直线上的一点后，结合对象捕捉显示的【垂足】捕捉提示，可以捕捉倾斜线与第二条直线的垂足点，如图 2-54 所示。

(5) 在【垂足】捕捉提示下单击鼠标，即可绘制与倾斜直线垂直的线条。

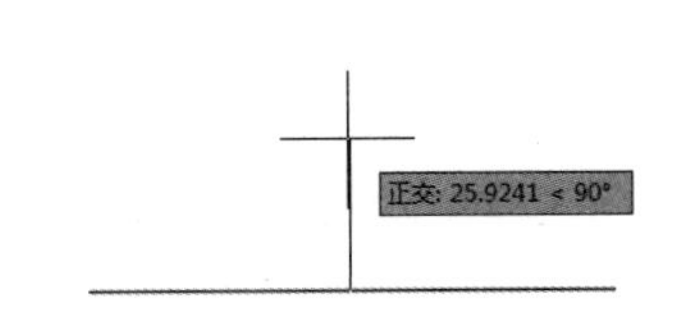

图 2-53　绘制两条互相垂直的直线

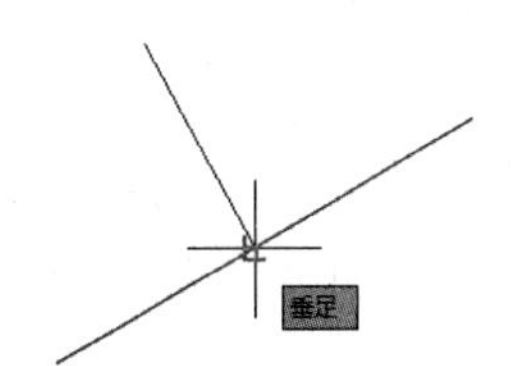

图 2-54　捕捉倾斜线与第二条直线的垂足点

2.7.3　绘制直线间的连接圆弧

绘制直线与圆之间的连接圆弧。

(1) 在绘图窗口中绘制如图 2-55 所示的圆和直线，在命令行中输入 C，按下 Enter 键，绘制圆。

(2) 在命令行提示下输入 T，选择【切点、切点、半径】选项。在命令行提示下捕捉圆形图形上的切点 A，指定对象与圆的第一个切点，如图 2-56 所示。

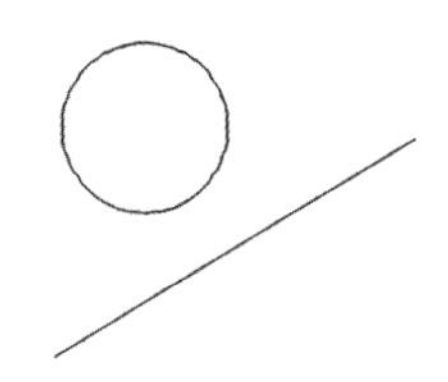

图 2-55　绘制直线和圆

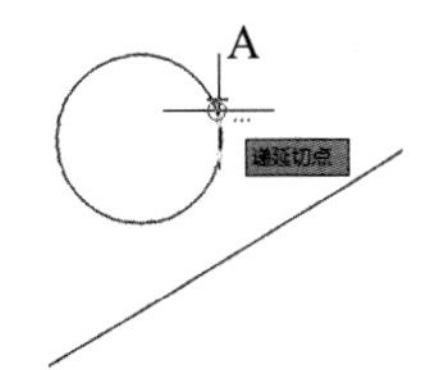

图 2-56　指定圆形上的切点 A

(3) 在命令行提示下捕捉直线上的切点 B，指定对象与圆的第二个切点，如图 2-57 所示。

(4) 在命令行提示下输入 35，按下 Enter 键，绘制一个半径为 35 的辅助圆，如图 2-58 所示。

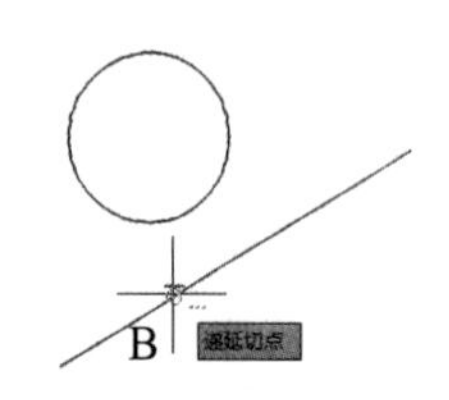

图 2-57　指定第二个切点

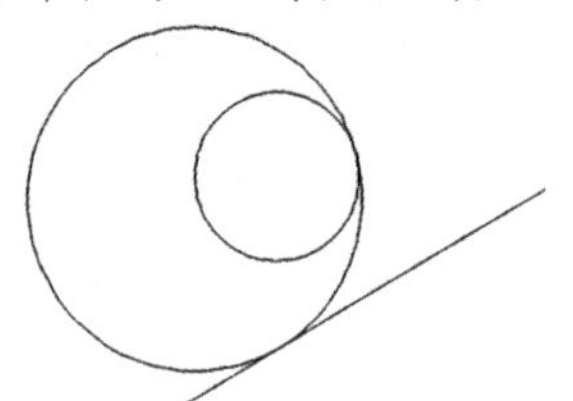

图 2-58　绘制半径为 35 的圆

(5) 在命令行中输入 TR，按下 Enter 键执行修剪命令，在命令行提示下按下 Enter 键。

(6) 在命令行提示下捕捉图 2-59 所示的圆弧对象，单击鼠标将其删除。

(7) 在命令行提示下捕捉图 2-59 所示的直线对象，单击鼠标将其删除。

(8) 按下 Enter 键确认，完成连接直线与圆之间圆弧的绘制，效果如图 2-60 所示。

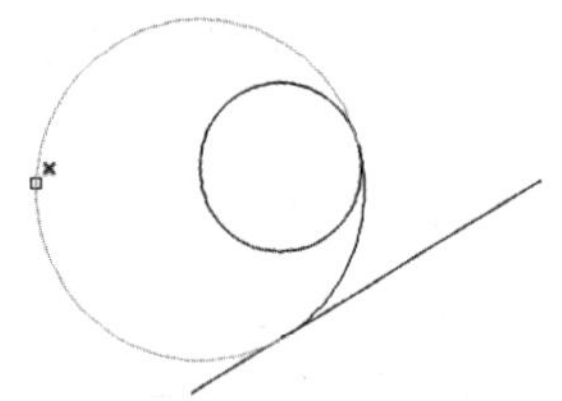

图 2-59　删除圆弧对象

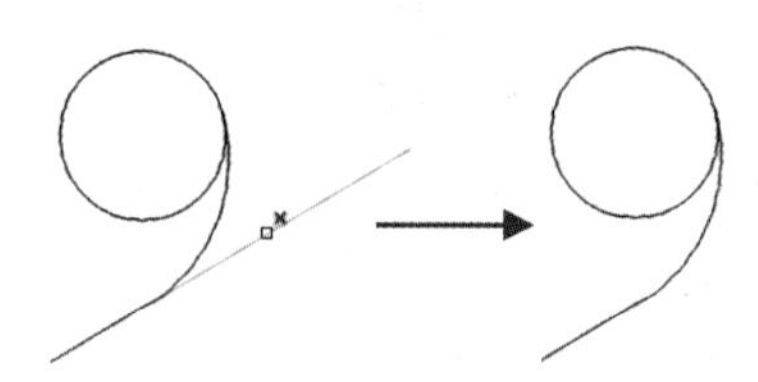

图 2-60　删除直线对象完成图形绘制

2.7.4　绘制机械手柄

使用 AutoCAD 绘制机械手柄图形。

(1) 打开图 2-61 所示的图形文件，在命令行执行 C 命令绘制圆形，以点 A 为圆心绘制半径为 15 的圆，如图 2-62 所示。

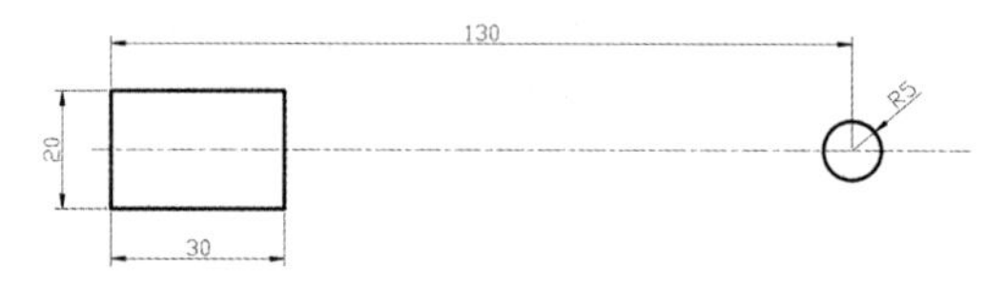

图 2-61　原始图形

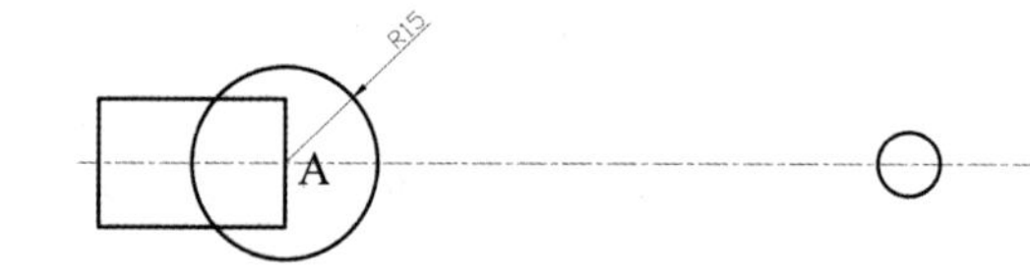

图 2-62　绘制半径为 15 的圆

(2) 在命令行中输入 EXPLODE，执行分解命令，选中图形左侧的矩形，然后按下 Enter 键，将其分解。

(3) 选中矩形分解后的直线 B，调整直线上的蓝色控制点，延长直线的两端，使其与半径 15 的圆相接，如图 2-63 所示。

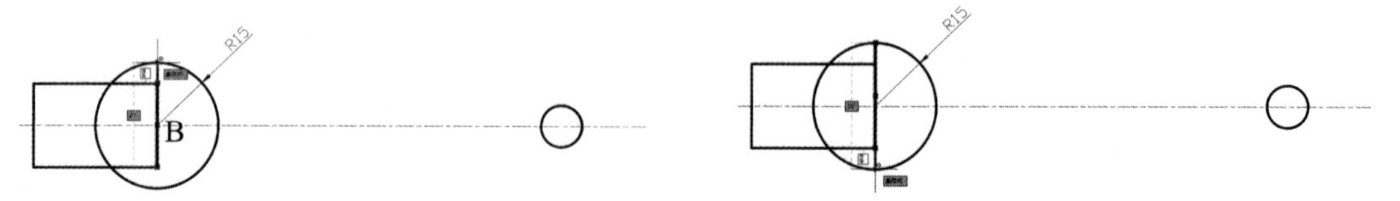

图 2-63　使用夹点延伸直线长度

(4) 在命令行中输入 TR，执行修剪命令，将半径为 15 的圆进行修剪处理，如图 2-64 所示。

(5) 在命令行中输入 C，执行圆命令，以圆心 C 为辅助圆的圆心，绘制半径为 55 的辅助线，如图 2-65 所示。

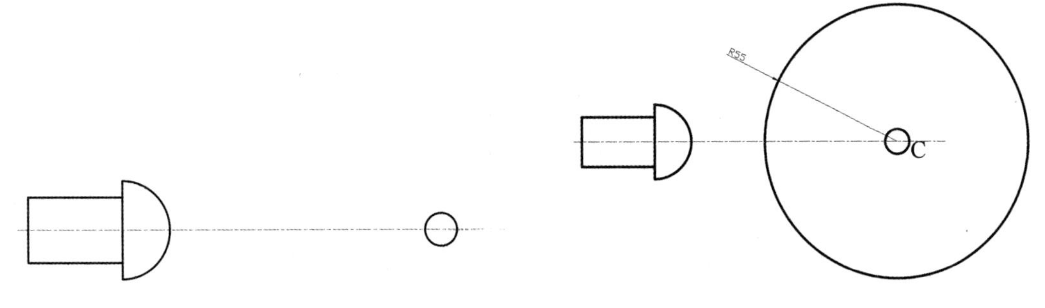

图 2-64　修剪图形　　　　图 2-65　绘制半径为 55 的圆

(6) 在命令行中输入 O，执行偏移命令，将水平辅助线向下进行偏移，偏移距离为 40，如图 2-66 所示。

(7) 在命令行中输入 C，执行圆命令，以偏移水平辅助线的交点为圆心，绘制半径为 60 的圆，如图 2-67 所示。

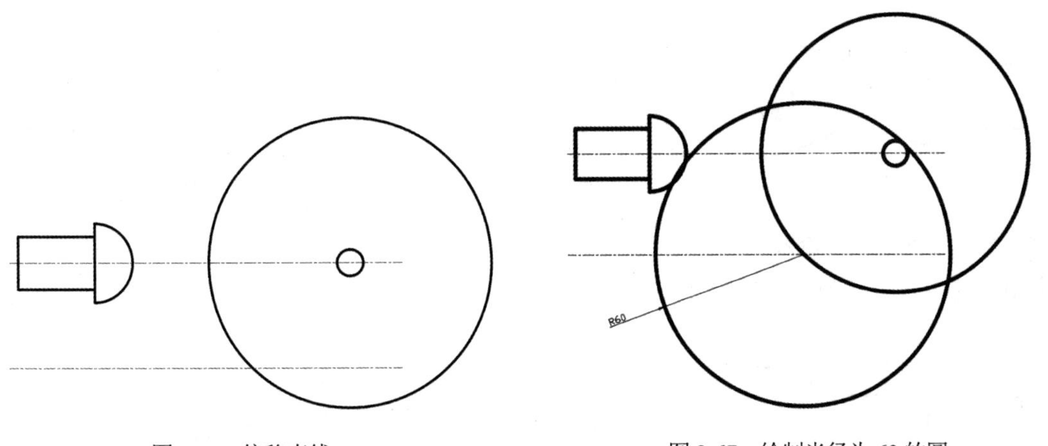

图 2-66　偏移直线　　　　图 2-67　绘制半径为 60 的圆

(8) 在命令行中输入 E，执行删除命令，将步骤(6)偏移的水平辅助线以及半径为 55 的辅助圆删除。

(9) 在命令行中输入 F，执行圆角命令，将半径为 60 的和半径为 15 的圆进行圆角处理，圆角的半径为 35，如图 2-68 所示。

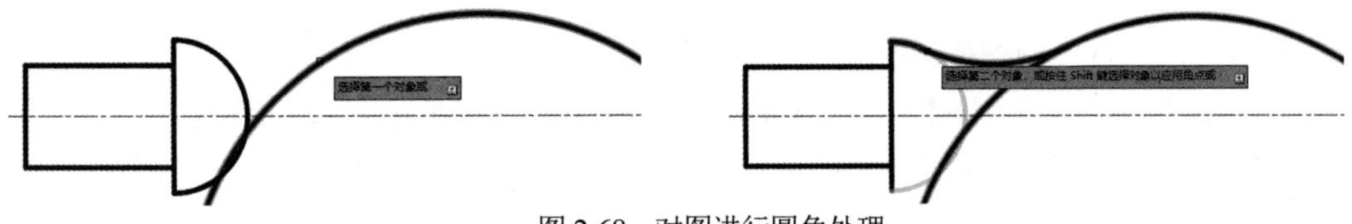

图 2-68　对图进行圆角处理

(10) 在命令行中输入 TR，执行修剪命令，将半径为 60 的圆进行修剪处理，修剪边界为半径 35 的圆角圆弧以及右端半径为 5 的小圆，如图 2-69 所示。

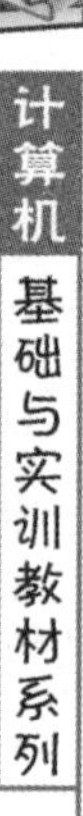

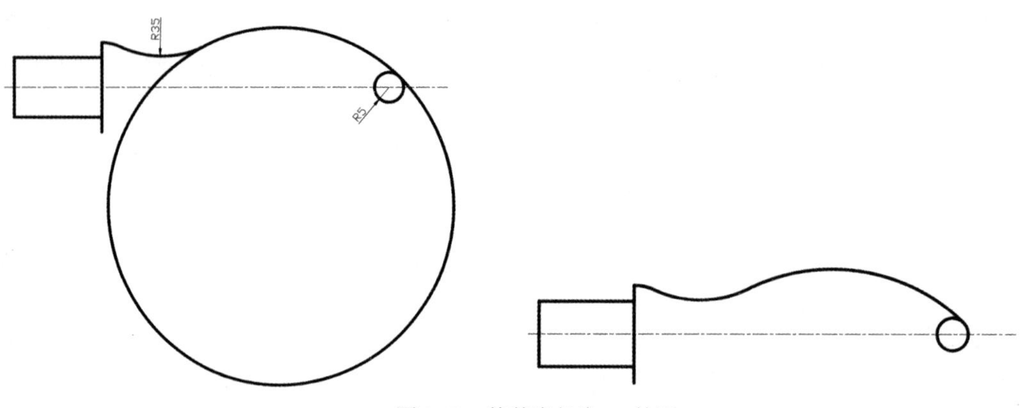

图 2-69　修剪半径为 60 的圆

(11) 在命令行中输入 MI，执行镜像命令，将半径为 15、35 和 60 的圆弧进行镜像复制，如图 2-70 所示。

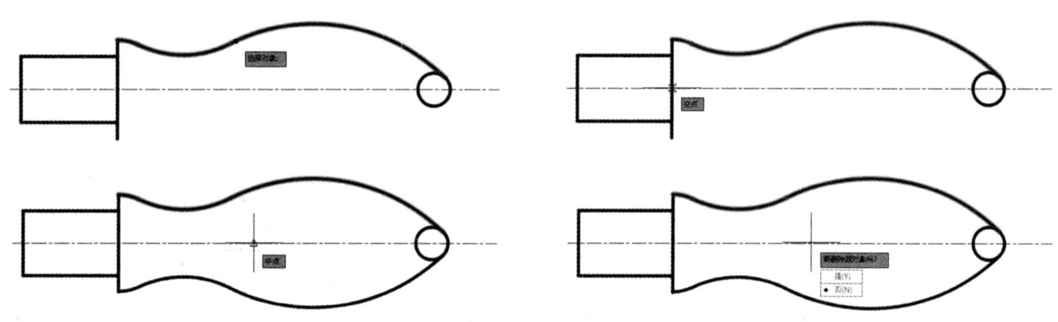

图 2-70　镜像连接圆弧

(12) 在命令行中输入 TR 命令，执行修剪命令，将右端的圆进行修剪处理，修剪边界为半径为 60 的连接圆弧，如图 2-71 所示。

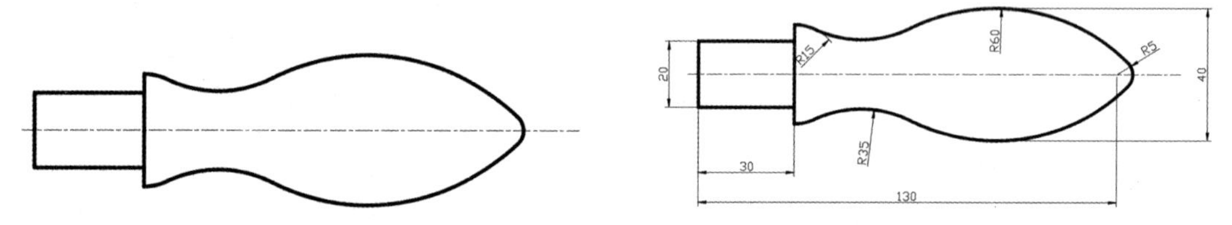

图 2-71　修剪多余线条完成图形绘制

2.7.5　绘制六角螺母

使用 AutoCAD 绘制六角螺母图形。

(1) 新建图形文件，选择【格式】|【图层】命令，打开【图层特性管理器】选项板，创建【粗线】和【点划线】图层，并将点划线的线型设置为 CENTER，将粗线图层的线宽设置为 0.30mm，如图 2-72 所示。

(2) 将当前图层切换为“点划线”图层，在命令行中输入 XL，执行构造线命令，绘制如图 2-73 所示的水平和垂直构造线。

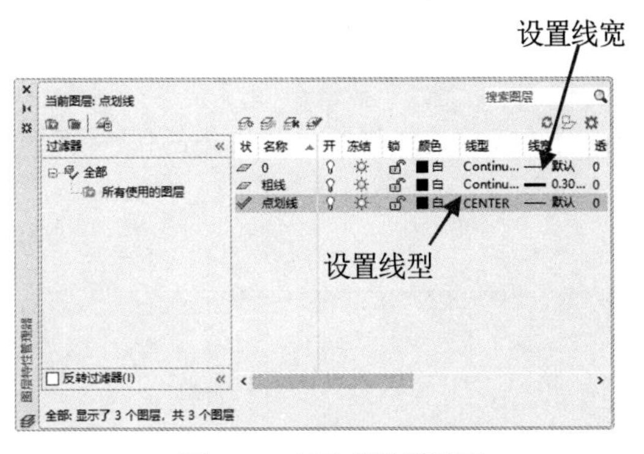

图 2-72　创建并设置图层

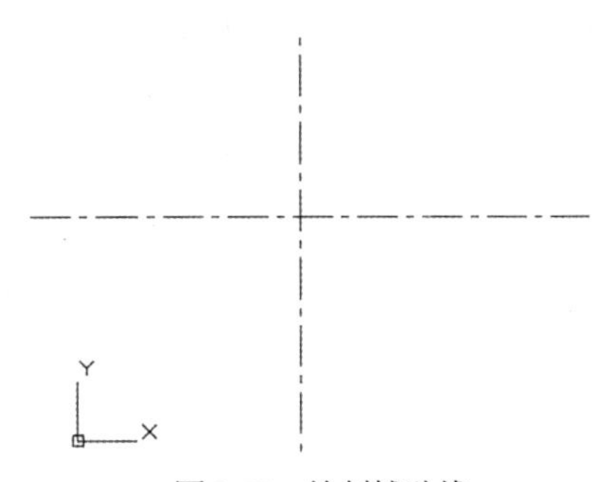

图 2-73　绘制辅助线

(3) 将当前图层设置为“粗线”图层，在命令行输入 POL，执行正多边形命令，绘制外切于半径为 120 的圆的正多边形，如图 2-74 所示。

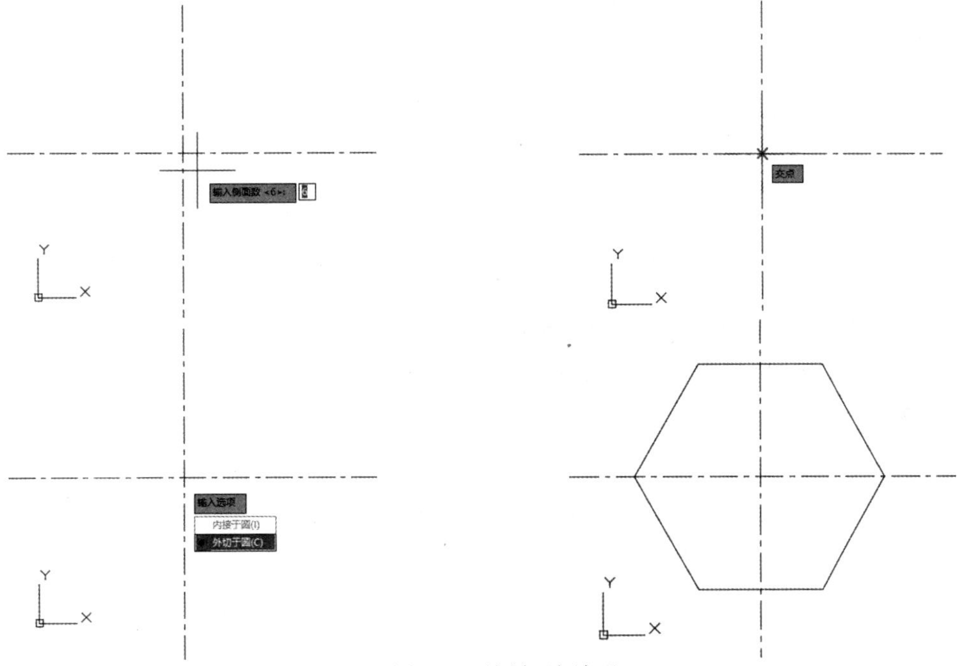

图 2-74　绘制正六边形

(4) 在命令行中输入 C，执行圆命令，以辅助线的交点为圆心，绘制半径为 60 的圆，如图 2-75 所示。

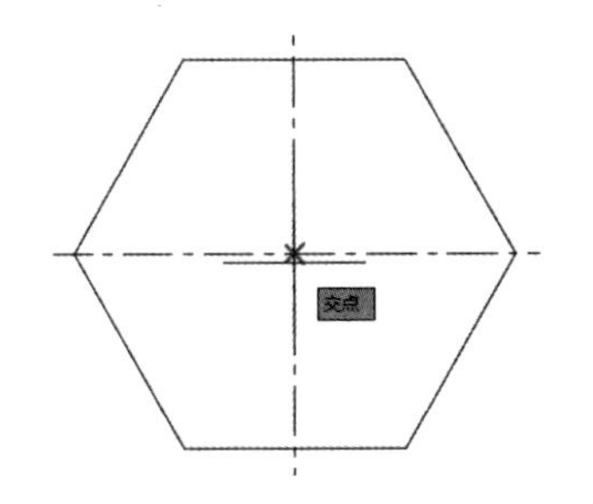

图 2-75　绘制半径为 60 的圆

(5) 在命令行中输入 CO 命令，执行复制命令，将水平辅助线向上进行复制，其相对距离分别为 400 和 500，如图 2-76 所示。

(6) 在命令行中输入 O 命令，执行偏移命令，将垂直构造线进行偏移，其偏移所通过的点为正六边形的端点，如图 2-77 所示。

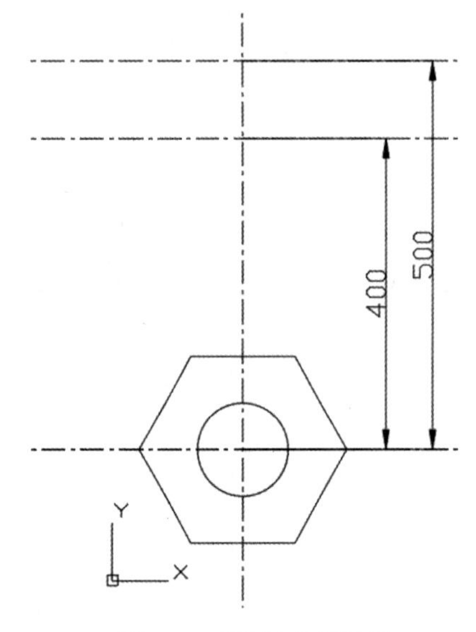

图 2-76　复制水平辅助线

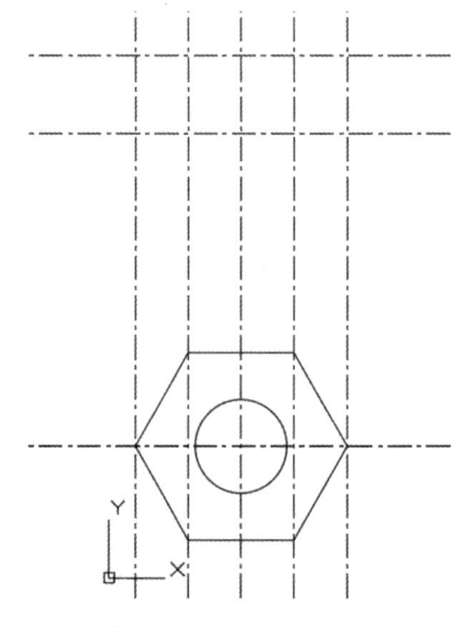

图 2-77　偏移垂直构造线

(7) 选择复制与偏移得到的构造线，将这些线条的图层更改为“粗线”，效果如图 2-78 所示。

(8) 在命令行中输入 TR，执行修剪命令，将更改后的线条进行修剪处理，如图 2-79 所示。

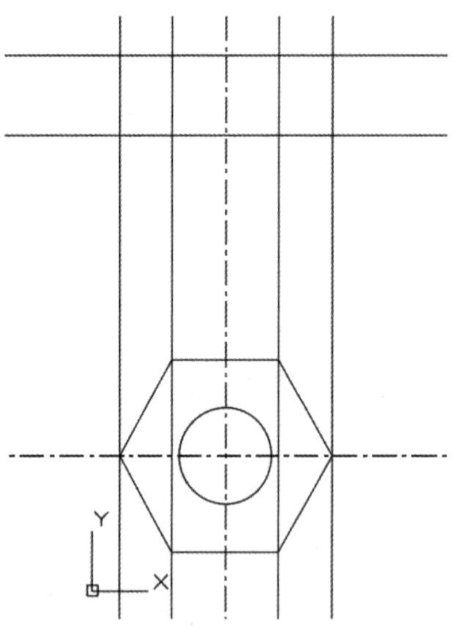

图 2-78　将线条更改为“粗线”

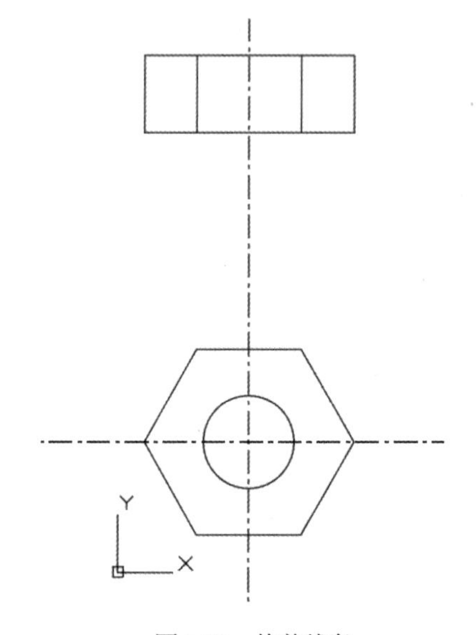

图 2-79　修剪线条

(9) 在命令行中输入 CO，执行复制命令，将六角螺母俯视图中的正六边形、圆以及垂直辅助线向右进行复制，复制的相对距离为 600，如图 2-80 所示。

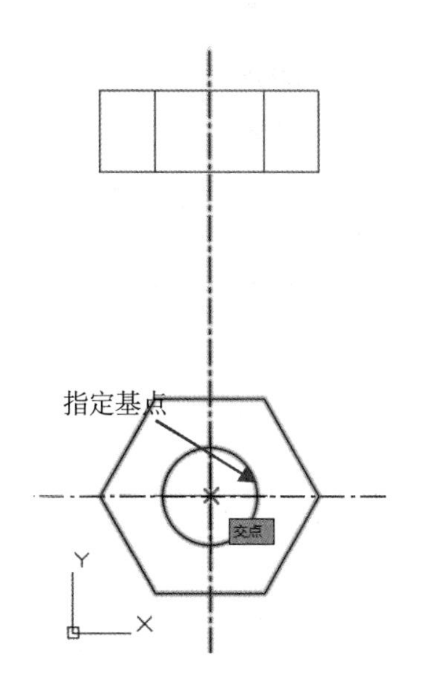

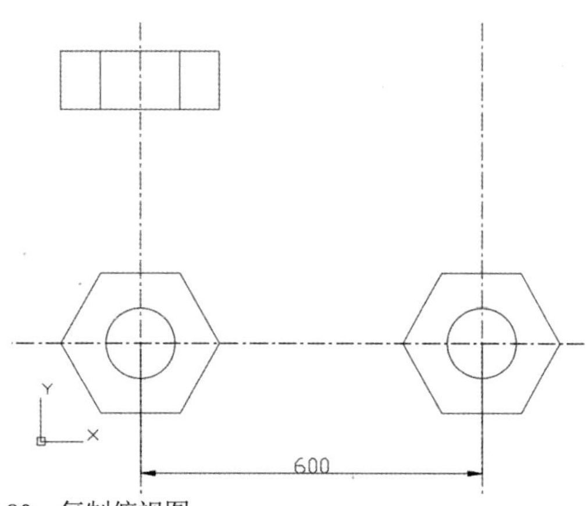

图 2-80　复制俯视图

(10) 在命令行中输入 RO，执行旋转命令，将复制后的正六边形进行旋转，其旋转基点为水平辅助线与垂直辅助线的交点，旋转角度为 90°，如图 2-81 所示。

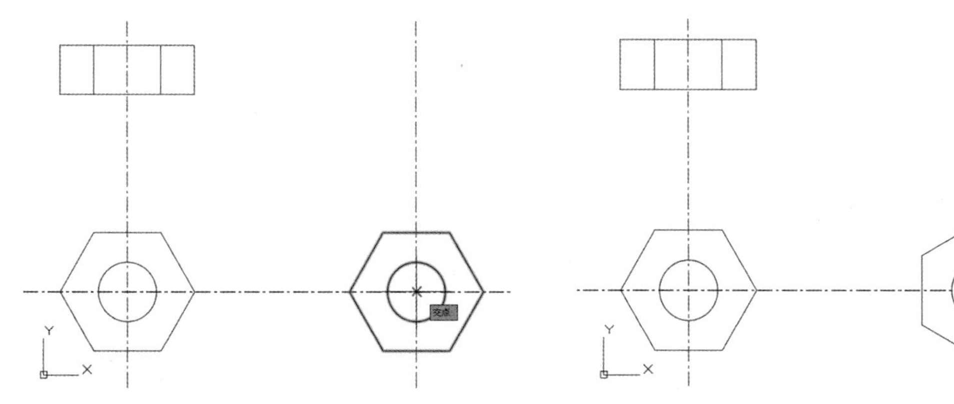

图 2-81　旋转正六边形

(11) 在命令行中输入 O，执行偏移命令，将水平辅助线和垂直辅助线进行偏移，其偏移所通过的点为主视图垂直线的端点，如图 2-82 所示。

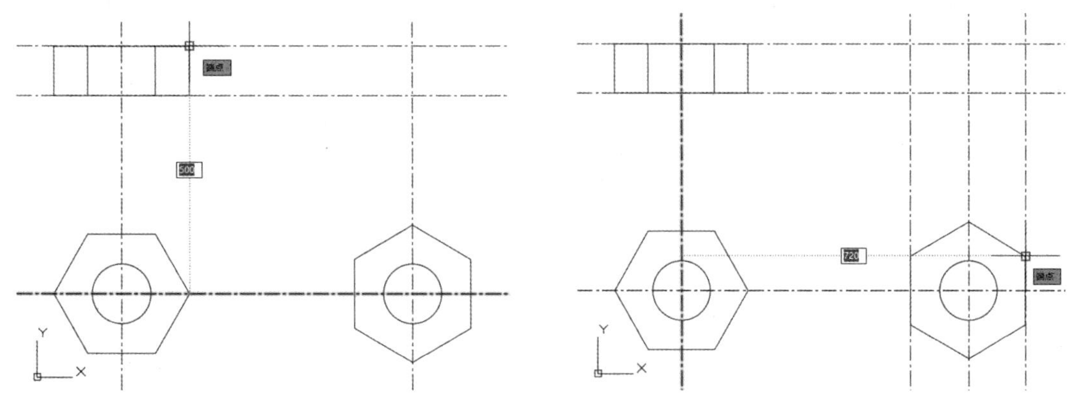

图 2-82　偏移辅助线

(12) 在命令行中输入 TR，执行修剪命令，对偏移的水平辅助线与垂直辅助线进行修剪处理，如图 2-83 所示。

(13) 在命令行中输入 E，执行删除命令，将右下角的正六边形及圆删除，并将修剪后的线条图层更改为“粗线”图层。

(14) 在状态栏中单击【显示/隐藏线宽】按钮显示线宽，并删除辅助线，图形效果如图 2-84 所示。

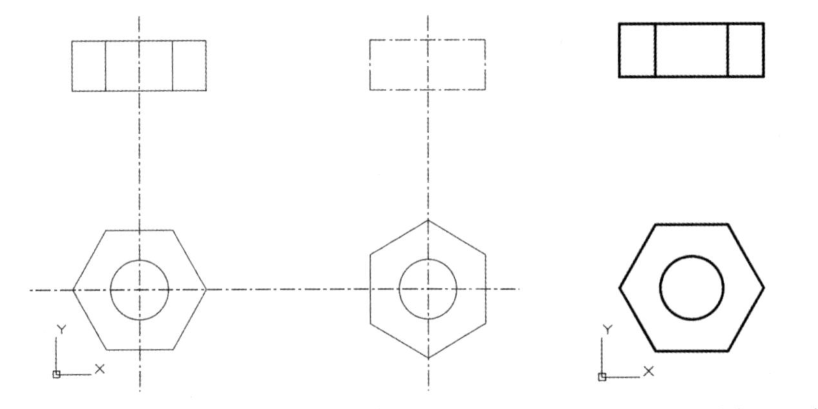

图 2-83　修剪偏移线条　　　　图 2-84　螺母三视图

2.8　习题

1. 绘制如图 2-85 所示的图形，尺寸可参考标注也可用户自己确定。
2. 绘制如图 2-86 所示的图形，注意辅助线的绘制方法。

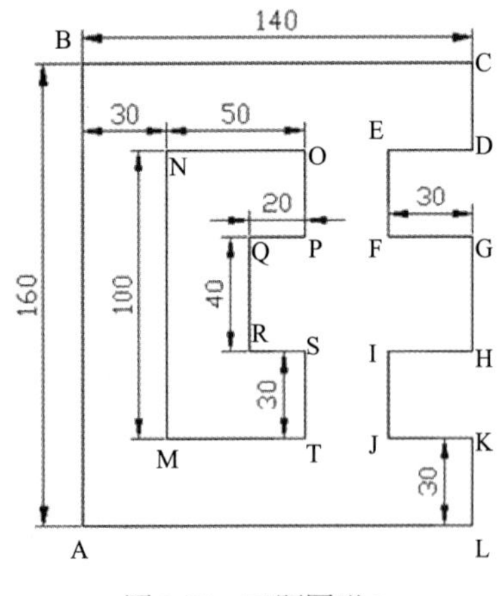

图 2-85　习题图形 1

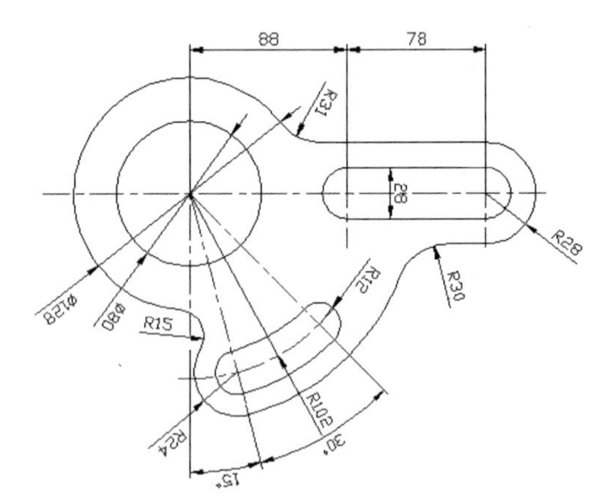

图 2-86　习题图形 2

编辑二维图形

学习目标

在 AutoCAD 中，单纯地使用绘图命令或绘图工具只能创建出一些基本的图形对象，要绘制复杂的图形，就必须借助图形编辑命令。在编辑对象前，首先应选择对象，然后进行编辑。当选中对象时，在其中部或两端将显示若干个小方框(即夹点)，利用它们可以对图形进行简单的编辑。此外，AutoCAD 还提供了丰富的对象编辑工具，可以合理地构造和组织图形，以保证绘图的准确性，简化绘图操作，极大地提高了绘图效率。

本章重点

- 选择、删除与移动对象
- 复制、缩放与旋转对象
- 偏移、阵列与镜像对象
- 修剪、拉伸、延伸与打断对象
- 创建倒角与圆角

3.1 选择对象

在编辑图形之前，首先需要选择编辑的对象。AutoCAD 用虚线亮显所选的对象，这些对象就构成了选择集。选择集可以包含单个对象，也可以包含复杂的对象编组。

在 AutoCAD 2019 中，单击【菜单浏览器】按钮。在弹出的菜单中单击【选项】按钮，可以通过打开的【选项】对话框的【选择集】选项卡，设置选择集模式、拾取框的大小及夹点功能。

3.1.1 选择对象的方法

在 AutoCAD 中，选择对象的方法很多。例如，可以通过单击对象逐个拾取；也可以利用矩形窗口或交叉窗口选择；也可以选择最近创建的对象、前面的选择集或图形中的所有对象，还可以向选择集中添加对象或从中删除对象。

在命令行输入 SELECT 命令，按 Enter 键，并且在命令行的【选择对象：】提示下输入问号(？)，将显示如下提示信息。

```
命令:select
选择对象:?
*无效选择*
需要点或窗口(W)/上一个(L)/窗交(C)/框(BOX)/全部(ALL)/栏选(F)/圈围(WP)/圈交(CP)/编组(G)/添加(A)/
删除(R)/多个(M)/前一个(P)/放弃(U)/自动(AU)/单个(SI)/子对象/对象
```

根据提示信息，输入其中的大写字母即可指定对象的选择模式。例如，设置矩形窗口的选择模式，在命令行的【选择对象：】提示下输入 W 即可。常用的选择模式主要有以下几种。

- 直接选择对象：可以直接选择对象，此时光标变为一个小方框(即拾取框)，利用该方框可逐个拾取所需对象。该方法每次只能选取一个对象。
- 窗口(W)：可以通过绘制一个矩形区域来选择对象。当指定矩形窗口的两个对角点时，所有部分均位于这个矩形窗口内的对象将被选中，不在该窗口内或只有部分在该窗口内的对象则不被选中，如图 3-1 所示。

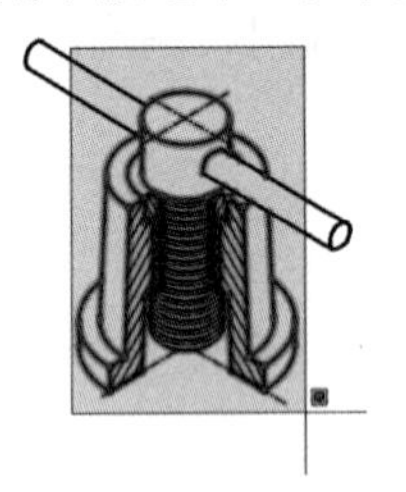
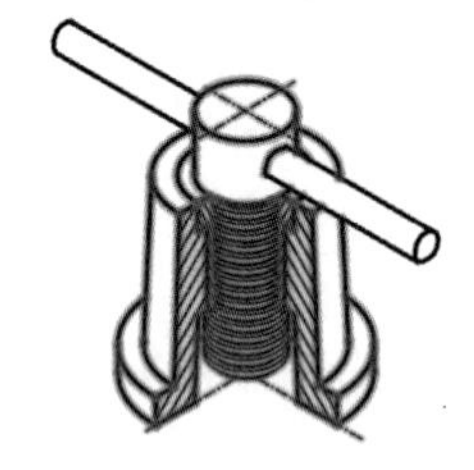

图 3-1　使用窗口模式

- 上一个(L)：选取图形窗口内可见元素中最后创建的对象。不管使用多少次【上一个(L)】选项，都只有一个对象被选中。
- 窗交(C)：使用交叉窗口选择对象，与使用窗口选择对象的方法类似，但全部位于窗口之内或与窗口边界相交的对象都将被选中。在定义交叉窗口的矩形窗口时，系统使用虚线方式显示矩形，以区别于窗口选择方法，如图 3-2 所示。

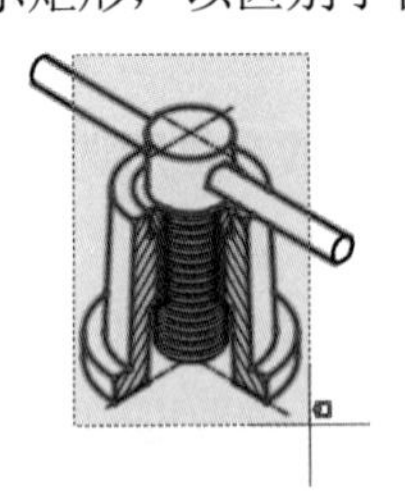
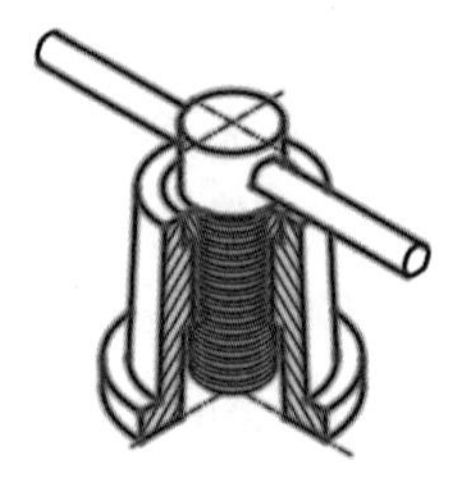

图 3-2　使用窗交模式

- 编组(G)：使用组名称来选择一个已定义的对象编组。
- 框(BOX)：选择矩形(由两点确定)内部或与之相交的所有对象。

- 全部(ALL)：选择图形中没有被锁定、关闭或冻结的层上的所有对象。
- 圈围(WP)：选择多边形(通过待选对象周围的点定义)中的所有对象。该多边形可以为任意形状，但不能与自身相交或相切。
- 栏选(F)：选择与选择线相交的所有对象。栏选方法与圈交方法相似，只是栏选对象不闭合，如图 3-3 所示。

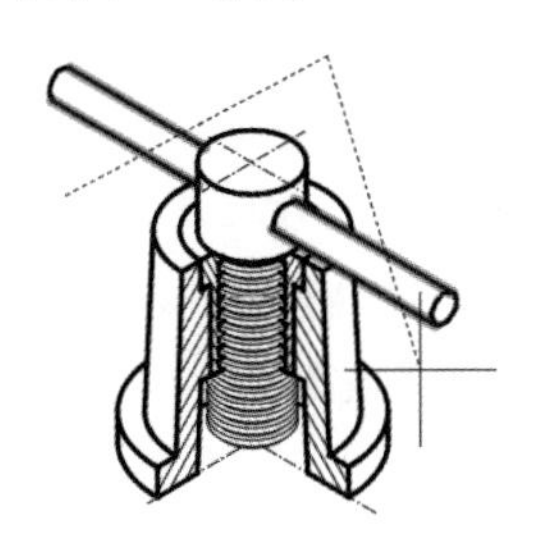

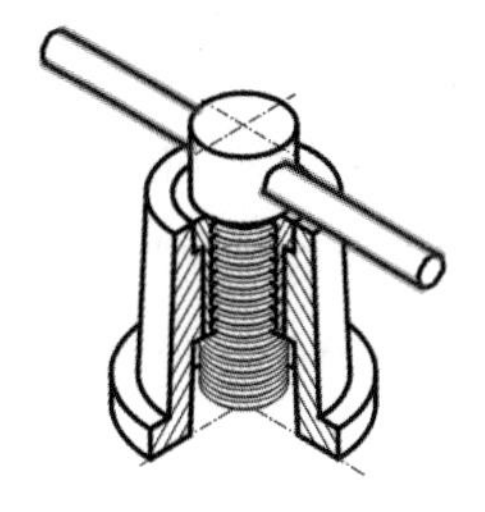

图 3-3　使用栏选模式

3.1.2　快速选择对象

快速选择对象是 AutoCAD 中唯一以窗口作为对象选择界面的选择方式。通过该选择方式用户可以直观地选择并编辑对象。

在 AutoCAD 中，用户可以通过以下几种方法快速选择对象。

- 在命令行中执行 QSELECET 命令。
- 选择【工具】|【快速选择】命令。
- 选择【默认】选项卡，在【使用工具】面板中单击【快速选择】按钮。

执行【快速选择】命令的具体操作步骤如下。

(1) 打开一个图形文件后，在命令行中输入 QSELECT 命令。

(2) 按下 Enter 键确认，打开【快速选择】对话框，在【特性】列表框中选择【图层】选项，在【值】下拉列表框中选择 cen 选项，如图 3-4 所示。

(3) 单击【确定】按钮，即可快速选中图形中的指定对象，如图 3-5 所示。

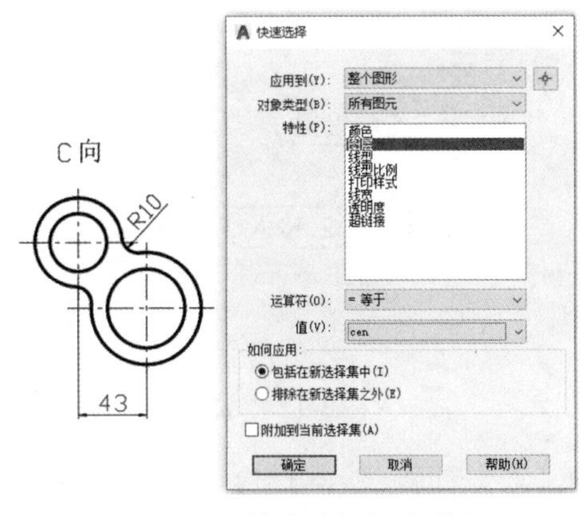

图 3-4　【快速选择】对话框

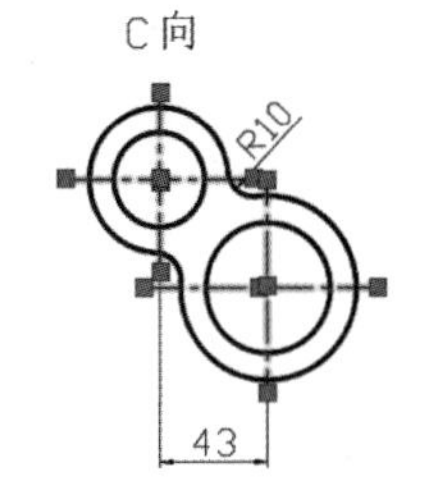

图 3-5　对象选择结果

3.1.3 过滤选择对象

在命令行提示下输入 FILTER 命令，将打开【对象选择过滤器】对话框。可以使用对象的类型(如直线、圆及圆弧等)、图层、颜色、线型或线宽等特性作为条件，过滤选择符合设定条件的对象。此时必须考虑图形中对象的特性是否设置为随层。

【例 3-1】选择如图 3-6 所示图形中的所有半径为 2 和 4 的圆或圆弧。

(1) 在命令行中输入 FILTER 命令，并按 Enter 键，打开【对象选择过滤器】对话框。

(2) 在【选择过滤器】区域的下拉列表框中，选择【** 开始 OR】选项，并单击【添加到列表】按钮，将其添加至过滤器列表框中，表示以下各项目为逻辑【或】关系，如图 3-7 所示。

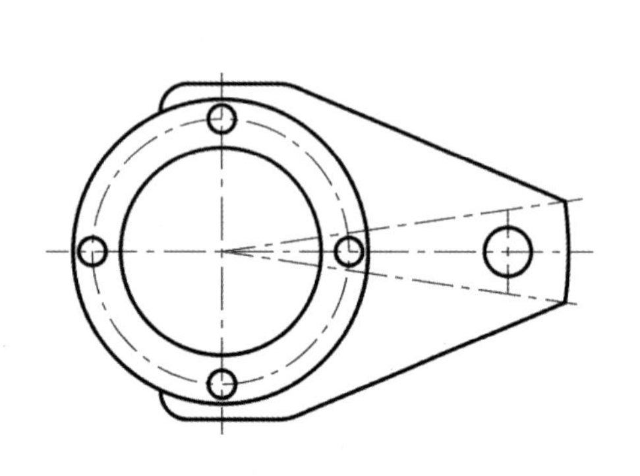

图 3-6 打开图形

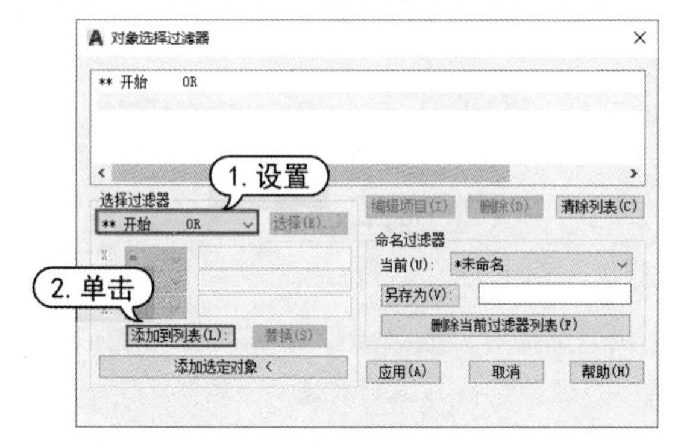

图 3-7 【对象选择过滤器】对话框

(3) 在【选择过滤器】区域的下拉列表框中，选择【圆半径】选项，并在 X 后面的下拉列表框中选择=，在对应的文本框中输入 2，表示将圆的半径设置为 2。

(4) 单击【添加到列表】按钮，将设置的圆半径过滤器添加至过滤器列表框中，此时列表框中将显示【对象 = 圆】和【圆半径 =2.000000】两个选项，如图 3-8 所示。

(5) 在【选择过滤器】区域的下拉列表框中选择【圆弧半径】，并在 X 后面的下拉列表框中选择=，在对应的文本框中输入 4，然后将其添加至过滤器列表框中，如图 3-9 所示。

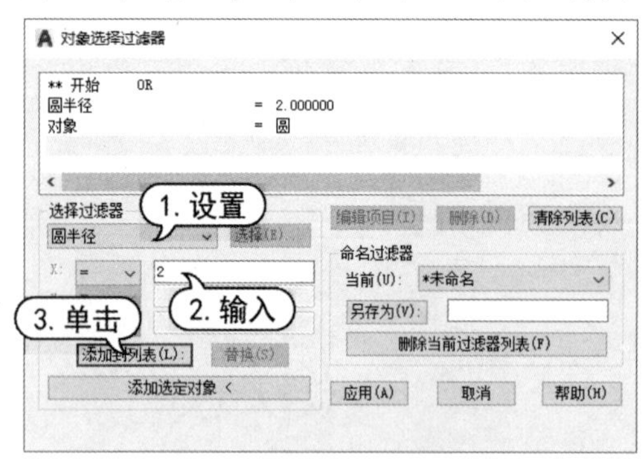

图 3-8 添加圆半径条件

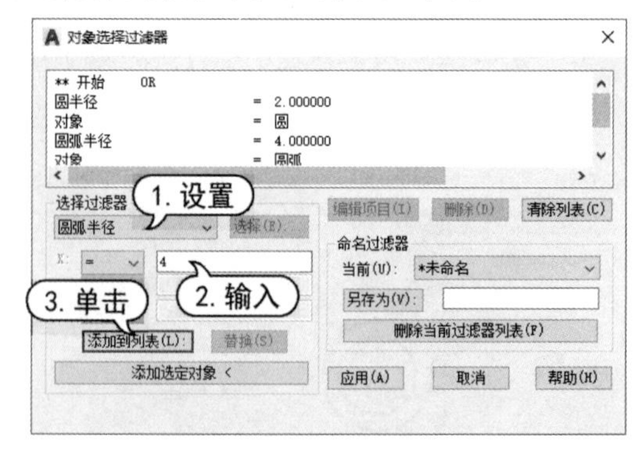

图 3-9 添加圆弧半径条件

(6) 为确保只选择半径为 2 和 4 的圆或圆弧，需要删除过滤器【对象 = 圆】和【对象=圆弧】。可以在过滤器列表框中选择【对象 = 圆】和【对象=圆弧】，然后单击【删除】按钮，删除后的

效果如图 3-10 所示。

(7) 在过滤器列表框中单击【圆弧半径=4】下面的空白区，并在【选择过滤器】选项区域的下拉列表框中选择【** 结束 OR】选项，然后单击【添加到列表】按钮，将其添加至过滤器列表框中，表示结束逻辑【或】关系。对象选择过滤器设置完毕。

(8) 单击【应用】按钮，并在绘图窗口中使用窗口选择法框选所有图形，然后按 Enter 键，系统将过滤出满足条件的对象并将其选中，效果如图 3-11 所示。

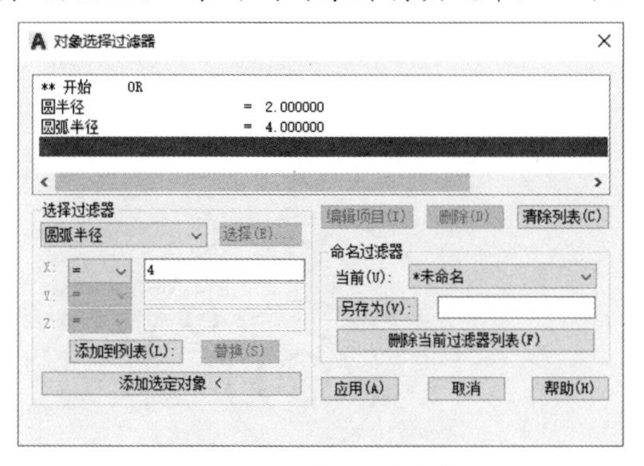

图 3-10　删除多余条件

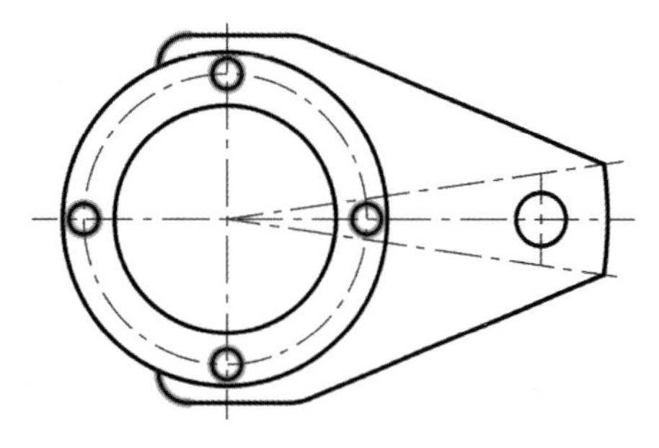

图 3-11　显示选择结果

在【对象选择过滤器】对话框下面的列表框中显示了当前设置的过滤条件。其他各选项的功能如下。

- 【选择过滤器】选项区域：用于设置选择的条件。
- 【编辑项目】按钮：单击该按钮，可以编辑过滤器列表框中选中的项目。
- 【删除】按钮：单击该按钮，可以删除过滤器列表框中选中的项目。
- 【清除列表】按钮：单击该按钮，可以删除过滤器列表框中的所有项目。
- 【命名过滤器】选项区域：用于选择已命名的过滤器。

3.1.4　使用编组

所谓编组就是保存对象集，用户可以根据需要同时选择和编辑这些对象，也可以分别进行选择和编辑。编组提供了以组为单位操作图形元素的简单方法。用户可以快速创建编组并使用默认名称，可以通过添加或删除对象来更改编组的部件。

1. 创建编组对象

编组在某些方面类似于块，是另一种将对象编组成命名集的方法。将多个对象进行编组，更加易于管理。

在命令行提示下输入 GROUP，按下 Enter 键，将显示如下提示信息：

```
GROUP 选择对象或 [名称(N)/说明(D)]:
```

其选项的功能说明如下。

- 名称(N)：设置对象编组的名称。
- 说明(D)：设置对象编组的说明信息。

若要取消对象编组，可以在菜单栏中选择【工具】|【解除编组】命令。

执行【编组】命令的具体操作步骤如下。

(1) 打开一个图形文件后，在命令行中输入 GROUP 命令。

(2) 按下 Enter 键确认，在命令行提示下选中需要编组的图形对象(6 个圆形)，如图 3-12 所示。

(3) 在命令行提示中输入 N，输入一个编组名称，然后按下 Enter 键确认。

(4) 此时，即可完成图形对象的编组，如图 3-13 所示。

(5) 选择【工具】|【解除编组】命令，可以将编组后的对象解除编组。

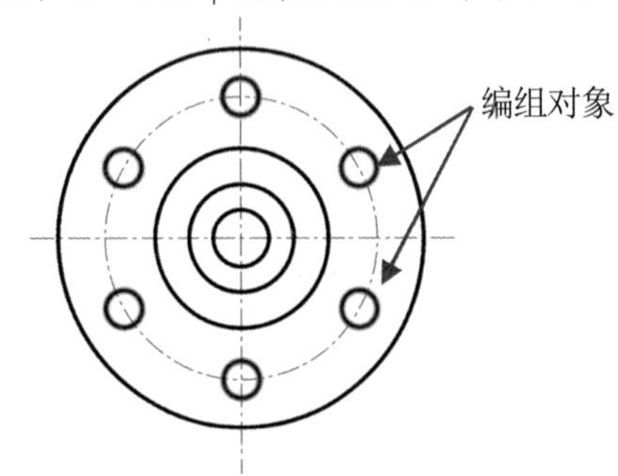

图 3-12　选中需要编组的对象

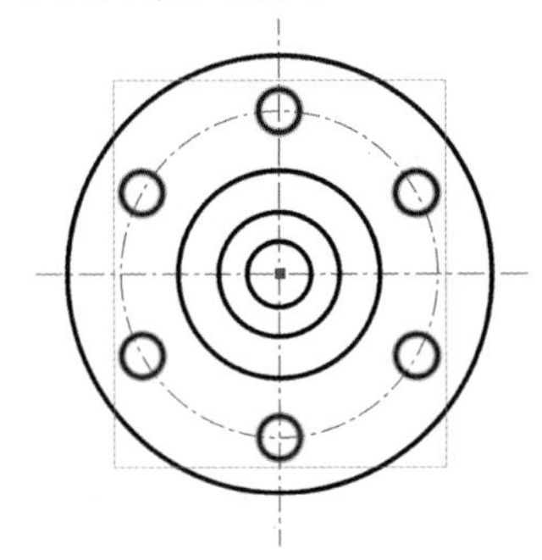

图 3-13　对象编组效果

2. 编辑编组对象

用户可以使用多种方式修改编组，包括更改其成员资格、修改其特性、修改编组的名称和说明以及从图形中将其删除等。

将对象作为一个编组进行编辑

打开编组选择时，可以对组进行移动、复制、旋转和修改等。如果要编辑编组中的对象，则应关闭编组选择，或者使用夹点编辑单个对象。

在某些情况下，控制属于选定的同一编组的对象的顺序是有用的。例如为数控设备生成工具路径的自定义程序可能按指定的顺序来靠近一系列相邻对象。

用户可以使用以下两种方法排序对象编组的成员：

- 修改各个成员或编组成员范围的编号位置。
- 反转所有成员的次序(每个编组的第一个对象编号均为 0，而不是 1)。

更改编组部件、名称或说明

选择【默认】选项卡，在【组】面板中单击▼按钮，在展开的面板中单击【编组管理器】按钮，可以打开【对象编组】对话框。在【对象编组】对话框中的【编组名】列表中选中一个编组后，在【编组标识】选项区域中可以修改编组的名称和说明信息，如图 3-14 所示。

如果用户要将编组中的某个成员删除，可以在【对象编组】对话框的【修改编组】选项区域中单击【删除】按钮，然后在图 3-15 所示中，取消要删除对象的选中状态。按下 Enter 键确认，

在【对象编组】对话框中单击【确定】按钮即可。

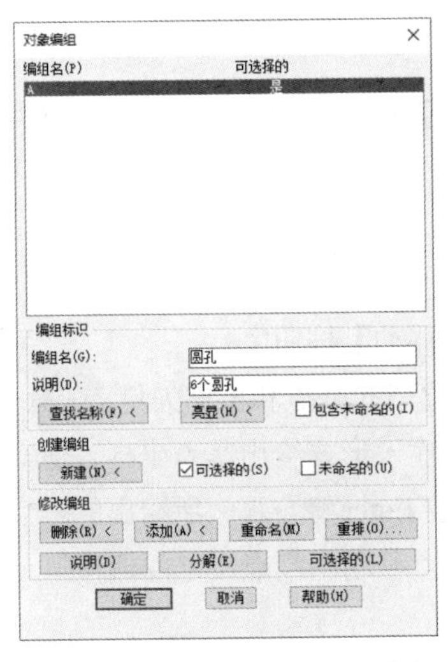

图 3-14　【对象编组】对话框

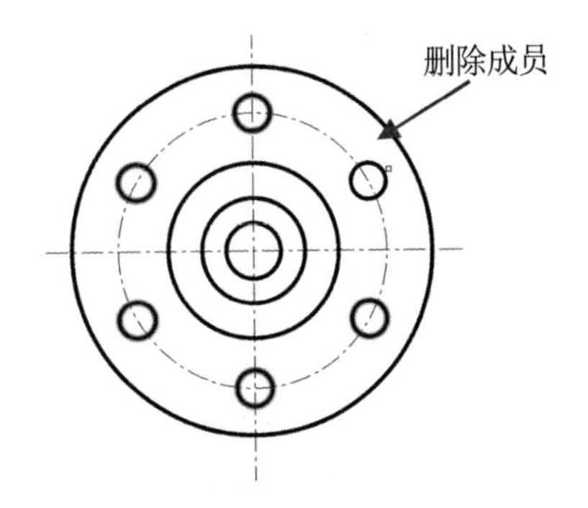

图 3-15　取消要删除对象的选中状态

如果要在编组中添加成员，可以在【对象编组】对话框的【修改编组】选项区域中单击【添加】按钮，然后在命令行提示下选中需要添加的对象。按下 Enter 键确认，在【对象编组】对话框中单击【确定】按钮即可。

如果从编组中删除对象使编组为空，编组仍将保持定义状态，但其中没有成员。

分解编组

在【对象编组】对话框中选中一个编组后，在【修改编组】选项区域中单击【分解】按钮，可以删除编组定义。该操作与分解块、图案填充或标注不同，属于分解编组的对象将被保留在图形中。执行【分解】命令后，该编组将被解散，但是其成员不会以其他任何方式被修改。

另外，如果分解属于一个编组的对象(例如块实例或图案填充)，AutoCAD 不会自动将结果组件添加到任何编组。

3.2　删除对象

在菜单栏中选择【修改】|【删除】命令(ERASE)；或在【功能区】选项板中选择【默认】选项卡，然后在【修改】面板中单击【删除】按钮，即可删除图形中选中的对象。

执行 ERASE 命令，AutoCAD 命令行显示如下提示信息：

```
ERASE 选择对象:
```

此时，选择图形中的对象，然后按下 Enter 键即可将其删除。

如果在【选项】对话框的【选择集】选项卡中，选中【选择集模式】选项区域中的【先选择后执行】复选框，就可以先选择对象，然后单击【删除】按钮将其删除。

3.3 移动对象

在 AutoCAD 中，用户通过以下几种方法执行【移动】命令，可在指定方向上按指定距离移动对象(对象的位置发生了改变，但方向和大小不改变)。

- 在命令行中执行 MOVE 命令。
- 选择【修改】|【移动】命令。
- 选择【默认】选项卡，在【修改】面板中单击【移动】按钮✥。

若要移动对象，首先选择需要移动的对象，然后指定位移的基点和位移矢量。在命令行的【指定基点或[位移(D)]<位移>：】提示下，如果单击或以键盘输入形式给出基点坐标，命令行将显示【指定第二个点或<使用第一个点作位移>：】提示；如果按 Enter 键，那么所给出的基点坐标值将作为偏移量，即该点作为原点(0,0)，然后将图形相对于该点移动由基点设定的偏移量。

1. 通过两点移动对象

通过两点移动对象是指使用由基点及第二点指定的距离和方向移动对象，其具体步骤如下。

(1) 打开一个图形后，在命令行中输入 MOVE 命令。按下 Enter 键，选中如图 3-16 所示的图形。

(2) 在命令行提示下输入(0,0)，指定基点的坐标。

(3) 按下 Enter 键确认后，在命令行提示下输入(100,0)，指定第二点坐标。

(4) 按下 Enter 键确认后，被选中对象的移动效果如图 3-17 所示。

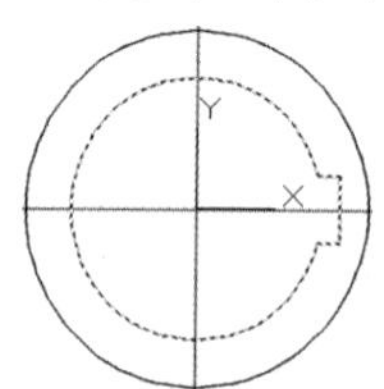

图 3-16 选中要移动的图形对象

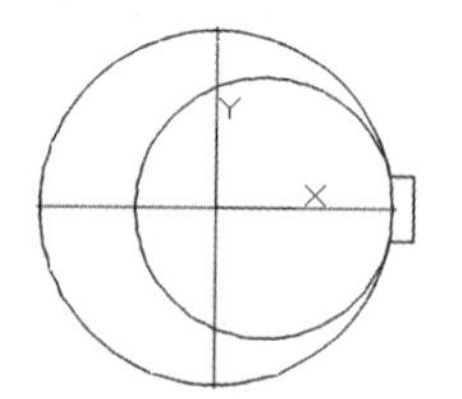

图 3-17 通过两点移动对象

2. 通过位移移动对象

通过位移移动对象指的是通过设置移动的相对位移量来移动对象，具体方法如下。

(1) 打开一个图形后，在命令行中输入 MOVE，并按下 Enter 键确认。

(2) 在命令行提示下，选择图形中如图 3-18 所示的对象。

(3) 按下 Enter 键确认，在命令行提示下输入 D，并再次按下 Enter 键。

(4) 在命令行提示下输入(@-20,0)，然后按下 Enter 键确认，移动对象后的效果如图 3-19 所示。

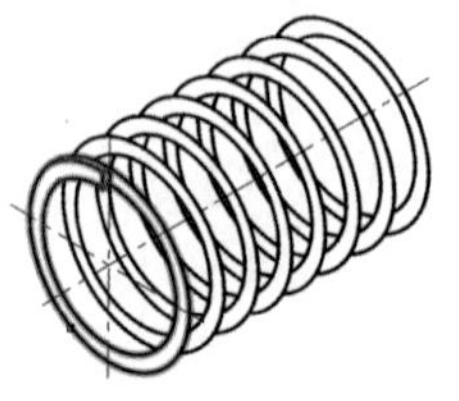

图 3-18 选中图形对象

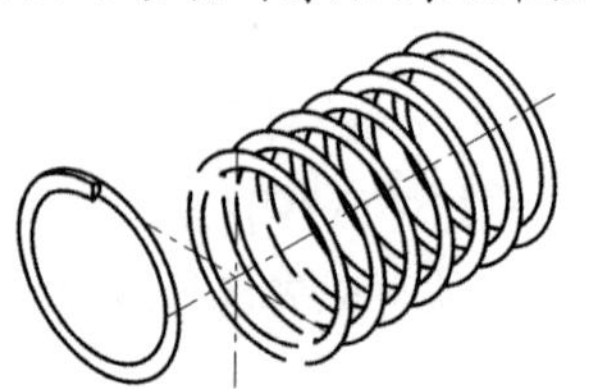

图 3-19 通过位移移动对象

3.4 复制对象

在 AutoCAD 中，用户通过以下几种方法执行【复制】命令，可将已有的对象复制出副本，并放置到指定的位置。

- 在命令行中执行 COPY 命令。
- 选择【修改】|【复制】命令。
- 选择【默认】选项卡，在【修改】面板中单击【复制】按钮。

执行以上命令时，需要选择复制的对象，命令行将显示【指定基点或[位移(D)/模式(O)/多个(M)] <位移>：】提示信息。如果只需要创建一个副本，直接指定位移的基点和位移矢量(相对于基点的方向和大小)。如果需要创建多个副本，而复制模式为单个时，只需输入 M，设置复制模式为多个，然后在【指定第二个点或[退出(E)/放弃(U)<退出>：】提示下，通过连续指定位移的第二点来创建该对象的其他副本，直至按 Enter 键结束。

执行【复制】命令的具体方法如下。

(1) 打开一个图形后，在命令行中输入 COPY 命令，然后按下 Enter 键。在命令行提示下选择所有的图形对象。按下 Enter 键确认，选中图形中的中点 A，如图 3-20 所示。

(2) 此时，在绘图窗口中单击，即可将图形对象复制多份，如图 3-21 所示。

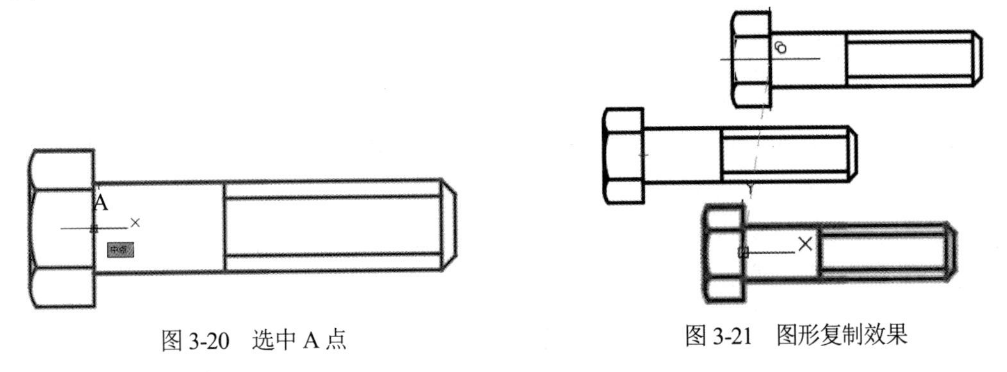

图 3-20 选中 A 点　　图 3-21 图形复制效果

3.5 缩放对象

在 AutoCAD 中，用户可以通过以下几种方法使用【缩放】命令，将所选图形对象按照指定的比例进行放大或缩小处理(缩放图形的方式主要包括使用比例因子缩放对象以及使用参照距离缩放对象两种)。

- 在命令行执行 SCALE 命令(快捷命令：SC)。
- 选择【修改】|【缩放】命令。
- 选择【默认】选项卡，在【修改】面板中单击【缩放】按钮。

执行以上命令后，首先需要选择对象，然后指定基点，命令行将显示如下提示信息：

```
指定比例因子或 [复制(C)/参照(R)]<1.0000>:
```

此时，如果直接指定缩放的比例因子，对象将根据该比例因子相对于基点缩放，当比例因子大于 0 而小于 1 时则缩小对象，当比例因子大于 1 时则放大对象；如果选择【参照(R)】选项，对象将按参照的方式缩放，需要依次输入参照长度的值和新的长度值。AutoCAD 根据参照长度与新长度的值自动计算比例因子(比例因子=新长度值/参照长度值)，然后进行缩放。

例如，将图 3-22(a)所示的图形缩小为原来的一半，可在【功能区】选项板中选择【默认】选项卡；然后在【修改】面板中单击【缩放】按钮，选中所有图形，并指定基点为(0,0)；在【指定比例因子或[复制(C)/参照(R)]：】提示行下，输入比例因子 0.5，按 Enter 键即可，效果如图 3-22(b)所示。

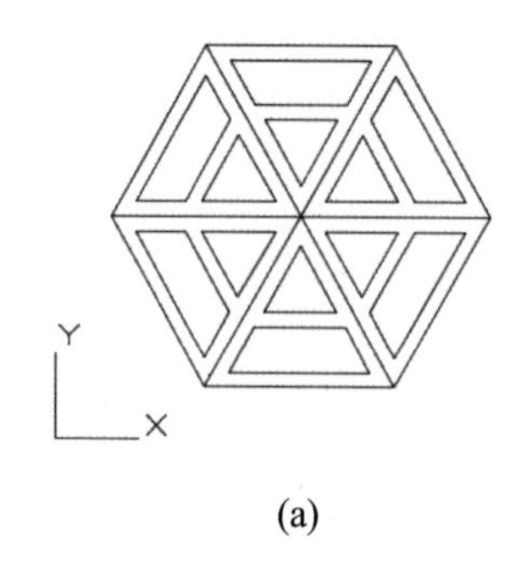

(a)

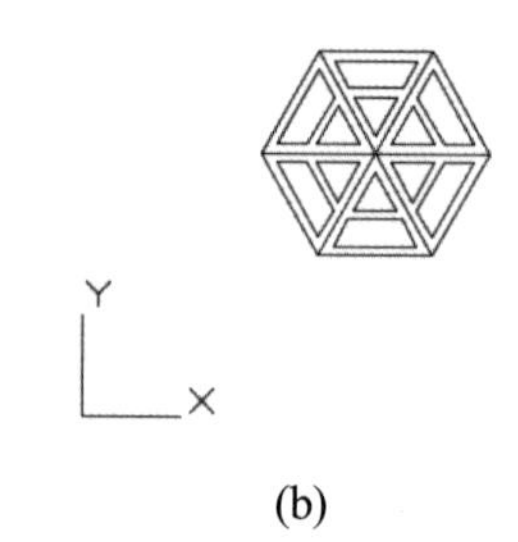

(b)

图 3-22　缩放图形

3.6　旋转对象

在 AutoCAD 中，用户通过以下几种方法旋转对象，可将对象绕基点旋转指定的角度。

- 在命令行中执行 ROTATE 命令(快捷命令：RO)。
- 选择【修改】|【旋转】命令。
- 选择【默认】选项卡，在【修改】面板中单击【旋转】按钮。

执行以上命令后，在命令行中显示如下提示信息：

```
ROTATE 选择对象:
ROTATE 指定基点:
指定旋转角度，或[复制(C)/参照(R)]:
```

此时，如果直接输入角度值，则可以将对象绕基点旋转该角度，角度为正时逆时针旋转，角度为负时顺时针旋转；如果选择【参照(R)】选项，将以参照方式旋转对象，需要依次指定参照方向的角度值和相对于参照方向的角度值。

【例 3-2】使用 AutoCAD 绘制如图 3-28 所示的图形。

(1) 在【功能区】选项板中选择【默认】选项卡，然后在【绘图】面板中单击【圆心、半径】按钮，绘制一个半径为 30 的圆。

(2) 在菜单栏中选择【工具】|【新建 UCS】|【原点】命令，将坐标系的原点移至圆心位置，如图 3-23 所示。

(3) 在【功能区】选项板中选择【默认】选项卡，然后在【绘图】面板中单击【直线】按钮，经过点(0,15)、点(@15,-15)和点(@-15,-15)绘制直线，如图 3-24 所示。

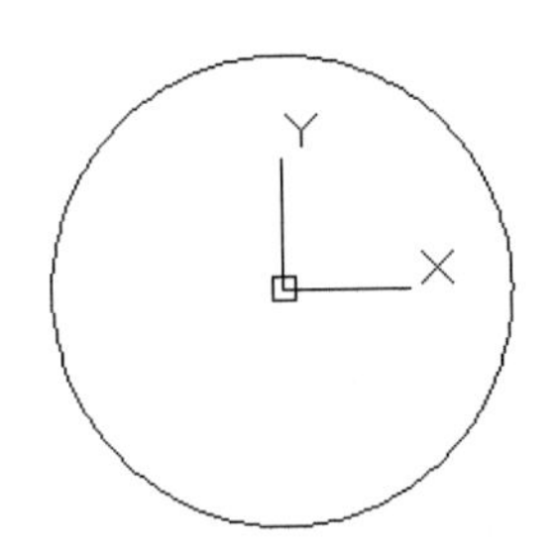

图 3-23　移动坐标系原点至圆心

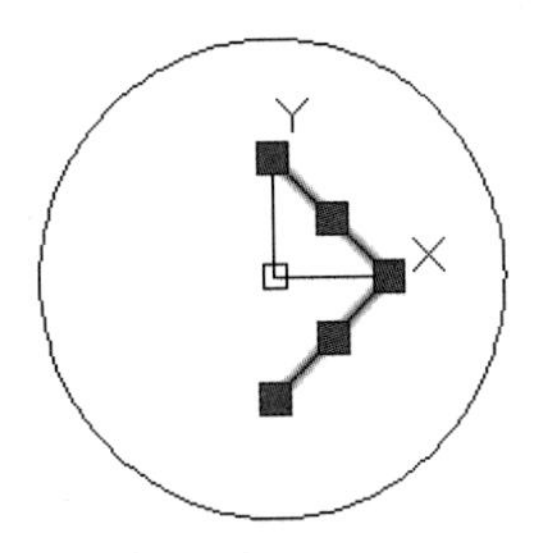

图 3-24　绘制直线

(4) 在【功能区】选项板中选择【默认】选项卡，然后在【修改】面板中单击【旋转】按钮，最后在命令行的【选择对象:】提示下，选择绘制的两条直线。

(5) 在命令行的【指定基点:】提示下，输入点的坐标(0,0)作为移动的基点。

(6) 在命令行的【指定旋转角度，或[复制(C)参照(R)]<O>:】提示下，输入 C，并指定旋转的角度为 180°，然后按 Enter 键，效果如图 3-25 所示。

(7) 在【功能区】选项板中选择【默认】选项卡，然后在【绘图】面板中单击【圆心、半径】按钮，以坐标(0,22.5)为圆心，绘制一个半径为 7.5 的圆，如图 3-26 所示。

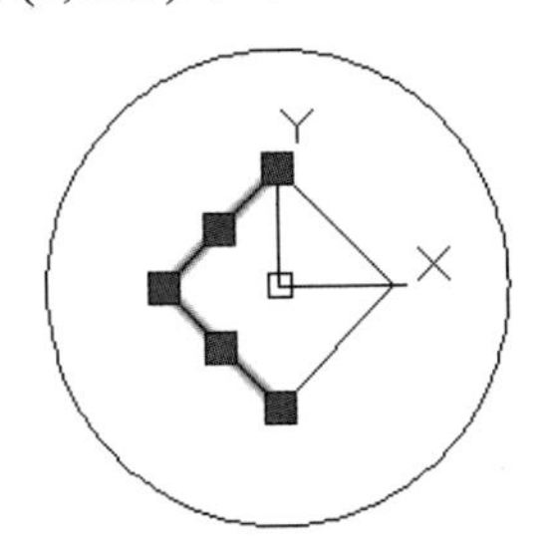

图 3-25　旋转直线

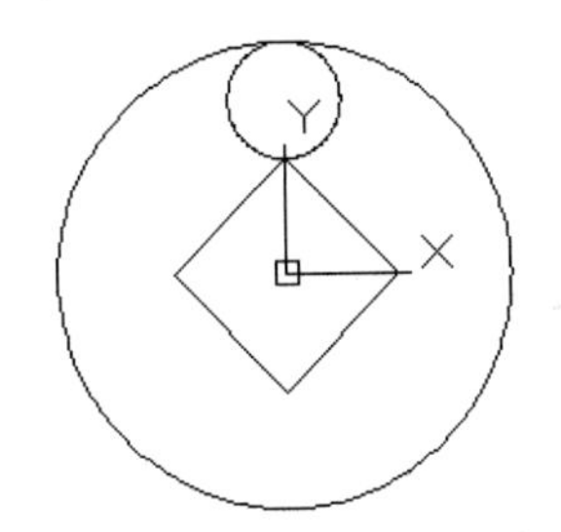

图 3-26　绘制半径为 7.5 的圆

(8) 在【功能区】选项板中选择【默认】选项卡，然后在【修改】面板中单击【旋转】按钮，在命令行的【选择对象:】提示下，选择绘制的半径为 7.5 的圆。

(9) 在命令行的【指定基点:】提示下，输入点的坐标(0,0)作为移动的基点。

(10) 在命令行的【指定旋转角度，或[复制(C)参照(R)]<O>:】提示下，输入 C，并指定旋转的角度为 90°。然后按 Enter 键，效果如图 3-27 所示。

(11) 在【功能区】选项板中选择【默认】选项卡，然后在【修改】面板中单击【旋转】按钮，接着在命令行的【选择对象:】提示下，选择两个半径为 7.5 的圆。

(12) 在命令行的【指定基点:】提示下，输入点的坐标(0,0)作为移动的基点。

(13) 在命令行的【指定旋转角度，或[复制(C)参照(R)]<O>:】提示下，输入 C，并指定旋转的角度为 180°。然后按 Enter 键，效果如图 3-28 所示。

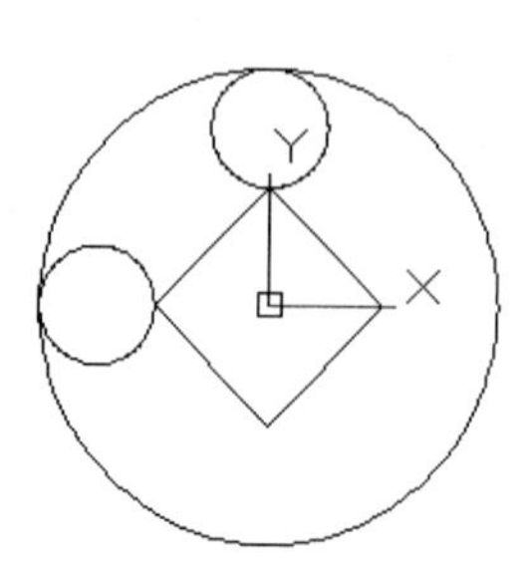

图 3-27　旋转圆

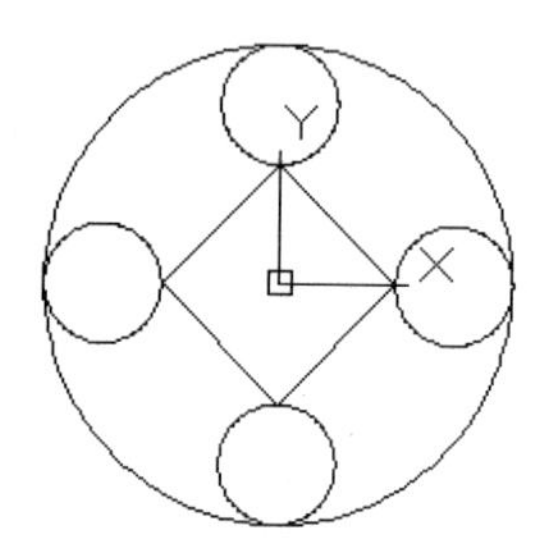

图 3-28　图形最终效果

3.7　偏移对象

偏移图形对象指的是对指定的线进行平行偏移复制，对指定的圆或圆弧等对象进行同心偏移复制操作。在 AutoCAD 中，用户可以通过以下几种方法偏移对象。

- 在命令行执行 OFFSET 命令(快捷命令：O)。
- 选择【修改】|【偏移】命令。
- 选择【默认】选项卡，在【修改】面板中单击【偏移】按钮。

执行以上命令后，其命令行提示信息如下：

```
指定偏移距离或 [通过(T)/删除(E)/图层(L)] <通过>:
```

默认情况下，需要指定偏移距离，再选择偏移复制的对象；然后指定偏移方向，以复制出对象。主要选项的功能如下。

- 【通过(T)】选项：在命令行输入 T，命令行提示【选择要偏移的对象，或 [退出(E)/放弃(U)] <退出>:】提示信息。选择偏移对象后，命令行提示【指定通过点或 [退出(E)/多个(M)/放弃(U)] <退出>:】提示信息，指定复制对象经过的点或输入 M 将对象偏移多次。
- 【删除(E)】选项：在命令行中输入 E，命令行显示【要在偏移后删除源对象吗？[是(Y)/否(N)] <否>:】提示信息，输入 Y 或 N 来确定是否需要删除源对象。
- 【图层(L)】选项：在命令行中输入 L，选择需要偏移对象的图层。

使用【偏移】命令复制对象时，复制结果不一定与原对象相同。例如，对圆弧作偏移后，新圆弧与旧圆弧同心且具有同样的包含角，但新圆弧的长度将发生改变。对圆或椭圆作偏移后，新圆、新椭圆与旧圆、旧椭圆有同样的圆心，但新圆的半径或新椭圆的轴长将发生变化。对直线段、构造线、射线作偏移，则是平行复制。

【例 3-3】使用【偏移】命令绘制六边形地板砖。

(1) 在【功能区】选项板中选择【默认】选项卡，然后在【绘图】面板中单击【多边形】按钮，绘制一个内接于半径为 12 的假想圆的正六边形，如图 3-29 所示。

(2) 在【功能区】选项板中选择【默认】选项卡，然后在【修改】面板中单击【偏移】按钮，发出 OFFSET 命令。在【指定偏移距离或 [通过(T)/删除(E)/图层(L)] <5.0000>:】提示下，输入偏移距离 1，并按 Enter 键。

(3) 在【选择要偏移的对象，或 [退出(E)/放弃(U)] <退出>: 】提示下，选中正六边形。

(4) 在【指定要偏移的那一侧上的点，或 [退出(E)/多个(M)/放弃(U)] <退出>: 】提示下，在正六边形的外侧单击，确定偏移方向，将得到偏移正六边形，如图 3-30 所示。

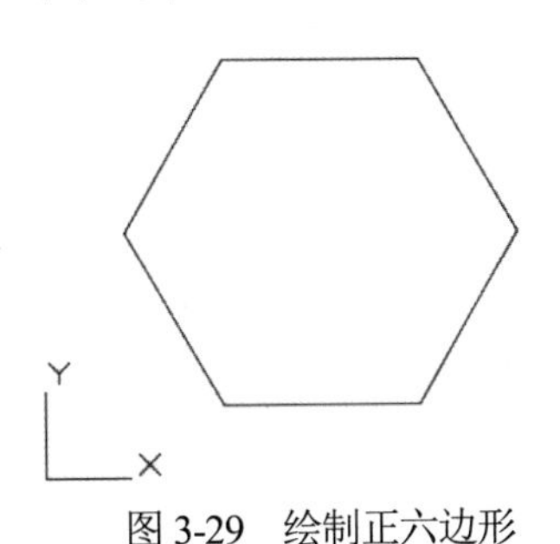

图 3-29 绘制正六边形

图 3-30 使用偏移命令绘制正六边形

(5) 在【选择要偏移的对象，或 [退出(E)/放弃(U)] <退出>: 】提示下，选中偏移的正六边形。

(6) 输入偏移距离 3，并按 Enter 键，得到第 2 个偏移的正六边形，如图 3-31 所示。

(7) 在【选择要偏移的对象，或 [退出(E)/放弃(U)] <退出>: 】提示下，选中第 2 个偏移的正六边形。

(8) 输入偏移距离 1，并按 Enter 键，得到第 3 个偏移的正六边形，如图 3-32 所示。

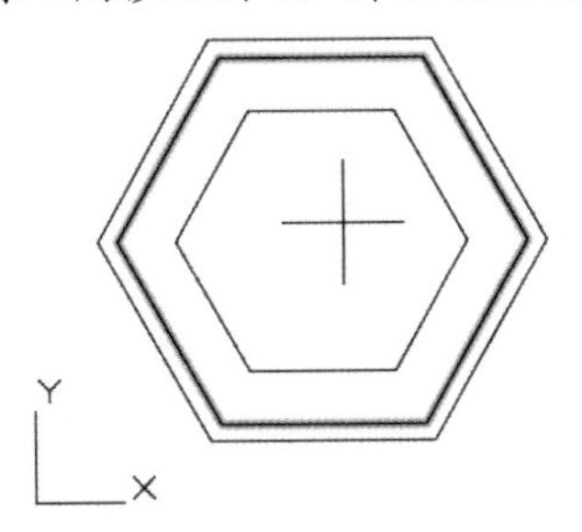

图 3-31 第 2 个偏移的正六边形

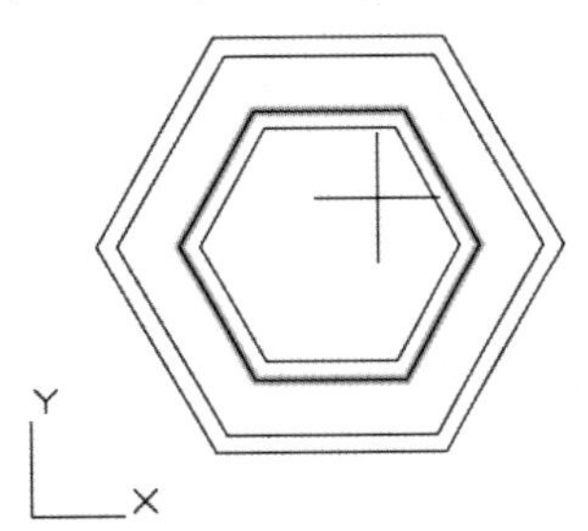

图 3-32 第 3 个偏移的正六边形

(9) 在【功能区】选项板中选择【默认】选项卡，然后单击【直线】按钮，分别绘制正六边形的 3 条对角线，如图 3-33 所示。

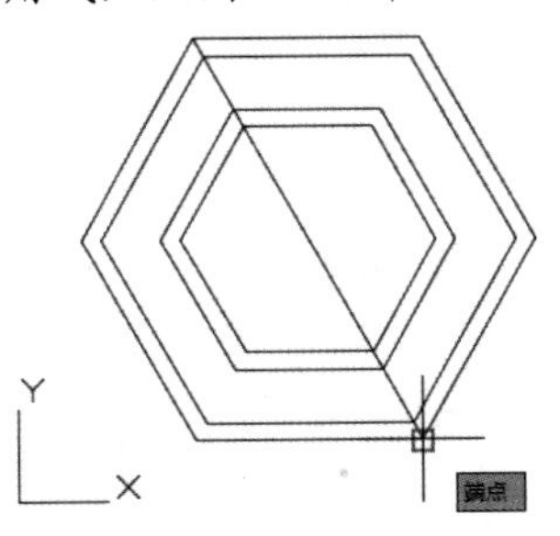

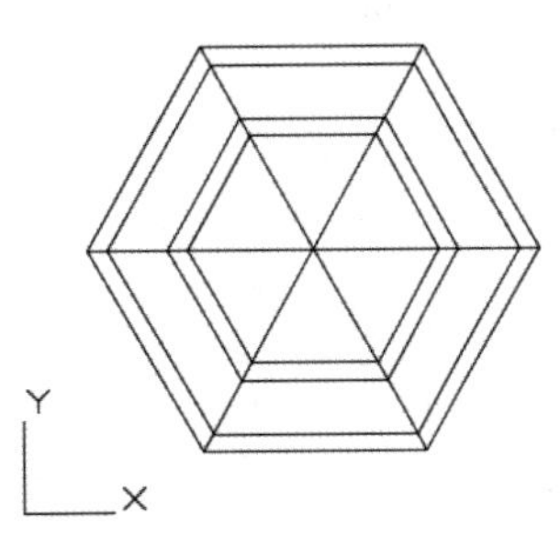

图 3-33 绘制对角线

(10) 在【功能区】选项板中选择【默认】选项卡，然后在【修改】面板中单击【偏移】按钮，发出 OFFSET 命令。将绘制的两条直线分别向两边各偏移 1，效果如图 3-34 所示。

(11) 在【功能区】选项板中选择【默认】选项卡，然后在【修改】面板中单击【修剪】按钮，对图形中的多余线条进行修剪，最终的图形效果如图 3-35 所示。

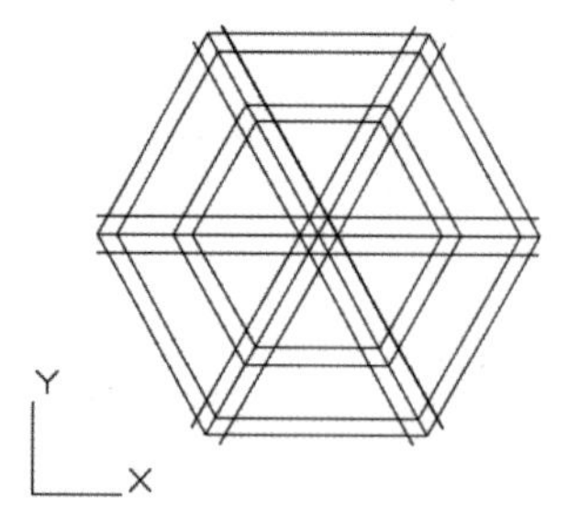

图 3-34　使用偏移命令绘制直线

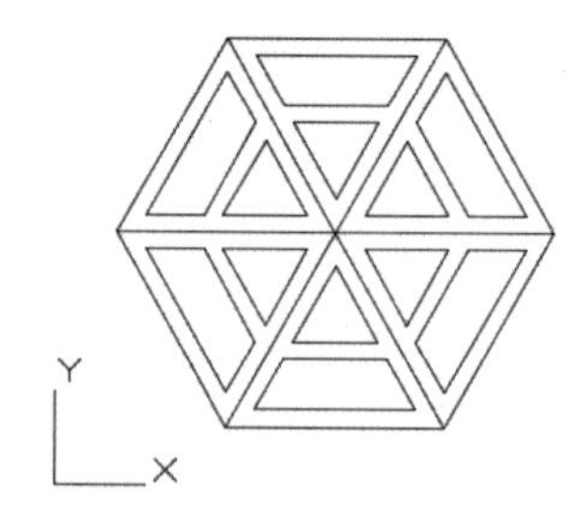

图 3-35　绘制六边形地板砖

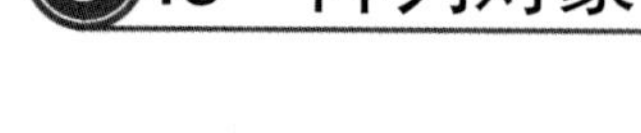

3.8　阵列对象

要绘制多个在 X 轴或在 Y 轴上等间距分布，或围绕一个中心旋转，或沿着路径均匀分布的图形，可以使用阵列命令。

3.8.1　矩形阵列

所谓矩形阵列，是指在 X 轴、Y 轴或者 Z 轴方向上等间距绘制多个相同的图形。执行【矩形阵列】命令的方法有以下几种：

- 在命令行中执行 ARRAYRECT 命令。
- 选择【修改】|【阵列】|【矩形阵列】命令。
- 选择【默认】选项卡，在【修改】面板中单击【矩形阵列】按钮。

执行以上命令后，命令行提示信息如下：

```
命令: _arrayrect
选择对象: 指定对角点: 找到 1 个//选择需要阵列的对象
选择对象://按 Enter 键，完成选中
类型 = 矩形  关联 = 是
为项目数指定对角点或 [基点(B)/角度(A)/计数(C)] <计数>: a//设置行轴的角度
指定行轴角度 <0>: 30//输入角度 30
为项目数指定对角点或 [基点(B)/角度(A)/计数(C)] <计数>: c//使用计数方式创建阵列
输入行数或 [表达式(E)] <4>: 3//输入阵列行数
输入列数或 [表达式(E)] <4>: 4//输入阵列列数
指定对角点以间隔项目或 [间距(S)] <间距>: s//设置行间距和列间距
指定行之间的距离或 [表达式(E)] <16.4336>: 15//输入行间距
指定列之间的距离或 [表达式(E)] <16.4336>: 20//输入列间距
按 Enter 键接受或 [关联(AS)/基点(B)/行(R)/列(C)/层(L)/退出(X)] <退出>://按 Enter 键，完成阵列
```

除了通过指定行数、行间距、列数和列间距的方式创建矩形阵列以外，还可以通过【为项目数指定对角点】选项在绘图区通过移动光标指定阵列中的项目数，再通过【间距】选项来设置行间距和列间距。如表 3-1 所示列出了主要参数的含义。

表 3-1　矩形阵列参数含义

参　　数	含　　义
基点(B)	表示指定阵列的基点
角度(A)	输入 A，命令行要求指定行轴的旋转角度
计数(C)	输入 C，命令行要求以指定行数和列数的方式产生矩形阵列
间距(S)	输入 S，命令行要求分别指定行间距和列间距
关联(AS)	输入 AS，用于指定创建的阵列项目是否作为关联阵列对象，或是作为多个独立对象
行(R)	输入 R，命令行要求编辑行数和行间距
列(C)	输入 C，命令行要求编辑列数和列间距
层(L)	输入 L，命令行要求指定在 Z 轴方向上的层数和层间距

3.8.2　环形阵列

所谓环形阵列，是指围绕一个中心创建多个相同的图形。执行【环形阵列】命令的方法有以下几种：

- 在命令行中执行 ARRAYPOLAR 命令。
- 选择【修改】|【阵列】|【环形阵列】命令。
- 选择【默认】选项卡，在【修改】面板中单击【环形阵列】按钮。

执行以上命令后，命令行提示信息如下：

```
命令: _arraypolar
选择对象: 指定对角点: 找到 3 个//选择需要阵列的对象
选择对象://按 Enter 键，完成选择
类型 = 极轴　关联 = 是
指定阵列的中心点或 [基点(B)/旋转轴(A)]://拾取阵列中心点
输入项目数或 [项目间角度(A)/表达式(E)] <4>: 6//输入项目数为 6
指定填充角度(+=逆时针、-=顺时针)或 [表达式(EX)] <360>://直接按 Enter，表示填充角度为 360 度
按 Enter 键接受或 [关联(AS)/基点(B)/项目(I)/项目间角度(A)/填充角度(F)/行(ROW)/层(L)/旋转项目(ROT)/退出(X)] <退出>://按 Enter 键，完成环形阵列
```

在 AutoCAD 中，【旋转轴】选项表示指定由两个指定点定义的自定义旋转轴，对象绕旋转轴阵列。【基点】选项用于指定阵列的基点，【行数】选项用于编辑阵列中的行数和行间距之间的增量标高，【旋转项目】选项用于控制在排列项目时是否旋转项目。

3.8.3 路径阵列

所谓路径阵列，是指沿路径或部分路径均匀分布对象副本。路径可以是直线、多段线、三维多段线、样条曲线、螺旋、圆弧、圆或椭圆。执行【路径阵列】命令的方法有以下几种：

- 在命令行中执行 ARRAYPATH 命令。
- 选择【修改】|【阵列】|【路径阵列】命令。
- 选择【默认】选项卡，在【修改】面板中单击【路径阵列】按钮。

执行以上命令后，命令行提示信息如下：

```
命令: _arraypath
选择对象: 找到 1 个//选择需要阵列的对象
选择对象://按 Enter 键，完成选择
类型 = 路径  关联 = 是
选择路径曲线://选择路径曲线
输入沿路径的项数或 [方向(O)/表达式(E)] <方向>: o//输入 o，用于设置选定对象是否需要相对于路径起始方向重新定向
指定基点或 [关键点(K)] <路径曲线的终点>://指定阵列对象的基点
指定与路径一致的方向或 [两点(2P)/法线(NOR)] <当前>://按 Enter 键，表示按当前方向阵列，“两点”表示指定两个点来定义与路径的起始方向一致的方向，“法线”表示对象对齐垂直于路径的起始方向。
输入沿路径的项目数或 [表达式(E)] <4>: 8//输入阵列的项目数
指定沿路径的项目之间的距离或 [定数等分(D)/总距离(T)/表达式(E)] <沿路径平均定数等分(D)>: d//输入 d，表示在路径曲线上定数等分对象副本
按 Enter 键接受或 [关联(AS)/基点(B)/项目(I)/行(R)/层(L)/对齐项目(A)/Z 方向(Z)/退出(X)] <退出>://按 Enter 键，完成路径阵列
```


3.9 镜像对象

在 AutoCAD 中，用户可以通过以下几种方法将对象以镜像线对称复制。

- 在命令行执行中 MIRROR 命令(快捷命令：MI)。
- 选择【修改】|【镜像】命令。
- 选择【默认】选项卡，在【修改】面板中单击【镜像】按钮。

执行以上命令后，需要选择镜像的对象，然后依次指定镜像线上的两个端点，命令行将提示如下信息：

```
删除源对象吗? [是(Y)/否(N)] <N>:
```

如果直接按 Enter 键，则镜像复制对象，并保留原来的对象；如果输入 Y，则在镜像复制对象的同时删除原对象。

在 AutoCAD 中，使用系统变量 MIRRTEXT 可以控制文字对象的镜像方向。如果 MIRRTEXT 的值为 1，则文字对象完全镜像，镜像出来的文字变得不可读，如图 3-36(b)所示；如果 MIRRTEXT 的值为 0，则文字对象不镜像，如图 3-36(a)所示(其中 AB 为镜像线)。

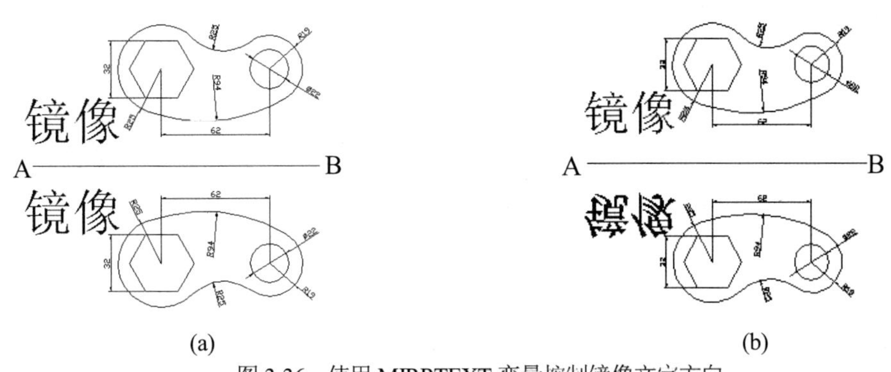

图 3-36　使用 MIRRTEXT 变量控制镜像文字方向

执行【镜像】命令的具体步骤如下。

(1) 打开图形后，在命令行中输入 MIRROR 命令，按 Enter 键。在命令行提示下，选中绘图窗口中上方的两个圆对象为镜像对象。

(2) 捕捉图 3-37 中的交点为第一镜像点。

(3) 捕捉图 3-38 中的圆心为第二镜像点。

(4) 按 Enter 键确认，即可镜像对象。

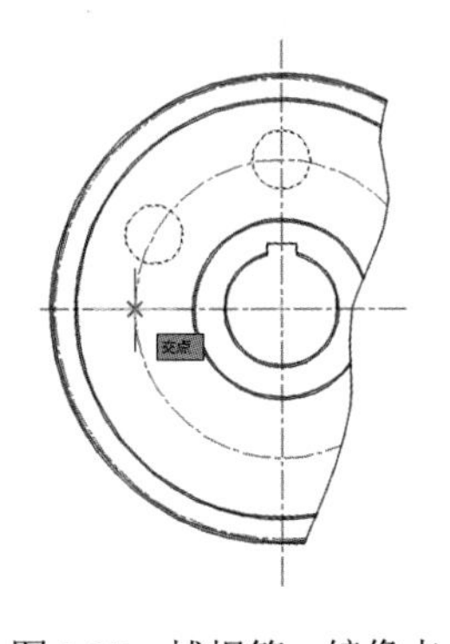

图 3-37　捕捉第一镜像点

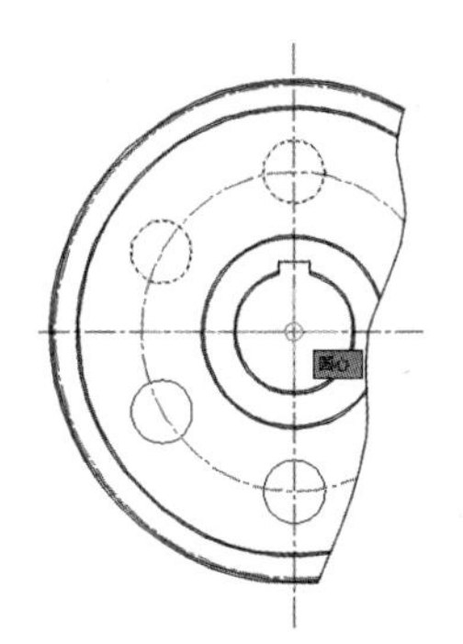

图 3-38　捕捉第二镜像点

3.10　拉伸对象

在 AutoCAD 中，用户可以通过以下几种方法使用【拉伸】命令拉伸图形对象。拉伸对象只适用于未被定义为块的对象，如果拉伸被定义为块的对象，必须先将其进行打散操作。拉伸图形时，选定部分将被移动。如果选定部分与原图相连接，那么被拉伸的图形将保持与原图形的连接关系。

- 在命令行中执行 STRETCH 命令(快捷命令：S)。
- 选择【修改】|【拉伸】命令。
- 选择【默认】选项卡，在【修改】面板中单击【拉伸】按钮。

执行拉伸对象命令时，可以使用【交叉窗口】方式或者【交叉多边形】方式选择对象。然后依次指定位移基点和位移矢量，系统将会移动全部位于选择窗口之内的对象，并拉伸(或压缩)与选择窗口边界相交的对象。

例如，将如图 3-39(a)所示图形右半部分拉伸，可以在【功能区】选项板中选择【常用】选项卡，并在【修改】面板中单击【拉伸】按钮。然后使用【窗口】选择右半部分的图形，并指定辅助线的交点为基点，拖动鼠标指针，即可随意拉伸图形，效果如图 3-39(b)所示。

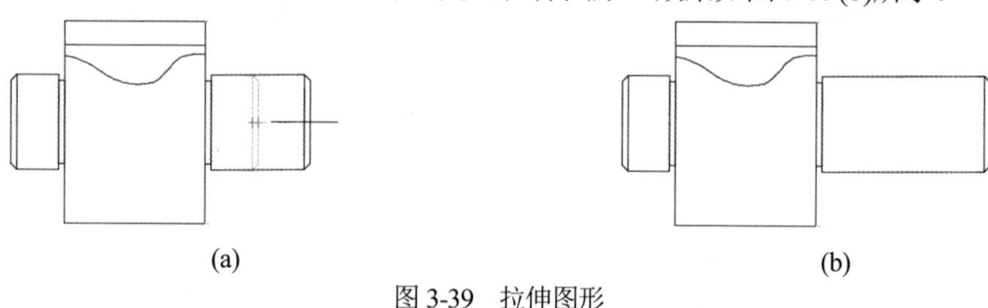

图 3-39　拉伸图形

3.11　拉长对象

在 AutoCAD 中，用户可以通过以下几种方法使用【拉长】命令改变圆弧的角度，或改变非封闭对象(包括直线、圆弧、非闭合多段线、椭圆弧和非封闭样条曲线)的长度。

- 在命令行中执行 LENGTHEN 命令(快捷命令：LEN)。
- 选择【修改】|【拉长】命令。
- 选择【默认】选项卡，在【修改】面板中单击▼，在展开的面板中单击【拉长】按钮。

执行以上命令时，命令行显示如下提示信息。

```
选择对象或 [增量(DE)/百分数(P)/全部(T)/动态(DY)]:
```

默认情况下，选择对象后，系统会显示出当前选中对象的长度和包含角等信息。该命令提示中选项的功能如下。

- 【增量(DE)】选项：以增量方式修改圆弧的长度。可以直接输入长度增量拉长直线或者圆弧，长度增量为正值时拉长，长度增量为负值时缩短。也可以输入 A，通过指定圆弧的包含角增量来修改圆弧的长度。
- 【百分数(P)】选项：以相对于原长度的百分比来修改直线或圆弧的长度。
- 【全部(T)】选项：以给定直线新的总长度或圆弧的新包含角来改变长度。
- 【动态(DY)】选项：允许动态地改变圆弧或直线的长度。

执行【拉长】命令，修改图形对象的具体操作方法如下。

(1) 打开图形文件后，在命令行中输入 LENGTHEN 命令，按 Enter 键。

(2) 在命令行提示下输入 DE，然后按下 Enter 键确认，如图 3-40 所示。

(3) 在命令行提示下输入 50，按 Enter 键。

(4) 在绘图窗口中单击捕捉直线 A 和直线 B，即可拉长对象，如图 3-41 所示。

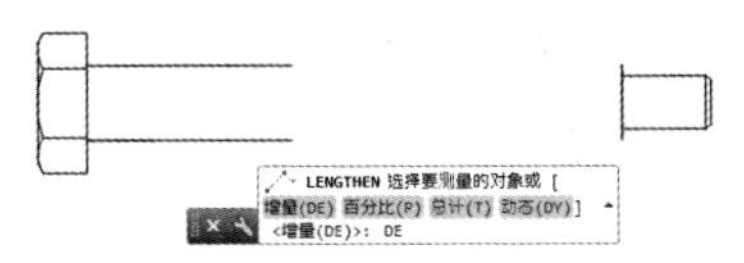

图 3-40　执行 LENGTHEN 命令

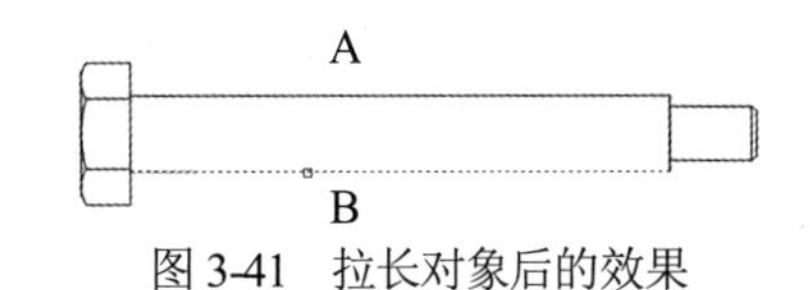

图 3-41　拉长对象后的效果

3.12　修剪对象

在 AutoCAD 中，用户可以通过以下几种方法使用【修剪】命令，精确地将某一个对象终止在由其他对象定义的边界处。

- 在命令行中执行 TRIM 命令(快捷命令：TR)。
- 选择【修改】|【修剪】命令。
- 选择【默认】选项卡，在【修改】面板中单击【修剪】按钮。

执行以上命令，并选择作为剪切边的对象后(也可以是多个对象)，按 Enter 键，将显示如下提示信息。

```
选择要修剪的对象，或按住 Shift 键选择要延伸的对象，或 [栏选(F)/窗交(C)/ 投影(P)/边(E)/删除(R)/放弃(U)]:
```

在 AutoCAD 中，可以作为剪切边的对象包括直线、圆弧、圆、椭圆、椭圆弧、多段线、样条曲线、构造线、射线和文字等。剪切边也可以同时作为被剪边。默认情况下，选择需要修剪的对象(即选择被剪边)，系统将以剪切边为界，将被剪切对象上位于拾取点一侧的部分剪切掉。如果按下 Shift 键，同时选择与修剪边不相交的对象，修剪边将变为延伸边界，将选择的对象延伸至与修剪边界相交。该命令提示中主要选项的功能如下。

- 【投影(P)】选项：选择该选项时，可以指定执行修剪的空间。主要应用于三维空间中两个对象的修剪，可将对象投影到某一平面上执行修剪操作。
- 【边(E)】选项：选择该选项时，命令行显示【输入隐含边延伸模式 [延伸(E)/不延伸(N)] <不延伸>：】提示信息。如果选择【延伸(E)】选项，当剪切边太短而且没有与被修剪对象相交时，可延伸修剪边，然后进行修剪；如果选择【不延伸(N)】选项，只有当剪切边与被修剪对象真正相交时，才能进行修剪。
- 【放弃(U)】选项：取消上一次的操作。

执行【修剪】命令修改图形的具体操作方法如下。

(1) 打开图 3-42 所示的图形文件后，在命令行中输入 TRIM 命令，按 Enter 键。

(2) 在命令行提示下，在绘图窗口中选中图 3-43 所示的线条。

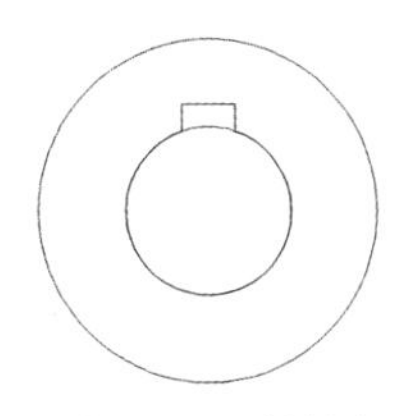

图 3-42　原始图形

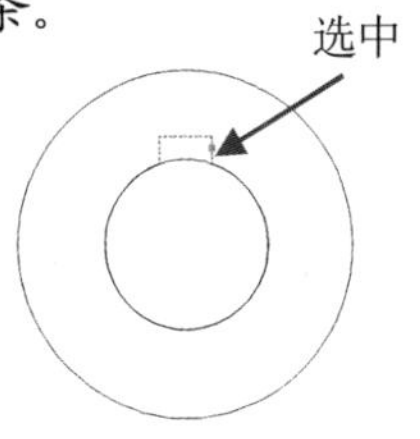

图 3-43　捕捉线条

(3) 按下 Enter 键确认，将光标移动至需要删除的线条上单击，如图 3-44 所示。

(4) 按下 Enter 键确认，图形对象的修剪效果如图 3-45 所示。

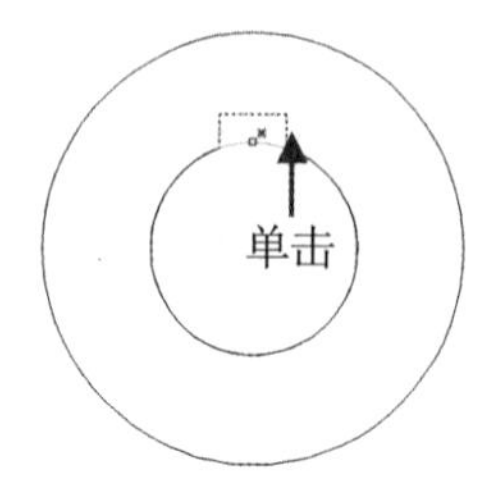

图 3-44　单击要删除的线条

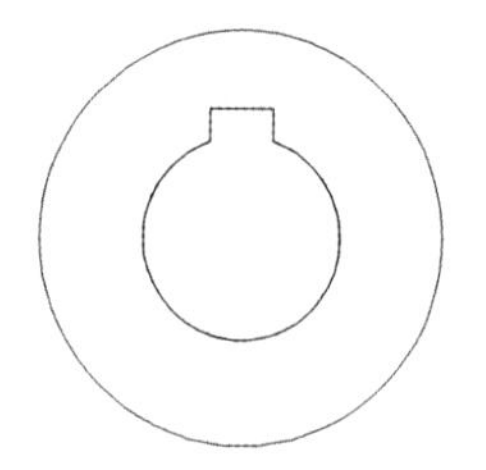
图 3-45　图形修剪效果

3.13　延伸对象

使用【延伸】命令，可以延伸图形对象，使该对象与其他对象相接或精确地延伸至选定对象定义的边界上。在 AutoCAD 中，用户可以通过以下几种方法延伸对象。

- 在命令行中执行 EXTEND 命令。
- 选择【修改】|【延伸】命令。
- 选择【默认】选项卡，在【修改】面板中单击【延伸】按钮。

延伸命令的使用方法和修剪命令的使用方法相似，不同之处在于：使用延伸命令时，如果在按下 Shift 键的同时选择对象，则执行修剪命令；使用修剪命令时，如果在按下 Shift 键的同时选择对象，则执行延伸命令。

【例 3-4】延伸如图 3-46 所示图形中的对象，效果如图 3-47 所示。

(1) 在【修改】面板中单击【延伸】按钮，发出 EXTEND 命令。在命令行的【选择对象：】提示下，用鼠标指针拾取外侧的大圆，然后按 Enter 键，结束对象选择。

(2) 在命令行的【选择要延伸的对象，或按住 Shift 键选择要延伸的对象，或 [栏选(F)/窗交(C)/投影(P)/边(E)/放弃(U)]：】提示下，拾取直线 AB。然后按 Enter 键，结束延伸命令。

(3) 使用相同的方法，延伸其他的直线，效果如图 3-47 所示。

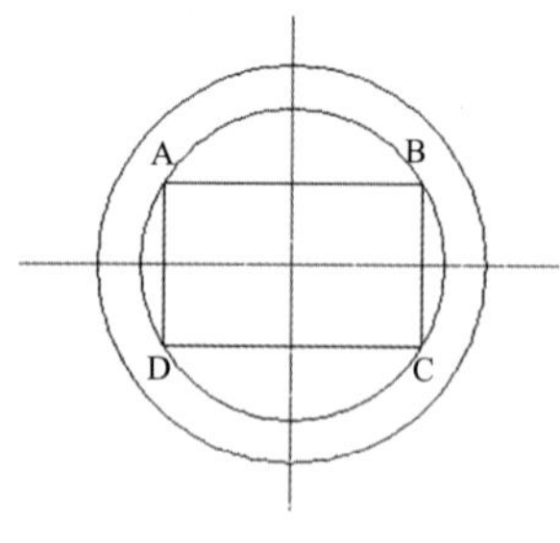

图 3-46　原始图形

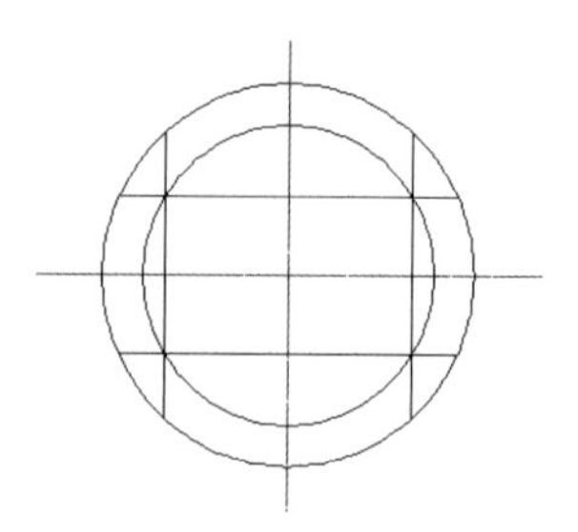
图 3-47　延伸后的效果

3.14　打断对象

在 AutoCAD 中，使用【打断】命令可以删除部分对象或把对象分解成两部分，还可以使用【打断于点】命令将对象在一点处断开成两个对象。

1. 打断命令

在菜单栏中选择【修改】|【打断】命令(BREAK)；或在【功能区】选项板中选择【默认】选项卡，然后在【修改】面板中单击【打断】按钮，即可删除部分对象或把对象分解成两部分。执行该命令，命令行将显示如下提示信息：

```
指定第二个打断点或 [第一点(F)]:
```

默认情况下，以选择对象时的拾取点作为第 1 个断点，同时还需要指定第 2 个断点。如果直接选取对象上的另一点或者在对象的一端之外拾取一点，系统将删除对象上位于两个拾取点之间的部分。如果选择【第一点(F)】选项，可以重新确定第 1 个断点。

在确定第 2 个打断点时，如果在命令行输入@，可以使第 1 个、第 2 个断点重合，从而将对象一分为二。如果对圆、矩形等封闭图形使用打断命令时，AutoCAD 将沿逆时针方向把第 1 断点到第 2 断点之间的那段圆弧或直线删除。例如，在如图 3-48 所示图形中，使用打断命令时，单击点 A 和 B 与单击点 B 和 A 产生的效果是不同的。

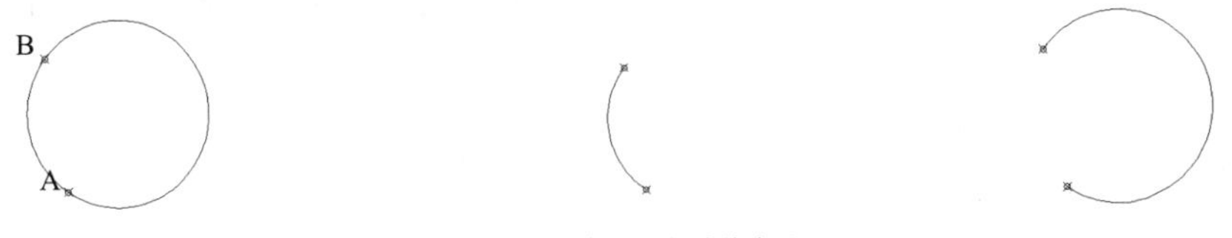

图 3-48　打断图形

2. 打断于点

在【功能区】选项板中选择【默认】选项卡，然后在【修改】面板中单击【打断于点】按钮，即可将对象在一点处断开成两个对象。该命令是从【打断】命令中派生出来的。执行该命令时，需要选择被打断的对象，然后指定打断点，即可从该点打断对象。例如，在如图 3-49 所示图形中，若要从点 C 处打断圆弧，可以执行【打断于点】命令，并选择圆弧，然后单击点 C 即可。

图 3-49　打断于点

3.15　合并对象

在 AutoCAD 中，用户可以通过以下几种方法使用【合并】命令，将相似的对象(包括圆弧、椭圆弧、直线、多段线、样条曲线等)合并为一个对象。

- 在命令行中执行 JOIN 命令。
- 选择【修改】|【合并】命令。
- 选择【默认】选项卡，在【修改】面板中单击▼，在展开的面板中单击【合并】按钮⁺⁺。

执行以上命令并选择需要合并的对象后，命令行将显示如下提示信息。

```
选择圆弧，以合并到源或进行 [闭合(L)]:
```

选择需要合并的另一部分对象，按 Enter 键，即可将选中的对象合并。如图 3-50 所示即是对在同一个圆上的两段圆弧进行合并后的效果(注意方向)。如果选择【闭合(L)】选项，表示可以将选择的任意一段圆弧闭合为一个整圆。选择如图 3-50 中左边图形上的任一段圆弧，执行该命令后，将得到一个完整的圆，效果如图 3-51 所示。

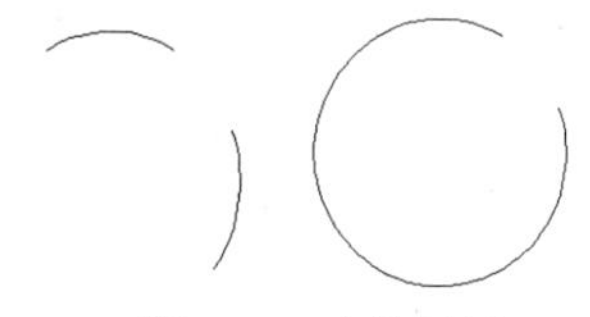

图 3-50　合并圆弧

图 3-51　将圆弧闭合为整圆

3.16　倒角对象

在 AutoCAD 中，用户可以通过以下几种方法，使用【倒角】命令将对象的某些尖锐角变成一个倾斜的面使它们以平角或倒角连接。

- 在命令行执行 CHAMFER 命令(快捷命令：CHA)。
- 选择【修改】|【倒角】命令。
- 选择【默认】选项卡，在【修改】面板中单击【圆角】按钮⌒旁的▼，在弹出的列表中选择【倒角】选项。

执行以上命令时，命令行显示如下提示信息。

```
选择第一条直线或 [放弃(U)/多段线(P)/距离(D)/角度(A)/修剪(T)/方式(E)/多个(M)]:
```

默认情况下，需要选择进行倒角的两条相邻的直线，然后按照当前的倒角大小对这两条直线修倒角。该命令提示中主要选项的功能如下。

- 【多段线(P)】选项：以当前设置的倒角大小对多段线的各顶点(交角)修倒角。
- 【距离(D)】选项：设置倒角距离。
- 【角度(A)】选项：根据第 1 个倒角距离和角度来设置倒角尺寸。
- 【修剪(T)】选项：设置倒角后是否保留原拐角边，命令行将显示【输入修剪模式选项 [修剪(T)/不修剪(N)] <修剪>：】提示信息。其中，选择【修剪(T)】选项，表示倒角后对倒角边进行修剪；选择【不修剪(N)】选项，表示不进行修剪。
- 【方法(E)】选项：设置倒角的方法，命令行将显示【输入修剪方法[距离(D)/角度(A)] <距离>：】提示信息。其中，选择【距离(D)】选项，表示以两条边的倒角距离来修倒角；选择【角度(A)】选项，表示以一条边的距离以及相应的角度来修倒角。

◉ 【多个(M)】选项：对多个对象修倒角。

执行【倒角】命令的具体方法如下。

(1) 打开图 3-52 所示的图形文件后，在命令行中输入 CHAMFER 命令，按 Enter 键。在命令行提示下输入 D，按 Enter 键。

(2) 按 Enter 键确认，在命令行提示下输入 3，设置第一倒角距离。

(3) 按 Enter 键确认，在命令行提示下输入 6，设置第二倒角距离

(4) 按 Enter 键确认，先捕捉垂直直线 A，再捕捉水平直线 B，如图 3-53 所示。

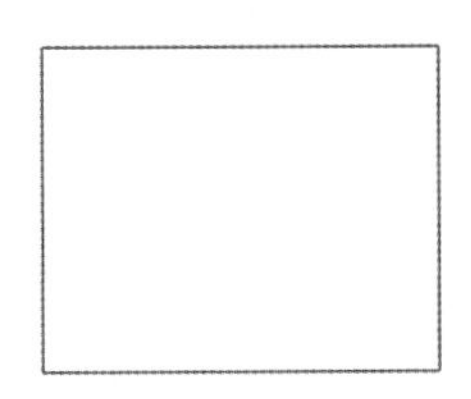

图 3-52　打开图形

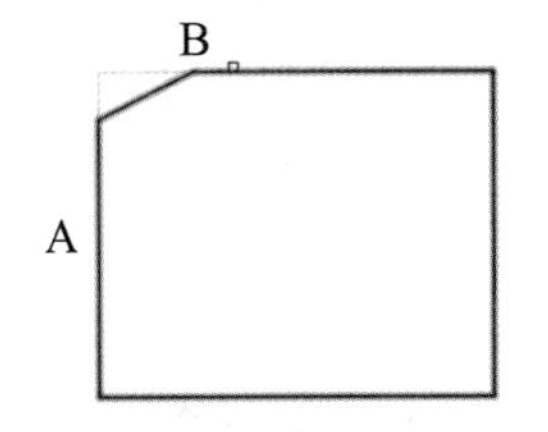

图 3-53　将圆弧闭合为整圆

(5) 此时，将创建如图 3-53 所示的倒角效果。

3.17　圆角对象

在 AutoCAD 中，用户可以通过以下几种方法使用【圆角】命令，利用一个指定半径的圆弧光滑地将两个对象连接起来。

◉ 在命令行执行 FILLET 命令(快捷命令：F)。

◉ 选择【修改】|【圆角】命令。

◉ 选择【默认】选项卡，在【修改】面板中单击【圆角】按钮◜。

执行以上命令时，命令行显示如下提示信息。

```
选择第一个对象或 [放弃(U)/多段线(P)/半径(R)/修剪(T)/多个(M)]:
```

修圆角的方法与修倒角的方法相似。在命令行提示中，选择【半径(R)】选项，即可设置圆角的半径大小。

【例 3-5】绘制汽车轮胎。

(1) 在【功能区】选项板中选择【默认】选项卡，然后在【绘图】面板中单击【构造线】按钮，绘制一条经过点(100,100)的水平辅助线和一条经过点(100,100)的垂直辅助线，如图 3-54 所示。

(2) 在【功能区】选项板中选择【默认】选项卡，然后在【绘图】面板中单击【圆心、半径】按钮，以点(100,100)为圆心，绘制半径为 5 的圆，如图 3-55 所示。

(3) 在【功能区】选项板中选择【默认】选项卡，然后在【绘图】面板中单击【圆心、半径】按钮，绘制小圆的 4 个同心圆，半径分别为 10、40、45 和 50，如图 3-56 所示。

(4) 在【功能区】选项板中选择【默认】选项卡，然后在【修改】面板中单击【偏移】按钮，将水平辅助线分别向上、向下偏移 4，如图 3-57 所示。

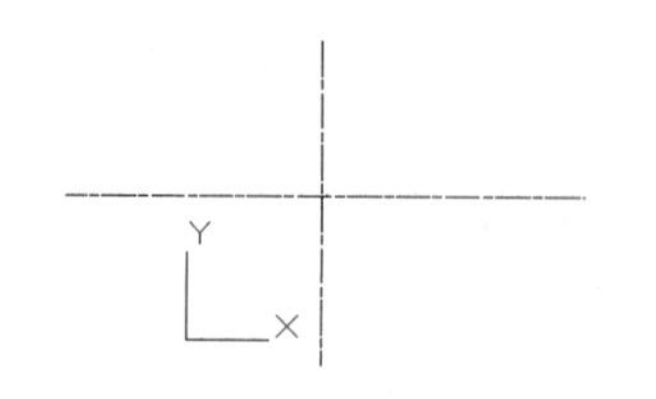

图 3-54　绘制辅助线

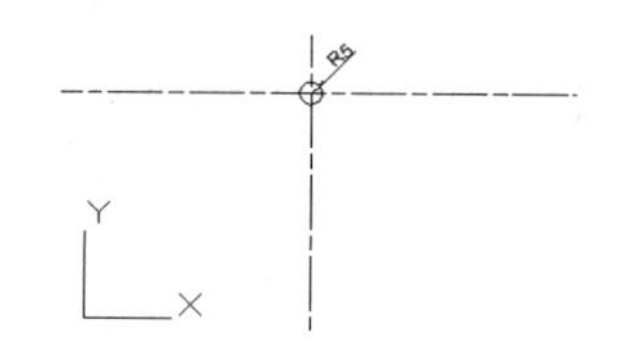

图 3-55　绘制半径为 5 的圆

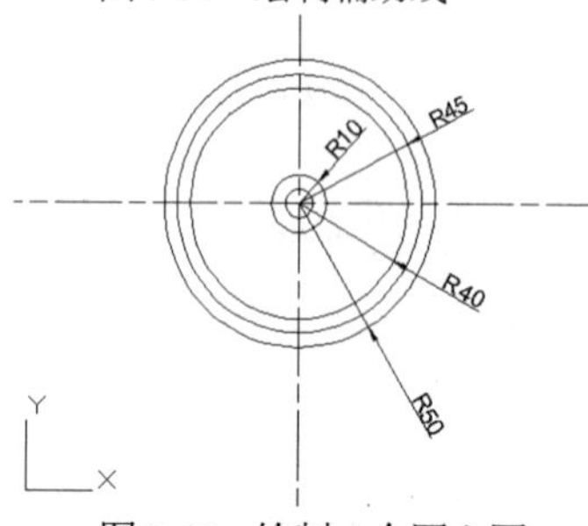

图 3-56　绘制 4 个同心圆

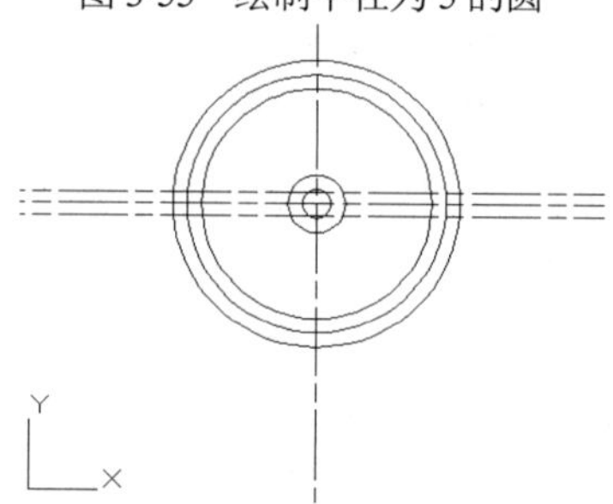

图 3-57　偏移水平辅助线

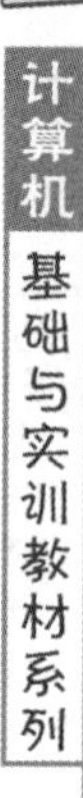

(5) 在【功能区】选项板中选择【默认】选项卡，然后在【绘图】面板中单击【直线】按钮，在两圆之间捕捉辅助线与圆的交点绘制直线，并且删除两条偏移的辅助线，如图 3-58 所示。

(6) 在【功能区】选项板中选择【默认】选项卡，然后在【绘图】面板中单击【圆心、半径】按钮，以点(93,100)为圆心，绘制半径为 1 的圆，如图 3-59 所示。

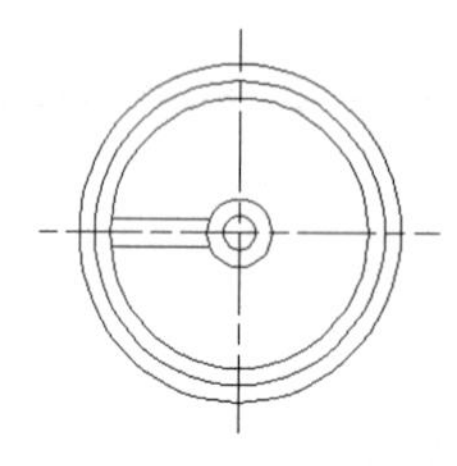

图 3-58　绘制两条直线

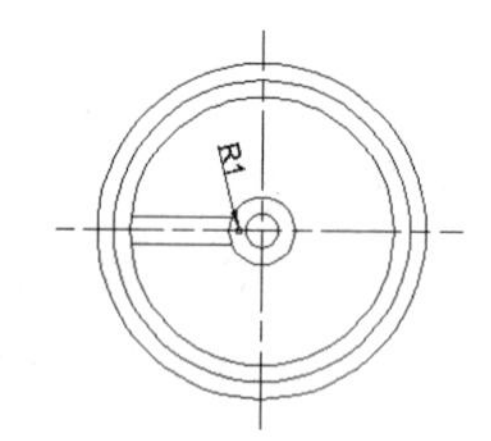

图 3-59　绘制半径为 1 的圆

(7) 在【功能区】选项板中选择【默认】选项卡，然后在【修改】面板中单击【圆角】按钮。再在【选择第一个对象或[放弃(U)/多段线(P)/半径(R)/修剪(T)/多个(M)]: 】提示下，输入 R。并指定圆角半径为 3，最后按 Enter 键。

(8) 在【选择第一个对象或[放弃(U)/多段线(P)/半径(R)/修剪(T)/多个(M)]: 】提示下，选中半径为 40 的圆。

(9) 在【选择第二个对象，或按住 Shift 键选择要应用角点的对象: 】提示下，选中直线，完成圆角的操作，如图 3-60 所示。

(10) 使用同样的方法，将直线与圆相交的其他 3 个角都倒成圆角，效果如图 3-61 所示。

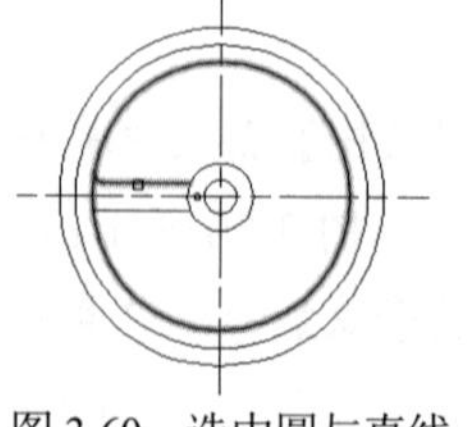

图 3-60　选中圆与直线

图 3-61　圆角处理

(11) 在【功能区】选项板中选择【默认】选项卡，然后在【修改】面板中单击【阵列】下拉按钮，选择【环形阵列】选项。此时命令行显示【ARRAYPOLAR 选择对象:】提示信息。

(12) 在命令行【选择对象:】提示下，选中如图 3-62 所示的圆弧、直线和圆。

(13) 在命令行【指定阵列的中心点或[基点(B)/旋转轴(A)]:】提示下，指定坐标点(100,100)为中心点。

(14) 此时，将按照默认设置自动阵列选中的对象，效果如图 3-63 所示。

(15) 选中阵列的对象，将自动打开【阵列】选项卡。在该选项卡中可以对阵列的对象进行具体的参数设置。

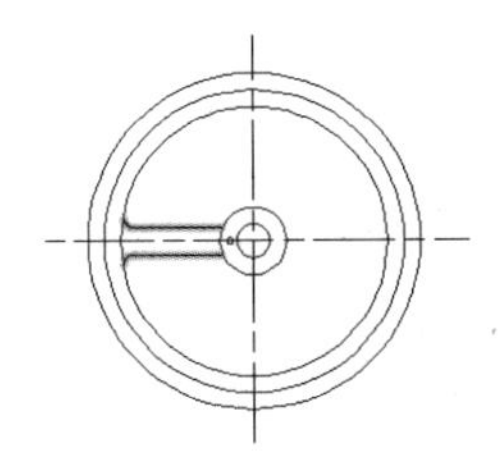

图 3-62　选中图形对象

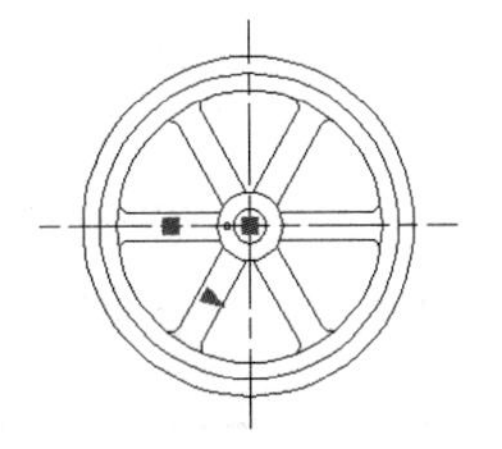

图 3-63　阵列效果

3.18　使用夹点修改图形

在 AutoCAD 中，夹点是一种集成的编辑模式。为用户提供了一种方便快捷的编辑操作途径。例如，使用夹点能够将对象进行拉伸、移动、旋转、缩放及镜像等操作。

3.18.1　使用夹点模式

默认情况下，夹点始终是打开的。可以通过【选项】对话框的【选择集】选项卡设置夹点的显示和大小。不同的对象用来控制其特征的夹点的位置和数量也不相同。表 3-2 列举了 AutoCAD 中常见对象的夹点特征。

表 3-2　AutoCAD 中常见对象的夹点特征

对象类型	夹点特征
直线	两个端点和中点
多段线	直线段的两端点、圆弧段的中点和两端点
构造线	控制点和线上的邻近两点
射线	起点和射线上的一个点
多线	控制线上的两个端点
圆弧	两个端点和中点
圆	4 个象限点和圆心
椭圆	4 个定点和中心点

(续表)

对 象 类 型	夹 点 特 征
椭圆弧	端点、中点和中心点
区域覆盖	各个顶点
文字	插入点和第 2 个对齐点(如果有的话)
段落文字	各个顶点
属性	插入点
三维网格	网格上的各个顶点
三维面	周边顶点
线性标注、对齐标注	尺寸线和尺寸界线的端点，尺寸文字的中心点
角度标注	尺寸线端点和指定尺寸标注弧的端点，尺寸文字的中心点
半径标注、直径标注	半径或直线标注的端点，尺寸文字的中心点
坐标标注	被标注点，指定的引出线端点和尺寸文字的中心点

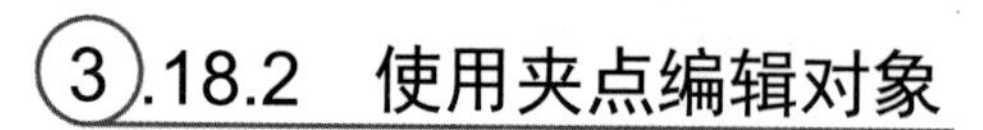

3.18.2 使用夹点编辑对象

1. 拉伸对象

在不执行任何命令的情况下选择对象并显示其夹点，然后单击其中一个夹点，进入编辑状态。此时，AutoCAD 自动将其作为拉伸的基点，进入【拉伸】编辑模式，命令行将显示如下提示信息。

```
** 拉伸 **
指定拉伸点或 [基点(B)/复制(C)/放弃(U)/退出(X)]:
```

其选项的功能如下。

- 【基点(B)】选项：重新确定拉伸基点。
- 【复制(C)】选项：允许确定一系列的拉伸点，以实现多次拉伸。
- 【放弃(U)】选项：取消上一次操作。
- 【退出(X)】选项：退出当前的操作。

默认情况下，指定拉伸点(可以通过输入点的坐标或者直接用鼠标指针拾取点)后，AutoCAD 将把对象拉伸或移动至新的位置。对于某些夹点，移动时只能移动对象而不能拉伸对象，如文字、块、直线中点、圆心、椭圆中心和点对象上的夹点。

通过夹点拉伸对象的具体方法如下。

(1) 选择图形中合适的对象，使其呈夹点选择状态，将鼠标指针放置在夹点上，在弹出的菜单中选择【拉伸】命令，如图 3-64 所示。

(2) 在命令行提示下，按住 Shift 键选择如图 3-65 所示的端点。按 Esc 键，即可拉伸选定的图形对象。

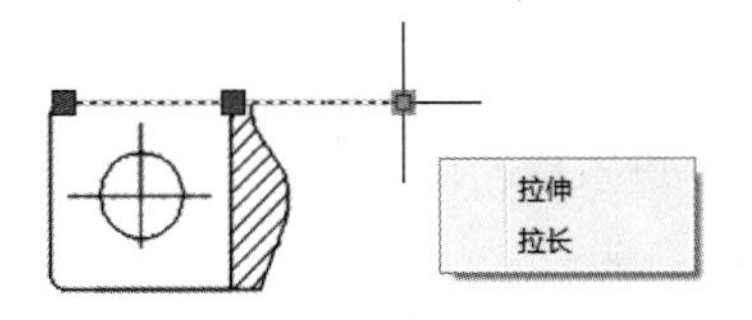

图 3-64　菜单选项

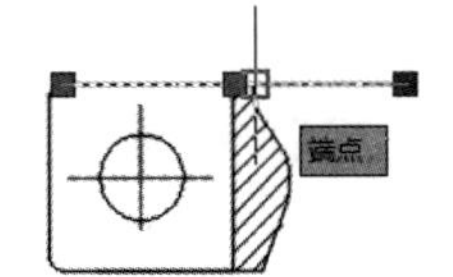

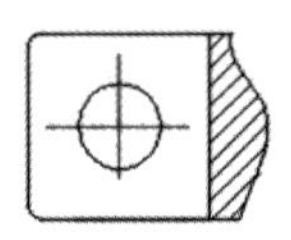

图 3-65　拉伸图形

2. 移动对象

移动对象仅仅是位置上的平移，对象的方向和大小并不会改变。在夹点编辑模式下确定基点后，在命令行提示下输入 MO 进入移动模式，命令行将显示如下提示信息。

```
** 移动 **
指定移动点或 [基点(B)/复制(C)/放弃(U)/退出(X)]:
```

通过输入点的坐标或拾取点的方式来确定平移对象的目的点后，即可以基点为平移的起点，以目的点为终点将所选对象平移至新位置。

通过夹点移动对象的具体方法如下。

(1) 打开图形文件后，选择图形中需要移动的对象，使其呈夹点选择状态，如图 3-66 所示。

(2) 单击选中如图 3-67 所示的夹点(此时，该夹点将呈红色显示)。

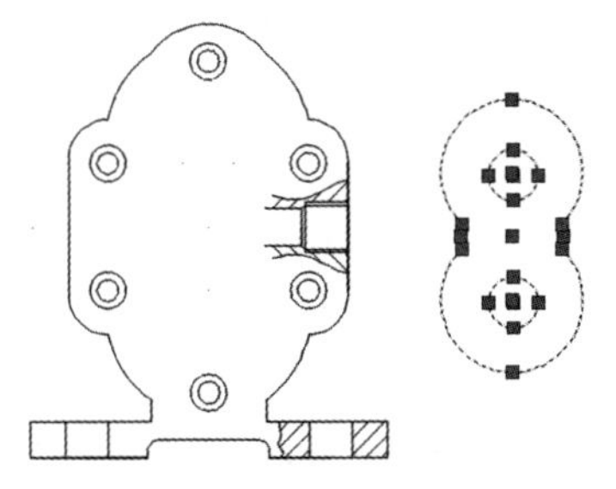

图 3-66　选择要移动的对象

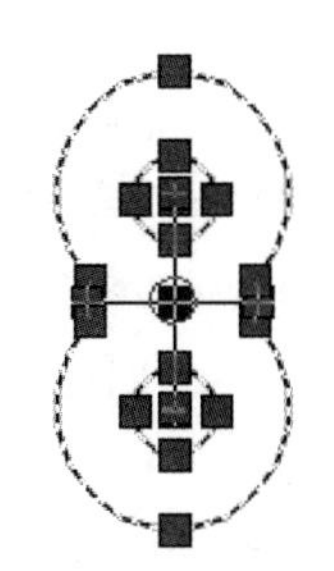

图 3-67　选中夹点

(3) 按 Enter 键确认，在命令行提示下，在绘图窗口中选中图 3-68 所示的端点。

(4) 单击鼠标左键，并按 Esc 键，即可移动图形对象，效果如图 3-69 所示。

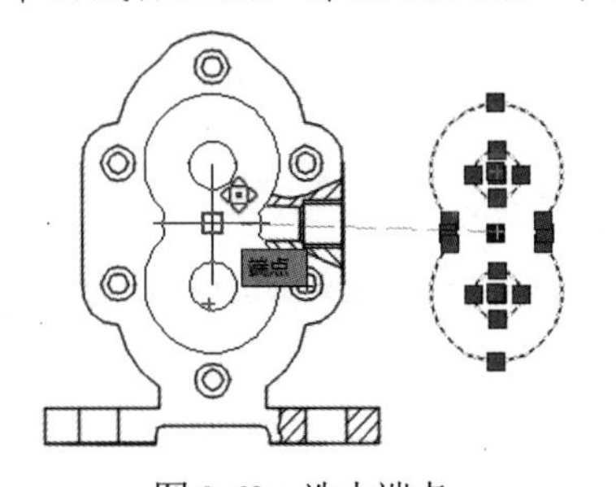

图 3-68　选中端点

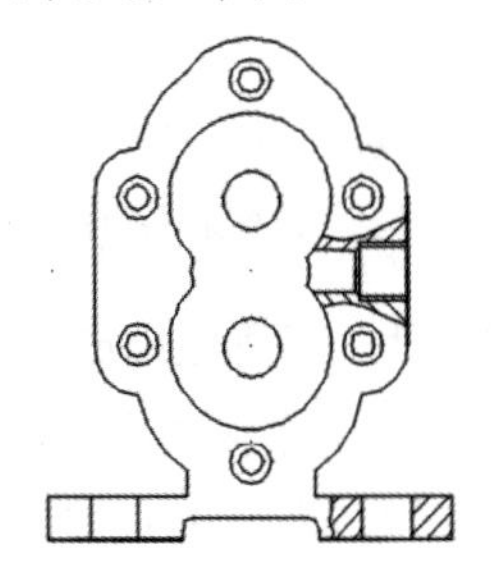

图 3-69　移动图形对象

对不同的对象执行夹点操作时，图形对象上特征点的位置和数量也不同，每个图形对象都有自身的夹点标记。

3. 旋转对象

在夹点编辑模式下确定基点后，在命令行提示下输入 RO 进入旋转模式，命令行将显示如下提示信息。

```
** 旋转 **
指定旋转角度或 [基点(B)/复制(C)/放弃(U)/参照(R)/退出(X)]:
```

默认情况下，输入旋转的角度值或通过拖动方式确定旋转角度后，即可将对象绕基点旋转指定的角度。也可以选择【参照】选项，以参照方式旋转对象，这与【旋转】命令中的【参照】选项功能相同。

通过夹点旋转对象的具体方法如下。

(1) 打开图形文件后，选择所有图形为旋转对象，使其呈夹点选择状态，然后选中图 3-70 右侧的夹点。

(2) 连续按两次 Enter 键，在命令行提示下输入旋转角度 90。按 Enter 键，即可旋转图形对象，按 Esc 键，效果如图 3-71 所示。

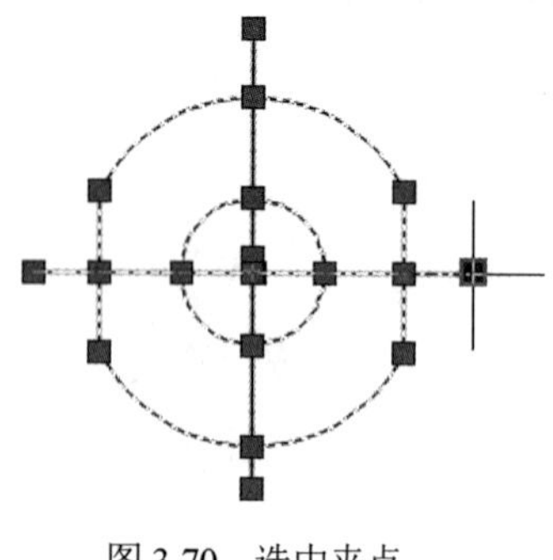

图 3-70　选中夹点

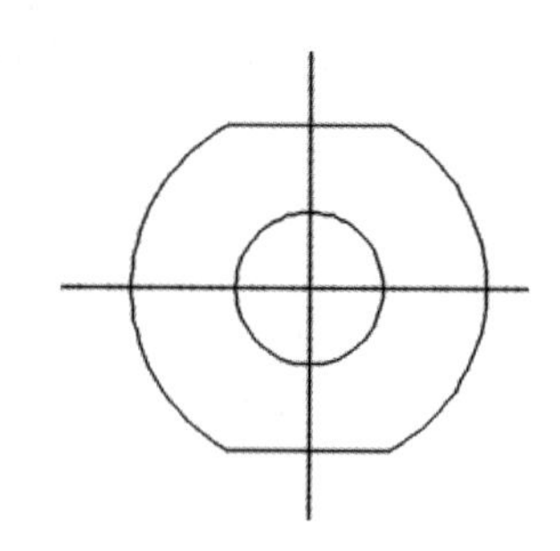

图 3-71　图形旋转效果

4. 缩放对象

在夹点编辑模式下确定基点后，在命令行提示下输入 SC 进入缩放模式，命令行将显示如下提示信息。

```
** 比例缩放 **
指定比例因子或 [基点(B)/复制(C)/放弃(U)/参照(R)/退出(X)]:
```

默认情况下，当确定缩放的比例因子后，AutoCAD 将相对于基点进行缩放对象操作。当比例因子大于 1 时放大对象；当比例因子大于 0 而小于 1 时缩小对象。

通过夹点缩放对象的具体方法如下。

(1) 打开图形文件后，选择合适的对象，使其呈夹点选择状态，如图 3-72 所示。

(2) 捕捉圆心中点位置的夹点，在命令行提示下连续按 3 次 Enter 键，在命令行提示下输入 0.5。按 Enter 键即可缩放图形对象，按 Esc 键，图形效果如图 3-73 所示。

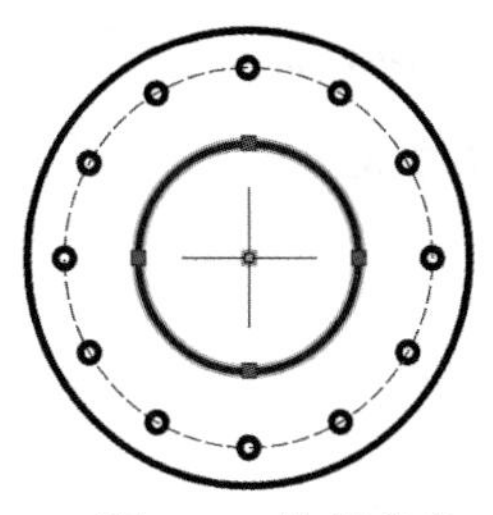

图 3-72　选择夹点

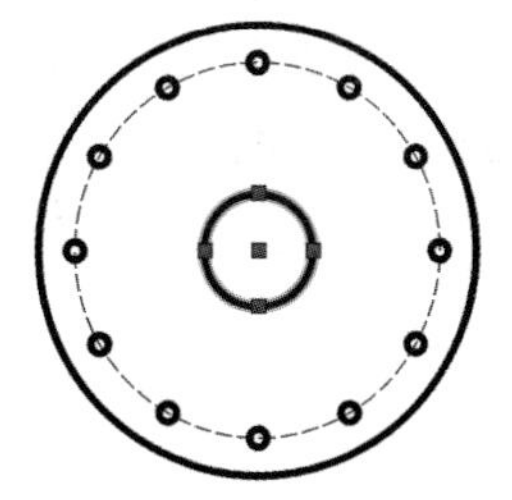

图 3-73　图形缩放效果

5. 镜像对象

与【镜像】命令的功能类似，镜像操作后将删除原对象。在夹点编辑模式下确定基点后，在命令行提示下输入 MI 进入镜像模式，命令行将显示如下提示信息。

```
** 镜像 **
指定第二点或 [基点(B)/复制(C)/放弃(U)/退出(X)]:
```

指定镜像线上的第 2 个点后，AutoCAD 将以基点作为镜像线上的第 1 点，新指定的点为镜像线上的第 2 个点，将对象进行镜像操作并删除原对象。

【例 3-6】使用夹点编辑功能绘制零件图形。

(1) 在【功能区】选项板中选择【默认】选项卡，然后在【绘图】面板中单击【直线】按钮，绘制一条水平直线和一条垂直直线作为辅助线。

(2) 在菜单栏中选择【工具】|【新建 UCS】|【原点】命令，将坐标系原点移至辅助线的交点处，如图 3-74 所示。

(3) 选择所绘制的垂直直线，并单击两条直线的交点，将其作为基点。在命令行的【指定拉伸点或[基点(B)/复制(C)/放弃(U)/退出(X)/]: 】提示下中输入 C，移动并复制垂直直线，然后在命令行中输入(120,0)，即可得到另一条垂直的直线，如图 3-75 所示。

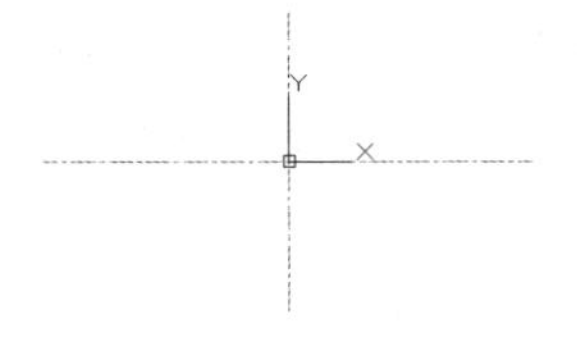

图 3-74　移动坐标系原点

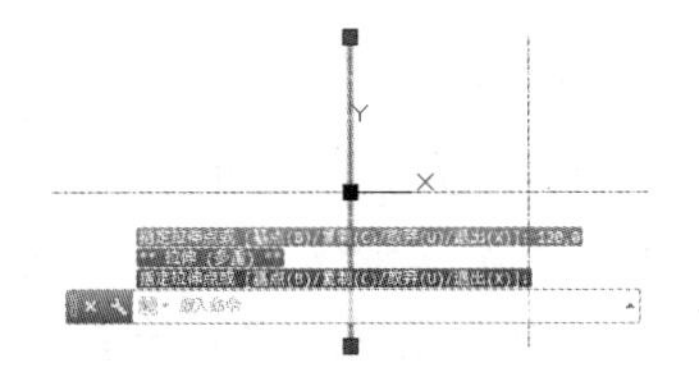

图 3-75　使用夹点的拉伸功能绘制垂直直线

(4) 在【功能区】选项板中选择【默认】选项卡，然后在【绘图】面板中单击【多边形】按钮，以左侧垂直直线与水平直线的交点为中心点，绘制一个半径为 15 的圆的内接正六边形，如图 3-76 所示。

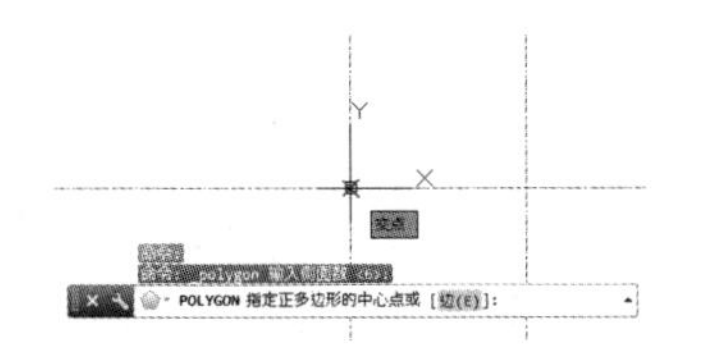

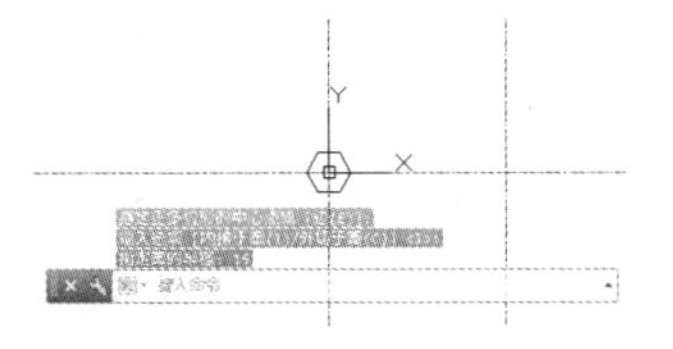

图 3-76　绘制正六边形

(5) 在【功能区】选项板中选择【默认】选项卡，然后在【绘图】面板中单击【圆心、直径】按钮，以右侧垂直直线与水平直线的交点为圆心，绘制一个直径为 65 的圆，如图 3-77 所示。

图 3-77　绘制直径为 65 的圆

(6) 选择右侧所绘的圆，并单击该圆的最上端夹点，将其作为基点(该点将显示为红色)。在命令行中输入 C，并在拉伸的同时复制图形。然后在命令行中输入(50, 0)，即可得到一个直径为 100 的拉伸圆，如图 3-78 所示。

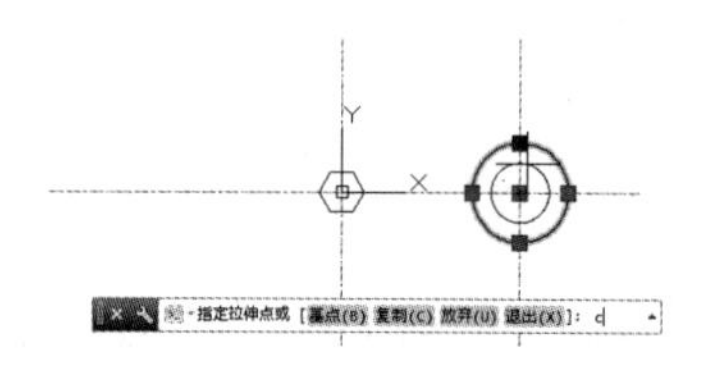

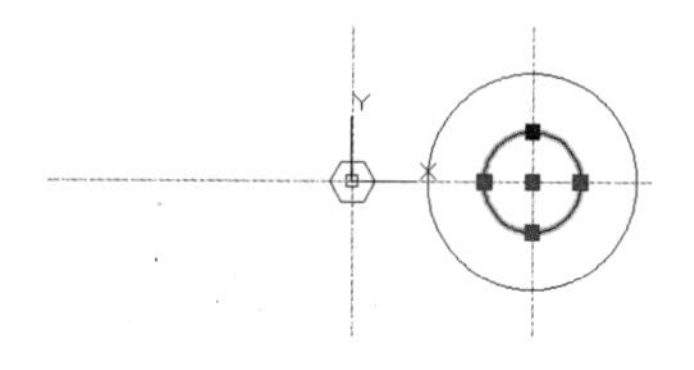

图 3-78　使用夹点的拉伸功能绘制圆

(7) 在【功能区】选项板中选择【默认】选项卡，然后在【绘图】面板中单击【圆心、直径】按钮。以六边形的中心点为圆心，绘制一个直径为 45 的圆，如图 3-79 所示。

(8) 选择所绘制的水平直线，并单击直线上的夹点。将其作为基点，在命令行中输入 C。移动并复制水平直线，然后在命令行中输入(@0,9)，即可得到一条水平的直线，如图 3-80 所示。

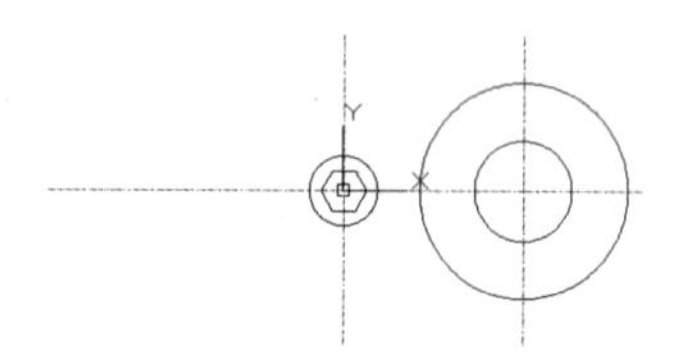

图 3-79　绘制直径为 45 的圆

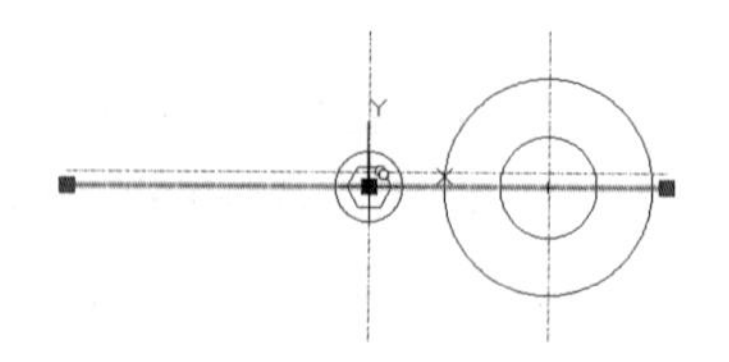

图 3-80　绘制水平直线

(9) 选择右侧的垂直直线，并单击直线上的夹点，将其作为基点。在命令行中输入 C，移动并复制垂直直线。然后在命令行中输入(@-38,0)，即可得到另一条垂直直线，如图 3-81 所示。

(10) 在【功能区】选项板中选择【默认】选项卡，然后在【修改】面板中单击【修剪】按钮，修剪直线，如图 3-82 所示。

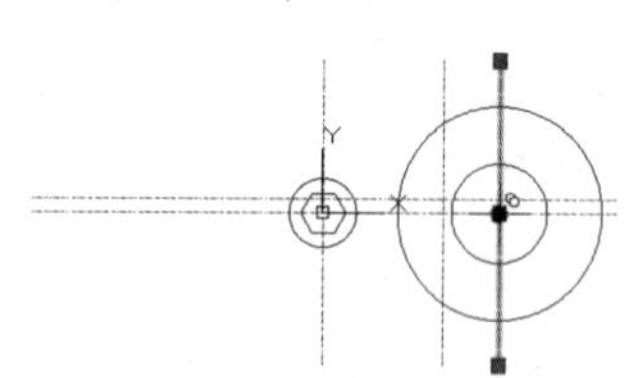

图 3-81　绘制垂直直线

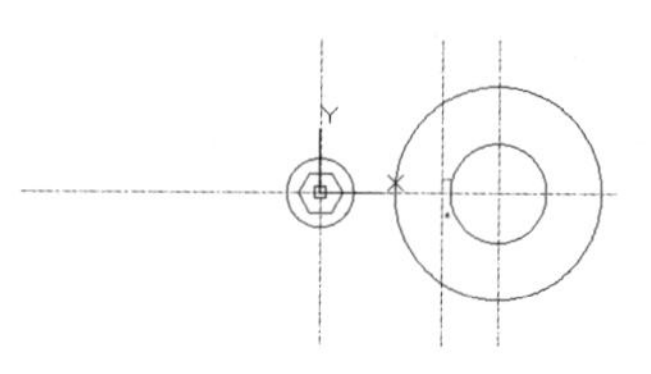

图 7-82　修剪后的效果

(11) 选择修剪后的直线，在命令行中输入 MI，镜像所选的对象。在水平直线上任意选择两点作为镜像线的基点。然后在【要删除源对象吗？】命令提示下，输入 N。最后按 Enter 键，即可得到镜像的直线，如图 3-83 所示。

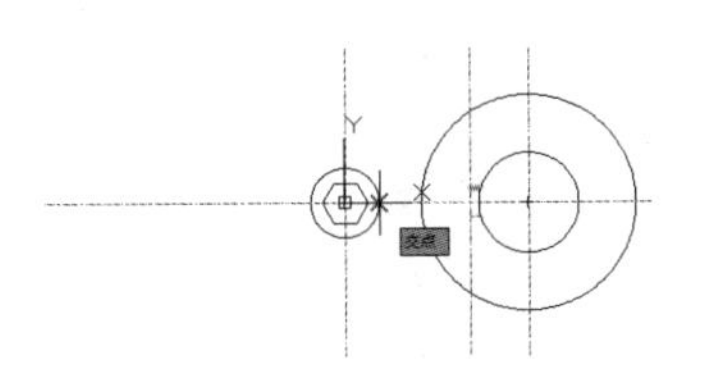

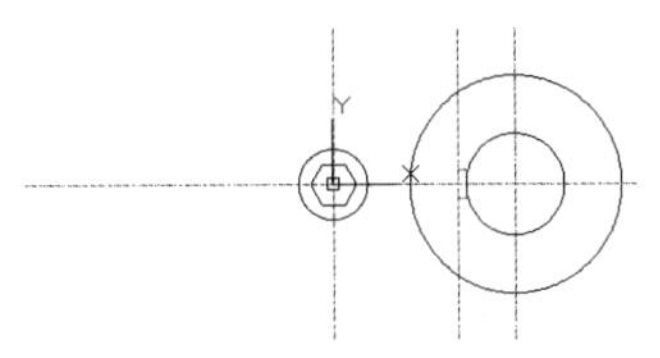

图 3-83　镜像直线

(12) 在【功能区】选项板中选择【默认】选项卡，然后在【绘图】面板中单击【相切、相切、半径】按钮。以直径为 45 和 100 的圆为相切圆，绘制半径为 160 的圆，如图 3-84 所示。

(13) 在【功能区】选项板中选择【默认】选项卡，然后在【修改】面板中单击【修剪】按钮，修剪绘制的相切圆，效果如图 3-85 所示。

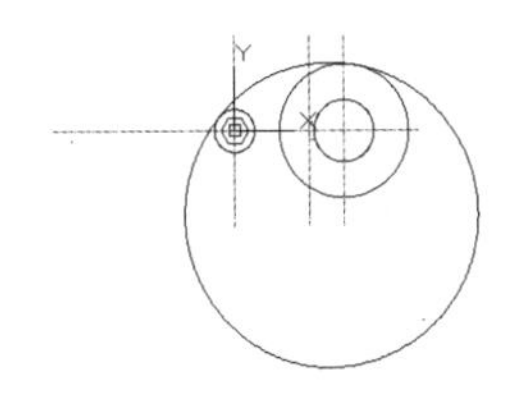

图 3-84　绘制相切圆

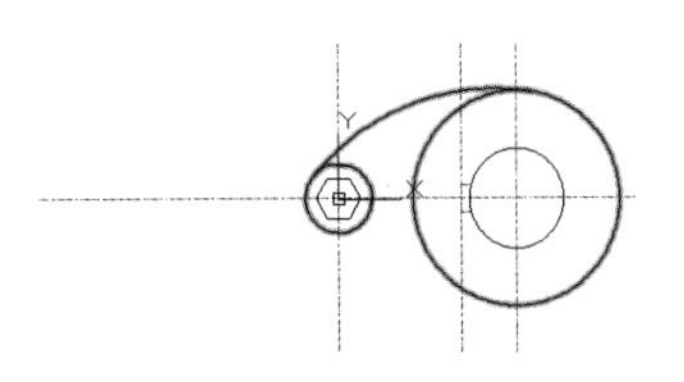

图 3-85　修剪相切圆

(14) 选择修剪后的圆弧，在命令行中输入 MI，镜像所选的对象。然后在水平直线上任意选择两点作为镜像线的基点，并在【要删除源对象吗？】命令提示下，输入 N。最后按 Enter 键，即可得到镜像的圆弧，如图 3-86 所示。

(15) 在【功能区】选项板中选择【默认】选项卡，然后在【修改】面板中单击【修剪】按钮，对图形进行修剪，效果如图 3-87 所示。

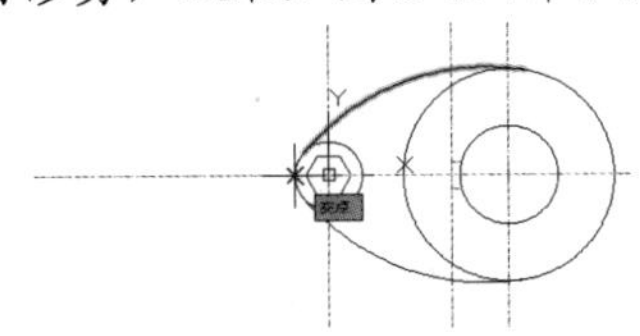

图 3-86　镜像圆弧

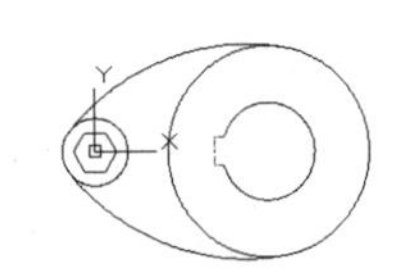

图 3-87　修剪后的图形

(16) 在菜单栏中选择【工具】|【新建 UCS】|【世界】命令，恢复世界坐标系。关闭绘图窗口，并保存所绘的图形。

3.19　上机练习

本章的上机练习将介绍绘制二维图形的具体案例，包括绘制阀盖俯视图、立面门等，用户可以通过具体的操作巩固所学的知识。

3.19.1　绘制阀盖俯视图

使用 AutoCAD 2019 绘制阀盖俯视图。

(1) 创建一个新图形文件，在命令行中输入 C，按 Enter 键绘制圆。

(2) 在命令行提示下输入(0,0)，设置圆心的位置，按 Enter 键确认。

(3) 在命令行提示下输入 35，指定圆心的半径，按 Enter 键确认，绘制半径为 35 的圆，如图 3-88 所示。

(4) 在命令行中输入 XLINE 命令，按 Enter 键，在命令行提示下输入相应的参数，绘制如图 3-89 所示经过(0,0)点的水平构造线和垂直构造线。

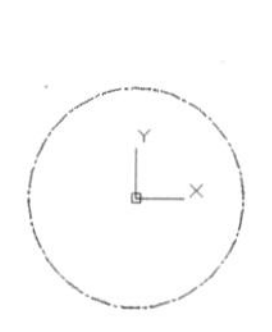

图 3-88　绘制半径为 35 的圆

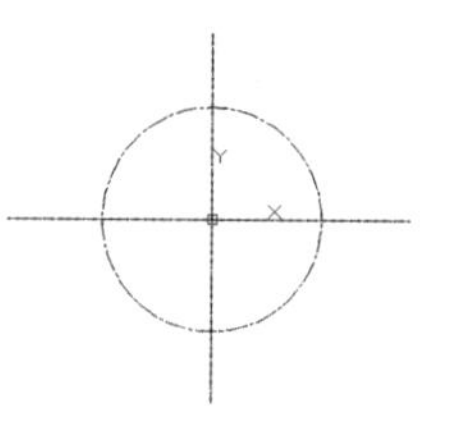

图 3-89　绘制构造线

(5) 在命令行中输入 O，按 Enter 键，执行【偏移】命令，在命令行提示下输入 20，指定偏移距离。

(6) 按 Enter 键确认，将绘图窗口中半径为 35 的圆，分别向内侧和外侧偏移，如图 3-90 所示。

(7) 在命令行中输入 C，按 Enter 键绘制圆，捕捉如图 3-91 所示的交点。

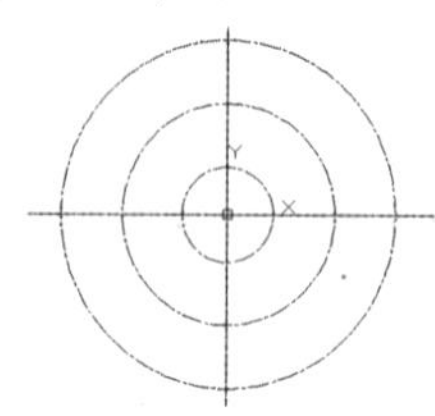

图 3-90　偏移图形效果

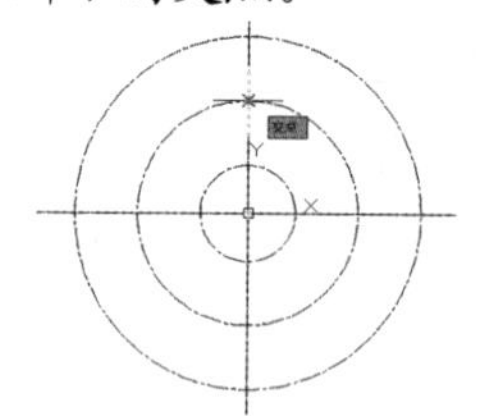

图 3-91　捕捉交点

(8) 在命令行提示下输入 5，按 Enter 键，指定圆的半径，如图 3-92 所示。

(9) 按 Enter 键确认，在命令行中输入 ARRAYCLASSIC。

(10) 按 Enter 键确认，打开【阵列】对话框，选中【环形阵列】单选按钮，然后单击【选择对象】按钮，在命令行提示下选中半径为 5 的圆。

(11) 按 Enter 键，返回【阵列】对话框，单击【拾取中心点】按钮，如图 3-93 所示。

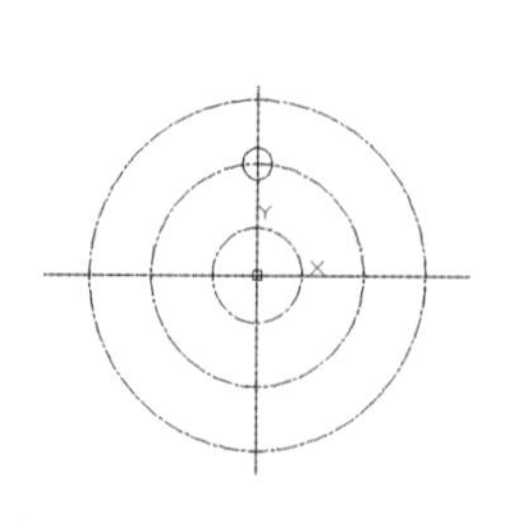

图 3-92　绘制半径为 5 的圆

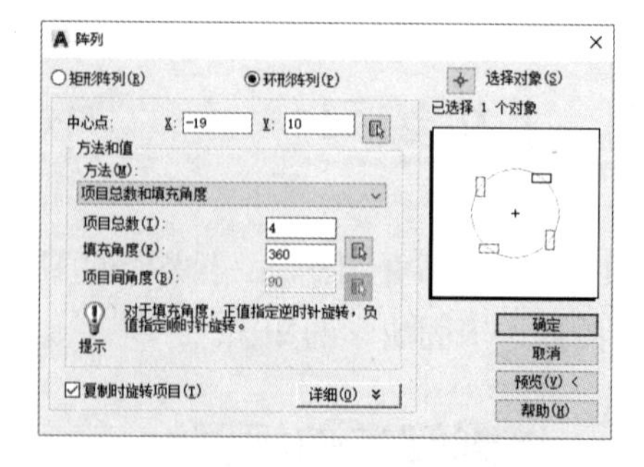

图 3-93　【阵列】对话框

(12) 在命令行提示下选中如图 3-94 所示的中点，按 Enter 键确认。

(13) 返回【阵列】对话框，在【项目总数】文本框中输入 6，单击【确定】按钮阵列图形对象。分别修改图形中圆对象的线型，完成阀盖俯视图的绘制，效果如图 3-95 所示。

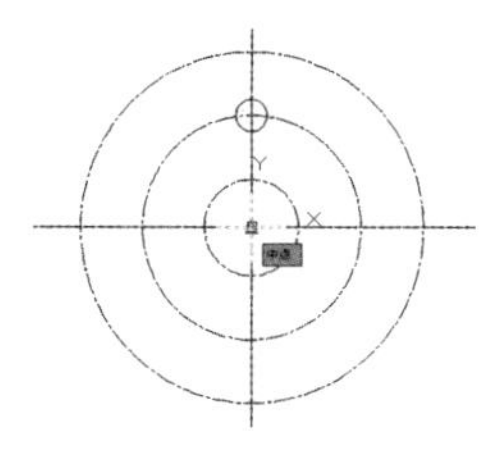

图 3-94　选择中点

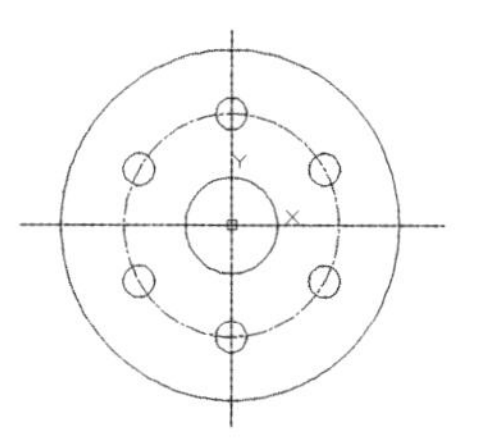

图 3-95　阀盖俯视图

3.19.2　绘制立面门

使用 AutoCAD 2019 绘制立面门。

(1) 新建一个图形文件，在命令行中输入 REC，按 Enter 键，执行【矩形】命令。

(2) 在命令行提示下输入(0,0)，按 Enter 键，指定矩形的起点。

(3) 在命令行提示下输入(800,2100)，按 Enter 键，指定矩形的另一个角点。

(4) 按 Enter 键，再次执行【矩形】命令，在命令行提示下输入(100,300)，指定矩形的起点，如图 3-96 所示。

(5) 按下 Enter 键确认，在命令行提示下输入(@250,450)，指定矩形的另一个角点。按 Enter 键确认，绘制一个矩形。

(6) 在命令行中输入 O，按 Enter 键，执行【偏移】命令，在命令行提示下输入 30，指定偏移距离。

(7) 按 Enter 键确认，在命令行提示下选中图 3-97 所示的矩形将其向内偏移。

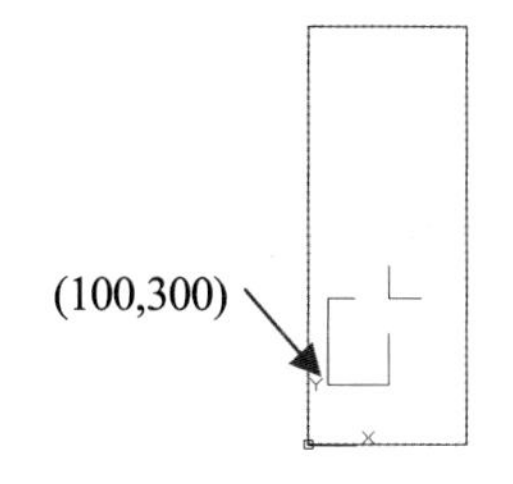

图 3-96　指定矩形起点

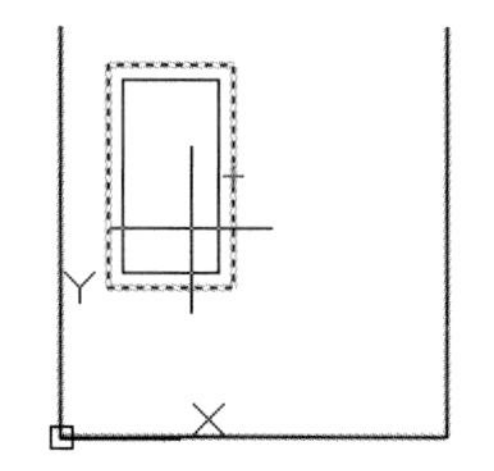

图 3-97　设置偏移图形

(8) 按 Enter 键确认，在命令行中输入 ARRAYCLASSIC，按 Enter 键执行【阵列】命令。

(9) 打开【阵列】对话框，选中【矩形阵列】单选按钮，在【行数】和【列数】文本框中输入 2，在【行偏移】文本框中输入 750，在【列偏移】文本框中输入 350。

(10) 单击【选择对象】按钮，在命令行提示下选中图 3-98 所示的矩形图形对象。

(11) 按 Enter 键确认，返回【阵列】对话框，单击【确定】按钮，设置阵列图形。

(12) 选中图形中左上角的矩形，将鼠标指针放置在如图 3-99 所示的夹点上，在弹出的菜单中选择【拉伸】命令。在命令行提示下输入(@0,450)。

(13) 按 Enter 键确认，被选中图形的效果如图 3-99 所示。重复以上操作，对图形中其余几个矩形进行【拉伸】操作，完成立面门图形的绘制。

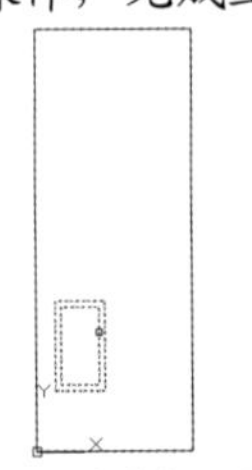

图 3-98　选中矩形图形

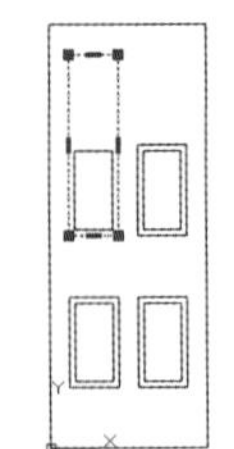

图 3-99　使用夹点调整图形

3.19.3　绘制阀盖零件图

使用 AutoCAD 2019 绘制阀盖零件图。

(1) 选择【格式】|【图层】命令，执行图层命令，打开【图层特性管理器】对话框，在其中创建【文字标注】、【剖面线】、【尺寸标注】、【点划线】和【轮廓线】等图层，并将【点划线】图层的线型设置为 CENTER，将【轮廓线】图层的线宽设置为 0.30mm，如图 3-100 所示。

(2) 将当前图层设置为【点划线】图层，在命令行中输入 XL，执行构造线命令，在绘图区域中绘制水平与垂直构造线，如图 3-101 所示。

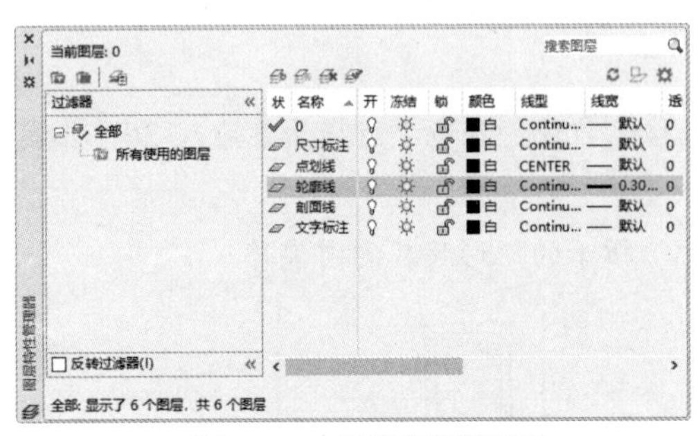

图 3-100　创建并设置图层

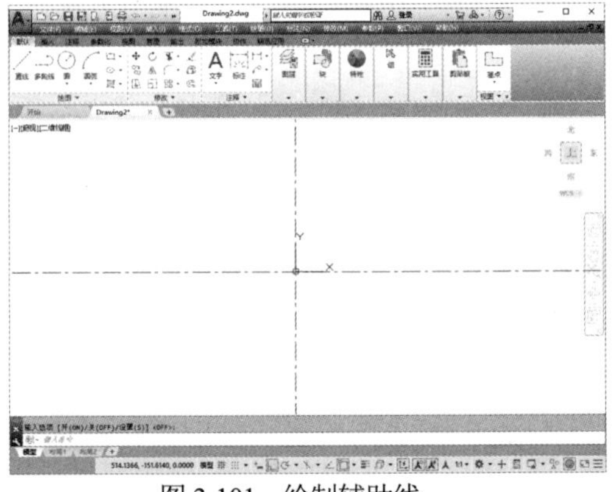

图 3-101　绘制辅助线

(3) 在命令行中输入 O，执行偏移命令，将垂直构造线向左右两端进行偏移，偏移距离为 28，如图 3-102 所示。

(4) 将【轮廓线】图层设置为当前图层，在命令行输入 C，执行圆命令，以水平构造线与垂直构造线的交点为圆心，绘制半径为 23 的圆，如图 3-103 所示。

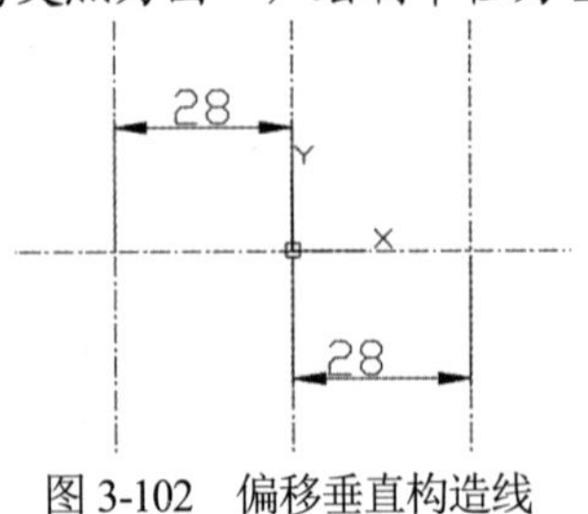

图 3-102　偏移垂直构造线

图 3-103　绘制半径为 23 的圆

(5) 在命令行中输入 C，执行圆命令，以水平构造线与垂直构造线的交点为圆心，分别绘制半径为 16 和 10 的圆，如图 3-104 所示。

(6) 在命令行中输入 C，执行圆命令，以向右偏移的垂直构造线与水平构造线的交点为圆心，分别绘制半径为 8 和 4 的圆，如图 3-105 所示。

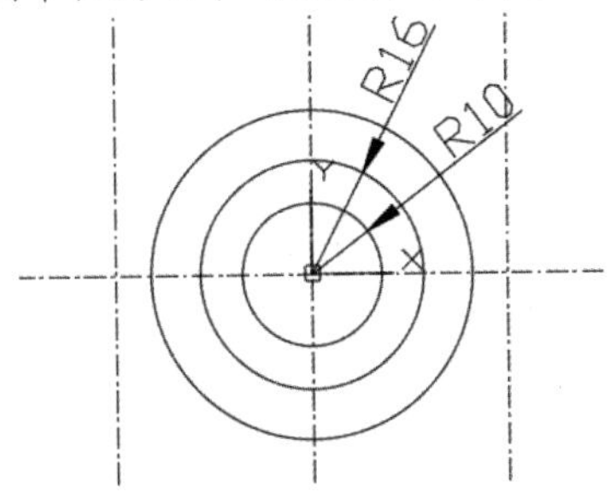

图 3-104　绘制半径为 16 和 10 的圆

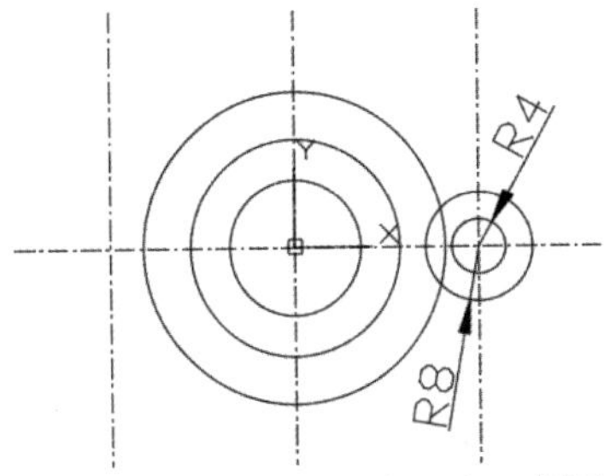

图 3-105　绘制半径为 8 和 4 的圆

(7) 在命令行中输入 L，执行直线命令，绘制半径为 16 的圆与半径为 8 的圆切点间的连线，如图 3-106 所示。

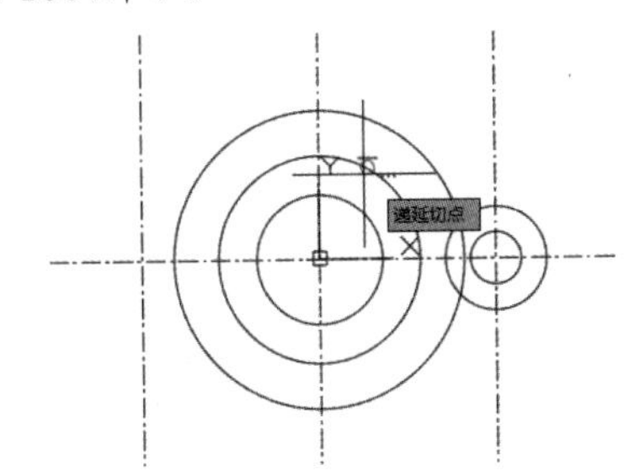

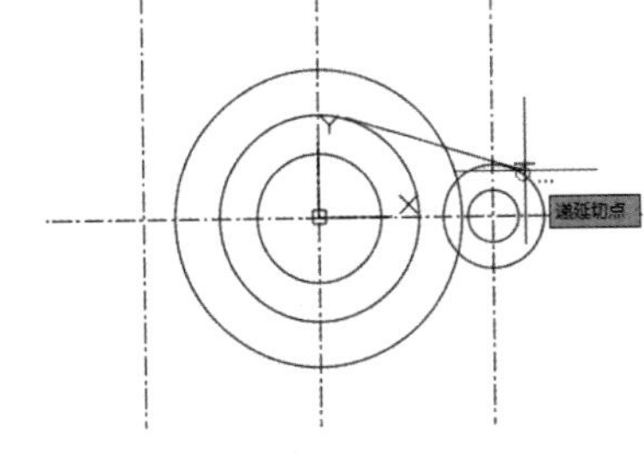

图 3-106　绘制连接直线

(8) 在命令行中输入 L，再次执行直线命令，捕捉半径为 16 和 8 的圆底端切点，连接两个圆切点间的连线，如图 3-107 所示。

(9) 在命令行中输入 TR，执行修剪命令，以中间的垂直构造线与两条连接直线为修剪边界，对半径为 23、16 和 8 的圆进行修剪处理，如图 3-108 所示。

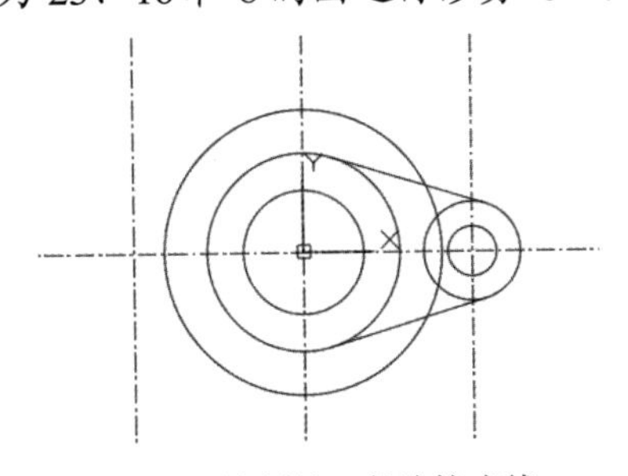

图 3-107　绘制第二条连接直线

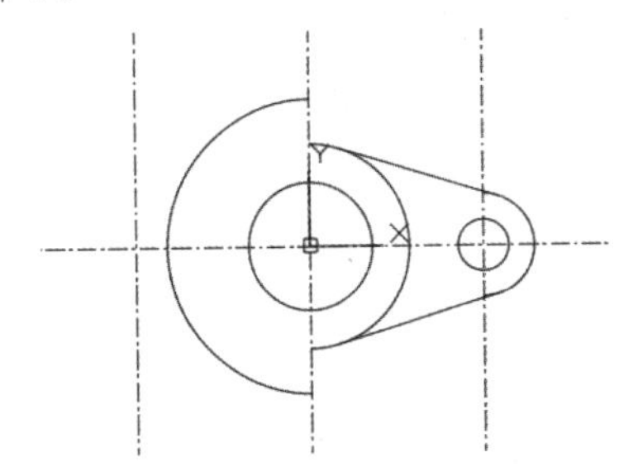

图 3-108　修剪多余的线条

(10) 在命令行中输入 MI，执行镜像命令，将右端两条连接直线以及半径为 4 的圆和 8 的圆弧进行镜像复制，如图 3-109 所示。

(11) 在命令行中输入 TR，执行修剪命令，将步骤(10)镜像复制后的两条连接直线进行修剪处理，其修剪边界为半径 23 的圆弧，如图 3-110 所示。

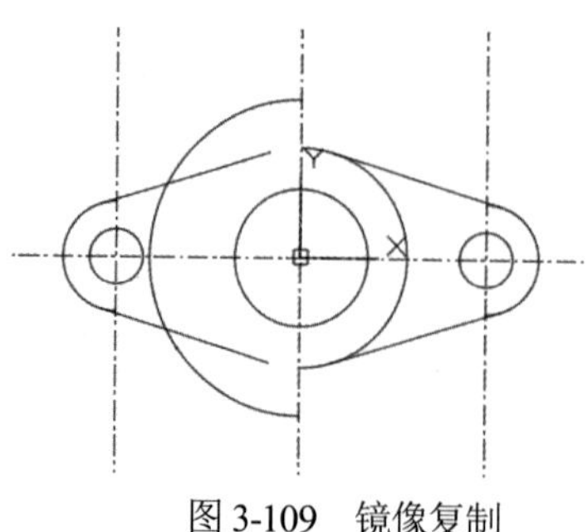

图 3-109　镜像复制

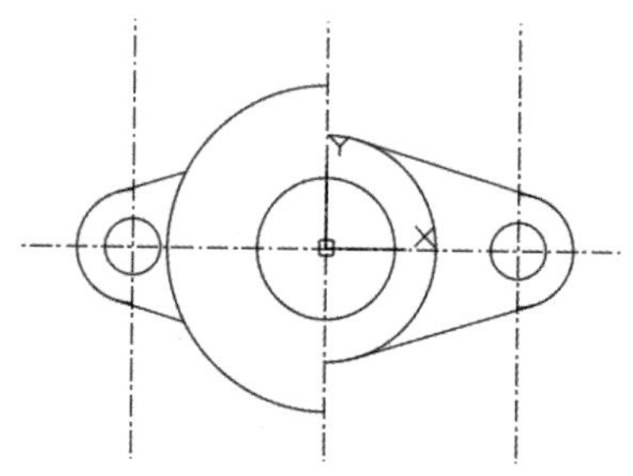

图 3-110　修剪镜像复制的连接线

(12) 将当前图层切换为【剖面线】图层，在命令行中输入 BH，执行图案填充命令，将阀盖俯视图的剖面线以图案 ANSI31 进行填充，如图 3-111 所示。

(13) 在命令行中输入 O，执行偏移命令，将水平构造线向上进行偏移，偏移距离为 60，如图 3-112 所示。

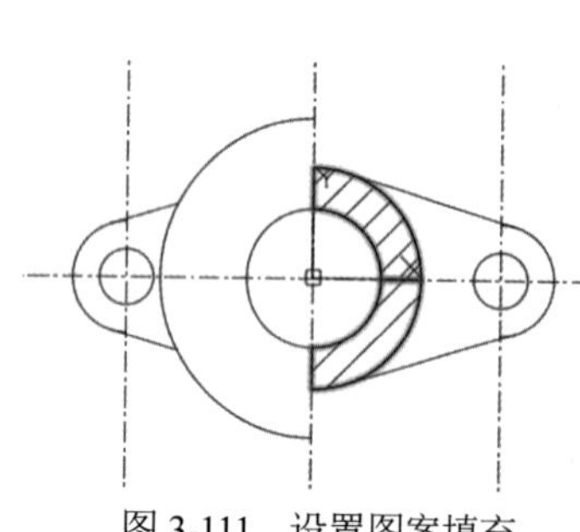

图 3-111　设置图案填充

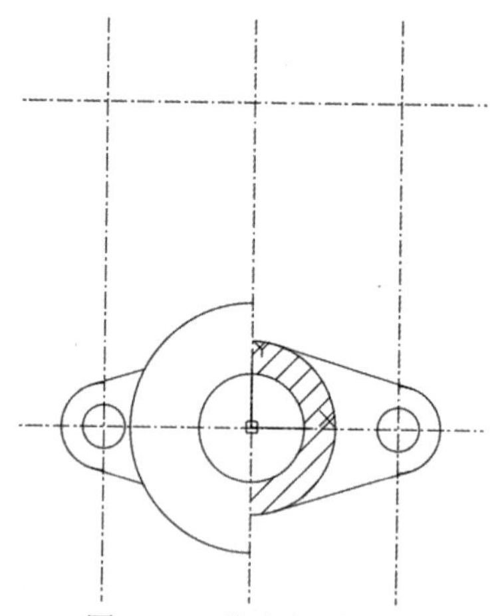

图 3-112　偏移水平构造线

(14) 再次执行 O 命令，将向上进行偏移后的水平构造线再次向上进行偏移，偏移距离分别为 7、26 和 32，如图 3-113 所示。

(15) 再次执行 O 命令，将垂直构造线进行偏移，其偏移所通过的点为俯视图中半径为 23、16、8 的圆弧水平构造线的交点，如图 3-114 所示。

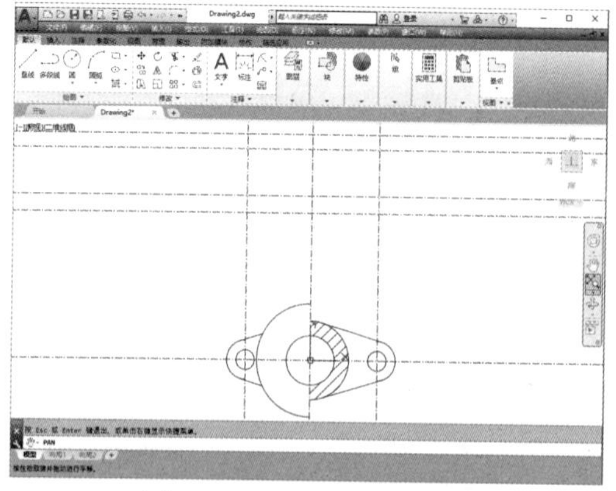

图 3-113　向上偏移水平构造线

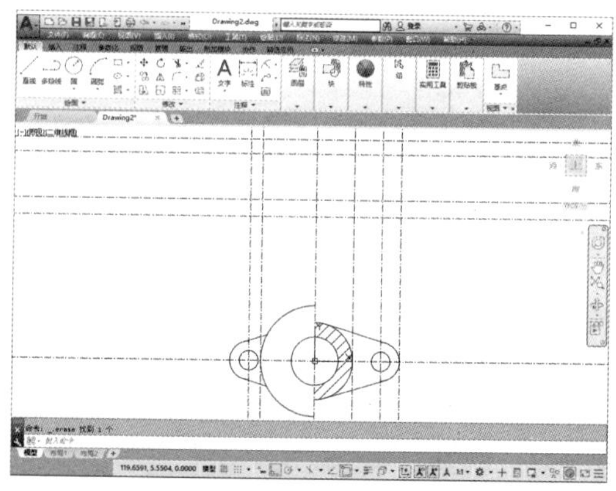

图 3-114　偏移垂直构造线

(16) 在命令行中输入 MI，执行镜像命令，将偏移的垂直构造线进行镜像复制，其镜像线为中间一条垂直构造线与半径为 23 的圆弧的交点，如图 3-115 所示。

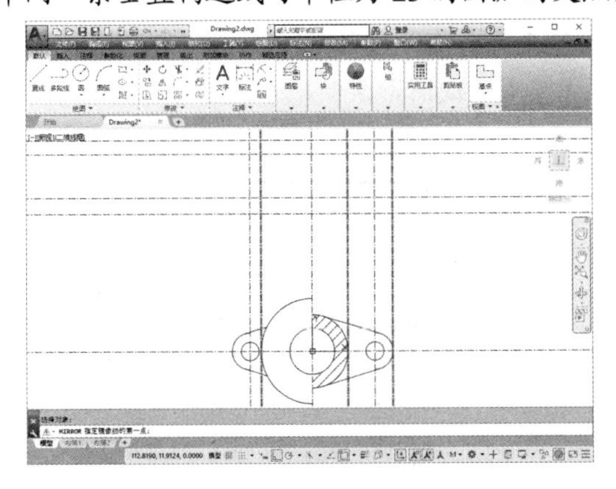

选择垂直构造线

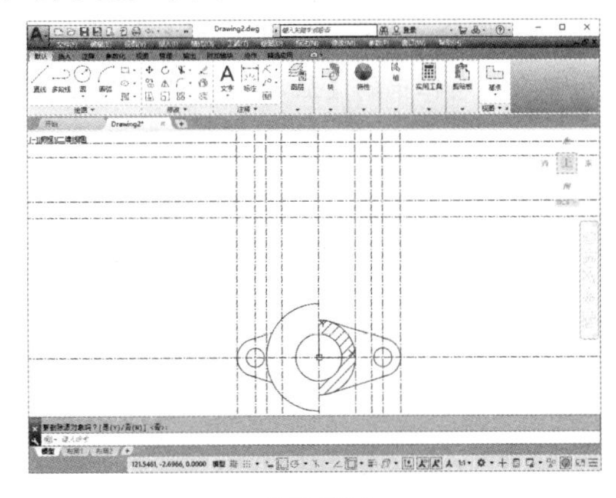

镜像复制

图 3-115　镜像复制垂直构造线

(17) 在命令行中输入 TR，执行修剪命令，将偏移的水平构造线和垂直构造线进行修剪处理，如图 3-116 所示。

(18) 在命令行中输入 O，执行偏移命令，将垂直构造线进行偏移操作，其偏移所通过的点为半径为 10、4 的圆与水平构造线的交点，如图 3-117 所示。

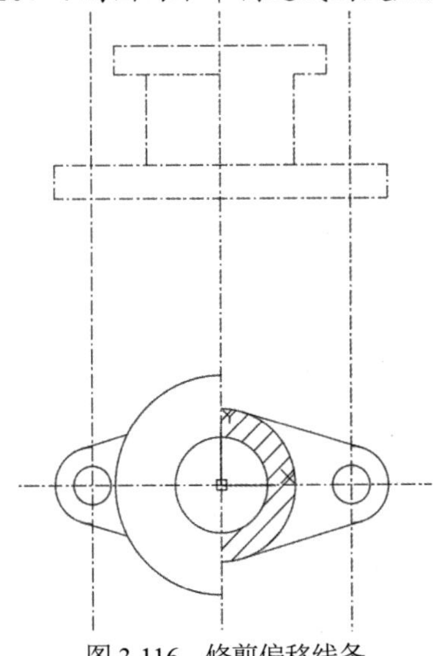

图 3-116　修剪偏移线条

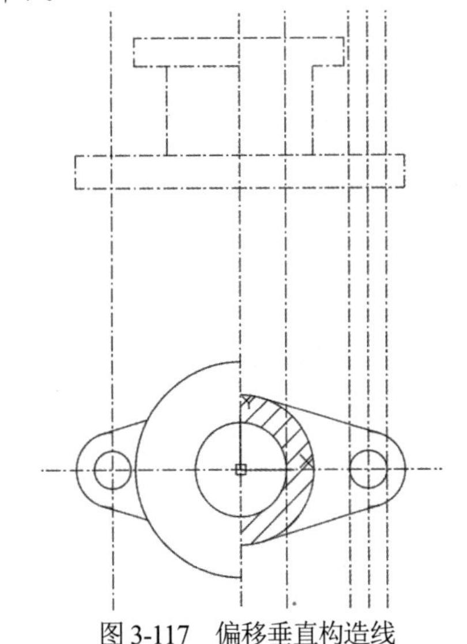

图 3-117　偏移垂直构造线

(19) 在命令行中输入 TR，执行修剪命令，将偏移的垂直直线进行修剪处理，并将所要修剪后的线条的图层更改为【轮廓线】图层，如图 3-118 所示。

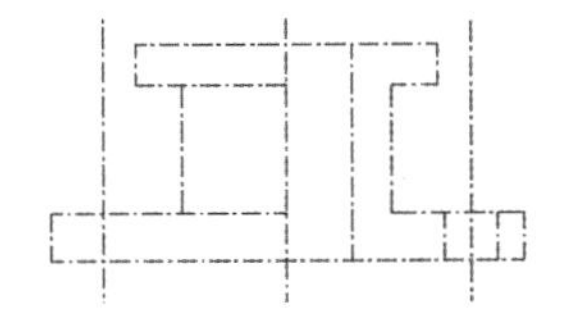

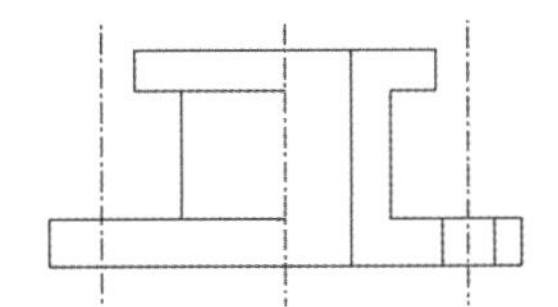

图 3-118　修剪并更改线条图层

(20) 在命令行中输入 BH，执行图案填充命令，将阀盖主视图中的剖切面进行图案填充处理，填充图案为 ANSI31，如图 3-119 所示。

(21) 在命令行中输入 TR，执行修剪命令，将阀盖主视图及俯视图中的辅助线进行修剪处理，然后单击状态栏中的【显示/隐藏线宽】按钮显示线宽，完成图形绘制，如图 3-120 所示。

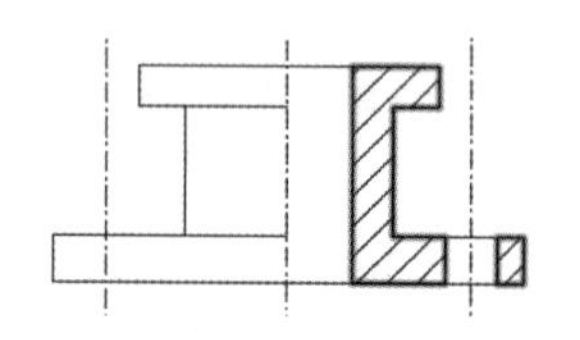

图 3-119　对剖面线进行填充

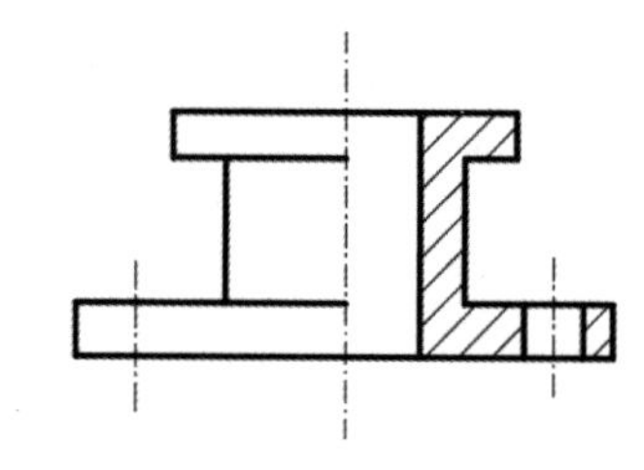

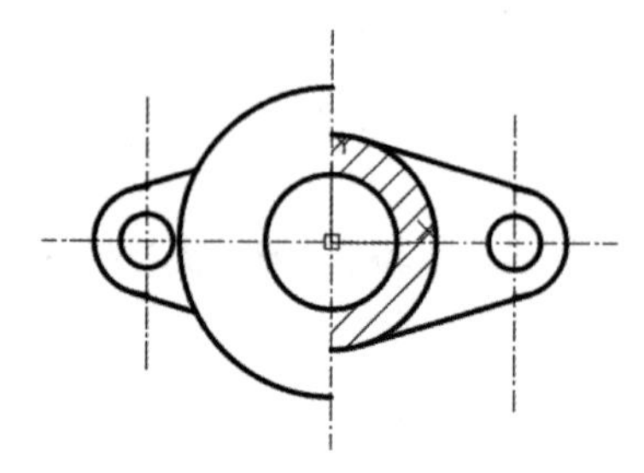

图 3-120　显示轮廓线

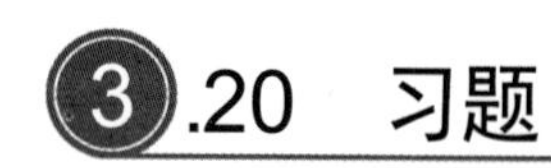

3.20　习题

1. 使用【阵列】命令对图形进行环形阵列时，阵列后的图形与第一个图形一样，为什么没有随阵列的角度变化而变化呢？

2. 使用【镜像】命令对文字进行镜像处理后，为什么文字是反的呢？

设置对象特性

学习目标

使用 AutoCAD 绘制图形时，每个图形对象都有特性，通过修改图形的特性(例如图层、线型、颜色、线宽和打印样式)，可以组织图形中的对象并控制它们的显示和打印方式。

本章重点

- 控制对象的显示特性
- 使用与管理图层
- 使用颜色
- 设置线型与线宽

4.1 对象特性概述

在 AutoCAD 中，绘制的每个对象都有特性，有的特性是基本特性，适用于大多数对象，如图层、颜色、线型和打印样式等；有的特性是专用于某个对象的特性，如圆的特性包括半径和面积。

1. 显示与修改对象特性

在 AutoCAD 中，用户可以使用多种方法来显示和修改对象特性。

- 在快速访问工具栏中选择【显示菜单栏】命令。在弹出的菜单中选择【工具】|【选项板】|【特性】命令，打开【特性】选项板，可以查看和修改对象所有特性的设置，如图 4-1 所示。
- 在【功能区】选项板中选择【默认】选项卡，在【图层】和【特性】选项板中可以查看和修改对象的颜色、线型、线宽等特性，如图 4-2 所示。

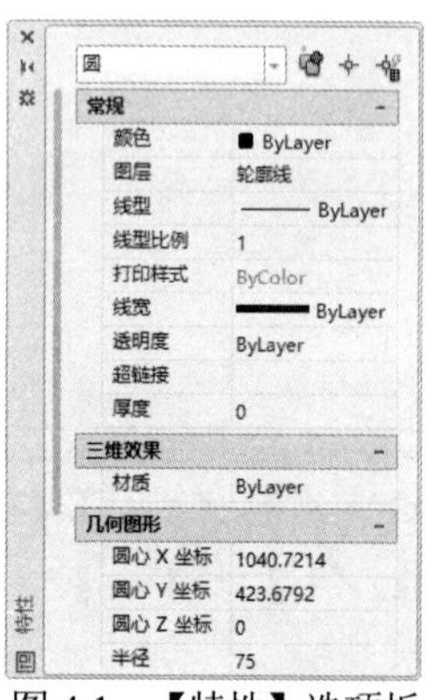

图 4-1 【特性】选项板

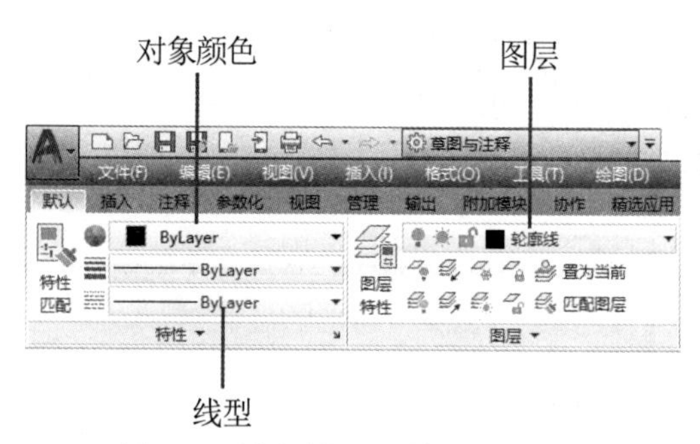

图 4-2 【图层】和【特性】选项板

- ◉ 在命令行中输入 LIST，并选择对象，将打开文本窗口显示对象的特性。
- ◉ 在命令行中输入 ID，并单击某个位置，就可以在命令行中显示该位置的坐标值。

2. 在对象之间复制特性

在 AutoCAD 中，可以将一个对象的某些或所有特性复制到其他对象上。可以复制的特性类型包括颜色、图层、线型、线型比例、线宽、厚度、打印样式、标注、文字、填充图案、视口、多段线、表格、材质和多重引线等。

在快速访问工具栏选择【显示菜单栏】命令，在弹出的菜单中选择【修改】|【特性匹配】命令，并选择要复制其特征的对象，此时将提示如图 4-3 所示的信息。

默认情况下，所有可应用的特性都自动地从选定的第一个对象复制到目标对象。如果不希望复制特定的特性，可以单击命令行中的【设置 S】选项，打开【特性设置】对话框，取消选择禁止复制的特性即可，如图 4-4 所示。

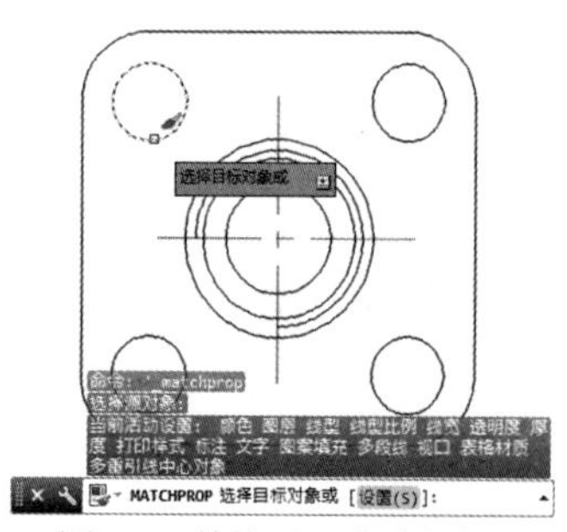

图 4-3 特性匹配命令行提示

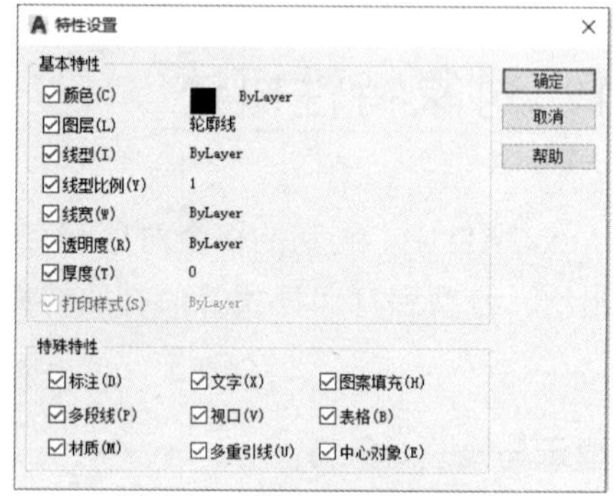

图 4-4 【特性设置】对话框

4.2 控制对象的显示特性

在 AutoCAD 中，用户可以对重叠对象和其他某些对象的显示和打印进行控制，从而提高系统的性能。

4.2.1　打开或关闭可见元素

当宽多段线、实体填充多边形(二维填充)、图案填充、渐变填充和文字以简化格式显示时，显示性能和打印的速度都将得到提高。

1. 打开或关闭填充

使用 FILL 变量可以打开或关闭宽线、宽多段线和实体填充，如图 4-5 所示。当关闭填充时，可以提高 AutoCAD 的显示处理速度。

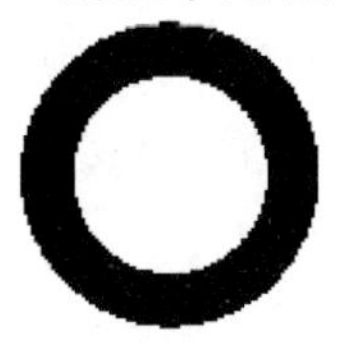

打开填充模式 Fill=ON

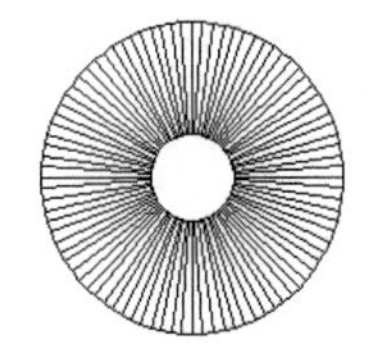

关闭填充模式 Fill=OFF

图 4-5　打开与关闭填充模式时的效果

当实体填充模式关闭时，填充不可打印。但是，改变填充模式的设置并不影响显示具有线宽的对象。当修改实体填充模式后，在快速访问工具栏选择【显示菜单栏】命令，在弹出的菜单中选择【视图】|【重生成】命令可以查看效果且新对象将自动反映新的设置。

2. 打开或关闭线宽显示

当在模型空间或图纸空间中工作时，为了提高 AutoCAD 的显示处理速度，可以关闭线宽显示。单击状态栏上的【隐藏线宽】按钮或使用【线宽设置】对话框，可以切换显示的开和关。线宽以实际尺寸打印，但在模型选项卡中与像素成比例显示，任何线宽的宽度如果超过一个像素就有可能降低 AutoCAD 的显示处理速度。如果要使 AutoCAD 的显示性能最优，则在图形中工作时应该把线宽显示关闭。如图 4-6 所示为图形在线宽打开和关闭模式下的显示效果。

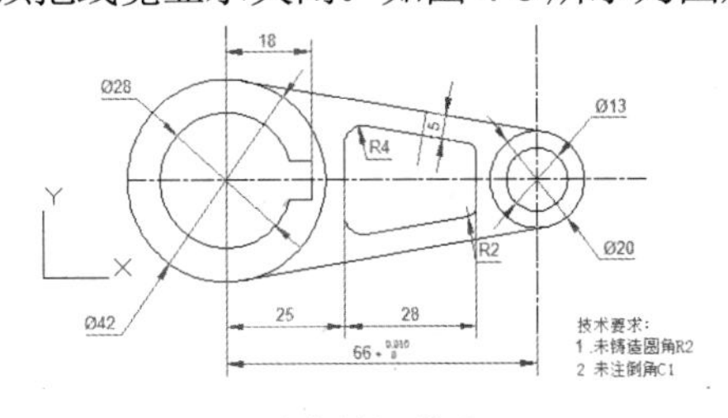

线宽关闭模式

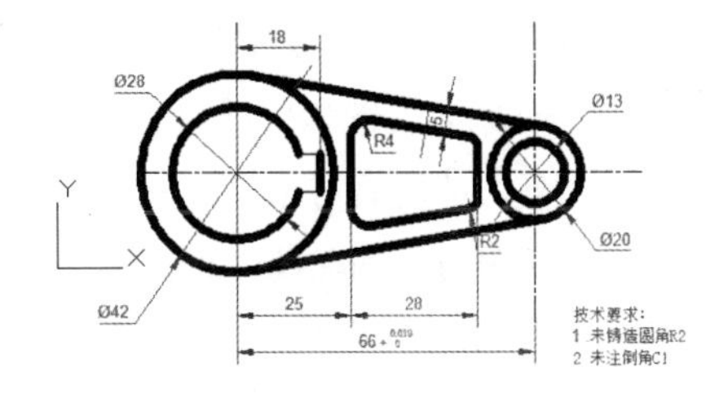

线宽打开模式

图 4-6　线宽打开和关闭模式下的显示效果

3. 打开或关闭文字快速显示

在 AutoCAD 中，可以通过设置系统变量 QTEXT 打开或关闭【快速文字】模式。快速文字模式打开时，只显示定义文字的框架，如图 4-7 所示。

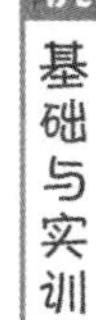

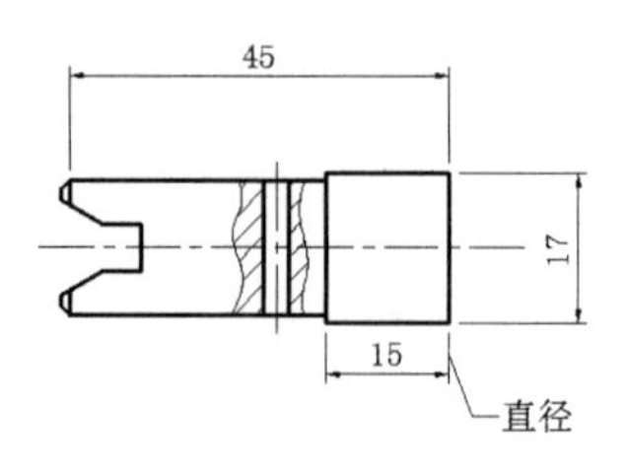

关闭快速文字 QTEXT=OFF

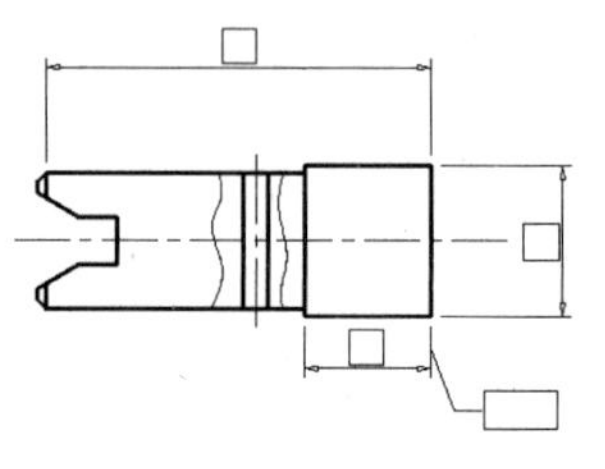
打开快速文字 QTEXT=ON

图 4-7　打开或关闭文字快速显示

与填充模式一样，关闭文字显示可以提高 AutoCAD 的显示处理速度。打印快速文字时，则只打印文字框而不打印文字。无论何时修改了快速文字模式，都可以在快速访问工具栏选择【显示菜单】命令，在弹出的菜单中选择【视图】|【重生成】命令，查看现有文字上的改动效果，且新的文字自动反映新的设置。

4.2.2　控制重叠对象的显示

通常情况下，重叠对象(例如文字、宽多段线和实体填充多边形)按其创建的次序显示：新创建的对象在现有对象的前面。要改变对象的绘图次序，可以在快速访问工具栏选择【显示菜单栏】命令，在弹出的菜单中选择【工具】|【绘图次序】命令中的子命令(DRAWORDER)，并选择需要改变次序的对象，此时命令行显示如下信息：

```
输入对象排序选项 [对象上(A) / 对象下(U) / 最前(F) / 最后(B)]<最后>:
```

该命令行提示下各选项的含义如下所示。

- 【对象上】选项：将选定的对象移动到指定参照对象的上面。
- 【对象下】选项：将选定的对象移动到指定参照对象的下面。
- 【最前】选项：将选定对象移动到图形中对象顺序的顶部。
- 【最后】选项：将选定对象移动到图形中对象顺序的底部。

更改多个对象的绘图顺序(显示顺序和打印顺序)时，将保持选定对象之间的相对绘图顺序不变。默认情况下，从现有对象创建新对象(例如，使用 FILLET 或 PEDIT 命令)时，将为新对象指定首先选定的原始对象的绘图顺序。默认情况下，编辑对象(例如，使用 MOVE 或 STRETCH 命令)时，该对象将显示在图形中所有其他对象的前面。完成编辑后，将重生成部分图形，以根据对象的正确绘图顺序显示对象。这可能会导致某些编辑操作耗时较长。

4.3　使用与管理图层

在 AutoCAD 中，图形中通常包含多个图层，每个图层都表明一种图形对象的特性，其中包括颜色、线型和线宽等属性。在绘图过程中，使用不同的图层和图形显示控制功能能够方便地控制

对象的显示和编辑，从而提高绘图效率。

4.3.1　图层概述

图层是 AutoCAD 中一个非常重要的图形管理工具，它相当于一张张透明的图纸重叠在一起，将不同的对象绘制在不同的图层上，用户可以单独对每一个图层中的对象进行编辑、修改而对其他图层中的对象没有任何影响。

图层就好像是绘图时的图纸，当建立多个图层时，就是将多个图纸重叠在一起，除了图形对象以外，其余部分为透明状态，如图 4-8 所示。

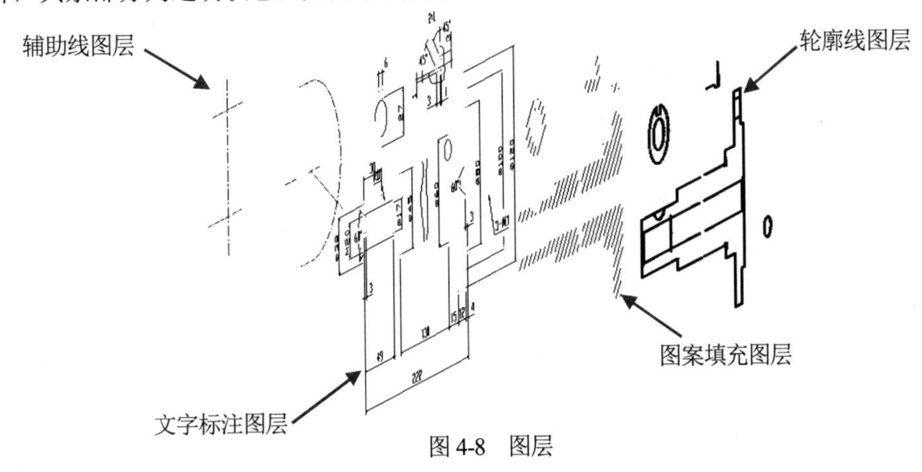

图 4-8　图层

在 AutoCAD 中绘制任何对象都是在图层上进行的，图层是 AutoCAD 中一个非常重要的管理图形对象的工具。默认情况下，系统只有一个名为 0 的图层，为了方便编辑、修改图形对象，可以创建更多的图层，将图层对象细化到不同的图层上，例如，将文字、标注、图形、辅助线分别放在不同的图层。

4.3.2　创建图层

绘制复杂图形时，一般需要多个图层来管理、控制图形，例如辅助线图层、轮廓线图层、文字标注图层和尺寸标注图层等，而且每个图层应设置不同的图层特性，以适应不同图形的需求。

1. 新建图层

默认情况下，图层 0 将被指定使用 7 号颜色(白色或黑色，由背景色决定)、Continuous 线型、【默认】线宽及 NORMAL 打印样式。在绘图过程中，如果需要使用更多的图层组织图形，就需要先创建新图层。

创建图层，一般在【图层特性管理器】选项板中进行，打开【图层特性管理器】选项板的主要方法有以下几种：

- 在命令行中执行 LAYER(快捷命令：LA)命令。
- 选择【格式】|【图层】命令。
- 在【默认】选项卡的【图层】面板中单击【图层特性】按钮。

执行以上命令，将打开图 4-9 所示的【图层特性管理器】选项板，在其中可以对图层进行创建、删除和设置为当前等操作。

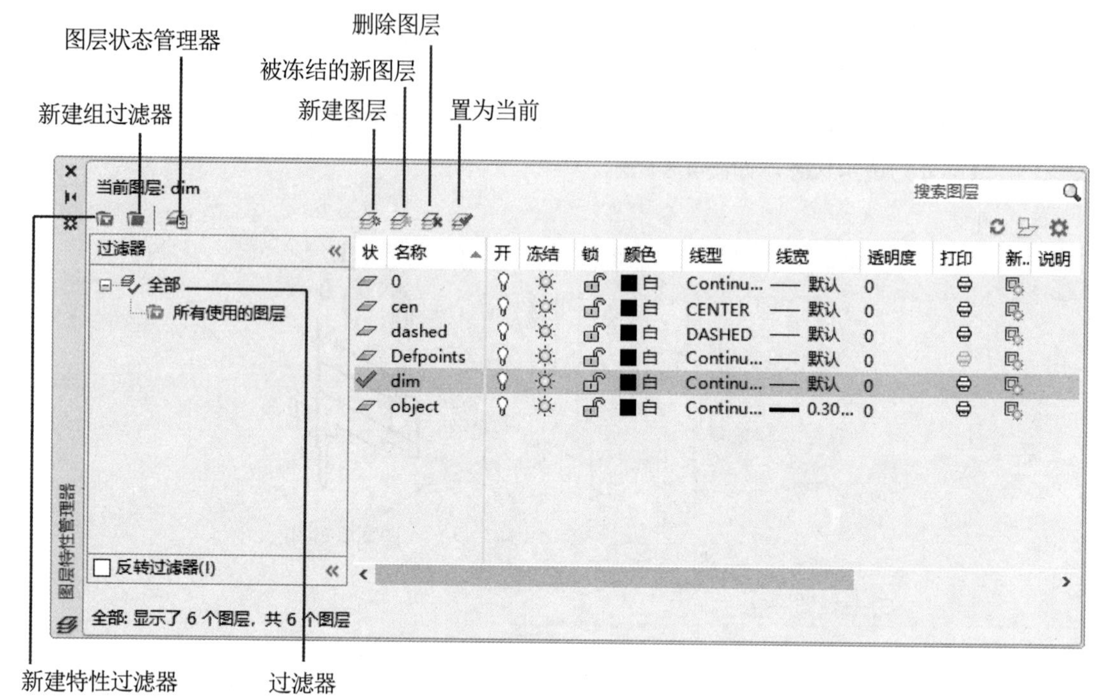

图 4-9 【图层特性管理器】选项板

当创建图层后，图层的名称将显示在图层列表框中，如果需要更改图层名称，单击该图层名，然后输入一个新的图层名并按回车键确认即可。

【例 4-1】新建一个名为“墙线”的图层。

(1) 选择【格式】|【图层】按钮，打开图 4-9 所示的【图层特性管理器】选项板。

(2) 单击【新建图层】按钮，在图层列表中出现“图层 1”，将其名称更改为“墙线”，然后按下回车键即可，如图 4-10 所示。

图 4-10 创建图层并将其命名为“墙线”

2. 设置图层的颜色

颜色在图形中具有非常重要的作用，可以用来表示不同的组件、功能和区域。图层的颜色实

际上是图层中图形对象的颜色。每个图层都拥有自己的颜色，对不同的图层可以设置相同的颜色，也可以设置不同的颜色，绘制复杂图形时就可以很容易区分图形的各部分。

新建图层后，若要改变图层的颜色，可在【图层特性管理器】选项板中单击图层的【颜色】列对应的图标，打开【选择颜色】对话框，如图 4-11 所示。

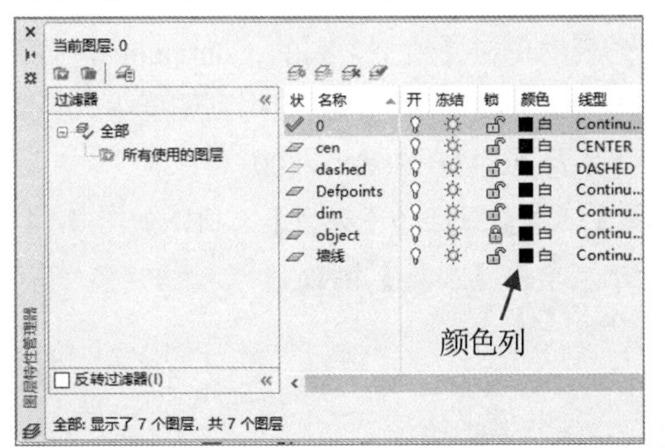

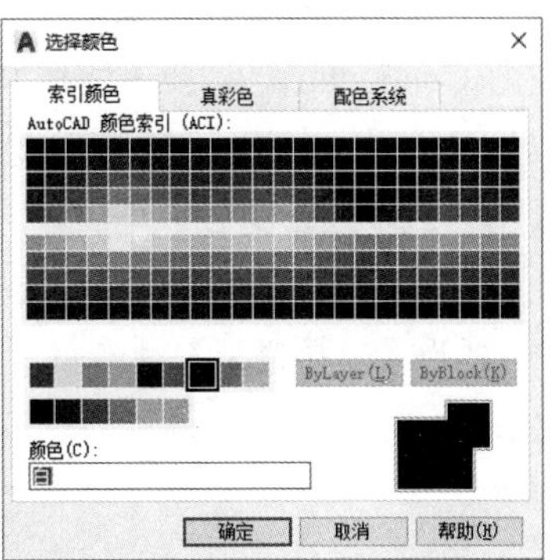

图 4-11　打开【选择颜色】对话框

在【选择颜色】对话框中，可以使用【索引颜色】【真彩色】和【配色系统】3 个选项卡为图层设置颜色，其各自的具体功能如下。

- 【索引颜色】选项卡：可以使用 AutoCAD 的标准颜色(ACI 颜色)。在 ACI 颜色表中，每一种颜色用一个 ACI 编号(1~255 之间的整数)标识。【索引颜色】选项卡实际上是一张包含 256 种颜色的颜色表。
- 【真彩色】选项卡：使用 24 位颜色代码定义显示 16M 色(真彩色)。指定真彩色时，可以使用 RGB 或 HSL 颜色模式。如果使用 RGB 颜色模式，则可以指定颜色的红、绿、蓝组合；如果使用 HSL 颜色模式，则可以指定颜色的色调、饱和度和亮度等元素，如图 4-12 所示。在这两种颜色模式下，可以得到同一种所需的颜色，只是组合颜色的方式不同。
- 【配色系统】选项卡：使用标准 Pantone 配色系统设置图层的颜色，如图 4-13 所示。

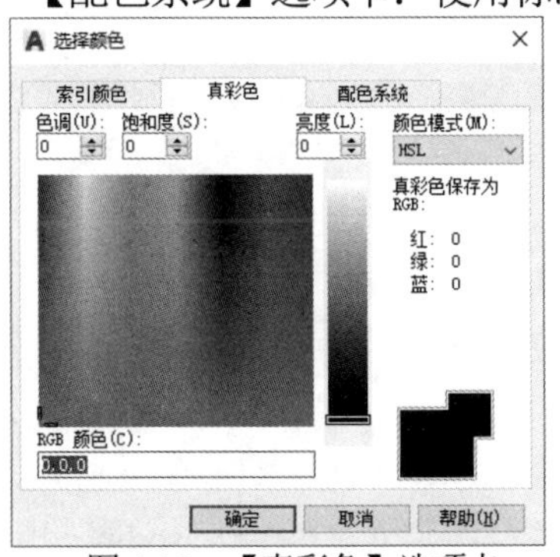

图 4-12　【真彩色】选项卡

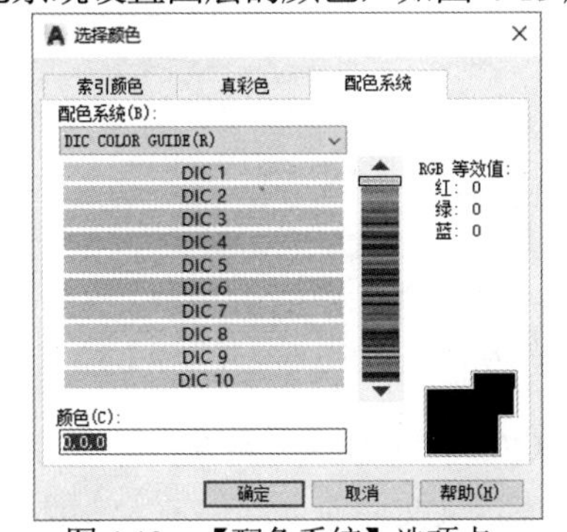

图 4-13　【配色系统】选项卡

在菜单栏中选择【工具】|【选项】命令，打开【选项】对话框，然后在【文件】选项卡的【搜索路径、文件名和文件位置】列表中展开【配色系统位置】选项，单击【添加】按钮，在打开的文本框中输入配色系统文件的路径即可在系统中安装配色系统。

3. 设置图层线型

线型是指图形基本元素中线条的组成和显示方式，如虚线和实线等。在 AutoCAD 中既有简单线型，也有由一些特殊符号组成的复杂线型，以满足不同国家或行业标准的使用要求。

在绘制图形时若要使用线型来区分图形元素，这就需要对线型进行设置。默认情况下，图层的线型为 Continuous。若要改变线型，可在图层列表中单击【线型】列的 Continuous，打开【选择线型】对话框，在【已加载的线型】列表框中选择一种线型即可将其应用到图层中。

【例 4-2】在图形中将“轴线”图层的线型设置为 ACAD_ISO08W100。

(1) 打开【图层特性管理器】选项板后，单击【轴线】图层的【线型】选项，如图 4-14 所示。

(2) 打开【选择线型】对话框，如图 4-15 所示，单击【加载】按钮。

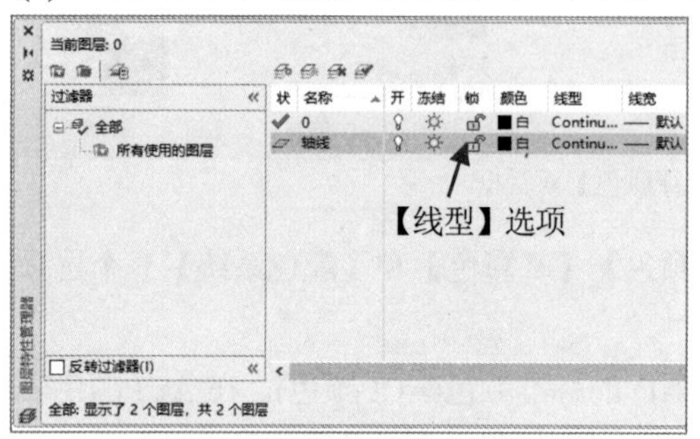

图 4-14 设置【轴线】图层的线型

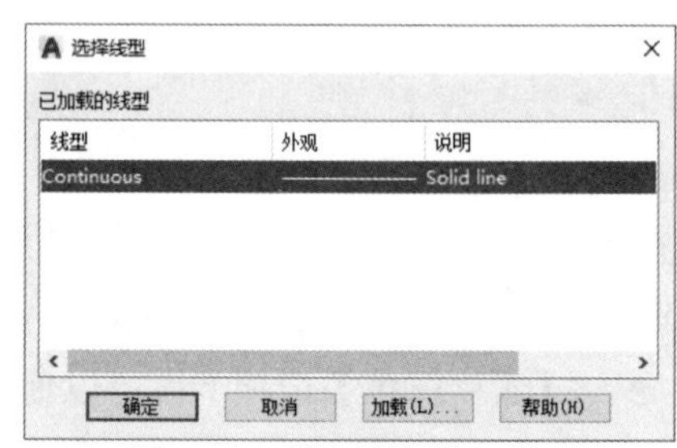

图 4-15 【选择线型】对话框

(3) 打开【加载或重载线型】对话框，如图 4-16 所示，在【可用线型】列表中选择 ACAD_ISO08W100 选项，然后单击【确定】按钮。

(4) 返回【选择线型】对话框，在【已加载的线型】列表中选择 ACAD_ISO08W100 选项，单击【确定】按钮，如图 4-17 所示。

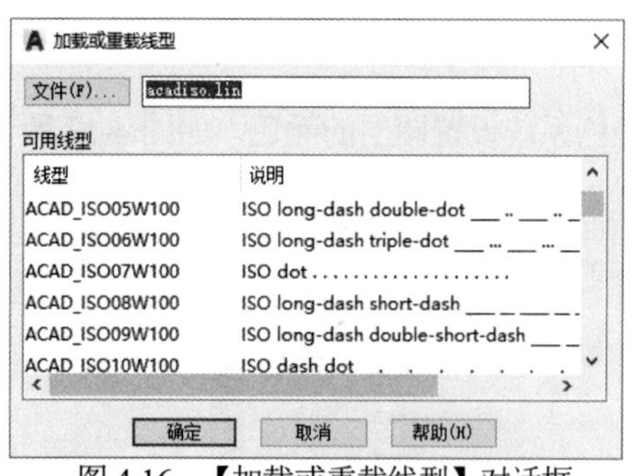

图 4-16 【加载或重载线型】对话框

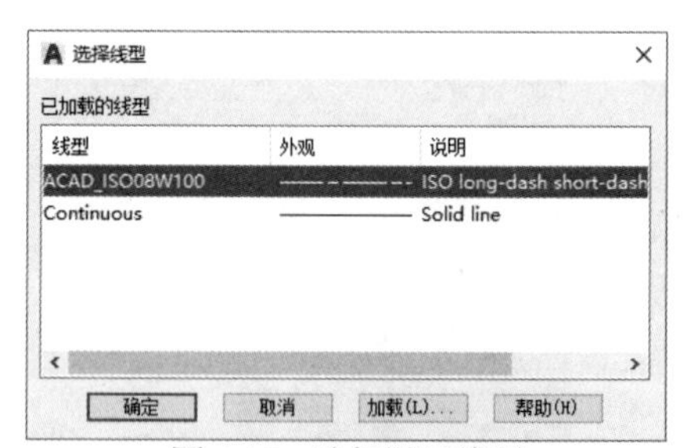

图 4-17 选择图层线型

AutoCAD 中的线型包含在线型库定义文件 acad.lin 和 acadiso.lin 中。通常在英制测量系统下，使用线型库定义文件 acad.lin；在公制测量系统下，使用线型库定义文件 acadiso.lin。用户可以根据需要，单击【加载或重载线型】对话框中的【文件】按钮，打开【选择线型文件】对话框，选择合适的线型库定义文件。

另外，在菜单栏中选择【格式】|【线型】命令，打开【线型管理器】对话框，并单击【显示细节】按钮，即可在显示的选项区域中设置图形中的线型比例，从而改变非连续线型的外观，如

图 4-18 所示。

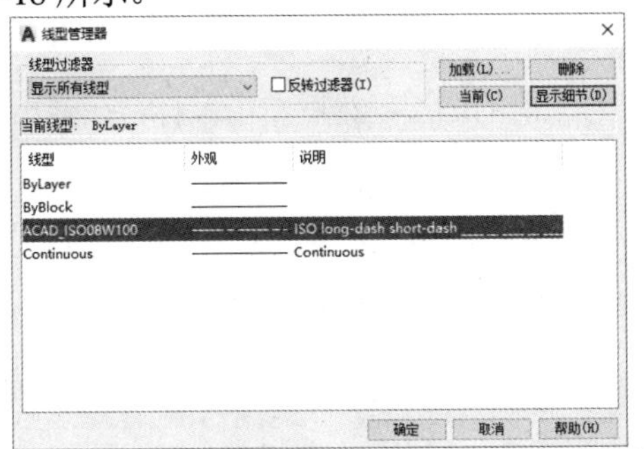

图 4-18　在【线型管理器】对话框设置线型比例

4. 设置图层线宽

设置线宽就是改变线条的宽度。在 AutoCAD 中，使用不同宽度的线条表示对象的大小或类型，可以提高图形的表达能力和可读性。

若要设置图层的线宽，可以在【图层特性管理器】选项板的【线宽】列中单击该图层对应的线宽【——默认】，打开【线宽】对话框，其中包含 20 多种线宽可供选择，如图 4-19 所示。也可以在菜单栏中选择【格式】|【线宽】命令，打开【线宽设置】对话框，通过调整线宽比例，使图形中的线宽显示得更宽或更窄，如图 4-20 所示。

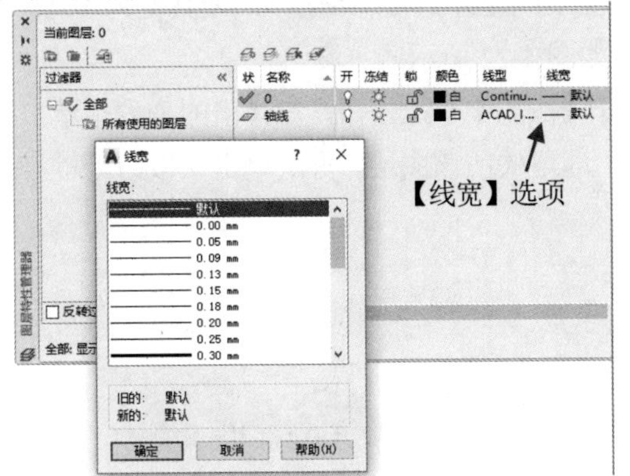

图 4-19　打开【线宽】对话框

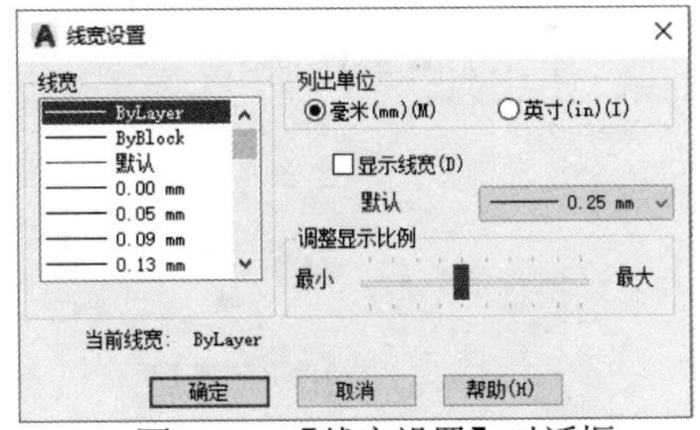

图 4-20　【线宽设置】对话框

4.3.3　管理图层

在 AutoCAD 中，建立图层后，需要对其进行管理，包括图层的切换、重命名、删除及图层的显示控制等。

1. 设置为当前图层

若需要在某个图层上绘制具有该图层特性的图形对象，应将该图层设置为当前图层。在 AutoCAD 中，将图层设置为当前图层的方法主要有以下几种：

- 在【图层特性管理器】选项板中选中需要设置为当前图层的图层，然后单击【置为当前】按钮。
- 在【图层特性管理器】选项板中选中需要置为当前的图层，然后右击鼠标，在弹出的菜单中选择【置为当前】命令。
- 在【默认】选项卡的【图层】面板中单击【图层】下拉列表按钮，在弹出的列表中选择需要设置为当前图层的图层，然后单击【置为当前】按钮，如图 4-21 所示。

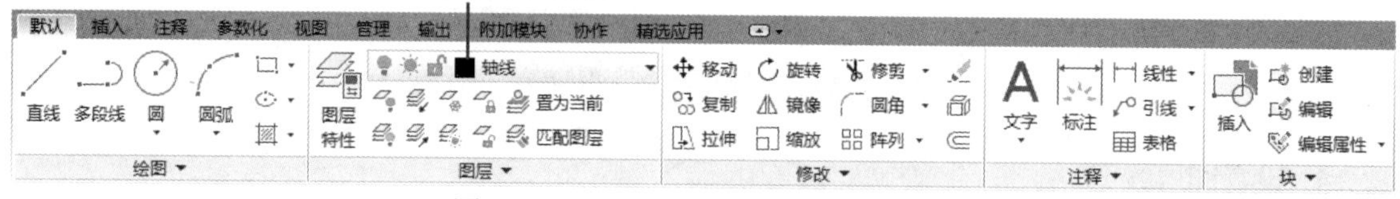

图 4-21　通过【图层】面板设置当前图层

2. 打开/关闭图层

默认情况下，图层都处于打开状态，在该状态下图层中的所有对象都将显示在屏幕上，用户可以对其进行编辑操作，若将图层关闭，该图层上的实体不再显示在绘图区中，也不能被编辑和打印输出。打开/关闭图层主要有以下两种方法：

- 在【图层特性管理器】选项板中单击图层上的【开】状态图标，使其变为状态，图层即被关闭，再次单击可打开该图层，如图 4-22 所示。
- 在【默认】选项卡的【图层】面板中单击【图层】下拉按钮，在弹出的列表中单击图层名称前的开关按钮，使其变为状态，即可关闭该图层，再次单击该按钮可以打开图层，如图 4-23 所示。

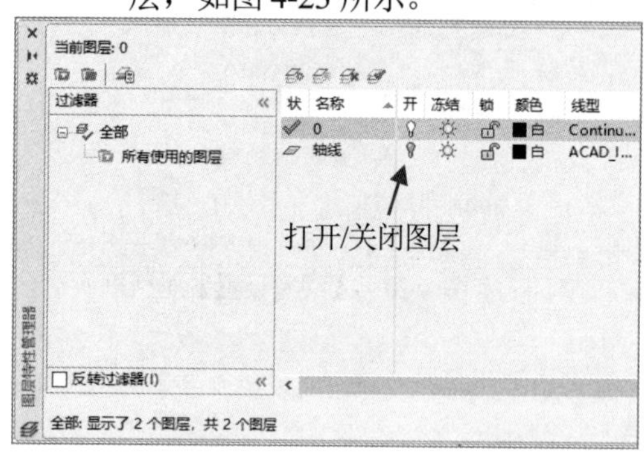

图 4-22　在【图层特性管理器】选项板中关闭图层

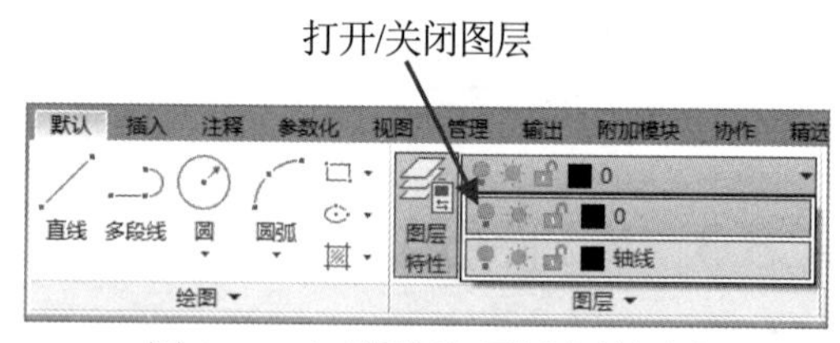

图 4-23　在【图层】面板中关闭图层

3. 冻结/解冻图层

冻结图层有利于减少系统重生成图形的时间，冻结的图层不参与重生成计算且不显示在绘图区中，用户不能对其进行编辑。若用户绘制的图形较大且需要重生成图形时，可以使用图层冻结功能将不需要重生成的图层进行冻结，完成重生成后，用户可以使用解冻功能将其解冻，恢复为原来的状态。

对图层执行冻结和解冻操作的主要方法有以下两种：

- 在【图层特性管理器】选项板中单击需要冻结的图层右侧的【冻结】按钮，使其状态变为，如图 4-24 所示。
- 在【默认】选项卡的在【图层】面板中单击【图层】下拉按钮，在弹出的列表中单击图层名称前的【冻结】图标，使其状态变为，如图 4-25 所示。

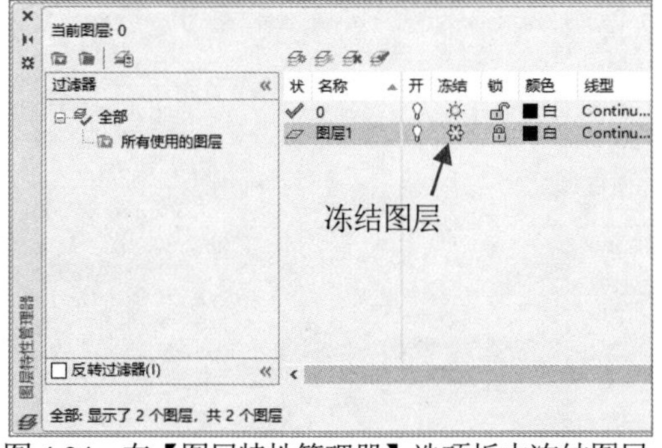

图 4-24　在【图层特性管理器】选项板中冻结图层

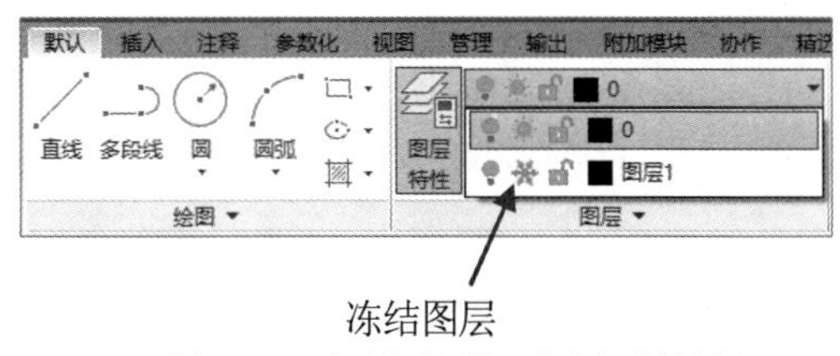

图 4-25　在【图层】面板中冻结图层

4. 锁定/解锁图层

图层被锁定后，该图层上的实体仍显示在屏幕上，但不能对其进行编辑操作，锁定图层有利于对较复杂的图形进行编辑，如绘制建筑平面图时，一般都将轴线锁定，然后在此基础上完成墙线以及门窗的绘制。将图形进行锁定与解锁操作主要有以下两种方法：

- 在【图形特性管理器】选项板中单击需要锁定图层右侧的【锁定】图标，使其状态变为，如图 4-26 所示。
- 选择【默认】选项卡，在【图层】面板中单击【图层】下拉按钮，在弹出的列表中单击图层名称前的【锁定】图标，使其状态变为，如图 4-27 所示。

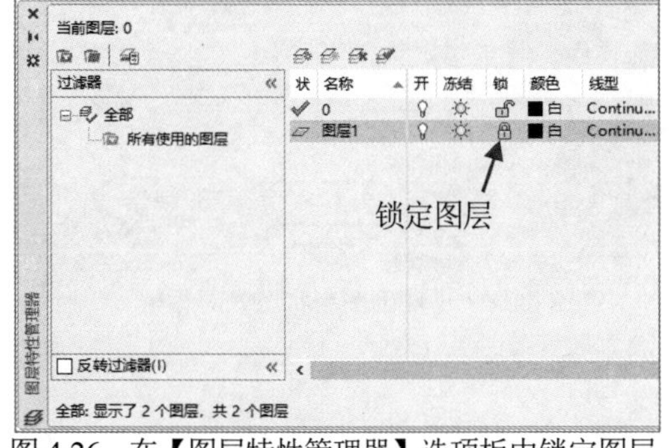

图 4-26　在【图层特性管理器】选项板中锁定图层

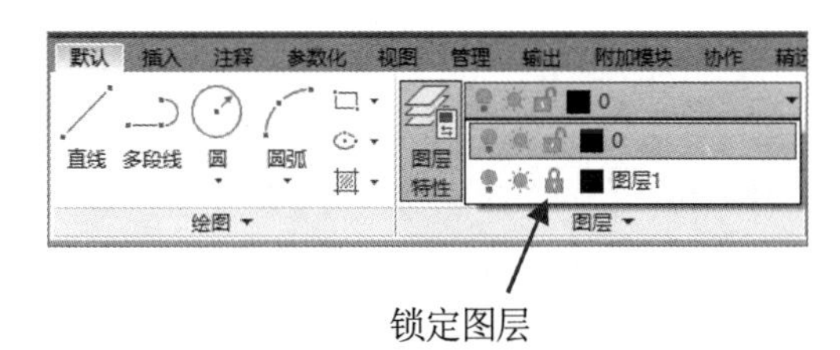

图 4-27　在【图层】面板中锁定图层

5. 保存并输出图层状态

在绘制复杂图形时，需要创建多个图层并为其设置相应的图层特性，若每次绘制新的图形时都要创建和设置这些图层，则会十分麻烦且大大降低工作效率。因此，AutoCAD 为用户提供了保存及调用图层特性的功能，即用户可将创建好的图层以文件的形式保存起来，在绘制其他图形时，直接将其调用到当前图形中即可使用。

【例 4-3】将图形文件中的图层状态保存。

(1) 打开图形文件后，选择【格式】|【图层】命令，打开【图形特性管理器】选项板，单击【图层状态管理器】按钮，如图 4-28 所示。

(2) 打开【图层状态管理器】对话框，单击【新建】按钮，如图 4-29 所示。

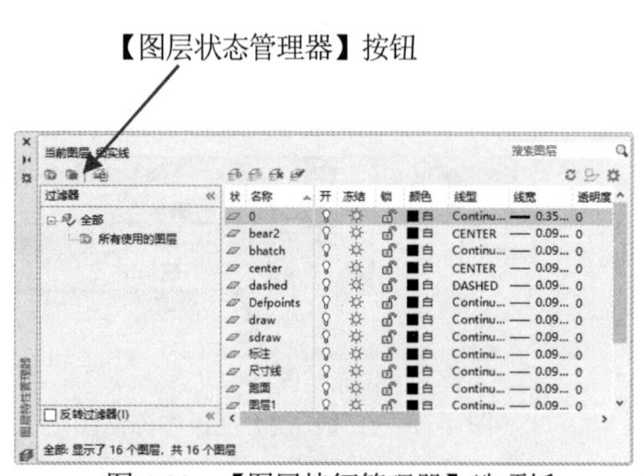

图 4-28 【图层特征管理器】选项板

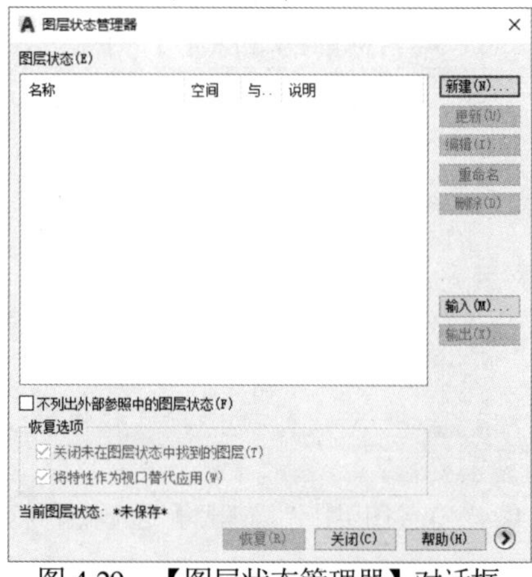

图 4-29 【图层状态管理器】对话框

(3) 打开【要保存的新图层状态】对话框，在【新图层状态名】文本框中输入【机械制图】，在【说明】文本框中输入【常用机械制图使用该样式】，如图 4-30 所示，单击【确定】按钮。

(4) 返回【图层状态管理器】对话框，单击【输出】按钮，打开【输出图层状态】对话框，在【保存于】下拉列表框中选择文件的保存路径，在【文件名】下拉列表框中输入【机械制图.las】然后单击【保存】按钮，如图 4-31 所示。

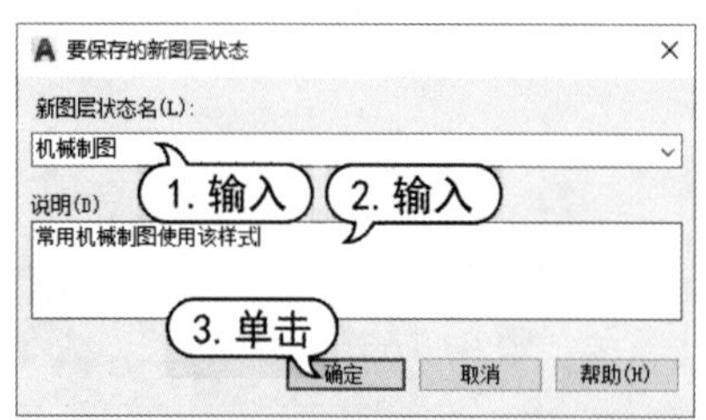

图 4-30 【要保存的新图层状态】对话框

图 4-31 【输出图层状态】对话框

6. 输入图层状态

绘制图形时，如果已有相似或相同的图层特性，可以通过调用图层状态的方法来快速设置图层。例如，将“机械制图.las”图层状态调入到新建图形文件中，可以执行以下操作。

(1) 新建图形文件，选择【格式】|【图层】命令，打开【图层特性管理器】对话框，单击【图形状态管理器】按钮。

(2) 打开【图层状态管理器】对话框，单击【输入】按钮，打开【输入图层状态】对话框，将【文件类型】设置为【图层状态.las】，然后选择【机械制图.las】文件，单击【确定】按钮，如图 4-32 所示。

(3) 在打开的提示对话框中单击【确定】按钮，弹出【图层状态-成功输入】对话框，单击【关闭对话框】按钮，如图 4-33 所示。

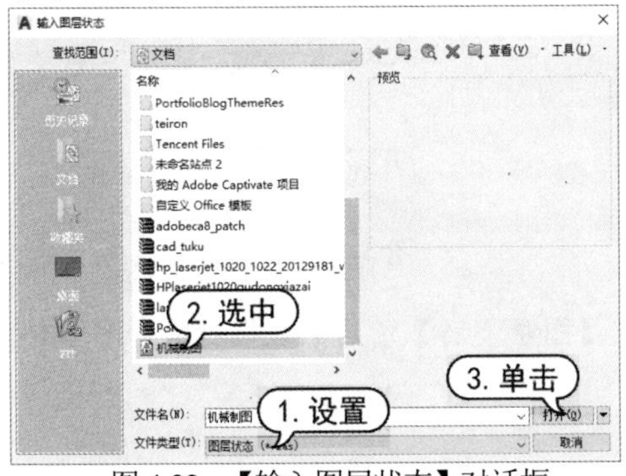

图 4-32　【输入图层状态】对话框

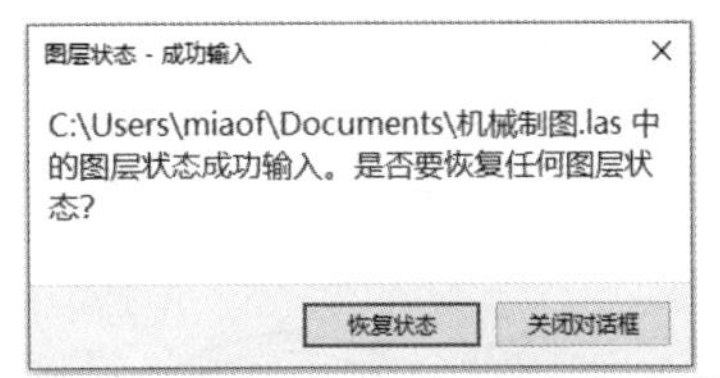

图 4-33　【图层状态-成功输入】对话框

7. 删除多余图层

在绘图时，可以创建多个图层，以方便绘制图形。但是，创建过多的图层，反而不利于图形的绘制，在【图层特性管理器】选项板中可以将多余的图层删除。具体方法如下。

(1) 选择【格式】|【图层】命令，打开【图层特性管理器】选项板。

(2) 在【图层特性管理器】选项板中选中其中需要删除的图层，单击【删除图层】按钮即可将其删除。

4.4　上机练习

本章的上机练习部分将通过实例介绍在 AutoCAD 中设置图层漫游和改变对象所在图层的方法，用户可以通过操作巩固所学的知识。

4.4.1　设置图层漫游

图层漫游用于将选定对象的图层之外的所有图层都关闭。具体使用方法如下。

(1) 打开图形素材文件，在【功能区】选项板中选择【默认】选项卡，单击【图层】面板中的▼按钮，将其展开，然后单击【图层漫游】按钮，如图 4-34 所示。

(2) 在打开的【图层漫游】对话框中取消【退出时恢复】复选框的选中状态，然后选中 object 选项，如图 4-35 所示。

(3) 单击【关闭】按钮，打开【图层状态更改】对话框，单击【继续】按钮。

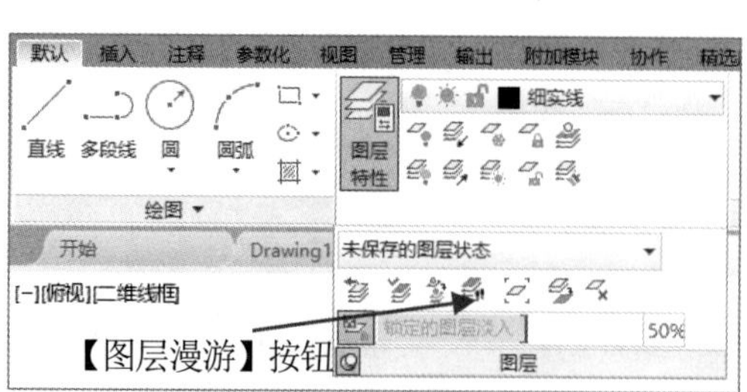

图 4-34　展开【图层】面板

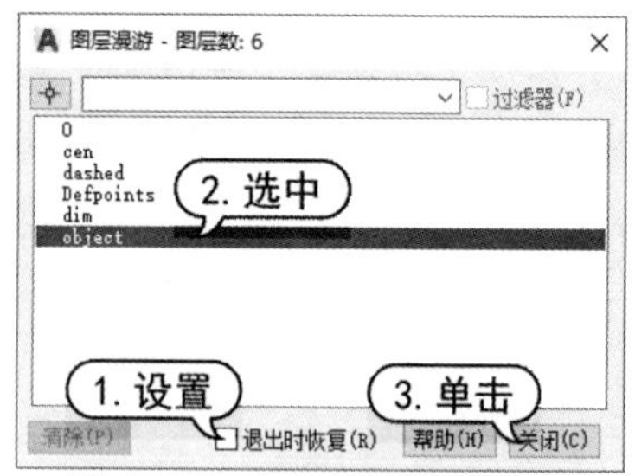

图 4-35　【图层漫游】对话框

(4) 此时，绘图区域只显示 object 图层，执行【图层漫游】前后的效果对比如图 4-36 所示。

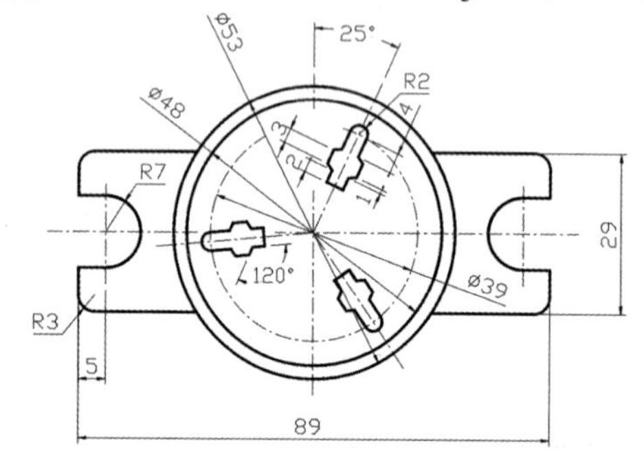

原始图形

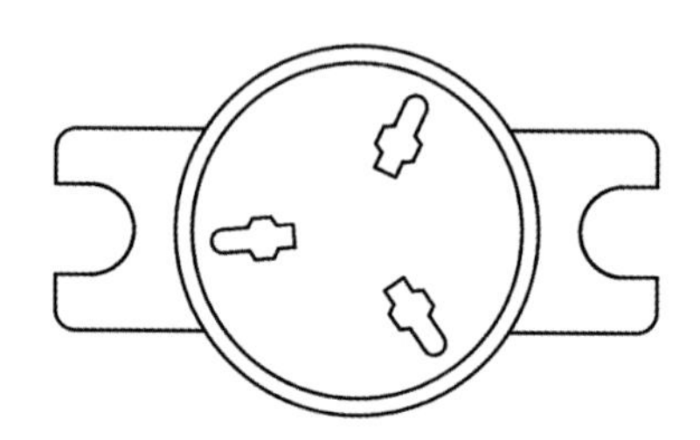
设置图层漫游后的图形

图 4-36　设置图层漫游前后图形效果对比

4.4.2　改变对象所在的图层

在 AutoCAD 中，改变选中对象所在的图层。

(1) 打开如图 4-37 所示的图形素材文件。选择【格式】|【图层】命令，打开【图层特性管理器】选项板，单击【新建图层】按钮，创建如图 4-38 所示的尺寸线、粗实线、点划线和剖面线等图层。

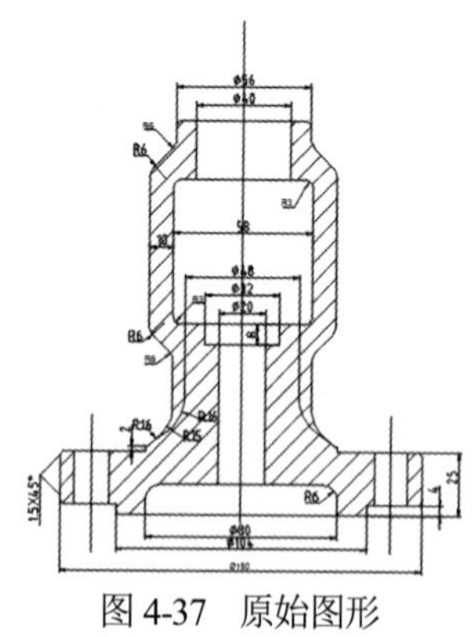
图 4-37　原始图形

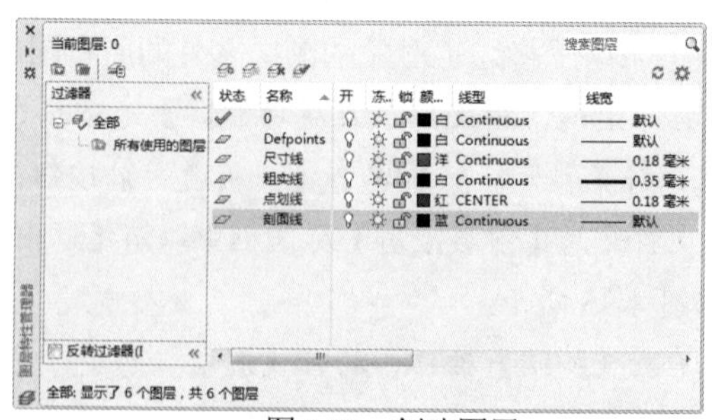

图 4-38　创建图层

(2) 在绘图窗口中选择如图 4-39 所示的中心线。

(3) 在【默认】选项卡的【图层】组中单击【图层】按钮，在弹出的列表中选择【点划线】选项，如图 4-40 所示。

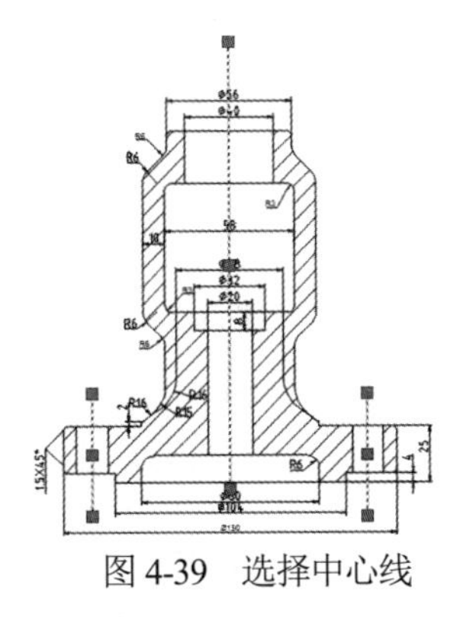

图 4-39　选择中心线

设置图层

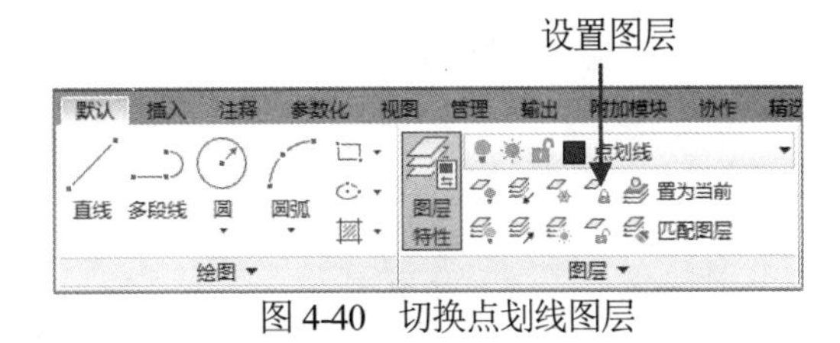

图 4-40　切换点划线图层

(4) 按下 Esc 键，取消选择图形对象，选中图形中的图案填充对象，如图 4-41 所示。

(5) 在【默认】选项卡的【图层】组中单击【图层】按钮，在弹出的列表中选择【剖面线】选项，如图 4-42 所示。

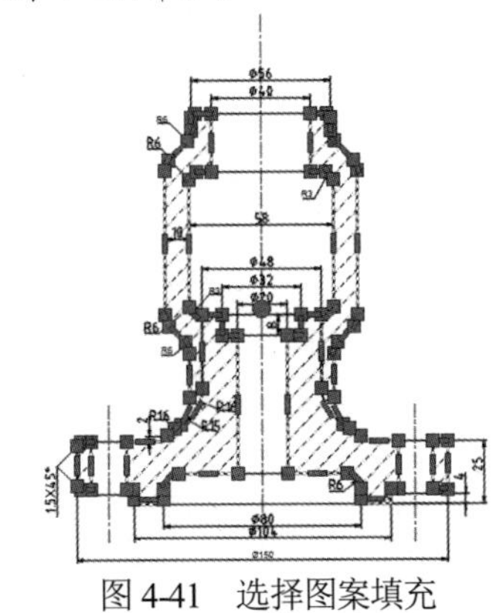

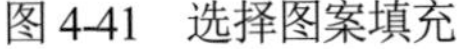

图 4-41　选择图案填充

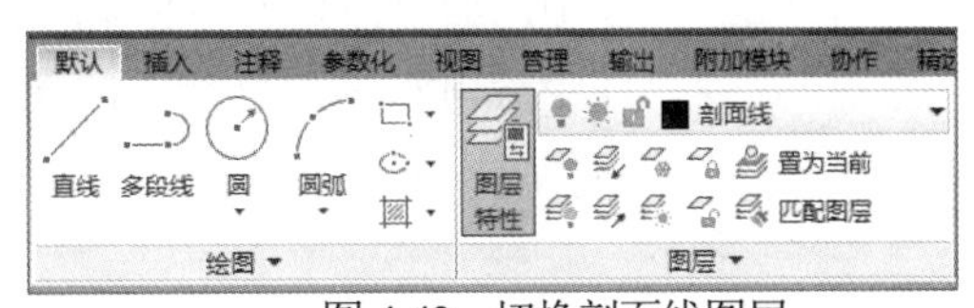

图 4-42　切换剖面线图层

(6) 按下 Esc 键，取消图形对象的选择，选中图形中的标注对象，如图 4-43 所示。

(7) 右击鼠标，在弹出的菜单中选择【特性】命令，打开【特性】面板，参考图 4-44 所示设置选中对象的特性参数。

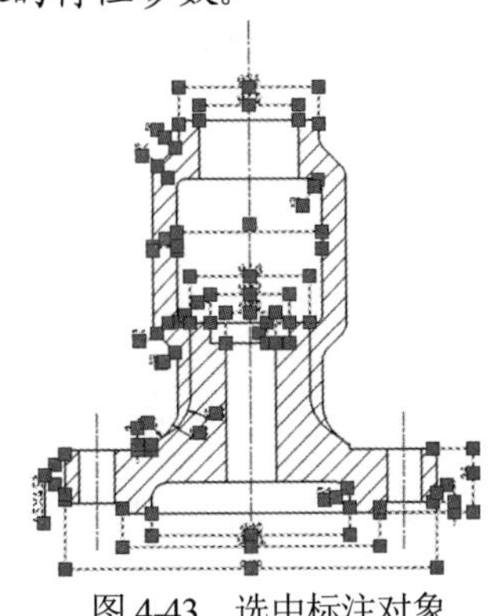

图 4-43　选中标注对象

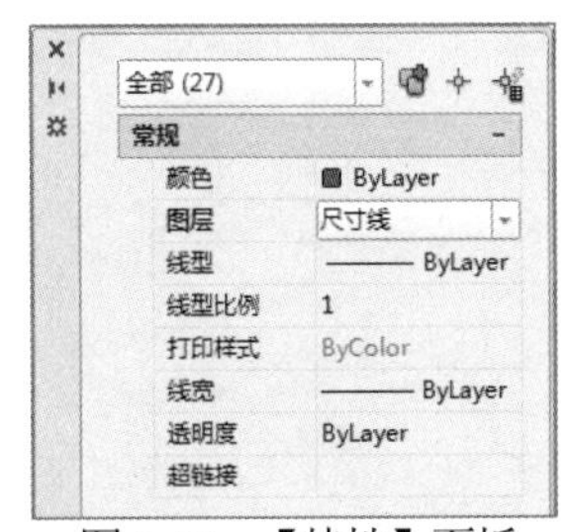

图 4-44　【特性】面板

(8) 按下 Esc 键取消图形对象的选择，选择【工具】|【快速选择】命令，打开【快速选择】对话框，在【特性】列表框中选中【图层】，将【值】设置为 Defpoints，如图 4-45 所示。

(9) 单击【确定】按钮，选中如图 4-46 左图所示的图形对象。在【特性】面板中单击【图层】按钮，在弹出的列表中选择【粗实线】选项。

(10) 按下 Esc 键，取消图形对象的选择，图形效果如图 4-46 右图所示。

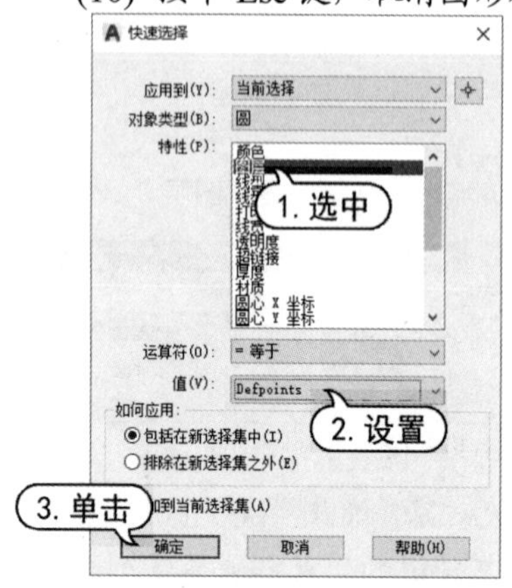

图 4-45 【快速选择】对话框

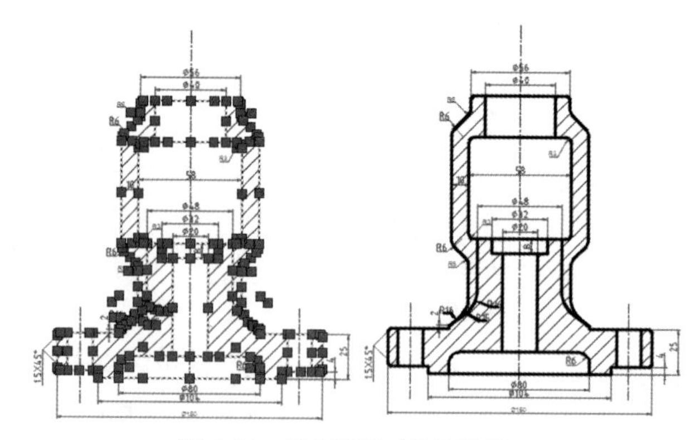

图 4-46 修改图层对象的图层

4.5 习题

1. 在 AutoCAD 中，如何在对象之间复制特性？
2. 在 AutoCAD 中，如何打开或关闭线宽的显示？
3. 在 AutoCAD 中，如何控制重叠对象的显示？
4. 在 AutoCAD 中绘制如图 4-47 所示的螺母三视图。

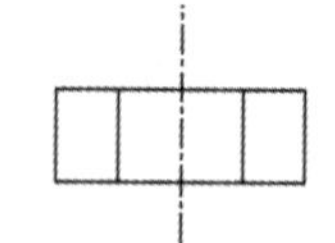

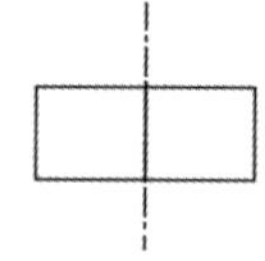

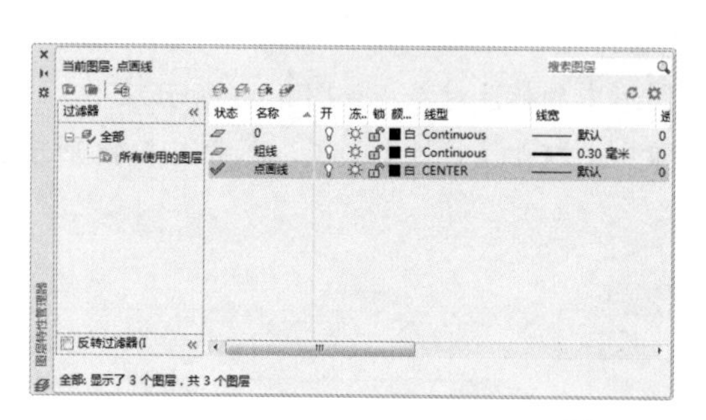

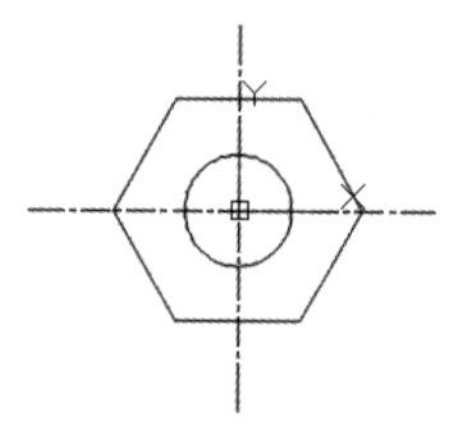

图 4-47 螺母三视图

第5章 控制图形显示

学习目标

AutoCAD 的图形显示控制功能在工程设计和绘图领域中的应用极其广泛。如何控制图形的显示，是设计人员必须掌握的技术。在二维图形中，经常用到三视图，即主视图、侧视图和俯视图，同时还用到轴测图。在三维图形中，图形的显示控制就显得更加重要。

本章重点

- 重画与重生成图形
- 缩放视图与平移视图
- 使用命名视图
- 使用鸟瞰视图
- 使用平铺视口

5.1 重画图形

在 AutoCAD 绘图过程中，屏幕上会出现一些杂乱的标记符号，这是在删除拾取的对象时留下的临时标记。这些标记符号实际上是不存在的，只是残留的重叠图像，因为 AutoCAD 使用背景色重画被删除的对象所在的区域遗漏了一些区域。这时就可以使用【重画】命令，来更新屏幕，消除临时标记。

在 AutoCAD 中，用户可以通过以下两种方法来重画图形。

- 在命令行中执行 REDRAWALL 命令。
- 选择【视图】|【重画】命令。

执行【重画】命令的具体操作方法如下。

(1) 打开图形后，在命令行中输入 REDRAWALL。

(2) 按下 Enter 键，即可重画图形。

5.2 重生成图形

重生成与重画在本质上是不同的。在 AutoCAD 中使用【重生成】命令可以重生成屏幕，此时系统从磁盘中调用当前图形的数据，比【重画】命令执行速度慢，更新屏幕花费时间较长。在 AutoCAD 中，某些操作只有在使用【重生成】命令后才生效，如改变点的格式。如果一直使用某个命令修改编辑图形，但该图形似乎看不出什么变化，可以使用【重生成】命令更新屏幕显示。【重生成】命令有以下两种执行方法。

- 选择【视图】|【重生成】命令(REGEN)可以更新当前视图区。
- 选择【视图】|【全部重生成】命令(REGENALL)，可以同时更新多重视口。

在 AutoCAD 中重生成图形的具体操作步骤如下。

(1) 打开图形文件，单击【菜单栏浏览器】按钮，在弹出的列表中单击【选项】按钮，打开【选项】对话框。

(2) 选择【显示】选项卡，选中【应用实体填充】复选框，单击【确定】按钮。

(3) 在命令行中输入 REGEN 命令，按下 Enter 键确认，重生成图形的前后效果对比如图 5-1 所示。

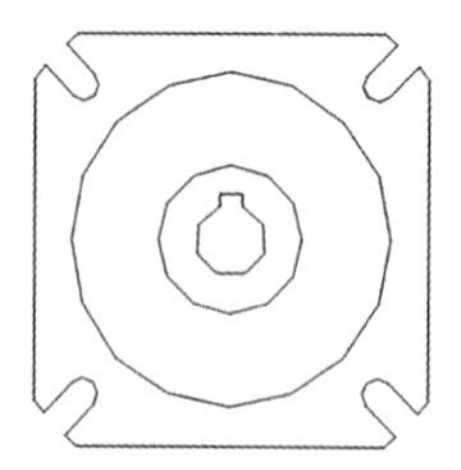

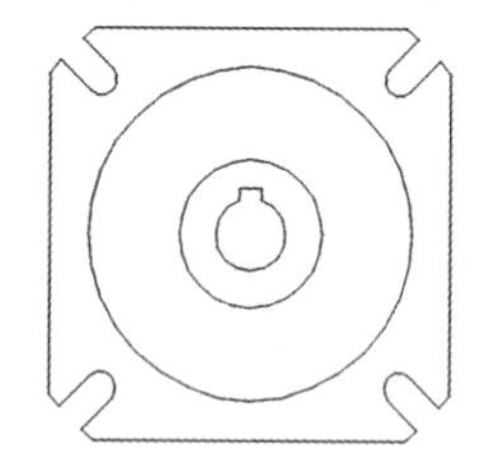

图 5-1　重生成图形

5.3 缩放视图

在 AutoCAD 中按一定比例、观察位置和角度显示的图形称为视图。用户可以通过缩放视图来观察图形对象。缩放视图可以增加或减少图形对象的屏幕显示尺寸，但对象的真实尺寸保持不变。通过改变显示区域和图形对象的大小，可以更准确、更详细地绘图。

在 AutoCAD 中，在快速访问工具栏中选择【显示菜单栏】命令，在显示的菜单栏中选择【视图】|【缩放】命令中的子命令；或在命令行中执行 ZOOM 命令，都可以缩放视图。此时，命令行将显示以下提示：

```
ZOOM[全部(A)/中心(C)/动态(D)/范围(E)/上一个(P)/比例(S)/窗口(W)/对象(O)] <实时>:
```

通常，在绘制图形的局部细节时，需要使用缩放工具放大绘图区域。当绘制完成后，再使用缩放工具缩小图形来观察图形的整体效果。

5.3.1　实时缩放视图

在 AutoCAD 中，用户可以通过以下几种方法实现实时缩放视图。

- 在命令行中执行 ZOOM 命令。
- 选择【视图】|【缩放】|【实时】命令。
- 单击 AutoCAD 工作界面右侧导航面板中【范围缩放】按钮下方的三角按钮，在弹出的列表中选择【实时缩放】选项。

执行【实时缩放】命令后，鼠标指针将呈形状。若用户向上拖动光标，可以放大整个图形；向下拖动光标，则可以缩小整个图形，如图 5-2 所示；释放鼠标后将停止缩放。

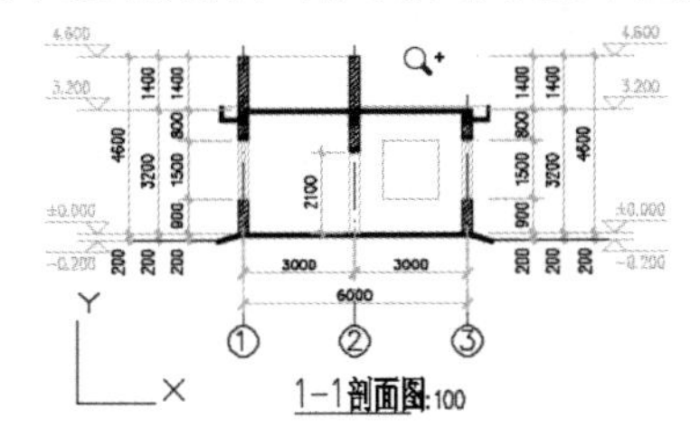

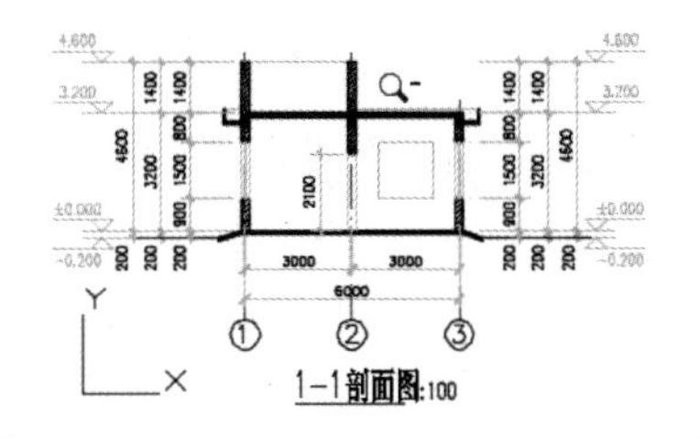

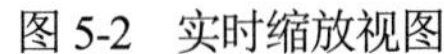

图 5-2　实时缩放视图

5.3.2　窗口缩放视图

在 AutoCAD 中，用户可以通过以下几种方法实现窗口缩放视图。

- 在命令行中执行 ZOOM 命令，在命令行提示下选择【窗口(W)】选项。
- 选择【视图】|【缩放】|【窗口】命令。
- 单击 AutoCAD 工作界面右侧导航面板中【范围缩放】按钮下方的三角按钮，在弹出的列表中选择【窗口缩放】选项。

执行窗口缩放后，可以在屏幕上拾取两个对角点以确定一个矩形窗口。之后，系统将矩形范围内的图形放大至整个屏幕，如图 5-3 所示。

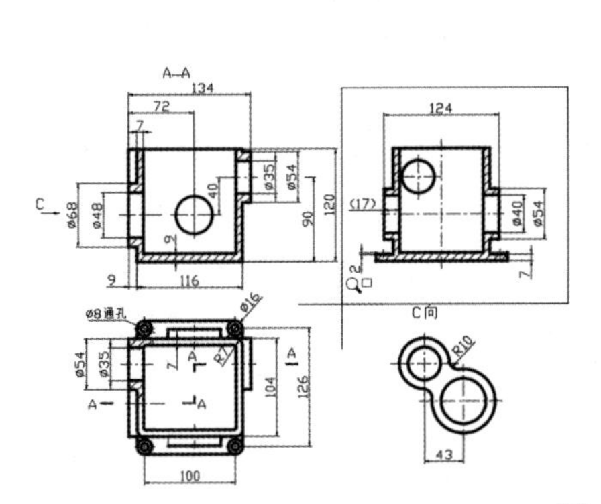

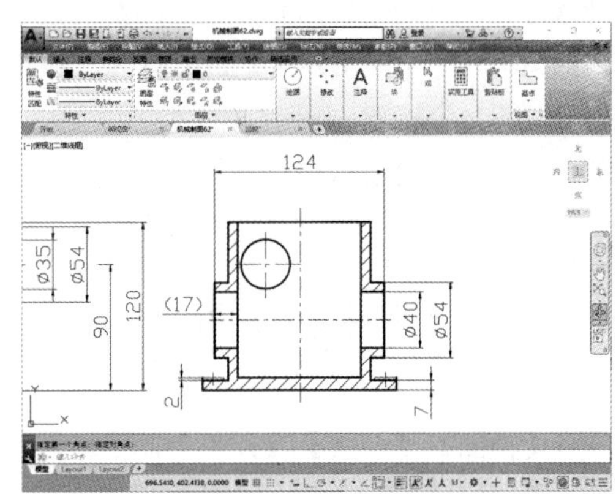

图 5-3　窗口缩放视图

在使用窗口缩放时，若系统变量 REGENAUTO 设置为关闭状态，则与当前显示设置的界限相比，拾取区域显得过小。系统提示将重新生成图形，并询问用户是否继续下去。此时，应回答 No，并重新选择较大的窗口区域。

5.3.3 动态缩放视图

在 AutoCAD 中，用户可以通过以下几种方法实现动态缩放视图。

- 在命令行中执行 ZOOM 命令，在命令行提示下选择【动态(D)】选项。
- 选择【视图】|【缩放】|【动态】命令。
- 单击 AutoCAD 工作界面右侧导航面板中【范围缩放】按钮下方的三角按钮，在弹出的列表中选择【动态缩放】选项。

当进入动态缩放模式时，在屏幕中将显示一个带叉号(×)的矩形方框。单击鼠标左键，此时选择窗口中心的叉号(×)消失，显示一个位于右边框的方向箭头。拖动鼠标可以改变选择窗口的大小，以确定选择区域大小。最后按下 Enter 键，即可缩放图形，如图 5-4 所示。

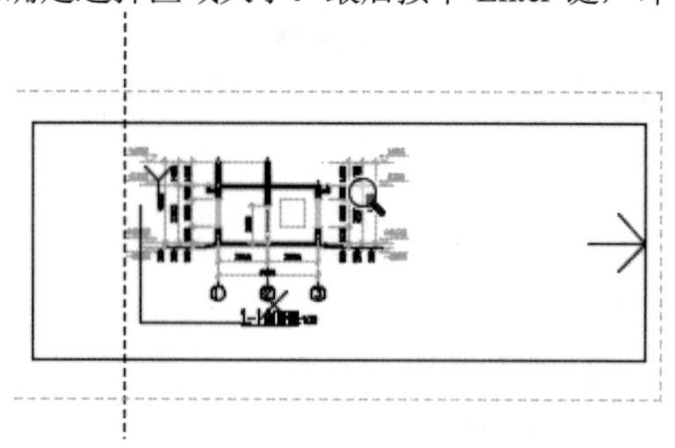
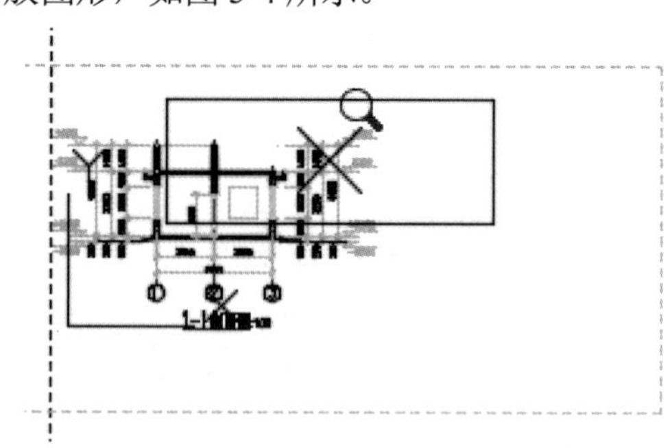

图 5-4　动态缩放视图

5.3.4 显示上一个视图

在图形中进行局部特写时，可能经常需要将图形缩小以观察总体布局，然后又希望重新显示前面的视图。选择【视图】|【缩放】|【上一个】命令，使用系统提供的显示上一个视图功能，快速回到前面的一个视图。

如果正处于实时缩放模式，则可以右击鼠标，在弹出的菜单中选择【缩放为原窗口】命令，即可回到最初的使用实时缩放过的缩放视图。

5.3.5 按比例缩放视图

选择【视图】|【缩放】|【比例】命令，可以按一定的比例来缩放视图。此时命令行将显示如下所示的提示信息：

```
ZOOM 输入比例因子(nX 或 nXP):
```

在以上命令的提示下，可以通过以下 3 种方法来指定缩放比例。

- 相对图形界限：直接输入一个不带任何后缀的比例值作为缩放的比例因子，该比例因子适用于整个图形。输入 1 时可以在绘图区域中以上一个视图的中点为中心点来显示尽可能大的图形界限。要放大或缩小，只需输入一个大一点或小一点的数字。例如，输入 2 表示以完全尺寸的两倍显示图像；输入 0.5 则表示以完全尺寸的一半显示图像。
- 相对当前视图：要相对当前视图按比例缩放视图，只需在输入的比例值后加 X。例如，输入 2X，以两倍的尺寸显示当前视图；输入 0.5X，则以一半的尺寸显示当前视图；而输入 1X 则没有变化。
- 相对图纸空间单位：当工作在布局中时，要相对图纸空间单位按比例缩放视图，只需在输入的比例值后加上 XP。它可以用来在打印前缩放视口。

5.3.6　设置视图中心点

选择【视图】|【缩放】|【圆心】命令。在图形中指定一点，然后指定一个缩放比例因子或者指定高度值来显示一个新视图，而选择的点将作为该新视图的中心点。如果输入的数值比默认值小，则会增大图形。如果输入的数值比默认值大，则会缩小图形。

要指定相对的显示比例，可输入带 X 的比例因子数值。例如，输入 2X 将显示比当前视图大两倍的视图。如果正在使用浮动视口，则可以输入 XP 来相对于图纸空间进行比例缩放。

5.3.7　其他缩放命令

选择【视图】|【缩放】命令后，在弹出的子菜单中还包括以下几个命令，其各自的说明如下。

- 【对象】命令：显示图形文件中的某一个部分，选择该模式后，单击图形中的某个部分，该部分将显示在整个图形窗口中。
- 【放大】命令：选择该命令一次，系统将整个视图放大 1 倍。其默认比例因子为 2。
- 【缩小】命令：选择该命令一次，系统将整个图形缩小 1 半。其默认比例因子为 0.5。
- 【全部】命令：显示整个图形中的所有对象。在平面视图中，它以图形界限或当前图形范围为显示边界。在具体情况下，范围最大的将作为显示边界。如果图形延伸到图形界限以外，则仍将显示图形中的所有对象，此时的显示边界是图形范围。
- 【范围】命令：在屏幕上尽可能大地显示所有图形对象。与全部缩放模式不同的是，范围缩放使用的显示边界只是图形范围而不是图形界限。

5.4 平移视图

通过平移视图，可以重新定位图形，以便清楚地观察图形的其他部分。在菜单栏中选择【视图】|【平移】命令(PAN)中的子命令，不仅可以向左、右、上、下这 4 个方向平移视图，还可以使用【实时】和【点】命令平移视图。

5.4.1 实时平移

在 AutoCAD 中，用户可以通过以下几种方法在窗口中实时平移视图。

- 在命令行中执行 PAN 命令。
- 选择【视图】|【平移】|【实时】命令。
- 单击 AutoCAD 工作界面右侧导航面板中的【平移】按钮。

执行实时平移命令后，鼠标指针将变成一只小手的形状。此时进行拖动，窗口内的图形就可以按照移动的方向移动，如图 5-5 所示。释放鼠标，可返回到平移等待状态。按下 Esc 或 Enter 键可以退出实时平移模式。

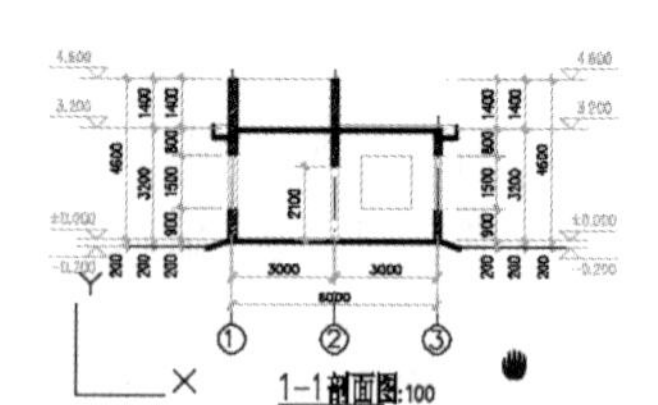

图 5-5　实时平移

5.4.2 定点平移

在 AutoCAD 中，用户可以通过以下两种方法来定点平移视图。

- 在命令行中执行 PAN 命令。
- 选择菜单栏中的【视图】|【平移】|【点】命令。

执行定点平移命令后，可以通过指定基点和位移点来平移视图，如图 5-6 所示。

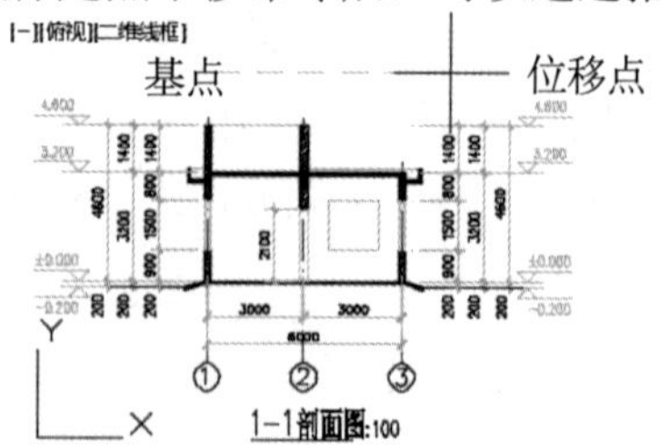

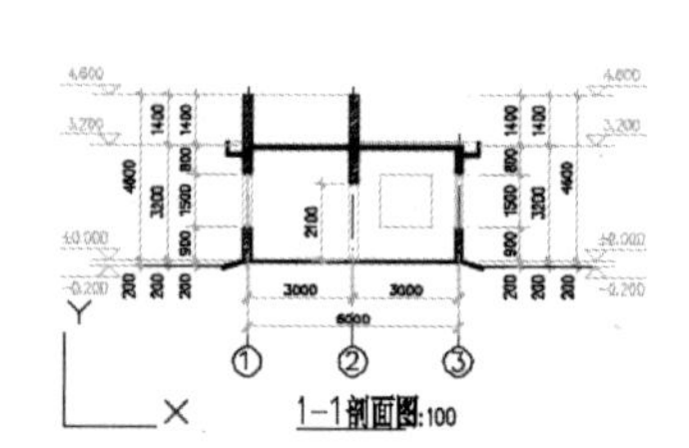

图 5-6　定点平移

5.5　命名视图

在一张工程图纸上可以创建多个视图。当需要查看、修改图纸上的某一部分视图时，只需将该视图恢复出来即可。

5.5.1　创建命名视图

在 AutoCAD 中，用户可以通过以下几种方法执行【命名视图】命令，为绘图区中的任意视图指定名称。

- 在命令行中执行 VIEW 命令。
- 选择【视图】|【命名视图】命令。

执行【命名视图】命令的具体步骤如下。

(1) 打开图形后，在命令行中输入 VIEW 命令，按 Enter 键。

(2) 打开【视图管理器】对话框，单击【新建】按钮，如图 5-7 所示。

(3) 打开【新建视图/快照特性】对话框，在【视图名称】文本框中输入“模型”，其余保持默认设置，如图 5-8 所示。

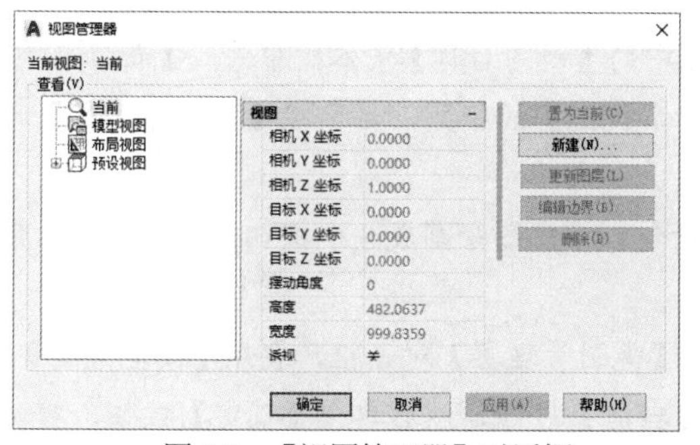

图 5-7　【视图管理器】对话框

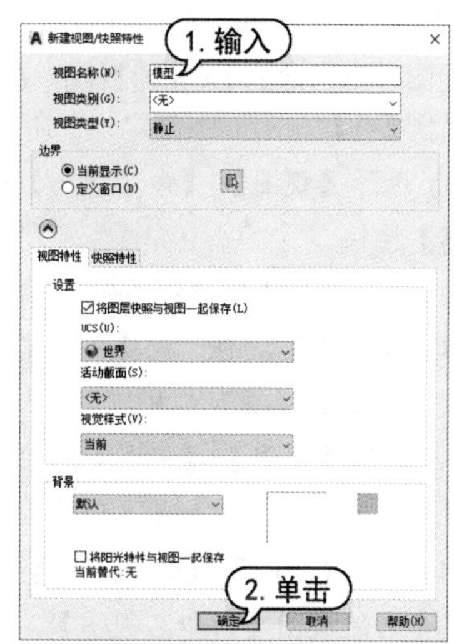

图 5-8　【新建视图/快照特性】对话框

(4) 单击【确定】按钮，返回【视图管理器】对话框，此时，在【查看】列表框中将显示【模型】视图，单击【确定】按钮。

在【视图管理器】对话框中，主要选项的功能说明如下。

- 【查看】列表框：列出了已命名的视图和可作为当前视图的类别。例如，可选择正交视图和等轴测视图作为当前视图。
- 【视图】选项区域：显示相机的 X、Y、Z 坐标，目标的 X、Y、Z 坐标，摆动角度和高度参数，以及透视是否启用等信息。

- 【置为当前】按钮：将选中的命名视图设置为当前视图。
- 【新建】按钮：创建新的命名视图。单击该按钮，将打开【新建视图/快照特性】对话框，如图 5-18 所示。可以在【视图名称】文本框中设置视图名称；在【视图类别】下拉列表框中为命名视图选择或输入一个类别；在【边界】选项区域中通过选中【当前显示】或【定义窗口】单选按钮来创建视图的边界区域；在【设置】选项区域中，可以设置是否【将图层快照与视图一起保存】。并可以通过 UCS 下拉列表框设置命名视图的 UCS；在【背景】选项区域中，可以选择新的背景来替代默认的背景，且可以预览效果。
- 【更新图层】按钮：单击该按钮，可以使用选中的命名视图中保存的图层信息更新当前模型空间或布局视图中的图层信息。
- 【编辑边界】按钮：单击该按钮，切换到绘图窗口中，可以重新定义视图的边界。

5.5.2 恢复命名视图

在 AutoCAD 中，可以一次命名多个视图。当需要重新使用一个已命名视图时，只需将该视图恢复至当前视口即可。如果绘图窗口中包含多个视口，也可以将视图恢复至活动视口中，或将不同的视图恢复到不同的视口中，以同时显示模型的多个视图。

恢复视图时可以恢复视口的中点、查看方向、缩放比例因子和透视图(镜头长度)等。如果在命名视图时将当前的 UCS 随视图一起保存起来，则恢复视图时也可以恢复 UCS。

【例 5-1】在图形中创建一个命名视图，并在当前视口中恢复命名视图。

(1) 选择【视图】|【命名视图】命令，打开【视图管理器】对话框。然后在该对话框中单击【新建】按钮。

(2) 在打开的【新建视图/快照特性】对话框中的【视图名称】文本框中输入【新命名视图】，然后单击【确定】按钮。创建一个名称为【新命名视图】的视图，显示在【视图管理器】对话框的【模型视图】选项节点中。

(3) 选择【视图】|【视图】|【三个视口】命令，将视图分割成 3 个视口。此时，左上角的视口被设置为当前视口，如图 5-9 所示。

(4) 选择【视图】|【命名视图】命令。打开【视图管理器】对话框，展开【模型视图】节点，选择已命名的视图【新命名视图】。单击【置为当前】按钮，然后单击【确定】按钮，将其设置为当前视图，如图 5-10 所示。

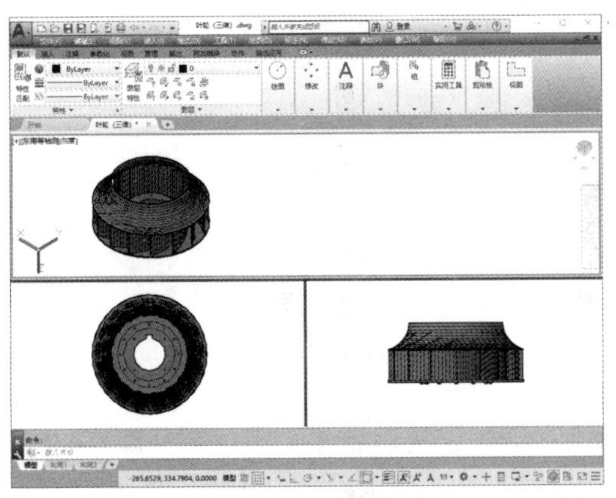

图 5-9　分割视口

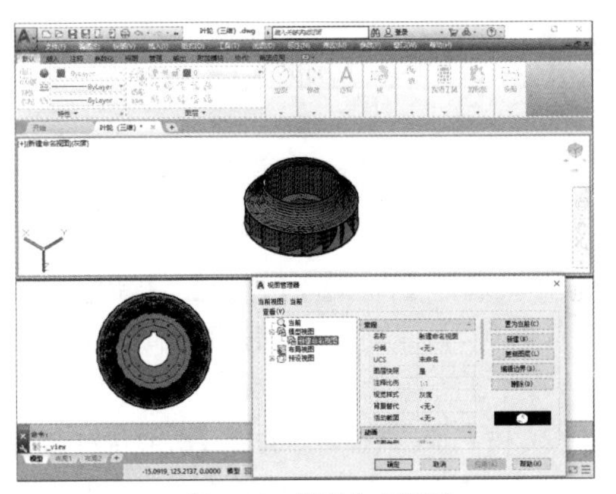

图 5-10　恢复命名视图

5.6　使用平铺视口

在 AutoCAD 中，为了便于编辑图形，通常需要将图形的局部进行放大，以显示其细节。当需要观察图形的整体效果时，仅使用单一的绘图视口已无法满足需要。此时，可使用 AutoCAD 的平铺视口功能，将绘图窗口划分为若干视口。

5.6.1　平铺视口的特点

平铺视口是指把绘图窗口分成多个矩形区域，从而创建多个不同的绘图区域，其中每一个区域都可用来查看图形的不同部分。在 AutoCAD 中，可以同时打开多达 32 000 个视口，屏幕上还可保留菜单栏和命令提示窗口。

在 AutoCAD 菜单栏中选择【视图】|【视口】子菜单中的命令；或在【功能区】选项板中选择【视图】选项卡，在【模型视口】面板中单击【视口配置】下拉列表按钮，在弹出的下拉列表中选择相应的按钮，都可以在模型空间创建和管理平铺视口。

AutoCAD 中平铺视口具有以下几个特点：

- 每个视口都可以平移和缩放，设置捕捉、栅格和用户坐标系等，且每个视口都可以有独立的坐标系统。
- 在命令执行期间，可以切换视口以便在不同的视口中绘图。
- 可以命名视口的配置，以便在模型空间中恢复视口或者应用到布局。
- 只能在当前视口里工作。要将某个视口设置为当前视口，只需单击视口的任意位置。此时，当前视口的边框将加粗显示。
- 只有在当前视口中，指针才能显示为十字形状，指针移出当前视口后就变为箭头形状。
- 当在平铺视口中工作时，可全局控制所有视口中的图层的可见性。如果在某一个视口中关闭了某一个图层，系统将关闭所有视口中的相应图层。

5.6.2 创建平铺视口

在 AutoCAD 中用户可以通过以下两种方法创建平铺视口。

- 在命令行中执行 VPORTS 命令。
- 选择【视图】|【视口】|【新建视口】命令。

【例 5-2】创建上下三层的平铺视口。

(1) 打开一个素材图形后，在命令行中输入 VPORTS。

(2) 按 Enter 键确认，打开【视口】对话框，在【新名称】文本框中输入视口的名称“平铺”，在【标准视口】列表中选择【三个：水平】选项。此时，在对话框右侧的【预览】区域中将显示平铺视口的预览效果，如图 5-11 所示。

(3) 单击【确定】按钮后，即可创建上下三层的视口对象，如图 5-12 所示。

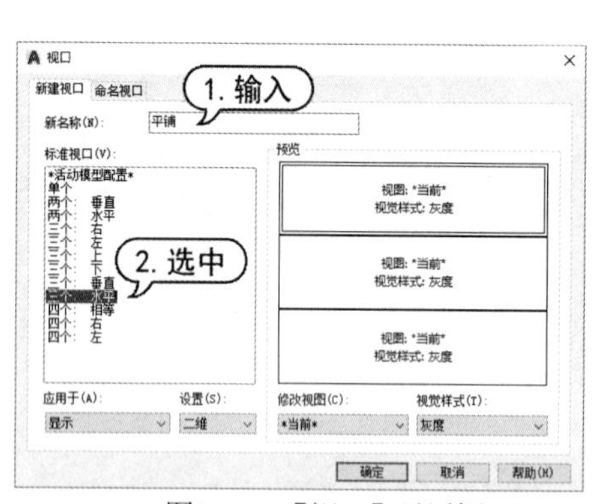

图 5-11 【视口】对话框

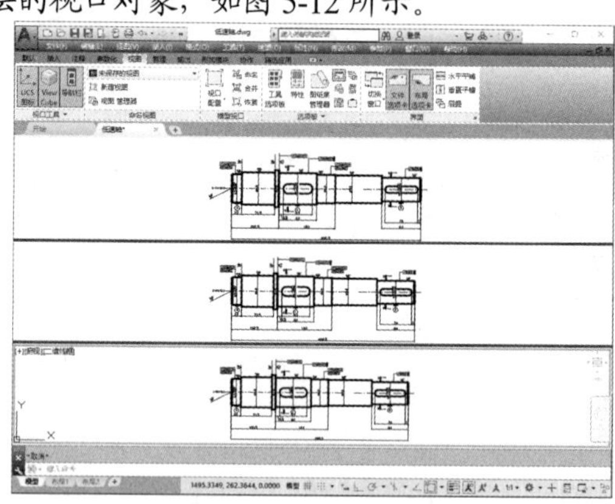

图 5-12 三层平铺视口

在【视口】对话框中，上面实例没有提到的几个选项的功能说明如下。

- 【应用于】下拉列表框：设置所选的视口配置是用于整个显示屏幕还是当前视口，包括【显示】和【当前视口】两个选项。其中，【显示】选项用于设置将所选的视口配置用于模型空间中的整个显示区域，为默认选项；【当前视口】选项用于设置将所选的视口配置用于当前视口。
- 【设置】下拉列表框：指定二维或三维设置。如果选择二维选项，则使用视口中的当前视图来初始化视口配置；如果选择三维选项，则使用正交的视图来配置视口。
- 【修改视图】下拉列表框：选择一个视口配置代替已选择的视口配置。
- 【视觉样式】下拉列表框：可以从中选择一种视觉样式代替当前的视觉样式。

5.6.3 分割与合并视口

在 AutoCAD 2019 的菜单栏中选择【视图】|【视口】子菜单中的命令，可以在不改变视口显示的情况下，分割或合并当前视口。例如，选择【视图】|【视口】|【一个视口】命令，可以将当

前视口扩大到充满整个绘图窗口；选择【视图】|【视口】|【两个视口】、【三个视口】或【四个视口】命令，则可以将当前视口分割为 2 个、3 个或 4 个视口。例如，将绘图窗口分割为 4 个视口，效果如图 5-13 所示。

选择【视图】|【视口】|【合并】命令，系统要求选定一个视口作为主视口，然后再选择一个相邻视口，并将该视口与主视口合并。例如，将图 5-13 所示图形的右边两个视口合并为一个视口，其效果如图 5-14 所示。

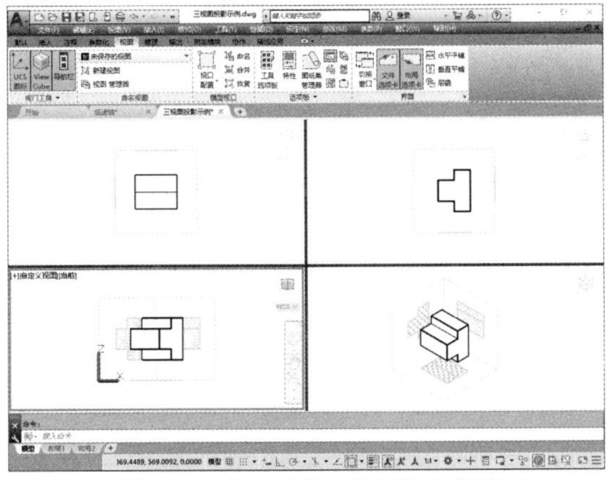
图 5-13　将绘图窗口分割为 4 个视口

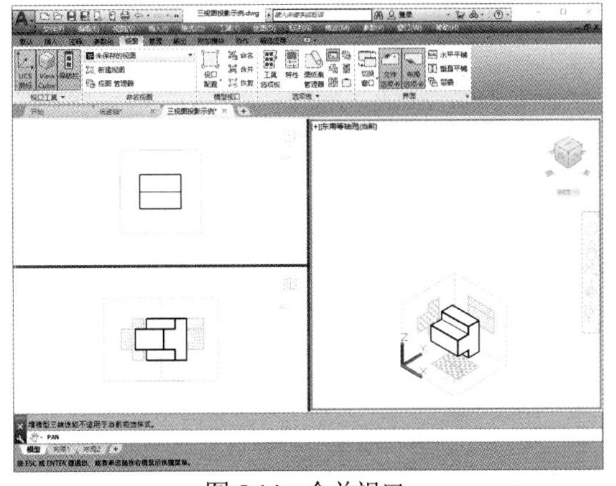
图 5-14　合并视口

5.7　使用 ShowMotion

在 AutoCAD 2019 中，可以通过创建视图的快照来观察图形。在快速访问工具栏选择【显示菜单栏】命令，在弹出的菜单中选择【视图】| ShowMotion 命令，或在状态中单击 ShowMotion 按钮，都可以打开 ShowMotion 面板，如图 5-15 所示。

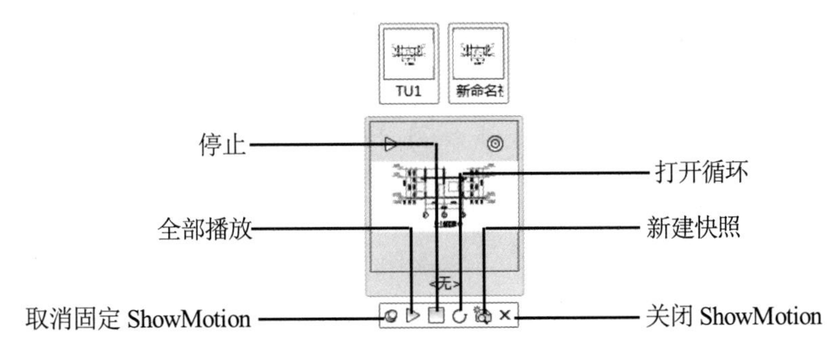

图 5-15　ShowMotion 面板

单击【新建快照】按钮，打开【新建视图/快照特性】对话框，使用该对话框中的【快照特性】选项卡可以新建快照，如图 5-16 所示。各选项的功能如下所示。

◉　【视图名称】文本框：用于输入视图的名称。

- 【视图类别】下拉列表框：可以输入新的视图类别，也可以从中选择已有的视图类别。系统将根据视图所属的类别来组织各个活动视图。
- 【视图类型】下拉列表框：可以从中选择视图类型，主要包括 3 种类型：电影式、静止和已记录的漫游。视图类型将决定视图的活动情况。
- 【转场】选项区域：用于设置视图的转场类型和转场持续时间。
- 【运动】选项区域：用于设置视图的移动类型，移动的持续时间、距离和位置等。
- 【预览】按钮：单击该按钮，可以预览视图中图形的活动情况。
- 【循环】复选框：选择该复选框，可以循环观察视图中图形的运动情况。

成功创建快照后，在 ShowMotion 面板上方将以缩略图的形式显示各个视图中图形的活动情况，如图 5-17 所示。单击绘图区中的某个缩略图，将显示图形的活动情况，用于观察图形。

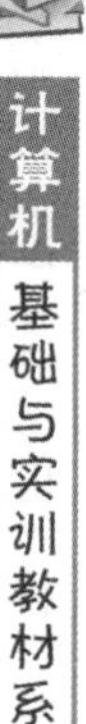

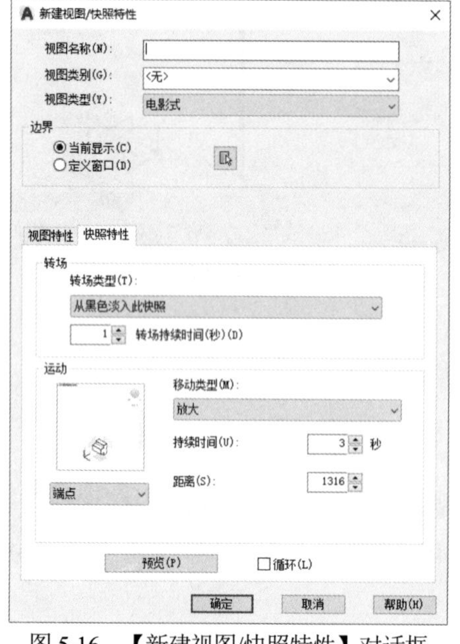

图 5-16 【新建视图/快照特性】对话框

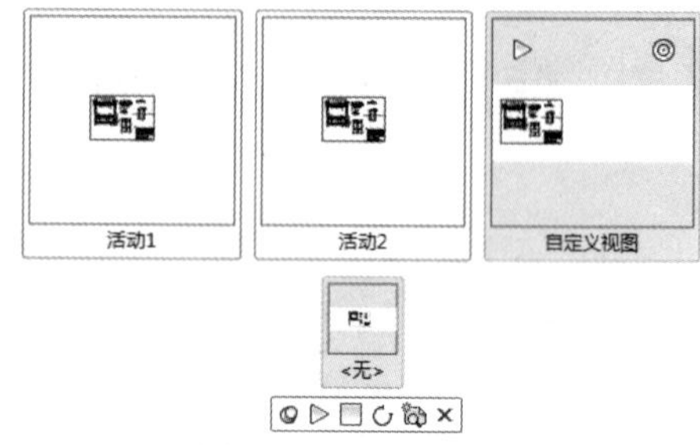

图 5-17 创建快照

5.8 上机练习

本章的上机练习将使用 AutoCAD 视图操作命令将发动机图形进行局部放大显示，并将放大后的图形单独放在平铺视口中的一个视口中。

(1) 打开图 5-18 所示的发动机图形文件后，选择【视图】|【视口】|【两个视口】命令，在命令行提示下输入 V。

(2) 按 Enter 键确认，创建如图 5-18 所示的垂直平铺视口，选中右侧的视口。

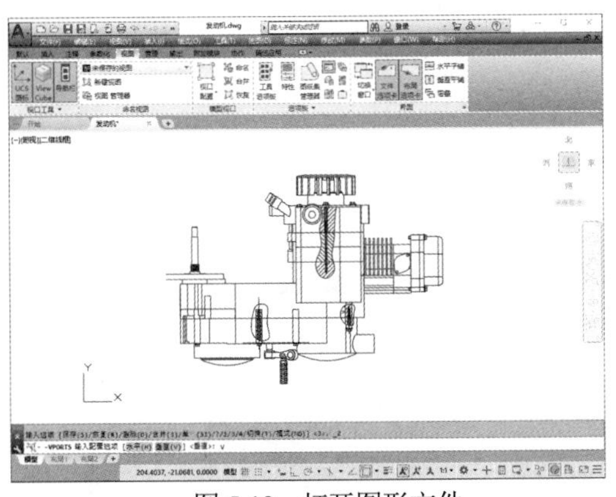

图 5-18　打开图形文件

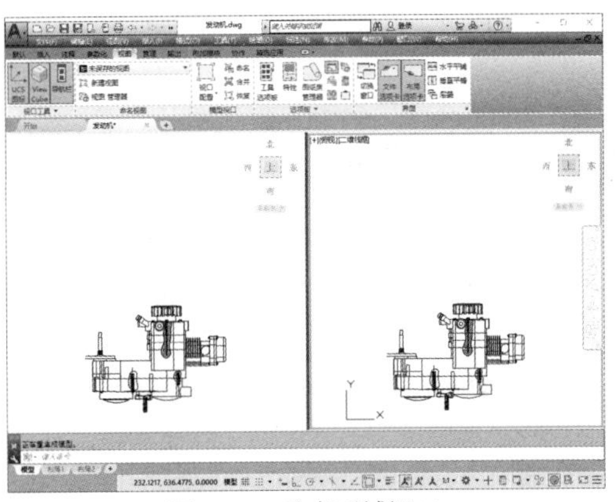

图 5-19　垂直平铺视口

(3) 在命令行中输入 Z，然后按 Enter 键。在命令行提示下输入 W，按 Enter 键，指定使用窗口方式放大视图。

(4) 在图形上单击选中窗口左上角的一点，拖动鼠标设置缩放窗口的大小，如图 5-20 所示。

(5) 此时，即可将选定的局部图形对象放大显示在右侧的视口中，如图 5-21 所示。

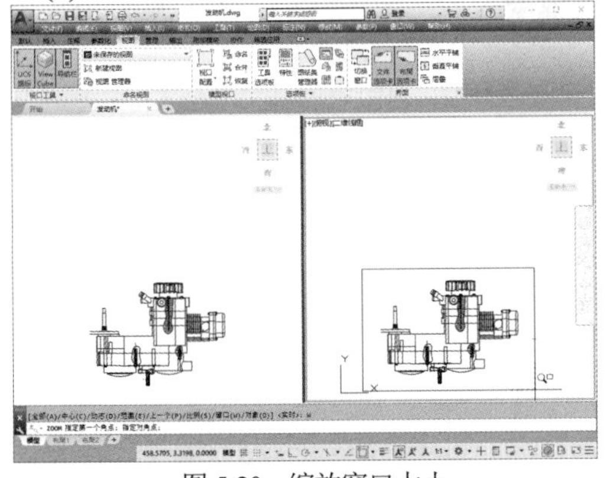

图 5-20　缩放窗口大小

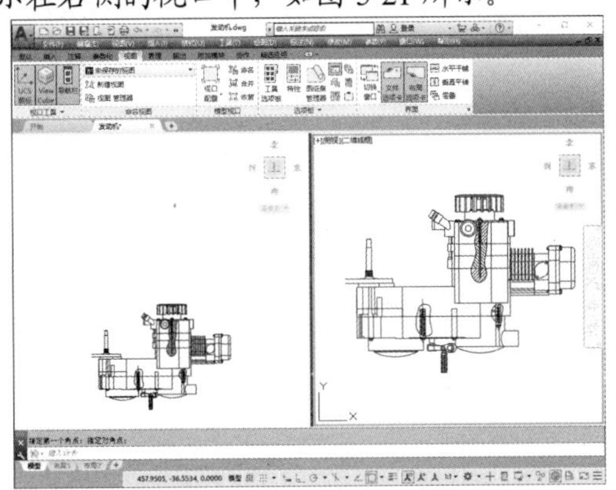

图 5-21　放大局部图形

(6) 选择【视图】|【命名视图】命令，打开【视图管理器】对话框，然后单击【新建】按钮，如图 5-22 所示。

(7) 打开【新建视图/快照特性】对话框，在【视图名称】文本框中输入“局部放大视图”，单击【确定】按钮，如图 5-23 所示。

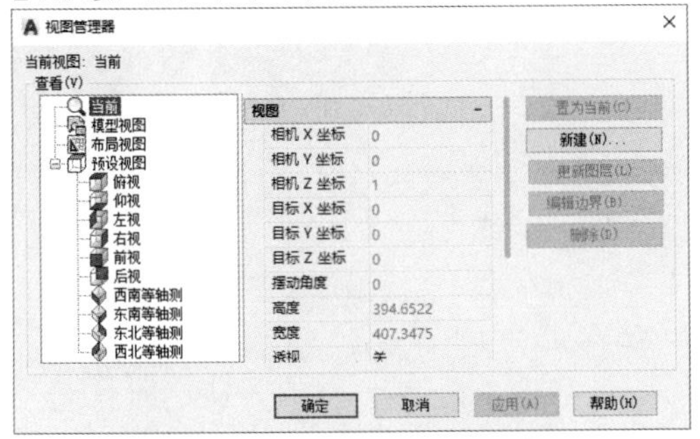

图 5-22　【视图管理器】对话框

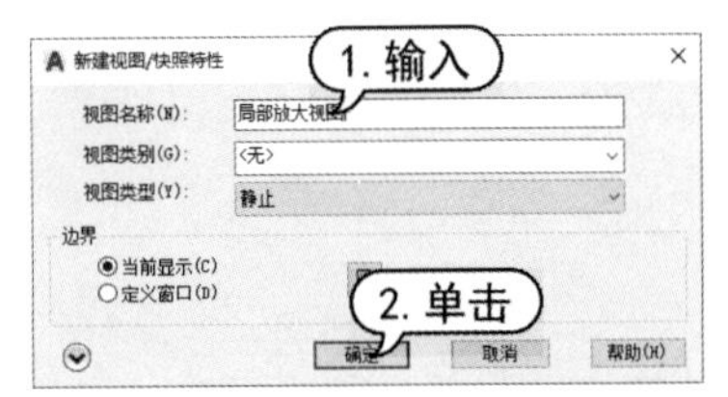

图 5-23　【新建视图/快照特性】对话框

(8) 返回【视图管理器】对话框，单击【确定】按钮。

5.9 习题

1. AutoCAD 2019 中的 Steering wheels 是什么？如何使用 Steering wheels？
2. 在 AutoCAD 2019 中，如何使用【动态】缩放法缩放图形？
3. 将图 5-24 所示的零件图形创建为命名视图，并将视图分割成 3 个视口，如图 5-25 所示。

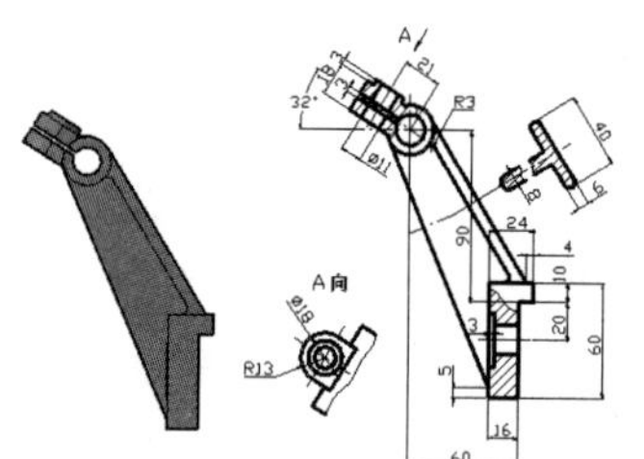

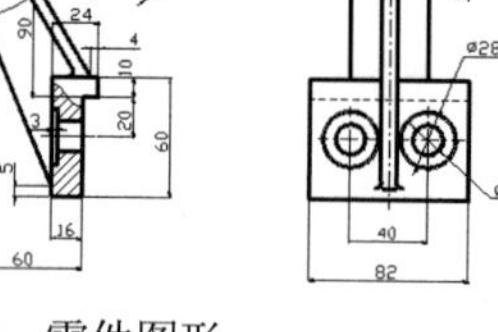

图 5-24 零件图形

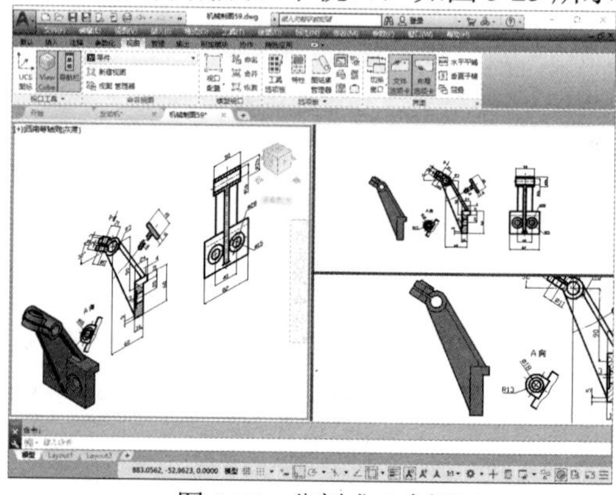

图 5-25 分割成 3 个视口

第6章 精确绘制图形

学习目标

在 AutoCAD 中绘制图形时，如果对图形尺寸比例要求不太严格，用户可以输入图像的大致尺寸，使用鼠标在图形区域中直接拾取和输入。但是，有些图形对尺寸的要求比较严格，要求绘图者必须按给定的尺寸绘图。这时可以通过精确绘图工具来绘制图形，如指定点的坐标；或者使用系统提供的对象捕捉、自动追踪等功能，在不输入坐标的情况下，精确地绘制图形。

本章重点

- 认识坐标和坐标系
- 使用动态输入
- 使用捕捉、栅格和正交功能
- 使用对象捕捉功能
- 使用自动追踪功能

6.1 使用坐标与坐标系

在绘图过程中常常需要使用某个坐标系作为参照，拾取点的位置来精确定位某个对象。AutoCAD 提供的坐标系就可以用来准确地设计并绘制图形。

1. 认识世界坐标系与用户坐标系

在 AutoCAD 中，坐标系分为世界坐标系(WCS)和用户坐标系(UCS)。这两种坐标系都可以通过坐标(x,y)精确定位点。

默认情况下，在开始绘制新图形时，当前坐标系为世界坐标系，即 WCS，其包括 X 轴和 Y 轴(如果在三维空间工作，还有一个 Z 轴)。WCS 的坐标原点并不在坐标系的交汇点，而位于图形窗口的左下角，所有的位移都是相对于原点计算的，并且沿 X 轴正向及 Y 轴正向的位移规定为正方向。

在 AutoCAD 中，为了能够更好地辅助绘图，经常需要修改坐标系的原点和方向，此时世界坐标系将变为用户坐标系，即 UCS。UCS 的原点以及 X 轴、Y 轴、Z 轴方向都可以移动及旋转，甚至可以依赖于图形中某个特定的对象。尽管用户坐标系中 3 个轴之间仍然互相垂直，但是在方向和位置上却都更灵活。

若要设置 UCS 坐标系，可在菜单栏中选择【工具】菜单中的【命名 UCS】和【新建 UCS】命令及其子命令。

例如，在菜单栏中选择【工具】|【新建 UCS】|【原点】命令；然后在如图 6-1 所示中单击圆心 O，此时世界坐标系变为用户坐标系并移动至 O 点，O 点也就成了新坐标系的原点，如图 6-2 所示。

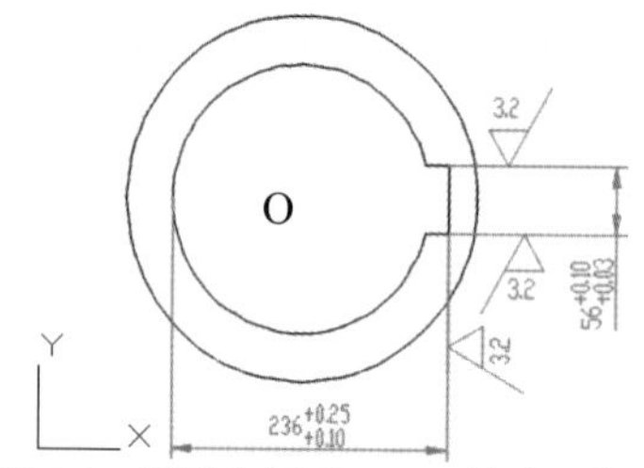

图 6-1　世界坐标系(WCS)的默认位置

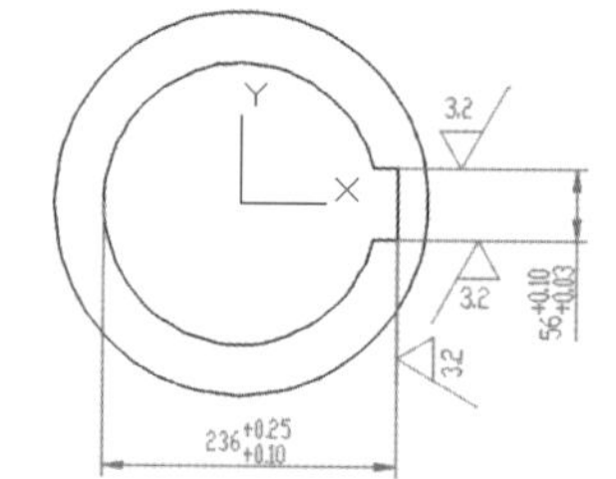

图 6-2　用户坐标系(UCS)的位置

2. 坐标的表示方法

在 AutoCAD 中，点的坐标可以使用绝对直角坐标、绝对极坐标、相对直角坐标和相对极坐标 4 种方法表示，其特点如下。

- 绝对直角坐标：是从点(0,0)或(0,0,0)出发的位移，可以使用分数、小数或科学记数等形式表示点的 X、Y、Z 坐标值，坐标间用逗号隔开，例如点(8.3,5.8)和(3.0,5.2,8.8)等。
- 绝对极坐标：是从点(0,0)或(0,0,0)出发的位移，但给定的是距离和角度值，其中距离和角度用“<”分开，且规定 X 轴正向为 0°，Y 轴正向为 90°，例如点(4.27<60)、(34<30)等。
- 相对直角坐标和相对极坐标：相对坐标是指相对于某一点的 X 轴和 Y 轴位移，或距离和角度。表示方法是在绝对坐标表达方式前加上“@”号，例如(@-13,8)和(@11<24)。其中，相对极坐标中的角度是新点和上一点连线与 X 轴的夹角。

【例 6-1】 在 AutoCAD 中使用 4 种坐标表示方法来创建如图 6-3 所示的三角形。

(1) 使用绝对直角坐标。在【功能区】选项板中选择【默认】选项卡，在【绘图】面板中单击【直线】按钮，或在命令行中输入 LINE 命令。

(2) 在【指定第一点:】提示下输入点 O 的直角坐标(0,0)。

(3) 在【指定下一点或[放弃(U)]:】提示下输入点 A 的直角坐标(53.17,93.04)。

(4) 在【指定下一点或[放弃(U)]:】提示下输入点 B 的直角坐标(211.3,155.86)。

(5) 在【指定下一点或[闭合(C)/放弃(U)]:】提示下输入 C，然后按 Enter 键，即可创建封闭的三角形，如图 6-3 所示。

(6) 使用绝对极坐标。在【功能区】选项板中选择【默认】选项卡，在【绘图】面板中单击【直线】按钮，或在命令行中输入 LINE 命令。

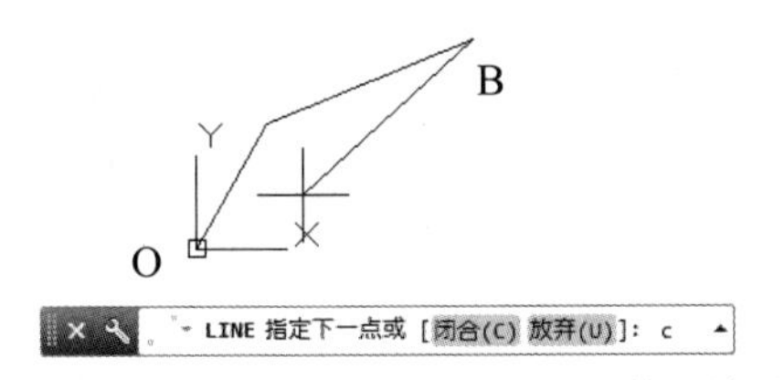

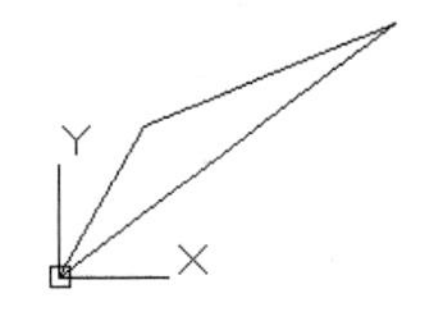

图 6-3 使用绝对直角坐标创建三角形

(7) 在【指定第一点:】提示下输入点 O 的坐标(0<0)。

(8) 在【指定下一点或[放弃(U)]:】提示下输入点 A 的坐标(106.35<60)。

(9) 在【指定下一点或[放弃(U)]:】提示下输入点 B 的坐标(262.57<36)。

(10) 在【指定下一点或[闭合(C)/放弃(U)]:】提示下输入 C，然后按 Enter 键，即可创建封闭的三角形，如图 6-3 所示。

(11) 使用相对直角坐标。在【功能区】选项板中选择【默认】选项卡，在【绘图】面板中单击【直线】按钮，或在命令行中输入 LINE 命令。

(12) 在【指定第一点:】提示下输入点 O 的坐标(0,0)。

(13) 在【指定下一点或[放弃(U)]:】提示下输入点 A 的坐标(@53.17,93.04)。

(14) 在【指定下一点或[放弃(U)]:】提示下输入点 B 的坐标(@158.13,63.77)。

(15) 在【指定下一点或[闭合(C)/放弃(U)]:】提示下输入 C，然后按 Enter 键，即可创建封闭的三角形，如图 6-3 所示。

(16) 使用相对极坐标。在【功能区】选项板中选择【默认】选项卡，在【绘图】面板中单击【直线】按钮，或在命令行中输入 LINE 命令。

(17) 在【指定第一点:】提示下输入点 O 的坐标(0<0)。

(18) 在【指定下一点或[放弃(U)]:】提示下输入点 A 的坐标(@106.35<60)。

(19) 在【指定下一点或[放弃(U)]:】提示下输入点 B 的坐标(@170.5,22)。

(20) 在【指定下一点或[闭合(C)/放弃(U)]:】提示下输入 C，然后按 Enter 键，即可创建封闭的三角形，如图 6-3 所示。

3. 控制坐标的显示

在绘图窗口中移动光标的十字指针时，状态栏上将动态地显示当前指针的坐标。在 AutoCAD 中，坐标显示取决于所选择的模式和程序中运行的命令，共有 4 种显示模式，如图 6-4 所示。

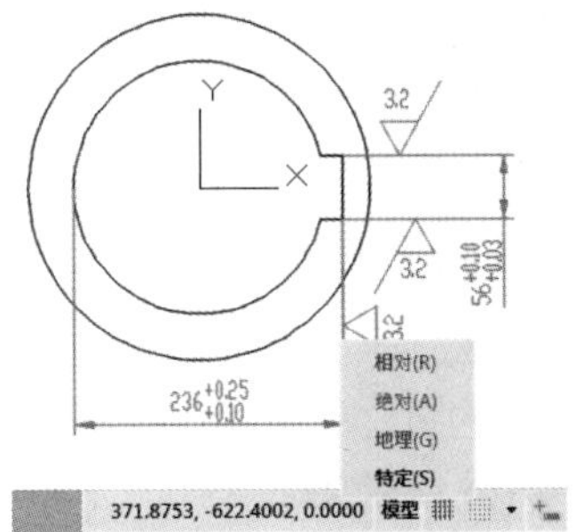

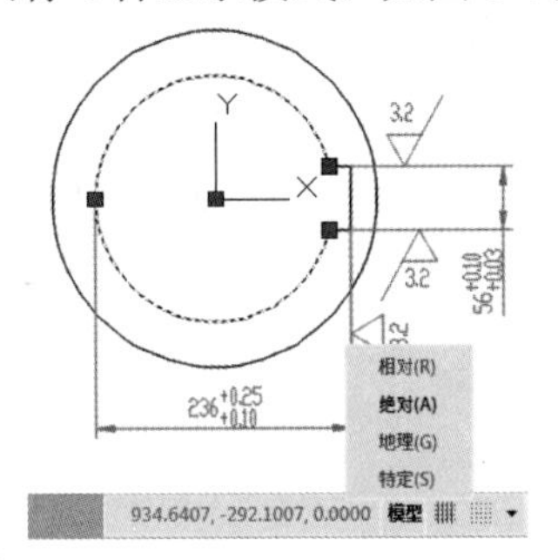

图 6-4 坐标的显示方式

在实际的绘图过程中，可以根据需要随时按下 F6 键、Ctrl + D 组合键、单击状态栏的坐标显示区域或者右击坐标显示区域并选择相应的命令，都可在多种显示方式之间进行切换。

6.2 创建与显示用户坐标系

在使用 AutoCAD 绘图时，用户可以根据绘图需要很方便地创建并命名用户坐标系(UCS)。

6.2.1 创建用户坐标系

在 AutoCAD 菜单栏中选择【工具】|【新建 UCS】命令中相应的子命令，即可创建 UCS，其中各子命令的具体说明如下。

- 【世界】命令：从当前的用户坐标系恢复到世界坐标系。WCS 是所有用户坐标系的基准，不能被重新定义。
- 【上一个】命令：从当前的坐标系恢复到上一个坐标系。
- 【面】命令：将 UCS 与实体对象的选定面对齐。若要选择一个面，可单击该面边界内或面的边界，被选中的面将亮显，UCS 的 X 轴将与找到的第一个面上的最近的边对齐。
- 【视图】命令：以垂直于观察方向(平行于屏幕)的平面为 XY 平面，建立新的坐标系，UCS 原点保持不变。常用于注释当前视图时使文字以平面方式显示。
- 【原点】命令：通过移动当前 UCS 的原点，保持其 X 轴、Y 轴和 Z 轴方向不变，从而定义新的 UCS。也可以在任意高度建立坐标系，如果没有给原点指定 Z 轴坐标值，系统将使用当前标高。
- 【对象】命令：根据选取的对象快速简单地建立 UCS，使对象位于新的 XY 平面，其中 X 轴和 Y 轴的方向取决于选择的对象类型。该选项不能用于三维实体、三维多段线、三维网格、视口、多线、面域、样条曲线、椭圆、射线、参照线、引线和多行文字等对象。对于非三维面的对象，新 UCS 的 XY 平面与绘制该对象时生效的 XY 平面平行，但 X 轴和 Y 轴可做不同的旋转。通过选择对象来定义 UCS 的方法如表 6-1 所示。

表 6-1　选择对象定义 UCS 的方法

对 象 类 型	UCS 定义方法
圆弧	圆弧的圆心成为新 UCS 的原点，X 轴通过距离选择点最近的圆弧端点
圆	圆的圆心成为新 UCS 的原点，X 轴通过选择点
标注	标注文字的中点成为新 UCS 的原点，新 X 轴的方向平行于绘制该标注时生效的 UCS 的 X 轴
直线	离选择点最近的端点成为新 UCS 的原点，AutoCAD 选择新的 X 轴使该直线位于新 UCS 的 XZ 平面中，该直线的第 2 个端点在新坐标系中 Y 坐标为零
点	成为新 UCS 的原点

(续表)

对 象 类 型	UCS 定义方法
二维多段线	多段线的起点成为新 UCS 的原点，X 轴沿从起点到下一顶点的线段延伸
实体	二维填充的第 1 点确定新 UCS 的原点，新 X 轴沿前两点之间的连线方向延伸
多线	多线的起点成为新 UCS 的原点，X 轴沿多线的中心线方向延伸
三维面	取第 1 点作为新 UCS 的原点，X 轴沿前两点的连线方向延伸，Y 的正方向取自第 1 点和第 4 点，Z 轴由右手定则确定
文字、块参照、属性定义	该对象的插入点成为新 UCS 的原点，新 X 轴由对象绕其拉伸方向旋转定义，用于建立新 UCS 的对象在新 UCS 中的旋转角度为零

- 【Z 轴矢量】命令：使用特定的 Z 轴正半轴定义 UCS。需要选择两点，第一点作为新的坐标系原点，第二点决定 Z 轴的正向，XY 平面垂直于新的 Z 轴。
- 【三点】命令：通过在三维空间的任意位置指定 3 点，确定新 UCS 原点及其 X 轴和 Y 轴的正方向，Z 轴由右手定则确定。其中第 1 点定义了坐标系原点，第 2 点定义了 X 轴的正方向，第 3 点定义了 Y 轴的正方向。
- X/Y/Z 命令：旋转当前的 UCS 轴来建立新的 UCS。在命令行提示信息中输入正或负的角度以旋转 UCS，用右手定则来确定绕该轴旋转的正方向。

6.2.2　命名用户坐标系

在菜单栏中选择【工具】|【命名 UCS】命令，打开【UCS】对话框，选择【命名 UCS】选项卡，如图 6-5 所示。然后在【当前 UCS】列表中选择【世界】、【上一个】或某个 UCS 选项，然后单击【置为当前】按钮，即可将其置为当前坐标系，此时在该 UCS 前面将显示“▶”标记。也可以单击【详细信息】按钮，在弹出的【UCS 详细信息】对话框中查看坐标系的详细信息，如图 6-6 所示。

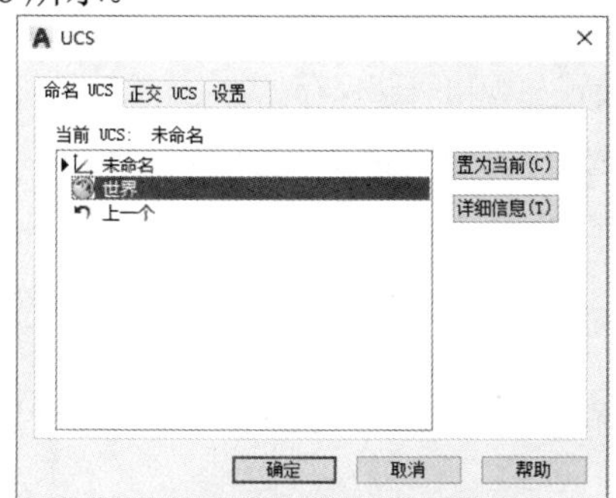

图 6-5 【命名 UCS】选项卡

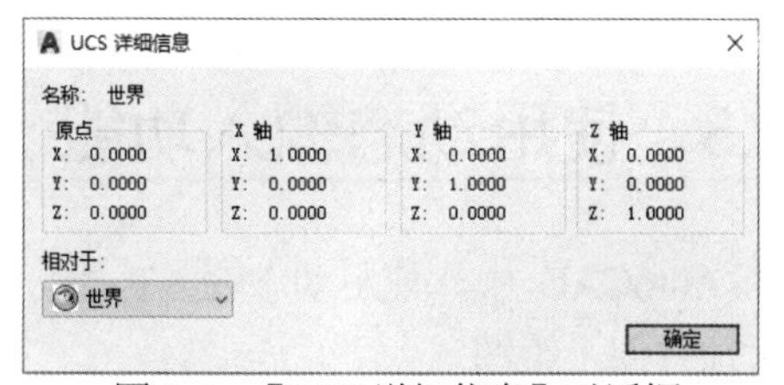

图 6-6 【UCS 详细信息】对话框

此外，在【当前 UCS】列表中的坐标系选项上右击，将弹出一个快捷菜单，用户可以重命名坐标系、删除坐标系和将坐标系置为当前坐标系。

6.2.3 使用正交用户坐标系

在 UCS 对话框中，选择【正交 UCS】选项卡，然后在【当前 UCS】列表中选择需要使用的正交坐标系，如俯视、仰视、左视、右视、前视和后视等，如图 6-7 所示。【深度】表示正交 UCS 的 XY 平面与通过坐标系统变量指定的坐标系统原点平行平面之间的距离，【相对于】下拉列表框用于指定定义正交 UCS 的基准坐标系。

6.2.4 设置 UCS 其他选项

使用 UCS 对话框中的【设置】选项卡可以设置 UCS 图标和 UCS，如图 6-8 所示。其中各选项的含义如下。

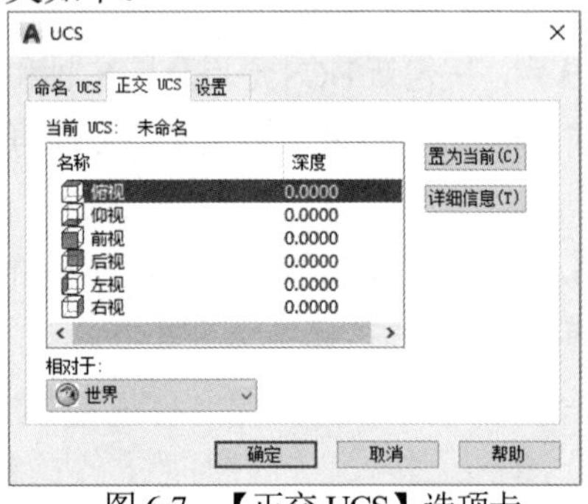

图 6-7 【正交 UCS】选项卡

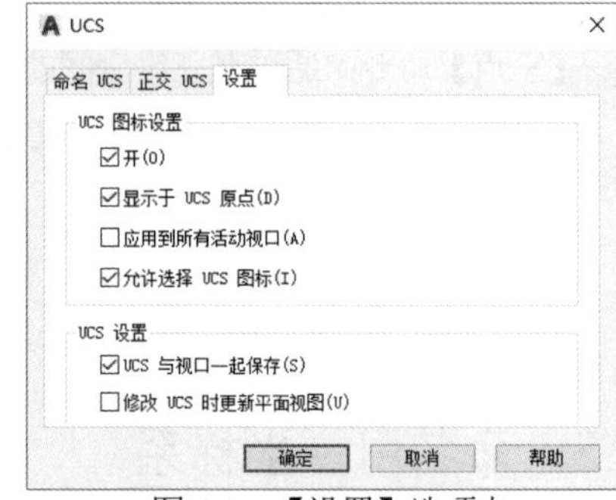

图 6-8 【设置】选项卡

- 【开】复选框：指定显示当前视口的 UCS 图标。
- 【显示于 UCS 原点】复选框：在当前视口坐标系的原点处显示 UCS 图标。如果不选中此选项，则在视口的左下角显示 UCS 图标。
- 【应用到所有活动视口】复选框：用于指定将 USC 图标设置应用到当前图形中的所有活动视口。
- 【允许选择 UCS 图标】复选框：控制当光标移到 UCS 图标上时，图标是否亮显，以及是否允许用户通过单击选择并访问 UCS 图标夹点。
- 【UCS 与视口一起保存】复选框：指定将坐标系设置与视口一起保存。
- 【修改 UCS 时更新平面视图】复选框：指定当修改视口中的坐标系时，恢复平面视图。

6.3 使用动态输入功能

在 AutoCAD 中，使用动态输入功能可以在指针位置处显示标注输入和命令提示等信息，从而极大地方便了绘图。

6.3.1 启用指针输入

选择【工具】|【绘图设置】命令，在打开的【草图设置】对话框的【动态输入】选项卡中，选中【启用指针输入】复选框即可启用指针输入功能，如图 6-9 所示。可以在【指针输入】选项

区域中单击【设置】按钮，在打开的【指针输入设置】对话框中设置指针的格式和可见性，如图 6-10 所示。

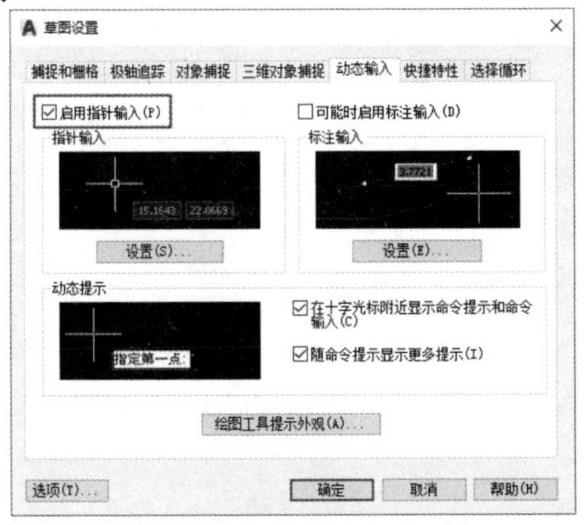

图 6-9　【动态输入】选项卡

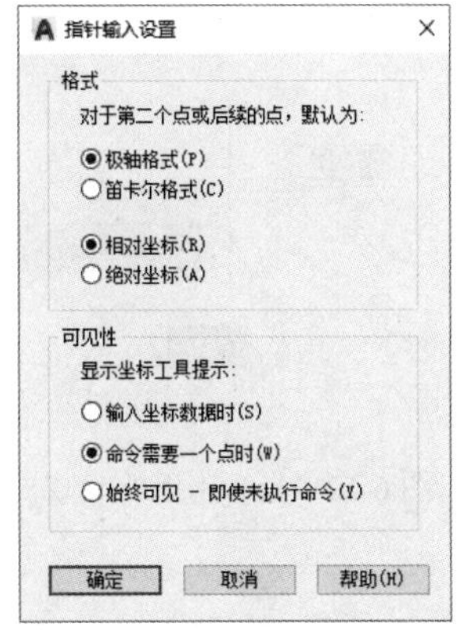

图 6-10　【指针输入设置】对话框

6.3.2　启用标注输入

在【草图设置】对话框的【动态输入】选项卡中，选中【可能时启用标注输入】复选框即可启用标注输入功能。在【标注输入】选项区域中单击【设置】按钮，然后在打开的【标注输入的设置】对话框中可以设置标注的可见性，如图 6-11 所示。

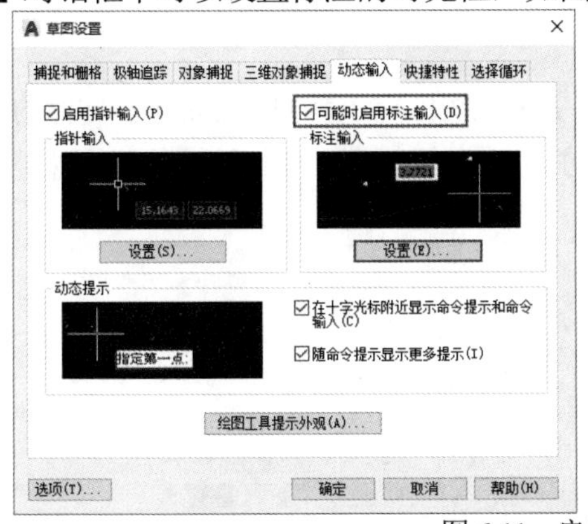

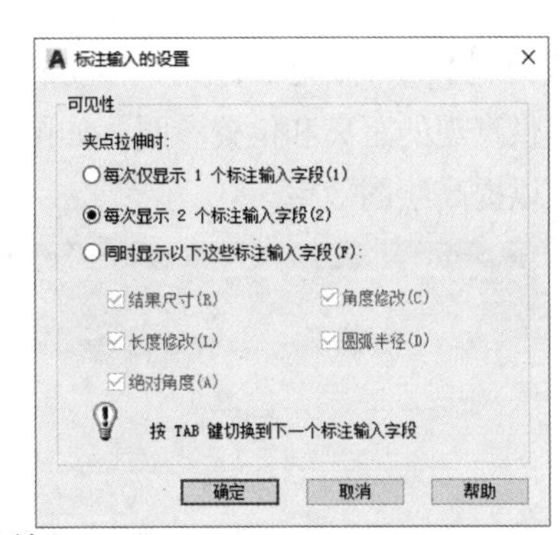

图 6-11　启用并设置标注输入

6.3.3　显示动态提示

在【草图设置】对话框的【动态输入】选项卡中，选中【动态提示】选项区域中的【在十字光标附近显示命令提示和命令输入】复选框，即可在光标附近显示命令提示，如图 6-12 所示。

在【草图设置】对话框的【动态输入】选项卡中，单击【绘图工具提示外观】按钮，打开【工具提示外观】对话框，在该对话框中可以设置工具提示外观的颜色、大小和透明度等参数，如图 6-13 所示。

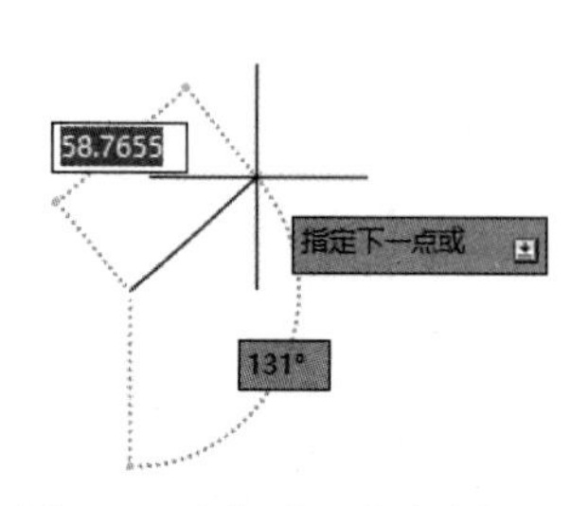

图 6-12　光标附近的命令提示

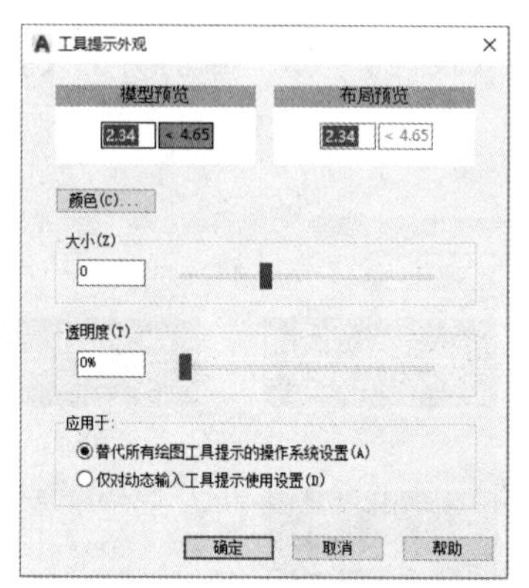

图 6-13　【工具提示外观】对话框

6.4　使用捕捉、栅格和正交功能

在绘制图形时，尽管可以通过移动光标来指定点的位置，但却很难精确指定点的某一位置。因此，若要精确定位点，必须使用坐标或捕捉功能。本书前面的章节已经详细介绍了使用坐标精确定位点的方法，本节将主要介绍如何使用系统提供的栅格、捕捉和正交功能来精确定位点。

6.4.1　设置栅格和捕捉

【捕捉】用于设定鼠标光标移动的间距。【栅格】是一些标定位置的小点，起坐标值的作用，可以提供直观的距离和位置参照，如图 6-14 所示。在 AutoCAD 中，使用【捕捉】和【栅格】功能，可以提高绘图效率。

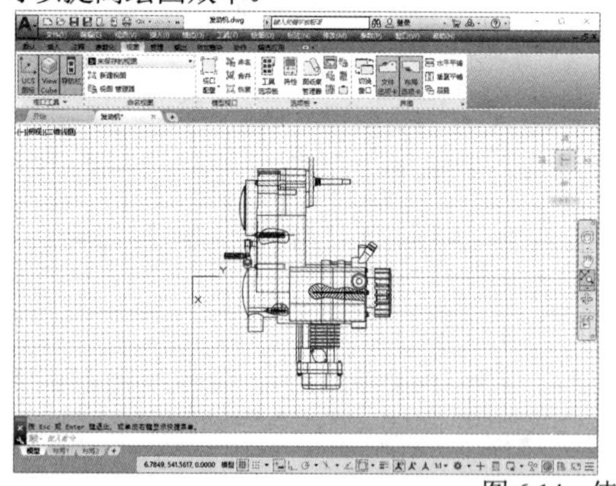

图 6-14　使用栅格

1. 打开或关闭捕捉和栅格功能

打开或关闭【捕捉】和【栅格】功能有以下几种方法：

- 在 AutoCAD 程序窗口的状态栏中，单击【捕捉模式】和【栅格显示】按钮。

◉ 按 F9 键打开或关闭捕捉，按 F7 键打开或关闭栅格。

◉ 在菜单栏中选择【工具】|【绘图设置】命令，打开【草图设置】对话框，如图 6-15 所示。在【捕捉和栅格】选项卡中选中或取消【启用捕捉】和【启用栅格】复选框。

2. 设置捕捉和栅格参数

利用【草图设置】对话框中的【捕捉和栅格】选项卡，如图 6-15 所示，可以设置捕捉和栅格的相关参数，各选项的功能显示如下。

◉ 【启用捕捉】复选框：打开或关闭捕捉方式。选中该复选框，可以启用捕捉。

◉ 【捕捉间距】选项区域：设置捕捉间距、捕捉角度以及捕捉基点坐标。

◉ 【捕捉类型】选项区域：用于设置捕捉类型和样式，包括【栅格捕捉】和【PolarSnap(极轴捕捉)】两种。选中【栅格捕捉】单选按钮，可以设置捕捉样式为栅格。当选中【矩形捕捉】单选按钮时，可以将捕捉样式设置为标准矩形捕捉模式，光标可以捕捉一个矩形栅格；当选中【等轴测捕捉】单选按钮时，可以将捕捉样式设置为等轴测捕捉模式，光标将捕捉一个等轴测栅格，如图 6-16 所示。在【捕捉间距】和【栅格间距】选项区域中可以设置相关参数。选中 PolarSnap 单选按钮，可以设置捕捉样式为极轴捕捉。此时，在启用极轴追踪或对象捕捉追踪的情况下指定点，光标将沿极轴角或对象捕捉追踪角度进行捕捉，这些角度是相对最后指定的点或最后获取的对象捕捉点计算的，并且在【极轴间距】选项区域中的【极轴距离】文本框中可以设置极轴捕捉间距。

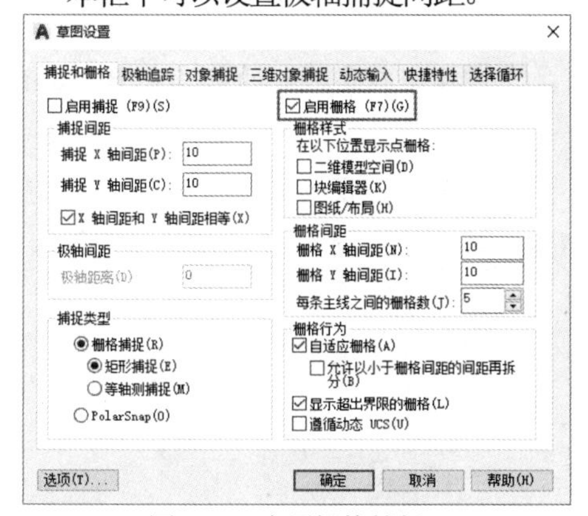

图 6-15　启用栅格捕捉

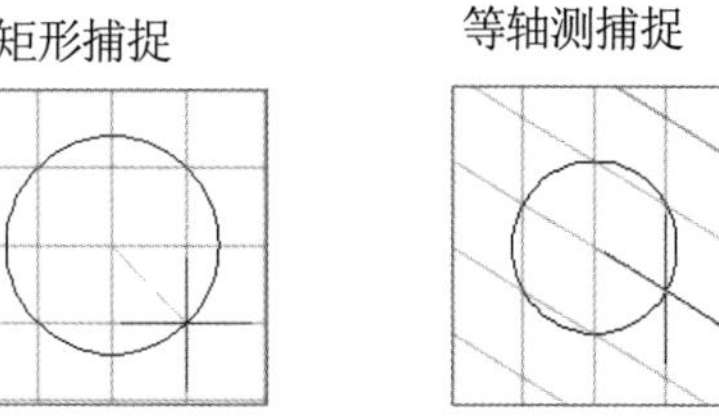

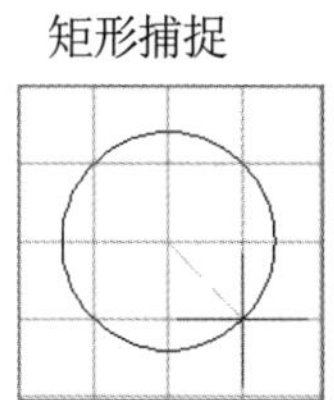

图 6-16　捕捉类型

◉ 【栅格样式】选项区域：包含【二维模型空间】【块编辑器】和【图纸/布局】3 种栅格样式。

◉ 【启用栅格】复选框：打开或关闭栅格的显示。选中该复选框，可以启用栅格。

◉ 【栅格间距】选项区域：设置栅格间距。如果栅格的 X 轴和 Y 轴间距值为 0，则栅格采用捕捉 X 轴和 Y 轴间距的值。

◉ 【栅格行为】选项区域：用于设置【视觉样式】下栅格线的显示样式(三维线框除外)。

◉ 【自适应栅格】复选框，用于限制缩放时栅格的密度。

◉ 【允许以小于栅格间距的间距再拆分】复选框：用于设置是否能够以小于栅格间距的间距来拆分栅格。

- 【显示超出界限的栅格】复选框：用于确定是否显示图限之外的栅格。
- 【遵循动态 UCS】复选框：遵循动态 UCS 的 XY 平面而改变栅格平面。

【例 6-2】 使用捕捉和栅格捕捉功能绘制一个箭头图形。

(1) 选择【工具】|【绘图设置】命令，打开【草图设置】对话框，选择【捕捉和栅格】选项卡，并选中【启用捕捉】、【启用栅格】和【二维模型空间】复选框，并将【捕捉间距】和【栅格间距】的参数值都设置为 10，然后单击【确定】按钮，如图 6-17 所示。

(2) 在命令行中输入 L，执行直线命令，在命令行提示【LINE 指定第一点:】下，在绘图区域中指定直线的起点 A，如图 6-18 所示。

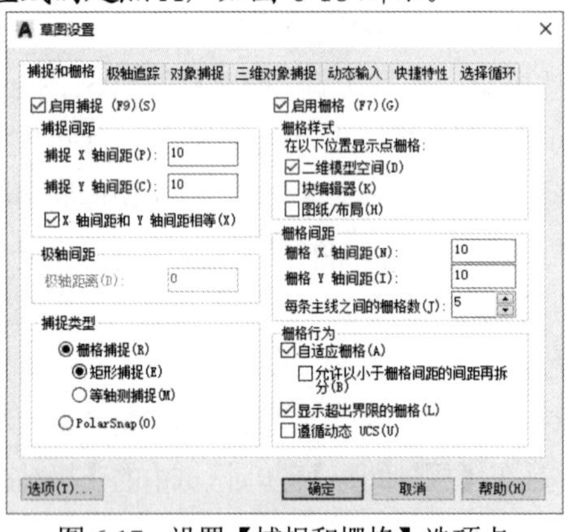

图 6-17 设置【捕捉和栅格】选项卡

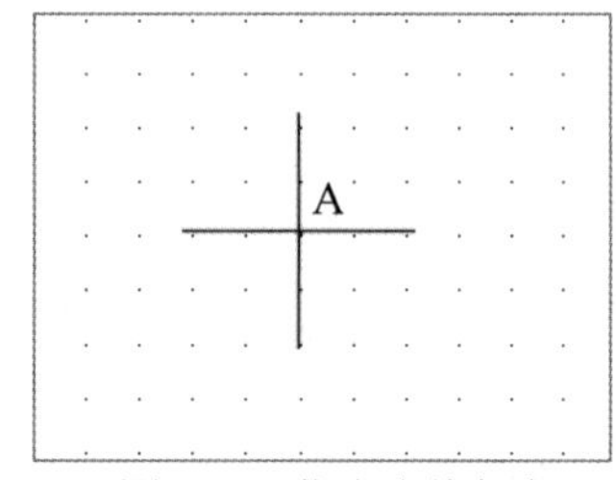

图 6-18 指定直线起点

(3) 在命令行提示【指定下一点或[放弃(U)]:】下，参考栅格指定直线的第二点 B，如图 6-19 所示。

(4) 在命令行提示下，指定栅格上的 C、D、E、F、G 等点为直线上的其他点，然后在命令行提示【指定下一点或[放弃(U)]:】下输入 C 并按下 Enter 键，绘制图 6-29 所示的箭头图形。

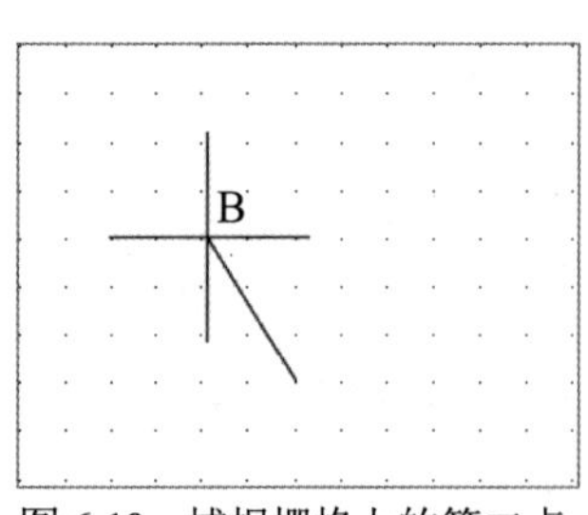

图 6-19 捕捉栅格上的第二点

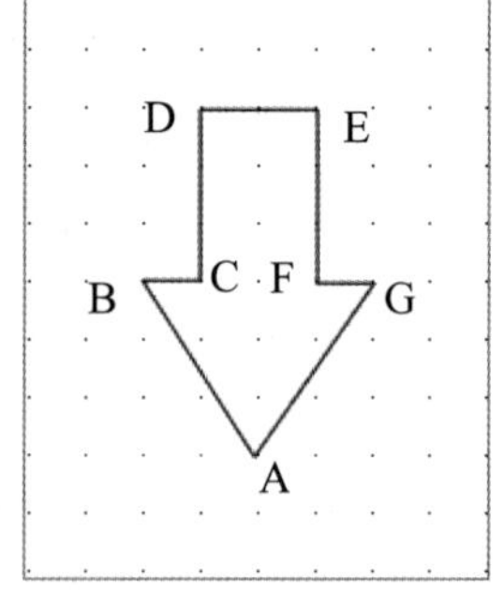

图 6-20 绘制箭头图形

6.4.2 使用 GRID 与 SNAP 命令

在 AutoCAD 2019 中，不仅可以通过【草图设置】对话框设置栅格和捕捉参数，还可以通过 GRID 与 SNAP 命令进行设置。

1. 使用 GRID 命令

执行 GRID 命令时，命令行显示如下提示信息：

> 指定栅格间距(X)或[开(ON)/关(OFF)/捕捉(S)/主(M)/自适应(D)/界限(L)/跟随(F)/纵横向间距(A)] <10.0000>:

默认情况下，需要设置栅格间距值。该间距不能设置得太小，否则将导致图形模糊及屏幕重画太慢，甚至无法显示栅格。该命令行提示中其他选项的功能如下。

- 【开(ON)】/【关(OFF)】选项：打开或关闭当前栅格。
- 【捕捉(S)】选项：将栅格间距设置为由 SNAP 命令指定的捕捉间距。
- 【主(M)】选项：设置每个主栅格线的栅格分块数。
- 【自适应(D)】选项：设置是否允许以小于栅格间距的间距拆分栅格。
- 【界限(L)】选项：设置是否显示超出界限的栅格。
- 【跟随(F)】选项：设置是否跟随动态 UCS 的 XY 平面而改变栅格平面。
- 【纵横向间距(A)】选项：设置栅格的 X 轴和 Y 轴间距值。

2. 使用 SNAP 命令

执行 SNAP 命令时，命令行显示如下提示信息。

> 指定捕捉间距或 [打开(ON)/关闭(OFF)/纵横向间距(A)/传统(L)/样式(S)/类型(T)] <10.0000>:

默认情况下，需要指定捕捉间距，并使用【打开(ON)】选项，以当前栅格的分辨率、旋转角和样式激活捕捉模式；使用【关闭(OFF)】选项，关闭捕捉模式，但保留当前设置。此外，该命令行提示中其他选项的功能如下。

- 【纵横向间距(A)】选项：在 X 和 Y 方向上指定不同的间距。如果当前捕捉模式为等轴测，则不能使用该选项。
- 【传统(L)】选项：指定“是”将导致旧行为，光标将始终捕捉到栅格；指定“否”将导致新行为，光标仅在操作正在进行时捕捉到栅格。
- 【样式(S)】选项：设置【捕捉】栅格的样式为【标准】或【等轴测】。【标准】样式显示与当前 UCS 的 XY 平面平行的矩形栅格，X 间距与 Y 间距可能不同；【等轴测】样式显示等轴测栅格，栅格点初始化为 30° 和 150° 角。等轴测捕捉可以旋转，但不能有不同的纵横向间距值。等轴测包括上等轴测平面(30° 和 150° 角)、左等轴测平面(90° 和 150° 角)和右等轴测平面(30° 和 90° 角)，如图 6-21 所示。

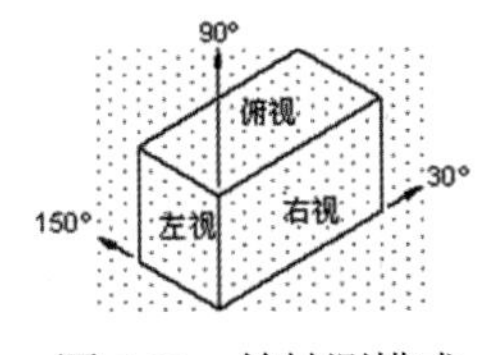

图 6-21　等轴测模式

- 【类型(T)】选项：指定捕捉类型为极轴或栅格。

6.4.3 使用正交模式

使用 ORTHO 命令，即可打开正交模式，用于控制是否以正交方式绘图。在正交模式下，可以方便地绘制出与当前 X 轴或 Y 轴平行的线段。打开或关闭正交方式有以下两种方法：

- 在 AutoCAD 程序窗口的状态栏中单击【正交模式】按钮。
- 按 F8 键打开或关闭正交模式。

打开正交模式功能后，输入的第 1 点是任意的，但当移动光标准备指定第 2 点时，引出的橡皮筋线已不再是这两点之间的连线，而是起点至光标十字线的垂直线中较长的那段线，此时单击，橡皮筋线即变为所绘直线。

6.5 使用对象捕捉功能

在绘图过程中，经常需要指定一些已有对象上的点，如端点、圆心和两个对象的交点等。如果只凭观察进行拾取，不可能非常准确地找到这些点。为此，AutoCAD 提供了对象捕捉功能，能够迅速、准确地捕捉到某些特殊点，从而精确地绘制图形。

6.5.1 启用对象捕捉功能

在 AutoCAD 中，可以通过【对象捕捉】工具栏和【草图设置】对话框等方式来设置对象捕捉模式。

1. 认识【对象捕捉】工具栏

在使用 AutoCAD 绘图时，当要求指定点时，选择【工具】|【工具栏】| AutoCAD | 【对象捕捉】命令，显示【对象捕捉】工具栏，然后单击其中相应的特征点按钮，再把光标移至需要捕捉对象上的特征点附近，即可捕捉到相应的对象特征点，如图 6-22 所示。

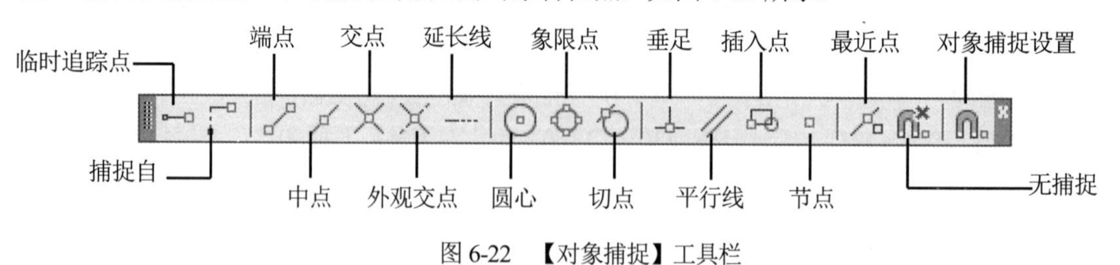

图 6-22 【对象捕捉】工具栏

2. 使用自动捕捉功能

在绘图过程中，使用对象捕捉的频率非常高。为此，AutoCAD 又提供了一种自动对象捕捉模式。自动捕捉是指当把光标放在一个对象上时，系统自动捕捉到对象上所有符合条件的几何特征

点，并显示相应的标记。如果把光标放在捕捉点上多停留一会，系统还会显示捕捉的提示。这样，在选择点之前，就可以方便地预览和确认捕捉点。

若要打开对象捕捉模式，可在【草图设置】对话框的【对象捕捉】选项卡中，选中【启用对象捕捉】复选框，然后在【对象捕捉模式】选项区域中选中相应复选框，如图 6-23 所示。

3. 使用对象捕捉快捷菜单

当要求指定点时，可以按下 Shift 键或者 Ctrl 键，右击，打开对象捕捉快捷菜单，如图 6-24 所示。选择需要的命令，再把光标移至需捕捉对象的特征点附近，即可捕捉到相应的对象特征点。

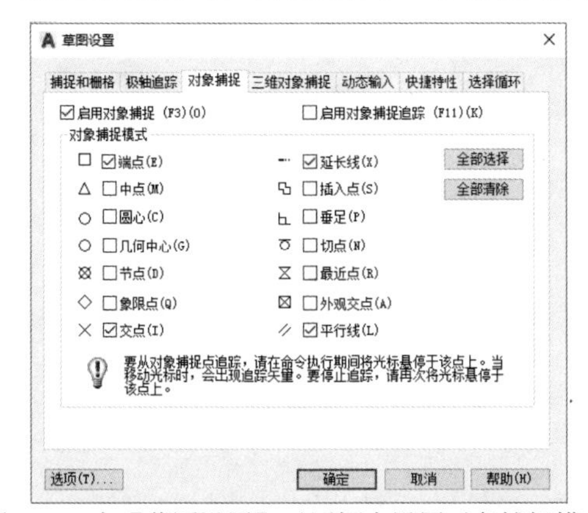

图 6-23　在【草图设置】对话框中设置对象捕捉模式

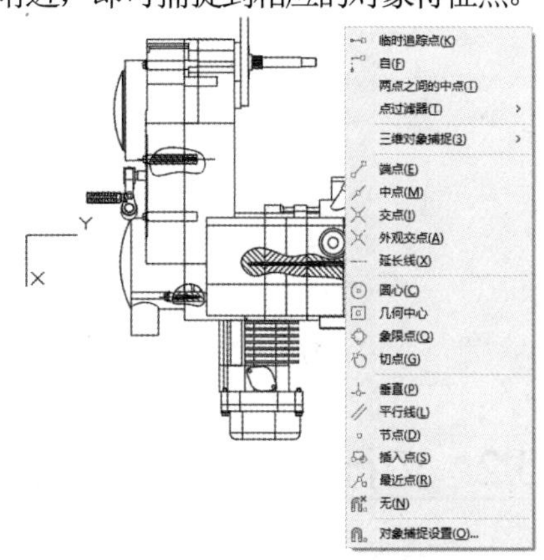

图 6-24　对象捕捉快捷菜单

在对象捕捉快捷菜单中，【点过滤器】子命令中的各命令用于捕捉满足指定坐标条件的点。除此之外的其他各项都与【对象捕捉】工具栏中的各种捕捉模式相对应。

【例 6-3】 使用【对象捕捉】功能绘制螺母俯视图。

(1) 选择【工具】|【绘图设置】命令，打开【草图设置】对话框，选择【对象捕捉】选项卡，选中其中的【启用对象捕捉】复选框与【对象捕捉模式】选项区域中的【圆心】、【象限点】复选框，如图 6-25 所示，然后单击【确定】按钮。

(2) 执行【圆，半径】命令，在绘图区域中任意位置绘制一个半径为 60 的圆，如图 6-26 所示。

(3) 按 Enter 键，再次执行【圆，半径】命令，捕捉步骤(2)绘制的圆的圆心。

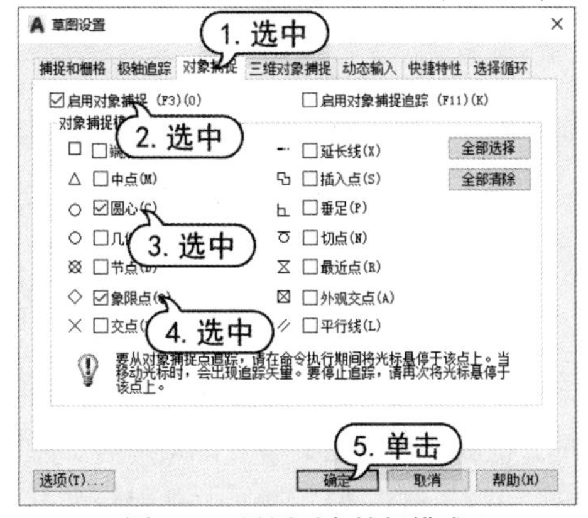

图 6-25　设置对象捕捉模式

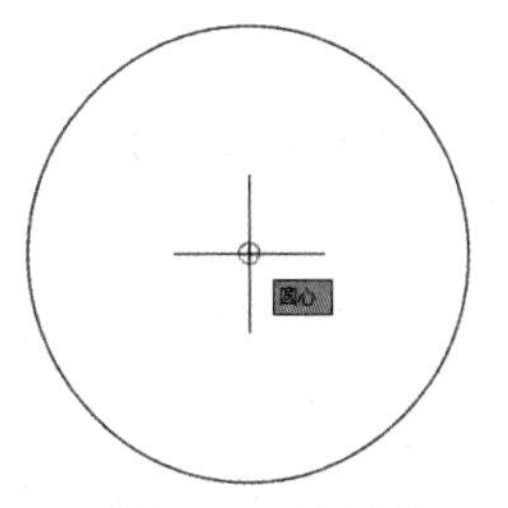

图 6-26　绘制圆

(4) 在命令行提示【指定圆的半径或[直径(D)]:】下输入 30，然后按 Enter 键，绘制半径为 30 的圆。

(5) 在命令行中执行多边形命令，在命令行提示【_polygon 输入侧边数目<4>:】下输入 6，指定多边形的边数。

(6) 在命令行提示【指定正多边形的中心点或[边(E)]:】下，捕捉图 6-27 所示的圆心。

(7) 在命令行提示【输入选项[内接于圆(I)/外切于圆(C)];】下，输入 C，然后按 Enter 键。

(8) 捕捉图 6-28 所示圆上的象限点，单击鼠标即可完成图形的绘制。

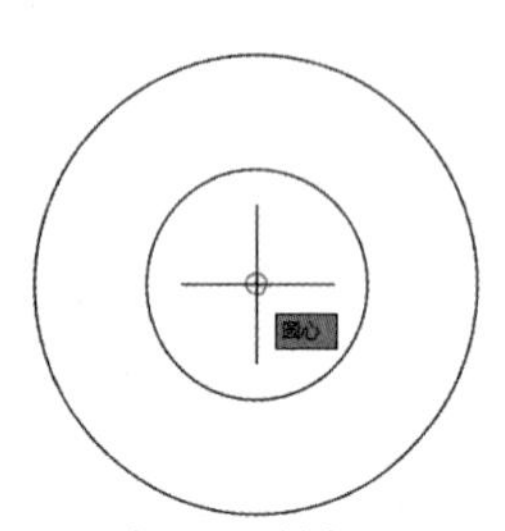

图 6-27　捕捉圆心

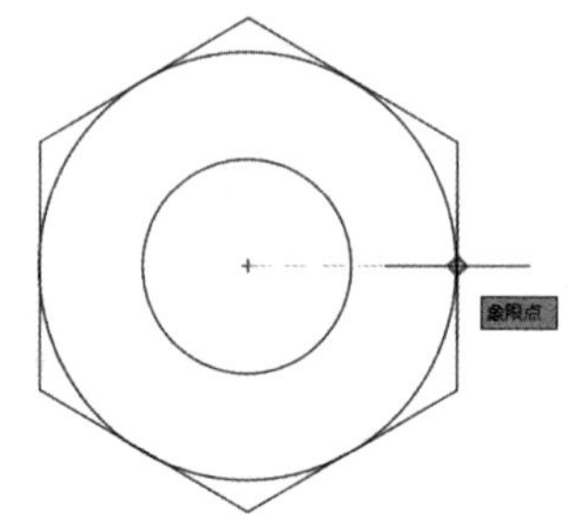

图 6-28　捕捉圆的象限点

6.5.2　运行和覆盖捕捉模式

在 AutoCAD 中，对象捕捉模式又可以分为运行捕捉模式和覆盖捕捉模式两种。

- 在【草图设置】对话框的【对象捕捉】选项卡中，使需要设置的对象捕捉模式始终处于运行状态，直到关闭为止，称为运行捕捉模式。
- 如果在点的命令行提示下输入关键字(如 MID、CEN 和 QUA 等)，单击【对象捕捉】工具栏中的工具或在对象捕捉快捷菜单中选择相应命令，只临时打开捕捉模式，称为覆盖捕捉模式，仅对本次捕捉点有效，在命令行中显示一个【于】标记。

若要打开或关闭运行捕捉模式，可以单击状态栏中的【对象捕捉】按钮。设置覆盖捕捉模式后，系统将暂时覆盖运行捕捉模式。

6.6　使用自动追踪功能

在 AutoCAD 中，自动追踪可按指定角度绘制对象，或者绘制与其他对象有特定关系的对象。自动追踪功能分为极轴追踪和对象捕捉追踪两种，是非常有用的辅助绘图工具。

6.6.1　极轴追踪与对象捕捉追踪

极轴追踪是按事先给定的角度增量来追踪特征点，而对象捕捉追踪则是按与对象的某种特定关系来追踪，这种特定的关系确定了一个未知角度。也就是说，如果事先知道需要追踪的方向(角度)，则使用极轴追踪；如果事先不知道具体的追踪方向(角度)，但知道与其他对象的某种关系(如相交)，则可以使用对象捕捉追踪。极轴追踪和对象捕捉追踪也可以同时使用。

1. 使用极轴追踪功能

极轴追踪功能可以在系统要求指定一个点时，按照预先设置的角度增量显示一条无限延伸的辅助线(此处是一条虚线)，此时就可以沿辅助线追踪得到光标点。用户可以在【草图设置】对话框的【极轴追踪】选项卡中对极轴追踪和对象捕捉追踪进行设置，如图 6-29 所示。

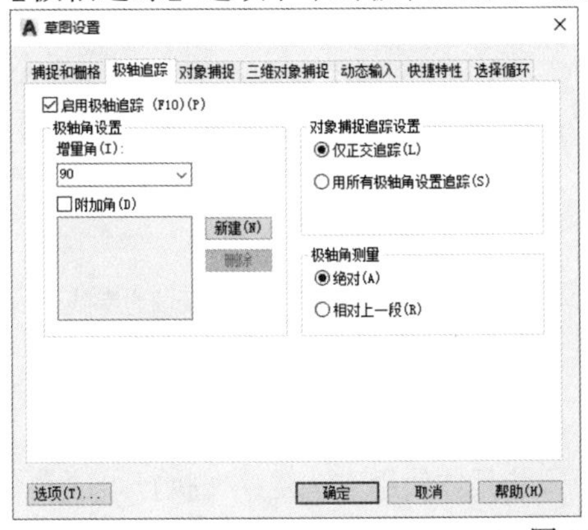

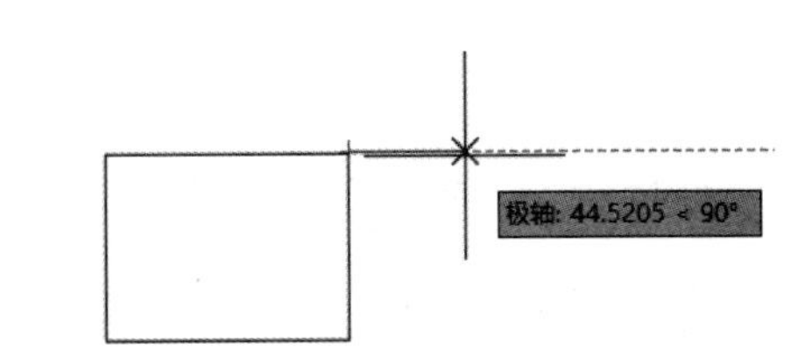

图 6-29　设置极轴追踪

【极轴追踪】选项卡中各选项的功能说明如下。

- 【启用极轴追踪】复选框：选中或取消该复选框，可以打开或关闭极轴追踪。也可以使用自动捕捉系统变量或按 F10 键来打开或关闭极轴追踪。
- 【极轴角设置】选项区域：用于设置极轴角度。在【增量角】下拉列表框中可以选择系统预设的角度，如果该下拉列表框中的角度不能满足需要，可以选中【附加角】复选框，然后单击【新建】按钮，在【附加角】列表中增加新角度。
- 【对象捕捉追踪设置】选项区域：用于设置对象捕捉追踪，包括【仅正交追踪】和【用所有极轴角设置追踪】两个单选按钮。
- 【极轴角测量】选项区域：用于设置极轴追踪对齐角度的测量基准。其中，选中【绝对】单选按钮，可以基于当前用户坐标系(UCS)确定极轴追踪角度；选中【相对上一段】单选按钮，可以基于最后绘制的线段确定极轴追踪角度。

【例 6-4】 使用【极轴追踪】功能绘制角度为 30°，长度为 20 的直线。

(1) 选择【工具】|【绘图设置】命令，打开【草图设置】对话框，选择【极轴追踪】选项卡。

(2) 在【极轴追踪】选项卡中选中【启用极轴追踪】复选框，单击【增量角】下拉按钮，在弹出的下拉列表中选择 30 选项，如图 6-30 所示，然后单击【确定】按钮。

(3) 在命令行中输入 L，执行直线命令，在命令行提示【LINE 指定第一个点:】下，在绘图窗口中单击，指定直线的第一个点。

(4) 将指针向上移动，当显示图 6-31 所示的极轴追踪提示后，在命令行中输入 20，并按 Enter 键即可完成直线的绘制。

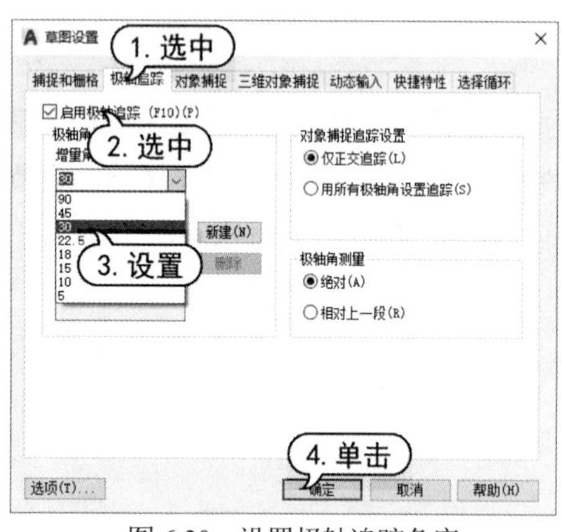

图 6-30　设置极轴追踪角度

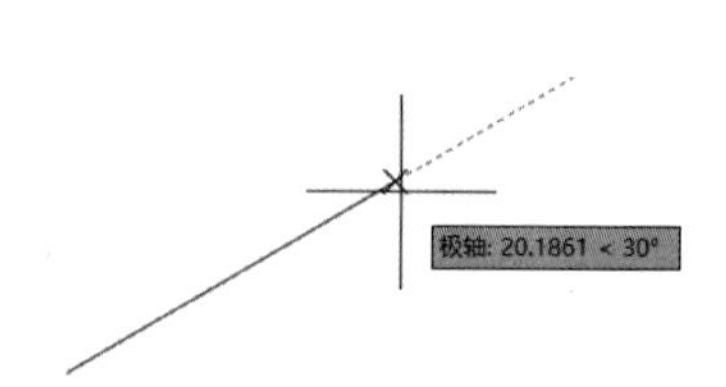

图 6-31　捕捉极轴追踪线

2. 使用对象捕捉追踪功能

对象捕捉追踪功能是对象捕捉与追踪功能的结合，其具体使用方法是：在执行绘图命令后，将十字光标移动到图形对象的特征点上，在出现对象捕捉标记时，移动十字光标，将出现对象追踪线，并将拾取的点锁定在该追踪线上。

对象捕捉追踪功能主要有两种方式，即正交追踪和极轴角追踪，其设置方法是：在【草图设置】对话框的【极轴追踪】选项卡的【对象捕捉追踪设置】选项区域中选择相应的选项(【仅正交追踪】或【用所有极轴角设置追踪】)即可。

- 仅正交追踪：选中该单选按钮后，启用对象捕捉追踪时将显示获取对象捕捉点的正交(水平/垂直)对象捕捉追踪路径，如图 6-32 所示。
- 用所有极轴角设置追踪：选中该单选按钮，启用对象对象捕捉追踪时，将从对象捕捉点起沿极轴对齐角度进行追踪，如图 6-33 所示。

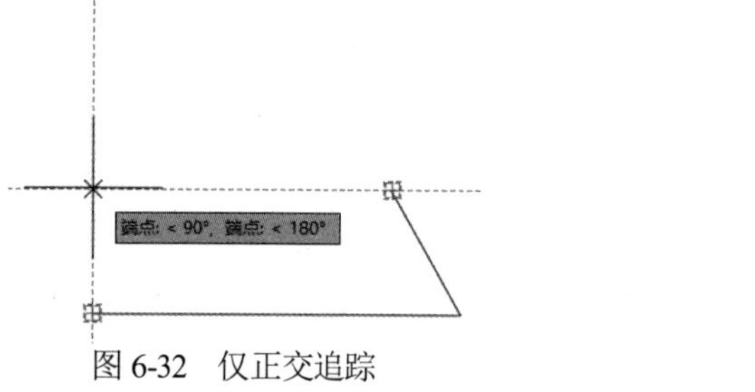

图 6-32　仅正交追踪

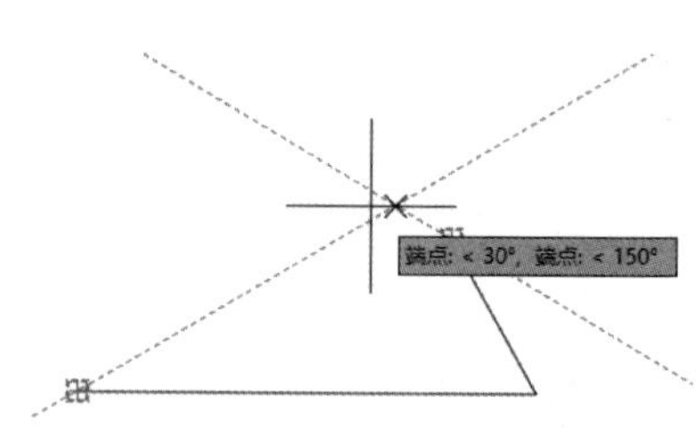

图 6-33　用所有极轴角设置追踪

【例 6-5】 使用【对象捕捉追踪】功能绘制一条长度为 10 的直线。

(1) 打开图形后，按 F11 键启用【对象捕捉追踪】功能。

(2) 在命令行中输入 L，执行直线命令，在命令行提示【LINE 指定第一个点:】下，先将鼠标指针移动至图形的 A 点，在显示十字标志后，再将鼠标指针移动至图形 B 点，显示十字标志，如图 6-34 所示。

(3) 向右移动鼠标，当显示图 6-35 所示的对象捕捉路径和端点提示后，单击鼠标捕捉直线的第 1 点。

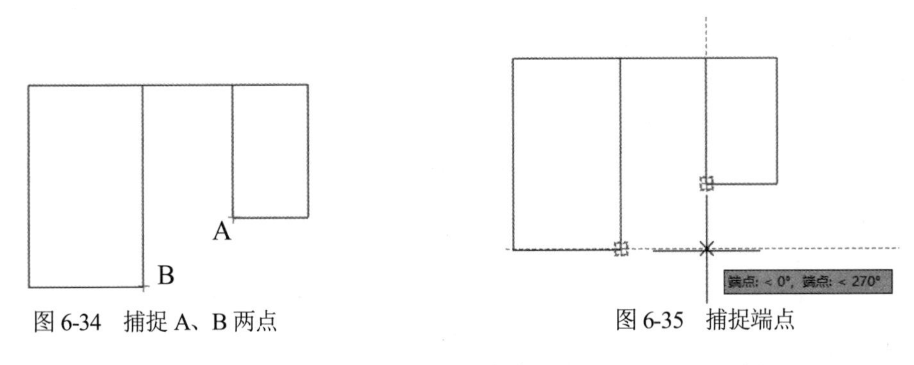

图 6-34　捕捉 A、B 两点　　　　图 6-35　捕捉端点

(4) 将鼠标向右移动，当显示极轴追踪线后，在命令行中输入 10，并按两次 Enter 键，即可绘制效果如图 6-36 右图所示的直线。

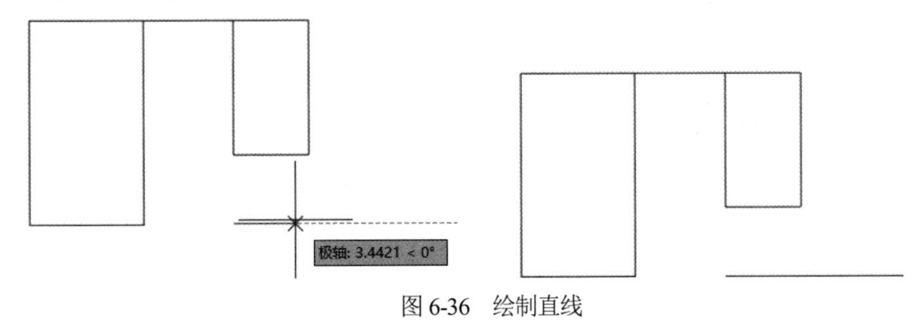

图 6-36　绘制直线

6.6.2　使用临时追踪点和捕捉自功能

在【对象捕捉】工具栏中，还有两个非常有用的对象捕捉工具，即【临时追踪点】和【捕捉自】工具。这两种工具的功能说明如下。

- 【临时追踪点】工具：可以在一次操作中创建多条追踪线，并根据这些追踪线确定所要定位的点。
- 【捕捉自】工具：在使用相对坐标指定下一个应用点时，【捕捉自】工具可以提示输入基点，并将该点作为临时参照点，这与通过输入前缀@使用最后一个点作为参照点类似。该工具不是对象捕捉模式，但经常与对象捕捉一起使用。

6.6.3　使用自动追踪功能绘图

使用自动追踪功能能够快速而精确地定位点，在很大程度上提高了绘图效率。在 AutoCAD 2019 中，若要设置自动追踪功能选项，可以打开【选项】对话框，在【绘图】选项卡的【Autotrack 设置】选项区域中进行设置，其各选项功能如下。

- 【显示极轴追踪矢量】复选框：设置是否显示极轴追踪的矢量数据。
- 【显示全屏追踪矢量】复选框：设置是否显示全屏追踪的矢量数据。
- 【显示自动追踪工具提示】复选框：设置在追踪特征点时是否显示工具栏上的相应按钮的提示文字。

【例 6-6】 在 AutoCAD 中使用自动追踪功能绘制图形。

(1) 在快速访问工具栏中选择【显示菜单栏】命令，在弹出的菜单中选择【工具】|【绘图设置】命令，打开【草图设置】对话框。

(2) 在【草图设置】对话框中选择【捕捉和栅格】选项卡，然后选中【启用捕捉】复选框，在【捕捉类型】选项区域中选择 PolarSnap 单选按钮，在【极轴距离】文本框中设置极轴间距为 0.5，如图 6-37 所示

(3) 选择【极轴追踪】选项卡，选中【启用极轴追踪】复选框，在【增量角】下拉列表框中选择 30，然后单击【确定】按钮，如图 6-38 所示。

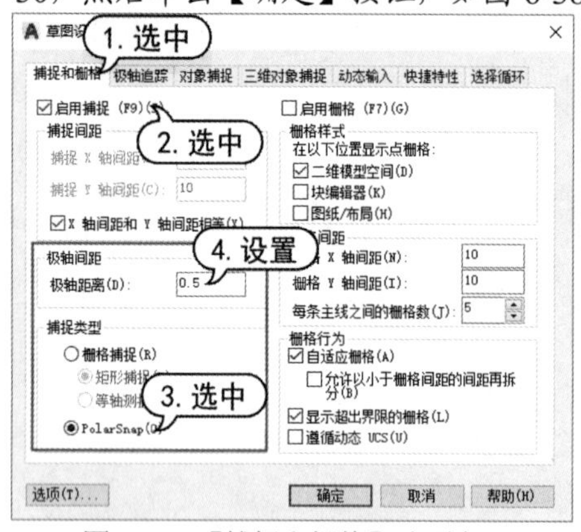

图 6-37 【捕捉和栅格】选项卡

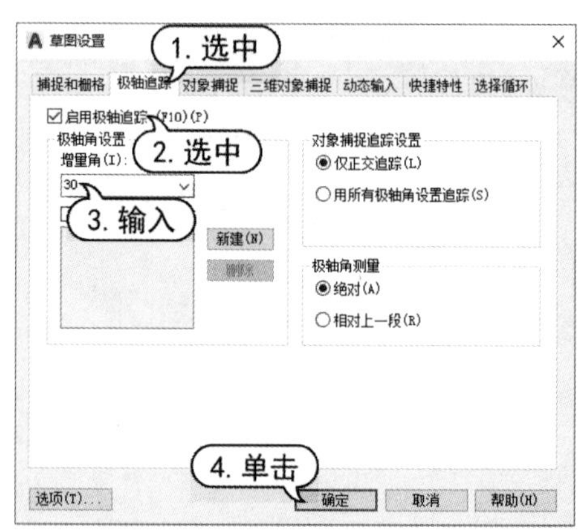

图 6-38 【极轴追踪】选项卡

(4) 在状态栏中单击【极轴追踪】、【对象捕捉】、【对象捕捉追踪】按钮，打开极轴追踪、对象捕捉和对象捕捉追踪功能。

(5) 选择【绘图】|【构造线】命令，在绘图窗口中绘制一条水平构造线和一条垂直构造线作为辅助线，如图 6-39 所示。

(6) 选择【绘图】|【圆】|【半径】命令，捕捉辅助线的交点，当显示【交点】标记时，单击确定圆心，然后从辅助线的交点向右下角移动光标，追踪 25 个单位，此时屏幕上显示【极轴:25.0000<300°】，如图 6-40 所示。单击指定圆的半径。

图 6-39 绘制构造线

图 6-40 绘制圆

(7) 使用相同的方法，绘制直径为 25 的圆，如图 6-41 所示。

(8) 在【功能区】选项板中选择【默认】选项卡，在【绘图】面板中单击【矩形】按钮，并在【对象捕捉】工具栏中单击【临时追踪点】按钮，然后将指针沿着捕捉辅助线的交点向下追踪 108 个单位，当屏幕显示【交点:108.0000<270°】时单击鼠标，确定临时追踪点。

(9) 将指针沿着临时追踪点水平向右追踪 42 个单位，当屏幕显示【追踪点:42.0000<0°】时，如图 6-42 所示，单击鼠标，确定一个角点，绘制长为 14、宽为 40 的矩形。

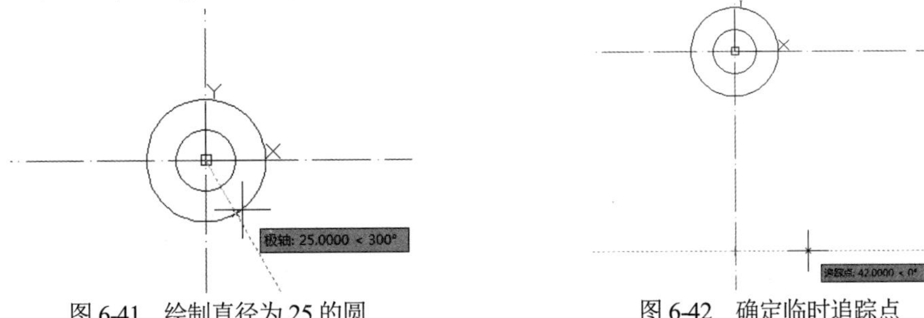

图 6-41　绘制直径为 25 的圆　　　　图 6-42　确定临时追踪点

(10) 选择【绘图】|【圆】|【半径】命令，并在【对象捕捉】工具栏中单击【临时追踪点】按钮，然后将鼠标指针沿着捕捉矩形的右下角点向上追踪 18 个单位，当屏幕显示【交点:18.0000<90°】时单击，确定临时追踪点，然后将指针向右移动，当屏幕显示【追踪点:30.0000<0°】时单击鼠标，确定圆的圆心，绘制一个半径为 30 的圆，如图 6-43 所示。

(11) 选择【绘图】|【射线】命令，捕捉上方半径为 25 的圆的切点，确定射线的起点，然后向右下方移动鼠标指针，当屏幕显示【极轴:19.0000<330°】时单击，绘制一条射线，如图 6-44 所示。

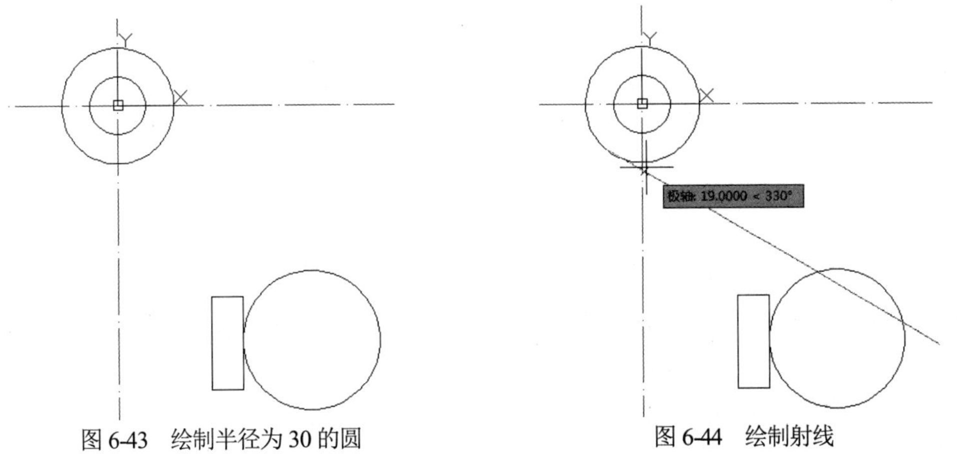

图 6-43　绘制半径为 30 的圆　　　　图 6-44　绘制射线

(12) 选择【绘图】|【直线】命令，以矩形右上角顶点为起点，绘制一条任意长度的垂直直线，如图 6-45 所示。

(13) 选择【绘图】|【圆】|【相切、相切、半径】命令，绘制与直线和射线相切的圆，其半径为 20，如图 6-46 所示。

(14) 重复以上操作，绘制半径为 35 的圆，并且圆心与辅助线交点的水平距离为 66，垂直距离为 28，如图 6-47 所示。

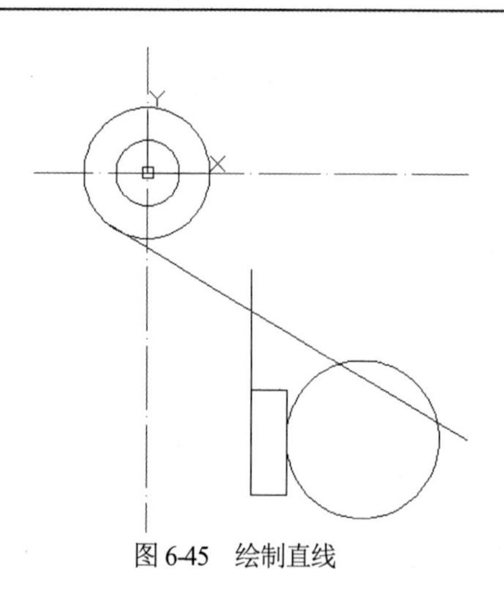

图 6-45　绘制直线

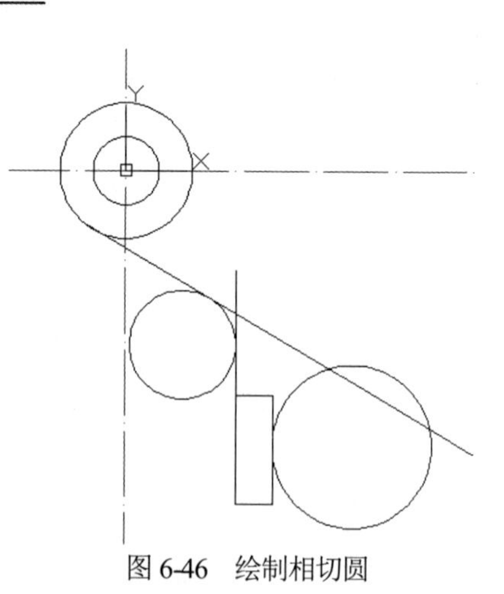

图 6-46　绘制相切圆

(15) 选择【绘图】|【相切、相切、半径】命令，绘制与半径为 35 的圆和直径为 50 的圆相切的圆，其半径为 85，如图 6-48 所示。

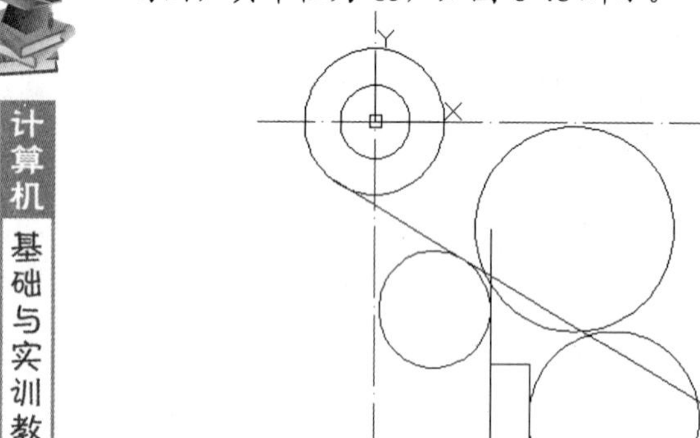

图 6-47　绘制半径为 35 的圆

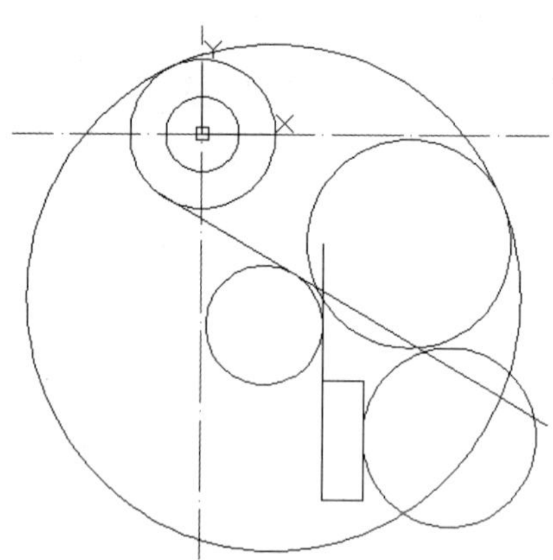

图 6-48　绘制相切圆

(16) 在【功能区】选项板中选择【默认】选项卡，在【修改】面板中单击【修剪】按钮，对绘制的图形进行修剪，如图 6-49 所示。

(17) 最后，删除辅助线，完成图形的绘制，效果如图 6-50 所示。

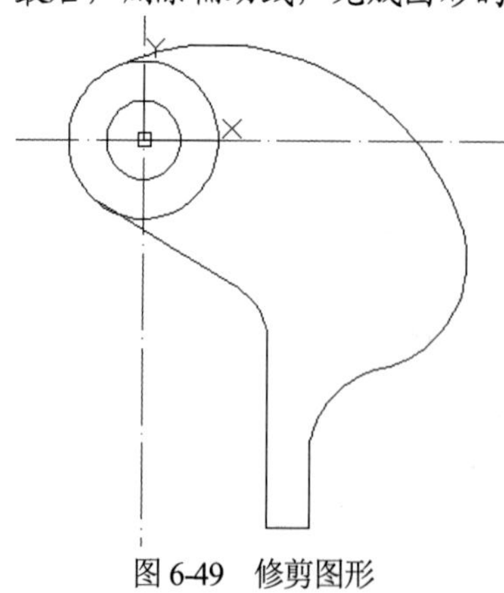

图 6-49　修剪图形

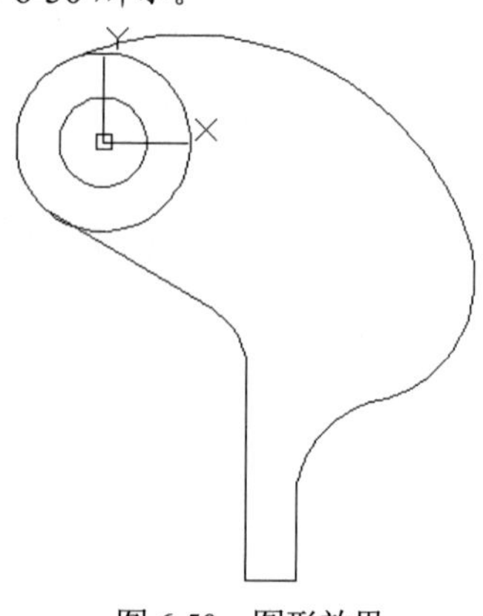

图 6-50　图形效果

6.7 显示快捷特性

AutoCAD 提供快捷特性功能，当用户选择对象时，即可显示快捷特性选项板，如图 6-51 所示，方便用户修改对象的属性。

在【草图设置】对话框的【快捷特性】选项卡中，选中【选择时显示快捷特性选项板】复选框可以启用快捷特性功能，如图 6-52 所示。【快捷特性】选项卡中其他各选项的功能如下。

- 【选项板显示】选项区域：可以设置显示所有对象的快捷特性选项板或显示已定义快捷特性的对象的快捷特性选项板。
- 【选项板位置】选项区域：可以设置快捷特性选项板的位置。选择【由光标位置决定】单选按钮，快捷特性选项板将根据【象限点】和【距离】的值显示在某个位置；选择【固定】单选按钮，快捷特性选项板将显示在上一次关闭时的位置。
- 【选项板行为】选项区域：可以设置快捷特性选项板显示的最小行数以及是否自动收拢。

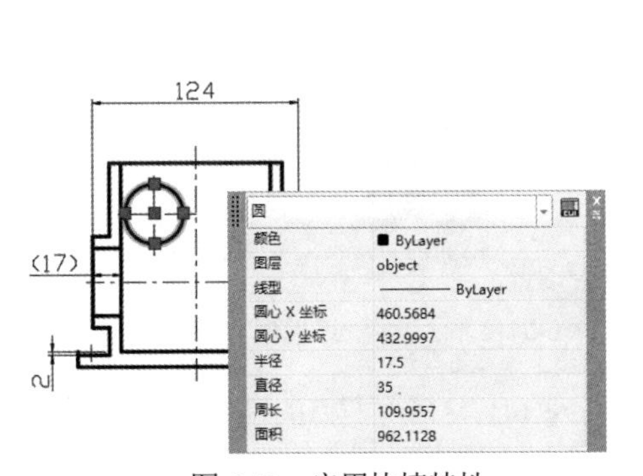

图 6-51 启用快捷特性

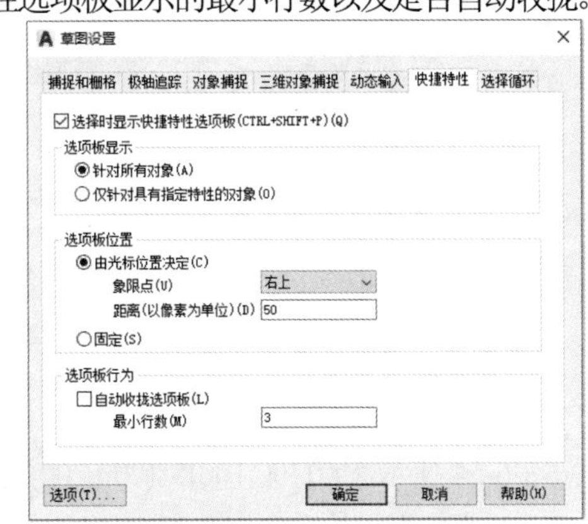

图 6-52 【快捷特性】选项卡

6.8 提取对象上的几何信息

在创建图形对象时，系统不仅在屏幕上绘出该对象，同时还建立了关于该对象的一组数据，并将它们保存到图形数据库中。这些数据不仅包含对象的层、颜色和线型等信息，而且还包含对象的 X、Y、Z 坐标值等属性，如圆心或直线端点坐标等。在绘图操作或管理图形文件时，经常需要从各种图形对象获取各种信息。通过查询对象，可以从这些数据中获取大量有用的信息。

在 AutoCAD 中，用户可以在快速访问工具栏中选择【显示菜单栏】命令，在弹出的菜单中选择【工具】|【查询】菜单中的子命令，如图 6-53 所示，提取对象上的几何信息。

6.8.1 获取距离和角度

在绘图过程中，如果按严格的尺寸输入，则绘出的图形对象具有严格的尺寸。但当采用在屏幕上拾取点的方式绘制图形时，一般当前图形对象的实际尺寸并不明显地反映出来。为此，AutoCAD 提供了对象上两点之间的距离和角度的查询命令 DIST。当在屏幕上拾取两个点时，DIST 命令返回两点之间的距离和在 XY 平面上的夹角。当用 DIST 命令查询对象的长度时，查询的是三维空间的距离，无论拾取的两个点是否在同一平面上，两点之间的距离总是基于三维空间的。使用 DIST 命令查询的最后一个距离值保存到系统变量中，如果需要查看该系统变量的当前值，可在命令行中输入 DISTANCE 命令。

例如，要查询坐标(100,100)和(200,200)之间的距离，可以在快速访问工具栏选择【显示菜单栏】命令，在弹出的菜单中选择【工具】|【查询】|【距离】命令，然后在命令提示下依次输入第一点坐标(100,100)和第二点坐标(200,200)，系统在命令行显示刚刚输入的两点之间的距离和在 XY 平面的角度，如图 6-54 所示。

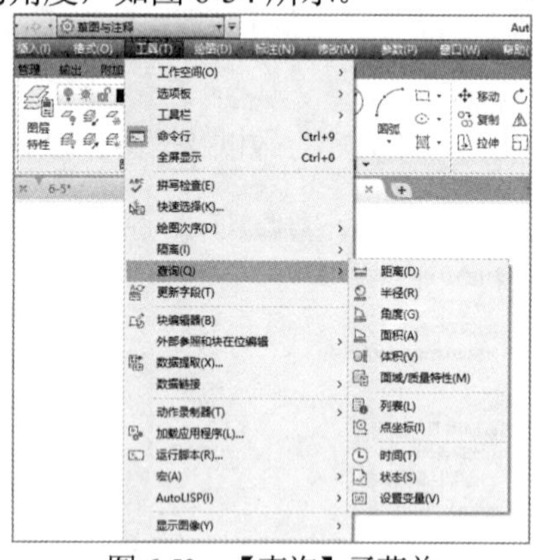

图 6-53 【查询】子菜单

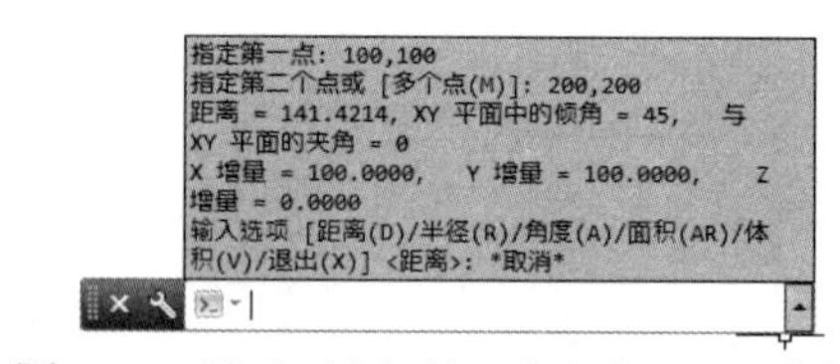

图 6-54 显示两点间的距离和在 XY 屏幕的角度

如图 6-54 所示，点(100,100)到(200,200)之间的距离为 141.4214，两点的连线与 X 轴正向夹角为 45 度，与 XY 平面的夹角为 0 度，这两点在 X 轴、Y 轴、Z 轴方向的增量分别为 100、100 和 0。

6.8.2 获取区域信息

在快速访问工具栏选择【显示菜单栏】命令，在弹出的菜单中选择【工具】|【查询】|【面积】命令(AREA)，可以获取图形的面积和周长。

例如，要查询半径为 20 的圆的面积，可以在快速访问工具栏中选择【显示菜单栏】命令，在弹出的菜单中选择【工具】|【查询】|【面积】命令，然后在【指定第一个角点或[对象(O)/加(A)/减(S)]:】提示下输入 O，并选择该圆，将获取该圆的面积和周长。

6.8.3 获取面域/质量特性

在 AutoCAD 中，用户还可以在快速访问工具栏中选择【显示菜单栏】命令，在弹出的菜单中选择【工具】|【查询】|【面域/质量特性】命令(MASSPROP)，来获取图形的面域和质量特性。

6.8.4　列表显示对象信息

在快速访问工具栏中选择【显示菜单栏】命令，在弹出的菜单中选择【工具】|【查询】|【列表】命令(LIST)，可以显示选定对象的特性数据。该命令可以列出任意 AutoCAD 对象的信息，所返回的信息取决于选择的对象类型，但有些信息是常驻的。对每个对象始终都显示的一般信息包括：对象类型、对象所在的当前层和对象相对于当前用户坐标系(X,Y,Z)的空间位置。当一两个对象尚未设置成【随层】颜色和线型时，从显示信息中可以清楚地看出(若二者都设置为【随层】，则此条目不被记录)。

另外，列表显示命令还增加了特殊信息，列表显示命令还可以显示厚度未设置为 0 的对象厚度、对象在空间的高度(Z 坐标)和对象在 UCS 坐标中的延伸方向。

对某些类型的对象还增加了特殊信息，如对圆提供了直径、圆周长和面积信息，对直线提供了长度信息及在 XY 平面内的角度信息。为每种对象提供的信息都稍有差别，依具体对象而定。

例如在(0,0)点绘制一个半径为 10 的圆，在快速访问工具栏中选择【显示菜单栏】命令，在弹出的菜单中选择【工具】|【查询】|【列表】命令，然后选择该圆，按 Enter 键后在【AutoCAD 文本窗口】中将显示相应的信息。

如果一个图形包含多个对象，要获得整个图形的数据信息，可以使用 DVLIST 命令。执行该命令后，系统将在文本窗口中显示当前图形中包含的每个对象的信息。该窗口出现对象信息时，系统将暂停运行。此时按 Enter 键继续输出，按 Esc 键取消。

6.8.5　显示当前点坐标值

在 AutoCAD 中，选择【工具】|【查询】|【点坐标】命令(ID)，可以显示图形中特定点的坐标值，也可以通过指定其坐标值可视化定位一个点。ID 命令的功能是，在屏幕上拾取一点，在命令行中显示所拾取点的坐标值。这样可以使 AutoCAD 在系统变量 LASTPOINT 中保持跟踪在图形中拾取的最后一点。当使用 ID 命令拾取点时，该点保存到系统变量 LASTPOINT 中。在后续命令中，只需输入@即可调用该点。

【例 6-7】使用 ID 命令显示当前拾取点的坐标值，并以该点为圆心绘制一个半径为 20 的圆。

(1) 在快速访问工具栏中选择【显示菜单栏】命令，在弹出的菜单中选择【工具】|【查询】|【点坐标】命令。

(2) 在命令行提示下用鼠标在屏幕上拾取一个点，此时系统将显示该点的坐标，如图 6-55 所示。

(3) 选择【绘图】|【圆】|【圆心、半径】命令，并在命令行中输入@，调用刚才拾取的点作为圆心。

(4) 在【指定圆的半径或[直径(D)]<20.0000>:】提示下输入 20，然后按 Enter 键，即可以拾取的点为圆心，绘制一个半径为 20 的圆，如图 6-56 所示。

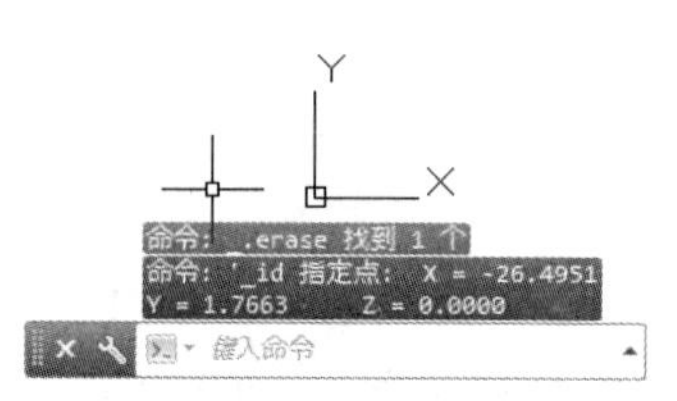

图 6-55　显示拾取点坐标

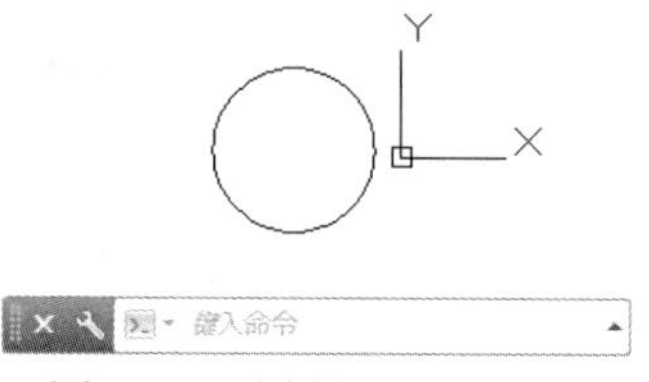

图 6-56　绘制半径为 20 的圆

6.8.6　获取时间信息

在快速访问工具栏中选择【显示菜单栏】命令，在弹出的菜单中选择【工具】|【查询】|【时间】命令(TIME)，可以在【AutoCAD 文本窗口】中生成一个报告，显示当前日期和时间、图形创建的日期和时间、最后一次更新的日期和时间以及图形在编辑器中的累计时间。

6.8.7　查询对象状态

【状态】是指关于绘图环境及系统状态等各种信息。在 AutoCAD 中，任何图形对象都包含许多信息。例如，当图形包含对象的数量、图形名称、图形界限及其状态(开或闭)、图形的插入基点、捕捉和网格设置、操作空间、当前图层、颜色、线型、标高和厚度、填充、栅格、正交、快速文字、捕捉和数字化仪的状态、对象捕捉模式、可用磁盘空间、内存可用空间、自由交换文件的空间等。了解这些状态数据，对于控制图形的绘制、显示、打印输出等都很有意义。

要了解对象包含的当前信息，可在快速访问工具栏中选择【显示菜单栏】命令，在弹出的菜单中选择【工具】|【查询】|【状态】命令(STATUS)，这时在【AutoCAD 文本窗口】将显示图形的如下状态信息：

- 图形文件的路径、名称和包含的对象数。
- 模型空间或图纸空间的绘图界限、已利用的图形范围和显示范围。
- 插入基点。
- 捕捉间距和栅格点分布间距。
- 当前空间(模型或图纸)、当前图层、颜色、线型、线宽、基面标高和延伸厚度。
- 填充、栅格、正交、快速文本、间隔捕捉和数字化仪开关的当前设置。
- 对象捕捉的当前设置。
- 磁盘空间的使用情况。

【例 6-8】查询如图 6-57 所示图形对象的状态。

(1) 在快速访问工具栏中选择【显示菜单栏】命令，在弹出的菜单中选择【文件】|【打开】命令，打开如图 6-57 所示的图形。

(2) 选择【工具】|【查询】|【状态】命令，系统将自动打开如图 6-58 所示的窗口显示当前图形的状态。

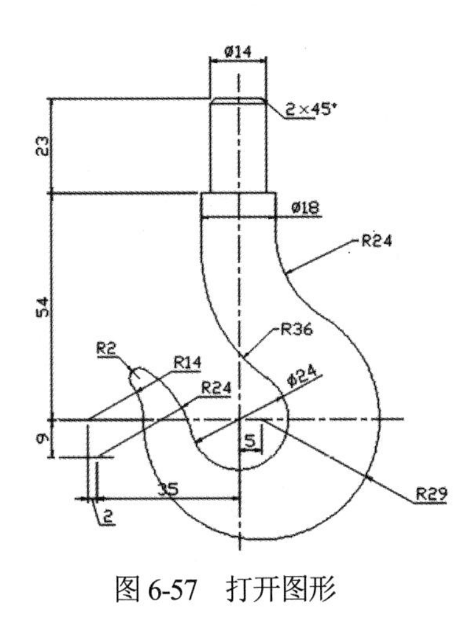

图 6-57　打开图形

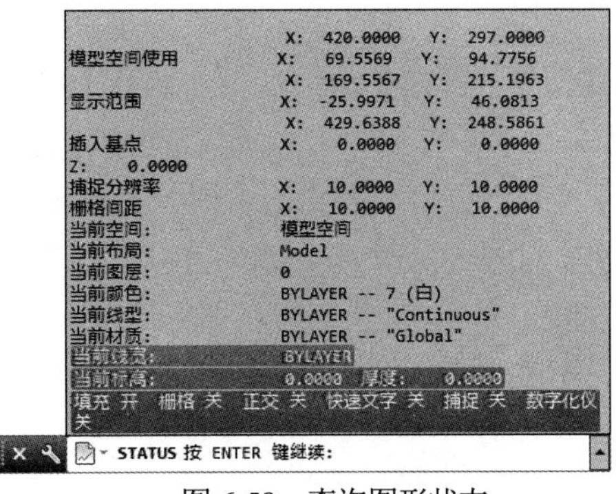

图 6-58　查询图形状态

(3) 按 Enter 键，继续显示文本，阅读完信息后，按下 F2 键返回到图形窗口。

6.9　使用【快速计算器】选项板

在 AutoCAD 2019 中，快速计算功能具备 CAL 命令的功能，能够进行数字计算、科学计算、单位转换和变量求值。

6.9.1　数字计算器

AutoCAD 的【快速计算器】选项板具有基本计算器的计算功能。单击【菜单浏览器】按钮，在弹出的菜单中选择【工具】|【选项板】|【快速计算器】命令(QUICKCALC)，或在【功能区】选项板中选择【默认】选项卡，在【实用工具】面板中单击【快速计算器】按钮，打开【快速计算器】选项板，展开【数字键区】和【科学】区域，此时的【快速计算器】选项板实际上就是一个计算器，如图 6-59 所示。

例如，要计算 $\sin(2^3-4)$的值，可以在表达式输入区域输入该表达式，或直接用鼠标单击【数字键区】和【科学】区域对应的数字和函数来输入表达式，然后按 Enter 键，即可得到计算结果，如图 6-60 所示。

图 6-59　【快速计算器】选项板

图 6-60　快速计算

6.9.2 单位转换

在【快速计算器】选项板中，展开【单位转换】区域，可以对长度、质量和圆形单位进行转换。例如，要计算 2 米为多少英尺，可以在【快速计算器】选项板的【单位转换】区域中选择【单位类型】为长度，【转换自】为米，【转换到】为英尺，【要转换的值】为 2，然后单击【已转换的值】，即可显示转换结果，如图 6-61 所示。

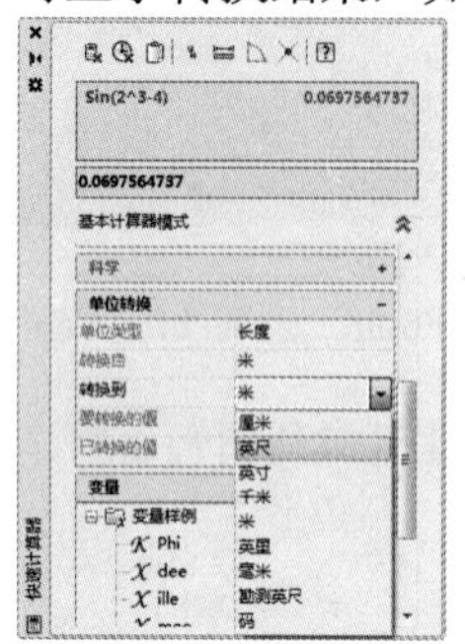

图 6-61　单位转换

6.9.3 变量求值

在【快速计算器】选项板中，展开【变量】区域，可以使用函数对变量求值。例如，可以使用 dee 函数求两个端点之间的距离；使用 ille 函数求由四个端点定义的两条直线的交点；使用 mee 函数求两个端点之间的中点；使用 nee 函数求 XY 平面中两个端点的法向单位矢量；使用 vee 函数求两个端点之间的矢量；使用 veel 函数求两个端点之间的单位矢量，如图 6-62 所示。

此外，用户还可以单击【变量】标题栏上的【新建变量】按钮，打开【变量定义】对话框来定义变量，或单击【编辑变量】按钮，使用【变量定义】对话框编辑定义好的变量，如图 6-63 所示。

图 6-62　变量求值

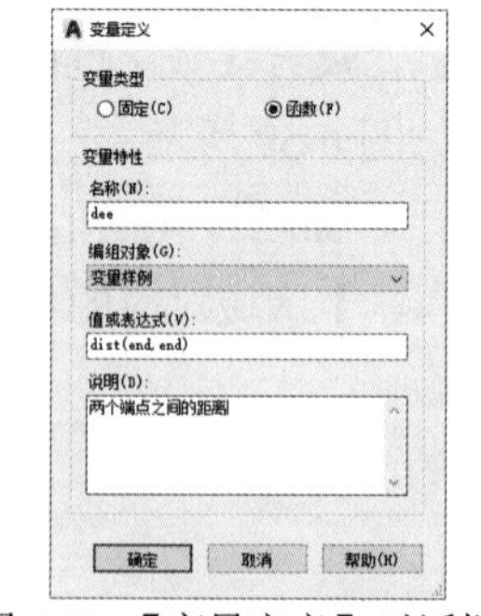

图 6-63　【变量定义】对话框

6.10 使用 CAL 命令计算值和点

CAL 是一个功能很强的三维计算器，可以完成数学表达式和矢量表达式(点、矢量和数值的组合)的计算。它被集成在绘图编辑器中，可以不用使用桌面计算器。它的功能十分强大，除了包

含标准的数学函数之外，还包含了一组专门用于计算点、矢量和 AutoCAD 几何图形的函数。可以透明地在命令行执行 CAL 命令，例如，当用 CIRCLE 命令时会提示输入半径，此时便可以向 CAL 求助，来计算半径，而不用中断 CIRCLE 命令。

6.10.1　将 CAL 用作桌面计算器

在 AutoCAD 中，可以使用 CAL 命令计算关于加、减、乘和除的数学表达式。

【例 6-9】使用 CAL 命令计算表达式 8/4+7。

(1) 在命令行中输入 CAL 命令，然后按 Enter 键。

(2) 在命令行提示下输入 8/4+7，如图 6-64 所示。

(3) 按 Enter 键，即可显示表达式计算结果，如图 6-65 所示。

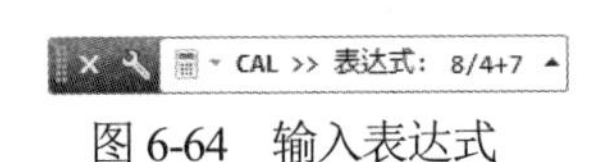

图 6-64　输入表达式

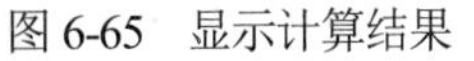

图 6-65　显示计算结果

如果在命令行提示下直接输入 CAL 命令，则表达式的值就会显示到屏幕上。如果从某个 AutoCAD 命令中透明地执行 CAL，则所计算的结果将被解释为 AutoCAD 命令的一个输入值。

【例 6-10】绘制一个半径为 20/7(七分之二十)的圆。

(1) 在快速访问工具栏中选择【显示菜单栏】命令，在弹出的菜单中选择【圆】|【圆心、半径】命令，然后在命令行【指定圆的圆心或[三点(3P)/两点(2P)/相切、相切、半径(T)]:】提示下输入(0,0)。

(2) 在命令行【指定圆的半径[直径(D)]:】提示下输入【'cal】，然后按 Enter 键。

(3) 在命令行【CAL>>>>表达式:】提示下输入 20/7，如图 6-66 所示。

(4) 此时，即可显示计算结果，并以该值为半径绘制圆，如图 6-67 所示。

图 6-66　输入 20/7

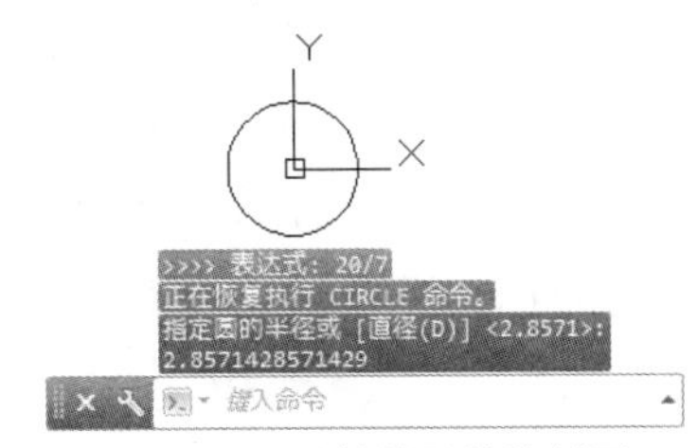

图 6-67　显示计算结果并绘制圆

CAL 支持建立在科学/工程计算器之上的大多数标准函数，如表 6-2 所示。

表 6-2　常用标准函数

标 准 函 数	含　义
sin(角度)	返回角度的正弦值
cos(角度)	返回角度的余弦值
tang(角度)	返回角度的正切值

(续表)

标准函数	含 义
asin(实数)	返回数的反正弦值
acos(实数)	返回数的反余弦值
atan(实数)	返回数的反正切值
ln(实数)	返回数的自然对数值
log(实数)	返回数的以 10 为底的对数值
exp(实数)	返回 e 的幂值
exp10(实数)	返回 10 的幂值
sqr(实数)	返回数的平方值
sqrt(实数)	返回数的平方根值
abs(实数)	返回数的绝对值
round(实数)	返回数的整数值(最近的整数)
trunc(实数)	返回数的整数部分
r2d(角度)	将角度值从弧度转换为度
d2r(角度)	将角度值从度转换为弧度
pi(角度)	常量 π (pi)

与 AutoLISP 函数不同，CAL 要求按十进制来输入角度，并按此返回角度值。可以输入一个复杂的表达式，并用必要的圆括号结束，CAL 将按 AOS(代数运算体系)规划计算表达式。

6.10.2 使用变量

与桌面计算器相似，可以把用 CAL 计算的结果存储到内存中。可以用数字、字母和其他除“(”“)”“'”“"”“；”和空格之外的任何符号组合命名变量。

当在 CAL 提示下通过渐入变量名来输入一个表达式时，其后跟上一个等号，然后是计算表达式。此时就建立了一个已命名的内存变量，并在其中输入了一个值。例如，为了在变量 FRACTION 中储存 7 被 12 除的结果，可以使用下面的命令。

```
命令:cal
>>表达式:FRACTION=12/7
```

为了在 CAL 表达式中使用变量的值，可以简单地在表达式中给出变量名。例如，要利用 FRACTION 的值，并将其除以 2，可以使用下面的命令。

```
命令:cal
>>表达式:FRACTION=/2
```

如果要在 AutoCAD 命令提示或某个 AutoCAD 命令的某一项提示下给出变量值，则可以用感

叹号“！”作为前缀直接输入变量名。例如，如果要把存于变量 FRACTION 中的值作为一个新圆的半径，则可在 CIRCLE 命令的半径提示下，输入“！FRACTION”，如下所示。

```
制定圆的半径或[直径(D)]<2.8571>:!FRACTION
```

也可以利用变量值计算一个新值并代替原来的值。例如，如果要用 FRACTION 的值，将它用 2 除之后再存到 FRACTION 变量之中，可以使用以下命令。

```
命令:cal
>>表达式:FRACTION= FRACTION /2
```

6.10.3　将 CAL 作为点和矢量计算器

点和矢量的表示都可以使用两个或三个实数的组合来表示(平面空间用两个实数，三维空间用三个实数来表示)。点用于定义空间中的位置，而矢量用于定义空间中的方向或位移。在 CAL 计算过程中，可以在计算表达式中使用点坐标。也可以用任何一种标准的 AutoCAD 格式来指定一个点，如表 6-3 所示，其中最普遍应用的是笛卡儿坐标和极坐标。

表 6-3　标准的 AutoCAD 坐标表示格式

坐 标 类 型	表 示 方 式
笛卡儿	[X，Y，Z]
极坐标	[距离<角度]
相对坐标	用@作为前缀，如[@距离<角度]

在使用 CAL 时，必须把坐标用“[　]”括起来。CAL 命令可以按如下方式对点进行标准的加、减、乘、除运算，如表 6-4 所示。

表 6-4　CAL 命令可执行的标准运算

运 算 符	含　　义
乘	数字×点坐标或点坐标×点坐标
除	点坐标/数字或点坐标/点坐标
加	点坐标+点坐标
减	点坐标-点坐标

包含点坐标的表达式也可以称为矢量表达式。在 AutoCAD 中，还可以通过求 X 和 Y 坐标的平均值来获得空间两点的中点坐标。

【例 6-11】 求点(5,4)和(2,8)的中点坐标。

(1) 在命令行中输入 CAL 命令，然后按 Enter 键。

(2) 在命令行【>>>>表达式:】提示下输入([5,4]+[2,8])/2，并按 Enter 键，如图 6-68 示。

(3) 此时，即可在命令上方显示如图 6-69 所示的中点坐标。

图 6-68　输入表达式

图 6-69　显示中点坐标

6.10.4　在 CAL 命令中使用捕捉模式

在 AutoCAD 中，不仅可以对孤立的点进行运算，还可以使用 AutoCAD 捕捉模式作为算术表达式的一部分。AutoCAD 提示选择对象并返回相应捕捉点的坐标。在算术表达式中使用捕捉模式大大简化了相对其他对象的坐标输入。

【例 6-12】以图 6-70 所示图形中的两圆心间的中点为圆心，绘制一个半径为 20 的圆。

(1) 在命令行中输入 CIRCLE 命令，然后按 Enter 键。

(2) 在命令行【指定圆的圆心或[三点(3P)/两点(2P)/相切、相切、半径(T)]:】提示下输入'cal，然后按 Enter 键。

(3) 在命令行【>>>>表达式:】提示下输入(cen+cen)/2，然后按 Enter 键。

(4) 在命令行【>>>>选择图元用于 CEN 捕捉:】提示下拾取小圆，如图 6-70 所示。

(5) 在命令行【>>>>选择图元用于 CEN 捕捉:】提示下拾取大圆。

(6) 在命令行【指定圆的半径或[直径(D)]<20.0000>:】提示下输入 20，然后按 Enter 键，即可绘制如图 6-71 所示的圆。

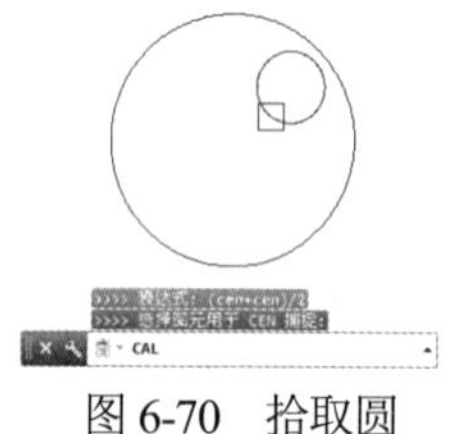

图 6-70　拾取圆

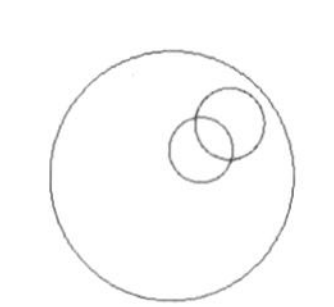

图 6-71　绘制圆

6.10.5　使用 CAL 命令获取坐标点

AutoCAD 的 CAL 命令还提供了一系列函数用于获取坐标点，如下所示。

- w2u(P1)：将世界坐标系中表示的点 P1 转换到当前用户坐标系中。
- u2w(P1)：将当前用户坐标系中表示的点 P1 转换到世界坐标系中。
- ill(P1,P2,P3,P4)：返回由(P1,P2)和(P3,P4)确定的两条直线的交点。
- ille：返回由 4 个端点定义的两条直线的交点，是 ill(cen,end,cen,end)的简化形式。
- mee：返回两个端点间的中点。
- pld(P1,P2,DIST)：返回直线(P1,P2)上距离 P1 为 DIST 的点。当 DIST=0 时，返回 P1，当 DIST 为负值时，返回的点将位于 P1 之前；如果 DIST 等于(P1，P2)间的距离，则返回 P2；如果 DIST 大于(P1,P2)间的距离，则返回点落在 P2 之后。
- plt(P1,P2,T)：返回直线(P1,P2)上距离 P1 为一个 T 的点。T 是从 P1 到所求点的距离与 P1，P2

间距的比值。当 T=0 时，返回 P1；当 T=1 时，返回 P2；如果 T 为负值，则返回点位于 P1 之前；如果 T 大于 1，则返回点位于 P2 之后。

- rot(P,Origin,Ang)：绕经过点 Origin 的 Z 轴旋转点 P，转角为 Ang。
- rot(P,AxP1,AxP2,Ang)：以直线(AxP1,AxP2)为旋转点 P，转角为 Ang。

此外，还可以在表达式中使用@字符来获得 CAL 计算得到的最后一个点的坐标。

6.11 上机练习

本章的上机练习将绘制挡板、六角螺栓和扳手图形。

6.11.1 绘制挡板

使用 AutoCAD 2019 绘制一个挡板。

(1) 新建图形文件后按下 F8 键启用正交模式，在命令行中输入 PL，执行多段线命令，

(2) 在命令行提示【指定起点:】下，在绘图区域拾取一点，指定多段线起点。

(3) 向上移动鼠标，在命令行提示【指定下一个点或[圆弧(A)/半宽(H)/长度(L)/放弃(U)/宽度(W)]:】下输入 25 设置线条长度，并按 Enter 键，效果如图 6-72 所示。

(4) 在命令行提示【指定下一个点或[圆弧(A)/半宽(H)/长度(L)/放弃(U)/宽度(W)]:】下输入 a，然后按 Enter 键，选择【圆弧】选项。

(5) 向右移动鼠标，在命令行提示【指定下一个点或[圆弧(A)/半宽(H)/长度(L)/放弃(U)/宽度(W)]:】下输入 40，并按 Enter 键指定圆弧端点，如图 6-73 所示。

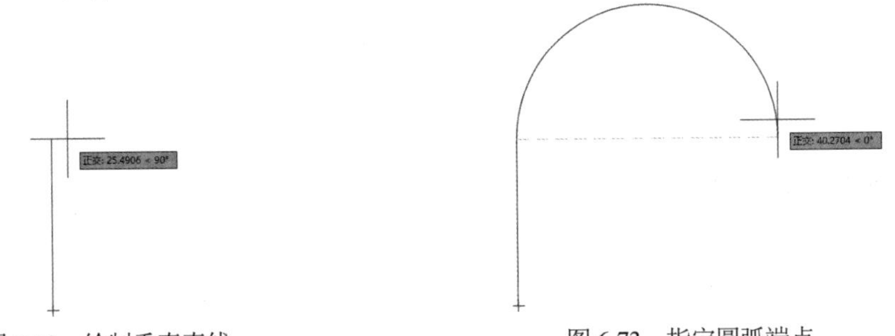

图 6-72　绘制垂直直线　　图 6-73　指定圆弧端点

(6) 在命令行提示【指定下一个点或[圆弧(A)/半宽(H)/长度(L)/放弃(U)/宽度(W)]:】下输入 L，然后按 Enter 键，选择【直线】选项。

(7) 向下移动鼠标，在命令行提示【指定下一个点或[圆弧(A)/半宽(H)/长度(L)/放弃(U)/宽度(W)]:】下输入 25 设置直线长度，并按 Enter 键，如图 6-74 所示。

(8) 在命令行提示【指定下一个点或[圆弧(A)/半宽(H)/长度(L)/放弃(U)/宽度(W)]:】下输入 C，然后按 Enter 键，选择【闭合】选项闭合多段线，如图 6-75 所示。

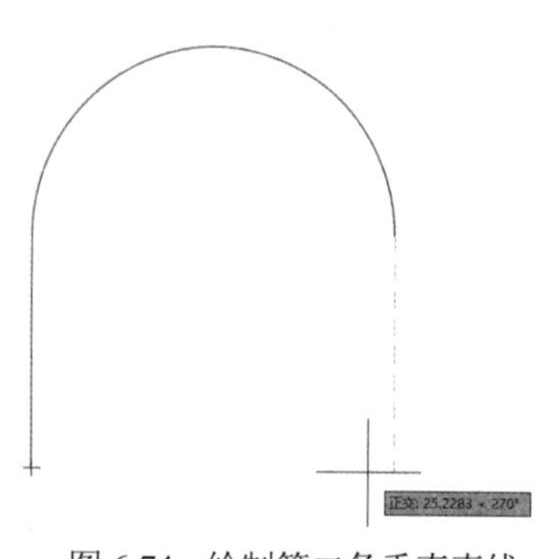

图 6-74　绘制第二条垂直直线

图 6-75　闭合多段线

(9) 选择【工具】|【草图设置】命令，打开【草图设置】对话框，选择【对象捕捉】选项卡，选中【启用对象捕捉】复选框，在【对象捕捉模式】选项区域中选中【圆心】复选框，然后单击【确定】按钮，如图 6-76 所示。

(10) 在命令行中输入 C，执行圆命令，以多段线的圆弧的圆心为圆的圆心，绘制半径为 10 的圆，完成图形的绘制，如图 6-77 所示。

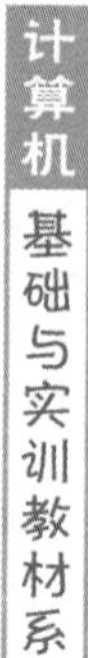

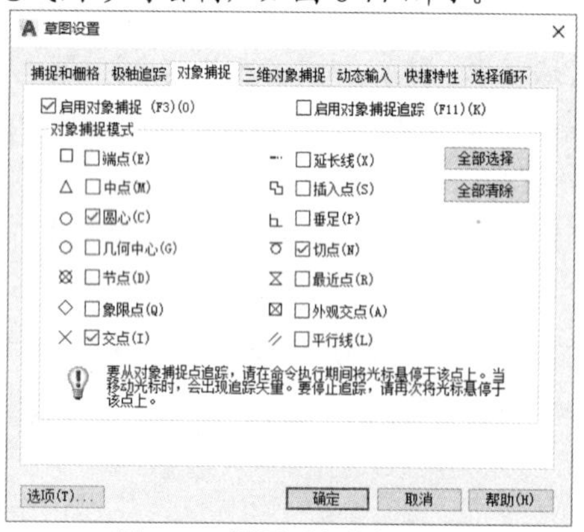

图 6-76　设置对象捕捉参数

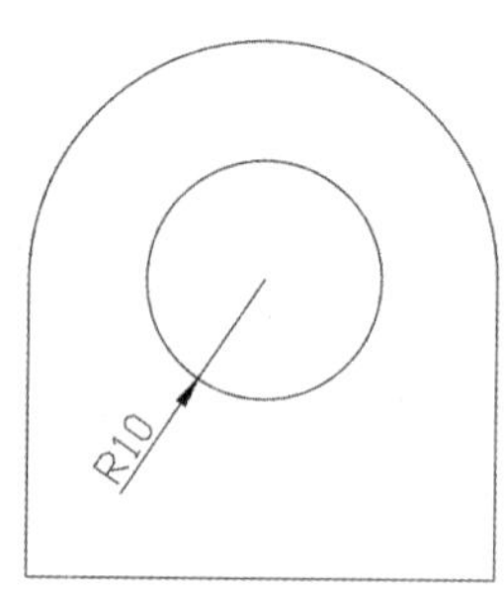

图 6-77　绘制圆

6.11.2　绘制六角螺栓

使用 AutoCAD 2019 的【动态输入】功能绘制一个六角螺栓。

(1) 在状态栏中单击【动态输入】按钮，启动动态输入。在命令行中输入 C，按 Enter 键。

(2) 在命令行提示下输入(15,15)，以点(15,15)为圆心绘制一个半径为 10 的圆，如图 6-78 所示。

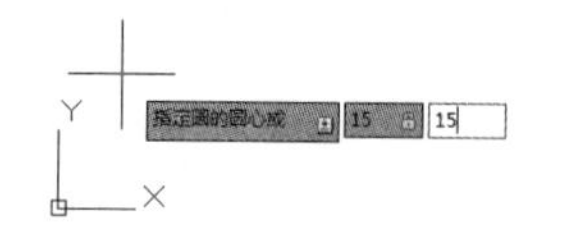

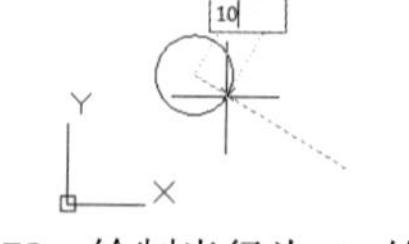

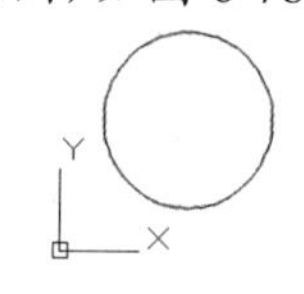

图 6-78　绘制半径为 10 的圆

(3) 在命令行提示下输入 POL，按 Enter 键，执行【多边形】命令，以坐标(15,15)为中心点，绘制正六边形(内切圆半径为 10)，如图 6-79 所示。

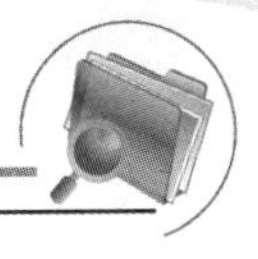

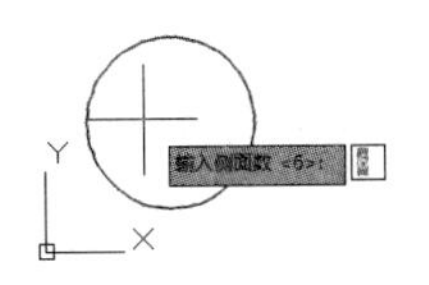

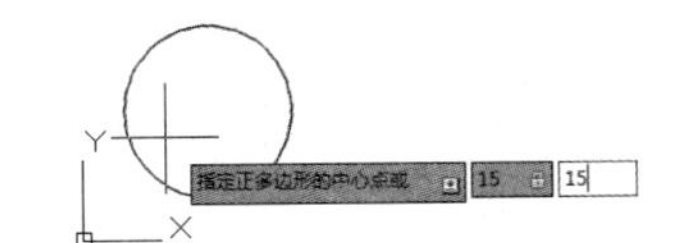

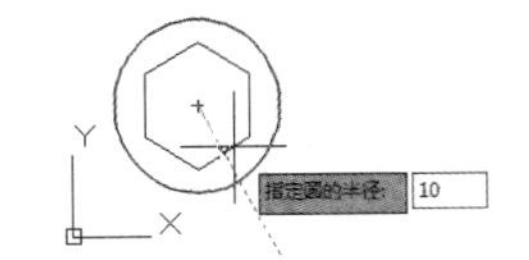

图 6-79　绘制正六边形

(4) 在命令行中输入 C，按 Enter 键，捕捉半径为 10 的圆的圆心，绘制一个半径为 5 的圆，如图 6-80 所示。

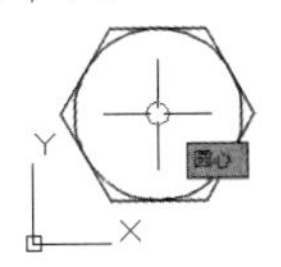

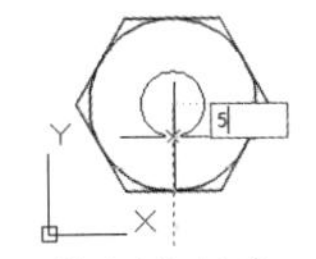

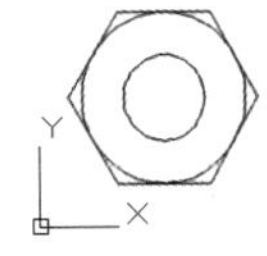

图 6-80　绘制半径为 5 的圆

(5) 在命令行中输入 A，按 Enter 键，执行【圆弧】命令，以坐标(15,15)为圆心，绘制角度为 270° 的圆弧，如图 6-81 所示。

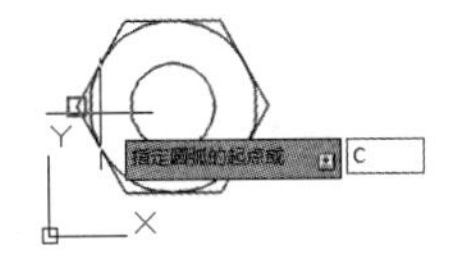

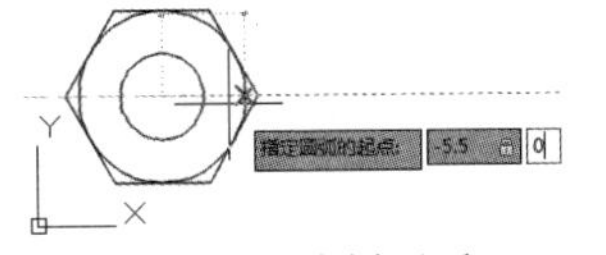

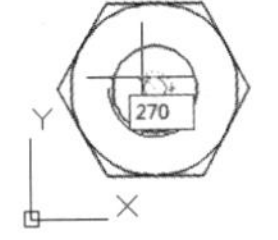

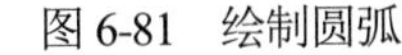
图 6-81　绘制圆弧

6.11.3　绘制扳手图形

使用 AutoCAD 2019 绘制一个扳手。

(1) 选择【工具】|【绘图设置】命令，打开【草图设置】对话框，在【对象捕捉】选项卡的【对象捕捉模式】选项区域中选中【交点】【圆心】【端点】和【切点】4 个复选框，如图 6-82 所示，然后单击【确定】按钮。

(2) 选择【绘图】|【构造线】命令，分别绘制经过点(100,100)的一条水平构造线与一条垂直构造线，如图 6-83 所示。

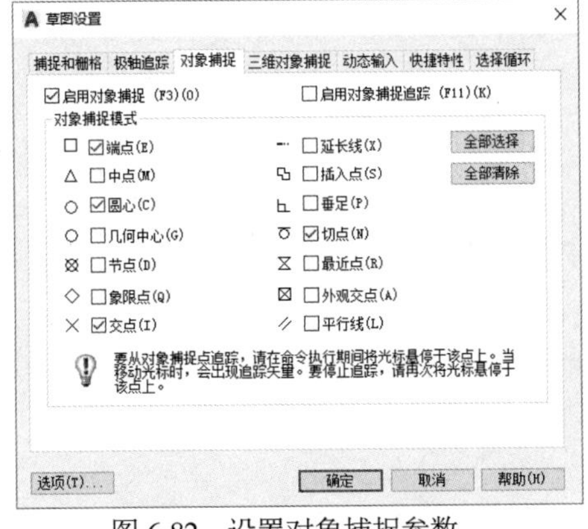

图 6-82　设置对象捕捉参数

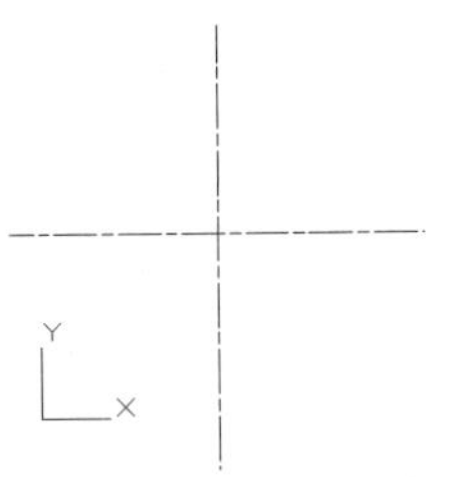

图 6-83　绘制构造线

(3) 选择【绘图】|【构造线】命令，绘制经过点(282,100)的一条垂直构造线。

(4) 选择【绘图】|【圆】|【圆心、半径】命令，将指针移动到水平构造线与左侧垂直构造线的交点处，当显示【交点】标记时，单击拾取该点，绘制半径为 22 的圆，如图 6-84 所示。

(5) 在【功能区】选项板中选择【默认】选项卡，在【绘图】面板中单击【多边形】按钮，在命令行【输入边的数目<4>:】提示下输入 6，然后将指针移动到半径为 22 的圆的圆心处，当显示【圆心】标记时，单击拾取该点，将其作为正六边形的中心点，如图 6-85 所示。

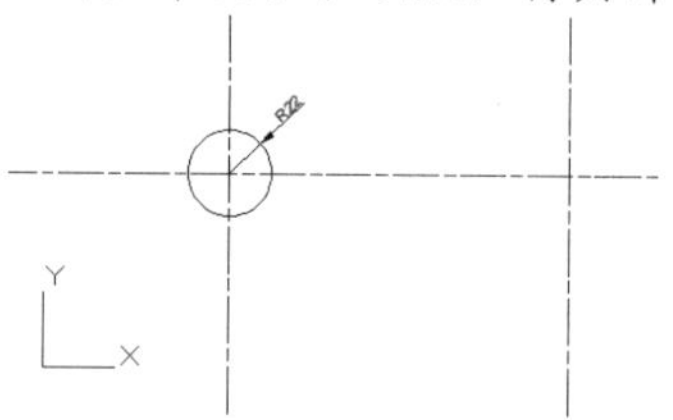

图 6-84　绘制半径为 22 的圆

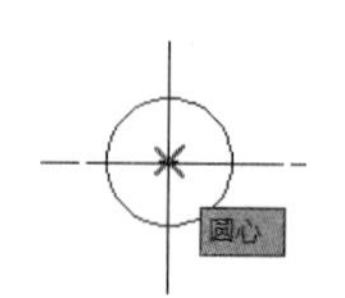

图 6-85　捕捉圆心

(6) 在命令行【输入选项[内接于圆(I)/外切于圆(C)]<I>:】提示下按 Enter 键，然后将指针移动至圆与垂直构造线的交点处，当显示【交点】标记时，单击拾取该点，设置内接于圆的半径，完成正六边形的绘制，如图 6-86 所示。

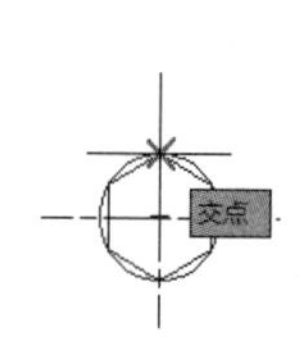

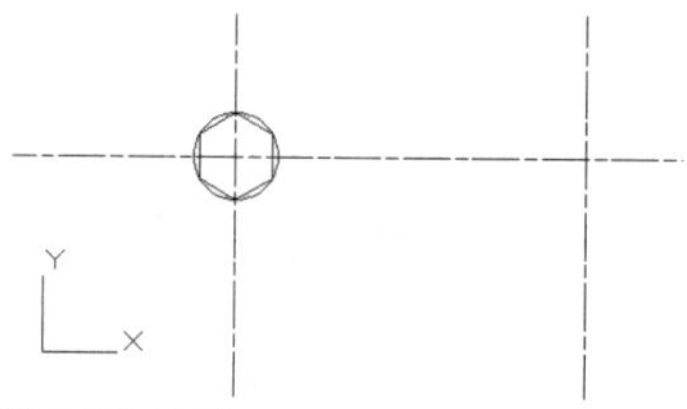

图 6-86　捕捉交点绘制正六边形

(7) 在【功能区】选项板中选择【默认】选项卡，在【修改】面板中单击【修剪】按钮，对正六边形进行修剪，如图 6-87 所示。

(8) 选择【绘图】|【圆】|【圆心、半径】命令，将指针移动到正六边形的端点处，当显示【端点】标记时，单击拾取该点，绘制半径为 22 的圆，如图 6-88 所示。

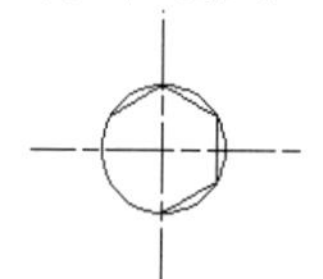

图 6-87　修剪正六边形

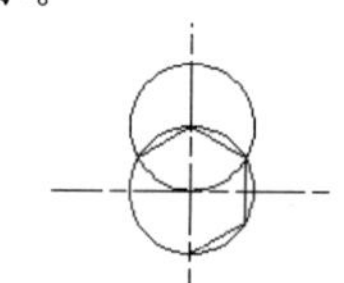

图 6-88　捕捉端点绘制圆

(9) 使用同样的方法，以 A 点为圆心，绘制半径为 22 的圆；以 B 点为圆心，绘制半径为 44 的圆，如图 6-89 所示。

(10) 在【功能区】选项板中选择【默认】选项卡，在【修改】面板中单击【修剪】按钮，对多个圆进行修剪，如图 6-90 所示。

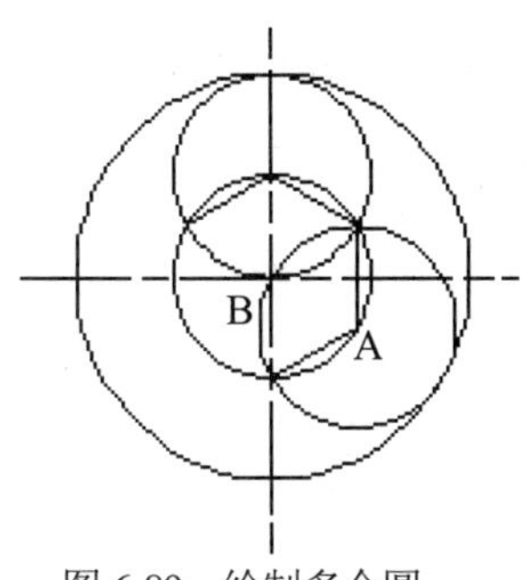

图 6-89　绘制多个圆

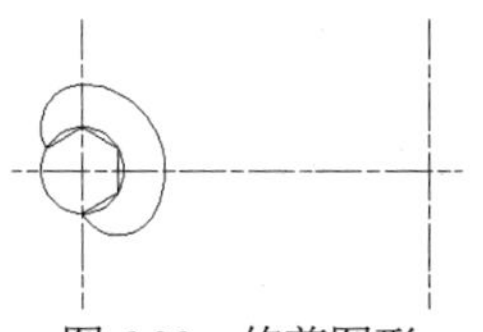

图 6-90　修剪图形

(11) 选择【绘图】|【圆】|【圆心、半径】命令，将指针移动到右侧垂直构造线与水平构造线的交点处，当显示【交点】标记时，单击拾取该点，绘制半径为 14 的圆，如图 6-91 所示。

(12) 使用同样的方法，以右侧垂直构造线与水平构造线的交点为圆心，绘制直径为 15 的圆，如果 6-92 所示。

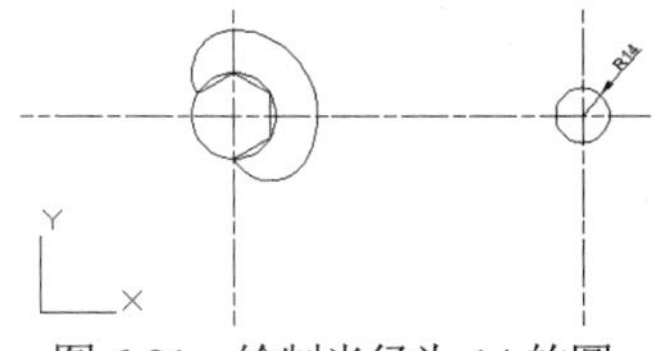

图 6-91　绘制半径为 14 的圆

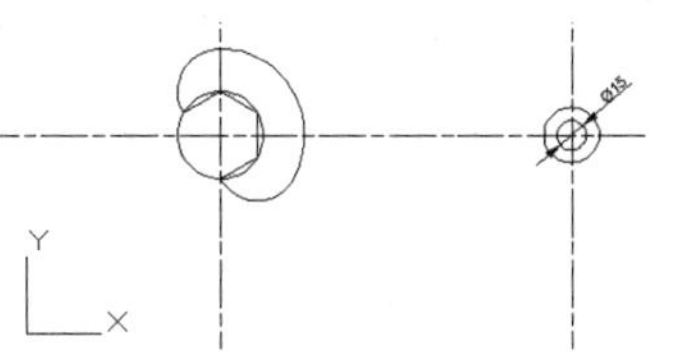

图 6-92　绘制直径为 15 的圆

(13) 选择【绘图】|【构造线】命令，绘制两条水平构造线，且分别经过正六边形的上、下两个端点，如图 6-93 所示。

(14) 在【功能区】选项板中，选择【默认】选项卡，在【绘图】面板中单击【直线】按钮，将鼠标指针移至最上面一条水平构造线与半径为 44 的圆弧的交点处，当显示【交点】标记时，单击拾取该点，如图 6-94 所示。

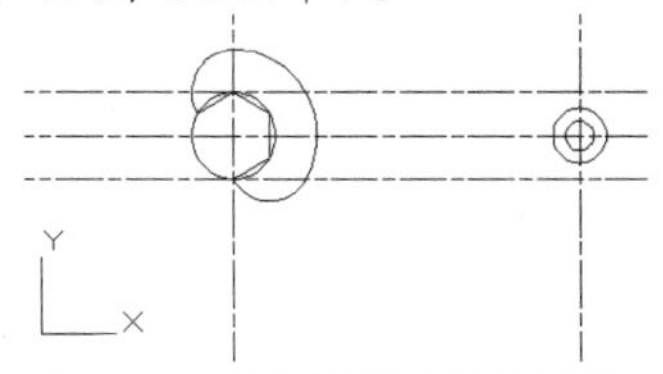

图 6-93　绘制两条水平构造线

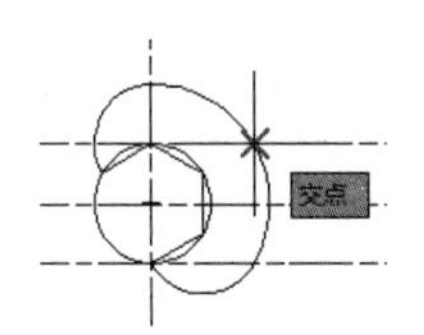

图 6-94　捕捉交点

(15) 将鼠标指针移动至半径为 14 的圆的左侧，当显示【递延切点】标记时，单击拾取该点，如图 6-95 所示。

(16) 重复以上操作，绘制另一条直线，效果如图 6-96 所示。

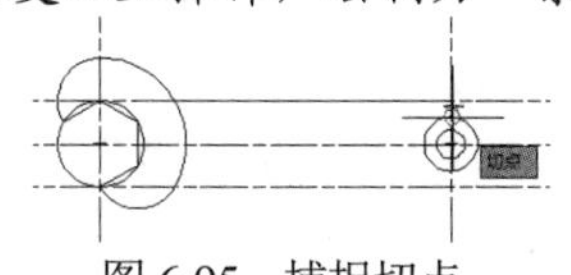

图 6-95　捕捉切点

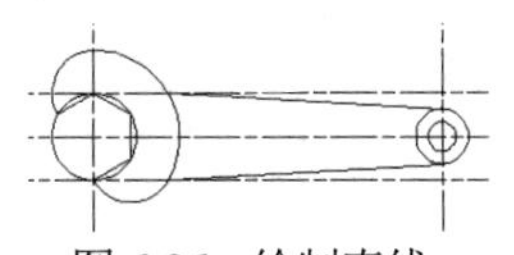

图 6-96　绘制直线

(17) 选择最上面和最下面的水平构造线，然后按 Delete 键，将其删除，如图 6-97 所示。

(18) 选择【绘图】|【圆】|【相切、相切、半径】命令，将鼠标指针移动至半径为 44 的圆的右半部分，当显示【递延切点】标记时，单击拾取该点，如图 6-98 所示。

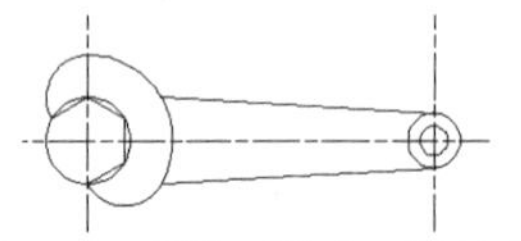

图 6-97　删除两条水平构造线

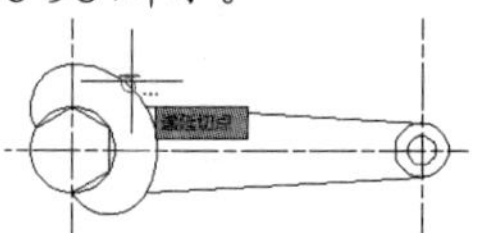

图 6-98　捕捉切点

(19) 将鼠标指针移动至倾斜直线附近，当显示【递延切点】标记时，单击拾取该点，绘制半径为 22 的圆，如图 6-99 所示。

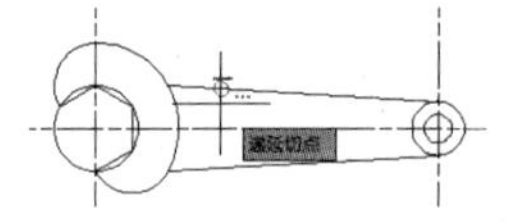

图 6-99　捕捉切点绘制半径为 22 的圆

(20) 重复以上步骤，绘制另一个与倾斜直线和半径为 44 的弧线相切的圆，且圆半径为 22，如图 6-100 所示。

(21) 在【默认】选项卡的【修改】面板中单击【修剪】按钮，修剪图形，如图 6-101 所示。

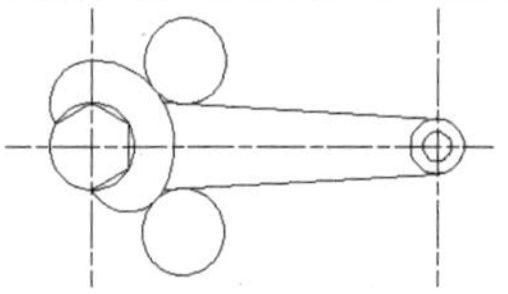

图 6-100　绘制两个相切圆

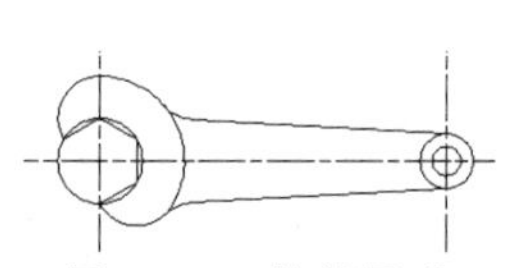

图 6-101　修剪图形

6.12　习题

1. 绘制如图 6-102 所示的图形，熟悉极轴追踪和对象捕捉追踪等功能的绘图方法。
2. 利用极轴追踪和对象捕捉追踪等功能绘制如图 6-103 所示的图形。

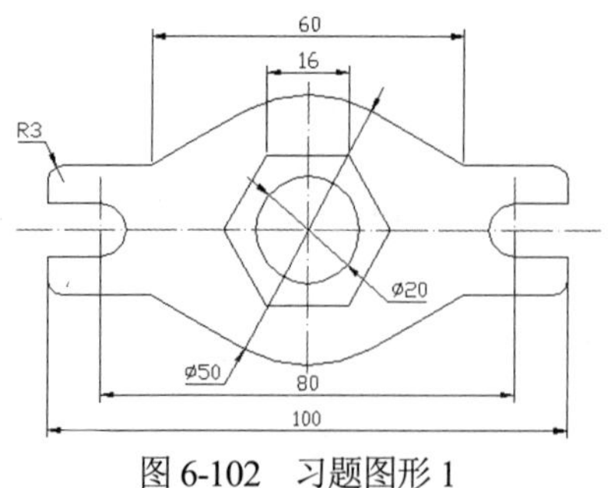

图 6-102　习题图形 1

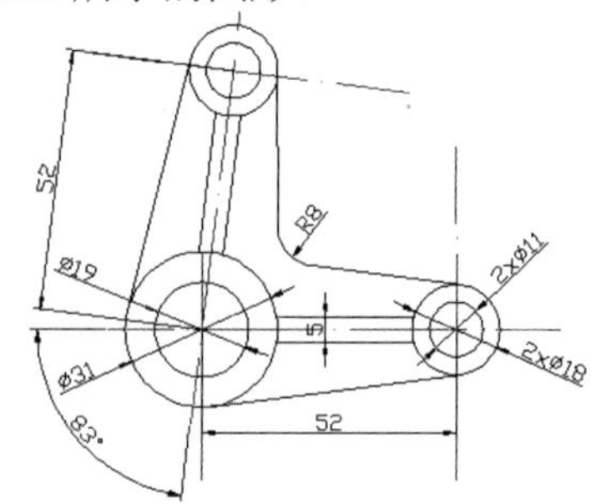

图 6-103　习题图形 2

第7章 标注图形尺寸

学习目标

在图形设计中，尺寸标注是设计工作中的一项重要内容，因为绘制图形的根本目的是反映对象的形状，而图形中各个对象的真实大小和相互位置只有经过尺寸标准后才能确定。AutoCAD 包含了一套完整的尺寸标注命令和实用程序，可以帮助用户轻松完成图纸中要求的尺寸标注。

本章重点

- 尺寸标注的规则与组成
- 创建与设置标注样式
- 长度型尺寸标注
- 半径、直径和圆心标注
- 角度标注与其他类型标注

7.1 认识尺寸标注

在 AutoCAD 中绘制的图形只能反映出该图形的形状和结构，其真实大小和相互之间的位置关系必须通过尺寸标注来完成，以便准确、清楚地反映对象的大小和对象之间的关系。

1. 尺寸标注的组成

在机械制图或其他工程绘图中，一个完整的尺寸标注应由标注文字、尺寸线、尺寸界线、尺寸线的端点符号及起点等组成，如图 7-1 所示。

- 标注文字：表示图形的实际测量值。标注文字可以只反映基本尺寸，也可以带尺寸公差。标注文字应按标准字体书写，同一张图纸上的字高须一致。在图形中遇到图线时须将图线断开。如果图线断开影响图形表达，则需要调整尺寸标注的位置。

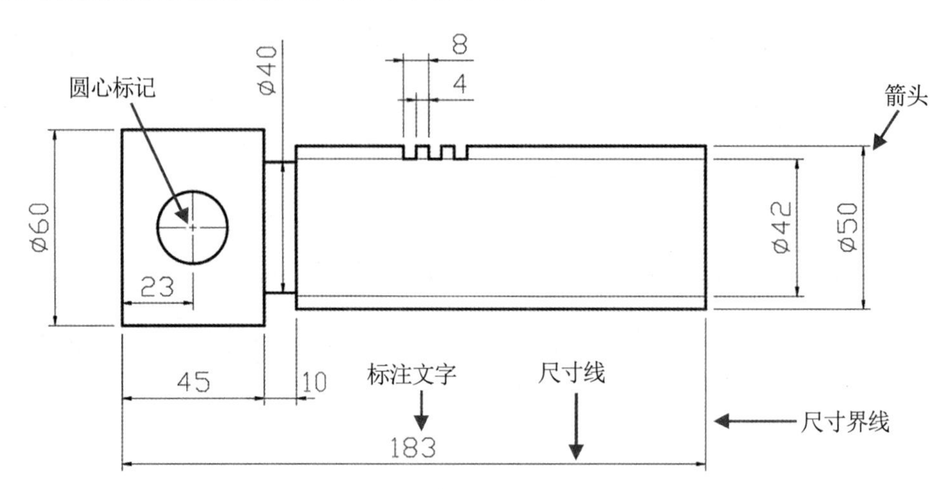

图 7-1　标注尺寸的组成

- 尺寸线：表示标注的范围。AutoCAD 通常将尺寸线放置在测量区域中。如果空间不足，则将尺寸线或文字移到测量区域的外部，这取决于标注样式的放置规则。尺寸线是一条带有双箭头的线段，一般分为两段，可以分别控制其显示。对于角度标注，尺寸线是一段圆弧。尺寸线应使用细实线绘制。
- 尺寸线的端点符号(即箭头)：该箭头显示在尺寸线的末端，用于指出测量的开始和结束位置。AutoCAD 默认使用闭合的填充箭头符号。此外，AutoCAD 还提供了多种箭头符号，以满足不同的行业需要，如建筑标记、小斜线箭头、点和斜杠等。
- 起点：尺寸标注的起点是尺寸标注对象标注的定义点，系统测量的数据均以起点为计算点。起点通常是尺寸界线的引出点。
- 尺寸界线：该界线是从标注起点引出的标明标注范围的直线，可以从图形的轮廓线、轴线、对称中心线引出。同时，轮廓线、轴线及对称中心线也可以作为尺寸界线。尺寸界线也应使用细实线绘制。
- 圆心标记：标记圆或圆弧的中心点位置。

2. 尺寸标注的规则

在 AutoCAD 中，对绘制的图形进行尺寸标注时应遵循以下规则。

- 物体的真实大小应以图样上所标注的尺寸数值为依据，与图形的大小及绘图的准确度无关。
- 图样中的尺寸以 mm 为单位时，无须标注计量单位的代号或名称。如果使用其他单位，则必须注明相应计量单位的代号或名称，如 °、m 及 cm 等。
- 图样中所标注的尺寸为该图样所表示的物体的最后完工尺寸，否则应另加说明。

3. 尺寸标注的类型

AutoCAD 提供了 10 余种标注工具以标注图形对象，分别位于【标注】菜单、【标注】面板或【标注】工具栏中。使用它们可以进行角度、直径、半径、线性、对齐、连续、圆心及基线等标注。

4. 尺寸标注的创建步骤

在 AutoCAD 中对图形进行尺寸标注的基本步骤如下。

(1) 在菜单栏中选择【格式】|【图层】命令，可以在打开的【图层特性管理器】选项板中创建一个独立的图层，用于尺寸标注。

(2) 在菜单栏中选择【格式】|【文字样式】命令，可以在打开的【文字样式】对话框中创建一种文字样式，用于尺寸标注。

(3) 在菜单栏中选择【格式】|【标注样式】命令，可以在打开的【标注样式管理器】对话框中设置标注样式。

(4) 使用对象捕捉和标注等功能，对图形中的元素进行标注。

7.2　设置尺寸标注样式

在 AutoCAD 中，使用标注样式可以控制标注的格式和外观，建立强制执行的绘图标准，并有利于对标注格式及用途进行修改。本节将着重介绍使用【标注样式管理器】对话框创建标注样式的方法。

7.2.1　创建标注样式

使用尺寸标注命令对图形进行尺寸标注时，首先应创建尺寸标注样式，并对标注样式进行必要的设置，然后才能更好地对图形进行尺寸标注，在【标注样式管理器】对话框中可以创建及设置尺寸标注样式。标注样式命令主要有以下几种调用方法：

- 选择【格式】|【标注样式】命令。
- 选择【默认】选项卡，在【注释】面板中单击【标注样式】按钮。
- 在命令行中执行 DDIM、D、DIMSTYLE 或 DIMSTY 命令。

执行以上命令后，将打开【标注样式管理器】对话框，单击其中的【新建】按钮即可打开图 7-2 右图所示的【创建新标注样式】对话框创建新标注样式。

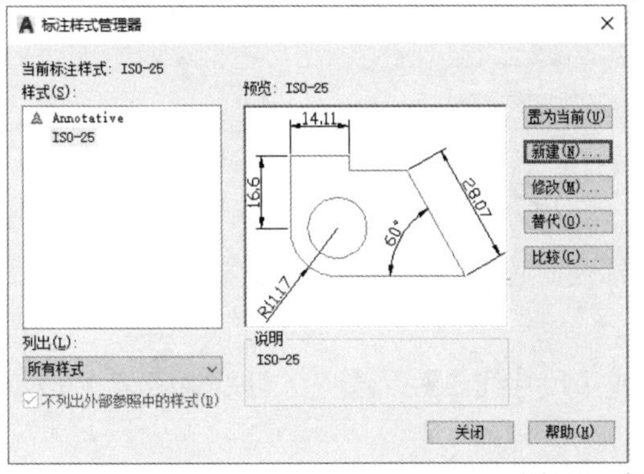

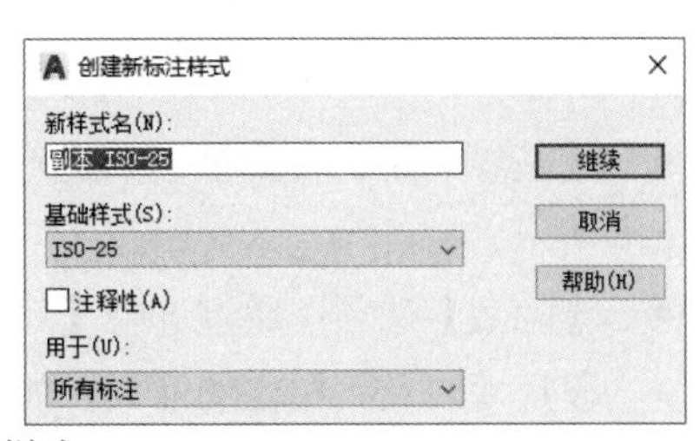

图 7-2　创建新标注样式

新建标注样式时，可以在【新样式名】文本框中输入新样式的名称。并在【基础样式】下拉列表框中选择一种基础样式，新样式将在该基础样式的基础上进行修改。

设置了新样式的名称、基础样式和使用范围后，单击【创建新标注样式】对话框中的【继续】按钮，将打开【新建标注样式】对话框，可以设置标注中的线、符号和箭头、文字等内容。

7.2.2 设置线

在【新建标注样式】对话框中，在【线】选项卡中可以设置尺寸线和尺寸界线的格式和位置，如图 7-3 所示。

1. 尺寸线

在【尺寸线】选项区域中，可以设置尺寸线的颜色、线宽、超出标记以及基线间距等属性，其主要选项的具体功能说明如下。

- 【颜色】下拉列表框：用于设置尺寸线的颜色，默认情况下，尺寸线的颜色随块。也可以使用变量 DIMCLRD 进行设置。
- 【线型】下拉列表框：用于设置尺寸线的线型，该选项没有对应的变量。
- 【线宽】下拉列表框：用于设置尺寸线的宽度，默认情况下，尺寸线的线宽也是随块，也可以使用变量 DIMLWD 进行设置。
- 【超出标记】文本框：当尺寸线的箭头使用倾斜、建筑标记、小点或无标记等样式时，使用该文本框可以设置尺寸线超出尺寸界线的长度，如图 7-4 所示。

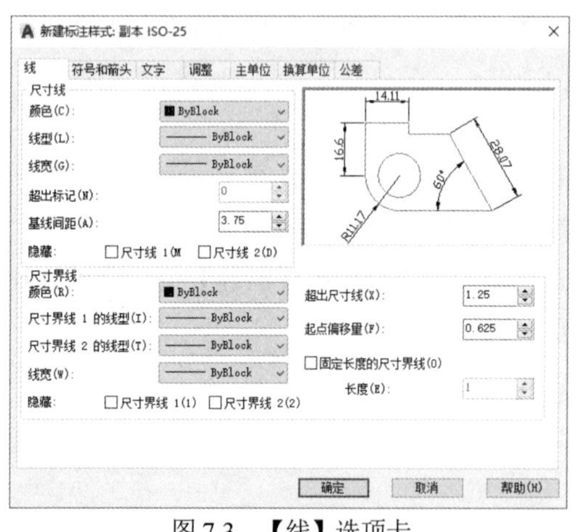

图 7-3 【线】选项卡

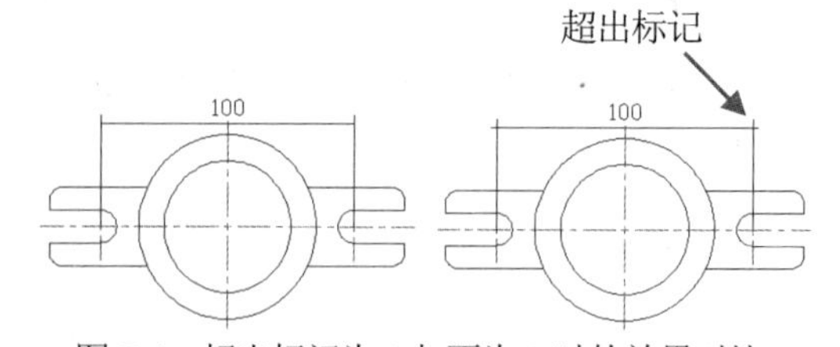

图 7-4 超出标记为 0 与不为 0 时的效果对比

- 【基线间距】文本框：当进行基线尺寸标注时可以设置各尺寸线之间的距离，如图 7-5 所示。
- 【隐藏】选项：通过选中【尺寸线 1】或【尺寸线 2】复选框，可以隐藏第 1 段或第 2 段尺寸线及其相应的箭头，如图 7-6 所示。

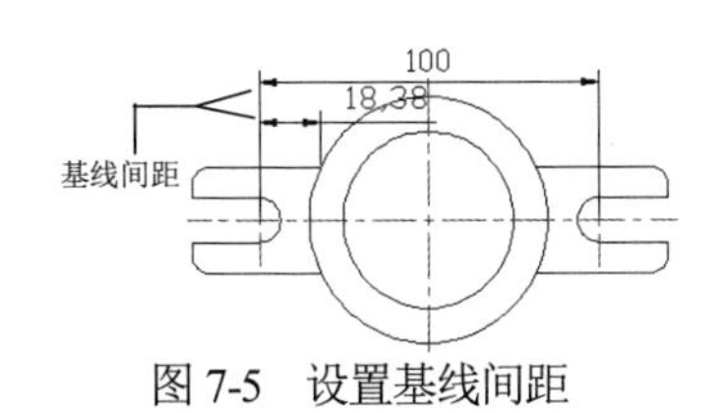

图 7-5　设置基线间距

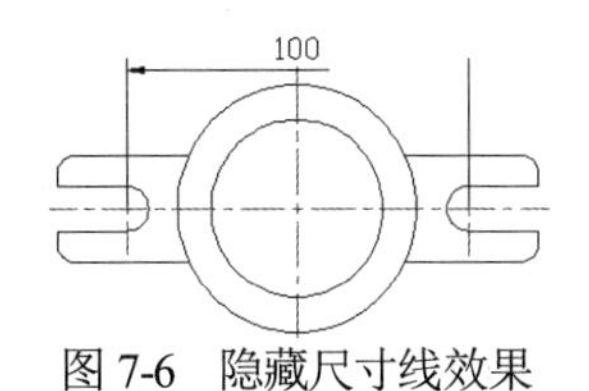

图 7-6　隐藏尺寸线效果

2. 尺寸界线

在【尺寸界线】选项区域中，可以设置尺寸界线的颜色、线宽、超出尺寸线的长度和起点偏移量，隐藏控制等属性，其主要选项的具体功能说明如下。

- 【颜色】下拉列表框：用于设置尺寸界线的颜色，也可以使用变量 DIMCLRE 设置。
- 【线宽】下拉列表框：用于设置尺寸界线的宽度，也可以使用变量 DIMLWE 设置。
- 【尺寸界线 1 的线型】和【尺寸界线 2 的线型】下拉列表框：用于设置尺寸界线的线型。
- 【超出尺寸线】文本框：用于设置尺寸界线超出尺寸线的距离，也可以使用变量 DIMEXE 进行设置，如图 7-7 所示。

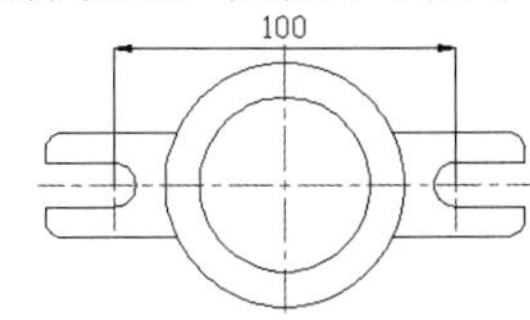

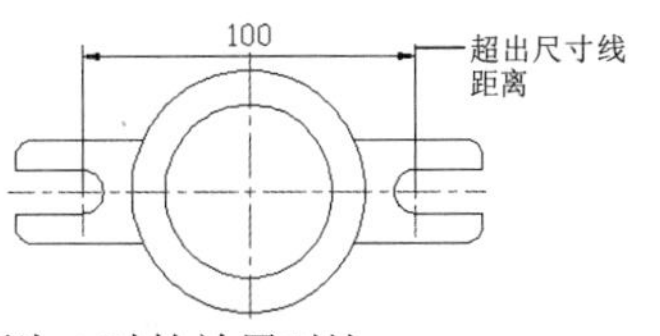

图 7-7　超出尺寸线距离为 0 与不为 0 时的效果对比

- 【起点偏移量】文本框：用于设置尺寸界线的起点与标注定义点的距离，如图 7-8 所示。

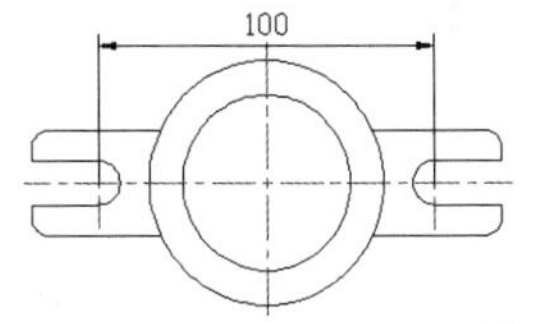

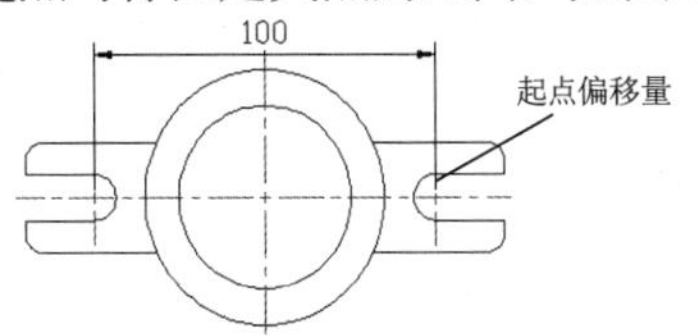

图 7-8　起点偏移量为 0 与不为 0 时的效果对比

- 【隐藏】选项：如果选中【尺寸界线 1】或【尺寸界线 2】复选框，可以隐藏尺寸界线，否则不予隐藏，如图 7-9 所示。

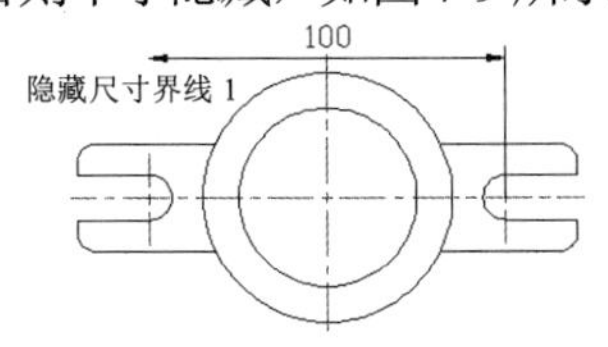

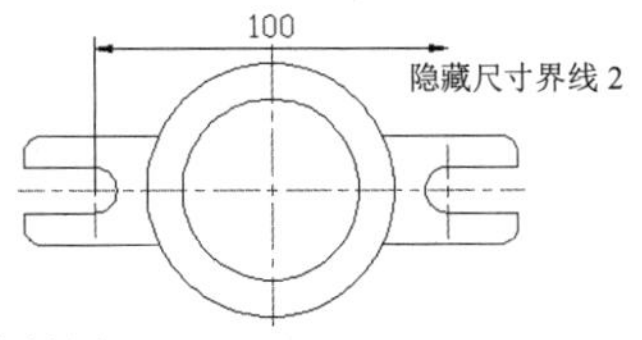

图 7-9　隐藏尺寸界线效果

- 【固定长度的尺寸界线】复选框：选中该复选框，可以使用具有特定长度的尺寸界线标注图形，其中在【长度】文本框中可以输入尺寸界线的数值。

7.2.3　设置符号和箭头

在【新建标注样式】对话框中，使用【符号和箭头】选项卡可以设置箭头、圆心标记、弧长符号和半径标注折弯的格式与位置，如图 7-10 所示。

1. 箭头

在【箭头】选项区域中可以设置尺寸线和引线箭头的类型及尺寸大小等。通常情况下，尺寸线的两个箭头应一致。

为了适用于不同类型的图形标注需要，在 AutoCAD 中提供了 20 多种箭头样式。可以从对应的下拉列表框中选择箭头，并在【箭头大小】文本框中设置其大小。也可以使用自定义箭头，此时可以在下拉列表框中选择【用户箭头】选项，即可打开【选择自定义箭头块】对话框，如图 7-11 所示。在【从图形块中选择】下拉列表框中选择当前图形中已有的块名，然后单击【确定】按钮，AutoCAD 将以该块作为尺寸线的箭头样式，此时块的插入基点与尺寸线的端点重合。

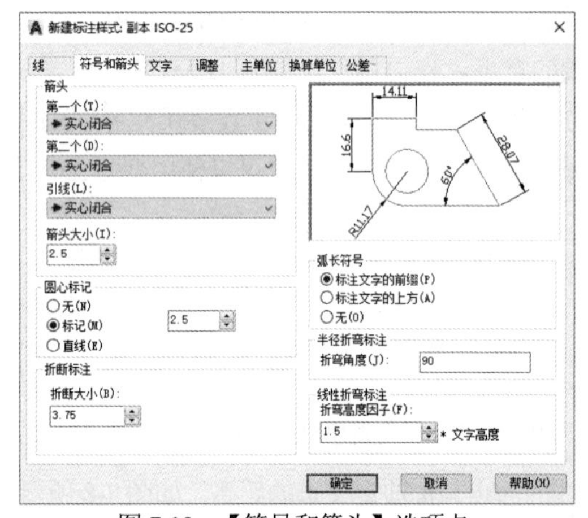

图 7-10　【符号和箭头】选项卡

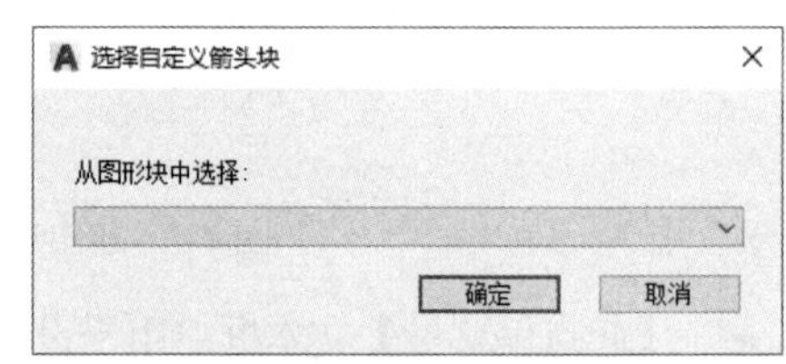

图 7-11　【选择自定义箭头块】对话框

2. 圆心标记

在【圆心标记】选项区域中可以设置圆或圆弧的圆心标记类型，如【标记】【直线】和【无】。其中，选中【标记】单选按钮可对圆或圆弧绘制圆心标记；选中【直线】单选按钮，可对圆或圆弧绘制中心线；选中【无】单选按钮，则没有任何标记，如图 7-12 所示。当选中【标记】或【直线】单选按钮时，可以在【大小】文本框中设置圆心标记的大小。

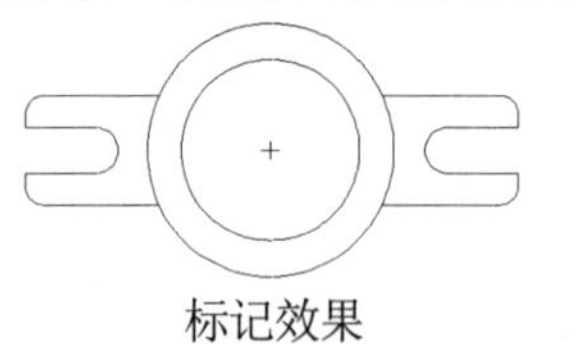

标记效果　　　　直线效果

图 7-12　圆心标记类型

3. 弧长符号

在【弧长符号】选项区域中可以设置弧长符号显示的位置，包括【标注文字的前缀】【标注文字的上方】和【无】3 种方式，如图 7-13 所示。

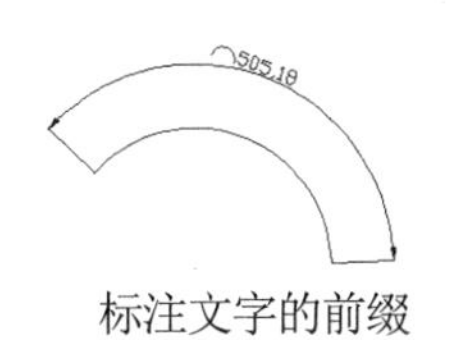

标注文字的前缀

标注文字的上方

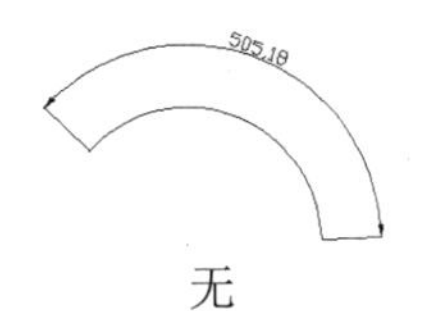

无

图 7-13　设置弧长符号的位置

4. 半径折弯标注

在【半径折弯标注】选项区域的【折弯角度】文本框中，可以设置标注圆弧半径时标注线的折弯角度大小。

5. 折断标注

在【折断标注】选项区域的【折断大小】文本框中，可以设置标注折断时标注线的长度大小。

6. 线性折弯标注

在【线性折弯标注】选项区域的【折弯高度因子】文本框中，可以设置折弯标注打断时折弯线的高度大小。

7.2.4　设置文字样式

在【新建标注样式】对话框中，可以使用【文字】选项卡设置标注文字的外观、位置和对齐方式，如图 7-14 所示。

1. 文字外观

在【文字外观】选项区域中，可以设置文字的样式、颜色、高度和分数高度比例，以及控制是否绘制文字边框等。各选项的功能说明如下。

◉　【绘制文字边框】复选框：用于设置是否给标注文字加边框，如图 7-15 所示。

图 7-14　【文字】选项卡

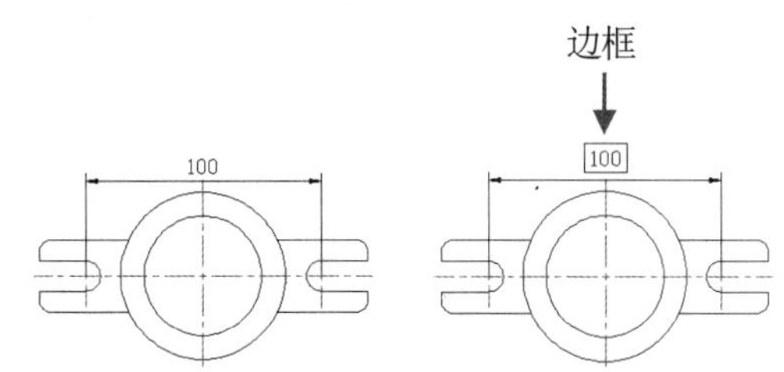

图 7-15　文字无边框与有边框效果对比

◉ 【文字样式】下拉列表框：用于选择标注的文字样式。也可以单击其右边的...按钮，打开【文字样式】对话框，从中选择文字样式或新建文字样式。

◉ 【文字颜色】下拉列表框：用于设置标注文字的颜色，也可以使用变量 DIMCLRT 进行设置。

◉ 【填充颜色】下拉列表框：用于设置标注文字的背景色。

◉ 【文字高度】文本框：用于设置标注文字的高度，也可以使用变量 DIMTXT 进行设置。

◉ 【分数高度比例】文本框：用于设置标注文字中的分数相对于其他标注文字的比例，AutoCAD 将该比例值与标注文字高度的乘积作为分数的高度。

2. 文字位置

在【文字位置】选项区域中可以设置文字的垂直、水平位置等，各选项的功能说明如下。

◉ 【垂直】下拉列表框：用于设置标注文字相对于尺寸线在垂直方向的位置，如【居中】【上】【外部】和 JIS。其中，选择【居中】选项可以将标注文字放在尺寸线中间；选择【上】选项，将标注文字放在尺寸线的上方；选择【外部】选项可以将标注文字放在远离第 1 定义点的尺寸线一侧；选择 JIS 选项则按 JIS 规则放置标注文字，如图 7-16 所示。

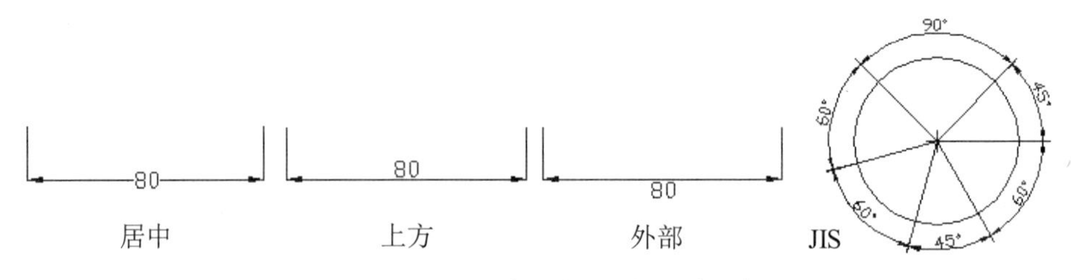

图 7-16　文字垂直位置的 4 种形式

◉ 【水平】下拉列表框：用于设置标注文字相对于尺寸线和尺寸界线在水平方向的位置，如【居中】【第一条尺寸界线】【第二条尺寸界线】【第一条尺寸界线上方】和【第二条尺寸界线上方】，如图 7-17 所示。

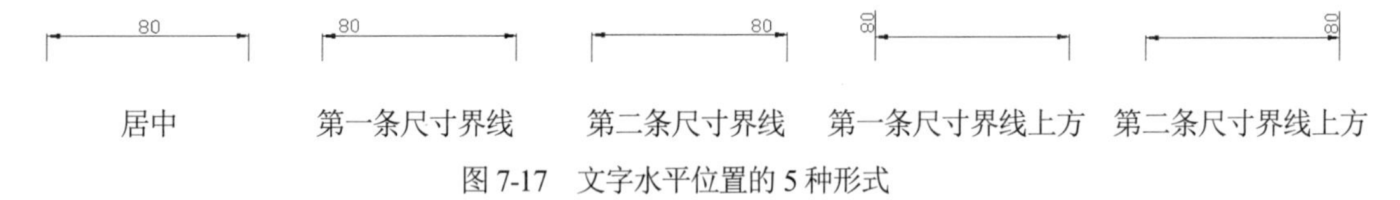

图 7-17　文字水平位置的 5 种形式

◉ 【观察方向】下拉列表框：用于控制标注文字的观察方向。

◉ 【从尺寸线偏移】文本框：设置标注文字与尺寸线之间的距离。如果标注文字位于尺寸线的中间，则表示断开处尺寸线端点与尺寸文字的间距。如果标注文字带有边框，则可以控制文字边框与其中文字的距离。

3. 文字对齐

在【文字对齐】选项区域中，可以设置标注文字是保持水平还是与尺寸线平行。其中 3 个选项的功能说明如下。

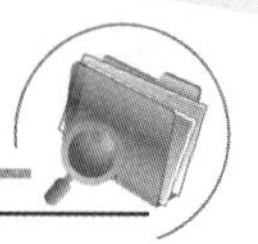

- 【水平】单选按钮：选中该按钮，可以使标注文字水平放置。
- 【与尺寸线对齐】单选按钮：选中该按钮，可以使标注文字方向与尺寸线方向一致。
- 【ISO 标准】单选按钮：选中该按钮，可以使标注文字按 ISO 标准放置，当标注文字在尺寸界线之内时，其方向与尺寸线方向一致，而在尺寸界线之外时将水平放置。

如图 7-18 所示显示了上述 3 种文字的对齐方式。

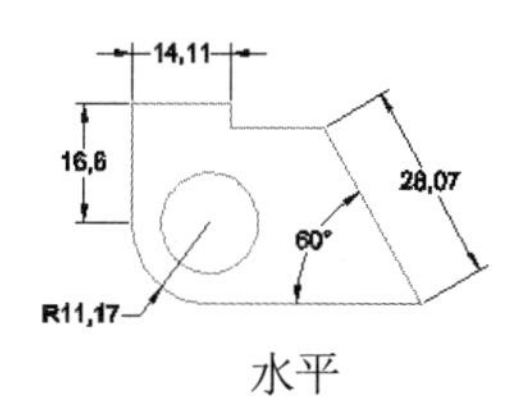

水平

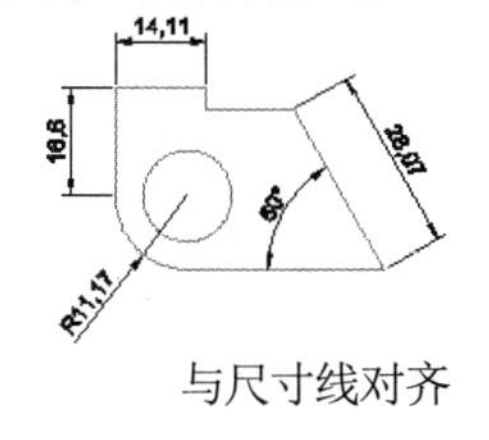

与尺寸线对齐

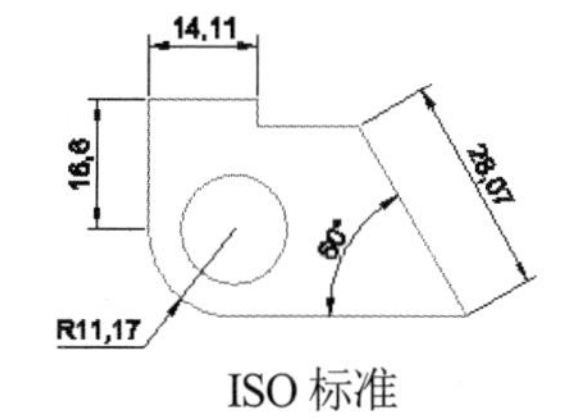

ISO 标准

图 7-18　文字对齐方式

7.2.5　设置调整样式

在【新建标注样式】对话框中，用户可以使用【调整】选项卡设置标注文字、尺寸线、尺寸箭头的位置，如图 7-19 所示。

1. 调整选项

在【调整选项】选项区域中，用户可以确定当尺寸界线之间没有足够的空间同时放置标注文字和箭头时，应从尺寸界线之间移出对象，如图 7-20 所示。

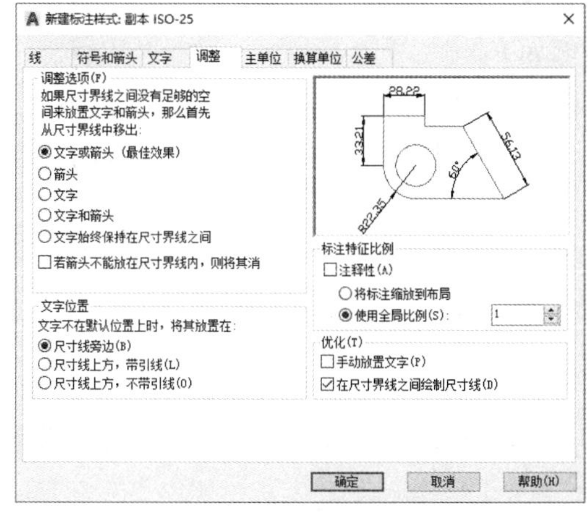

图 7-19　【调整】选项卡

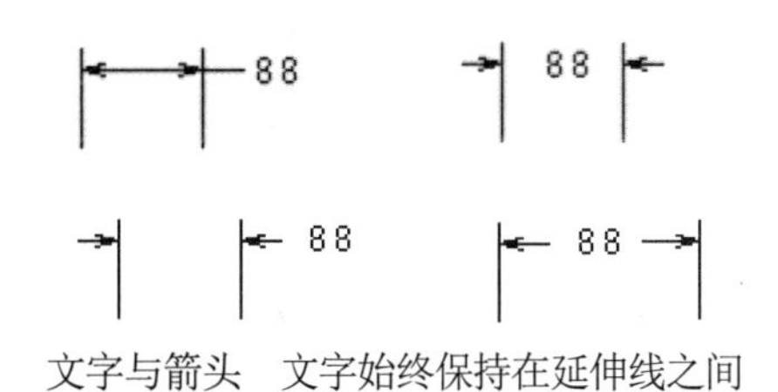

文字与箭头　文字始终保持在延伸线之间

图 7-20　标注文字和箭头在尺寸界线间的放置

其中各选项的功能说明如下。

- 【文字或箭头(最佳效果)】单选按钮：选中该单选按钮，可按照最佳效果自动移出文本或箭头。
- 【箭头】单选按钮：选中该按钮，用于首先将箭头移出。
- 【文字】单选按钮：选中该按钮，用于首先将文字移出。

◉ 【文字和箭头】单选按钮：选中该按钮，用于将文字和箭头都移出。

◉ 【文字始终保持在尺寸界线之间】单选按钮：选中该按钮，用于将文本始终保持在尺寸界线之内。

◉ 【若箭头不能放在尺寸界线内，则将其消除】复选框：选中该复选框，则箭头将不被显示。

2. 文字位置

在【文字位置】选项区域中，用户可以设置当文字不在默认位置时将文字放置的位置。其中各选项的功能说明如下。

◉ 【尺寸线旁边】单选按钮：选中该按钮，可以将文本放在尺寸线旁边。

◉ 【尺寸线上方，带引线】单选按钮：选中该按钮，可以将文本放在尺寸线的上方，并带引线。

◉ 【尺寸线上方，不带引线】单选按钮：选中该按钮，可以将文本放在尺寸线的上方，但不带引线。

如图 7-21 所示显示了当文字不在默认位置时的上述设置效果。

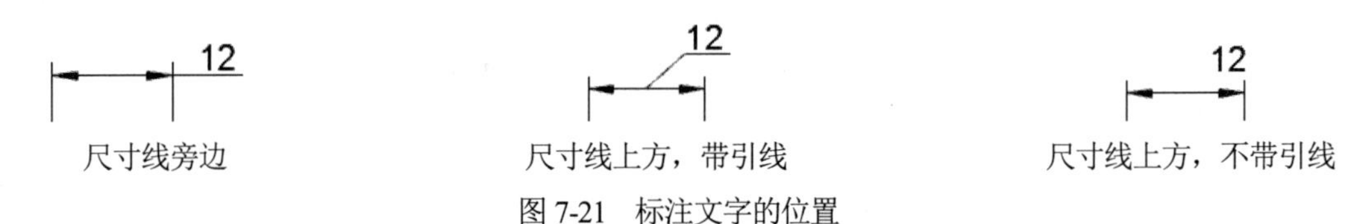

图 7-21　标注文字的位置

3. 标注特征比例

在【标注特征比例】选项区域中，用户可以设置标注尺寸的特征比例，以便通过设置全局比例来增加或减少各标注的大小。各选项的功能说明如下。

◉ 【注释性】复选框：选择该复选框，可以将标注定义为可注释性对象。

◉ 【将标注缩放到布局】单选按钮：选中该按钮，可以根据当前模型空间视口与图纸空间之间的缩放关系设置比例。

◉ 【使用全局比例】单选按钮：选中该按钮，可以对全部尺寸标注设置缩放比例，该比例不会改变尺寸的测量值。

4. 优化

在【优化】选项区域中，可以对标注文字和尺寸线进行细微调整，该选项区域包括以下两个复选框，各选项的功能说明如下。

◉ 【手动放置文字】复选框：选中该复选框，则忽略标注文字的水平设置，在标注时可将标注文字放置在指定的位置。

◉ 【在尺寸界线之间绘制尺寸线】复选框：选中该复选框，当尺寸箭头放置在尺寸界线之外时，也可以在尺寸界线之内绘制尺寸线。

7.2.6　设置主单位

在【新建标注样式】对话框中，用户可以使用【主单位】选项卡，设置主单位的格式与精度等属性，如图 7-22 所示。

1. 线性标注

在【线性标注】选项区域中，可以设置线性标注的单位格式与精度，主要选项的功能说明如下。

- 【单位格式】下拉列表框：用于设置除角度标注之外的其他各标注类型的尺寸单位，包括【科学】【小数】【工程】【建筑】【分数】等选项。
- 【精度】下拉列表框：用于设置除角度标注之外的其他标注的尺寸精度，如图 7-23 所示即是将精度设置为 0.000 时的标注效果。
- 【分数格式】下拉列表框：当单位格式是分数时，可以设置分数的格式。
- 【小数分隔符】下拉列表框：用于设置小数的分隔符，包括【逗点】【句点】和【空格】3 种方式。

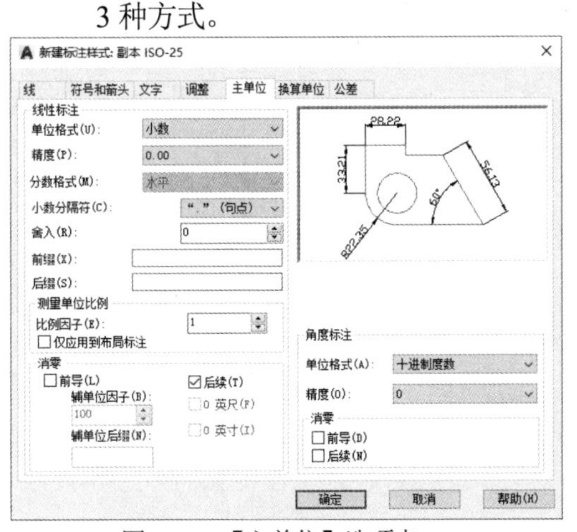

图 7-22　【主单位】选项卡

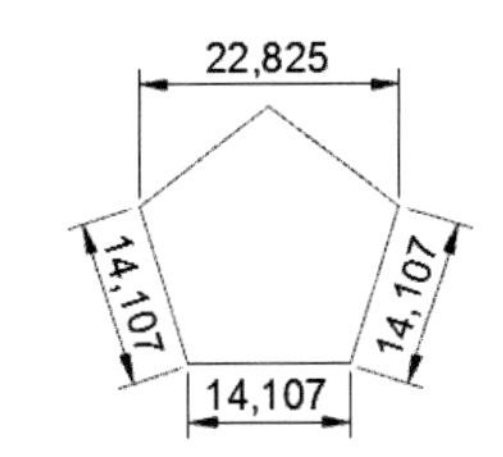

图 7-23　设置精度为 0.000

- 【舍入】文本框：用于设置除角度标注外的尺寸测量值的舍入值。
- 【前缀】和【后缀】文本框：用于设置标注文字的前缀和后缀，用户在相应的文本框中输入字符即可。
- 【测量单位比例】选项：使用【比例因子】文本框可以设置测量尺寸的缩放比例，AutoCAD 的实际标注值的方法是测量值与该比例的积。选中【仅应用到布局标注】复选框，可以设置该比例关系仅适用于布局。
- 【消零】选项：可以设置是否显示尺寸标注中的【前导】和【后续】的零。

2. 角度标注

在【角度标注】选项区域中，可以使用【单位格式】下拉列表框设置标注角度时的单位；使用【精度】下拉列表框设置标注角度的尺寸精度；使用【消零】选项设置是否消除角度尺寸的前导和后续的零。

7.2.7 设置单位换算

在【新建标注样式】对话框中，用户可以使用【换算单位】选项卡设置换算单位的格式，如图 7-24 所示。

选中【显示换算单位】复选框后，对话框的其他选项才可用，可以在【换算单位】选项区域中设置换算单位的【单位格式】【精度】【换算单位倍数】【舍入精度】【前缀】及【后缀】等，使用方法与设置主单位的方法相同。

在 AutoCAD 中，通过换算标注单位，可以转换使用不同测量单位制的标注，通常是显示英制标注的等效公制标注，或公制标注的等效英制标注。在标注文字中，换算标注单位将显示在主单位旁边的方括号[ ]中，如图 7-25 所示。

图 7-24 【换算单位】选项卡

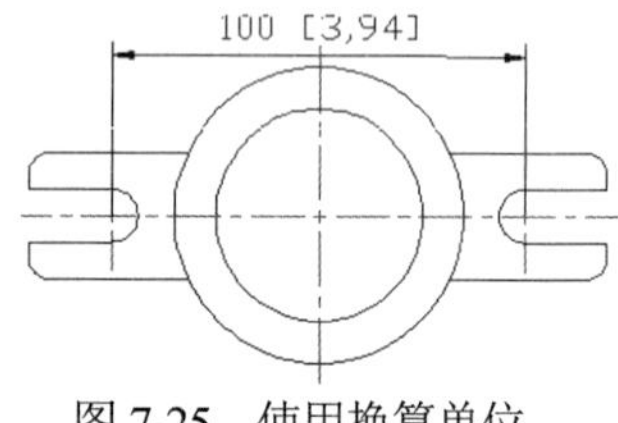

图 7-25 使用换算单位

7.2.8 设置公差

在【新建标注样式】对话框中，用户可以使用【公差】选项卡(如图 7-26 所示)设置是否标注公差，以及以何种方式进行标注。公差标注的效果如图 7-27 所示。

在【公差格式】选项区域中，可以设置公差的标注格式，部分选项的功能说明如下：

- 【上偏差】【下偏差】文本框：用于设置尺寸的上偏差和下偏差。
- 【高度比例】文本框：用于确定公差文字的高度比例因子。确定后，AutoCAD 将该比例因子与尺寸文字高度之积作为公差文字的高度。
- 【垂直位置】下拉列表框：用于控制公差文字相对于尺寸文字的位置，包括【上】【中】和【下】3 种方式。

◉ 【换算单位公差】选项：当标注换算单位时，可以设置换算单位精度和是否消零。

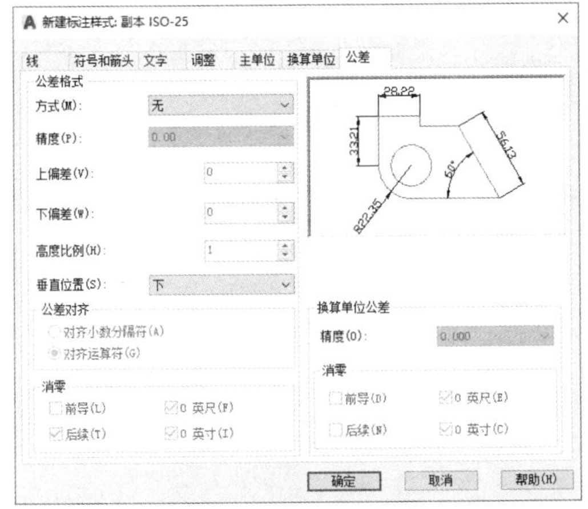

图 7-26　【公差】选项卡

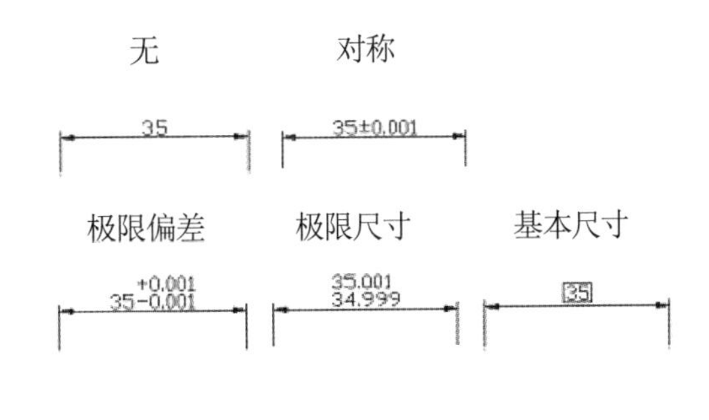

图 7-27　公差标注

【例 7-1】根据下列要求，创建机械制图标注样式 MyType。

◉ 基线标注尺寸线间距为 7 毫米。

◉ 尺寸界限的起点偏移量为 1 毫米，超出尺寸线的距离为 2 毫米。

◉ 箭头使用【实心闭合】形状，大小为 2.0。

◉ 标注文字的高度为 3 毫米，位于尺寸线的中间，文字从尺寸线偏移距离为 0.5 毫米。

◉ 标注单位的精度为 0.0。

(1) 在【功能区】选项板中选择【注释】选项卡，然后在【标注】面板中单击【标注样式】按钮，打开【标注样式管理器】对话框，如图 7-28 所示。

(2) 单击【新建】按钮，打开【创建新标注样式】对话框。在【新样式名】文本框中输入新建样式的名称 MyType，然后单击【继续】按钮，如图 7-29 所示。

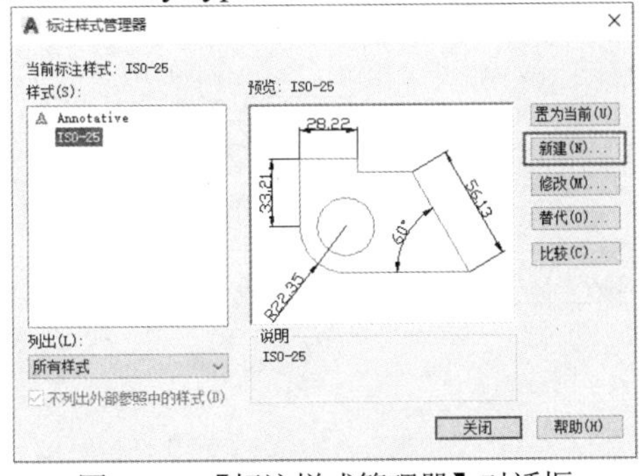

图 7-28　【标注样式管理器】对话框

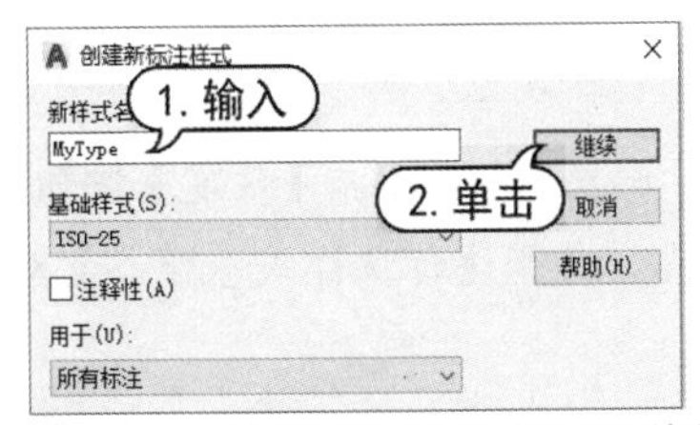

图 7-29　【创建新标注样式】对话框

(3) 打开【新建标注样式：MyType】对话框，在【线】选项卡的【尺寸线】选项区域中，设置【基线间距】为 7 毫米；在【尺寸界线】选项区域中，设置【超出尺寸线】为 2 毫米，设置【起点偏移量】为 1 毫米，如图 7-30 所示。

(4) 选择【符号和箭头】选项卡，在【箭头】选项区域的【第一个】和【第二个】下拉列表框中选择【实心闭合】选项，并设置【箭头大小】为 2，如图 7-31 所示。

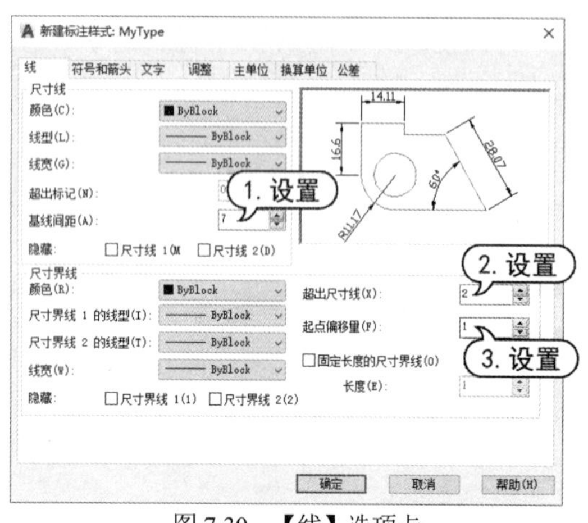

图 7-30　【线】选项卡

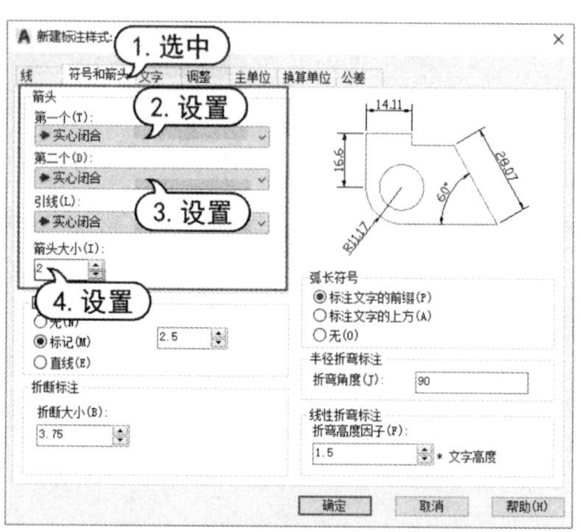

图 7-31　【符号和箭头】选项卡

(5) 选择【文字】选项卡，在【文字外观】选项区域中设置【文字高度】为 3 毫米；在【文字位置】选项区域中的【水平】下拉列表框中选择【居中】选项，设置【从尺寸线偏移】为 0.5 毫米，如图 7-32 所示。

(6) 选择【主单位】选项卡，设置标注的【精度】为 0.0，如图 7-33 所示。

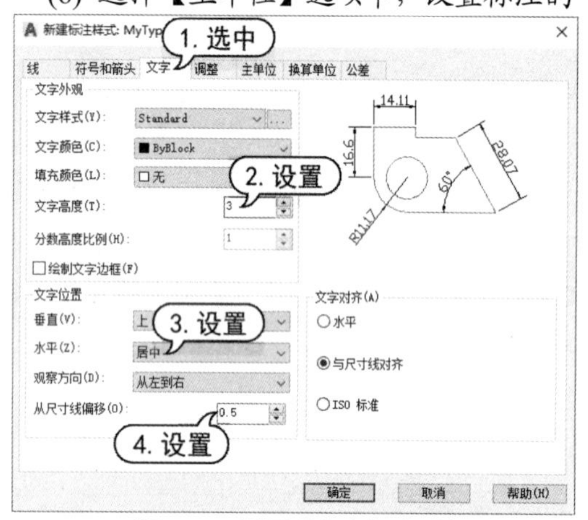

图 7-32　设置【文字】选项卡

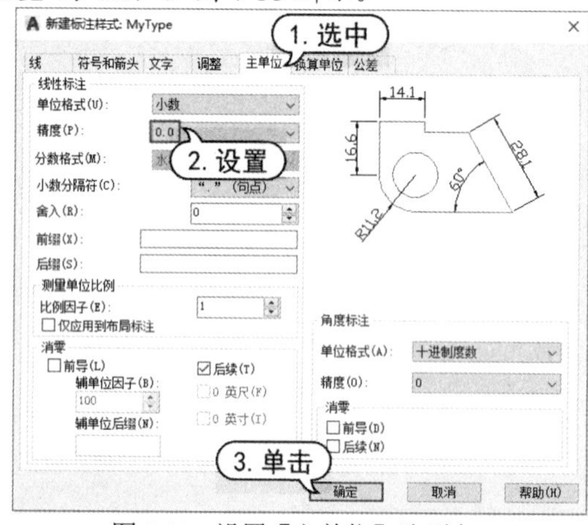

图 7-33　设置【主单位】选项卡

(7) 设置完毕，单击【确定】按钮，关闭【新建标注样式：MyType】对话框。然后再单击【关闭】按钮，关闭【标注样式管理器】对话框。

7.3　标注长度型尺寸

长度型尺寸标注用于标注图形中两点间的长度，可以是端点、交点、圆弧弦线端点或能够识别的任意两个点。在 AutoCAD 中，长度型尺寸标注包括多种类型，如线性标注、对齐标注、弧长标注、基线标注和连续标注等。

7.3.1 线性标注

线性标注主要用于对水平尺寸、垂直尺寸及旋转尺寸等长度尺寸进行标注。在 AutoCAD 中，用户可以通过以下几种方法创建线性尺寸标注。

- 在命令行中执行 DIMLINEAR 命令。
- 选择【标注】|【线性】命令。
- 选择【默认】选项卡，在【注释】面板中单击【线性】按钮⊢⊣。

线性标注可以创建用于标注用户坐标系 XY 平面中的两个点之间的距离测量值，并通过指定点或选择一个对象来实现。执行以上命令后，命令行提示如下信息：

```
指定第一个尺寸界线原点或 <选择对象>:
```

1. 指定起点

默认情况下，在命令行提示下直接指定第一条尺寸界线的原点，并在【指定第二条尺寸界线原点:】提示下指定第二条尺寸界线原点后，命令行提示如下：

```
指定尺寸线位置或[多行文字(M)/文字(T)/角度(A)/水平(H)/垂直(V)/旋转(R)]:
```

默认情况下，指定尺寸线的位置后，系统将按照自动测量出的两个尺寸界线起始点间的相应距离标注出尺寸。此外，其他各选项的功能说明如下。

- 【多行文字(M)】选项：选择该选项，将进入多行文字编辑模式，可以使用【多行文字编辑器】对话框输入并设置标注文字。其中，文字输入窗口中的尖括号(<>)表示系统测量值。
- 【文字(T)】选项：可以以单行文字的形式输入标注文字，此时将显示【输入标注文字 <1>:】提示信息，要求输入标注文字。
- 【角度(A)】选项：用于设置标注文字的旋转角度。
- 【水平(H)】选项和【垂直(V)】选项：用于标注水平尺寸和垂直尺寸。可以直接确定尺寸线的位置，也可以选择其他选项来指定标注的标注文字内容或标注文字的旋转角度。
- 【旋转(R)】选项：用于旋转标注对象的尺寸线。

2. 选择对象

如果在线性标注的命令行提示下，直接按 Enter 键，则要求选择标注尺寸的对象。当选择对象以后，AutoCAD 将该对象的两个端点作为两条尺寸界线的起点，并显示如下提示信息(可以使用前面介绍的方法标注对象)：

```
指定尺寸线位置或[多行文字(M)/文字(T)/角度(A)/水平(H)/垂直(V)/旋转(R)]:
```

创建线性尺寸标注的具体方法如下。

(1) 打开图形文件后，在命令行中输入 DIMLINEAR 命令，按 Enter 键。

(2) 在命令行提示下捕捉图 7-34 左图所示的端点。

(3) 在命令行提示下捕捉图 7-34 右图所示的端点。

(4) 向左侧引导光标，在合适的位置单击鼠标，即可创建线性尺寸标注，如图 7-35 所示。

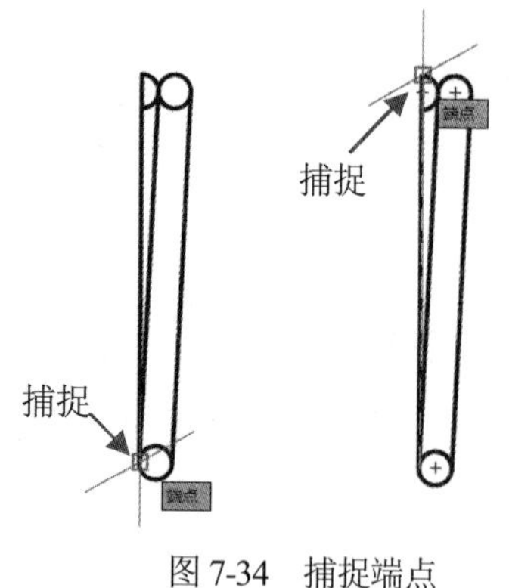

图 7-34　捕捉端点

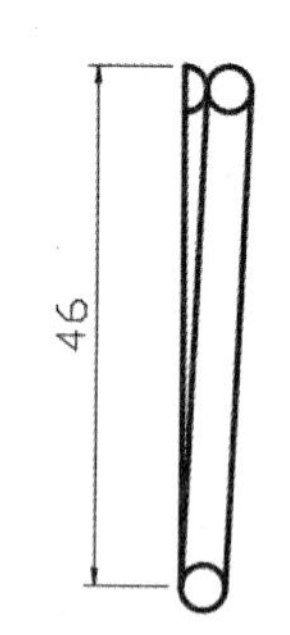

图 7-35　创建线性尺寸标注

7.3.2　对齐标注

在 AutoCAD 中，用户可以通过以下几种方法创建对齐标注。对齐标注主要用于创建平行线对象，或者平行于两条尺寸线原点连线的直线。

- 在命令行中执行 DIMALIGNED 命令。
- 选择【标注】|【对齐】命令。
- 选择【默认】选项卡，在【注释】面板中单击【线性】按钮边的▼，在弹出的列表中选择【已对齐】选项。

执行以上命令后，命令行提示如下信息：

```
指定第一个尺寸界线原点或 <选择对象>:
```

由此可见，对齐标注是线性标注尺寸的一种特殊形式。在对直线段进行标注时，如果该直线的倾斜角度未知，那么使用线性标注方法将无法得到准确的测量结果，此时就可以使用对齐标注。

【例 7-2】在 AutoCAD 中标注图形尺寸。

(1) 打开素材图形文件后，选择【注释】选项卡，然后在【标注】面板中单击【线性】按钮，如图 7-36 所示。

(2) 在状态栏上单击【对象捕捉】按钮，将打开对象捕捉模式。在图形中捕捉点 A，指定第一条尺寸界线的原点，在图形中捕捉点 B，指定第二条尺寸界线的原点。

(3) 在命令行提示下输入 H，创建水平标注，然后拖动光标，在绘图窗口的适当位置单击，确定尺寸线的位置，效果如图 7-37 所示。

(4) 重复上述步骤，捕捉点 A 和点 C，并在命令行提示下输入 V，创建垂直标注，然后拖动鼠标，在绘图窗口的适当位置单击，确定尺寸线的位置，效果如图 7-38 所示。

(5) 使用同样的方法，标注其他水平和垂直标注，效果如图 7-39 所示。

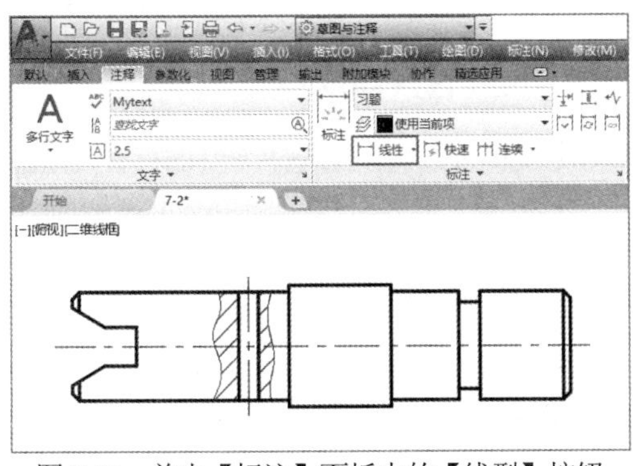

图 7-36　单击【标注】面板中的【线型】按钮

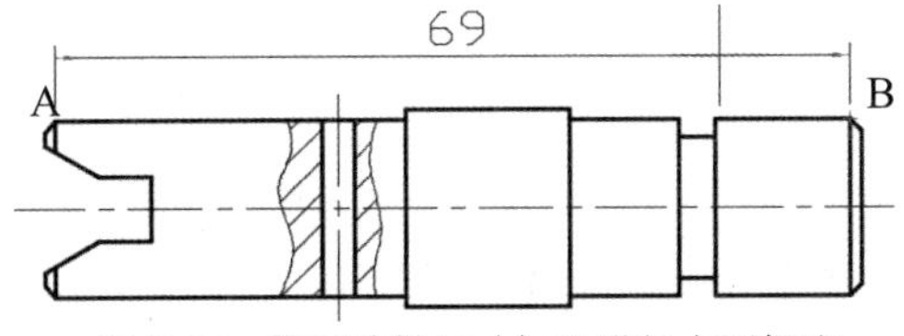

图 7-37　使用线性尺寸标注进行水平标注

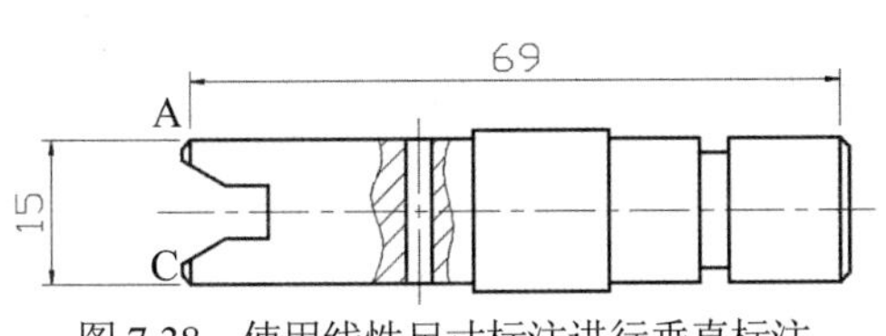

图 7-38　使用线性尺寸标注进行垂直标注

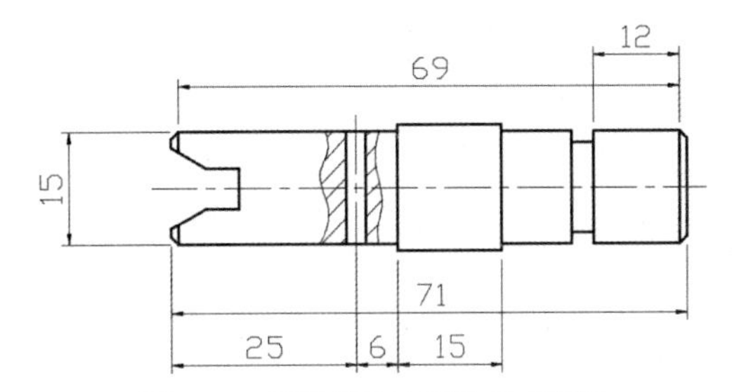

图 7-39　标注其他水平和垂直标注

(6) 选择【注释】选项卡，然后在【标注】面板中单击【已对齐】按钮，如图 7-40 所示。

(7) 捕捉点 D 和点 E，然后拖动鼠标，在绘图窗口的适当位置单击，确定尺寸线的位置，效果如图 7-41 所示。

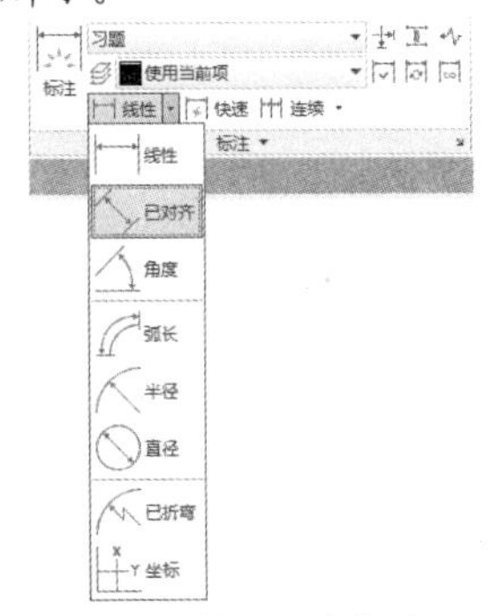

图 7-40　使用对齐标注

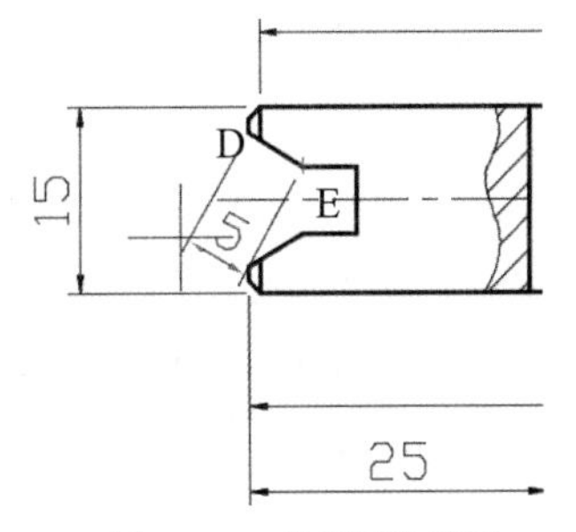

图 7-41　对齐标注效果

7.3.3　弧长标注

弧长标注用于测量圆弧或多段线上的距离。弧长标注的典型用法包括测量围绕凸轮距离或表示电缆的长度。为区别它们是线性标注还是角度标注，在默认情况下，弧长标注将显示一个圆弧号。在 AutoCAD 中，用户可以通过以下几种方法创建弧长尺寸标注：

- 在命令行中执行 DIMARC 命令。
- 选择【标注】|【弧长】命令。

- 选择【默认】选项卡，在【注释】面板中单击【线性】按钮边的▼，在弹出的列表中选择【弧长】选项。

执行以上命令，即可标注圆弧线段或多段线圆弧线段部分的弧长。当选择需要的标注对象后，命令行提示如下信息：

```
指定弧长标注位置或 [多行文字(M)/文字(T)/角度(A)/部分(P)/引线(I)]:
```

当指定尺寸线的位置后，系统将按照实际测量值标注出圆弧的长度。也可以通过使用【多行文字(M)】【文字(T)】或【角度(A)】选项，确定尺寸文字或尺寸文字的旋转角度。另外，如果选择【部分(P)】选项，可以标注选定圆弧某一部分的弧长。

执行【弧长标注】命令标注图形的具体操作方法如下。

(1) 打开图形文件后，在命令行中输入 DIMARC 命令，按 Enter 键。

(2) 在命令行提示下，捕捉图形中的圆弧对象，向上移动光标。

(3) 在绘图窗口中合适的位置处单击，即可创建弧长尺寸标注，如图 7-42 所示。

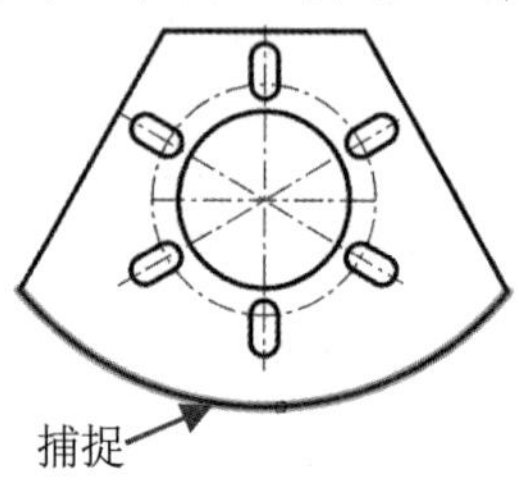

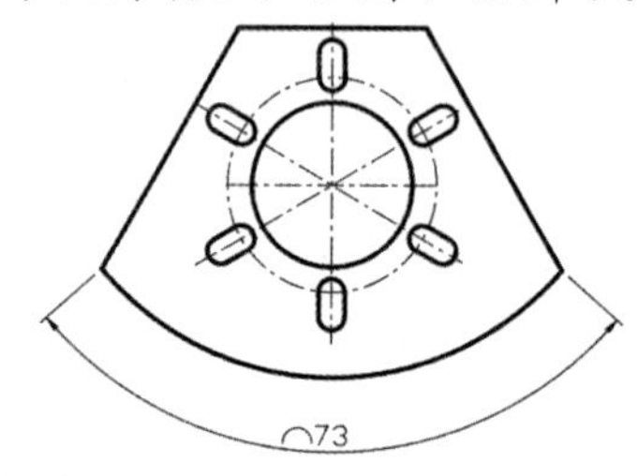

图 7-42　创建弧长标注

7.3.4　连续标注

在 AutoCAD 中，用户可以通过以下几种方法，使用【连续】命令创建连续标注。连续标注可以创建从先前创建的标注尺寸界线开始的标注。

- 在命令行中执行 DIMCONTINUE 命令。
- 选择【标注】|【连续】命令。
- 选择【注释】选项卡，在【标注】面板中单击【连续】按钮。

在进行连续标注之前，必须先创建(或选择)一个线性、坐标或角度标注作为基准标注，以确定连续标注所需要的前一尺寸标注的尺寸界线，然后执行以上命令，此时命令行提示如下：

```
指定第二条尺寸界线原点或 [放弃(U)/选择(S)] <选择>:
```

在该提示下，当确定下一个尺寸的第二条尺寸界线原点后，AutoCAD 按连续标注方式标注出尺寸，即将上一个或所选标注的第二条尺寸界线作为新尺寸标注的第一条尺寸界线标注尺寸。当标注完成后，按 Enter 键，即可结束该命令。

【例 7-3】在 AutoCAD 中标注零件图形尺寸。

(1) 选择【注释】选项卡，然后在【标注】面板中单击【线性】按钮，创建点 A 与点 B 之间的水平线性标注和点 B 与点 C 之间的垂直线性标注，效果如图 7-43 所示。

(2) 继续创建点 C 和点 D 之间的水平标注，选择【注释】选项卡，然后在【标注】面板中单击【连续】按钮。

(3) 系统将以最后一次创建的尺寸标注 CD 的点 D 作为基点。依次在图形中单击点 E、F、G 和 H，指定连续标注尺寸界限的原点，最后按 Enter 键，此时标注效果如图 7-44 所示。

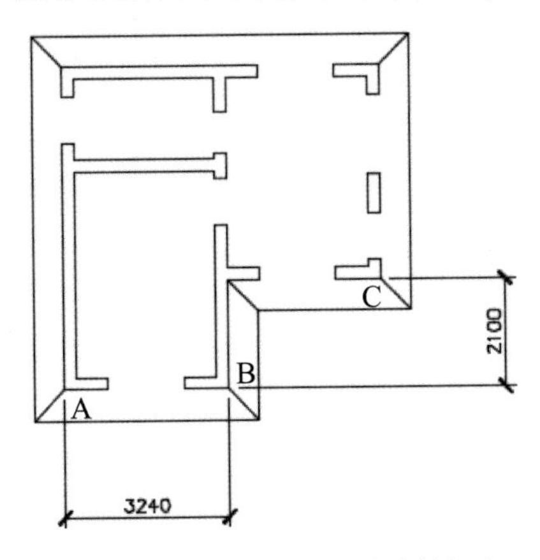

图 7-43　创建水平和垂直线性标注

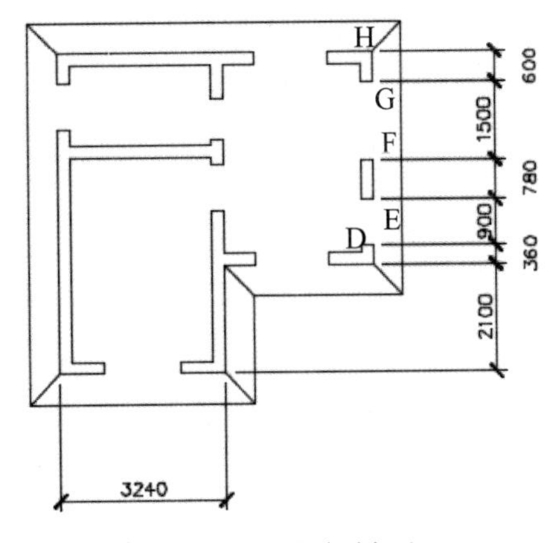

图 7-44　创建连续标注

(4) 选择【注释】选项卡，然后在【标注】面板中单击【线性】按钮，创建点 H 与点 I 之间的水平线性标注，如图 7-45 所示。

(5) 选择【注释】选项卡，然后在【标注】面板中单击【基线】按钮，系统将以最后一次创建的尺寸标注 HI 的原点 H 作为基点。

(6) 在图形中单击点 J、点 K，指定基线标注尺寸界限的原点，然后按下 Enter 键结束标注，效果如图 7-46 所示。

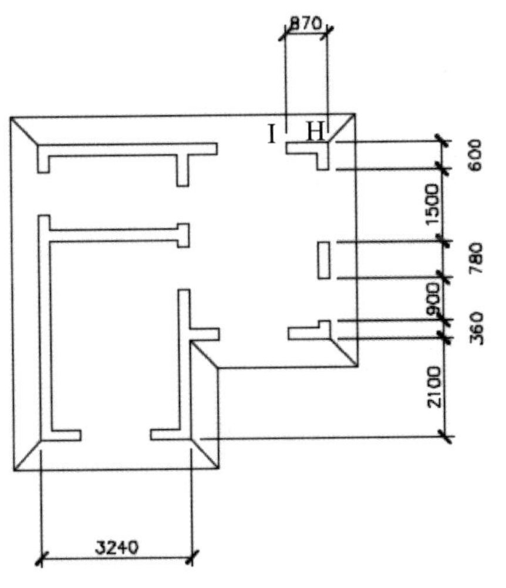

图 7-45　创建水平线性标注

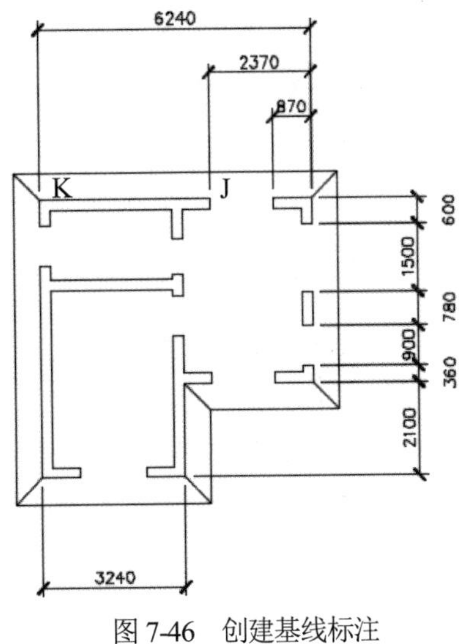

图 7-46　创建基线标注

7.3.5 基线标注

在菜单栏中选择【标注】|【基线】命令(DIMBASELINE)，或在【功能区】选项板中选择【注释】选项卡，然后在【标注】面板中单击【基线】按钮，即可创建一系列由相同的标注原点测量出的标注。

与连续标注一样，在进行基线标注之前也必须先创建(或选择)一个线性、坐标或角度标注作为基准标注，然后执行 DIMBASELINE 命令，此时命令行提示如下信息：

```
指定第二条尺寸界线原点或 [放弃(U)/选择(S)] <选择>:
```

在该提示下，可以直接确定下一个尺寸的第二条尺寸界线的起始点。AutoCAD 将按照基线标注方式标注出尺寸，直至按 Enter 键，结束命令为止。

7.4 半径、直径和圆心标注

在 AutoCAD 中，可以使用【标注】菜单中的【半径】【直径】与【圆心】命令，标注圆或圆弧的半径尺寸、直径尺寸及圆心位置。

7.4.1 半径标注

在 AutoCAD 中，用户可以通过以下几种方法创建半径标注。半径标注可以标注圆或圆弧的半径尺寸，并显示前面带有一个半径符号的标注文字。

- 在命令行中执行 DIMRADIUS 命令。
- 选择【标注】|【半径】命令。
- 选择【默认】选项卡，在【注释】面板中单击【线性】按钮边的▼，在弹出的列表中选择【半径】选项。

执行以上命令，并选择需要标注半径的圆弧或圆，此时命令行将提示如下信息：

```
指定尺寸线位置或 [多行文字(M)/文字(T)/角度(A)]:
```

当指定尺寸线的位置后，系统将按照实际测量值标注出圆或圆弧的半径。

另外，用户也可以通过使用【多行文字(M)】【文字(T)】或【角度(A)】选项，确定尺寸文字或尺寸文字的旋转角度。其中，当通过【多行文字(M)】和【文字(T)】选项重新确定尺寸文字时，只有在输入的尺寸文字加前缀 R，才能使标出的半径尺寸旁有半径符号 R，否则系统将不会显示该符号。

创建半径尺寸标注的具体方法如下。

(1) 打开图形文件后，在命令行中输入 DIMRADIUS 命令，按 Enter 键。

(2) 在命令行提示下，选择图形中的圆，向右上方移动光标，如图 7-47 所示。

(3) 按 Enter 键确认，即可创建半径尺寸标注，效果如图 7-48 所示。

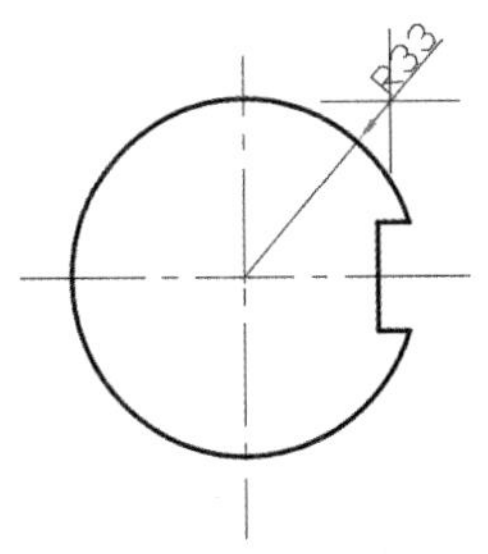

图 7-47　向右上方移动光标

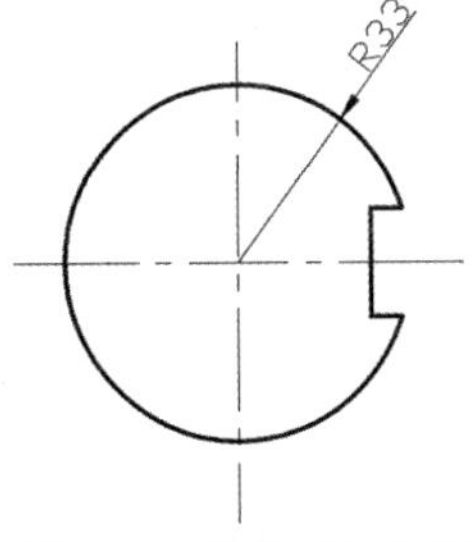

图 7-48　半径标注效果

7.4.2　折弯标注

在 AutoCAD 中，用户可以通过以下几种方法创建折弯标注。当圆弧或圆的中心位于图形边界处，且无法显示在实际位置时，可以使用折弯标注。

- 在命令行中执行 DIMJOGGED 命令。
- 选择【标注】|【折弯】命令。
- 选择【默认】选项卡，在【标注】面板中单击【线性】按钮边的▼，在弹出的列表中选择【已折弯】选项。

创建折弯标注的方法与创建半径标注的方法基本相同，但需要指定一个位置代替圆或圆弧的圆心。

【例 7-4】 标注两个同心圆的半径。

(1) 选择【注释】选项卡，然后在【标注】面板中单击【半径标注】按钮。

(2) 在命令行的【选择圆弧或圆】提示下，单击圆，将显示半径标注。

(3) 在命令行的【指定尺寸线位置或 [多行文字(M)/文字(T)/角度(A)]:】提示信息下，单击圆外的适当位置，确定尺寸线位置，标注效果如图 7-49 所示。

(4) 在菜单栏中选择【标注】|【折弯】命令。

(5) 在命令行的【选择圆弧或圆】提示下，单击圆。

(6) 在命令行的【指定图示中心位置：】提示下，单击圆外的适当位置，确定用于替代中心位置的点，此时将显示半径的标注文字。

(7) 在命令行的【指定尺寸线位置或 [多行文字(M)/文字(T)/角度(A)]：】提示下，单击圆外的适当位置，确定尺寸线位置。

(8) 在命令行的【指定折弯位置：】提示下，指定折弯位置，效果如图 7-50 所示。

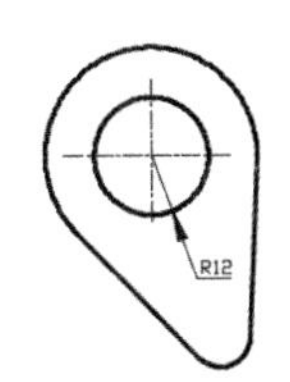

图 7-49　创建半径标注

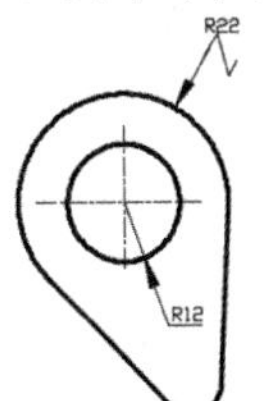

图 7-50　创建折弯标注

7.4.3 直径标注

在 AutoCAD 中，用户可以通过以下几种方法创建直径标注。直径标注用于测量选定圆或圆弧的直径，并显示前面带有一个直径符号的标注文字。

- 在命令行中执行 DIMDIAMETER 命令。
- 选择【标注】|【直径】命令。
- 选择【默认】选项卡，在【注释】面板中单击【线性】按钮边的▼，在弹出的列表中选择【直径】选项⊘。

直径标注的方法与半径标注的方法相同。当选择需要标注直径的圆或圆弧后，直接确定尺寸线的位置，系统将按照实际测量值标注出圆或圆弧的直径。并且，当通过使用【多行文字(M)】和【文字(T)】选项重新确定尺寸文字时，需要在尺寸文字前加前缀%%C，才能使标注的直径尺寸有直径符号 Φ，否则系统将不会显示该符号。

7.4.4 圆心标注

在 AutoCAD 中，用户可以通过以下几种方法创建圆心标记标注，标记圆和圆弧的圆心或中心线。

- 在命令行中执行 DIMCENTER 命令。
- 选择【标注】|【圆心标记】命令。
- 选择【注释】选项卡，在【中心线】面板中单击【圆心标记】按钮⊕。

圆心标记的形式可以由系统变量 DIMCEN 设置。当该变量的值大于 0 时，可作圆心标记，且该值是圆心标记线长度的一半；当变量的值小于 0 时，画出中心线，且该值是圆心处小十字线长度的一半。

【例 7-5】在 AutoCAD 中对图形进行直径标注并添加圆心标记。

(1) 在【功能区】选项板中选择【注释】选项卡，然后在【标注】面板中单击【直径】按钮。

(2) 在命令行的【选择圆弧或圆:】提示下，选中图形上部的圆弧。

(3) 在命令行的【指定尺寸线位置或 [多行文字(M)/文字(T)/角度(A)]:】提示下，单击圆弧外部的适当位置，标注出圆弧的直径，如图 7-51 所示。

(4) 使用同样的方法，标注图形中小圆的直径。

(5) 选择【标注】|【圆心标记】命令，在命令行的【选择圆弧或圆:】提示下，选中图形下方的圆弧，标记圆心，如图 7-52 所示。

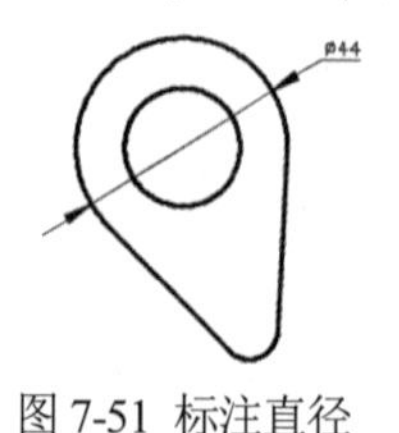

图 7-51 标注直径

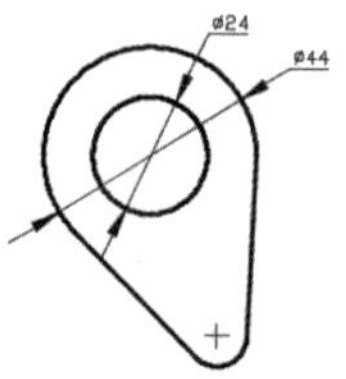

图 7-52 标注圆心标记

7.5　角度标注与其他类型标注

在 AutoCAD 2019 中，除了前面介绍的几种常用的尺寸标注外，还可以使用角度标注及其他类型的标注功能，对图形中的角度、坐标等元素进行标注。

7.5.1　角度标注

在 AutoCAD 中，用户可以通过以下几种方法使用【角度】命令，创建角度标注，测量两条直线或三个点之间的角度，如图 7-53 所示。

- 在命令行中执行 DIMANGULAR 命令。
- 选择【标注】|【角度】命令。
- 选择【默认】选项卡，在【标注】面板中单击【线性】按钮边的▼，在弹出的列表中选择【角度】选项△。

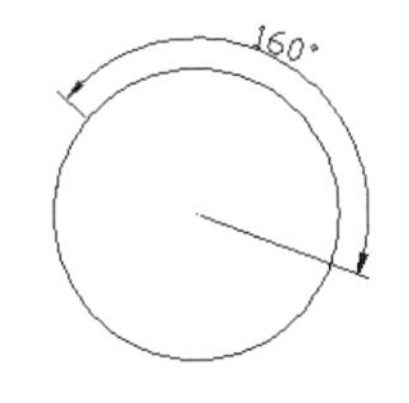

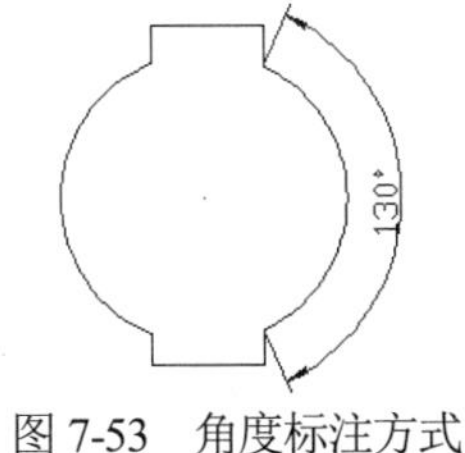

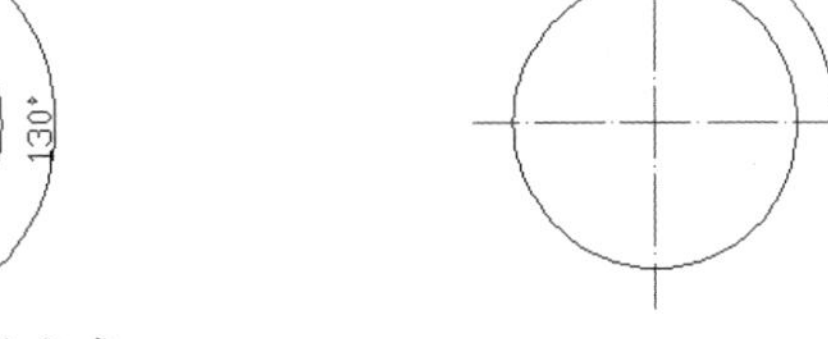

图 7-53　角度标注方式

执行 DIMANGULAR 命令，此时命令行提示信息如下：

```
选择圆弧、圆、直线或 <指定顶点>:
```

在该命令提示下，可以选择需要标注的对象，其功能说明如下。

- 标注圆弧角度：当选中圆弧时，命令行显示【指定标注弧线位置或 [多行文字(M)/文字(T)/角度(A)]:】提示信息。此时，如果直接确定标注弧线的位置，AutoCAD 将按照实际测量值标注出角度。也可以使用【多行文字(M)】【文字(T)】及【角度(A)】选项，设置尺寸文字和旋转角度。
- 标注圆角度：当选中圆时，命令行显示【指定角的第二个端点:】提示信息，要求确定另一点作为角的第二个端点。该点可以在圆上，也可以不在圆上，然后再确定标注弧线的位置。此时，标注的角度将以圆心为角度的顶点，以通过所选择的两个点为尺寸界线。
- 标注两条不平行直线之间的夹角：首先需要选中这两条直线，然后确定标注弧线的位置，AutoCAD 将自动标注出这两条直线的夹角。
- 根据 3 个点标注角度：此时首先需要确定角的顶点，然后分别指定角的两个端点，最后指定标注弧线的位置。

创建角度尺寸标注的具体方法如下。

(1) 打开图形文件后，在命令行中输入 DIMANGULAR 命令，按 Enter 键。

(2) 在命令行提示下，依次选择图形中的水平直线 A 和倾斜直线 B。

(3) 向左下方移动光标，至合适的位置后，单击鼠标即可创建角度标注，如图 7-54 所示。

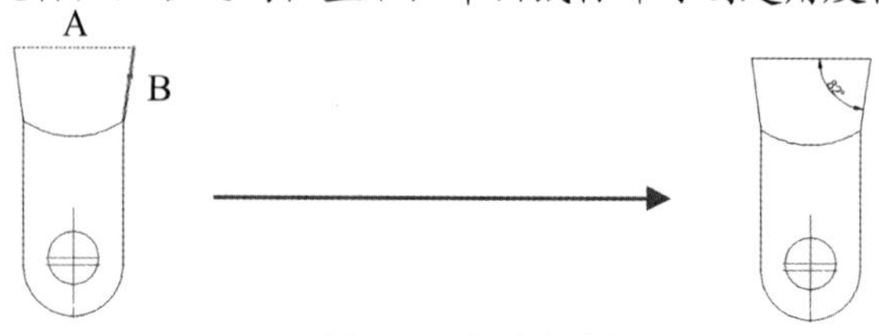

图 7-54　创建角度标注

创建角度尺寸标注后，可以相对于现有角度标注创建基线和连续角度标注。一般情况下，基线和连续角度标注小于或等于 180°。

7.5.2　折弯线性标注

在 AutoCAD 中，用户可以通过以下几种方法创建折弯线性标注。

- 在命令行中执行 DIMJOGLINE 命令。
- 选择【标注】|【折弯线性】命令。
- 选择【注释】选项卡，在【标注】面板中单击【标注，折弯标注】按钮。

【例 7-6】在 AutoCAD 2019 中对图形添加角度标注，并且为标注添加折弯线。

(1) 在【功能区】选项板中选择【注释】选项卡，然后在【标注】面板中单击【角度】按钮。

(2) 在命令行的【选择圆弧、圆、直线或<指定顶点>:】提示下选中直线 OA，如图 7-55 所示。

(3) 在命令行的【选择第二条直线:】提示下，选中直线 OB。在命令行的【指定标注弧线位置或[多行文字(M)/文字(T)/角度(A)]:】提示下，在直线 OA、OB 之间或者之外单击，确定标注弧线的位置，即可标注出两直线之间的夹角，如图 7-56 所示。

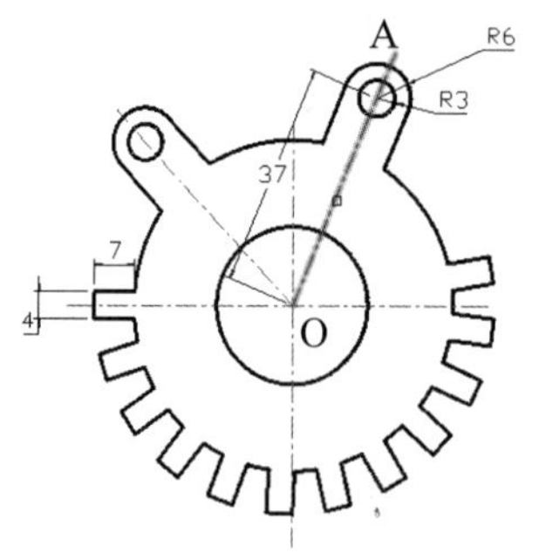

图 7-55　选中直线 OA

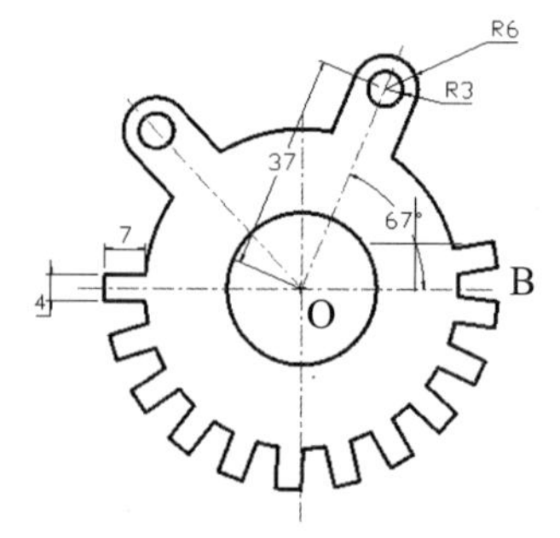

图 7-56　标注角度

(4) 在【功能区】选项板中选择【注释】选项卡，然后在【标注】面板中单击【标注、折弯标注】按钮。在命令行的【选择要添加折弯的标注或 [删除(R)]:】提示下，选择标注 37。

(5) 在命令行的【指定折弯位置(或按 Enter 键):】提示下，在绘图窗口适当的位置单击，进行折弯标注，效果如图 7-57 所示。

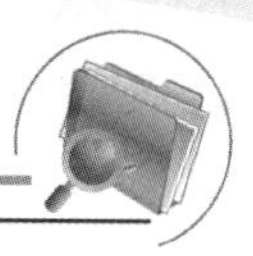

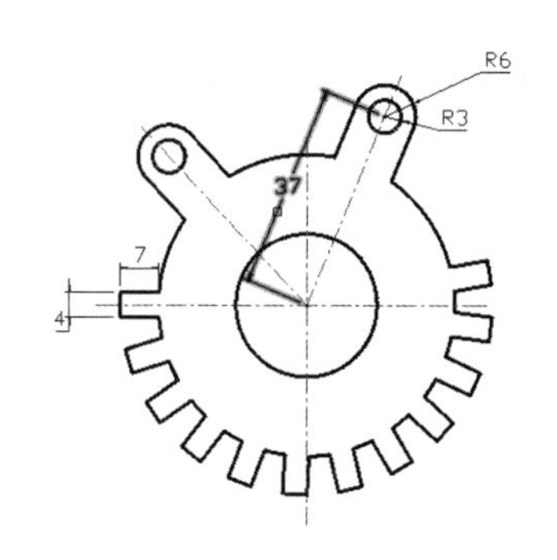

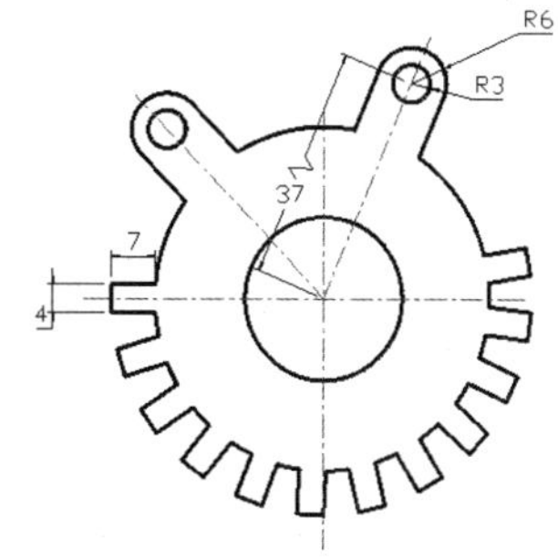

图 7-57 折弯标注

7.5.3 坐标标注

在 AutoCAD 中，用户可以通过以下几种方法创建坐标标注。坐标标注可以标注测量原点到标注特征点的垂直距离(这种标注保持特征点与基准点的精确偏移量，从而能够避免产生误差)。

- 在命令行中执行 DIMORDINATE 命令。
- 选择【标注】|【坐标】命令。
- 选择【默认】选项卡，在【标注】面板中单击【线性】按钮边的▼，在弹出的列表中选择【坐标】选项。

执行以上命令后，命令行提示如下信息：

```
指定点坐标:
```

在该命令提示下确定需要标注坐标尺寸的点，然后系统将显示【指定引线端点或 [X 基准(X)/Y 基准(Y)/多行文字(M)/文字(T)/角度(A)]:】提示信息。默认情况下，指定引线的端点位置后，系统将在该点标注出指定点坐标。

此外，在命令提示中，【X 基准(X)】【Y 基准(Y)】选项分别用于标注指定点的 X、Y 坐标；【多行文字(M)】选项用于通过当前文本输入窗口输入标注的内容；【文字(T)】选项用于直接输入标注的内容；【角度(A)】选项则用于确定标注内容的旋转角度。

7.5.4 快速标注

使用快速标注可以快速创建成组的基线、连续或坐标标注。快速标注允许用户同时标注多个对象的尺寸，也可以对现有的尺寸标注进行快速编辑，或者创建新的尺寸标注。

在 AutoCAD 中，用户可以通过以下几种方法创建快速标注：

- 在命令行中执行 QDIM 命令。
- 选择【标注】|【快速标注】命令。
- 选择【注释】选项卡，在【标注】面板中单击【快速】按钮。

执行【快速标注】命令，并选择需要标注尺寸的各图形对象后，命令行提示信息如下：

```
指定尺寸线位置或[连续(C)/并列(S)/基线(B)/坐标(O)/半径(R)/直径(D)/基准点(P)/编辑(E)/设置(T)] <连续>:
```

由此可见，使用该命令可以进行【连续(C)】【并列(S)】【基线(B)】【坐标(O)】【半径(R)】和【直径(D)】等一系列标注。

【例 7-7】使用【快速标注】命令，标注图形中的圆和圆弧的半径或直径。

(1) 在【功能区】选项板中选择【注释】选项卡，在【标注】面板中单击【快速】按钮。

(2) 在命令行提示下，选中要标注半径的圆和圆弧，然后按 Enter 键。

(3) 在命令行的【指定尺寸线位置或[连续(C)/并列(S)/基线(B)/坐标(O)/半径(R)/直径(D)/基准点(P)/编辑(E)/设置(T)] <连续>:】提示下输入 R，然后按 Enter 键。

(4) 移动光标至适当的位置，然后单击，即可快速标注出所选择圆和圆弧的半径，如图 7-58 所示。

(5) 在【功能区】选项板中选择【注释】选项卡，在【标注】面板中单击【快速】按钮，标注图形下方圆弧的直径，完成后的效果如图 7-59 所示。

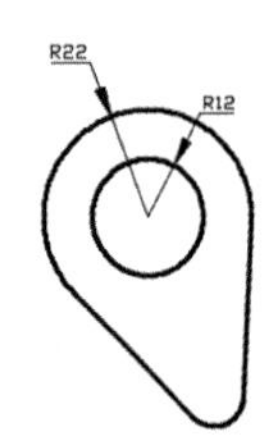

图 7-58　标注圆弧和圆的半径

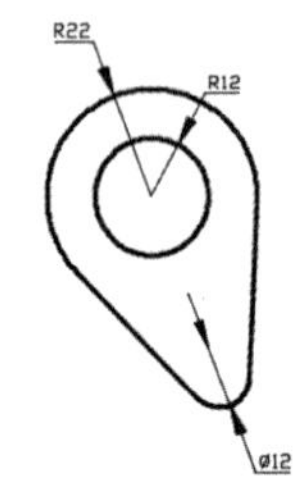

图 7-59　标注圆弧直径

7.5.5　多重引线标注

多重引线标注命令常用于对图形中的某些特定对象进行说明，以使图形表达更清楚。多重引线标注命令主要有以下几种调用方法：

- 在命令行中执行 MLEADER 命令。
- 选择【标注】|【多重引线】命令。
- 选择【注释】选项卡，然后在【引线】面板(如图 7-60 所示)中单击【多重引线】按钮。

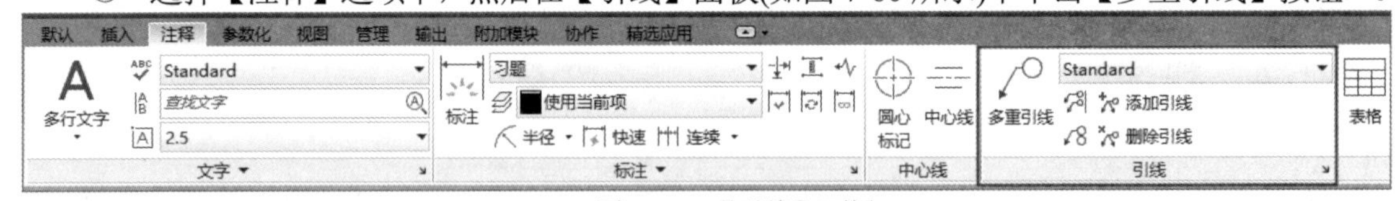

图 7-60　【引线】面板

1. 创建多重引线标注

执行【多重引线】命令，命令行将显示如下信息：

```
指定引线箭头的位置或 [引线钩线优先(L)/内容优先(C)/选项(O)] <选项>:
```

此时，在图形中单击确定引线箭头的位置，然后在打开的文字输入窗口输入注释内容即可。图 7-61 所示为添加倒角的文字注释。

在【引线】面板中单击【添加引线】按钮，用户可以为图形继续添加多个引线和注释。图 7-62 所示为在图 7-61 中再添加一个倒角引线注释的效果。

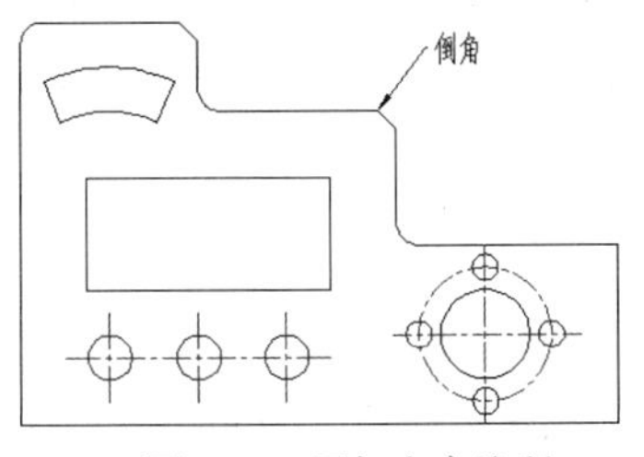

图 7-61　添加文字注释

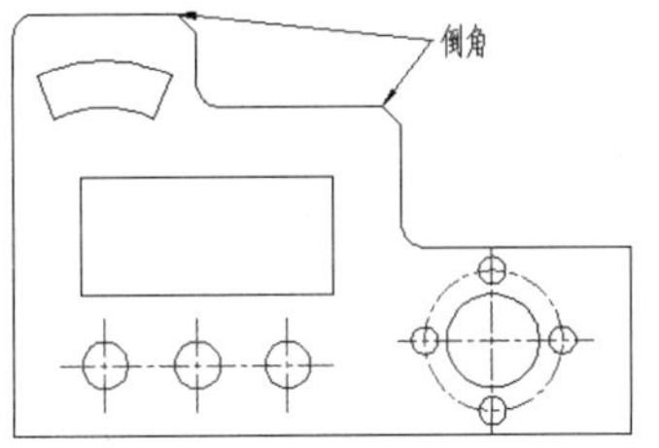

图 7-62　添加引线注释

在【引线】面板中单击【对齐】按钮，可以将多个引线注释进行对齐排列；单击【合并】按钮，可以将相同引线注释进行合并显示。

2. 管理多重引线样式

在【引线】面板中单击【多重引线样式管理器】按钮，打开【多重引线样式管理器】对话框，如图 7-63 所示。该对话框和【标注样式管理器】对话框功能类似，可以设置多重引线的格式。单击【新建】按钮，可以打开【创建新多重引线样式】对话框，如图 7-64 所示。

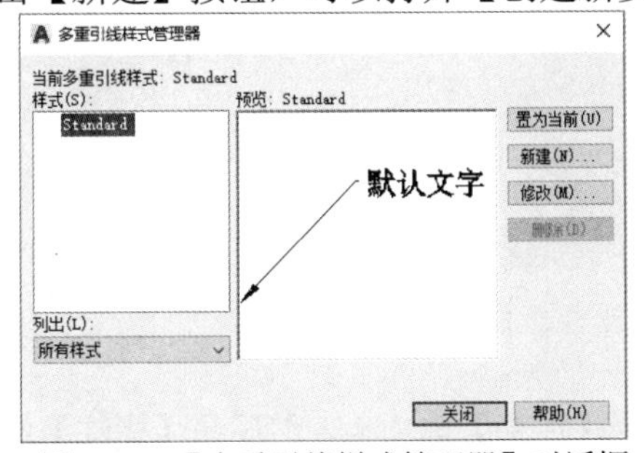

图 7-63　【多重引线样式管理器】对话框

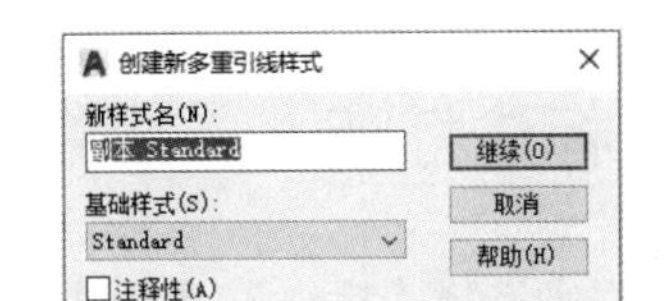

图 7-64　【创建新多重引线样式】对话框

设置新样式的名称和基础样式后，单击该对话框中的【继续】按钮，将打开【修改多重引线样式】对话框，从中可以创建多重引线的格式、结构和内容。如图 7-65 所示分别为【修改多重引线样式】对话框的【引线格式】选项卡和【内容】选项卡。

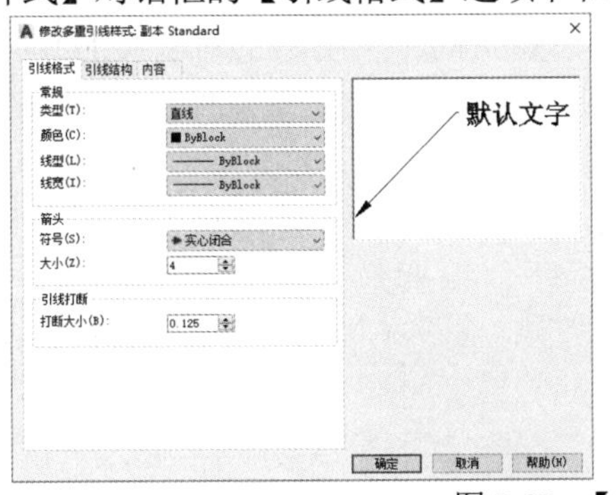

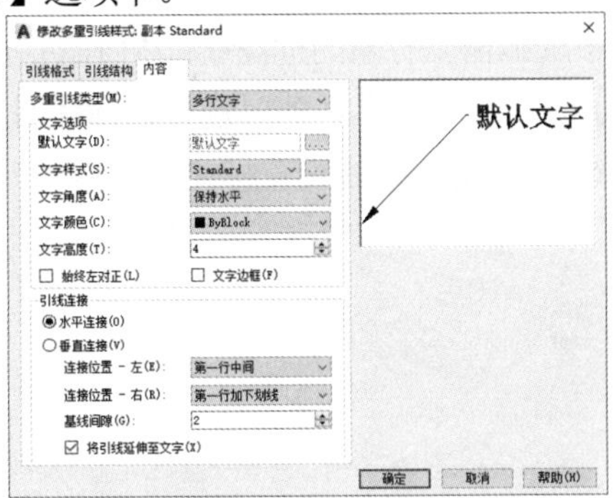

图 7-65　【修改多重引线样式】对话框

用户新建多重引线样式后，单击【确定】按钮。然后在【多重引线样式管理器】对话框中将新样式置为当前即可。

7.5.6 标注间距

在菜单栏中选择【标注】|【标注间距】命令，或选择【注释】选项卡，然后在【标注】面板中单击【调整间距】按钮，即可修改已经标注的图形中的标注线的位置间距大小。

执行【标注间距】命令，命令行将显示如下信息：

```
选择基准标注:
```

此时，在图形中选择第一个标注线；然后命令行提示信息【选择要产生间距的标注:】，此时再选择第二个标注线；接下来命令行提示信息【输入值或 [自动(A)] <自动>:】，输入标注线的间距数值，按 Enter 键完成标注间距。该命令可以选择连续设置多个标注线之间的间距。图 7-66 所示为左图的 1、2、3 处的标注线设置标注间距后的效果对比。

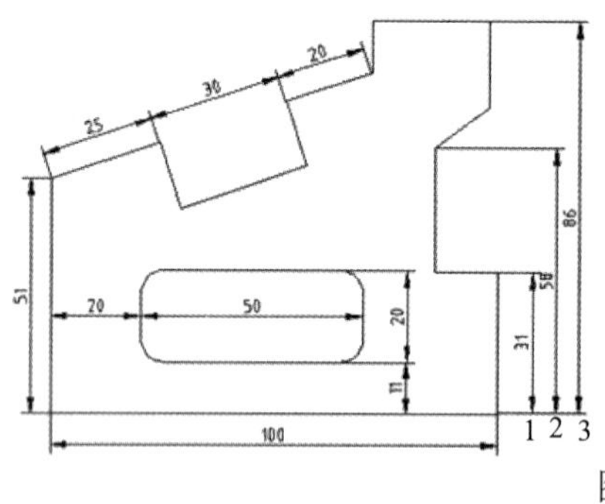

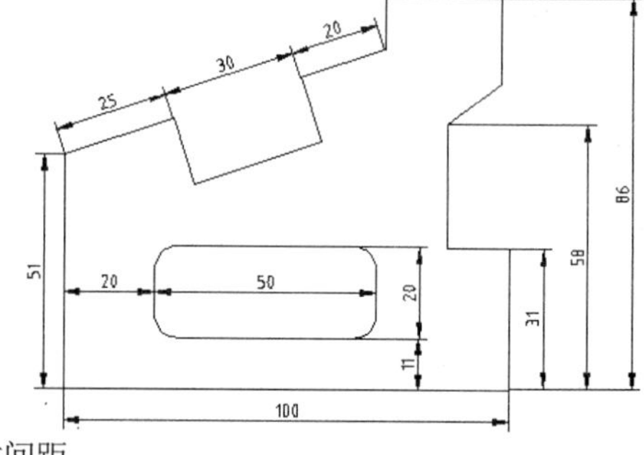

图 7-66 标注间距

7.5.7 标注打断

在菜单栏中选择【标注】|【标注打断】命令，或选择【注释】选项卡，然后在【标注】面板中单击【打断】按钮，即可在标注线和图形之间产生一个隔断。

执行【标注打断】命令，命令行将显示如下信息：

```
选择标注或 [多个(M)]:
```

在图形中选择需要打断的标注线；然后命令行提示信息【选择要打断标注的对象或 [自动(A)/恢复(R)/手动(M)] <自动>:】，此时选择该标注对应的线段，按 Enter 键完成标注打断。图 7-67 所示为左图的 1、2 处的标注线设置标注打断后的效果对比。

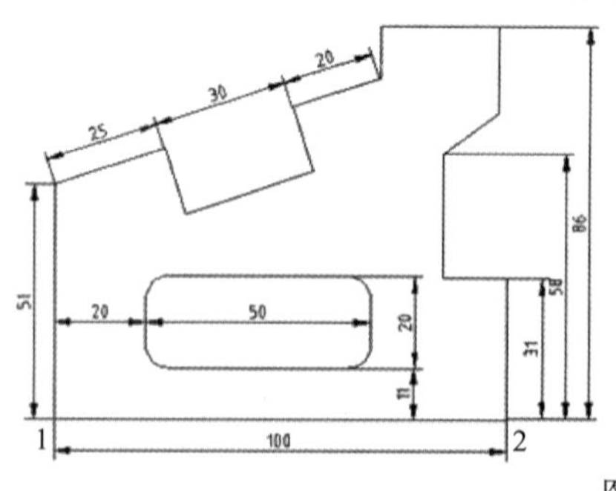

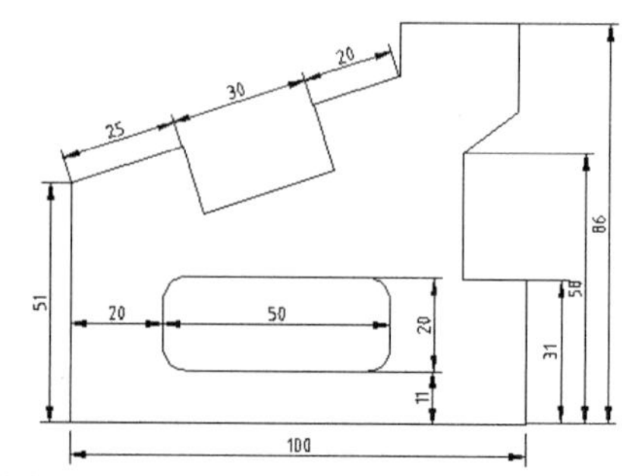

图 7-67 标注打断

7.6　标注形位公差

形位公差包括形状公差和位置公差，它是指导生产、检验产品和控制质量的技术依据。行为公差标注命令主要有以下几种执行方法：

- 在命令行中执行 TOLERANCE 命令。
- 选择【标注】|【公差】命令。
- 选择【注释】选项卡，然后在【标注】面板中单击【公差】按钮。

执行形位公差命令后，打开【形位公差】对话框，即可设置公差的符号、值及基准等参数，如图 7-68 所示。【行为公差】对话框中选项的功能说明如下。

- 【符号】选项：单击该列的■框，将打开【特征符号】对话框，可以为第 1 个或第 2 个公差选择几何特征符号，如图 7-69 所示。

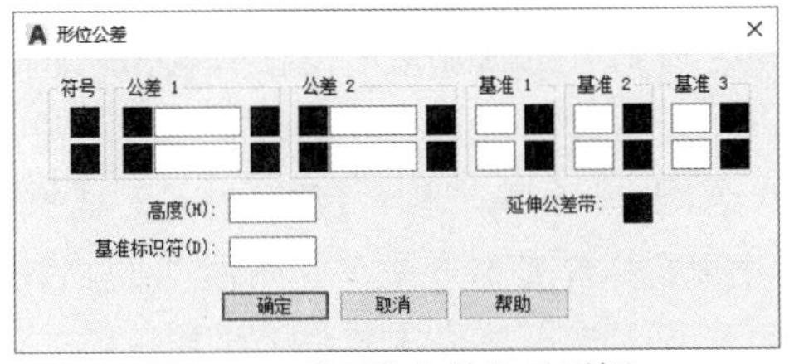

图 7-68　【形位公差】对话框

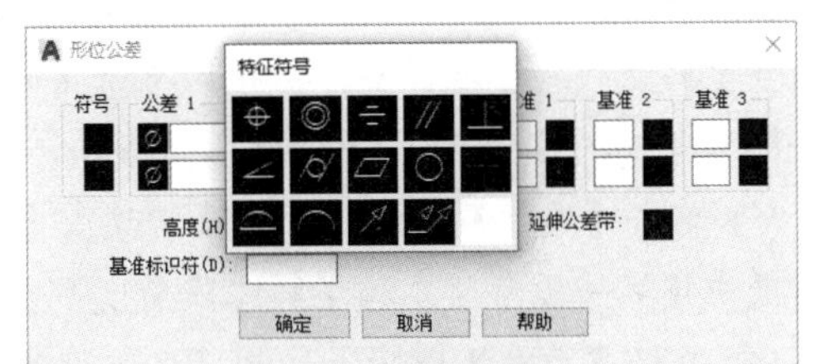

图 7-69　公差特征符号

- 【公差 1】和【公差 2】选项：单击该列前面的■框，将插入一个直径符号。在中间的文本框中，可以输入公差值。单击该列后面的■框，将打开【附加符号】对话框，可以为公差选择包容条件符号。
- 【延伸公差带】选项：单击该■框，可以在延伸公差带值的后面插入延伸公差带符号。
- 【基准 1】【基准 2】和【基准 3】选项：用于设置公差基准和相应的包容条件。
- 【高度】文本框：用于设置投影公差带的值。投影公差带控制固定垂直部分延伸区的高度变化，并以位置公差控制公差精度。
- 【基准标识符】文本框：用于创建由参照字母组成的基准标识符号。

7.7　上机练习

本章的上机练习部分将通过实例介绍标注零件图形的方法，用户可以通过具体的操作进一步掌握各种尺寸标注的方法和技巧。

7.7.1　标注底板图形

使用 AutoCAD 标注如图 7-70 所示图形中的圆 A、圆 B、圆 C 和圆弧 m 的半径，然后创建一个多重引线样式，并使用【多重引线标注】命令在 D 处标注引线注释。

(1) 选择【注释】选项卡，然后在【标注】面板中单击【快速标注】按钮。在命令行的【选择要标注的几何图形:】提示下，选中需要标注的圆 A、圆 B、圆 C 和圆弧 m，按 Enter 键。

(2) 在命令行的【指定尺寸线位置或[连续(C)/并列(S)/基线(B)/坐标(O)/半径(R)/直径(D)/基准点(P)/编辑(E)/设置(T)]<连续>:】提示下，输入 R，然后按 Enter 键。

(3) 移动光标至适当位置单击，即可快速标注出所选择的圆和圆弧的半径，如图 7-71 所示。

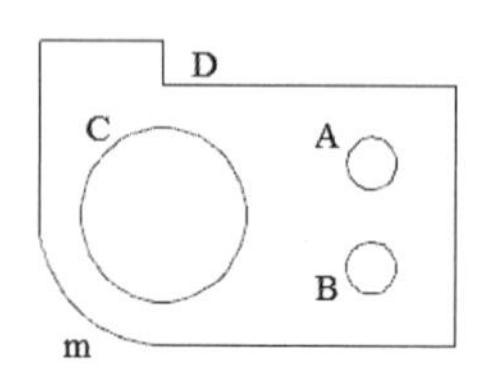

图 7-70　示例图形

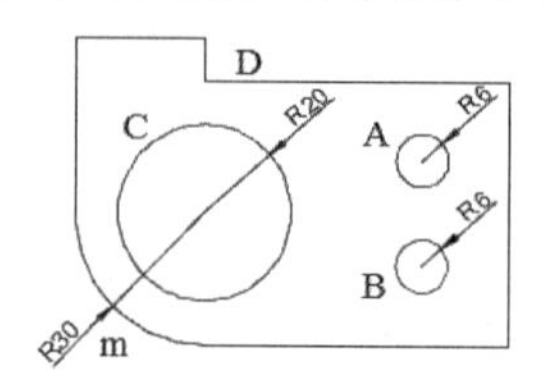

图 7-71　标注半径

(4) 选择【注释】选项卡，然后在【引线】面板中单击【多重引线样式管理器】按钮，打开【多重引线样式管理器】对话框。单击【新建】按钮，在打开的【创建新多重引线样式】对话框中输入新样式名称 A1，保持默认的基础样式。

(5) 单击【继续】按钮，打开【修改多重引线样式:A1】对话框，选择【引线结构】选项卡，然后选中【第一段角度】和【第二段角度】复选框，并设置其角度都为 45°，如图 7-72 所示。

(6) 选择【内容】选项卡，在【多重引线类型】下拉列表框中选择【多行文字】选项。单击【默认文字】文本框右边的按钮，如图 7-73 所示。在打开的文字编辑窗口中设置默认文字为【W1 垫片剖面图】，然后单击【确定】按钮。

(7) 此时返回【多重引线样式管理器】对话框，在【样式】列表中选择 A1 选项，单击【置为当前】按钮，然后单击【关闭】按钮。

(8) 打开【注释】选项卡，在【引线】面板中单击【多重引线】按钮，在【指定引线箭头的位置或 [引线钩线优先(L)/内容优先(C)/选项(O)] <选项>:】提示信息下，单击图中的 D 处位置。

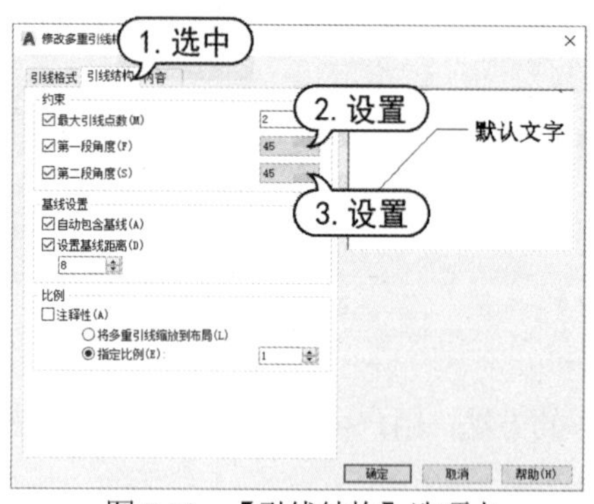

图 7-72　【引线结构】选项卡

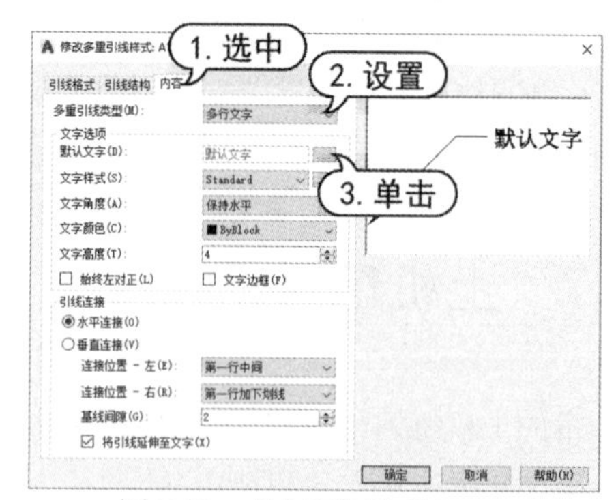

图 7-73　【内容】选项卡

(9) 在【指定引线钩线的位置:】提示下，单击 D 处右侧的任意位置，然后在【覆盖默认文字 [是(Y)/否(N)] <否>:】提示信息下，选择【否】选项，如图 7-74 所示，结束多重引线标注，效果如图 7-75 所示。

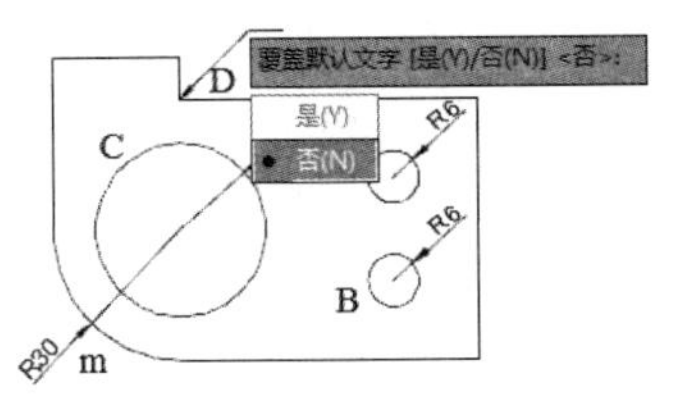

图 7-74　设置不覆盖默认文字

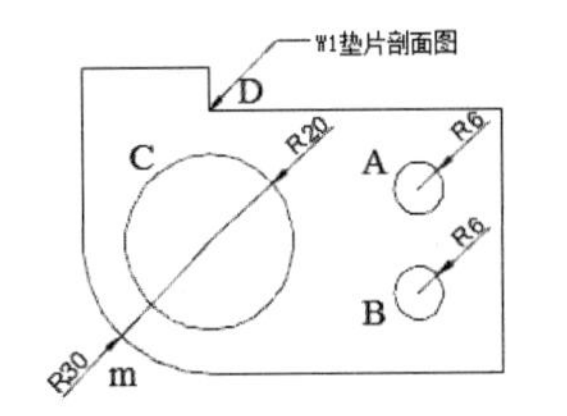

图 7-75　添加多重引线标注

7.7.2　标注蜗杆后盖图形

使用 AutoCAD 在蜗杆后盖零件图中创建各种尺寸标注。

(1) 打开图形文件后，选择【格式】|【图层】命令，打开【图层特性管理器】面板，将【尺寸线】图层设置为当前图层。

(2) 在命令行中执行 DIMLINEAR 命令，按 Enter 键确认，在命令行提示下捕捉图 7-76 左图和右图所示的端点。

(3) 向下移动光标，至合适的位置单击，创建如图 7-77 所示的线性尺寸标注。

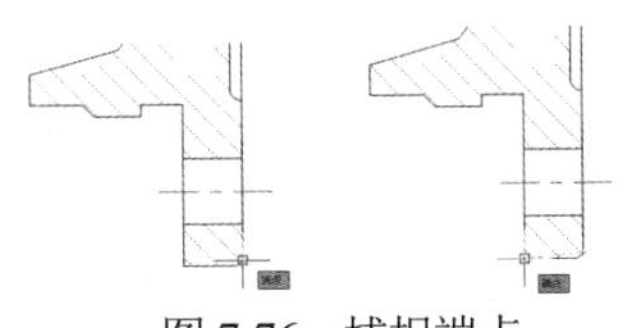

图 7-76　捕捉端点

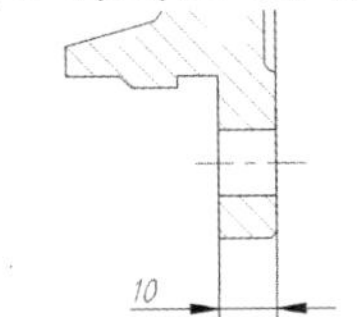

图 7-77　创建线性尺寸标注

(4) 在命令行中执行 DIMTEDIT 命令，按 Enter 键，在命令行提示下选中创建的线性尺寸标注，然后调整标注中文字的位置，完成后单击鼠标，如图 7-78 所示。

(5) 在命令行中执行 DIMCONTINUE 命令，按 Enter 键，在命令行提示下选中图形中的线性尺寸标注，按 Enter 键后，捕捉图 7-79 左图所示的端点。

(6) 在命令行提示下选中图 7-79 右图所示的端点，然后按 Enter 键确认，创建连续标注。

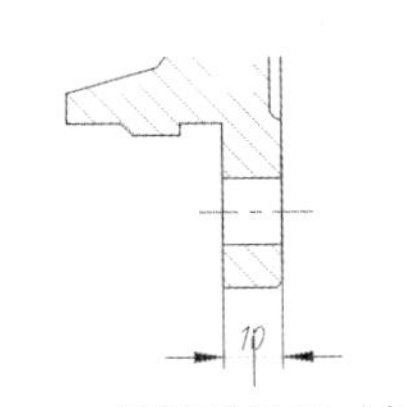

图 7-78　编辑线性尺寸标注

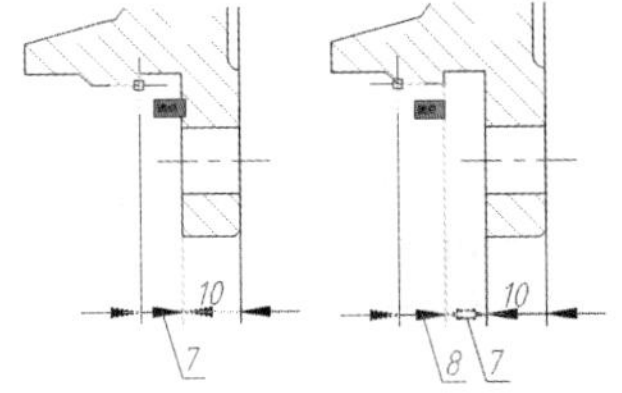

图 7-79　创建连续标注

(7) 在命令行中输入 DIMTEDIT 命令，按 Enter 键。在命令提示下调整连续尺寸标注中文本的位置，如图 7-80 所示。

(8) 在命令行中输入 EXPLODE 命令，按 Enter 键。在命令行提示下选中图形中创建的标注，按 Enter 键，将尺寸标注分解。

(9) 删除分解后多余的尺寸标注，如图 7-81 所示。

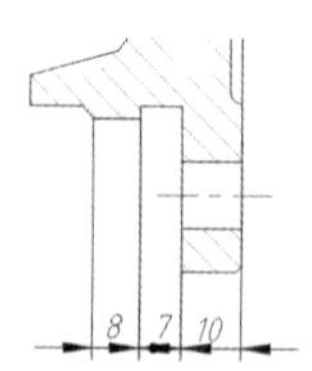

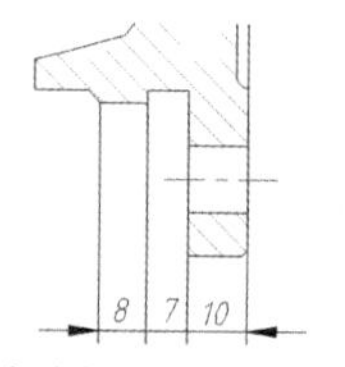

图 7-80　调整标注文本的位置　　图 7-81　删除分解后多余的尺寸标注

(10) 在命令行中输入 DIMLINEAR 命令，按 Enter 键确认。在命令行提示下依次捕捉图 7-82 中的 A 点和 B 点。

(11) 向下移动光标，单击鼠标，创建如图 7-83 所示的尺寸标注。

(12) 使用同样的方法，标注图形中如图 7-84 所示的位置。

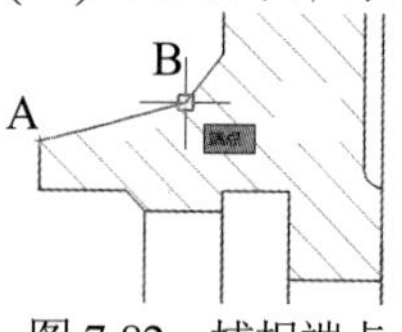

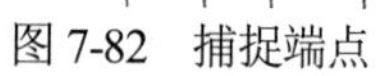

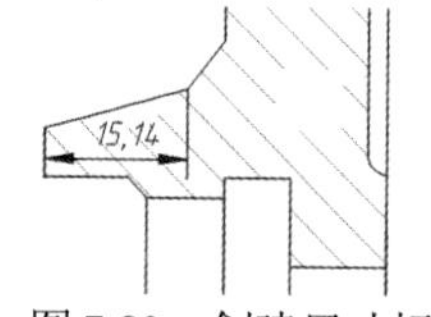

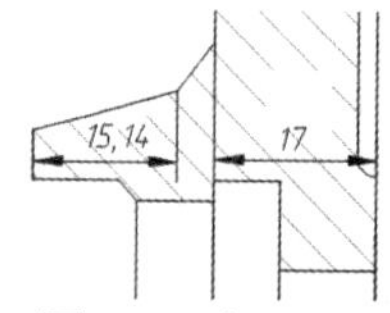

图 7-82　捕捉端点　　图 7-83　创建尺寸标注　　图 7-84　标注图形

(13) 使用同样的方法，标注图形中的其他位置，并为标注设置文本替代，如图 7-85 所示。

(14) 在命令行中执行 MLEADER 命令，在图形中创建引线标注。在命令行中执行 DIMRADIUS 命令，在图形中创建半径尺寸标注，完成后的效果如图 7-86 所示。

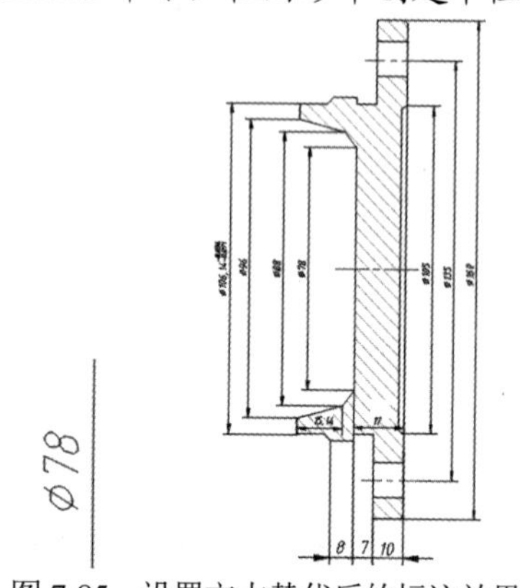

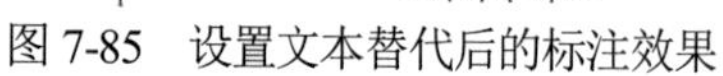

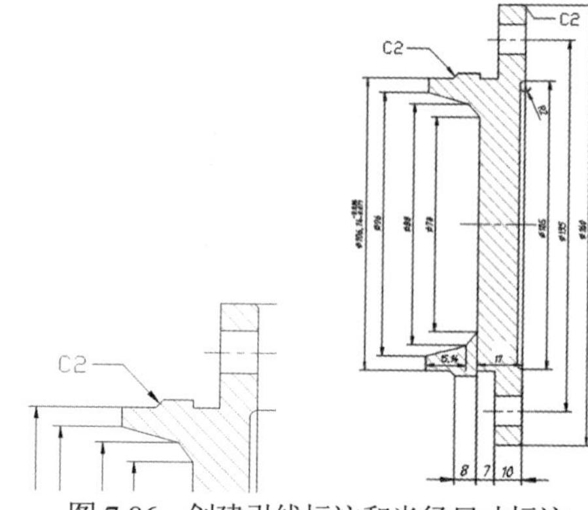

图 7-85　设置文本替代后的标注效果　　图 7-86　创建引线标注和半径尺寸标注

7.8　习题

1. 在对圆进行标注时，如何才能让标注直径的尺寸线带水平转折？

2. 在进行尺寸标注时，为什么看到别人标注的箭头都在里面，而自己的标注箭头却在外面，而且长度、箭头大小都是一样的？

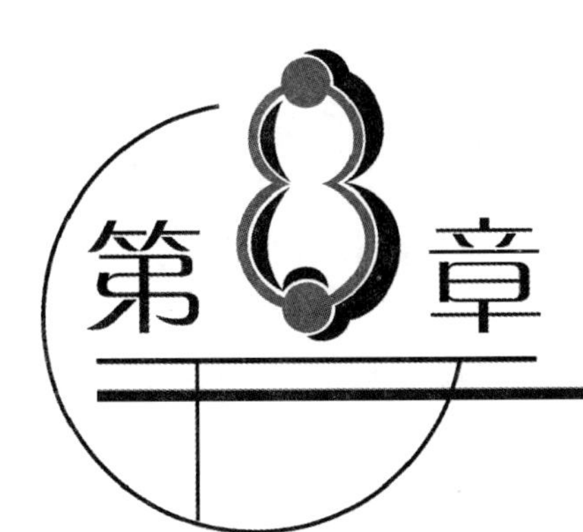

使用文字和表格

学习目标

文字对象是 AutoCAD 图形中非常重要的图形元素，也是机械制图和工程制图中不可缺少的组成部分。在一个完整的图样中，通常都使用一些文字注释来标注图样中的一些非图形信息。例如，机械工程图形中的技术要求、装配说明，以及工程制图中的材料说明、施工要求等。另外，在 AutoCAD 2019 中，使用表格功能可以创建不同类型的表格，还可以在其他软件中复制表格，以简化制图操作。

本章重点

- 设置文字样式
- 创建与编辑单行文字
- 创建与编辑多行文字
- 创建表格样式和表格

8.1 创建与设置文字样式

通过对文字样式的设置可以控制文字外观的显示。在默认情况下，AutoCAD 使用当前文字样式；用户也可以根据绘图的要求，对文字样式进行相应设置，从而得到绘图所要求的标注文字。本节将介绍创建与设置文字样式的基本操作。

8.1.1 创建文字样式

使用【文字样式】命令，可以创建新的文字样式，并可根据绘图需要重命名文字样式。

在 AutoCAD 中，用户可以通过以下几种方法执行【文字样式】命令：

- 在命令行中执行 STYLE 命令。

- 选择【格式】|【文字样式】命令。
- 选择【默认】选项卡，在【注释】面板中单击▼，在展开的面板中单击【文字样式】按钮。

创建文字样式的具体操作步骤如下。

(1) 打开一个图形后，在命令行中输入 STYLE，然后按 Enter 键，打开【文字样式】对话框，单击【新建】按钮。

(2) 打开【新建文字样式】对话框，在【样式名】文本框中输入“机械样式”，单击【确定】按钮，如图 8-1 所示。

(3) 返回【文字样式】对话框。此时，在对话框的【样式】列表中可以看到新建的文字样式——机械样式。

(4) 右击【样式】列表中的【机械样式】文字样式，在弹出的列表中选择【重命名】命令，如图 8-2 所示。

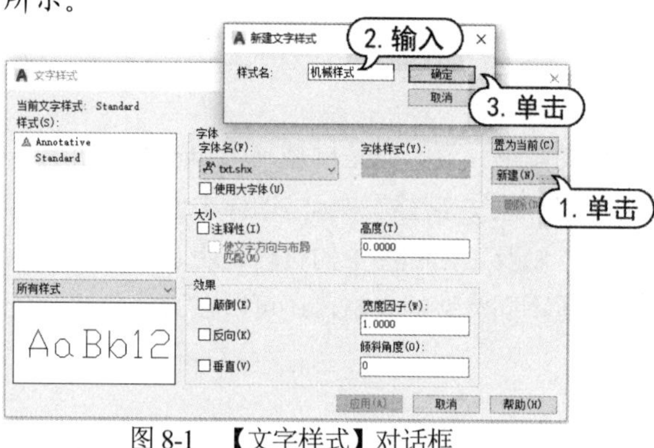

图 8-1 【文字样式】对话框

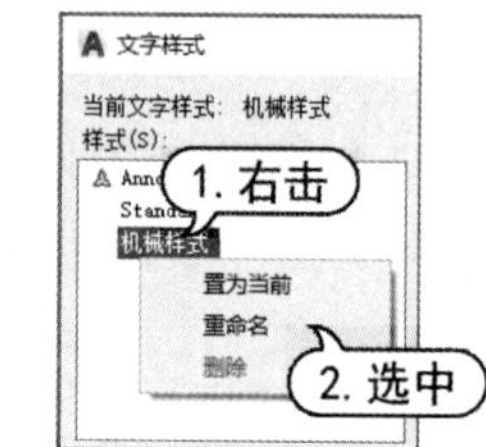

图 8-2 重命名文字样式

(5) 此时，样式名处于激活状态，输入新的样式名“工程制图”，并按下 Enter 键，即可重命名文字样式。

【文字样式】对话框中各主要选项的功能说明如下。

- 【样式】列表框：用于显示图形中已定义的样式。
- 【新建】按钮：单击该按钮，可以新建文字样式。
- 【字体样式】下拉按钮：用于指定字体格式，如斜体、粗体等。
- 【高度】文本框：在该文本框中可以输入具体数值设置文字高度。
- 【使用大字体】复选框：选中该复选框，可以设置符合制图标准的字体。

8.1.2 设置文字字体

【文字样式】对话框的【字体】选项区域用于设置文字样式使用的字体属性。其中，【字体名】下拉列表框用于选择字体，如图 8-3 所示；【字体样式】下拉列表框用于选择字体样式，如斜体、粗体和常规字体等，如图 8-4 所示；选中【使用大字体】复选框，【字体样式】下拉列表框将改为【大字体】下拉列表框，用于选择大字体文件。

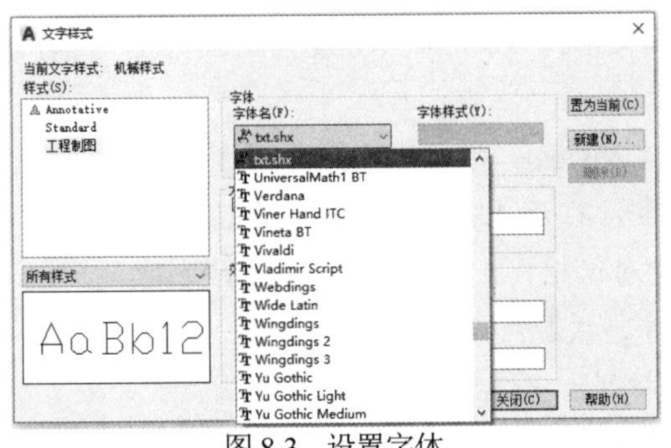

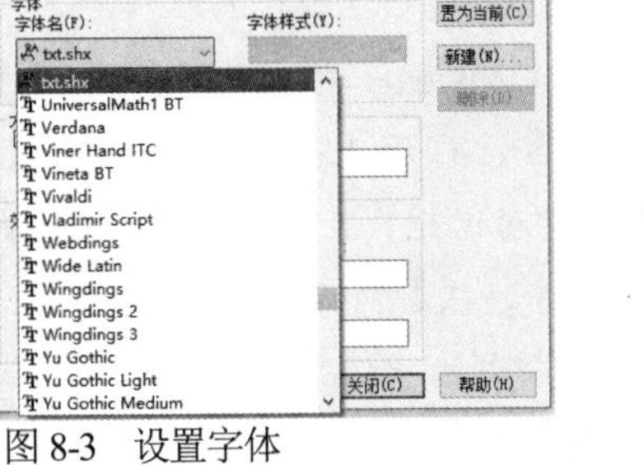

图 8-3　设置字体

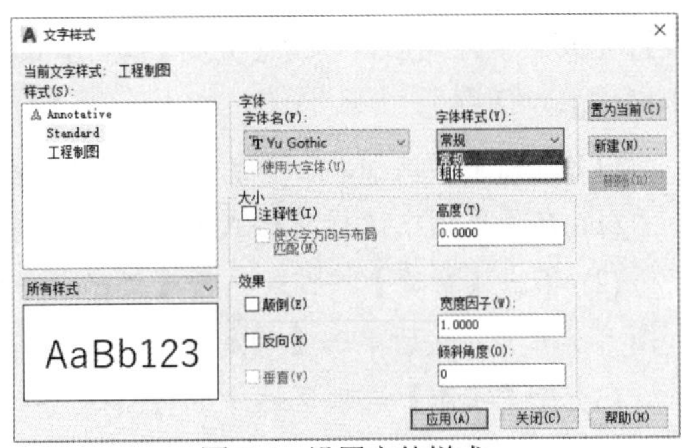

图 8-4　设置字体样式

【大小】选项区域用于设置文字样式使用的字高属性；【高度】文本框用于设置文字的高度。如果将文字的高度设为 0，在使用 TEXT 命令标注文字时，命令行将显示【指定高度:】提示，要求指定文字的高度；如果在【高度】文本框中输入文字高度，AutoCAD 将按此高度标注文字，而不再提示指定高度；选中【注释性】复选框，文字将被定义成可注释性的对象。

8.1.3　设置文字效果

通过【文字样式】对话框中的【效果】选项区域，可以设置文字的显示效果，如图 8-5 所示为各种文字显示效果，各选项的功能说明如下：

文字样式　　文字样式　　AutoCAD

图 8-5　文字的各种效果

- 【颠倒】复选框：用于设置是否将文字颠倒过来书写。
- 【反向】复选框：用于设置是否将文字反向书写。
- 【垂直】复选框：用于设置是否将文字垂直书写，但垂直效果对汉字字体无效。
- 【宽度因子】文本框：用于设置文字字符的高度和宽度之比。当宽度因子为 1 时，将按系统定义的高宽比书写文字；当宽度因子小于 1 时，字符将会变窄；当宽度因子大于 1 时，字符将会变宽。
- 【倾斜角度】文本框：用于设置文字的倾斜角度。角度为 0 时不倾斜，角度为正值时向右倾斜；为负值时向左倾斜。

8.1.4　预览与应用文字样式

在【文字样式】对话框的【预览】选项区域中，可以预览所选择或所设置的文字样式效果。

设置完成文字样式后，单击【应用】按钮，即可应用文字样式。然后单击【关闭】按钮，关闭【文字样式】对话框。

【例 8-1】定义符合国标标准要求的新文字样式 Mytext，字高为 3.5，向右倾角 15°。

(1) 在菜单栏中选择【格式】|【文字样式】命令，打开【文字样式】对话框。

(2) 单击【新建】按钮，打开【新建文字样式】对话框，在【样式名】文本框中输入 Mytext，如图 8-6 所示，然后单击【确定】按钮，返回【文字样式】对话框。

(3) 在【字体】选项区域中的【SHX 字体】下拉列表中选择 gbenor.shx 选项，然后在【大字体】下拉列表框中选择 gbcbig.shx 选项；在【高度】文本框中输入 3.5000，如图 8-7 所示。

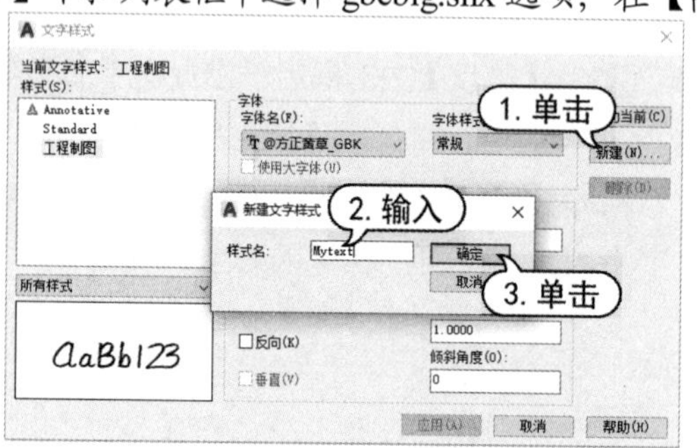

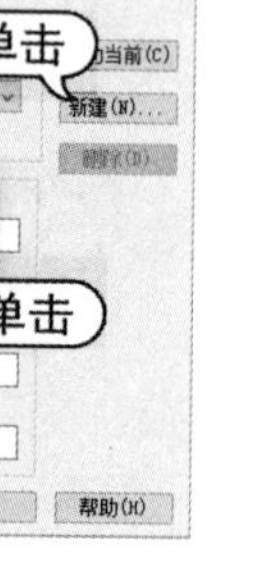

图 8-6　设置样式名

图 8-7　创建新样式

(4) 单击【应用】按钮，应用该文字样式，然后单击【关闭】按钮，关闭【文字样式】对话框，并将文字样式 Mytext 置为当前样式。

8.2　创建与编辑单行文字

在 AutoCAD 中，使用【注释】选项卡中的【文字】面板或【文字】工具栏(如图 8-8 所示)都可以创建和编辑文字。对于单行文字来说，每一行都是一个文字对象，因此可以用来创建文字内容比较简短的文字对象(如标签)，并且可以进行单独编辑。

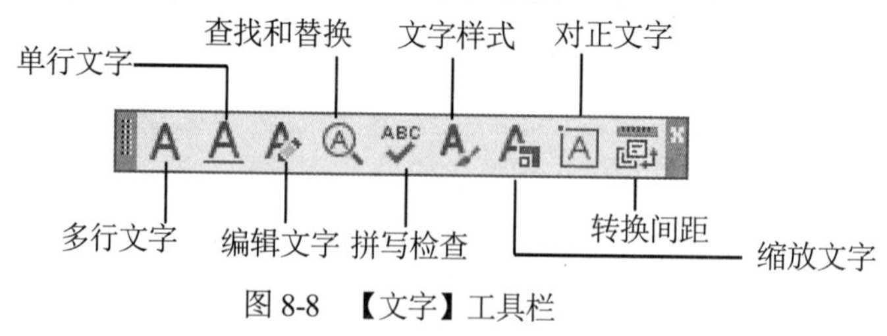

图 8-8　【文字】工具栏

8.2.1　创建单行文字

单行文字通常用于不需要使用多种字体的简短内容中。在 AutoCAD 中，用户可以通过以下几种方法创建单行文字：

- 在命令行中执行 DTEXT 命令(快捷命令：DT)。
- 选择【绘图】|【文字】|【单行文字】命令。
- 选择【默认】选项卡，在【注释】组中单击【多行文字】按钮，在弹出的列表中选择【单行文字】选项A。

执行【单行文字】命令时，AutoCAD 显示如下提示信息。

```
当前文字样式:  Standard   当前文字高度:  2.5000
指定文字的起点或 [对正(J)/样式(S)]:
```

1. 指定文字的起点

默认情况下，通过指定单行文字行基线的起点位置创建文字。

AutoCAD 为文字行定义了顶线、中线、基线和底线 4 条线，用于确定文字行的位置。其中 4 条线与文字串的关系如图 8-9 所示。

图 8-9　文字标注参考线

如果当前文字样式的高度设置为 0，系统将显示【指定高度:】提示信息，要求指定文字高度，否则不显示该提示信息，而在【文字样式】对话框中设置文字的高度。

之后，系统显示【指定文字的旋转角度 <0>:】提示信息，要求指定文字的旋转角度。文字旋转角度是指文字行排列方向与水平线的夹角，默认角度为 0°。输入文字旋转角度，或按 Enter 键使用默认角度 0°，最后输入文字即可。也可以切换至 Windows 的中文输入方式下，输入中文文字。

2. 设置对正方式

在【指定文字的起点或 [对正(J)/样式(S)]:】提示信息后输入 J，即可设置文字的对正方式。此时命令行显示如下提示信息：

```
输入选项 [左(L)/居中(C)/右(R)/对齐(A)/中间(M)/布满(F)/左上(TL)/中上(TC)/右上(TR)/左中(ML)/正中(MC)/右中(MR)/左下(BL)/中下(BC)/右下(BR)]:
```

以上提示中最常用的几个选项含义如下：

- 对齐(A)：此选项要求用户确定所标注文字行基线的起点与终点位置。
- 布满(F)：此选项要求用户确定文字行基线的起点、终点位置以及文字的字高。
- 居中(C)：此选项要求确定一个点，AutoCAD 将会把该点作为所标注文字行基线的中点，即所输入文字的基线将以该点居中对齐。

- 中间(M)：此选项要求确定一个点，AutoCAD 将会把该点作为所标注文字行的中间点，即以该点作为文字行在水平、垂直方向上的中点。
- 左(L)和右(R)：此选项要求确定一个点，AutoCAD 将会把该点作为文字行基线的左端点和右端点。。

在 AutoCAD 中，系统为文字提供了多种对正方式，显示效果如图 8-10 所示。

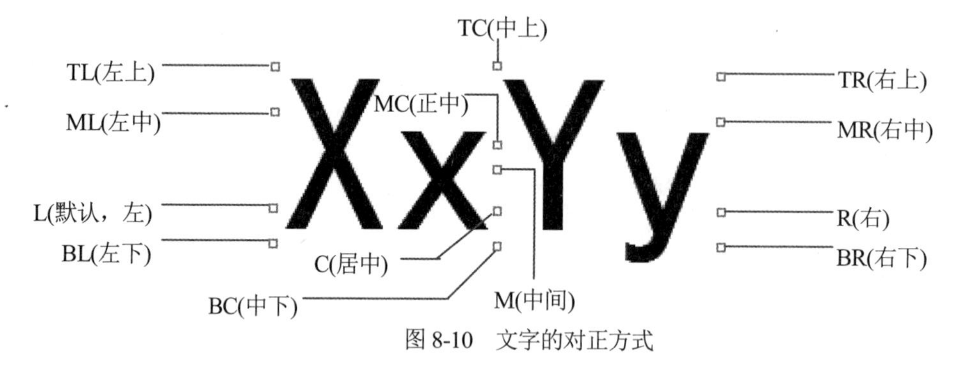

图 8-10 文字的对正方式

在与【对正(J)】选项对应的其他提示中，【左上(TL)】、【中上(TC)】和【右上(TR)】选项分别表示将以所确定点作为文字行顶线的始点、中点和起点；【左中(ML)】、【正中(MC)】、【右中(MR)】选项分别表示将以所确定点作为文字行中线的起点、中点和终点；【左下(BL)】、【中下(BC)】、【右下(BR)】选项分别表示将以所确定点作为文字行底线的起点、中点和终点。如图 8-11 显示了文字对正示例。

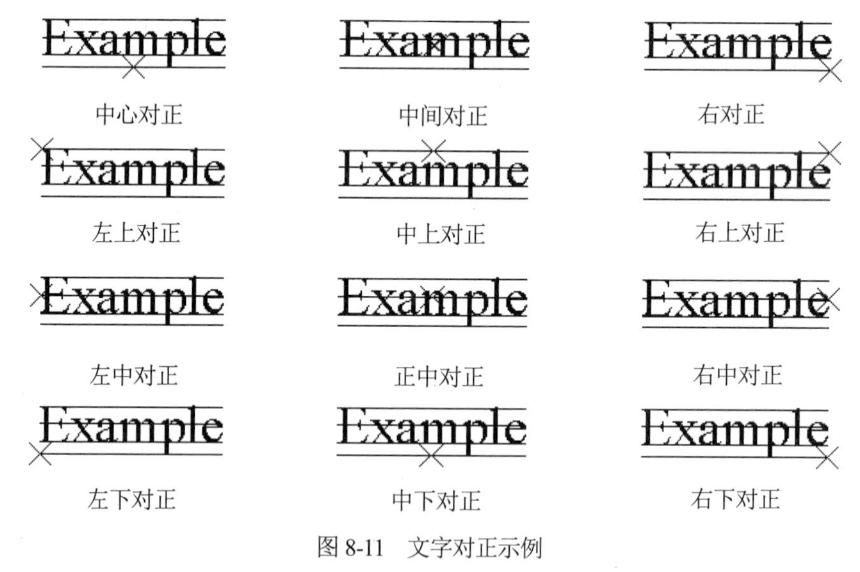

图 8-11 文字对正示例

3. 设置当前文字样式

在【指定文字的起点或 [对正(J)/样式(S)]:】提示下，输入 S，即可设置当前使用的文字样式。选择该选项时，命令行显示如下提示信息。

```
输入样式名或 [?] <Mytext>:
```

计算机 基础与实训教材系列

可以直接输入文字样式的名称，也可以输入【?】，在【AutoCAD 文本窗口】中显示当前图形已有的文字样式。

【例 8-2】创建如图 8-13 所示的单行文字注释，要求字体为宋体，字高为 2.0。

(1) 参考例 8-1 创建新的文字样式【Mytext】，字体为宋体，字高为 2.0，如图 8-12 所示。

(2) 在【功能区】选项板中选择【注释】选项卡，然后在【文字】面板中单击【单行文字】按钮A，发出单行文字创建命令。

(3) 在绘图窗口需要输入文字的位置单击，确定文字的起点。

(4) 在命令行的【指定文字的旋转角度<0>:】提示下，输入 0，将文字旋转角度设置为 0°。

(5) 在命令行的【输入文字：】提示下，输入文本“螺母——侧面带孔圆螺母”，然后连续按两次 Enter 键，即可创建单行的注释文字，如图 8-13 所示。

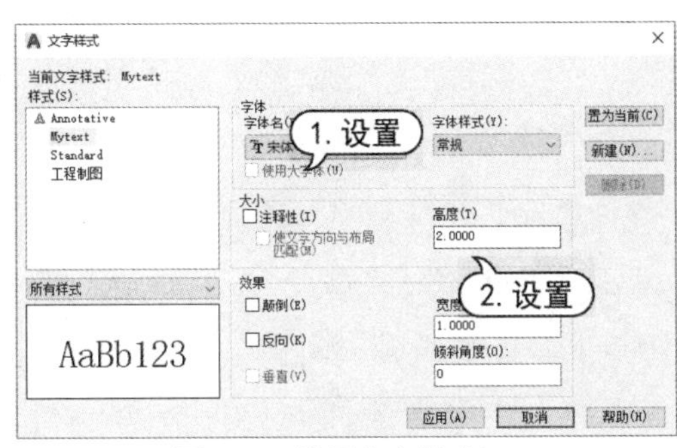

图 8-12　设置文字样式

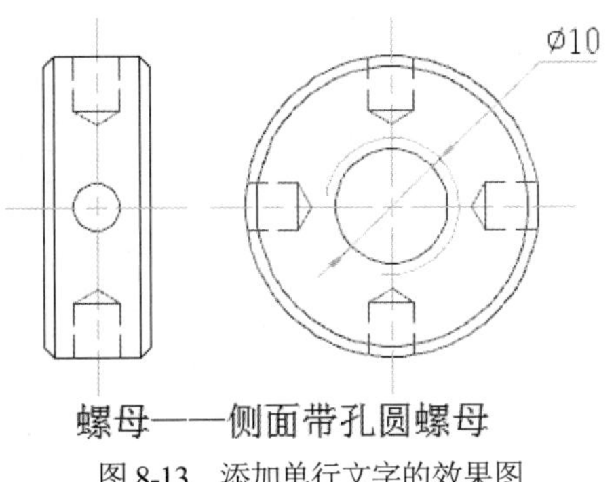

图 8-13　添加单行文字的效果图

8.2.2　输入特殊字符

在实际绘图过程中，往往需要标注一些特殊的字符。例如，在文字上方或下方添加划线、标注度(°)、±、φ等符号。而特殊字符不能从键盘上直接输入，因此 AutoCAD 提供了相应的控制符，以实现各种标注的要求。

AutoCAD 的控制符由两个百分号(%%)及在后面紧接一个字符构成，常用的控制符如表 8-1 所示。

表 8-1　AutoCAD 常用的标注控制符

控 制 符	功　能
%%O	打开或关闭文字上划线
%%U	打开或关闭文字下划线
%%D	标注度(°)符号
%%P	标注正负公差(±)符号
%%C	标注直径(φ)符号

在 AutoCAD 的控制符中，%% O 和%%U 分别是上划线与下划线的开关。第 1 次出现此符号时，可以打开上划线或下划线，第 2 次出现该符号时，则会关闭上划线或下划线。

在【输入文字:】提示下，输入控制符时，控制符也将临时显示在屏幕上，当结束文本创建命令时，控制符将从屏幕上消失，转换成相应的特殊符号。

【例 8-3】新建适当的文字样式并创建如图 8-15 所示的单行文字。

(1) 参考例 8-1 创建新的文字样式【A1】，字体为宋体，字高为 15，如图 8-14 所示。

(2) 在【功能区】选项板中选择【注释】选项卡，然后在【文字】面板中单击【单行文字】按钮A。

(3) 在绘图窗口中适当的位置单击，确定文字的起点。

(4) 在命令行的【指定文字的旋转角度 <0>:】提示下，输入 28，指定文字的旋转角度为 28°。

(5) 在命令行的【输入文字:】提示下，输入【圆心间距误差%%P0.5】，然后按 Enter 键结束单行文字的输入。使用同样的方法，创建其他单行文字，效果如图 8-15 所示。

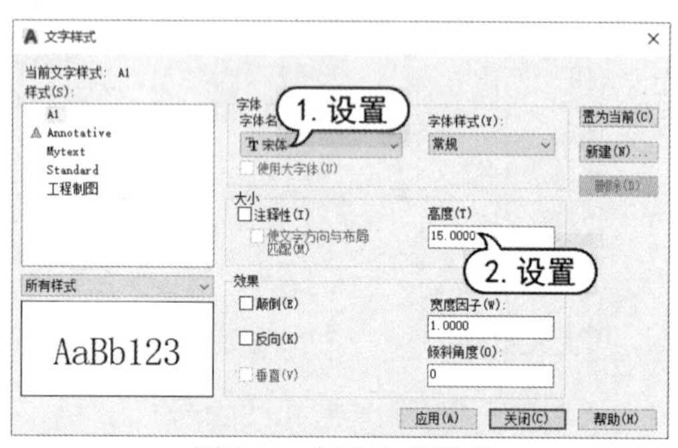

图 8-14　创建文字样式

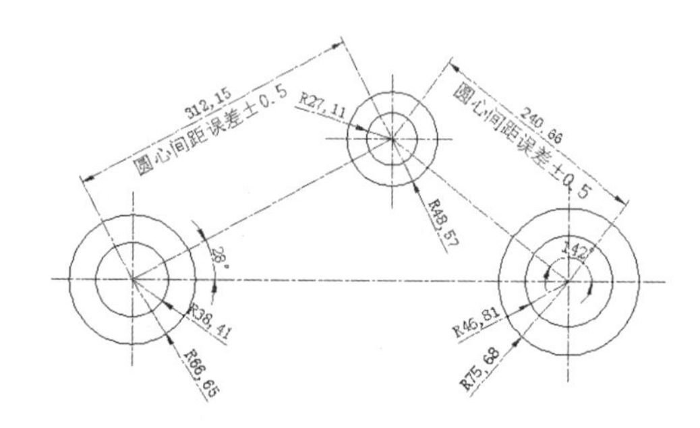

图 8-15　使用控制符创建单行文字

8.2.3　编辑单行文字

编辑单行文字包括编辑文字的内容，对正方式及缩放比例，用户可以在菜单栏中选择【修改】|【对象】|【文字】子菜单中的命令进行设置。各项命令的功能如下。

- 【编辑】命令(DDEDIT)：选择该命令，然后在绘图窗口中单击需要编辑的单行文字，进入文字编辑状态，即可重新输入文本内容。
- 【比例】命令(SCALETEXT)：选择该命令，然后在绘图窗口中单击需要编辑的单行文字，此时需要输入缩放的基点以及指定新高度、匹配对象(M)或缩放比例(S)。命令行显示提示信息如下。

```
输入缩放的基点选项 [现有(E)/左(L)/中心(C)/中间(M)/右(R)/左上(TL)/中上(TC)/右上(TR)/左中(ML)/正中(MC)/右中(MR)/左下(BL)/中下(BC)/右下(BR)] <现有>:
指定新模型高度或 [图纸高度(P)/匹配对象(M)/比例因子(S)] <3.5>:
```

- 【对正】命令(JUSTIFYTEXT)：选择该命令，然后在绘图窗口中单击需要编辑的单行文字，此时可以重新设置文字的对正方式。命令行显示提示信息如下。

```
输入对正选项 [左(L)/对齐(A)/调整(F)/中心(C)/中间(M)/右(R)/左上(TL)/中上(TC)/右上(TR)/左中(ML)/正中(MC)/右中(MR)/左下(BL)/中下(BC)/右下(BR)] <左>:
```

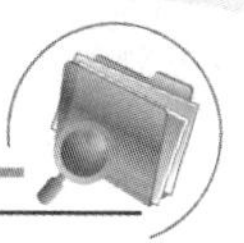

8.3　创建与编辑多行文字

多行文字又称为段落文字，是一种更易于管理的文字对象，它可以由两行以上的文字组成，而且各行文字都是作为一个整体处理的。在机械制图中，经常使用多行文字功能创建较为复杂的文字说明，如图样的技术要求等。

8.3.1　创建多行文字

在 AutoCAD 中，用户可以通过以下几种方法，利用文字编辑器实现多行文字的创建操作：

- 在命令行中执行 MTEXT 命令(快捷命令：MT)。
- 选择【绘图】|【文字】|【多行文字】命令。
- 选择【注释】选项卡，在【注释】面板中单击【多行文字】按钮A。

执行【多行文字】命令后，在绘图窗口中指定一个用于放置多行文字的矩形区域，如图 8-16 所示。用户可以在该矩形区域中输入需要创建的多行文字内容。

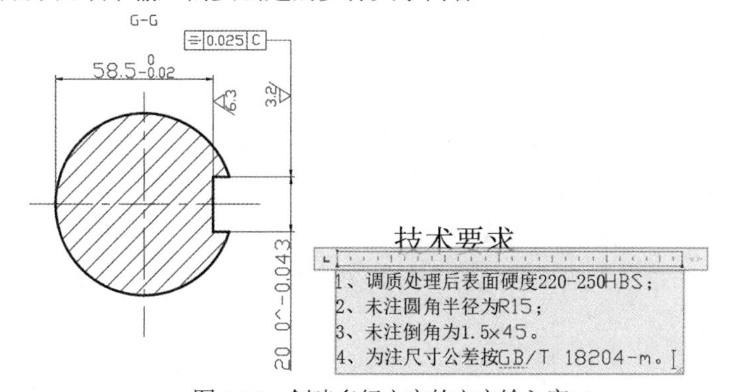

图 8-16　创建多行文字的文字输入窗口

1. 使用【文字编辑器】选项卡

指定多行文字区域后，系统会自动打开【文字编辑器】选项卡，使用【文字编辑器】选项卡，可以为文字设置文字样式、文字字体、文字高度、加粗、倾斜或加下划线效果，如图 8-17 所示。

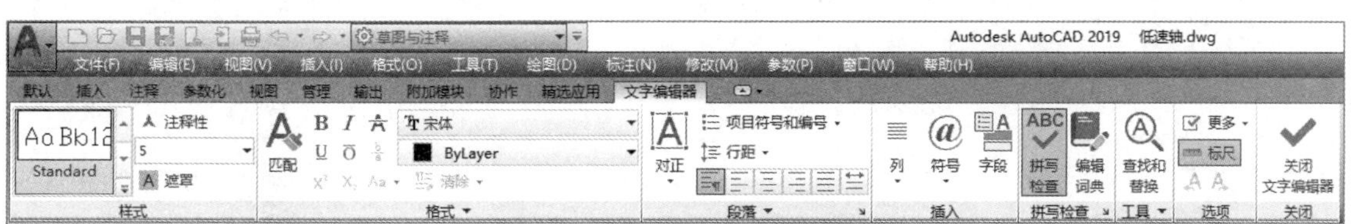

图 8-17　【文字编辑器】选项卡

【例 8-4】在打开的图形中创建多行文字。

(1) 在【功能区】选项板中选择【注释】选项卡，然后在【文字】面板中单击【多行文字】按钮A。

(2) 在绘图窗口中拖动并创建一个用于放置多行文字的矩形区域。

(3) 在【文字编辑器】选项卡的【样式】面板的【样式】下拉列表框中设置文字样式，然后在【文字高度】下拉列表框中设置文字高度，如图 8-18 所示。

(4) 设置完成后，在文字输入窗口中输入需要创建的多行文字内容，然后在【文字编辑器】选项卡的【关闭】面板中单击【关闭文字编辑器】按钮，输入文字后的最终效果如图 8-19 所示。

图 8-18 【样式】面板

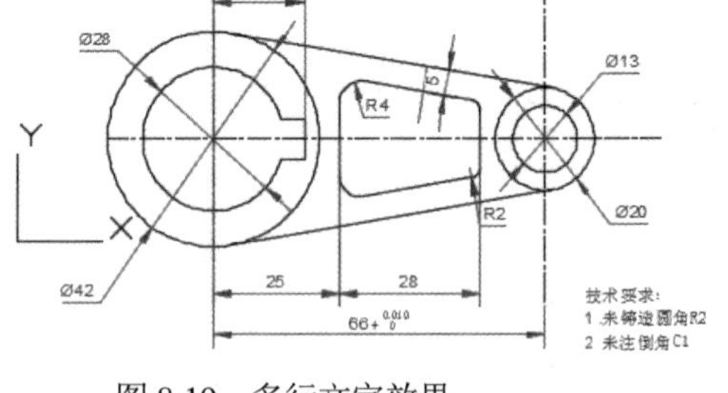

图 8-19 多行文字效果

堆叠文字是一种垂直对齐的文字或分数，若要创建堆叠文字，可以分别输入分子和分母，并使用“/”、“#”或“^”分隔。然后按 Enter 键即可。

2. 设置缩进、制表位和多行文字宽度

在文字输入窗口的标尺上右击，从弹出的快捷菜单中选择【段落】命令，打开【段落】对话框，如图 8-20 所示，可以从中设置缩进和制表位的位置。其中，在【制表位】选项区域中可以设置制表位的位置，单击【添加】按钮可以设置新制表位，单击【删除】按钮可以清除列表框中的所有设置；在【左缩进】选项区域的【第一行】文本框和【悬挂】文本框中可以设置首行和段落的左缩进位置；在【右缩进】选项区域的【右】文本框中可以设置段落右缩进的位置。

3. 使用选项菜单

在文字输入窗口中右击，将弹出一个快捷菜单，通过该菜单可以对多行文本进行更多的设置，如图 8-21 所示。

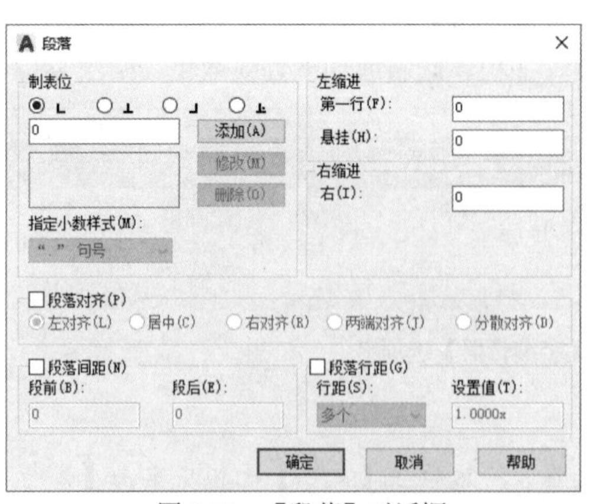

图 8-20 【段落】对话框

图 8-21 多行文字的选项菜单

在多行文字选项菜单中，主要命令的功能如下。

- 【插入字段】命令：选择该命令将打开【字段】对话框，在其中可以设置需要插入的字段，如图 8-22 所示。
- 【符号】命令：选择该命令的子命令，可以在实际设计绘图中插入一些特殊的字符，如度数、正/负和直径等符号。如果选择【其他】命令，将打开【字符映射表】对话框，在其中可以设置需要插入的其他特殊字符，如图 8-23 所示。

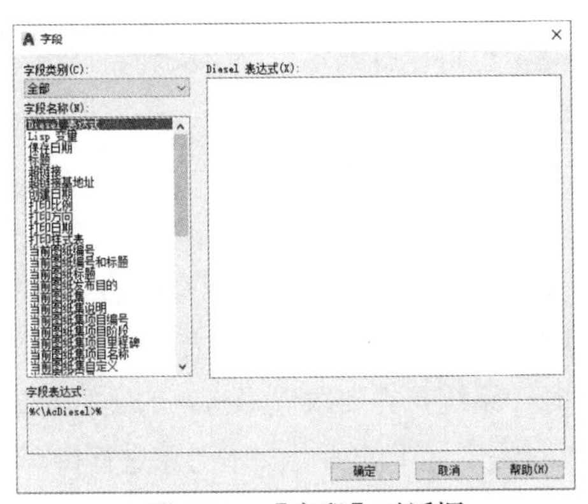

图 8-22　【字段】对话框

图 8-23　【字符映射表】对话框

- 【段落对齐】命令：选择该命令的子命令，可以设置段落的对齐方式，包括左对齐、居中、右对齐、对正和分布这 5 种对齐方式。
- 【项目符号和列表】命令：选择该命令中的子命令，可以使用字母、数字作为段落文字的项目符号。
- 【查找和替换】命令：选择该命令将打开【查找和替换】对话框，如图 8-24 所示。在其中可以搜索或同时替换指定的字符串，也可以设置查找的条件。例如，是否全字匹配，是否区分大小写等。
- 【背景遮罩】命令：选择该命令将打开【背景遮罩】对话框，可以设置是否使用背景遮罩、边界偏移因子(1~5)和背景遮罩的填充颜色，如图 8-25 所示。

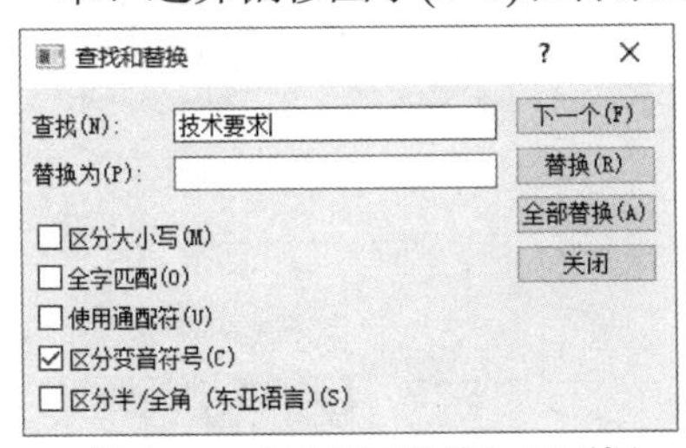

图 8-24　【查找和替换】对话框

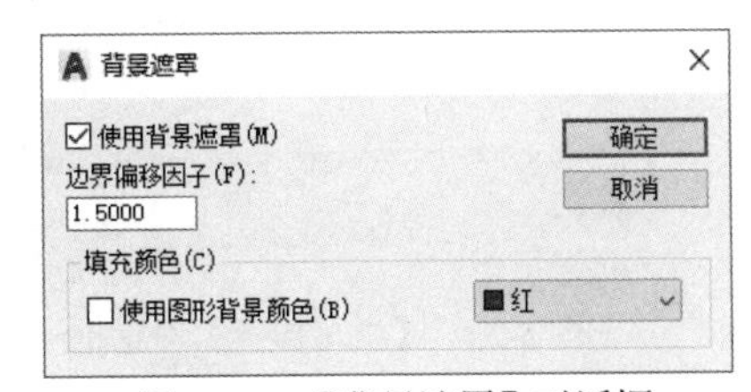

图 8-25　【背景遮罩】对话框

- 【合并段落】命令：选择该命令，可以将选定的多个段落合并为一个段落，并用空格代替每段的 Enter 符。
- 【全部大写】命令：选择该命令，可以将新输入的文字转换成大写，【全部大写】命令不会影响已有的文字。

8.3.2 编辑多行文字

要编辑创建的多行文字，用户可以在快速访问工具栏中选择【显示菜单栏】命令，在弹出的菜单中选择【修改】|【对象】|【文字】|【编辑】命令(DDEDIT)。然后单击创建的多行文字，即可打开多行文字编辑窗口，修改并编辑文字。

除此以外，用户还可以在绘图窗口中双击输入的多行文字；或在多行文字上右击，在弹出的菜单中选中【重复编辑】命令或【编辑多行文字】命令，也可以打开多行文字编辑窗口。

8.3.3 拼写检查

在 AutoCAD 2019 中，在快速访问工具栏中选择【显示菜单栏】命令，在弹出的菜单中选择【工具】|【拼写检查】命令(SPELL)；或在【功能区】选项板中选择【注释】选项卡，在【文字】面板中单击【拼写检查】按钮。执行拼写检查命令时，系统首先要求选择检查的文本对象，输入 ALL 命令表示检查所有的文本对象。AutoCAD 可以对块定义中的所有文本对象进行拼写检查。

SPELL 命令可以检查单行文字、多行文字以及属性文字的拼写。当 AutoCAD 怀疑单词出错时，将打开【拼写检查】对话框，如图 8-26 所示。

如果要更正某个字，可以从【建议】列表中选择一个替换字或直接输入一个字，然后单击【修改】或【全部修改】按钮。要保留某个字不改变，可以单击【忽略】或【全部忽略】按钮。要保留某个字不变并将其添加到自定义词典中，可以单击【添加】按钮。用户可以通过将某些非单词名称(如人名、产品名称等)添加到用户词典中，来减少不必要的拼写错误提示。

在【拼写检查】对话框中单击【词典】按钮，将打开【词典】对话框。在其中可以更改用于拼写检查的词典，如图 8-27 所示。

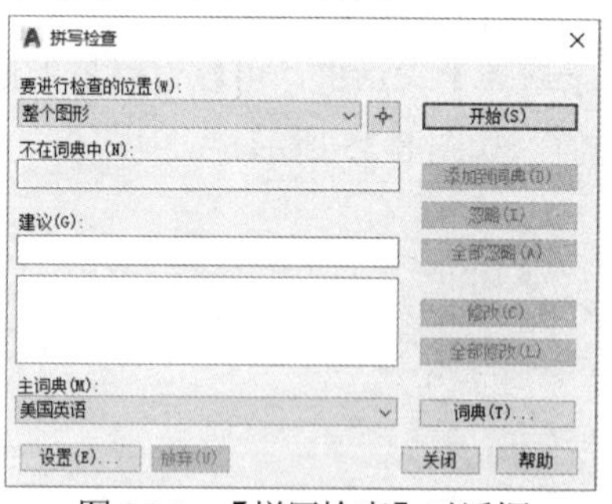

图 8-26 【拼写检查】对话框

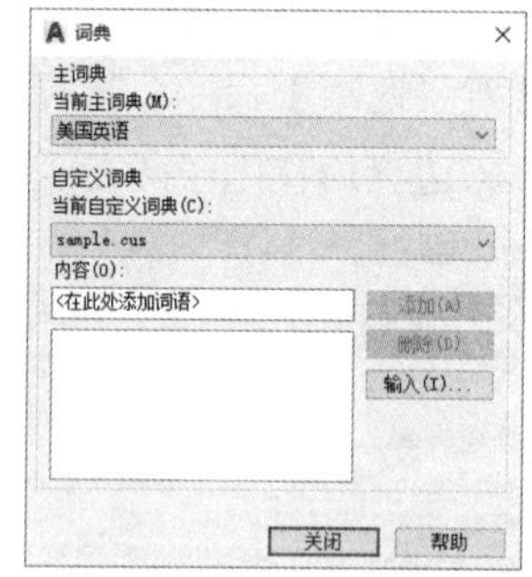

图 8-27 【词典】对话框

8.4 在文字中使用字段

字段是包含说明的文字，这些说明用于显示可能会在图形生命周期中修改的数据。

1. 插入字段

字段可以插入到任意种类的文字(公差除外)中，其中包括表单元、属性和属性定义中的文字。要在文字中插入字段，用户可以双击文字，显示文字编辑器，将光标放置在要显示字段的位置。然后右击，在弹出的快捷菜单中选择【插入字段】命令，打开【字段】对话框，从中选择合适的字段即可。

在【字段】对话框中，【字段类型】下拉列表用于控制所显示文字的外观。例如，【创建日期】字段的格式中包含一些用来显示星期和时间的选项，而【命名对象】字段的格式中包含大小写选项，如图 8-28 所示。

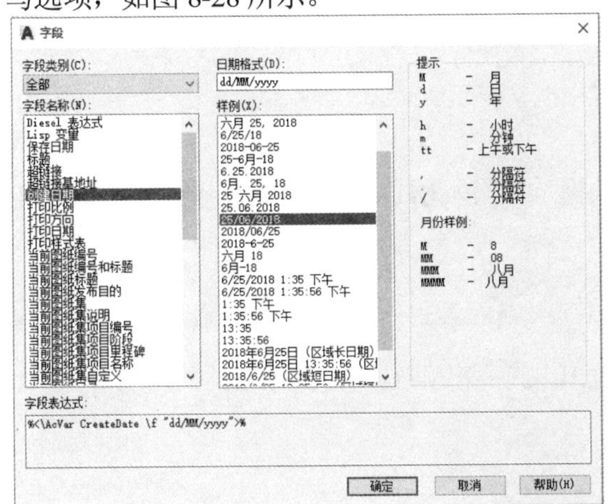

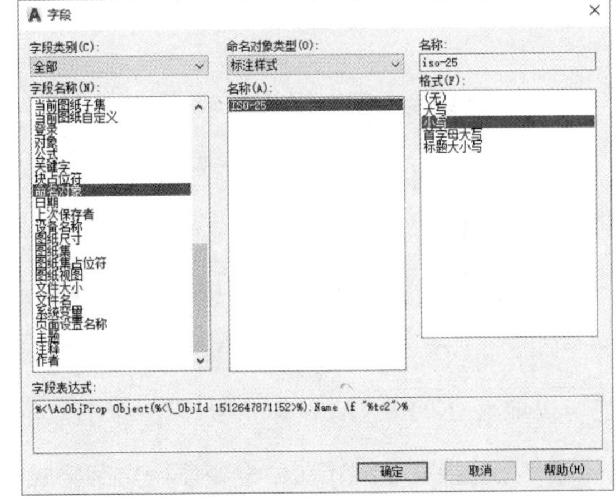

图 8-28　创建日期和命名对象字段格式

2. 更新字段

字段更新时，将显示最新的值。用户可以单独更新字段，也可以在一个或多个选定文字对象中更新所有字段。

- 手动更新字段：双击文字并右击，在弹出的快捷菜单中选择【更新字段】命令即可。
- 手动更新多个字段：在命令行中输入 UPDSTEFIELD，并选择包含要更新的字段的对象。然后按 Enter 键，选定对象中的所有字段都被更新。
- 自动更新字段：在命令行中输入 FIELDEVAL。然后输入任意一个位码，该位码是表 8-2 中任意值的和。例如，要仅在打开、保存或打印文件时更新字段，可以输入 7。

表 8-2　位码说明

值	功　能
0	不更新
1	打开时更新
2	保存时更新
4	打印时更新

(续表)

值	功　能
8	使用 ETRANSMIT 时更新
16	重生成时更新

8.5 使用替换文字编辑器

默认文字编辑器为在位文字编辑器，用户可以使用任何以ASCII格式保存文件的文字编辑器，如记事本。

1. 指定替换文字编辑器

要指定替换文字编辑器，用户可以在命令行的提示下输入 MTEXTED 命令。此时，AutoCAD 将提示如下信息：

```
输入 MTEXTED 的新值，或输入 . 表示无<"内部">:
```

用户可以为要用来创建或编辑多行文字的 ASCII 文字编辑器输入可执行文件的路径和名称，也可以输入 INTERNAL，以恢复文字编辑器。

2. 在替换文字编辑器中设置多行文字格式

如果使用替换文字编辑器，则可以通过输入格式代码来应用格式。可为文字加下划线、删除行和创建堆叠文字，可以修改颜色、字体和文字高度，还可以修改文字字符间距或增加字符本身宽度。要应用格式，可以使用表 8-3 中列出的格式代码。

表 8-3　格式代码说明

格 式 代 码	功　能
\O…\o	打开和关闭上划线
\L…\l	打开和关闭下划线
\~	插入不间断空格
\\\\	插入反斜杠
\\{…\\}	插入左大括号和右大括号
\Cvalue;	修改为指定的颜色
\File name;	修改为指定的字体文件
\Hvalue;	修改为以图形单位表示的指定文字高度
\Hvaluex;	将文字高度修改为当前样式文字高度的数倍
\S…^…;	堆叠\、#或^符号后的文字
\Tvalue;	调整字符之间的间距。有效值范围为字符间原始间距的四分之三到字符间原始间距的 4 倍

(续表)

格式代码	功　能
\Qangle;	修改倾斜角度
\Wvalue;	修改宽度因子生成宽字
\A	设置对齐方式值，有效值为 0、1、2(底端对正、居中对正和顶端对正)
\P	结束段落

8.6 创建表格样式和表格

在 AutoCAD 中，用户可以使用创建表格命令来创建表格；还可以从 Microsoft Excel 中直接复制表格，并将其作为 AutoCAD 表格对象粘贴到图形中；也可以从外部直接导入表格对象。此外，还可以输出来自 AutoCAD 的表格数据，以供在 Microsoft Excel 或其他应用程序中使用。

8.6.1 新建表格样式

表格样式控制一个表格的外观，用于保证表格的字体、颜色、文本、高度和行距。可以使用默认的表格样式，也可以根据需要自定义表格样式。

在 AutoCAD 中，用户可以通过以下几种方法执行【表格样式】命令，打开【表格样式】对话框：

- 在命令行中执行 TABLESTYLE 命令。
- 选择【格式】|【表格样式】命令。
- 选择【默认】选项卡，在【注释】面板中单击▼，在展开的面板中单击【表格样式】按钮。

在【表格样式】对话框中单击【新建】按钮，可以使用打开的【创建新的表格样式】对话框创建新表格样式，如图 8-29 所示。

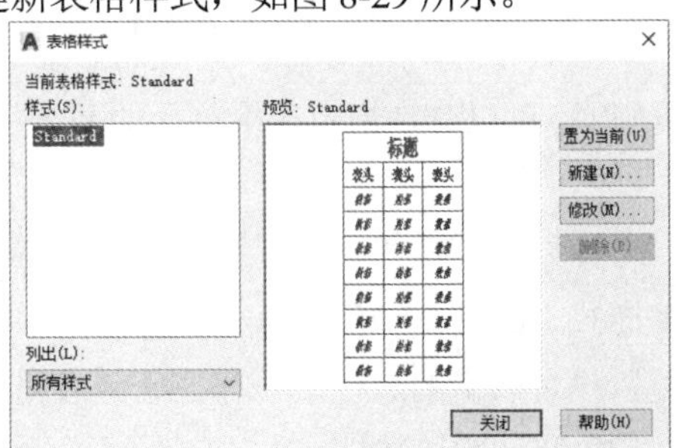

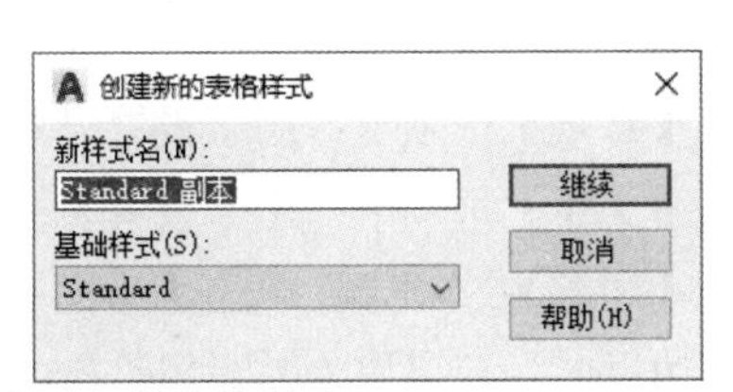

图 8-29　在【表格样式】对话框中创建新的表格样式

在【新样式名】文本框中输入新的表格样式名，从【基础样式】下拉列表中选择默认的表格样式，可以选择标准的或者任何已经创建的样式，新样式将在该样式的基础上进行修改。然后单

击【继续】按钮，将打开【新建表格样式】对话框，可以在其中指定表格的行格式、表格方向、边框特性和文本样式等内容，如图 8-30 所示。

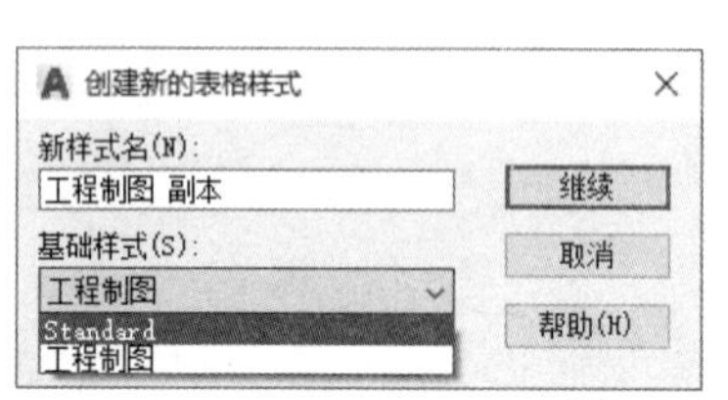

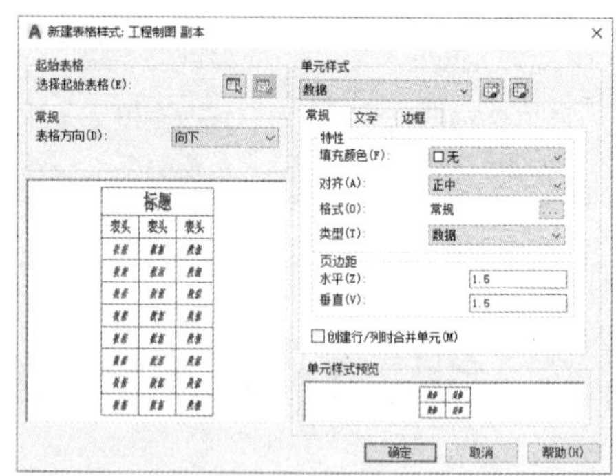

图 8-30　打开【新建表格样式】对话框

8.6.2　设置表格的数据、标题和表头样式

在【新建表格样式】对话框中，可以在【单元样式】选项区域的下拉列表框中选择【数据】、【标题】和【表头】选项，分别设置表格的数据、标题和表头对应的样式。其中，【数据】选项如图 8-30 所示，【标题】选项如图 8-31 所示，【表头】选项如图 8-32 所示。

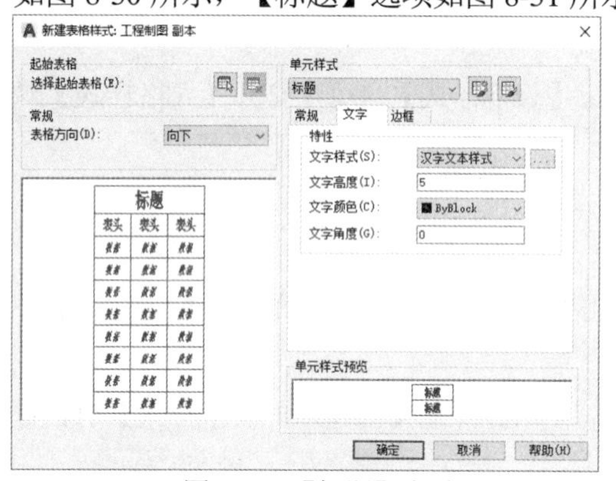

图 8-31　【标题】选项

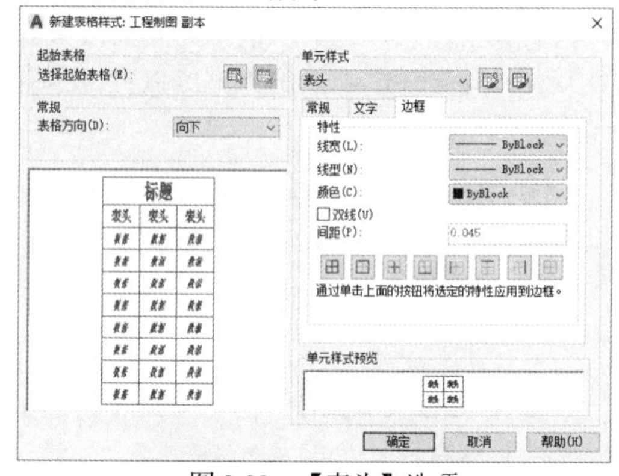

图 8-32　【表头】选项

【新建表格样式】对话框中 3 种选项卡的内容基本相似，可以分别指定表格单元的基本特性、文字特性和边界特性。

- 【常规】选项卡：用于设置表格的填充颜色、对齐方向、格式、类型及页边距等特性。
- 【文字】选项卡：用于设置表格单元中的文字样式、高度、颜色和角度等特性。
- 【边框】选项卡：单击【边框设置】按钮，可以设置表格的边框是否存在。当表格具有边框时，还可以为其设置表格的线宽、线型、颜色和间距等特性。

【例 8-5】在 AutoCAD 2019 中创建表格样式 MyTable，具体要求如下。

- 表格中的文字字体为【仿宋】，文字高度为 10。
- 表格中数据的对齐方式为正中，其他选项都保持默认设置。

(1) 在【功能区】选项板中选择【注释】选项卡，然后在【表格】面板中单击右下角的 ↘ 按钮，打开【表格样式】对话框。

(2) 单击【新建】按钮，打开【创建新的表格样式】对话框，并在【新样式名】文本框中输入表格样式名为 MyTable，如图 8-33 所示。

(3) 单击【继续】按钮，打开【新建表格样式】对话框。然后在【单元样式】选项区域的下拉列表框中选择【数据】选项，在【单元样式】选项区域中选择【文字】选项卡，如图 8-34 所示。

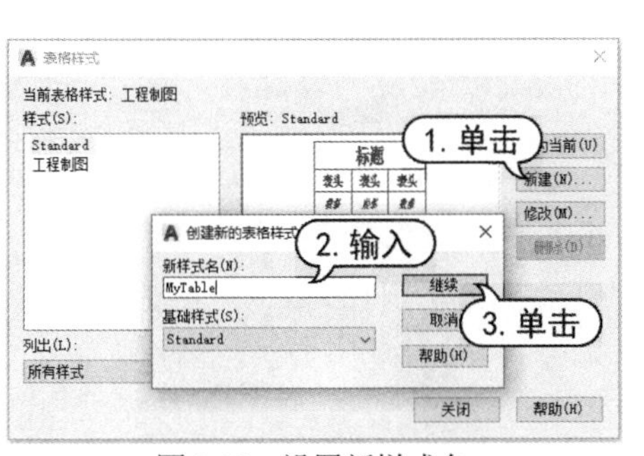

图 8-33　设置新样式名

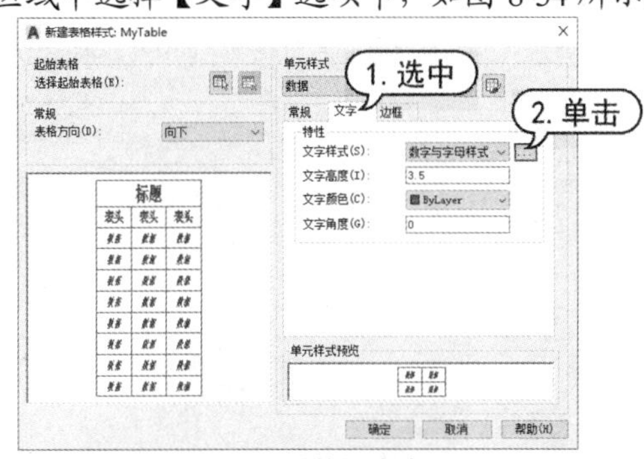

图 8-34　设置数据文字

(4) 单击【文字样式】按钮右边的□按钮，打开【文字样式】对话框。在【字体】选项区域的【字体名】下拉列表框中选择【仿宋】选项，然后单击【应用】按钮，如图 8-35 所示。

(5) 返回【新建表格样式】对话框，在【单元样式】选项区域的【文字高度】文本框中输入 10。

(6) 选择【常规】选项卡，从【特性】选项区域的【对齐】下拉列表框中选择【正中】选项，如图 8-36 所示。

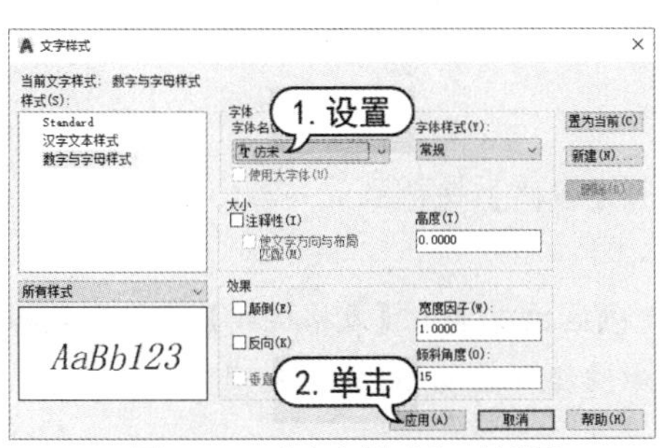

图 8-35　【文字样式】对话框

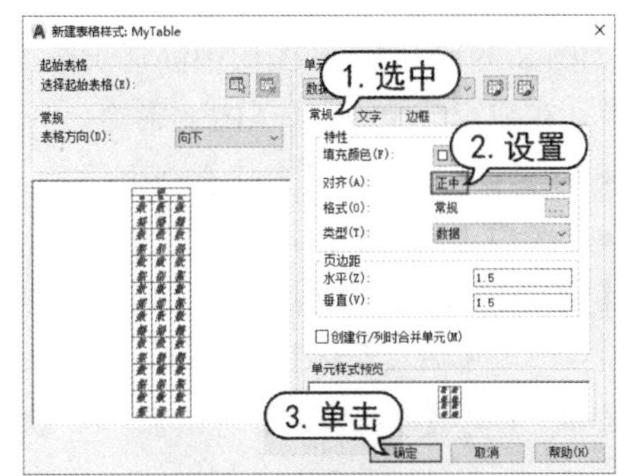

图 8-36　设置对齐方式

(7) 单击【确定】按钮，关闭【新建表格样式】对话框。然后再单击【关闭】按钮，关闭【表格样式】对话框。

8.6.3　管理表格样式

在 AutoCAD 中，用户还可以使用【表格样式】对话框来管理图形中的表格样式，该对话框中各选项的说明如下：

- 在【表格样式】对话框的【当前表格样式：】文字的右边，显示当前使用的表格样式(默认为 Standard)。

- 在【样式】列表中显示当前图形所包含的表格样式。
- 在【预览】窗口中显示选中表格的样式。
- 在【列出】下拉列表中，可以选择【样式】列表是显示图形中的所有样式，还是正在使用的样式，如图 8-37 所示。

此外，在【表格样式】对话框中，还可以单击【置为当前】按钮，将选中的表格样式设置为当前；单击【修改】按钮，在打开的【修改表格样式】对话框中可以修改选中的表格样式；如图 8-38 所示；单击【删除】按钮，可以删除选中的表格样式。

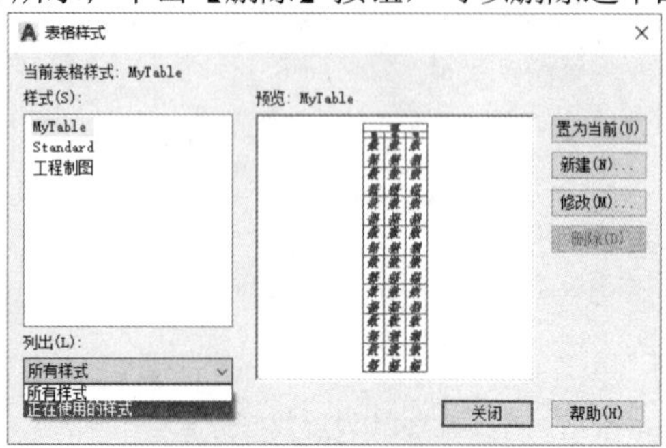

图 8-37 【表格样式】对话框

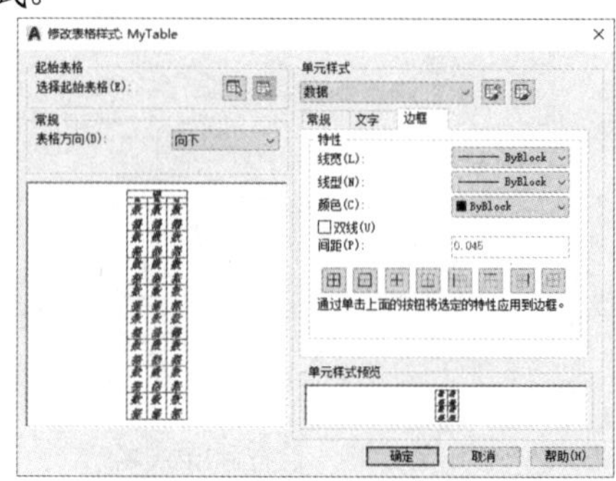

图 8-38 【修改表格样式】对话框

8.6.4 创建表格

在 AutoCAD 中，用户可以通过以下几种方法执行【创建表格】命令，打开【插入表格】对话框(如图 8-39 所示)，在图形中创建表格：

- 在命令行中执行 TABLE 命令。
- 选择【绘图】|【表格】命令。
- 选择【默认】选项卡，在【注释】面板中单击【表格】按钮▦。

【例 8-6】在图形中创建一个表格。

(1) 打开【插入表格】对话框，在【表格样式】选项区域中单击【表格样式】下拉列表框右边的按钮，打开【表格样式】对话框，在【样式】列表中选择样式 Standard，如图 8-40 所示。

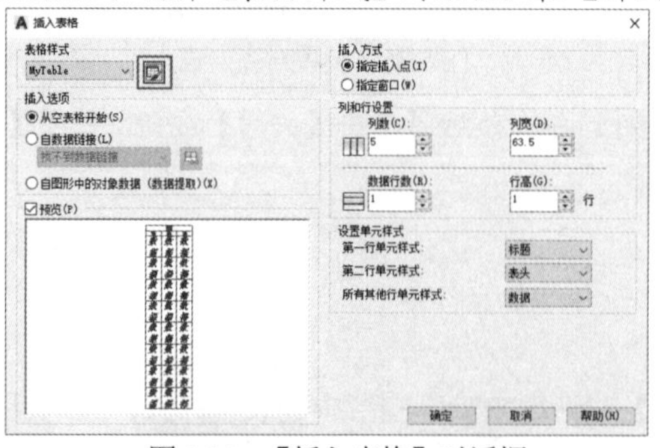

图 8-39 【插入表格】对话框

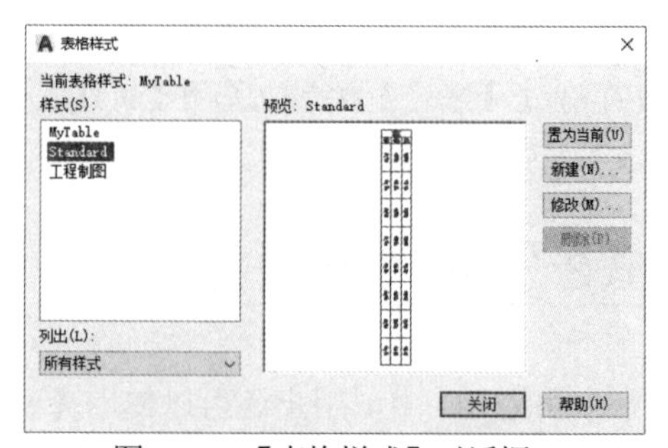

图 8-40 【表格样式】对话框

(2) 单击【修改】按钮，打开【修改表格样式】对话框。在【单元样式】选项区域的下拉列表框中选择【数据】选项，设置【文字高度】为 20，对齐方式为【正中】，如图 8-41 所示。

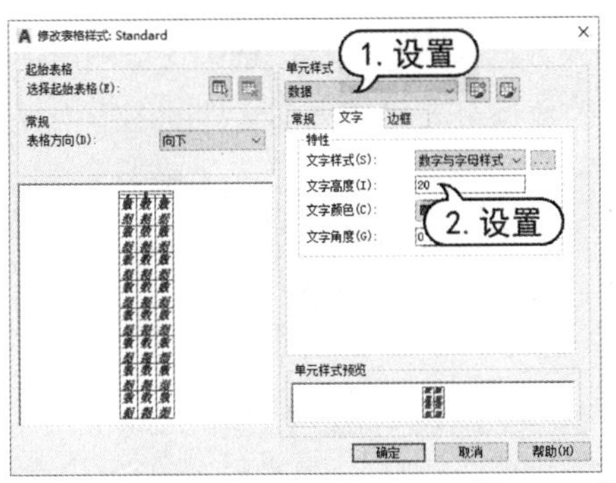

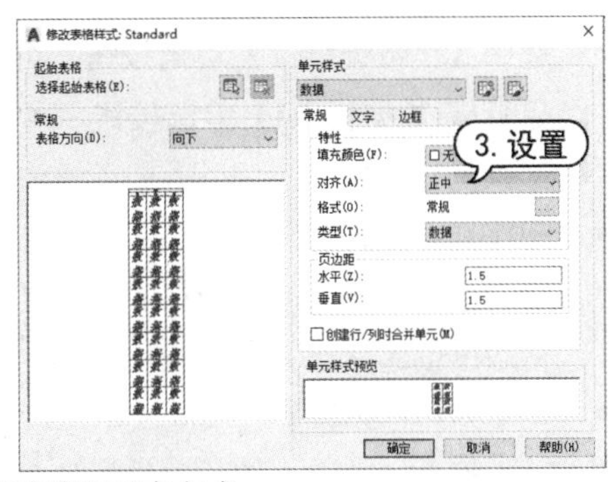

图 8-41　设置数据文字高度和对齐方式

(3) 在【单元样式】选项区域的下拉列表框中选择【表头】选项，设置【文字高度】为 20，对齐方式为正中；在【单元样式】选项区域的下拉列表中选择【标题】选项，设置【文字颜色】为黑色，【文字高度】为 30。

(4) 依次单击【确定】和【关闭】按钮，关闭【修改表格样式】和【表格样式】对话框，返回【插入表格】对话框。

(5) 在【插入方式】选项区域中选中【指定插入点】单选按钮；在【列和行设置】选项区域中分别设置【列数】和【数据行数】文本框中的数值为 2 和 3，如图 8-42 所示。

(6) 单击【确定】按钮，移动鼠标在绘图窗口中单击，绘制出一个表格。此时表格的最上面一行处于文字编辑状态，如图 8-43 所示。

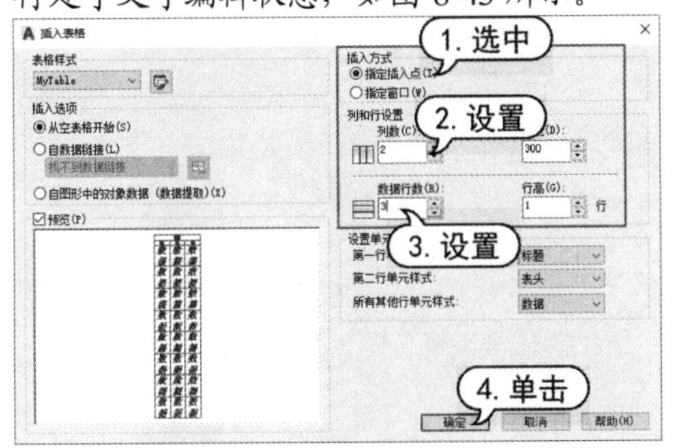

图 8-42　设置表格的行、列

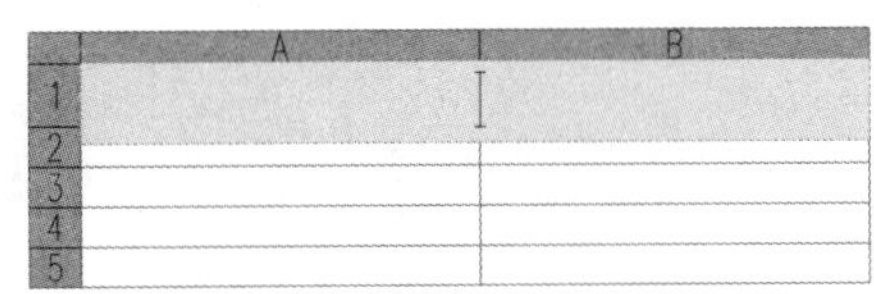

图 8-43　编辑状态的表格

(7) 在表格中输入标题文字：“经济技术指标(单位：m^2)”，如图 8-44 所示。

(8) 双击其他表格单元，使用同样的方法，输入如图 8-45 所示的相应内容。

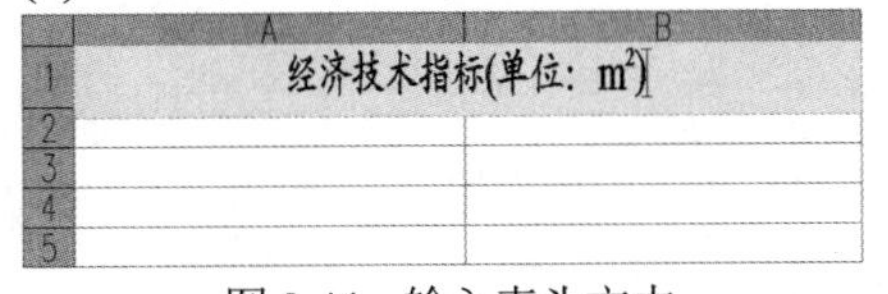

图 8-44　输入表头文本

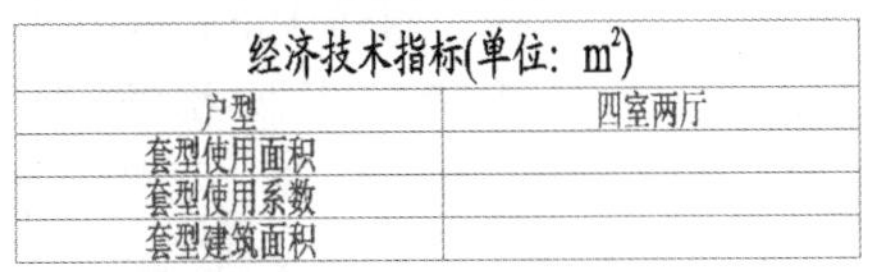

经济技术指标(单位：m^2)	
户型	四室两厅
套型使用面积	
套型使用系数	
套型建筑面积	

图 8-45　在表格中输入文字

在【插入表格】对话框中，主要选项的功能说明如下：

- 在【表格样式】选项区域中，可以从【表格样式】下拉列表框中选择表格样式；或单击其右边的按钮，打开【表格样式】对话框，创建新的表格样式。
- 在【插入选项】选项区域中，选中【从空表格开始】单选按钮，可以创建一个空的表格；

选中【自数据链接】单选按钮，可以从外部导入数据来创建表格；选中【自图形中的对象数据(数据提取)】单选按钮，可以从可输出的数据至表格或外部文件的图形中提取数据来创建表格。

- 在【插入方式】选项区域中，选中【指定插入点】单选按钮，可以在绘图窗口中的其中一点插入固定大小的表格；选中【指定窗口】单选按钮，可以在绘图窗口中通过拖动表格边框创建任意大小的表格。
- 在【列和行设置】选项区域中，可以通过改变【列数】【列宽】【数据行数】和【行高】文本框中的数值来调整表格的外观大小。

9.6.5 编辑表格和表格单元

在 AutoCAD 中，可以使用表格的右键快捷菜单编辑表格。当右击整个表格时，右键快捷菜单显示如图 8-46 所示的内容；当右击表格单元时，其右键快捷菜单显示如图 8-47 所示的内容。

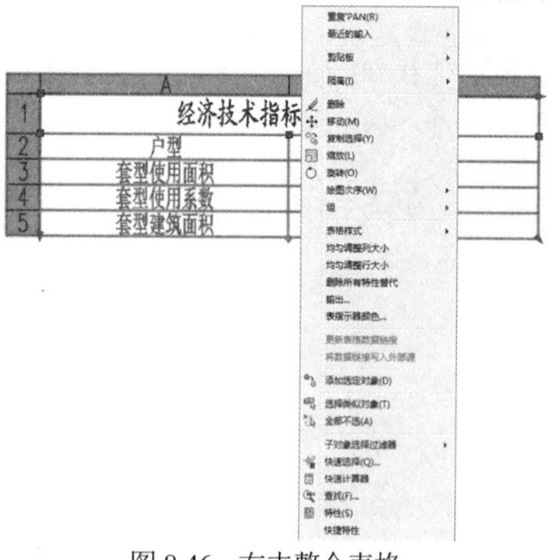

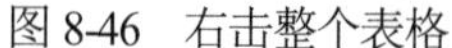
图 8-46　右击整个表格

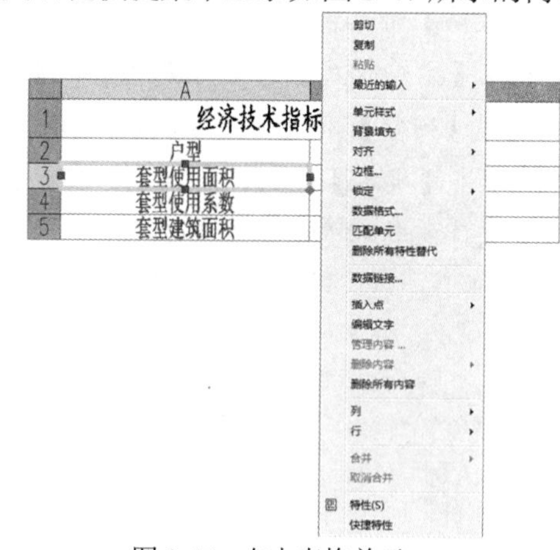

图 8-47　右击表格单元

1. 编辑表格

在表格的快捷菜单中可以对表格进行剪切、复制、删除、移动、缩放和旋转等简单操作，还可以均匀调整表格的行、列大小，删除所有特性等。当选择【输出】命令时，将打开【输出数据】对话框，以.csv 格式输出表格中的数据。

选中表格后，在表格的四周、标题行上将显示许多夹点，可以通过拖动这些夹点来编辑表格。

另外，在 AutoCAD 中，选中表格中的单元格后，将自动打开【表格单元】选项卡。使用其中的【行】【列】【合并】和【单元样式】等面板可以对表格进行编辑。

2. 编辑表格单元

使用表格单元快捷菜单可以编辑表格单元，主要命令的功能说明如下。

- 【对齐】命令：在该命令子菜单中可以选择表格单元的对齐方式，如左上、左中、左下等，如图 8-48 所示。

- 【边框】命令：选择该命令将打开【单元边框特性】对话框，从中可以设置单元格边框的线宽、颜色等特性，如图 8-49 所示。

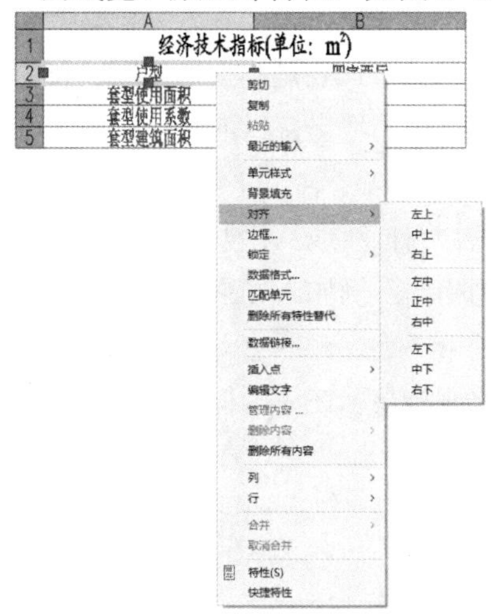

图 8-48　对齐子菜单

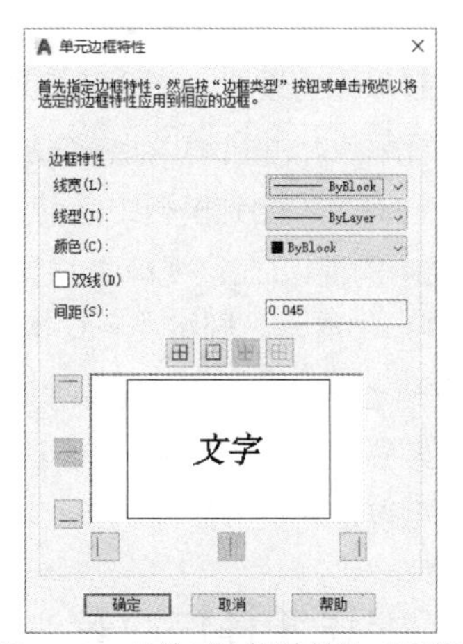

图 8-49　【单元边框特性】对话框

- 【匹配单元】命令：使用当前选中的表格单元格式(源对象)匹配其他表格单元(目标对象)。此时，鼠标指针变为刷子形状，单击目标对象即可进行匹配，如图 8-50 所示。
- 【插入点】命令：选择该命令的子命令，可以从中选择插入到表格中的块、字段和公式。例如，选择【块】命令，将打开【在表格单元中插入块】对话框，可以从中设置插入的块在表格单元中的对齐方式、比例和旋转角度等特性，如图 8-51 所示。
- 【合并】命令：当选中多个连续的表格元格后，使用该子菜单中的命令，可以全部、按列或按行合并表格单元。

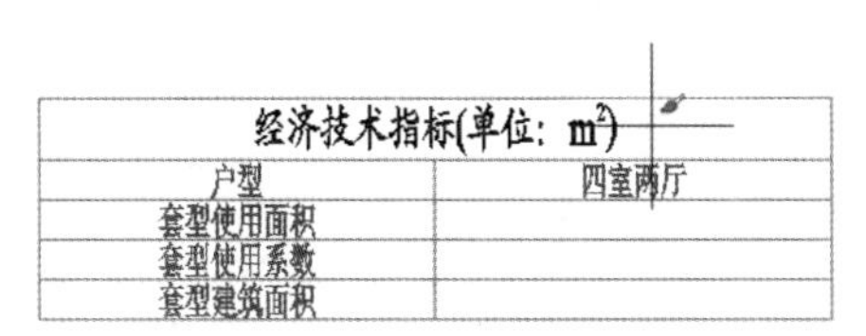

图 8-50　匹配表格单元格式

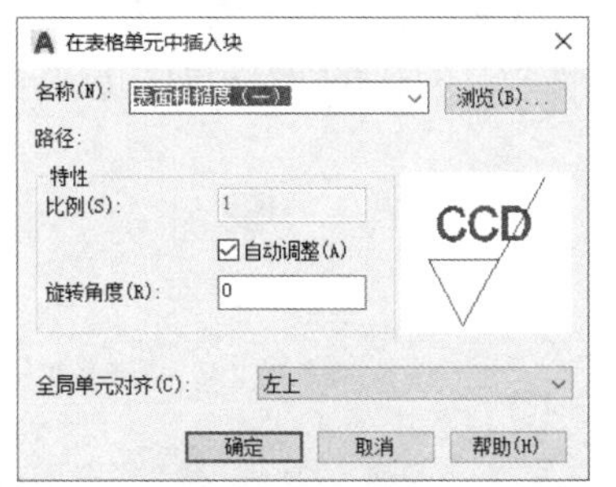

图 8-51　【在表格单元中插入块】对话框

8.7　使用注释

注释通常用于向图形中添加信息。在 AutoCAD 中，用于创建注释的对象类型包括文字、表格、图案填充、标注、公差、多重引线、块和属性等。用于注释图形的对象有一个特性称为注释性。如果这些对象的注释性特性处于启用状态，则称其为注释性对象。

8.7.1 设置注释比例

注释比例控制注释对象相对于图形中的模型几何图形的大小，它是与模型空间、布局视口和模型视图一起保存的设置。将注释性对象添加到图形中时，它们将支持当前的注释比例，根据该比例设置进行缩放，并自动以正确的大小显示在模型空间中。

将注释性对象添加到模型中之前，要设置注释比例。注释比例(或从模型空间打印时的打印比例)应与布局中的视口(在该视口中将显示注释性对象)比例相同。例如，如果注释性对象将在比例为 1∶2 的视口中显示，则将注释比例设置为 1∶2。

使用模型选项卡时，或选定某个视口后，当前注释比例将显示在应用程序状态栏或图像状态栏上。在绘图窗口的状态栏中单击【当前视图的注释比例】按钮 1:1，在弹出的菜单中选择合适的比例就可以重新设置注释比例。

8.7.2 创建注释性对象

在 AutoCAD 中，用户可以使用两种方法来创建注释性对象。一种是通过设置对象的样式对话框来设置，另一种是通过对象的特性选项板来设置。

例如，要将文字对象定义为注释性的对象，可以在输入文字之前，在快速访问工具栏中选择【显示菜单栏】命令；在弹出的菜单中选择【格式】|【文字样式】命令，打开【文字样式】对话框。在【大小】选项区域中选择【注释性】复选框即可，如图 8-52 所示。如果要将已存在的文字对象定义为注释性对象，可以右击文字，在弹出的快捷菜单中选择【特性】命令，打开【特性】选项板；在【文字】选项区域的【注释性】下拉列表中选择【是】选项即可，如图 8-53 所示。此后，选择被定义的注释性对象时，就会显示注释性标志。

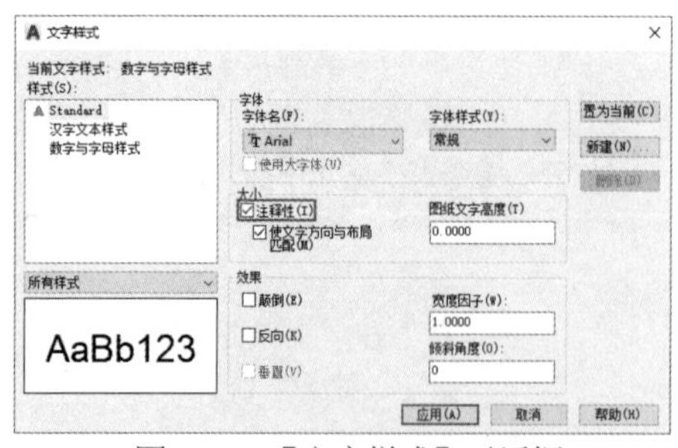

图 8-52 【文字样式】对话框

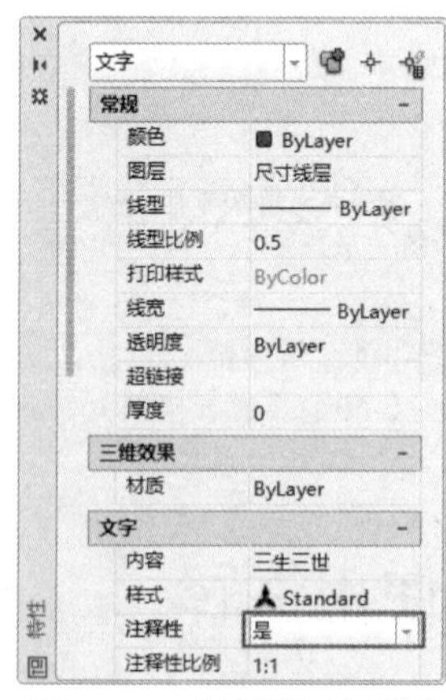

图 8-53 【特性】选项板

8.7.3　添加和删除注释性对象的比例

默认情况下，在绘制的图形中创建的可注释性对象只有一个注释比例，该比例是在创建对象时使用的实际比例。在 AutoCAD 2019 中，允许用户给注释性对象添加或删除注释比例，以适应对象的更改。

1. 添加注释性对象的比例

要添加注释性对象的比例，可以在快速访问工具栏中选择【显示菜单栏】命令，在弹出的菜单中选择【修改】|【注释性对象比例】|【添加/删除比例】命令；或在【功能区】选项板中选择【注释】选项卡，在【注释缩放】面板中单击【添加/删除比例】按钮。然后选择需要添加比例的注释性对象，按 Enter 键，打开【注释对象比例】对话框。在【对象比例列表】中显示了该注释对象的所有注释比例，如图 8-54 所示。单击【添加】按钮，打开【将比例添加到对象】对话框，可以在【比例列表】中选择需要添加的比例，如图 8-55 所示。

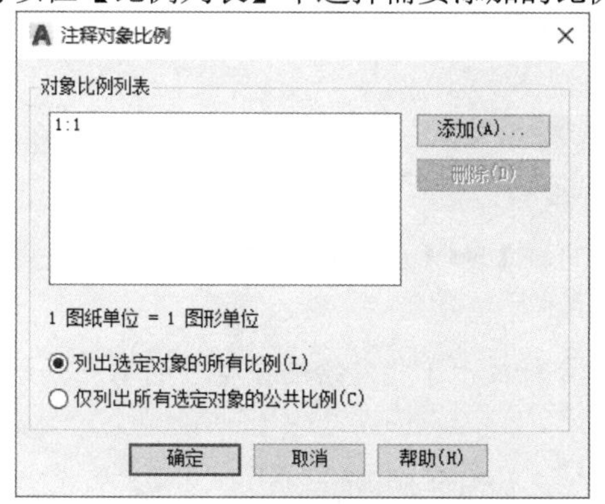

图 8-54　【注释对象比例】对话框

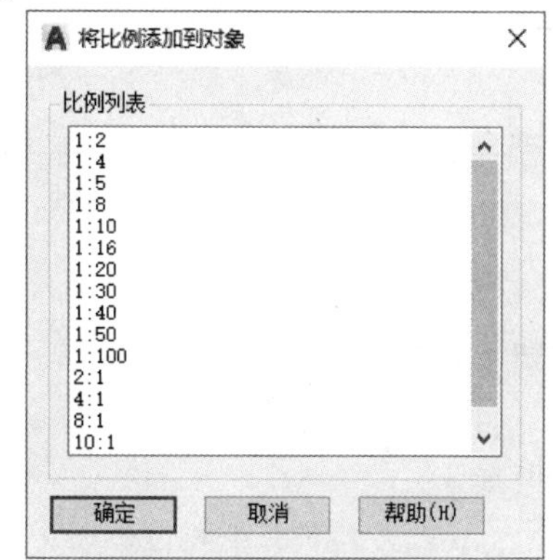

图 8-55　【将比例添加到对象】对话框

如果要添加当前的注释比例，可以在绘图窗口的状态栏中单击【注释比例】按钮，在弹出的菜单中选择需要添加的比例，然后选择【修改】|【注释性对象比例】|【添加当前比例】命令。或在【功能区】选项板中选择【注释】选项卡，在【注释缩放】面板中单击【添加当前比例】按钮，并选择需要添加比例的注释性对象，按 Enter 键即可。

有多个比例的注释对象就有多种比例表示方法。在选择包含多种比例的注释对象时，当前比例表示方法亮显，其他比例表示方法呈暗淡显示。

2. 删除注释性对象的比例

如果用户需要删除注释性对象的比例，可以选择【修改】|【注释性对象比例】|【添加/删除比例】命令，或在【功能区】选项板中选择【注释】选项卡，在【注释缩放】面板中单击【添加/删除比例】按钮；然后选择需要删除比例的注释性对象，按下 Enter 键，打开【注释对象比例】对话框；在【对象比例列表】中选择需要删除的注释比例，单击【删除】按钮即可。

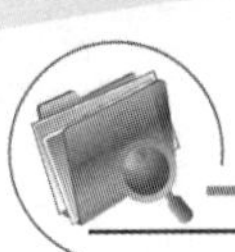

8.8 上机练习

本章的上机练习将在 AutoCAD 中绘制一个技术要求文本。通过练习，用户可以熟练地掌握创建多行文本的操作。

(1) 打开图 8-56 所示的低速轴图形文件后，在命令行中输入 STYLE 命令，按 Enter 键。

(2) 打开【文字样式】对话框，单击【新建】按钮。打开【新建文字样式】对话框，在【样式名】文本框中输入“技术要求”，如图 8-57 所示，单击【确定】按钮，返回【文字样式】对话框。

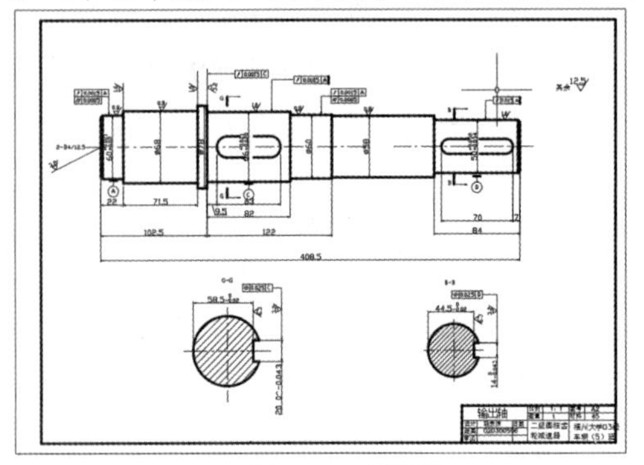

图 8-56 低速轴

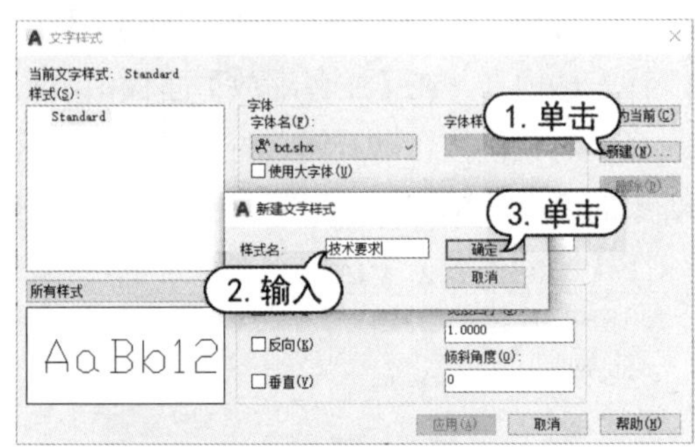

图 8-57 新建文字样式

(3) 在【高度】文本框中输入 8，然后单击【置为当前】和【应用】按钮，再单击【关闭】按钮，关闭【文字样式】对话框。

(4) 在命令行中输入 MT 命令，按 Enter 键，在命令行提示下指定绘图窗口中的两点，如图 8-58 所示。

(5) 在多行文字编辑框中输入文字内容“技术要求”，如图 8-59 所示。

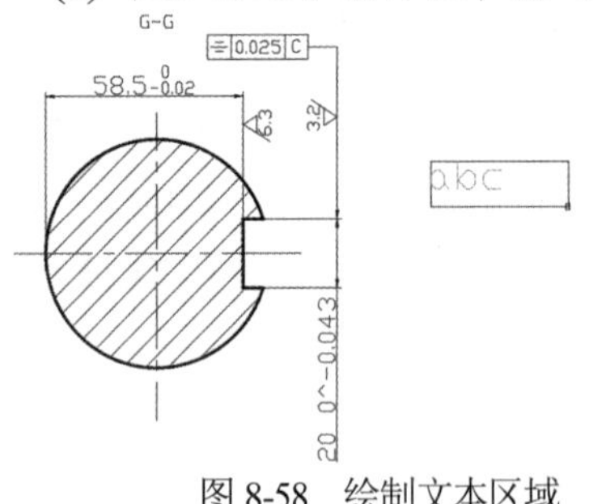

图 8-58 绘制文本区域

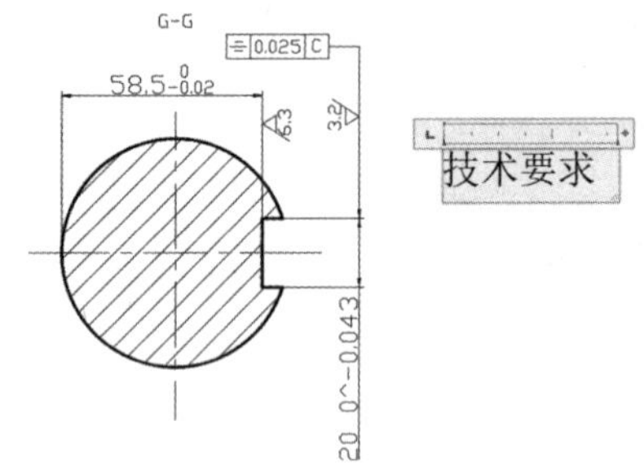

图 8-59 输入标题文本

(6) 选择【格式】|【文字样式】命令，再次打开【文字样式】对话框，单击【新建】按钮，打开【新建文字样式】对话框，在【样式名】文本框中输入“内容说明”，单击【确定】按钮。

(7) 在【高度】文本框中输入 5，然后单击【置为当前】和【应用】按钮，如图 5-60 所示。

(8) 在命令行中输入 MT 命令，按 Enter 键，在命令行提示下指定绘图窗口中的两点，如图 8-61 所示。

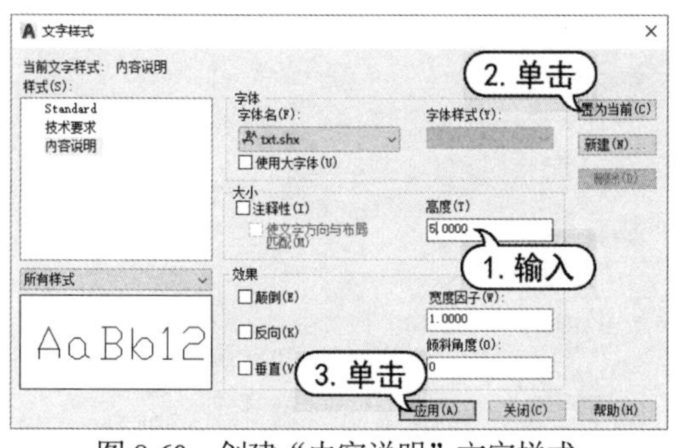

图 8-60　创建“内容说明”文字样式

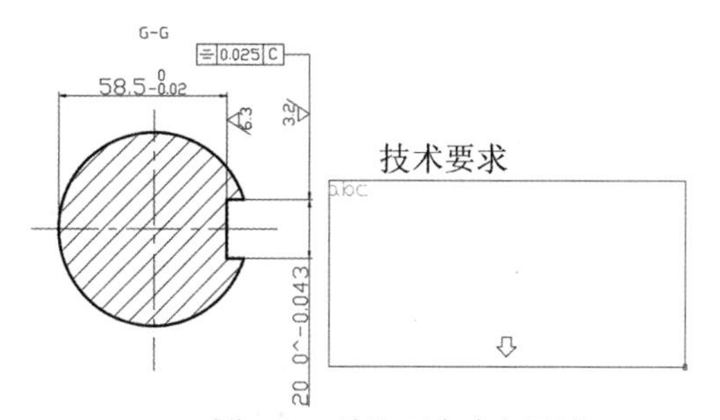

图 8-61　选取两点确定区域

(9) 在多行文字编辑框中输入图 8-62 所示的多行文字内容。

(10) 选中步骤(09)输入的多行文本，拖动文本四周的夹点调整其位置，完成“内容说明”文本的设置，效果如图 8-63 所示。

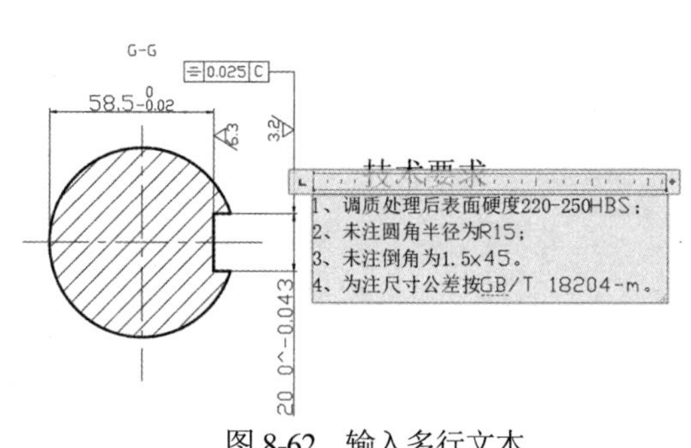

图 8-62　输入多行文本

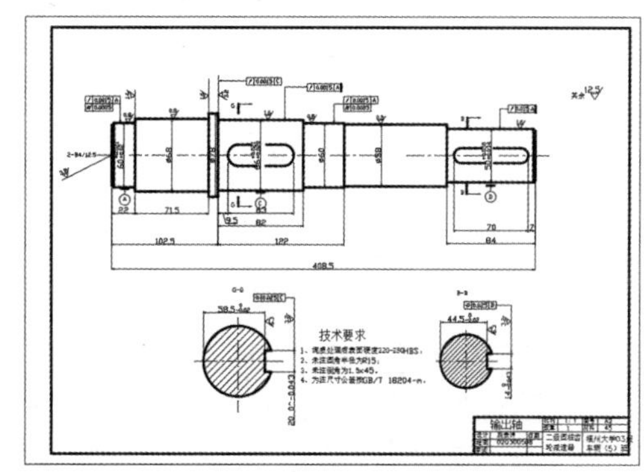

图 8-63　技术文本效果

8.9　习题

1. 创建文字样式【注释文字】，要求其字体为仿宋，倾斜角度为 15°，宽度比例为 1.2。

2. 定义文字样式，其要求如表 8-4 所示。其他使用系统的默认设置。

表 8-4　文字样式要求

设 置 内 容	设　置　值
样式名	MyTextStyle
字体	黑体
字格式	粗体
宽度比例	0.8
字高	5

3. 练习绘制图 8-64 所示的建筑施工说明，绘制该文本时，首先使用多行文字命令输入说明文字，将标题文字高度设置为 5，段落为居中显示，再将正文说明文字的第一行缩进 5。

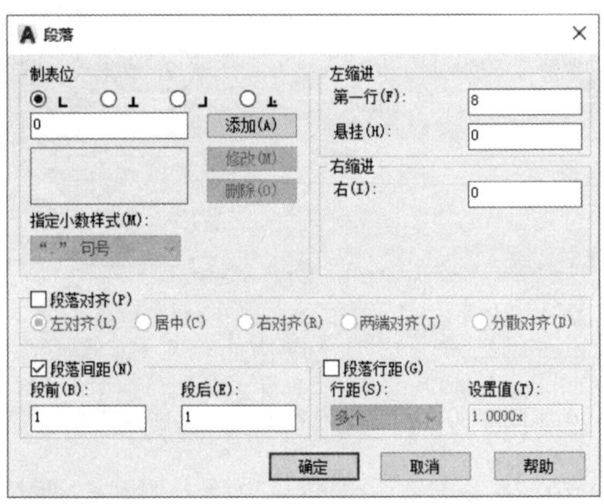

建筑施工说明

（一）设计依据

本工程按XXX住宅负责人提出的设计任务书进行方案设计。

（二）设计标高

底层室内主要地面设计标高±0.000，相当于绝对标高5.500m，室内外高差0.600m。

（三）注意事项

施工单位需按图纸施工，并严格执行国家现行施工验收规范和地方建委批发的土建施工工艺规范，如图纸中有遗漏或不详之处，或因各种原因要求更改设计时，请施工单位与设计单位联系，共同妥善解决。

图 8-64　创建并设置建筑施工说明

4. 练习绘制图 8-65 所示的齿轮参数表，首先运用表格命令绘制表格，然后在表格中输入相应的文字内容。

直齿圆柱齿轮参数表(mm)

	模数	齿数	轴孔直径	键槽宽
大齿轮	6	35	20	6
小齿轮	6	35	10	6

图 8-65　创建齿轮参数表

第9章 创建图案填充和面域

学习目标

面域指的是具有边界的平面区域，也是一个面对象，内部可以包含孔。从外观上看，面域和一般的封闭线框没有区别，但实际图形中面域就像是一张没有厚度的纸，除了包括边界外，还包括边界内的平面。

图案填充是一种使用指定线条图案、颜色来充满指定区域的操作，用于表达剖切面和不同类型物体对象的外观纹理等，常常被广泛应用在机械制图、建筑工程图及地质构造图等各类图形中。

本章重点

- 将图形转换为面域
- 使用图案填充
- 绘制圆环与宽线

9.1 为图形填充图案

重复绘制某些图案以填充图形中的一个区域，从而表达该区域的特征，这种填充操作称为图案填充。图案填充的应用非常广泛，例如，在机械工程图中，可以使用图案填充表达一个剖切的区域，也可以使用不同的图案填充来表达不同的零部件或者材料。

9.1.1 创建图案填充

在 AutoCAD 中，可以使用以下几种方法对图形进行图案填充：

- 在命令行中执行 BHATCH 命令(快捷命令：BH)。
- 选择【绘图】|【图案填充】命令。

- 在【功能区】选项板中选择【默认】选项卡，然后在【绘图】面板中单击【图案填充】按钮。

执行以上命令后，将打开【图案填充创建】选项板，在该选项板中，可以对图案填充的相关参数进行设置，如图 9-1 所示。

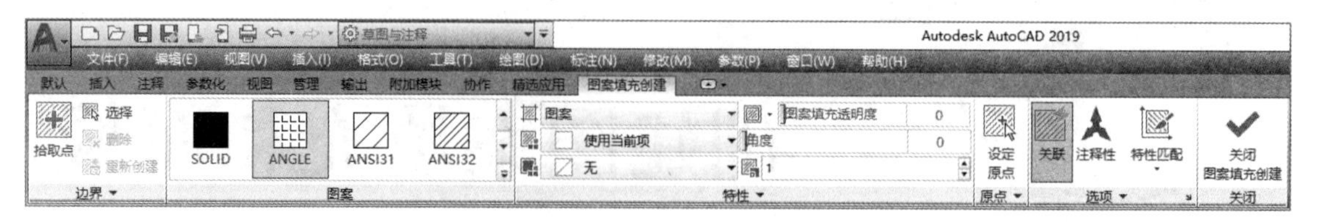

图 9-1 【图案填充创建】选项板

此时，命令行提示如下：

```
HATCH 拾取内部点或[选择对象(S)/放弃(U)/设置(T)]:
```

输入 T，然后按 Enter 键，将打开【图案填充和渐变色】对话框的【图案填充】选项卡，从中可以设置图案填充时的类型、图案、角度和比例等特性，如图 9-2 所示。

1. 类型和图案

在【类型和图案】选项区域中，可以设置图案填充的类型和图案，主要选项的功能如下。

- 【类型】下拉列表框：设置填充的图案类型，包括【预定义】【用户定义】和【自定义】3 个选项。其中，选择【预定义】选项，可以使用 AutoCAD 提供的图案；选择【用户定义】选项，则需要临时定义图案，该图案由一组平行线或者相互垂直的两组平行线组成；选择【自定义】选项，可以使用事先定义好的图案。
- 【图案】下拉列表框：用于设置填充的图案，当在【类型】下拉列表框中选择【预定义】选项时该选项可用。在该下拉列表框中可以根据图案名选择图案，也可以单击其右边的按钮，在打开的【填充图案选项板】对话框中进行选择，如图 9-3 所示。

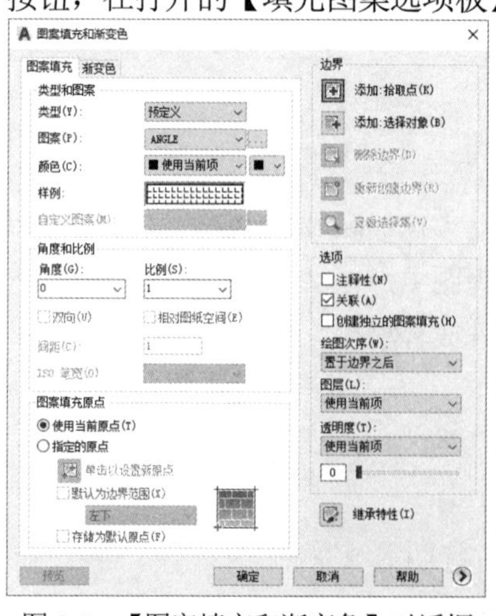

图 9-2 【图案填充和渐变色】对话框

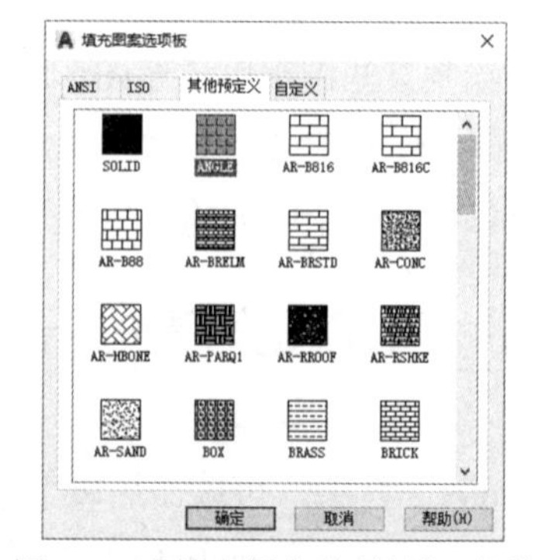

图 9-3 【填充图案选项板】对话框

- 【样例】预览窗口：显示当前选中的图案样例，单击所选的样例图案，即可打开【填充图案选项板】对话框，从中可以选择图案。
- 【自定义图案】下拉列表框：选择自定义图案，只有在【类型】下拉列表框中选择【自定义】选项时该选项才可用。

2. 角度和比例

在【角度和比例】选项区域中，可以设置图案填充的角度和比例等参数，主要选项的功能说明如下。

- 【角度】下拉列表框：用于设置填充图案的旋转角度，每种图案在定义时的旋转角度初始值都为零。
- 【比例】下拉列表框：用于设置图案填充时的比例值。每种图案在定义时的初始比例都为 1，可以根据需要放大或缩小该比例。在【类型】下拉列表框中选择【用户定义】选项时该选项不可用。
- 【双向】复选框：在【图案填充】选项卡的【类型】下拉列表框中选择【用户定义】选项，选中该复选框，可以使用相互垂直的两组平行线填充图形；否则为一组平行线。
- 【相对图纸空间】复选框：用于设置比例因子是否为相对于图纸空间的比例。
- 【间距】文本框：用于设置填充平行线之间的距离，当在【类型】下拉列表框中选择【用户定义】选项时，该选项才可用。
- 【ISO 笔宽】下拉列表框：用于设置笔的宽度，当填充图案使用 ISO 图案时，该选项才可用。

3. 图案填充原点

在【图案填充原点】选项区域中，可以设置图案填充原点的位置，实际绘图时许多图案填充需要对齐填充边界上的某一个点。主要选项的功能说明如下。

- 【使用当前原点】单选按钮：可以使用当前 UCS 的原点(0,0)作为图案填充原点。
- 【指定的原点】单选按钮：可以通过指定点作为图案填充原点。其中，单击【单击以设置新原点】按钮，可以从绘图窗口中选择某一点作为图案填充原点；选中【默认为边界范围】复选框，可以以填充边界的左下角、右下角、右上角、左上角或圆心作为图案填充原点；选中【存储为默认原点】复选框，可以将指定的点存储为默认的图案填充原点。

4. 边界

在【边界】选项区域中，包括【添加：拾取点】【添加：选择对象】等按钮，主要选项的功能说明如下。

- 【添加：拾取点】按钮：以拾取点的形式来指定填充区域的边界。单击该按钮，切换至绘图窗口，可以在需要填充的区域内任意指定一点，系统会自动计算出包围该点的封闭填充边界，同时亮显该边界。如果在拾取点后系统不能形成封闭的填充边界，则会显示错误提示信息。

- 【添加：选择对象】按钮：单击该按钮，将切换至绘图窗口，可以通过选择对象的方式来定义填充区域的边界。
- 【删除边界】按钮：单击该按钮，可以取消系统自动计算或用户指定的边界，如图 9-4 所示为包含边界与删除边界时的效果对比图。

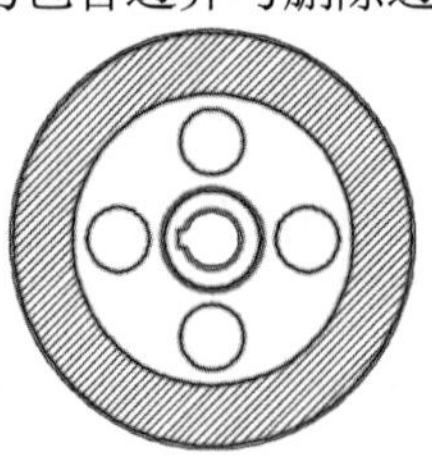
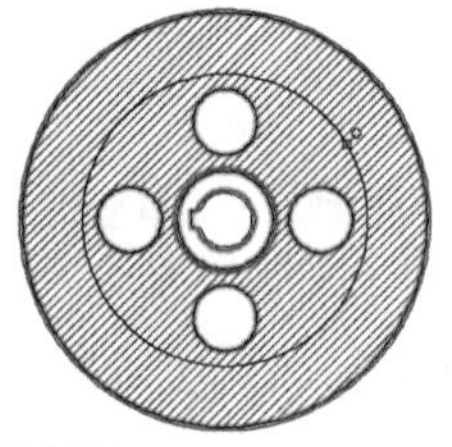

图 9-4　包含边界与删除边界时的效果对比图

5. 选项及其他功能

在【选项】选项区域中，【注释性】复选框用于将图案定义为可注释性对象；【关联】复选框用于创建其边界时随之更新的图案和填充；【创建独立的图案填充】复选框用于创建独立的图案填充；【绘图次序】下拉列表框用于指定图案填充的绘图顺序，图案填充可以放在图案填充边界及所有其他对象之后或之前。

此外，单击【继承特性】按钮，可以将现有图案填充或填充对象的特性应用到其他图案填充或填充对象中；单击【预览】按钮，可以使用当前图案填充设置显示当前定义的边界，单击图形或按 Esc 键返回对话框，单击、右击或按 Enter 键应用图案填充。

【例 9-1】为零件图形创建图案填充。

(1) 打开图 9-5 所示的图形后，在命令行中执行 BH 命令。

(2) 在命令行提示【HATCH 拾取内部点或[选择对象(S)/放弃(U)/设置(T)]:】下输入 T，然后按 Enter 键，打开【图案填充和渐变色】对话框，单击按钮，如图 9-6 所示。

图 9-5　打开图形

图 9-6　设置图案

(3) 打开【填充图案选项板】对话框，选择【ANSI】选项卡，在显示的列表中选择 ANSI31 选项，然后单击【确定】按钮，如图 9-7 所示。

(4) 返回【图案填充和渐变色】对话框，单击【添加：拾取点】按钮，进入绘图区，在图形内部拾取一点，指定图案填充区域，如图 9-8 所示。

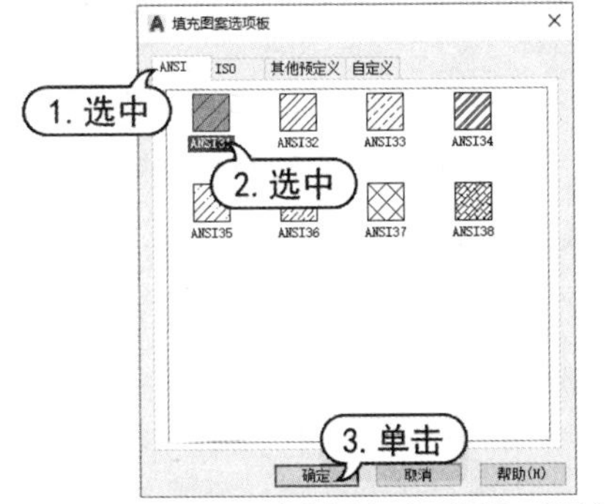

图 9-7　【填充图案选项板】对话框

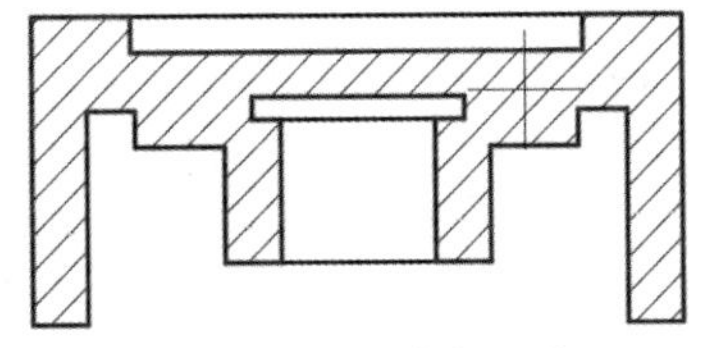

图 9-8　指定填充区域

(5) 按 Enter 键，确定图形区域的选择，在【图案填充编辑器】选项卡【特性】选项板的【图案填充比例】文本框中输入 0.6，指定图案填充的比例。此时，图案填充效果如图 9-9 所示。

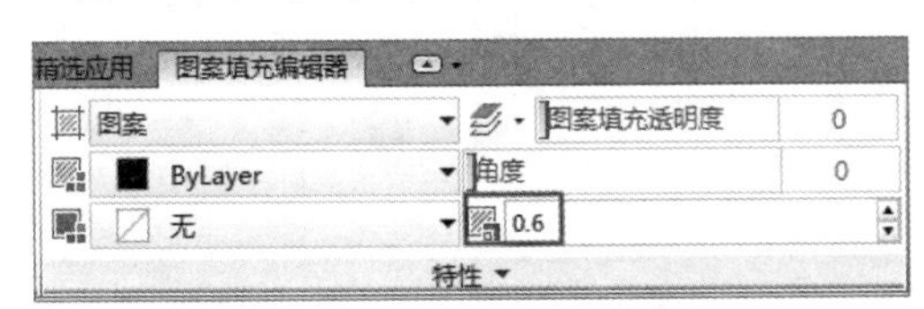

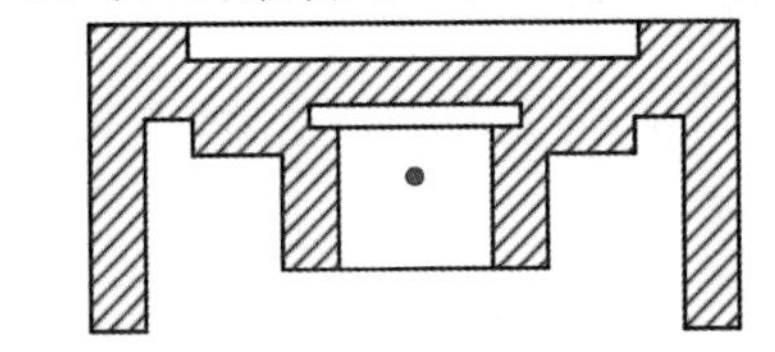

图 9-9　设置图案填充比例

(6) 在【图案填充编辑器】选项卡单击【关闭图案填充编辑器】按钮，完成图案填充的创建。

9.1.2　编辑图案填充

1. 修改填充图案

创建图案填充后，如果需要修改填充图案或修改图案区域的边界，可以使用以下方法：

- 在命令行中执行 HATCHEDIT(快捷命令：HE)命令。
- 选择【修改】|【对象】|【图案填充】命令。
- 选择【默认】选项卡，然后在【修改】面板中单击【编辑图案填充】按钮。

在为编辑命令选择图案时，系统变量 PICKSTYLE 起着很重要的作用，其值有 4 种，具体功能说明如下。

- 0：禁止编组或关联图案选择。即当用户选择图案时仅选择图案自身，而不会选择与之关联的对象。
- 1：允许编组选择，即图案可以被加入到对象编组中，这是 PICKSTYLE 的默认设置。
- 2：允许关联图案选择。
- 3：允许编组和关联图案选择。

当用户将 PICKSTYLE 设置为 2 或 3 时，如果用户选择一个图案，将同时把与之关联的边界

对象选进图案中，有时会导致一些意想不到的效果。例如，如果用户仅是删除填充图案，但结果是将与之相关联的边界也删除了。

【例 9-2】对"端景立面图"图形中填充的图案进行修改操作。

(1) 打开图形后，在命令行执行 HE 命令，在命令行提示下选中图案填充，如图 9-10 所示。

(2) 选择填充图案后，打开【图案填充编辑】对话框，在【类型和图案】选项区域的【图案】选项后单击□按钮，打开【填充图案选项板】对话框，选择【其他预定义】选项卡，在图案列表中选择 BRICK 选项，如图 9-11 所示。

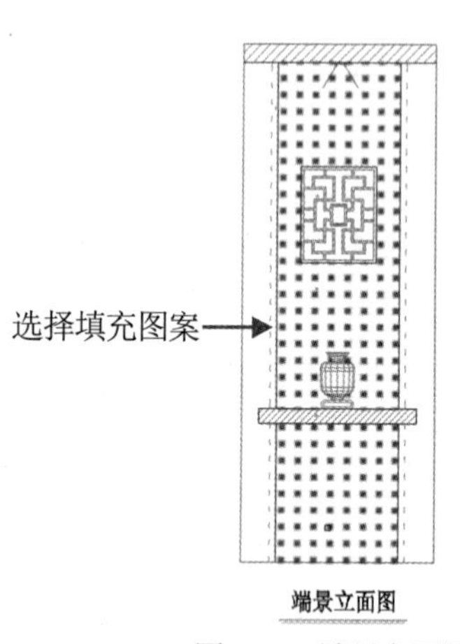

图 9-10　端景立面图

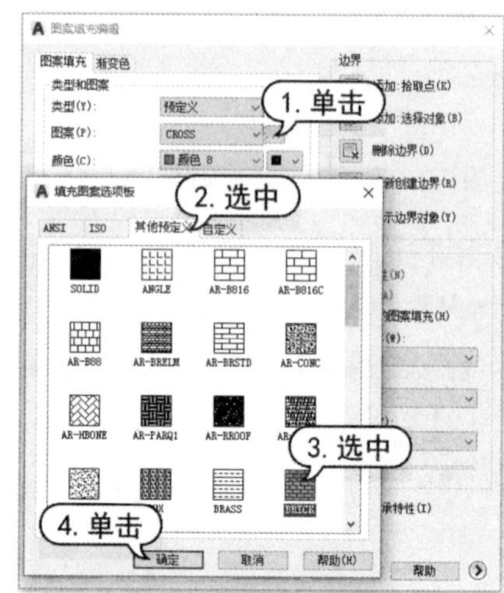

图 9-11　选择填充图案

(3) 单击【确定】按钮，返回【图案填充编辑】对话框，在【角度和比例】选项区域的【角度】文本框中输入 45，指定图案填充时的角度，在【比例】文本框中输入 10，指定图案填充时的比例，如图 9-12 所示。

(4) 单击【确定】按钮，完成图案填充的更改，如图 9-13 所示。

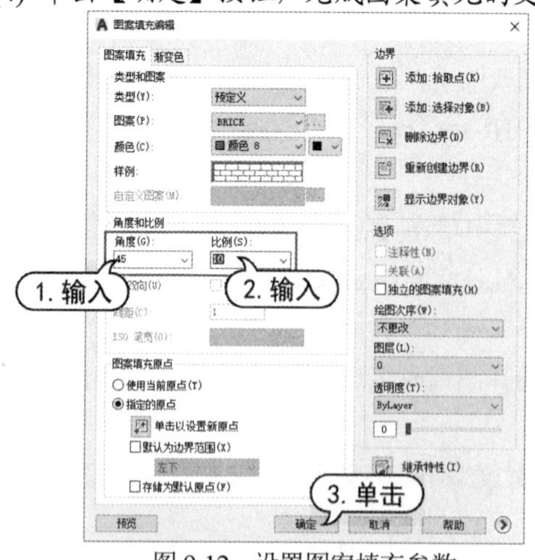

图 9-12　设置图案填充参数

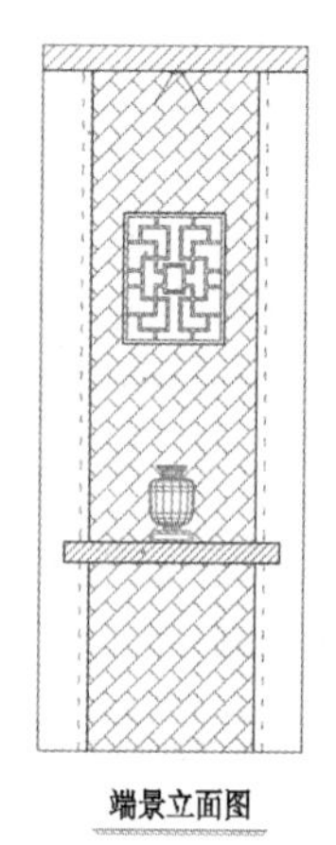

图 9-13　更改填充图案后的效果

2. 分解填充图案

在 AutoCAD 中，将图形以图案进行填充后，如果该图案为一个特殊图块，无论填充图案形状多么复杂，它都是一个单独的图形对象。为了满足特殊的编辑要求，可以将填充图案进行分解处理，图案被分解后，可以对分解出的单一图形对象进行编辑处理，如将分解出的直线进行延伸、修剪等处理。如图 9-14 左图所示为选中填充图案后的效果，图 9-14 右图所示为使用【分解】命令(快捷命令:X)分解填充图案后的效果。

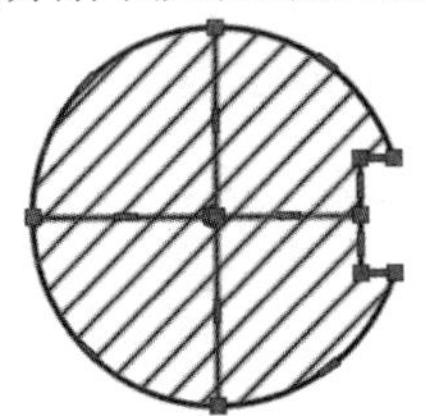

选中填充图案效果

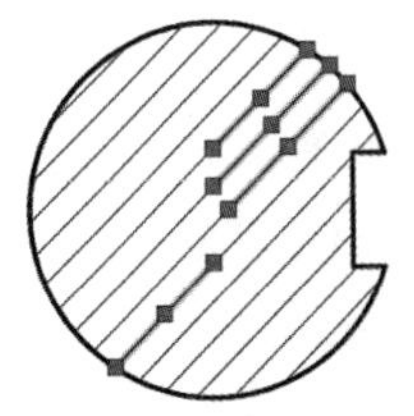

分解填充图案效果

图 9-14　分解填充图案前后效果对比

3. 设置填充图案的可见性

在 AutoCAD 中，用户可以使用两种方法来控制图案填充的可见性，一种是使用 FILL 命令或 FILLMODE 变量来实现；另一种是利用图层来实现。

(1) 使用 FILL 命令和 FILLMODE 变量

在命令行中输入 FILL 命令，此时命令行将显示如下提示信息：

```
输入模式[开(ON/)关(OFF)]<开>:
```

如果将模式设置为【开】，则可以显示图案填充；如果将模式设置为【关】，则不显示图案填充。也可以使用系统变量 FILLMODE 控制图案填充的可见性。在命令行中输入 FILLMODE，此时命令行将显示如下提示信息：

```
输入 FILLMODE 的新值 <1>:
```

其中，当系统变量 FILLMODE 为 0 时，隐藏图案填充；当系统变量 FILLMODE 为 1 时，则显示图案填充。

(2) 使用图层控制图案填充的显示

对于能够熟练使用 AutoCAD 的用户而言，充分利用图层功能，将图案填充单独放在一个图层上。当不需要显示图案填充时，将图案填充所在的层关闭或冻结即可。使用图层控制图案填充的可见性时，不同的控制方式会使图案填充与其边界的关联关系发生变化，其特点如下：

- 当图案填充所在的图层被关闭后，图案与其边界仍保持关联关系，即修改边界后，填充图案会根据新的边界自动调整位置。
- 当图案填充所在的图层被冻结后，图案与其边界脱离关联关系，即边界修改后，填充图案不会根据新的边界自动调整位置。
- 当图案填充所在的图层被锁定后，图案与其边界脱离关联关系，即边界修改后，填充图案不会根据新的边界自动调整位置。

4. 修剪填充图案

在 AutoCAD 中，除了可以对图案填充进行更改、分解以及是否显示填充图案等操作以外，还可以使用修剪命令对填充图案进行修剪处理。

【例 9-3】对“底板”图形中填充的图案进行修剪操作。

(1) 打开“底板”图形后，在命令行中执行 TRIM 命令(快捷命令：TR)。

(2) 在命令行提示下选中图 9-15 所示的修剪边界，然后按下 Enter 键。

(3) 在命令行提示下选择圆内的填充图案为修剪对象，如图 9-16 左图所示，按 Enter 键即可修剪填充图案，效果如图 9-16 右图所示。

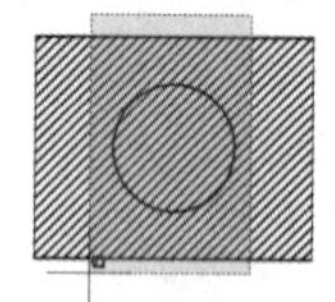

图 9-15　选择修剪边界

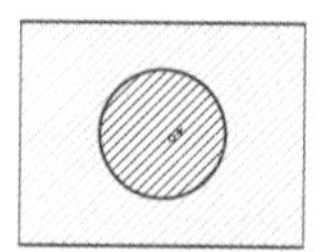

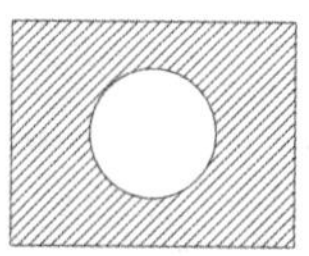

图 9-16　修剪填充图案

9.1.3　填充渐变色

通过使用【图案填充和渐变色】对话框的【渐变色】选项卡，可以创建单色或双色渐变色，并对图案进行填充，如图 9-17 所示。其中各选项的功能如下。

- 【双色】单选按钮：选中该单选按钮，可以指定两种颜色之间平滑过渡的双色渐变填充，如图 9-18 所示。此时 AutoCAD 在【颜色 1】和【颜色 2】的上边分别显示带【浏览】按钮的颜色样本。

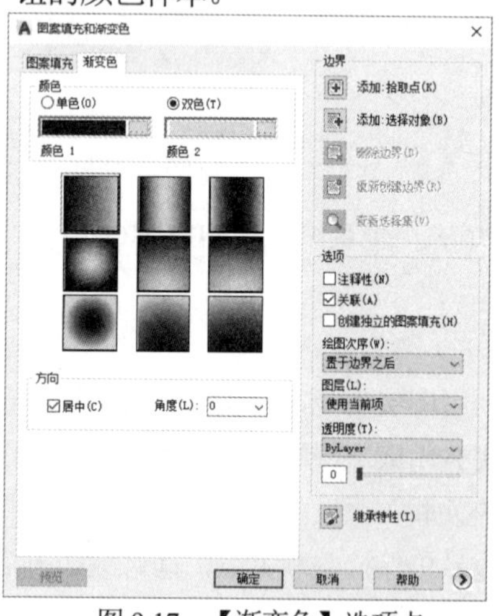

图 9-17　【渐变色】选项卡

图 9-18　使用渐变色填充图形

- 【单色】单选按钮：选中该单选按钮，可以使用从较深着色到较浅色调平滑过渡的单色填充。此时，AutoCAD 将显示【浏览】按钮和【色调】滑块。其中，单击【浏览】按钮

，将显示【选择颜色】对话框，可以选择索引颜色、真彩色或配色系统颜色，显示的默认颜色为图形的当前颜色；通过【色调】滑块，可以指定一种颜色的色调或着色。

- 【角度】下拉列表框：相对当前 UCS 指定渐变填充的角度，与指定给图案填充的角度互不影响。
- 【渐变图案】预览窗口：显示当前设置的渐变色效果，共有 9 种效果。

9.1.4　设置孤岛

在进行图案填充时，通常将位于一个已定义好的填充区域内的封闭区域称为孤岛。单击【图案填充和渐变色】对话框右下角的按钮，将显示更多选项，用户可以对孤岛和边界进行设置，如图 9-19 所示。

在【孤岛】选项区域中，选中【孤岛检测】复选框，可以指定在最外层边界内填充对象的方法，包括【普通】【外部】和【忽略】3 种填充方式，效果如图 9-20 所示。

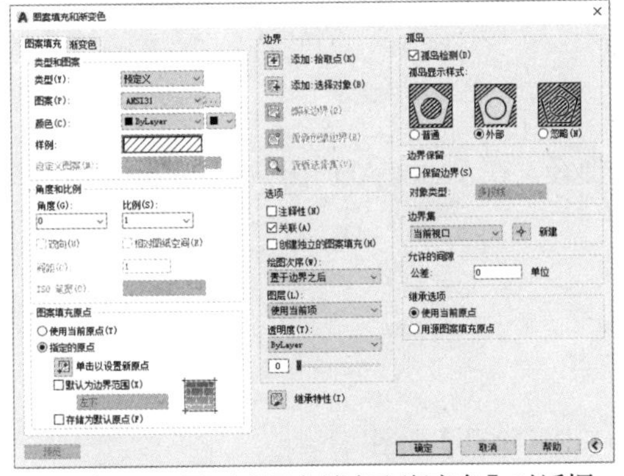

图 9-19　展开【图案填充和渐变色】对话框

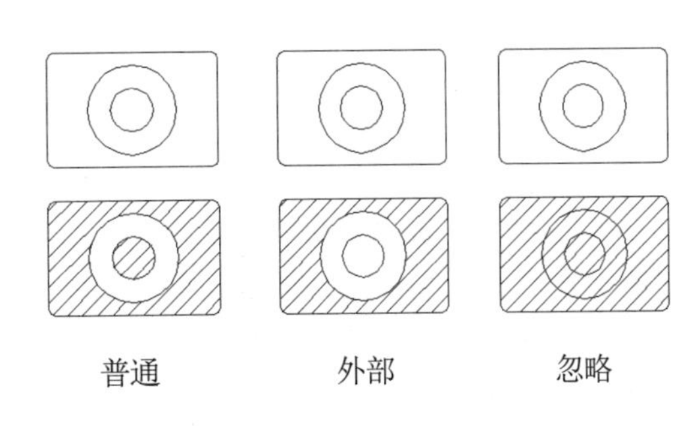

图 9-20　孤岛的 3 种填充效果

当以普通方式填充时，如果填充边界内有如文字、属性的特殊对象，且在选择填充边界时也选择了这些特殊对象，填充时图案填充将在这些对象处自动断开，系统会使用一个比该对象略大的看不见的框框起来，以使这些对象更加清晰，如图 9-21 所示。

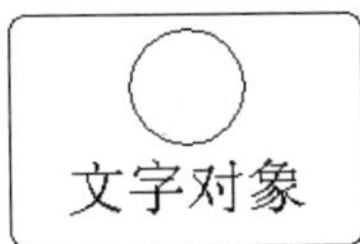

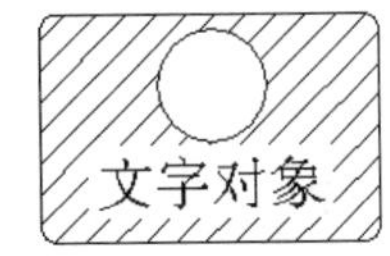

图 9-21　包含特殊对象的图案填充

其他选项区域的功能如下：

- 在【边界保留】选项区域中，选中【保留边界】复选框，可以将填充边界以对象的形式保留，并可以从【对象类型】下拉列表框中选择填充边界的保留类型，如【多段线】和【面域】选项等。
- 在【边界集】选项区域中，可以定义填充边界的对象集，AutoCAD 将根据这些对象来确定填充边界。默认情况下，系统根据【当前视口】中的所有可见对象确定填充边界。也可以单击【新建】按钮，切换至绘图窗口，然后通过指定对象定义边界集，此时【边界集】下拉列表框中将显示为【现有集合】选项。

- 在【允许的间隙】选项区域中，通过【公差】文本框设置允许的间隙大小。在该参数范围内，可以将一个几乎封闭的区域看作是一个闭合的填充边界。默认值为 0，此时对象是完全封闭的区域。
- 【继承选项】选项区域，用于确定在使用继承属性创建图案填充时图案填充原点的位置，可以是当前原点或源图案填充的原点。

9.2 绘制圆环与宽线

圆环、宽线与二维填充图形都属于填充图形对象。如果要显示填充效果，可以使用 FILL 命令，并将填充模式设置为【开(ON)】。

9.2.1 绘制圆环

绘制圆环是创建填充圆环或实体填充圆的一个捷径。在 AutoCAD 中，圆环实际上是由具有一定宽度的多段线封闭形成的。

要创建圆环，可以使用以下几种方法；

- 在命令行中执行 DONUT 命令。
- 选择【绘图】|【圆环】命令。
- 选择【默认】选项卡，在【绘图】面板中单击【圆环】按钮◎。

执行以上命令后，指定圆环的内径和外径，然后通过指定不同的圆心来连续创建直径相同的多个圆环对象，直到按 Enter 键结束命令(如果要创建实体填充圆，应将内径值设定为 0)。

【例 9-4】在坐标原点绘制一个内径为 10，外径为 15 的圆环。

(1) 选择【绘图】|【圆环】命令，在命令行的【指定圆环的内径<5.000>:】提示下输入 10，将圆环的内径设置为 10。

(2) 在命令行的【指定圆环的外径<51.000>:】提示下输入 15，将圆环的外径设置为 15。

(3) 在命令行的【指定圆环的中心点或<退出>:】提示下，输入(0,0)，指定圆环的圆点为坐标系原点，如图 9-22 所示。

(4) 按 Enter 键，结束圆环的绘制。圆环对象与圆不同，通过拖动其夹点只能改变形状而不能改变大小，如图 9-23 所示。

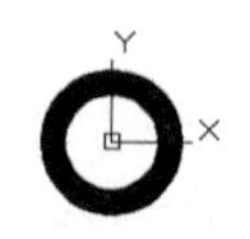

图 9-22 绘制圆环

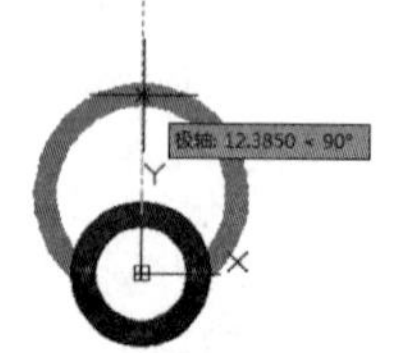

图 9-23 通过拖动夹点改变圆环形状

9.2.2　绘制宽线

绘制宽线需要使用 PLINE 命令，其使用方法与【直线】命令相似，绘制的宽线图形类似填充四边形。

【例 9-5】在坐标原点绘制一个线宽为 20，大小为 200×100 的矩形。

(1) 在命令行的【命令】提示下，输入宽线绘制命令 PLINE。

(2) 在命令行的【指定起点:】提示下，输入宽线起点坐标(200,0)。

(3) 在命令行的【指定下一个点或[圆弧(A)/半宽(H)/长度(L)/放弃(U)/宽度(W)]:】提示下，输入 W。

(4) 在命令行的【指定起点宽度<0.0000>:】提示下，指定宽线起点的宽度为 20。

(5) 在命令行的【指定端点宽度<0.0000>:】提示下，指定宽线端点的宽度为 20。

(6) 在命令行的【指定下一个点或[圆弧(A)/半宽(H)/长度(L)/放弃(U)/宽度(W)]:】提示下，依次输入(200,100)、(0,100)、(0,0)和(200,0)。

(7) 按 Enter 键，结束宽线的绘制，效果如图 9-24 所示。

(8) 在 AutoCAD 中，如果要调整绘制的宽线，可以先选择该宽线，然后拉伸其夹点即可，如图 9-25 所示。

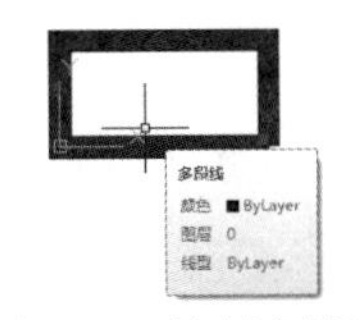

图 9-24　绘制宽线图形

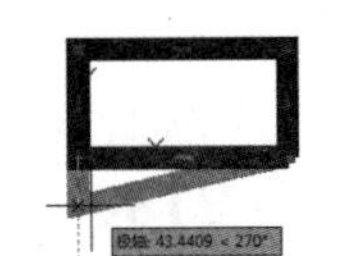

图 9-25　调整宽线

9.3　将图形转换为面域

在 AutoCAD 中，可以将由某些对象围成的封闭区域转换为面域。这些封闭区域可以是圆、椭圆、封闭的二维多段线或封闭的样条曲线等对象，也可以是由圆弧、直线、二维多段线、椭圆弧、样条曲线等对象构成的封闭区域。

9.3.1　创建面域

面域的边界是由端点相连的曲线组成的，曲线上的每个端点仅连接两条边。在默认状态下进行面域转换时，可以使用面域创建的对象取代原来的对象，并删除原来的边对象。

1. 使用【面域】命令

在 AutoCAD 中，用户可以通过以下几种方法执行【面域】命令创建面域：

◉ 在命令行中执行 REGION 命令(快捷命令：REG)。

- 选择【绘图】|【面域】命令。
- 选择【默认】选项卡，在【绘图】选项板中单击▼，在展开的面板中单击【面域】按钮。

执行【面域】命令的具体方法如下。

(1) 打开图形文件后，在命令行中输入 REGION，按 Enter 键。

(2) 在命令行提示下选中绘图窗口中的图形对象。

(3) 按 Enter 键确认，即可创建面域。

在 AutoCAD 中，面域可以应用于以下几个方面：

- 应用于填充和着色。
- 使用【面域/质量特性】命令分析特性，如面积。
- 提取设计信息。

2. 使用【边界】命令

在 AutoCAD 中，用户可以通过以下几种方法，使用【边界】命令创建面域：

- 在命令行中执行 BOUNDARY 命令(快捷命令：BO)。
- 选择【绘图】|【边界】命令。
- 选择【默认】选项卡，在【绘图】选项板中单击【图案填充】按钮旁的▼，在弹出的列表中选择【边界】选项。

执行【边界】命令的具体方法如下。

(1) 打开图形文件后，在命令行中输入 BOUNDARY 命令，按 Enter 键，打开【边界创建】对话框，将【对象类型】设置为【面域】，单击【拾取点】按钮，如图 9-26 所示。

(2) 在命令行提示下，单击图形的内部，如图 9-27 所示。

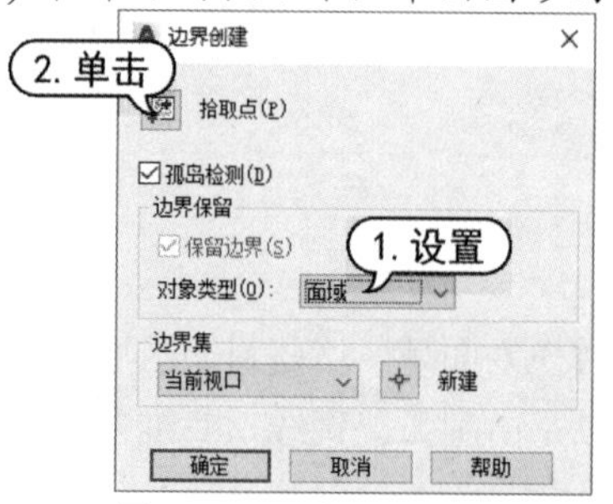

图 9-26 【边界创建】对话框

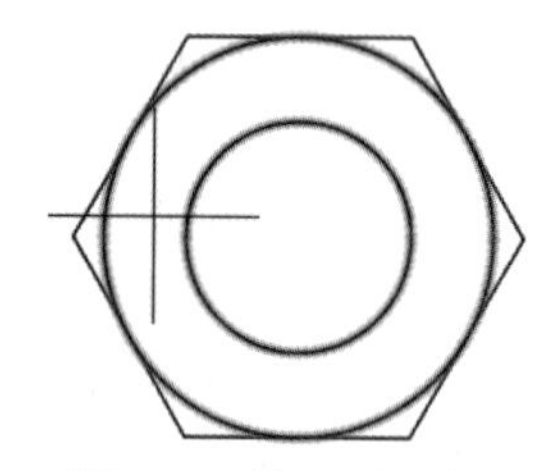

图 9-27 拾取图形内部

(3) 按 Enter 键确认，即可创建面域。

使用【边界】命令既可以从任何一个闭合的区域创建一条多段线的边界或多条边界，也可以创建一个面域。与【面域】命令不同，【边界】命令在创建边界时，不会删除原始对象，不需要考虑系统变量的设置，不管对象是共享一个端点，还是出现了自相交。

9.3.2 对面域执行布尔运算

布尔运算是数学上的一种逻辑运算。在 AutoCAD 中，绘图时使用布尔运算，可以提高绘图

效率，尤其是在绘制比较复杂的图形时。布尔运算的对象只包括实体和共面的面域，对于普通的线条图形对象，则无法使用布尔运算。

在 AutoCAD 中，用户可以对面域执行【并集】、【差集】和【交集】3 种布尔运算，各种运算效果如图 9-28 所示。

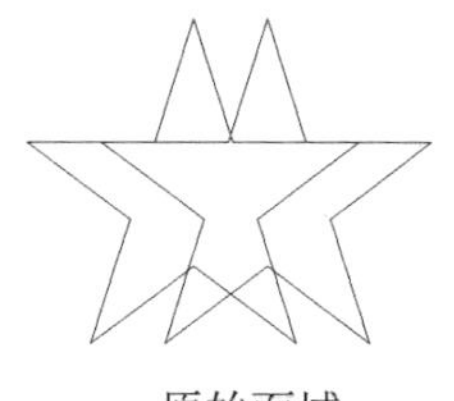

原始面域

面域的并集运算

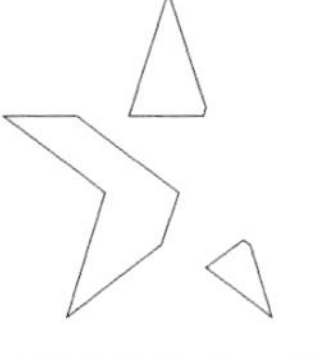

面域的差集运算

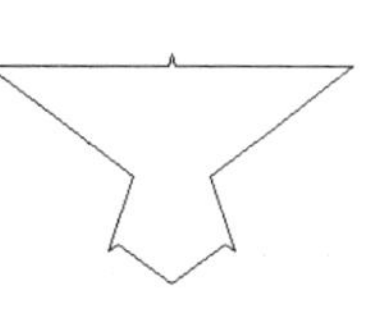

面域的交集运算

图 9-28　面域的布尔运算

1. 并集运算面域

在 AutoCAD 中，用户可以通过以下几种方法并集运算面域，将多个面域合并为一个面域：

- 在命令行中执行 UNION 命令。
- 选择【修改】|【实体编辑】|【并集】命令。
- 在【三维建模】工作空间中选择【常用】选项卡，在【实体编辑】面板中单击【实体，并集】按钮。

执行【并集】命令的具体方法如下。

(1) 打开图形文件后，在命令行中输入 UNION 命令，按 Enter 键，在命令行提示下选中图形中的圆和右侧矩形对象，如图 9-29 所示。

(2) 按 Enter 键确认，即可并集运算面域，效果如图 9-30 所示。

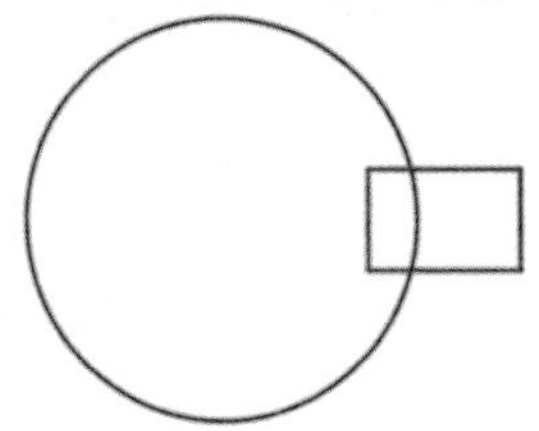

图 9-29　选择并集对象

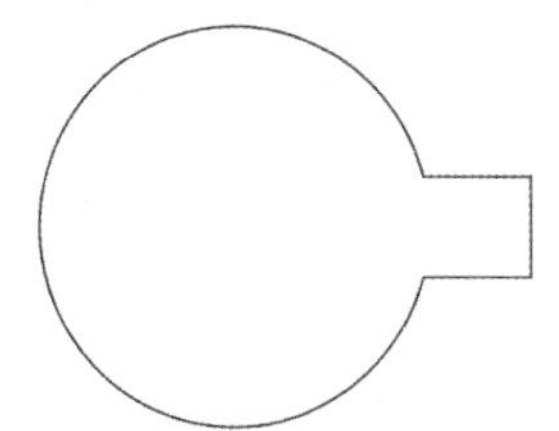

图 9-30　并集运算效果

2. 差集运算面域

在 AutoCAD 中，用户可以通过以下几种方法，使用【差集】命令将多个面域进行差集运算，以得到面域相减后的区域。

- 在命令行中执行 SUBTRACT 命令(快捷命令：SU)。
- 选择【修改】|【实体编辑】|【差集】命令。
- 在【三维建模】工作空间中选择【常用】选项卡，在【实体编辑】面板中单击【实体，差集】按钮。

执行【差集】命令的具体方法如下。

(1) 打开图形文件后，在命令行中输入 SUBTRACT 命令，按 Enter 键，在命令行提示下选择图形中的圆对象。

(2) 按 Enter 键确认，在命令行提示下选中图形中的矩形对象，如图 9-31 所示。

(3) 按 Enter 键确认，即可差集运算面域，效果如图 9-32 所示。

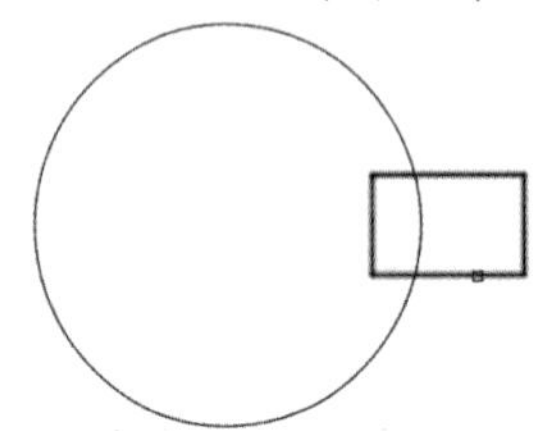

图 9-31　选择差集运算对象

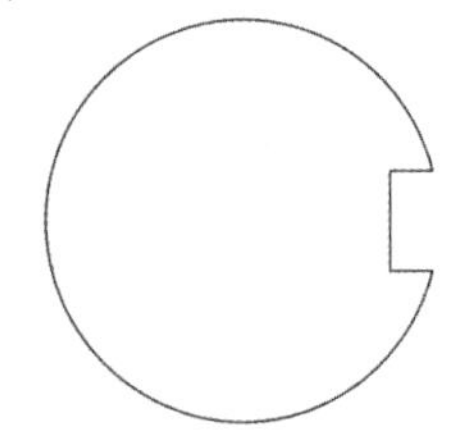

图 9-32　差集运算效果

3. 交集运算面域

在 AutoCAD 中，用户可以通过以下几种方法使用【交集】命令，得到多个面域相交的共有区域。

- 在命令行中执行 INTERSECT 命令(快捷命令：IN)。
- 选择【修改】|【实体编辑】|【交集】命令。
- 在【三维建模】工作空间中选择【常用】选项卡，在【实体编辑】面板中单击【实体，交集】按钮。

执行【交集】命令的具体方法如下。

(1) 打开图形文件后，在命令行中输入 INTERSECT 命令，按 Enter 键。

(2) 在命令行提示下，选中绘图窗口中的多边形，如图 9-33 所示。

(3) 选中绘图窗口中的圆，按 Enter 键确认，即可交集运算面域，效果如图 9-34 所示。

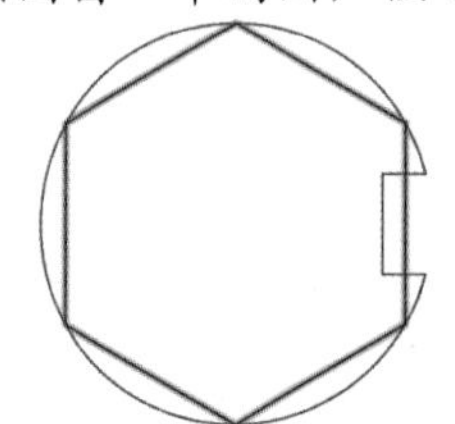

图 9-33　选择交集运算对象

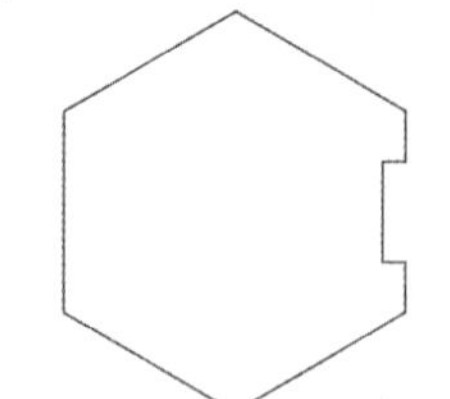

图 9-34　交集运算效果

若在不重叠的面域上执行【交集】命令，将删除面域并创建一个空面域，此时，使用 UNDO(恢复)命令可以恢复图形中的面域。

9.3.3　从面域中提取数据

从表面上看，面域和一般的封闭线框没有区别，就像是一张没有厚度的纸。而实际上，面域是二维实体模型，它不但包含边的信息，还包含边界内的信息。通过使用这些信息可以计算工程属性，如面积、质心等。

在 AutoCAD 中，用户可以通过以下两种方法提取面域数据。

- 在命令行中执行 MASSPROP 命令。
- 选择【工具】|【查询】|【面域/质量特性】命令。

提取面域数据的具体操作方法如下。

(1) 打开图形文件后，在命令行中输入 MASSPROP 命令，按 Enter 键。

(2) 在命令行提示下，选择面域对象。

(3) 按 Enter 键确认，在命令行中弹出的列表中将显示面域的数据，如图 9-35 所示。

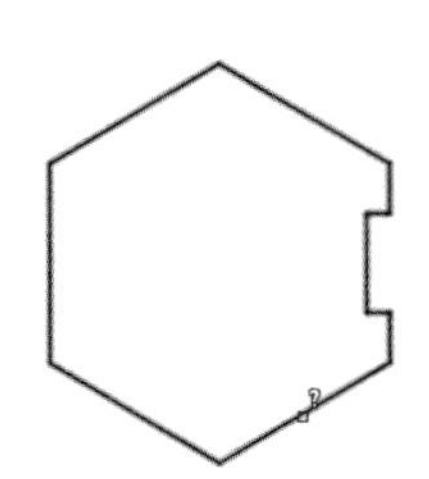

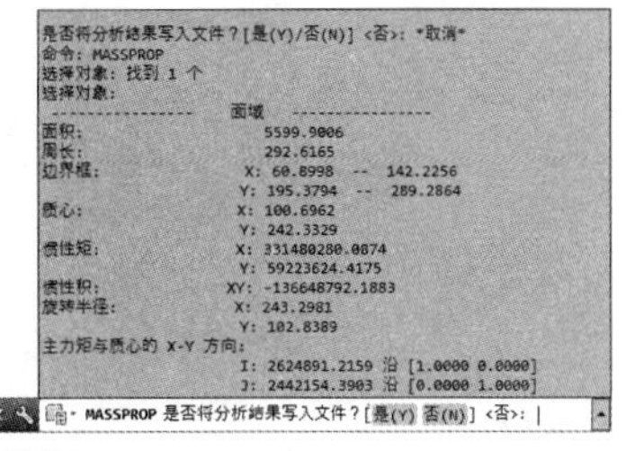

图 9-35　提取面域数据

(4) 在命令行提示下输入 Y，按 Enter 键，可以使用打开的对话框将面域数据保存。

9.4　上机练习

本章的上机练习将通过实例操作，练习在 AutoCAD 2019 中创建面域与图案填充，帮助用户巩固所学的知识。

9.4.1　填充小链轮零件图形

使用 AutoCAD 2019 练习在小链轮图形中设置图案填充。

(1) 打开图 9-36 所示的图形文件后，在命令行中输入 HATCH 命令，按 Enter 键。

(2) 在图 9-37 所示的命令行提示下输入 T，按 Enter 键。

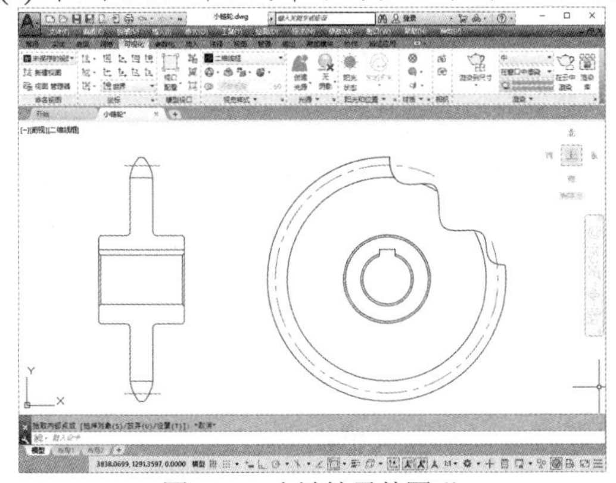

图 9-36　小链轮零件图形

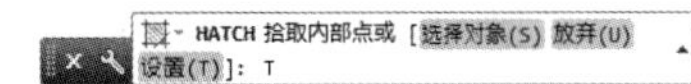

图 9-37　命令行提示

(3) 打开【图案填充和渐变色】对话框，单击【样例】按钮，如图 9-38 所示。

(4) 打开【填充图案选项板】对话框，选中 JIS_LC_20 选项，单击【确定】按钮，如图 9-39 所示。

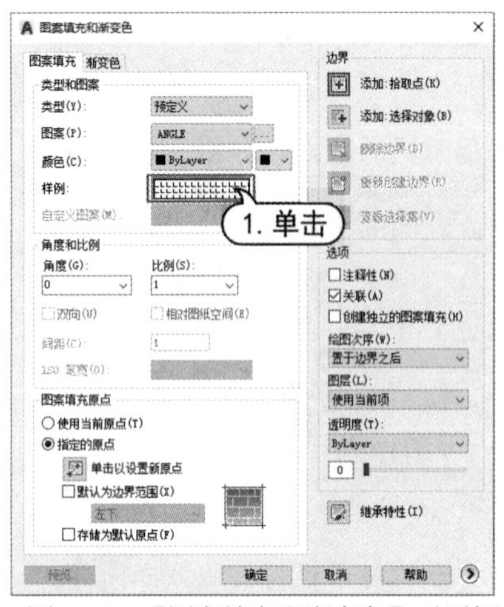

图 9-38 【图案填充和渐变色】对话框

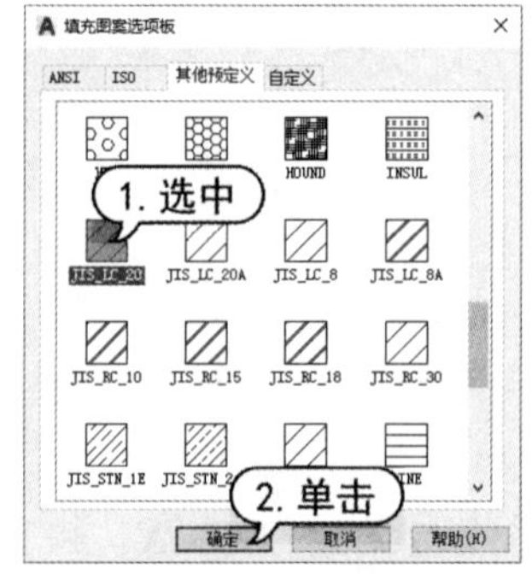

图 9-39 【填充图案选项板】对话框

(5) 返回【图案填充和渐变色】对话框，将颜色设置为【绿色】，将【比例】设置为 0.2，然后单击【添加:拾取点】按钮，如图 9-40 所示。

(6) 单击图形中图 9-41 所示的位置，即可创建图案填充。最后，按 Enter 键确认即可。

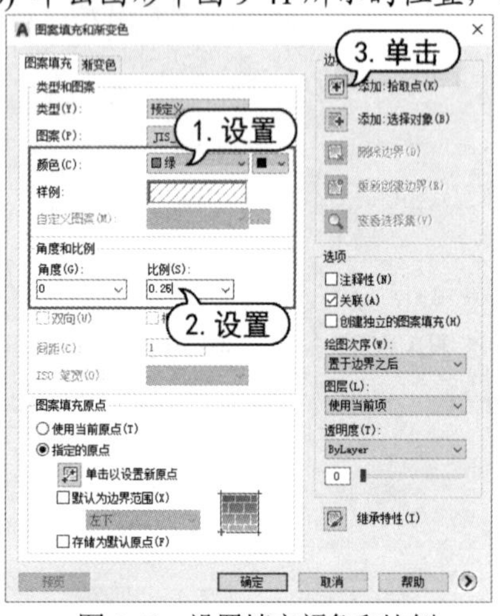

图 9-40 设置填充颜色和比例

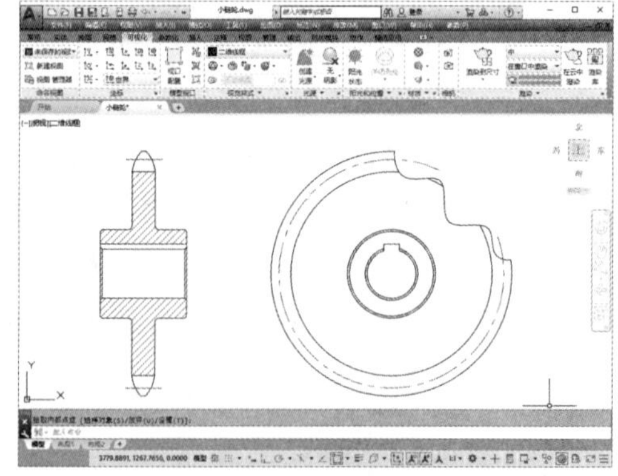

图 9-41 图案填充效果

9.4.2 填充阀体零件图形

使用 AutoCAD 2019 练习为阀体零件图形设置自定义图案填充。

(1) 通过网络下载所需的图案填充文件后，右击桌面上的 AutoCAD 2019 图标，在弹出的菜单中选择【属性】命令。

(2) 在打开的【属性】对话框中单击【打开文件所在的位置】按钮，如图 9-42 所示。

(3) 在打开的对话框中双击打开图 9-43 所示的 Support 文件夹，将下载的图案填充文件复制到该文件夹中。

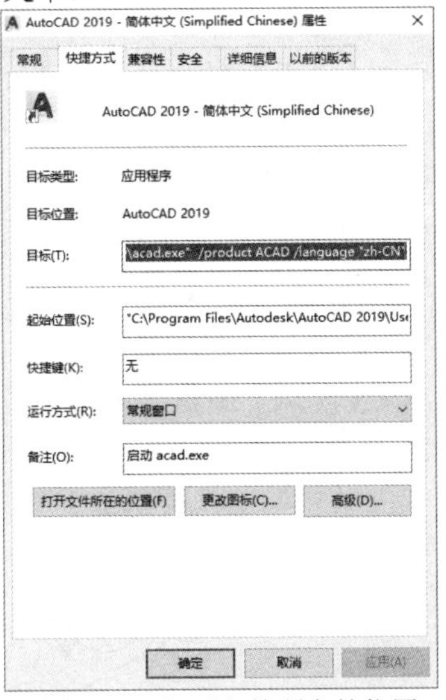

图 9-42　打开文件所在的位置

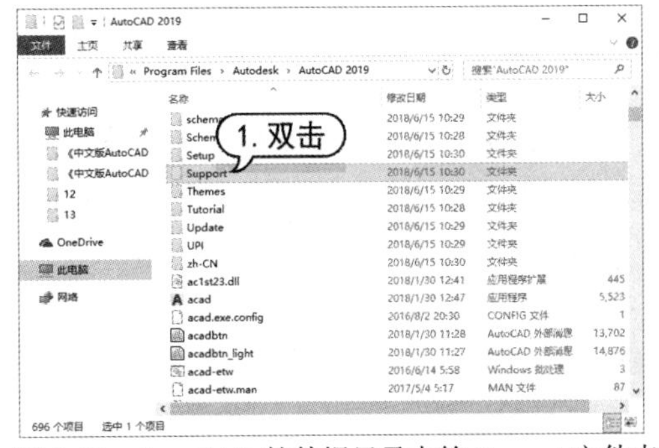

图 9-43　AutoCAD 软件根目录中的 Support 文件夹

(4) 在 AutoCAD 中打开图形文件，在命令行中输入 HATCH 命令，按 Enter 键，在命令行提示下输入 T，再次按 Enter 键，打开【图案填充和渐变色】对话框。

(5) 在对话框的【图案填充】选项卡中单击【样例】按钮，打开【填充图案选项板】对话框，选择【自定义】选项卡，即可在对话框左侧的列表框中选择网络中下载的图案填充，如图 9-44 所示。

(6) 单击【确定】按钮，返回【图案填充和渐变色】对话框，在【颜色】下拉列表中将图案填充设置为【洋红】，在【比例】文本框中输入 15，然后单击【添加：拾取点】按钮。

(7) 在图形中合适的位置上单击，即可完成自定义图案填充的创建效果，如图 9-45 所示。

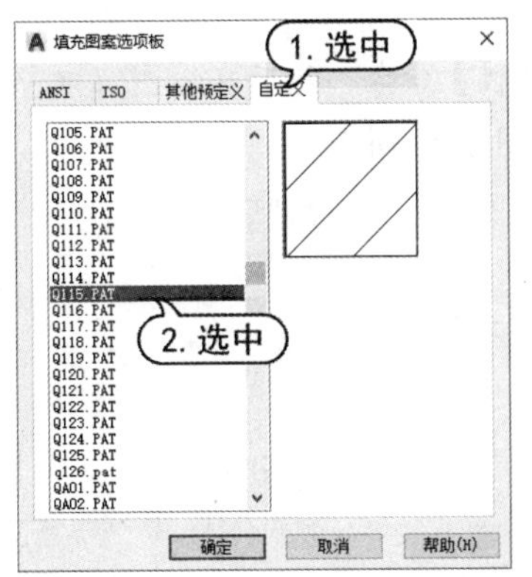

图 9-44　【填充图案选项板】对话框

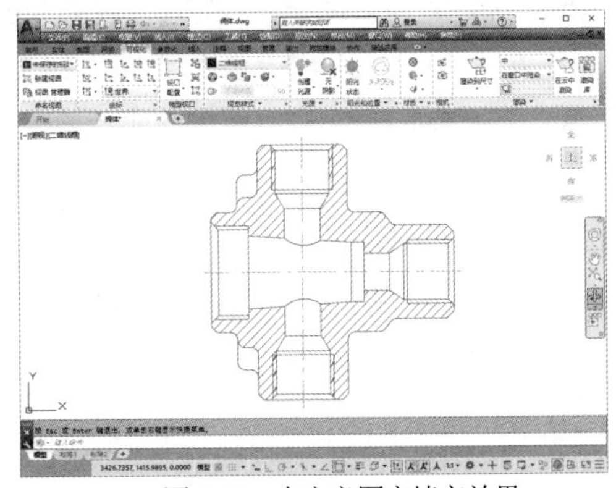

图 9-45　自定义图案填充效果

9.4.3 绘制轴承盖零件图形

在 AutoCAD 2019 利用面域绘制轴承盖零件图形。

(1) 在【功能区】选项板中选择【默认】选项卡，然后在【绘图】面板中单击【构造线】按钮，绘制一条水平辅助线和一条垂直辅助线。

(2) 在【功能区】选项板中选择【默认】选项卡，然后在【绘图】面板中单击【圆心、半径】按钮，以辅助线的交点为圆心，分别绘制半径为 35、50 和 80 的同心圆，如图 9-46 所示。

(3) 选择【默认】选项卡，然后在【绘图】面板中单击【圆心、半径】按钮，以垂直辅助线和半径为 80 的圆的上方交点为圆心，分别绘制半径为 8 和 22 的同心圆，如图 9-47 所示。

(4) 在【功能区】选项板中选择【默认】选项卡，然后在【修改】面板中单击【环形阵列】按钮，以半径为 8 和 22 的同心圆为阵列对象，创建一个环形阵列，如图 9-48 所示。

图 9-46　绘制同心圆

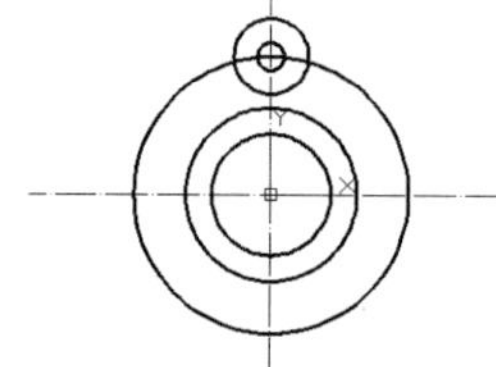

图 9-47　绘制半径为 8 和 22 的同心圆

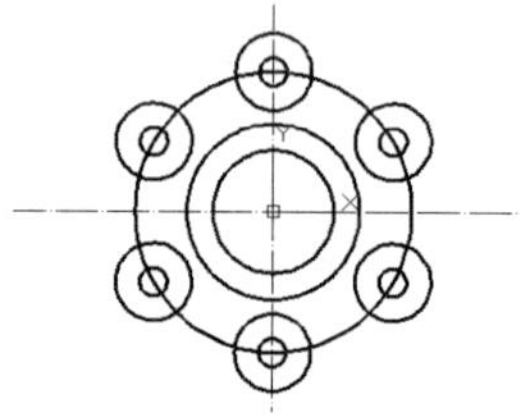

图 9-48　创建环形阵列

计算机 基础与实训教材系列

(5) 选中创建的环形阵列，在命令提示行中输入 X，然后按 Enter 键，将环形阵列中的所有同心圆分解为单独的图形。

(6) 在菜单栏中选择【绘图】|【面域】命令，然后在绘图窗口中选中所有半径为 22 的圆和半径为 80 的圆，然后按 Enter 键，将其转换为面域，如图 9-49 所示。

(7) 重复步骤(6)的操作，将半径为 80 的圆转换为面域。

(8) 在菜单栏中选择【修改】|【实体编辑】|【并集】命令，将所有半径为 22 的圆形面域和半径为 80 的圆形面域进行并集处理，效果如图 9-50 所示。

(9) 在菜单栏中选择【工具】|【查询】|【面域/质量特性】命令，然后在绘图窗口中选择创建的面域，并按 Enter 键，即可得到该面域的质量特性，如图 9-51 所示。

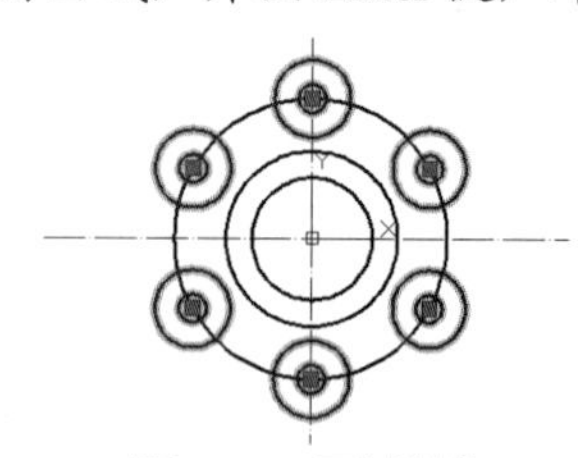

图 9-49　面域转换

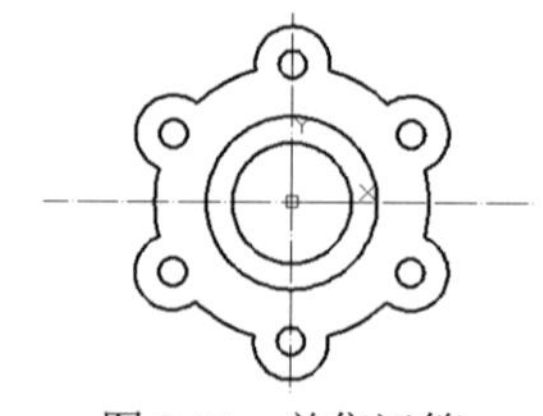

图 9-50　并集运算

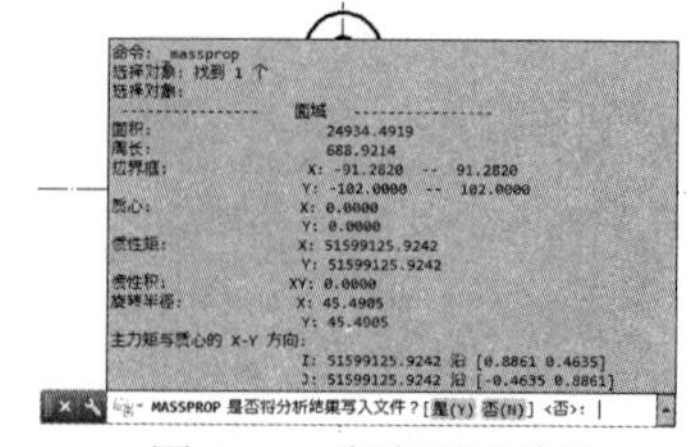

图 9-51　查询面域特性

9.5 习题

1. 自定义填充图案与用户定义填充有什么区别？
2. 图案填充时经常因比例不合适而不能正确显示，有什么简便的控制方法吗？

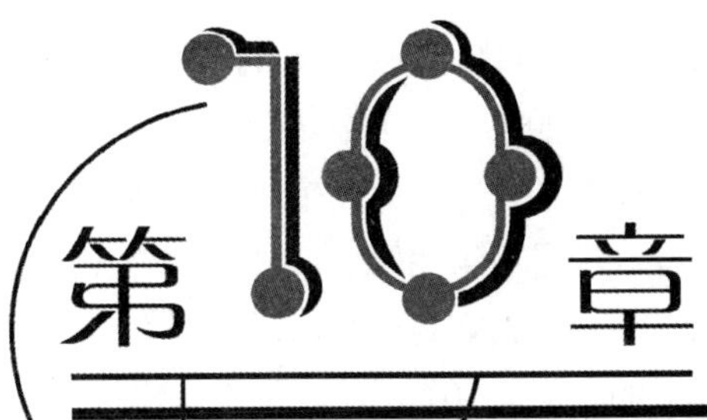

第10章 使用图块和外部参照

学习目标

在绘制图形的过程中，常常需要绘制相同的图形。绘制这些相同图形时，如果是在同一个文件中，可以使用复制等编辑命令对其进行编辑；如果在不同的文件中使用，则可以先将其定义为图块，再通过插入图块的方法快速完成相同以及相似图形的绘制。本章将重点介绍在 AutoCAD 2019 中创建及插入图块以及使用外部参照绘制图形的方法。

本章重点

- 创建图块
- 调用图块
- 编辑图块
- 使用外部参照绘制图形

10.1 创建图块

块是一个或多个对象组成的对象集合，常用于绘制复杂、重复的图形。如果一组对象组合成块，就可以根据作图需要将这组对象插入到图中任意指定位置。

10.1.1 图块概述

在 AutoCAD 中，使用块可以提高绘图速度，节省存储空间，便于修改图形并能够为其添加属性。总的来说，AutoCAD 中的块具有以下特点。

- 提高绘图效率：在 AutoCAD 2019 中绘图时，常常需要绘制一些重复出现的图形。如果将这些图形作成块保存起来，绘制图形时就可以使用插入块的方法实现，即把绘图变成了拼图，从而避免了大量的重复性工作，提高了绘图效率。

- 节省存储空间：AutoCAD 保存图形中每一个对象的相关信息时，如对象的类型、位置、图层、线型及颜色等，这些信息都需要占用存储空间。如果一幅图中包含有大量相同的图形，就会占据较大的磁盘空间。但如果将相同的图形预先定义为一个块，绘制图形时将可以直接把块插入到图中的各个相应位置。这样既满足了绘图要求，又可以节省磁盘空间。虽然在块的定义中包含了图形的全部对象，但系统只需要一次这样的定义，对块的每次插入使用，AutoCAD 仅需要记住这个块对象的有关信息(如块名、插入点坐标及插入比例等)。对于复杂的需要多次绘制的图形，这一优点就更为明显。
- 便于修改图形：一张工程图纸通常需要多次修改。例如，在机械设计中，旧的国家标准使用虚线表示螺栓的内径，新的国家标准则使用细实线表示。如果为旧图纸中的每一个螺栓按新国家标准修改，既费时又不方便。但如果原来各螺栓是通过插入块的方法绘制，那么只要简单地对块进行再定义，就可以为图中的所有螺栓进行修改。
- 可以添加属性：实际绘图中，许多块还要求有文字信息以进一步解释其用途。AutoCAD 允许用户为块创建文字属性，并可在插入的块中指定是否显示属性。此外，还可以从图形中提取块属性的信息并传送到数据库中。

10.1.2 创建内部图块

在 AutoCAD 中，用户可以通过以下几种方法执行【创建块】命令，打开【块定义】对话框创建内部图块：

- 在命令行中执行 BLOCK 命令(快捷命令：B)。
- 选择【绘图】|【块】|【创建】命令。
- 选择【插入】选项卡，在【块定义】面板中单击【创建块】按钮，打开如图 10-1 所示的【块定义】对话框。

【块定义】对话框中主要选项的功能说明如下。

- 【名称】文本框：用于输入块的名称，最多可使用 255 个字符。当图形中包含多个块时，还可以在下拉列表框中选择已有的块。
- 【基点】选项区域：用于设置块的插入基点位置。用户可以直接在 X、Y、Z 文本框中输入，也可以单击【拾取点】按钮，切换至绘图窗口并选择基点。一般基点选在块的对称中心、左下角或其他有特征的位置。
- 【对象】选项区域：用于设置组成块的对象。其中，单击【选择对象】按钮，可切换至绘图窗口中选择组成块的各对象；单击【快速选择】按钮，可以使用弹出的【快速选择】对话框设置所选择对象的过滤条件，如图 10-2 所示；选中【保留】单选按钮，创建块后仍在绘图窗口中保留组成块的各对象；选中【转换为块】单选按钮，创建块后将组成块的各对象保留并转换成块；选中【删除】单选按钮，创建块后删除绘图窗口中组成块的原对象。

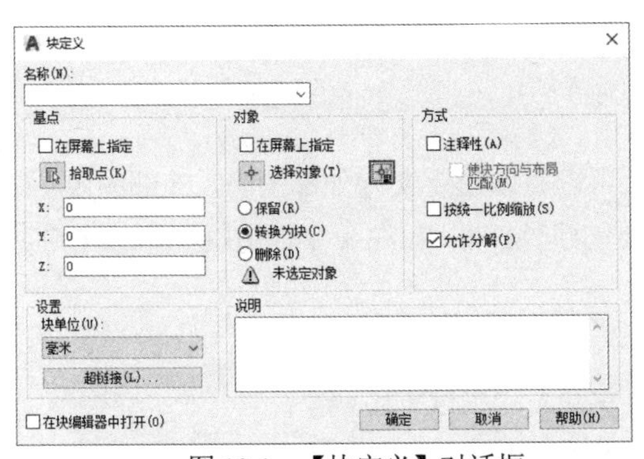

图 10-1　【块定义】对话框

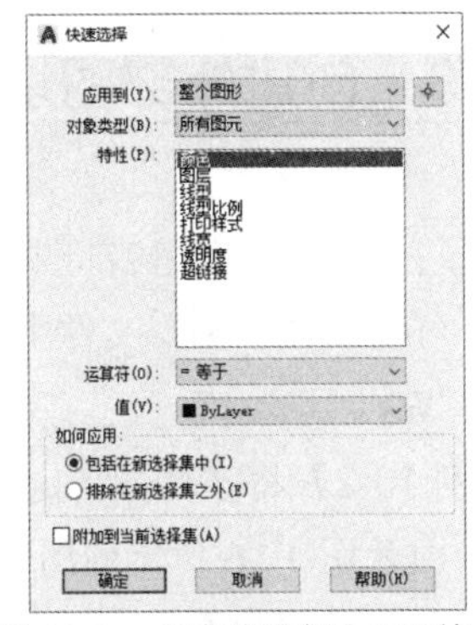

图 10-2　【快速选择】对话框

- 【方式】选项区域：用于设置组成块的对象的显示方式。选中【注释性】复选框，可以将对象设置为注释性对象；选中【按统一比例缩放】复选框，设置对象是否按统一的比例进行缩放；选中【允许分解】复选框，设置对象是否允许被分解。
- 【设置】选项区域：用于设置块的基本属性。单击【块单位】下拉列表框，可以选择从 AutoCAD 设计中心中拖动块时的缩放单位；单击【超链接】按钮，将打开【插入超链接】对话框，在该对话框中可以插入超链接文档。
- 【说明】文本框：用于输入当前块的说明部分。

【例 10-1】定义一个名为“平面门”的图块。

(1) 打开图 10-3 所示的“平面门”图形，在命令行中执行 BLOCK 命令，打开【块定义】对话框。

(2) 在【名称】文本框中输入“平面门”，单击【基点】选项区域中的【拾取点】按钮。

(3) 在绘图区域中捕捉门图形垂直直线的底端端点，指定图块插入时的基点，如图 10-4 所示。

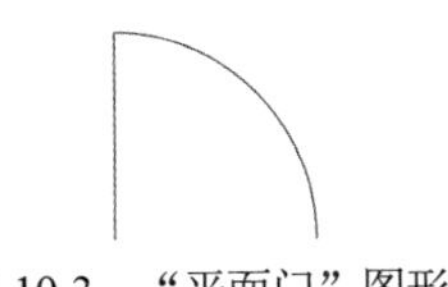

图 10-3　“平面门”图形

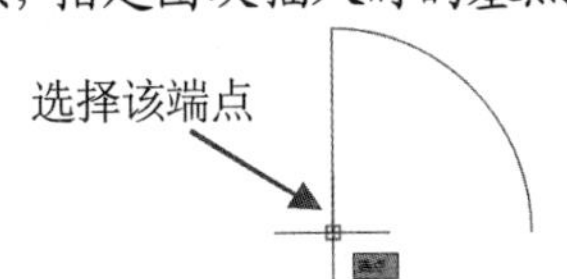

图 10-4　指定块的基点

(4) 返回【块定义】对话框，在【对象】选项区域中选中【转换为块】单选按钮，然后单击【选择对象】按钮，进入绘图区域，选择直线与圆弧对象，按 Enter 键。

(5) 再次返回【块定义】对话框，单击【确定】按钮，如图 10-5 所示，即可完成图块的定义。

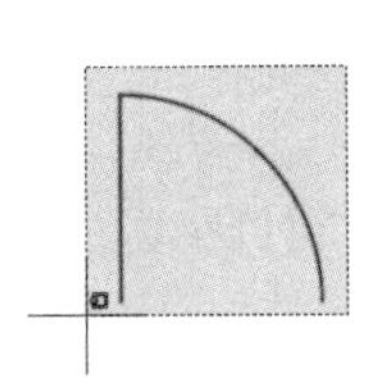

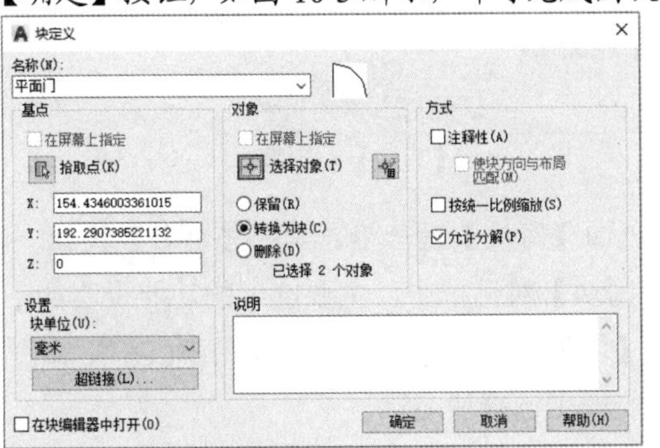

图 10-5　选择图块内容创建图块

10.1.3 创建外部图块

除了在图形中定义内部图块以外，用户还可以将图形定义为外部图块，外部图块不依赖于当前图形，可以在任意图形文件中调用并插入。要创建外部图块，在命令行中执行 WBLOCK 命令(快捷命令：W)即可。

【例 10-2】将零件图形定义为外部图块。

(1) 打开图 10-6 所示的图形后，在命令行中执行 WBLOCK 命令。

(2) 打开【写块】对话框，在【基点】选项区域中单击【拾取点】按钮，进入绘图区域捕捉图 10-7 所示的圆心，指定图块的基点。

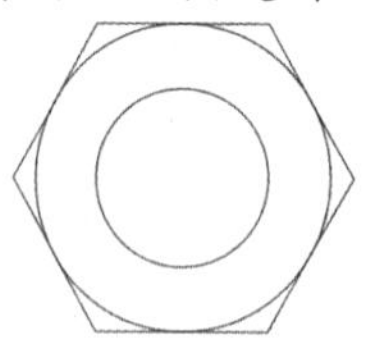

图 10-6　“螺帽”图形文件

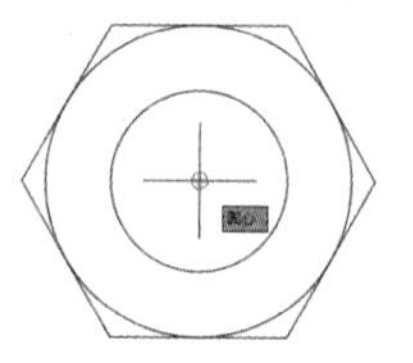

图 10-7　指定图块基点

(3) 返回【写块】对话框，在【对象】选项区域中单击【选择对象】按钮，进入绘图区域，选择要定义为图块的图形对象。

(4) 按 Enter 键，再次返回【写块】对话框，单击【文件名和路径】右侧的按钮，如图 10-8 所示。

(5) 打开【浏览图形文件】对话框，在【保存于】下拉列表框中指定图块存放的位置，在【文件名】文本框中输入“螺帽块”，然后单击【保存】按钮，如图 10-9 所示。

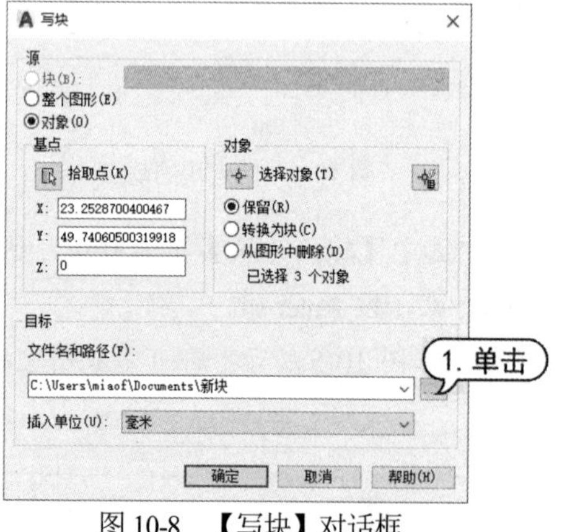

图 10-8　【写块】对话框

图 10-9　指定图块保存路径和名称

(6) 返回【写块】对话框，单击【确定】按钮，即可完成外部图块的创建。

在【写块】对话框中，主要选项的功能说明如下。

- 【块】单选按钮：用于将使用 BLOCK 命令创建的块写入磁盘，可以在其右边的下拉列表框中选择块名称。
- 【整个图形】单选按钮：用于将全部图形写入磁盘。

- 【对象】单选按钮：用于指定需要写入磁盘的块对象。选中该单选按钮时，用户可以根据需要使用【基点】选项区域设置块的插入基点位置，使用【对象】选项区域设置组成块的对象。
- 【文件名和路径】文本框：用于输入块文件的名称和保存位置，用户也可以单击其右边的按钮，在打开的【浏览图形文件】对话框中设置文件的保存位置。
- 【插入单位】下拉列表框：用于选择从 AutoCAD 设计中心中拖动块时的缩放单位。

10.2　调用图块

创建图块后，在绘图过程中可以根据需要将已绘制的图块文件调入当前图形文件中。调入图块主要可以使用插入命令以及设计中等方式来实现。

10.2.1　插入图块

插入块指的是将创建好的图块插入当前绘图文件中。在 AutoCAD 中，用户可以通过以下几种方法打开【插入】对话框，在图形中插入图块：

- 在命令行中执行 INSERT 命令(快捷命令：I)。
- 选择【插入】|【块】命令。
- 选择【插入】选项卡，在【块】面板中单击【插入】按钮。

【例 10-3】在绘图区域中插入图块，并设置缩放比例为 30%，旋转角度为 90 度。

(1) 选择【默认】选项卡，在【块】面板中单击【插入】按钮，打开【插入】对话框。

(2) 在【名称】下拉列表框中，选择【电阻 R】，然后在【插入点】选项区域中选中【在屏幕上指定】复选框。

(3) 在【比例】选项区域中，选中【统一比例】复选框，并在 X 文本框中输入 0.3。

(4) 在【旋转】选项区域的【角度】文本框中输入 90，然后单击【确定】按钮，如图 10-10 所示。单击绘图窗口中需要插入块的位置，插入块。

(5) 选择【默认】选项卡，然后在【修改】选项板中单击【修剪】按钮，对图形进行修剪处理，最终效果如图 10-11 所示。

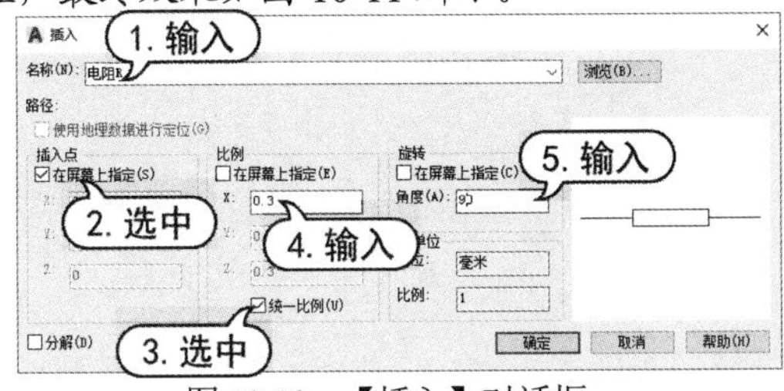

图 10-10　【插入】对话框

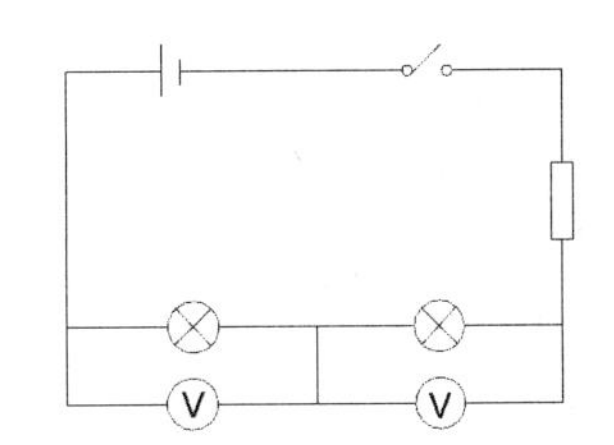

图 10-11　图形插入块后的效果

在【插入】对话框中，各主要选项的功能说明如下。

- 【名称】下拉列表框：用于选择块或图形的名称。也可以单击其右边的【浏览】按钮，打开【选择图形文件】对话框，选择保存的块和外部图形。
- 【插入点】选项区域：用于设置块的插入点位置。可以直接在 X、Y、Z 文本框中输入点的坐标，也可以通过选中【在屏幕上指定】复选框，在绘图窗口中指定插入点位置。
- 【比例】选项区域：用于设置块的插入比例。可以直接在 X、Y、Z 文本框中输入块在 3 个方向的比例；也可以通过选中【在屏幕上指定】复选框，在绘图窗口中指定。此外，该选项区域中的【统一比例】复选框用于确定所插入块在 X、Y、Z 3 个方向的插入比例是否相同，选中时表示比例将相同，用户只需在 X 文本框中输入比例值即可。
- 【旋转】选项区域：用于设置块插入时的旋转角度。可以直接在【角度】文本框中输入角度值，也可以选中【在屏幕上指定】复选框，在绘图窗口中指定旋转角度。
- 【块单位】选项区域：用于设置块的单位以及比例。
- 【分解】复选框：选中该复选框，可以将插入的块分解成组成块的各基本对象。

10.2.2 使用设计中心调用图块

设计中心是 AutoCAD 绘图的一项特色，设计中心中包含了多种图块，如建筑设施图块、机械零件图块和电子电路图块等，通过它可以方便地将这些图块应用到图形中。

选择【工具】|【选项板】|【设计中心】命令，即可打开【设计中心】选项板，在其中可以插入各种图块，主要方法如下：

- 将图块直接拖动到绘图区域中，按照默认设置将其插入。
- 在要插入的图块上右击鼠标，在弹出的快捷菜单中选择【插入块】命令，打开【插入】对话框，插入图块。

使用设计中心调用图块的具体操作方法如下。

(1) 打开【设计中心】选项板后，在【文件夹列表】框中选择一个 CAD 文件，然后在选项板右侧的列表框中双击【块】选项，如图 10-12 所示。

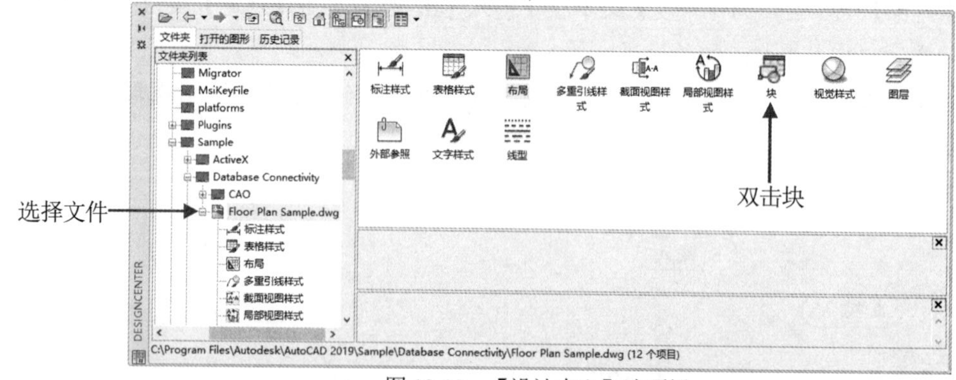

图 10-12 【设计中心】选项板

(2) 在选项板右侧显示的块列表中右击一个图块，在弹出的快捷菜单中选择【插入块】命令，如图 10-13 所示。

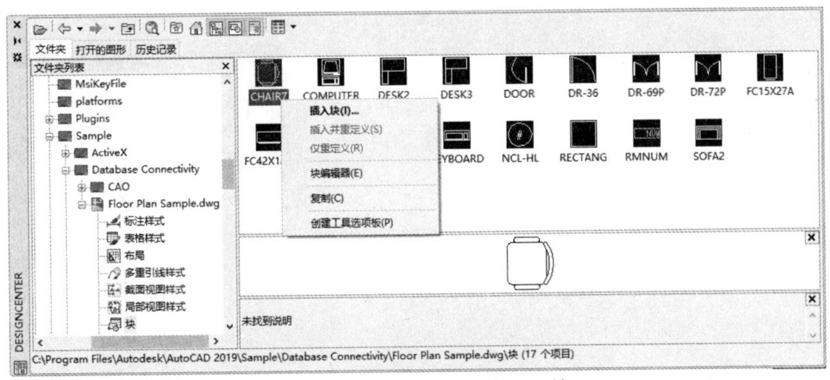

图 10-13　使用右键菜单插入块

(3) 打开【插入】对话框，设置各种图块插入参数后，单击【确定】按钮，如图 10-14 所示。

(4) 在绘图区域中指定图块的插入点后，即可插入图块，如图 10-15 所示。

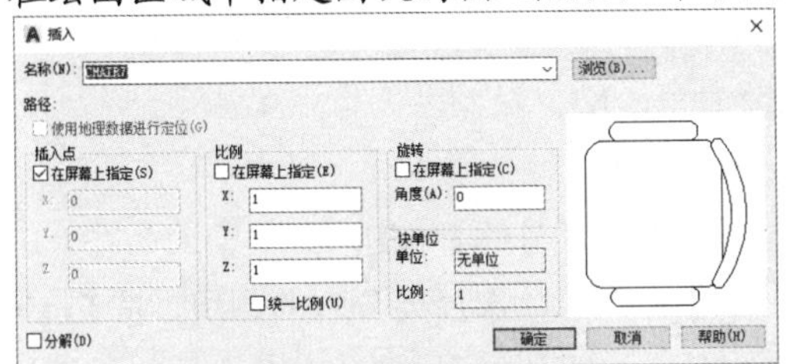

图 10-14　设置插入图块参数

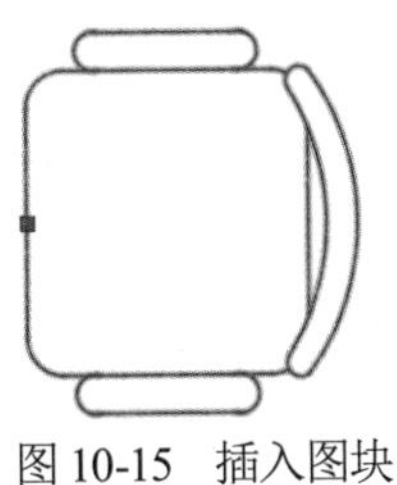

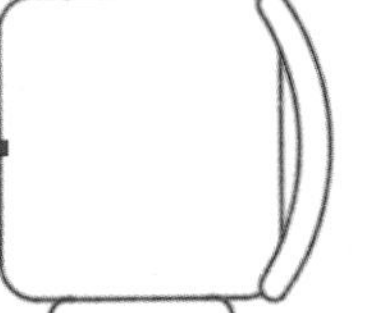

图 10-15　插入图块

10.3　编辑图块

成功创建图块后，用户可以对图块执行重命名、分解、重新定义以及清除图形中多余的图块等编辑操作。

10.3.1　重命名图块

创建图块后，对其进行重命名的方法有多种，如果是外部图块文件，可以直接在保存外部图块的文件目录中对该图块进行重命名；如果是内部图块，则可以使用重命名命令将图块进行重新命名。重命名命令主要有以下两种调用方法：

- 在命令行中执行 RENAME 或 REN 命令。
- 选择【格式】|【重命名】命令。

【例 10-4】 将例 10-1 创建的“平面门”图块重命名为“门”。

(1) 打开图形文件后，选择【格式】|【重命名】命令，打开【重命名】对话框，在【命名对象】列表框中选择【块】选项，如图 10-16 所示。

(2) 在【项数】列表框中选择【平面门】选项，在对话框右下方的文本框中输入“门”，然后单击【重命名为】按钮，即可更改图块名称，如图 10-17 所示。

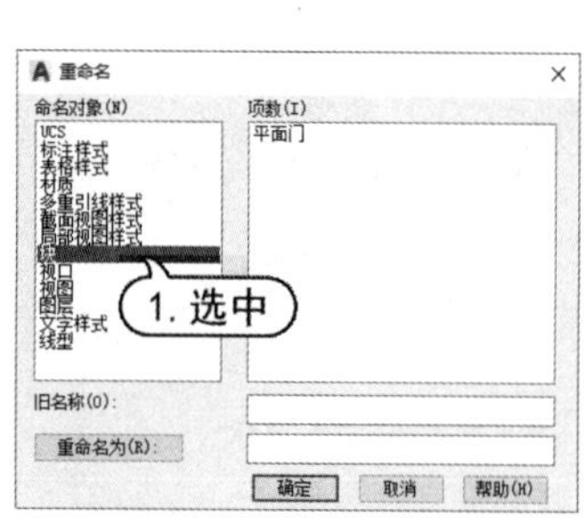

图 10-16 【重命名】对话框

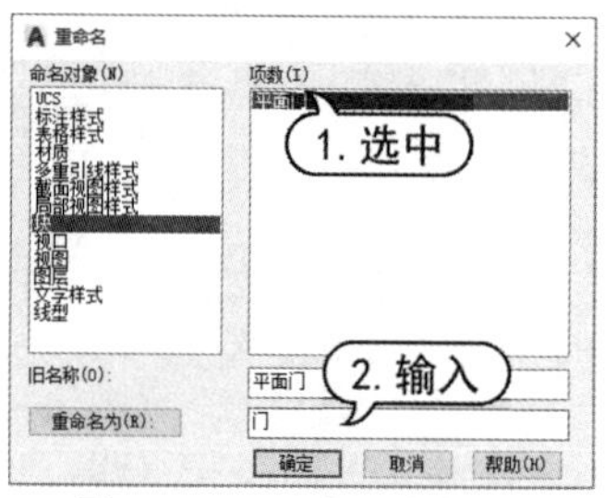

图 10-17 更改图块名称

10.3.2 分解图块

由于插入的图块是一个整体，在需要对图块进行编辑时，就需要先将其分解。分解图块命令的调用方法有以下几种：

- 在命令行中执行 EXPLODE 命令(快捷命令：X)。
- 选择【修改】|【分解】命令。
- 选择【默认】选项卡，在【修改】面板中单击【分解】按钮。

分解图块的操作方法非常简单，执行【分解】命令后，选择要分解的图块，按 Enter 键即可。图块被分解后，它的各个组成元素将变为单独的对象，之后便可以单独对各个组成元素进行编辑。

10.3.3 修改图块

如果要对图块执行更改大小、拉伸以及修改其中的线条等操作，可以使用以下两种方法：

- 选择【工具】|【块编辑器】命令。
- 在命令行中执行 BEDIT 命令(快捷命令：BE)。

执行以上命令后，将打开【编辑块定义】对话框，在其中选择图块并单击【确定】按钮，可以打开【块编辑器】选项卡和块编辑区域，对图块进行修改。

【例 10-5】调整“螺帽”图块中圆的大小。

(1) 在命令行中执行 BE 命令后，打开【编辑块定义】对话框，在【要创建或编辑的块】列表中选择【螺帽】选项，单击【确定】按钮，如图 10-18 所示。

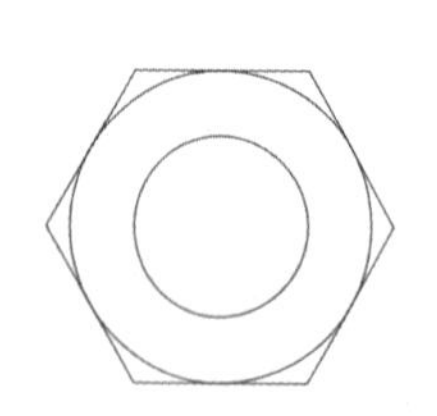

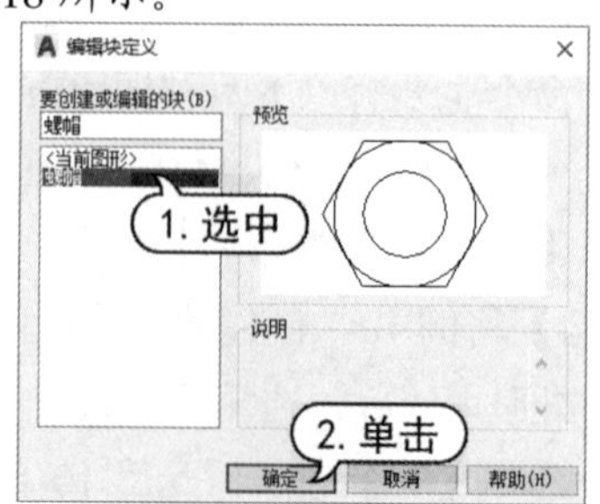

图 10-18 打开【编辑块定义】对话框

(2) 打开【块编辑器】选项卡及块编辑区域，选中图块图形中图 10-19 所示的圆。

(3) 使用夹点调整圆的大小，然后单击【块编辑器】选项卡【打开/保存】面板中的【保存块】按钮，将图块保存，如图 10-20 所示。

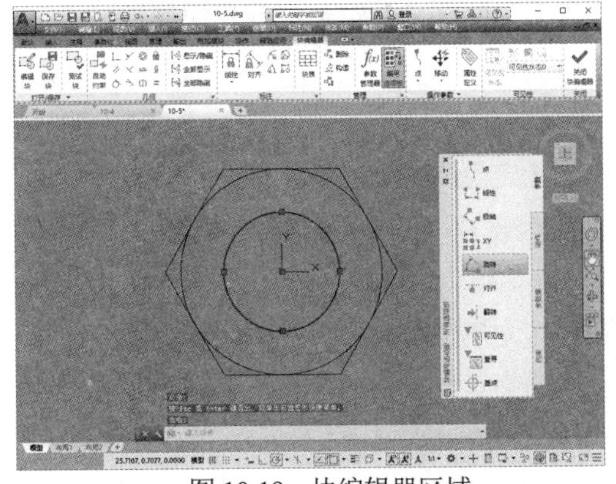

图 10-19　块编辑器区域

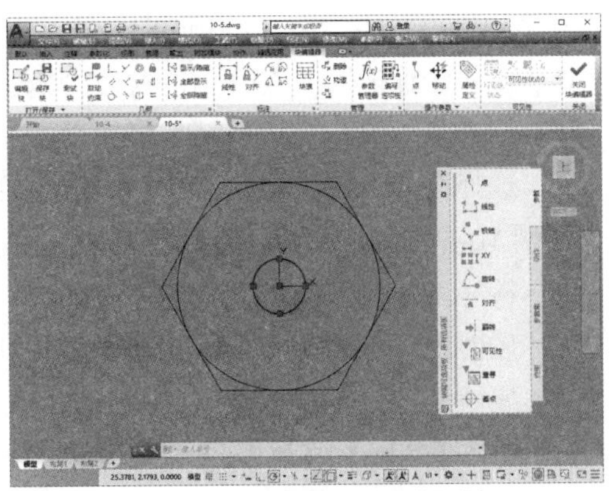

图 10-20　保存修改后的图块

(4) 在【块编辑器】选项卡右侧单击【关闭块编辑器】按钮，退出块编辑区域。

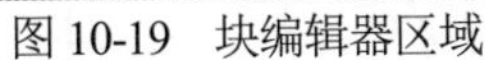

10.4　使用带属性的图块

块属性是附属于块的非图形信息，是块的组成部分，同时也是特定的可包含在块定义中的文字对象。在定义一个块时，属性必须预先定义而后选定。通常属性用于在块的插入过程中进行自动注释。

10.4.1　图块属性简介

在 AutoCAD 中，用户可以在图形绘制完成后(甚至在绘制完成前)，使用 ATTEXT 命令将块属性数据从图形中提取出来，并将数据写入到一个文件中。用户就可以从图形数据库文件中获取块数据信息。块属性具有以下特点：

- 块属性由属性标记名和属性值两部分组成。例如，可以把 Name 定义为属性标记名，而具体的姓名 Mat 就是属性值，即属性。
- 定义块前，应预先定义该块的每个属性，即规定每个属性的标记名、属性提示、属性默认值、属性的显示格式(可见或不可见)和属性在图中的位置等。如果定义了属性，该属性及其标记名将在图中显示出来，并保存有关的信息。
- 定义块时，应将图形对象和表示属性定义的属性标记名一起用于定义块对象。
- 插入有属性的块时，系统将提示用户输入需要的属性值。插入块后，则使用块属性的值表示。因此，同一个块在不同点插入时，可以有不同的属性值。如果属性值在属性定义时规定为常量，系统将不再询问该属性值。
- 插入块后，用户可以改变属性的显示可见性。对属性作修改，将属性单独提取出来写入文件，以供统计、制表使用，还可以与其他高级语言或数据库进行数据通信。

10.4.2 创建图块属性

在 AutoCAD 中，用户可以通过以下几种方法打开【属性定义】对话框创建块属性。

- 在命令行中执行 ATTDEF 命令(快捷命令：ATT)。
- 选择【绘图】|【块】|【定义属性】命令。
- 选择【插入】选项卡，在【块定义】组中单击【定义属性】按钮。

【例 10-6】将图 10-21 所示的图形定义成表示位置公差基准的符号块。要求如下。

- 符号块的名称为 BASE，属性标记为 A，属性默认值为 A。
- 属性提示为【请输入基准符号】，以圆的圆心作为属性插入点。
- 属性文字对齐方式采用【中间】，以两条直线的交点作为块的基点。

(1) 选择【绘图】|【块】|【定义属性】命令，打开【属性定义】对话框。

(2) 在【属性】选项区域的【标记】文本框中输入 A，在【提示】文本框中输入【请输入基准符号】，在【默认】文本框中输入 A。

(3) 在【插入点】选项区域中选择【在屏幕上指定】复选框。

(4) 在【文字设置】选项区域的【对正】下拉列表中选择【中间】选项，在【文字高度】按钮后面的文本框中输入 100，其他选项采用默认设置，如图 10-22 所示。

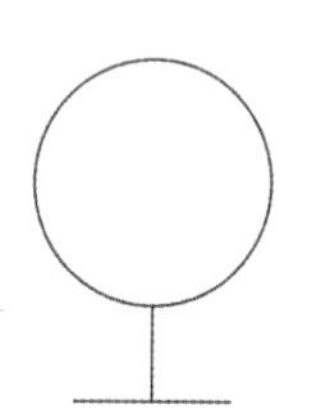

图 10-21　定义带有属性的块

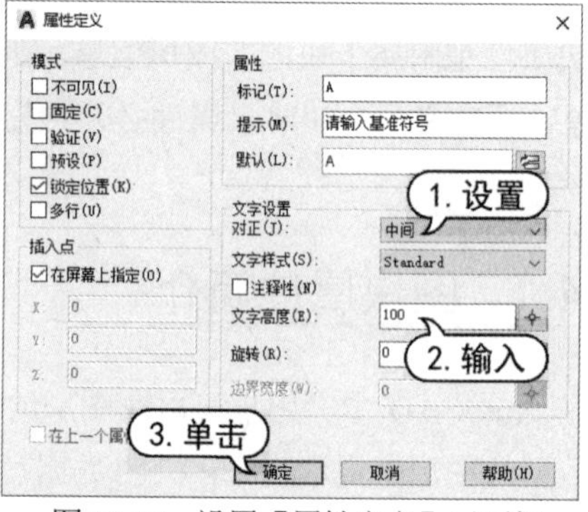

图 10-22　设置【属性定义】对话框

(5) 单击【确定】按钮，在绘图窗口中单击圆的圆心，确定插入点的位置。完成属性块的定义，同时在图中的定义位置将显示出该属性的标记，如图 10-23 所示。

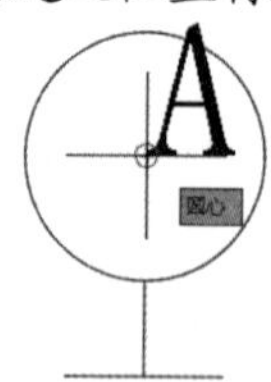

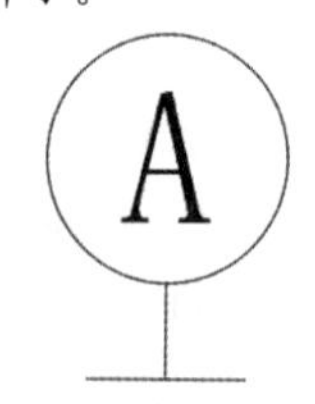

图 10-23　显示 A 属性的标记

(6) 在命令行中输入命令 WBLOCK，打开【写块】对话框。在【基点】选项区域中单击【拾取点】按钮，然后在绘图窗口中单击两条直线的交点，如图 10-24 所示。

(7) 在【对象】选项区域中选择【保留】单选按钮，并单击【选择对象】按钮，然后在绘图窗口中使用窗口方式选择所有图形，如图 10-25 所示。

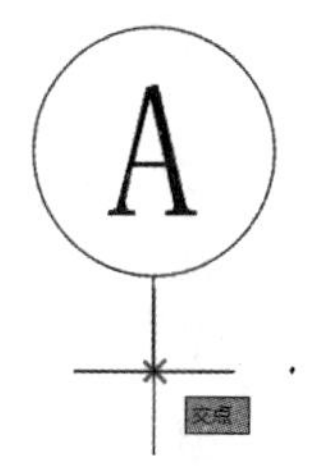

图 10-24　选择两条直线的交点

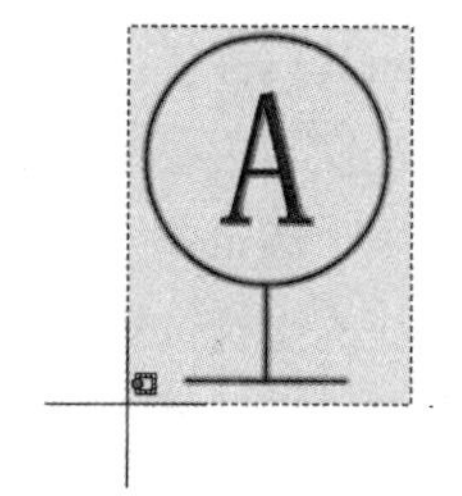

图 10-25　选择整个图形

(8) 在【目标】选项区域的【文件名和路径】文本框中设置图块的保存路径和名称，并在【插入单位】下拉列表中选择【毫米】选项，然后单击【确定】按钮，如图 10-26 所示。

(9) 选择【插入】|【块】命令，打开【插入】对话框。单击【浏览】按钮，如图 10-27 所示。

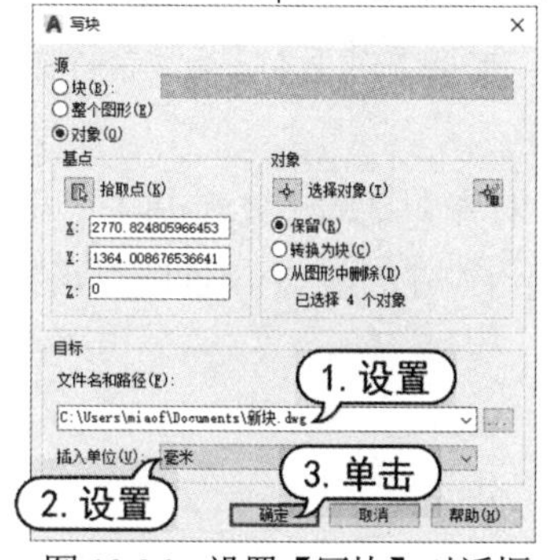

图 10-26　设置【写块】对话框

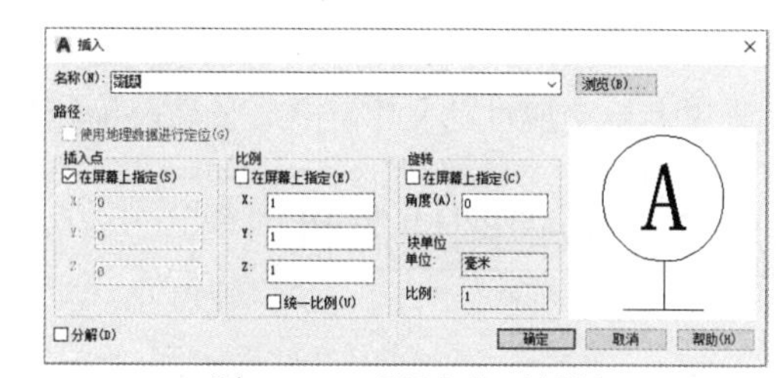

图 10-27　【插入】对话框

(10) 打开【选择图形文件】对话框，选择步骤(8)保存的图块文件，单击【打开】按钮，返回【插入】对话框。

(11) 在【插入点】区域中选择【在屏幕上指定】复选框，单击【确定】按钮。

(12) 在绘图窗口中单击，在打开的【编辑属性】对话框的【请输入基准符号】文本框中输入 B，然后单击【确定】按钮，如图 10-28 所示。

(13) 此时，绘图区域中将插入效果如图 10-29 所示的图块。

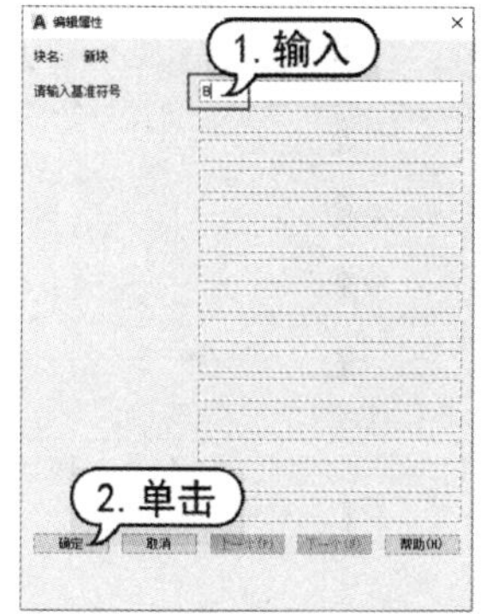

图 10-28　【编辑属性】对话框

图 10-29　插入带属性的块

计算机基础与实训教材系列

在【属性定义】对话框中，各选项的功能说明如下。

- 【模式】选项区域：用于设置属性的模式。其中，【不可见】复选框用于确定插入块后是否显示其属性值；【固定】复选框用于设置属性是否为固定值，为固定值时，插入块后该属性值不再发生变化；【验证】复选框用于验证所输入的属性值是否正确；【预设】复选框用于确定是否将属性值直接预置为块属性的默认值。【锁定位置】复选框用于固定插入块的坐标位置；【多行】复选框用于使用多段文字来标注块的属性值。
- 【属性】选项区域：用于定义块的属性。其中，【标记】文本框用于输入属性的标记；【提示】文本框用于输入插入块时系统显示的提示信息；【默认】文本框用于输入属性的默认值。
- 【插入点】选项区域：用于设置属性值的插入点，即属性文字排列的参照点。用户可直接在 X、Y、Z 文本框中输入点的坐标，也可以单击【拾取点】按钮，在绘图窗口中拾取一点作为插入点。
- 【文字设置】选项区域：用于设置属性文字的格式，包括【对正】、【文字样式】、【文字高度】和【旋转】等选项。

此外，当【属性定义】对话框的【在上一个属性定义下对齐】复选框被选中时，可以为当前属性采用上一个属性的文字样式、字高及旋转角度，且另起一行，按上一个属性的对正方式排列。

10.4.3 编辑图块属性

对于带属性的图块来说，用户可以像修改其他对象一样对其进行编辑。在 AutoCAD 中，用户可以通过以下几种方法编辑图块属性。

- 在命令行中执行 EATTEDIT 命令。
- 选择【修改】|【对象】|【属性】|【单个】命令。
- 选择【插入】选项卡，在【块】组中单击【编辑属性】按钮。

执行以上命令后，单击绘图区域中带属性的图块，将打开图 10-30 右图所示的【增强属性编辑器】对话框。

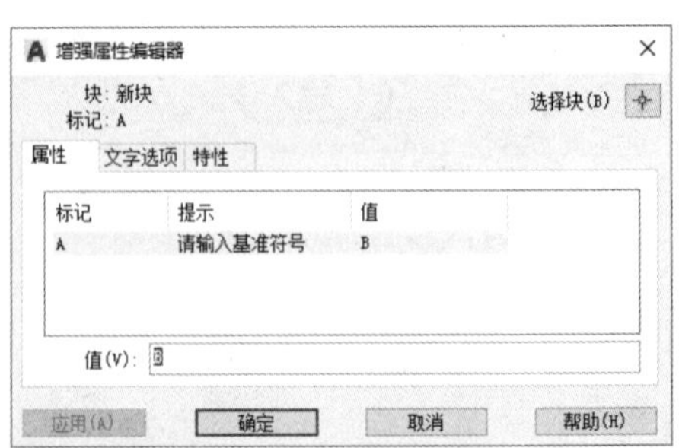

图 10-30 打开【增强属性编辑器】对话框

【增强属性编辑器】对话框中 3 个选项卡的功能说明如下。

- 【属性】选项卡：显示块中每个属性的标识、提示和值。在列表框中选择某一属性后，其【值】文本框中将显示出该属性对应的属性值，可以通过该文本框修改属性值。

- 【文字选项】选项卡：用于修改属性文字的格式，该选项卡如图 10-31 所示。在其中可以设置文字样式、对齐方式、高度、旋转角度、宽度比例、倾斜角度等内容。
- 【特性】选项卡：用于修改属性文字的图层以及其线宽、线型、颜色及打印样式等，该选项卡如图 10-32 所示。

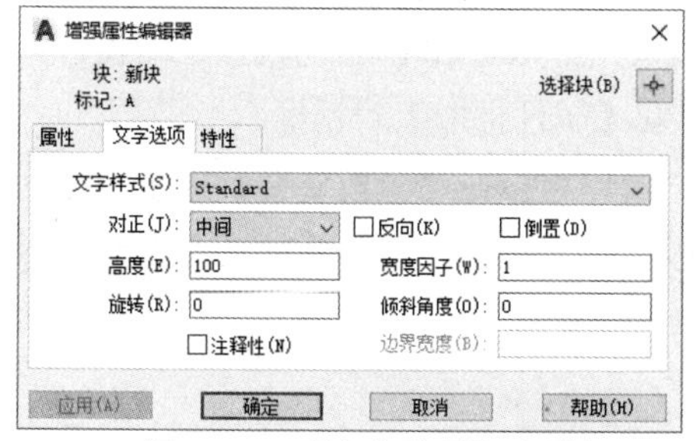

图 10-31　【文字选项】选项卡

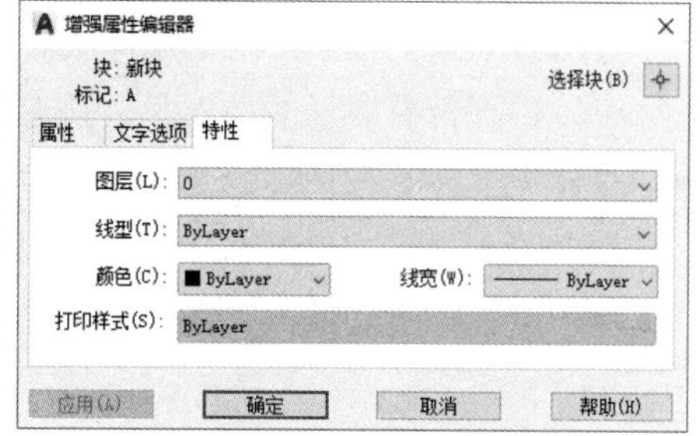

图 10-32　【特性】选项卡

10.4.4　使用块属性管理器

在 AutoCAD 中，用户可以使用以下几种方法打开【块属性管理器】对话框，如图 10-33 所示。

- 在命令行中执行 BATTMAN 命令。
- 选择【修改】|【对象】|【属性】|【块属性管理器】命令。
- 选择【插入】选项卡，然后在【块定义】面板中单击【管理属性】按钮。

在【块属性管理器】对话框中单击【编辑】按钮，将打开【编辑属性】对话框，可以重新设置属性定义的构成、文字特性和图形特性等，如图 10-34 所示。

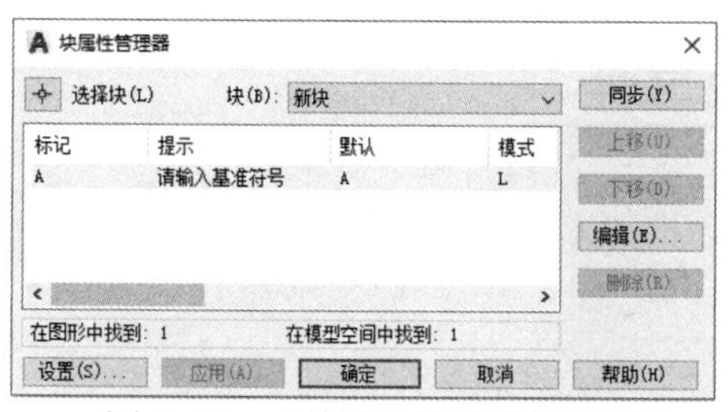

图 10-33　【块属性管理器】对话框

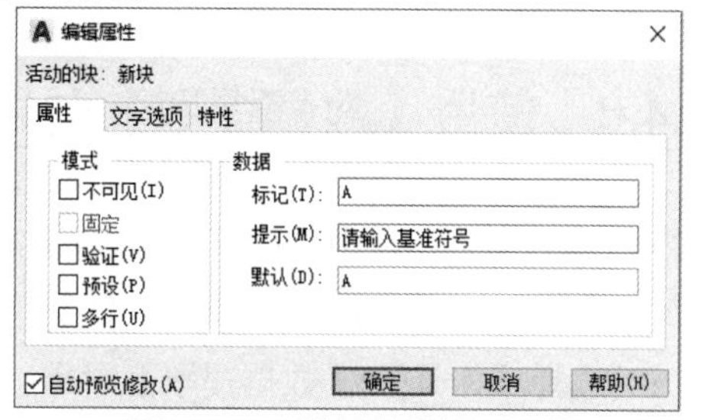

图 10-34　【编辑属性】对话框

在【块属性管理器】对话框中单击【设置】按钮，将打开【块属性设置】对话框。用户可以设置在【块属性管理器】对话框的属性列表框中能够显示的内容。

10.4.5　使用 ATTEXT 命令提取属性

AutoCAD 的块及其属性中含有大量的数据，如块的名字、块的插入点坐标、插入比例和各个属性的值等。用户可以根据需要将这些数据提取出来，并将其写入到文件中作为数据文件保存起来，以供其他高级语言程序分析使用，也可以将该属性传送给数据库。

在命令行中输入 ATTEXT 命令，即可提取块属性的数据。此时，将打开【属性提取】对话框，如图 10-35 所示。主要选项的功能说明如下。

- 【文件格式】选项区域：用于设置数据提取的文件格式。用户可以在 CDF、SDF 和 DXX 这 3 种文件格式中选择，选中相应的单选按钮即可。
- 【选择对象】按钮：用于选择块对象。单击该按钮，AutoCAD 将切换至绘图窗口，用户可以选择带有属性的块对象，按 Enter 键后返回【属性提取】对话框。
- 【样板文件】按钮：用于设置样板文件。用户可以直接在【样板文件】按钮右边的文本框内输入样板文件的名字，也可以单击【样板文件】按钮，打开【样板文件】对话框，从中选择样板文件，如图 10-36 所示。

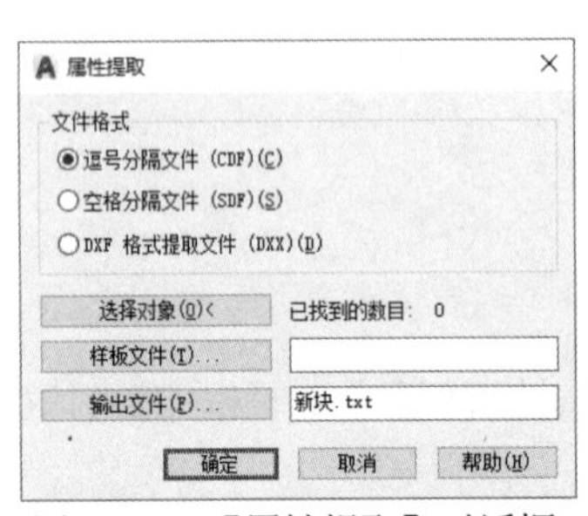

图 10-35 【属性提取】对话框

图 10-36 【样板文件】对话框

- 【输出文件】按钮：用于设置提取文件的名字。可以直接在其右边的文本框中输入文件名；也可以单击【输出文件】按钮，打开【输出文件】对话框，并指定存放数据文件的位置和文件名。

10.4.6 使用【数据提取】向导提取块属性

在 AutoCAD 2019 中，打开【数据提取】向导对话框的方法有以下几种：

- 在命令行中执行 EATTEXT 命令。
- 选择【工具】|【数据提取】命令。
- 选择【插入】选项卡，在【链接和提取】面板中单击【提取数据】按钮。

在【数据提取】对话框中，用户可以以向导的形式提取图形中块的属性数据。

【例 10-7】使用【数据提取】向导提取图块的属性数据。

(1) 打开图形文件后，选择【工具】|【数据提取】命令，打开【数据提取-开始】对话框。

(2) 在【数据提取-开始】对话框中选中【创建新数据提取】单选按钮，新建一个提取作为样板文件，然后单击【下一步】按钮，如图 10-37 所示。

(3) 在打开的【数据提取-定义数据源】对话框中选中【在当前图形中选择对象】单选按钮，然后单击【在当前图形中选择对象】按钮，如图 10-38 所示。

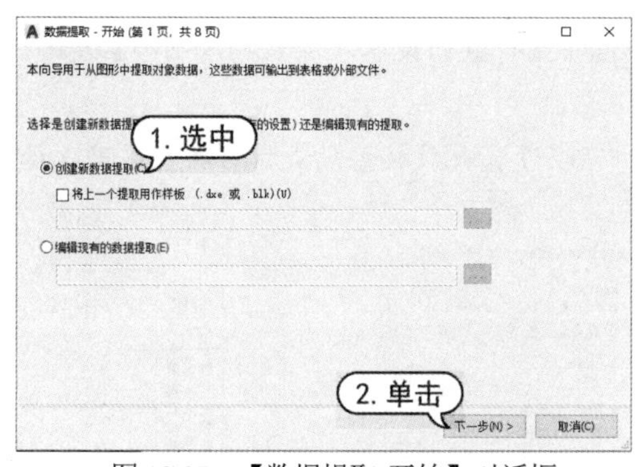

图 10-37　【数据提取-开始】对话框

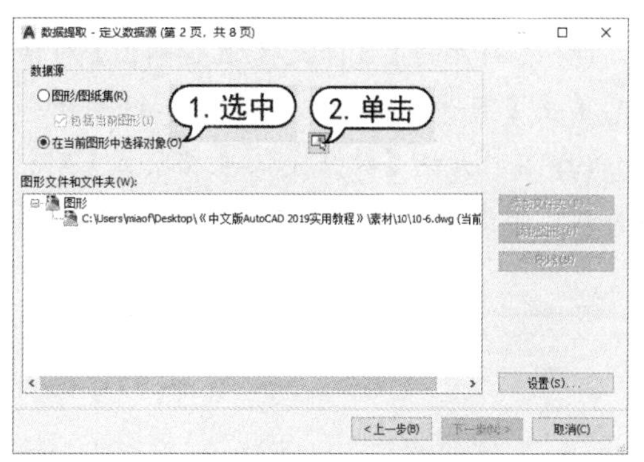

图 10-38　【数据提取-定义数据源】对话框

(4) 在图形中选择需要提取属性的块，如图 10-39 所示，然后按 Enter 键，返回【数据提取-定义数据源】对话框，并单击【下一步】按钮。

(5) 在打开的【数据提取-选择对象】对话框的【对象】列表中选中提取数据的对象，这里选择对象 BASE，然后单击【下一步】按钮，如图 10-40 所示。

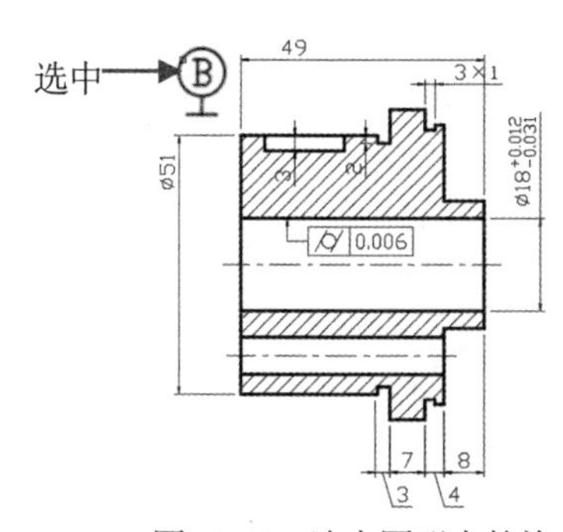

图 10-39　选中图形中的块

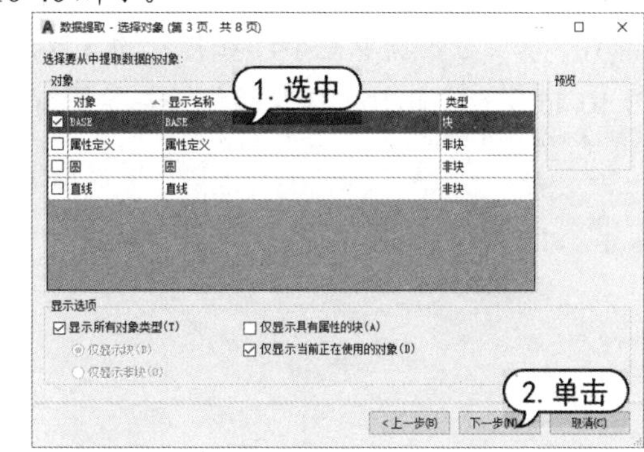

图 10-40　【数据提取-选择对象】对话框

(6) 在打开的【数据提取-选择特性】对话框的【类别过滤器】列表框中选中对象的特性。这里选择【常规】和【属性】选项，然后单击【下一步】按钮，如图 10-41 所示。

(7) 在打开的【数据提取-优化数据】对话框中可以重新设置数据的排列顺序。这里保持默认设置即可，单击【下一步】按钮，如图 10-42 所示。

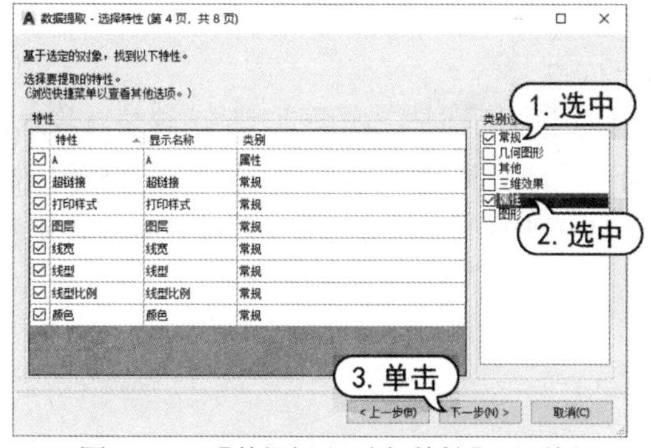

图 10-41　【数据提取-选择特性】对话框

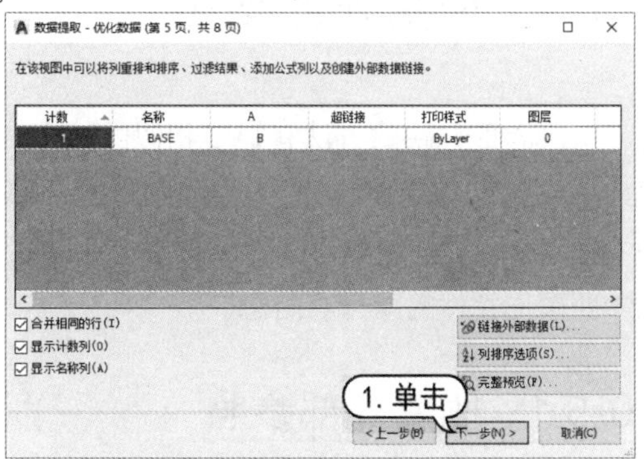

图 10-42　【数据提取-优化数据】对话框

(8) 在打开的【数据提取-选择输出】对话框中，选中【将数据提取处理表插入图形】复选框，然后单击【下一步】按钮，如图 10-43 所示。

(9) 在打开的【数据提取-表格样式】对话框中，可以设置存放数据的表格样式。这里选择默认样式，单击【下一步】按钮，如图 10-44 所示。

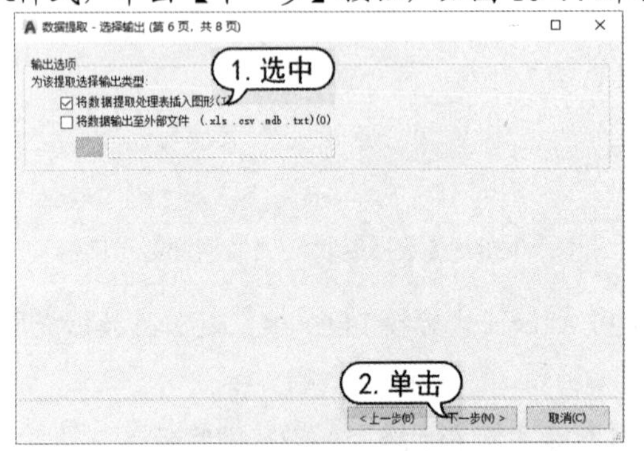

图 10-43 【数据提取-选择输出】对话框

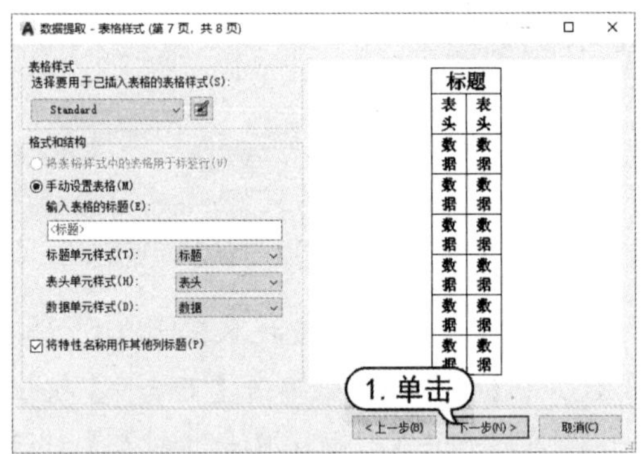

图 10-44 【数据提取-表格样式】对话框

(10) 属性数据提取完毕，在打开的【数据提取-完成】对话框中，单击【完成】按钮即可，如图 10-45 所示。此时，提取的数据在绘图窗口中显示，如图 10-46 所示。

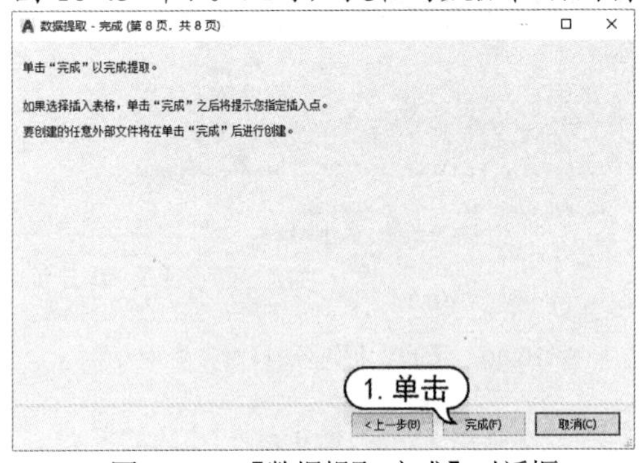

图 10-45 【数据提取-完成】对话框

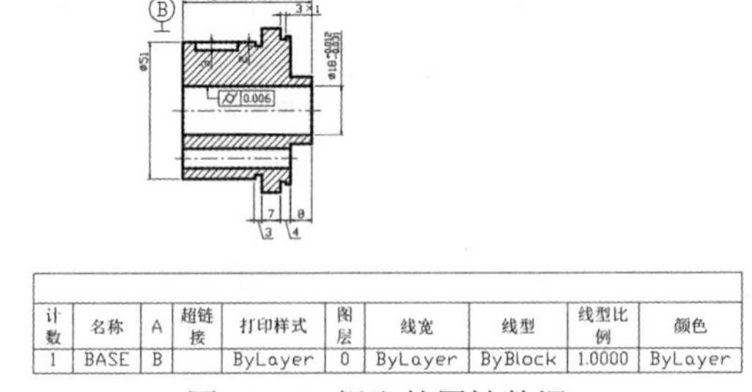

计数	名称	A	超链接	打印样式	图层	线宽	线型	线型比例	颜色
1	BASE	B		ByLayer	0	ByLayer	ByBlock	1.0000	ByLayer

图 10-46 提取的属性数据

10.5 使用外部参照

外部参照与块的方法有很多相似的地方，但两者的主要区别是：如果插入块，该块就将永久性地插入到当前图形中，成为当前图形的一部分。而以外部参照方式将图形插入到某一图形(称之为主图形)后，被插入图形文件的信息并不直接加入到主图形中，此时主图形只是记录参照的关系，如参照图形文件的路径等信息。

10.5.1 附着外部参照

在 AutoCAD 中，用户可以使用以下几种方法打开【外部参照】选项板，将图形文件以外部参照的形式插入到当前图形中。

◉ 在命令行中执行 EXTERNALREFERENCES 命令。

◉ 选择【插入】|【外部参照】命令。

◉ 选择【插入】选项卡，然后在【参照】面板中单击【外部参照】按钮。

【例 10-8】使用图形文件 A1.dwg、A2.dwg 和 A3.dwg(其中心点都是坐标原点)创建一个新图形。

(1) 在菜单栏中选择【文件】|【新建】命令，新建一个文件。

(2) 选择【插入】选项卡，在【参照】面板中单击【外部参照】按钮，在打开的【外部参照】选项板上方单击【附着 DWG】按钮，打开【选择参照文件】对话框。选择 A1.dwg 文件，然后单击【打开】按钮，如图 10-47 所示。

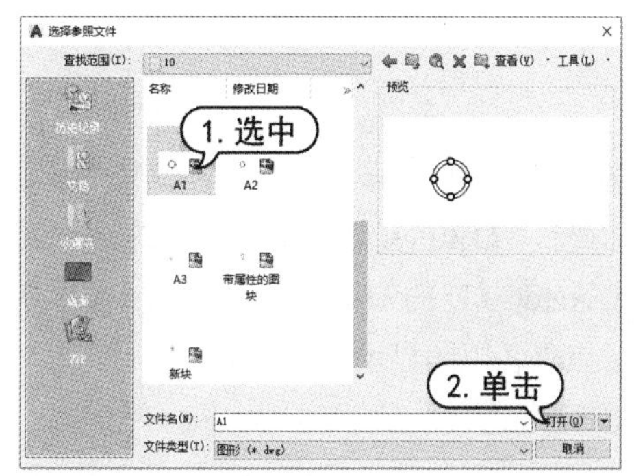

图 10-47　附着 DWG 文件

(3) 打开【附着外部参照】对话框，在【参照类型】选项区域中选中【附着型】单选按钮；在【插入点】选项区域中取消选中【在屏幕上指定】复选框，并确认当前坐标 X、Y、Z 均为 0，然后单击【确定】按钮，如图 10-48 所示。

(4) 此时，将外部参照文件 A1.dwg 插入文档中，如图 10-49 所示。

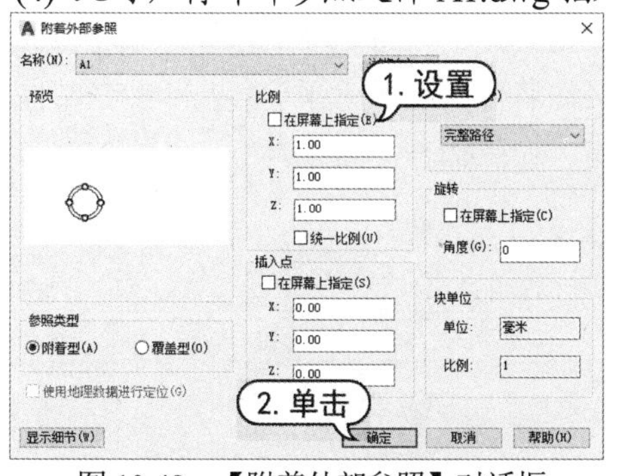

图 10-48　【附着外部参照】对话框

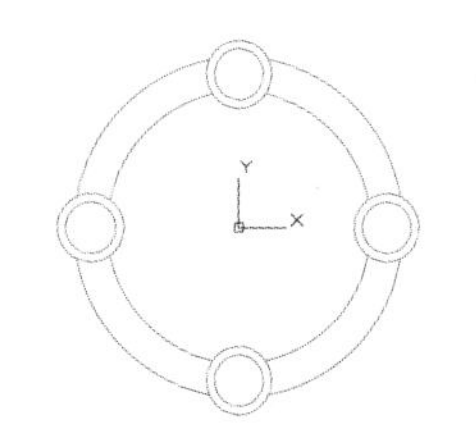

图 10-49　插入外部参照文件 A1.dwg 后的效果

(5) 重复以上操作，将外部参照文件 A2.dwg 和 A3.dwg 插入到文档中，效果如图 10-50 所示。

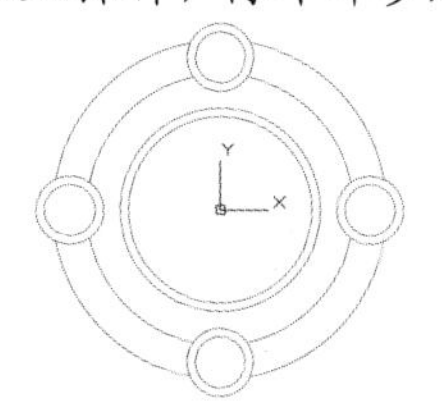

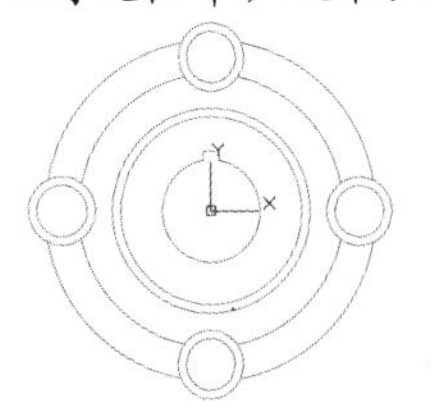

图 10-50　插入 A2.dwg 和 A3.dwg 外部参照文件后的效果

10.5.2 插入 DWG、DWF、DGN 参考底图

AutoCAD 2019 提供插入 DWG、DWF、DGN 参考底图的功能，该类功能和附着外部参照文件功能相同。用户可以在菜单栏中选择【插入】菜单中的相关命令。如图 10-51 所示即是在文档中插入 DWF 格式的参考底图。

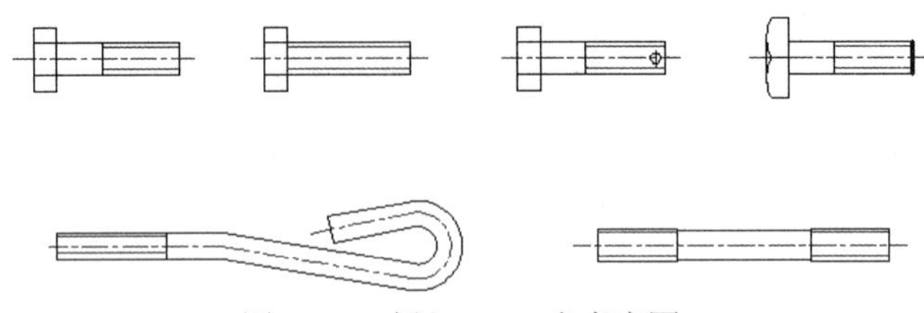

图 10-51 插入 DWF 参考底图

DWF 格式文件是一种以 DWG 文件创建的高度压缩的文件格式，DWF 文件易于在 Web 上发布和查看。DWF 文件是基于矢量的格式创建的压缩文件。用户打开和传输压缩的 DWF 文件的速度比 AutoCAD 的 DWG 格式的图形文件快。此外，DWF 文件支持实时平移和缩放，以及对图层显示和命名视图显示的控制。

DGN 格式文件是 MicroStation 绘图软件生成的文件，该文件格式对精度、层数以及文件和单元的大小是不限制的。其中的数据经过快速优化、校验并压缩到 DGN 文件中，更加有利于节省网络带宽和存储空间。

10.5.3 管理外部参照

在 AutoCAD 2019 中，用户可以在【外部参照】选项板中对外部参照进行编辑和管理。单击选项板上方的【附着】按钮可以添加不同格式的外部参照文件，如图 10-52 所示；在选项板下方的外部参照列表框中显示当前图形中各个外部参照的文件名称；选择任意一个外部参照文件后，在下方【详细信息】选项区域中显示该外部参照的名称、加载状态、文件大小、参照类型、参照日期和参照文件的存储路径等内容，如图 10-53 所示。

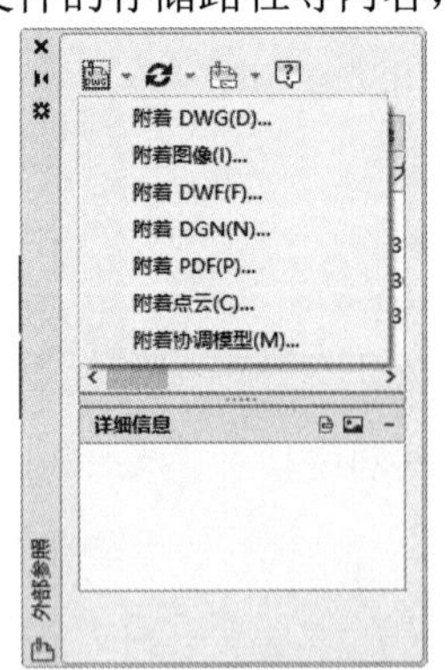

图 10-52 添加不同格式的外部参照文件

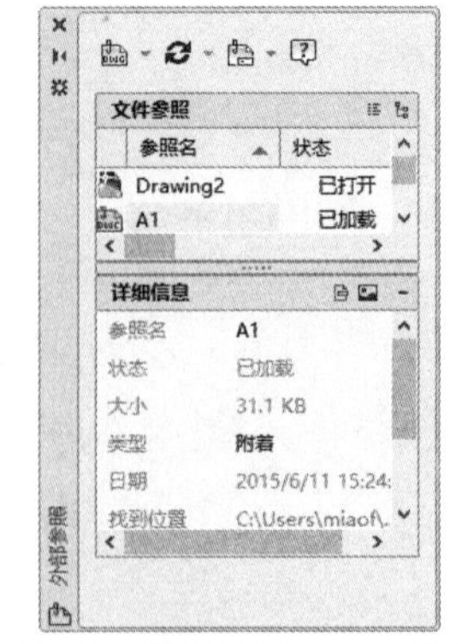

图 10-53 显示外部参照文件信息

单击选项板右上方的【列表图】或【树状图】按钮，可以设置外部参照列表框以何种形式显示。单击【列表图】按钮可以以列表形式显示；单击【树状图】按钮可以以树形显示。

当附着多个外部参照后，在外部参照列表框中的文件上右击，将弹出如图 10-54 所示的快捷菜单。在菜单上选择不同的命令可以对外部参照进行相关操作，下面详细介绍常用的 5 个命令选项的功能说明。

- 【打开】命令：单击该按钮，可以在新建窗口中打开选定的外部参照进行编辑。当【外部参照管理器】对话框关闭后，即可显示新建窗口。
- 【附着】命令：单击该按钮，可以打开【附着外部参照】对话框，如图 10-55 所示。在该对话框中可以选择需要插入到当前图形中的外部参照文件。

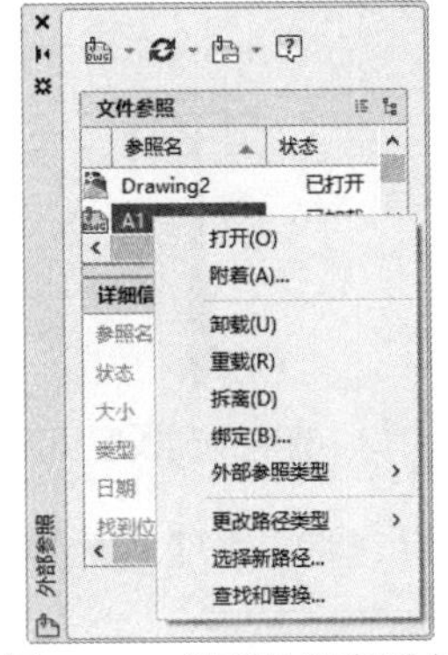

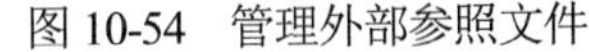

图 10-54　管理外部参照文件

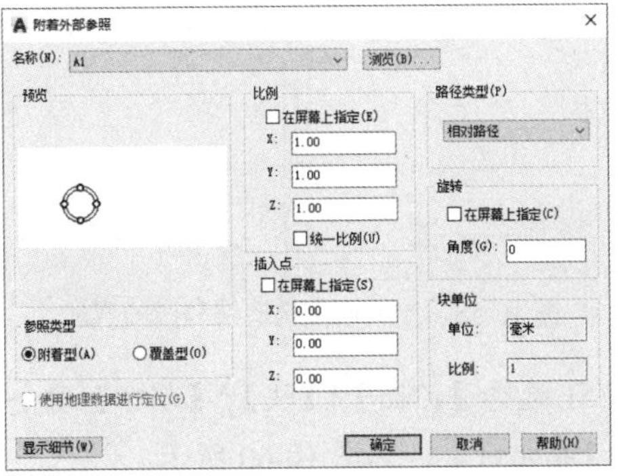

图 10-55　【附着外部参照】对话框

- 【卸载】命令：单击该按钮，可以从当前图形中移走不需要的外部参照文件，但移走后仍保留该参照文件的路径。当用户再次参照该图形时，单击对话框中的【重载】按钮即可。
- 【重载】命令：单击该按钮，可以在不退出当前图形的情况下，更新外部参照文件。
- 【拆离】命令：单击该按钮，可以从当前图形中移去不再需要的外部参照文件。

10.6　上机练习

本章的上机练习部分主要通过实例练习在 AutoCAD 中创建指北针、轴线编号、单扇门图块的操作，用户可以通过练习巩固本章所学知识。

10.6.1　绘制指北针图块

使用 AutoCAD 2019 创建一个指北针图块。

(1) 在命令行中输入 C，执行【圆】命令，在绘图区任意拾取一点为圆心，绘制一个半径为 120 的圆，如图 10-56 所示。

(2) 经过步骤(1)绘制的圆的圆心绘制竖向构造线，并将构造线向左和向右各偏移 15 个单位，如图 10-57 所示。

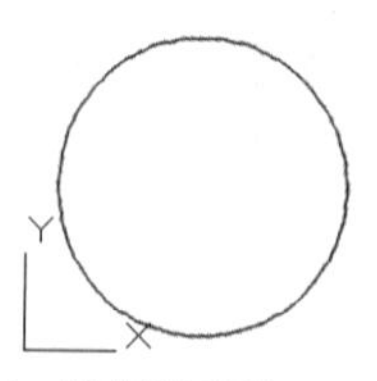

图 10-56 绘制半径为 120 的圆

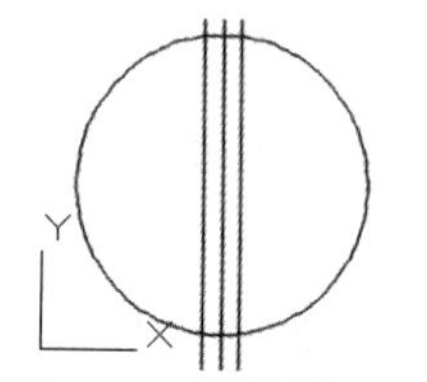

图 10-57 绘制构造线

(3) 使用【直线】命令绘制连接构造线与圆交点的直线，如图 10-58 所示。

(4) 删除构造线，使用【图案填充】命令，在步骤(3)绘制的直线与下部圆弧构成的区域内填充 SOLID 图案，如图 10-59 所示。

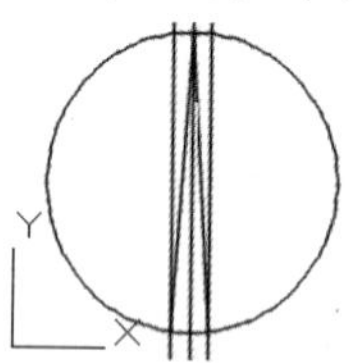

图 10-58 绘制连接构造线与圆的直线

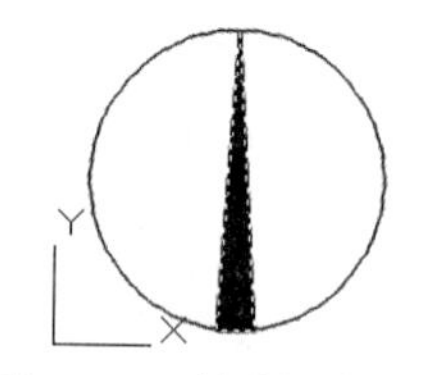

图 10-59 创建图案填充

(5) 选择【绘图】|【块】|【创建】命令，打开【块定义】对话框，在【名称】文本框中输入文本【指北针】，如图 10-60 所示。

(6) 在【基点】选项区域中单击【拾取点】按钮，在绘图区捕捉圆的圆心为基点，如图 10-61 所示。

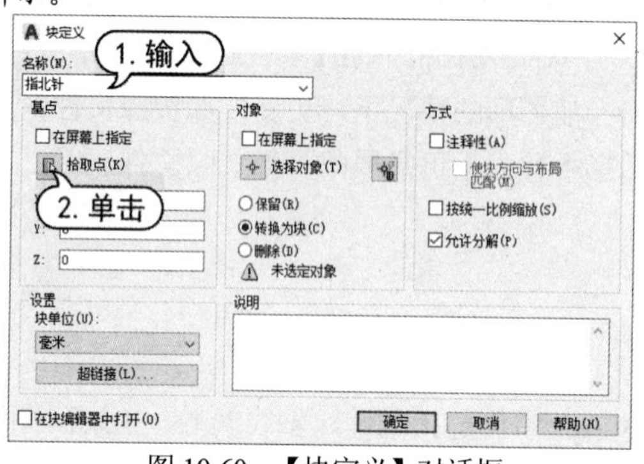

图 10-60 【块定义】对话框

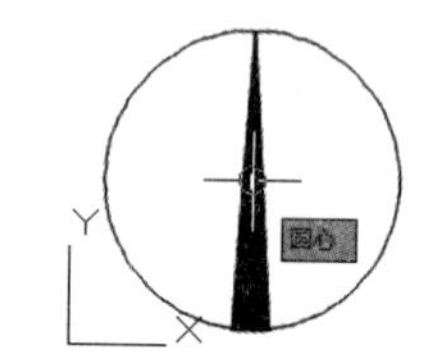

图 10-61 捕捉基点

(7) 返回【块定义】对话框，在【对象】选项区域中单击【选择对象】按钮，然后在绘图区中选中整个图像，并按 Enter 键。

(8) 返回【块定义】对话框，在【方式】选项区域中选中【允许分解】复选框，并单击【确定】按钮。完成指北针图块的创建。

10.6.2 绘制轴线编号图块

使用 AutoCAD 2019 创建一个轴线编号图块。

(1) 在命令行中输入 C，执行【圆】命令，在绘图区绘制半径为 400 的圆。

(2) 选择【绘图】|【块】|【定义属性】命令，打开【属性定义】对话框，在【标记】文本框

中输入【竖向轴线编号】；在【提示】文本框中输入【请输入轴线编号：】；在【默认】文本框中输入 1；在【对正】下拉列表中选中【正中】选项；在【文字高度】文本框中输入 500，如图 10-62 所示。

(3) 单击【确定】按钮，命令行提示指定起点，拾取圆心为起点，如图 10-63 所示。

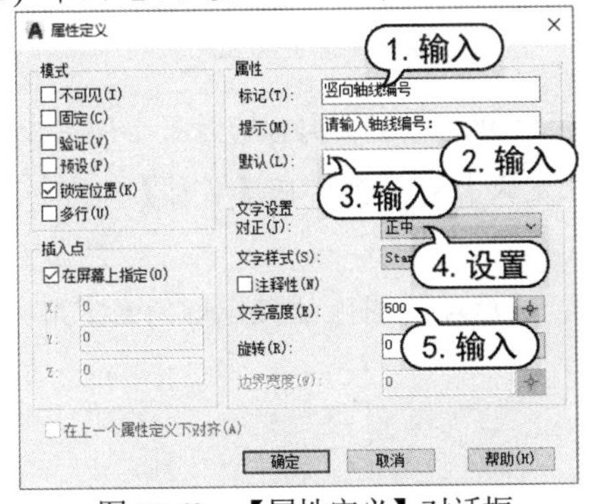

图 10-62　【属性定义】对话框

图 10-63　拾取圆心

(4) 选择【绘图】|【块】|【创建】命令，打开【块定义】对话框，在【名称】文本框中输入文本【竖向轴线编号】。

(5) 在【基点】选项区域中单击【拾取点】按钮，在绘图区捕捉圆的上象限点，如图 10-64 所示。

(6) 返回【块定义】对话框，在【对象】选项区域中单击【选择对象】按钮，然后在绘图区中选中整个图像。

(7) 返回【块定义】对话框，单击【确定】按钮。选择【插入】|【块】命令，在绘图区插入定义的块，并打开【编辑属性】对话框。

(8) 在【编辑属性】对话框的【请输入轴线编号】文本框中输入参数 1，并单击【确定】按钮，轴线编号图块效果如图 10-65 所示。

图 10-64　捕捉象限点

图 10-65　轴线编号图块

10.6.3　绘制单扇门图块

使用 AutoCAD 2019 创建一个单扇门图块。

(1) 使用【矩形】命令绘制矩形，第一点为绘图区的任意点，第二点相对坐标为(@40,900)，如图 10-66 所示。

(2) 使用【圆心、起点、角度】方法绘制圆弧，圆心为左下角点，如图 10-67 所示。

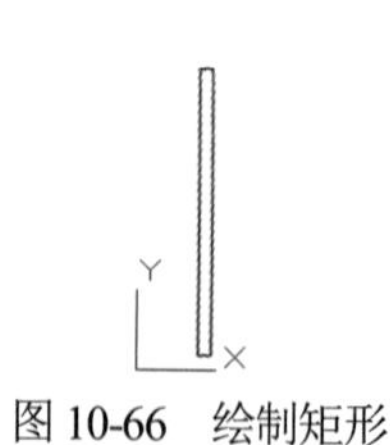

图 10-66　绘制矩形

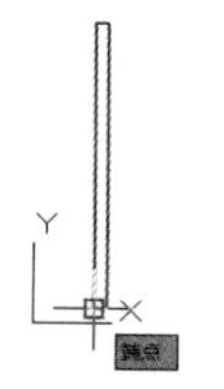

图 10-67　捕捉圆弧的圆心

(3) 圆弧起点位置设置为右上角点，圆弧的角度设置为-90，完成绘制后的效果如图 6-68 所示。

(4) 选择【绘图】|【块】|【创建】命令，打开【块定义】对话框，在【名称】文本框中输入文本【900 单扇门】。

(5) 在【基点】选项区域中单击【拾取点】按钮，然后在绘图区捕捉矩形的左下角为基点，如图 10-69 所示。

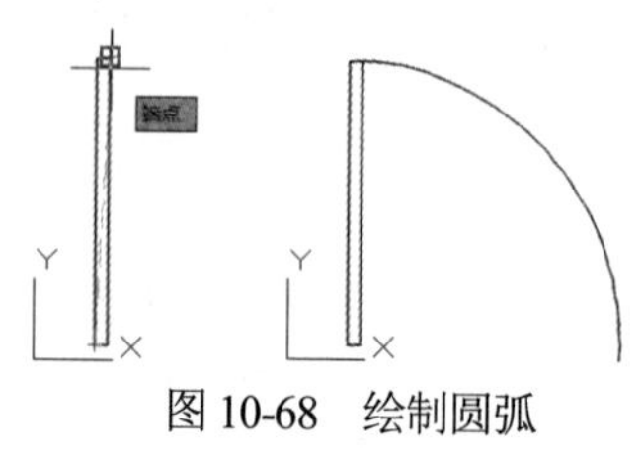

图 10-68　绘制圆弧

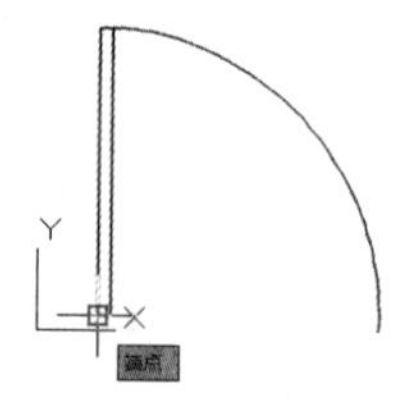

图 10-69　拾取基点

(6) 返回【块定义】对话框，在【对象】选项区域中单击【选择对象】按钮，然后在绘图区中选中整个图像，并按下 Enter 键。

(7) 返回【块定义】对话框，在【方式】选项区域中选中【允许分解】复选框，并单击【确定】按钮。

10.7　习题

1. 在 AutoCAD 中内部图块是随图形一同保存的，当外部图块插入到图形中后，该图块是不是也一样随图形保存?

2. 练习绘制并创建一个粗糙度符号块，然后在任意图形中插入定义的块，并设置缩放比例(根据图形的实际情况设置)。

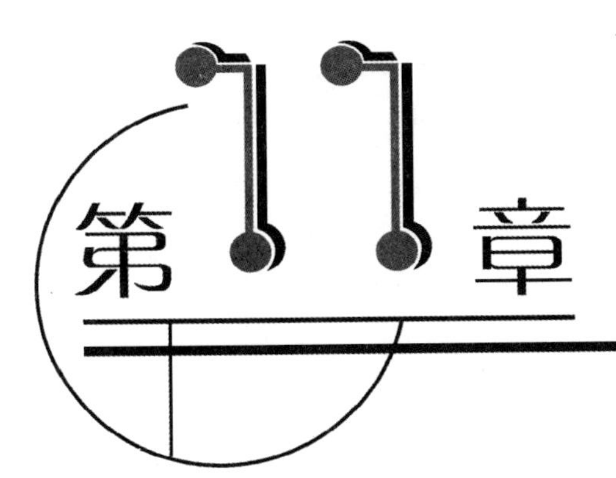

第11章 绘制三维图形

学习目标

在工程设计和绘图过程中，三维图形的应用越来越广泛。AutoCAD 为用户提供了 3 种方式来创建三维图形，即线架模型方式、曲面模型方式和实体模型方式。线架模型方式为一种轮廓模型，其由三维的直线和曲线组成，没有面和体的特征。曲面模型则用面描述三维对象，不仅定义了三维对象的边界，而且还定义了表面，即具有面的特征。实体模型不仅具有线和面的特征，而且还具有体的特征，各实体对象间可以进行各种布尔运算操作，从而创建复杂的三维实体图形。

本章重点

- 三维绘图的工作界面
- 设置三维视图与三维坐标系
- 绘制三维点、线、三维网格和实体
- 通过二维对象创建三维对象

11.1 三维绘图基础知识

使用 AutoCAD 进行三维模型的绘制时，首先应掌握三维绘图的基础知识，如绘制三维模型时常使用的三维建模空间、设置三维视图、使用三维坐标系的方法等。

11.1.1 三维建模工作空间

AutoCAD 提供了专门用于三维绘图的工作界面，即三维建模工作空间。当执行 NEW 命令新建一幅图形时，如果以文件 acadiso3d.dwt 为样板建立新图形，可以直接进入三维绘图工作界面，如图 11-1 所示。

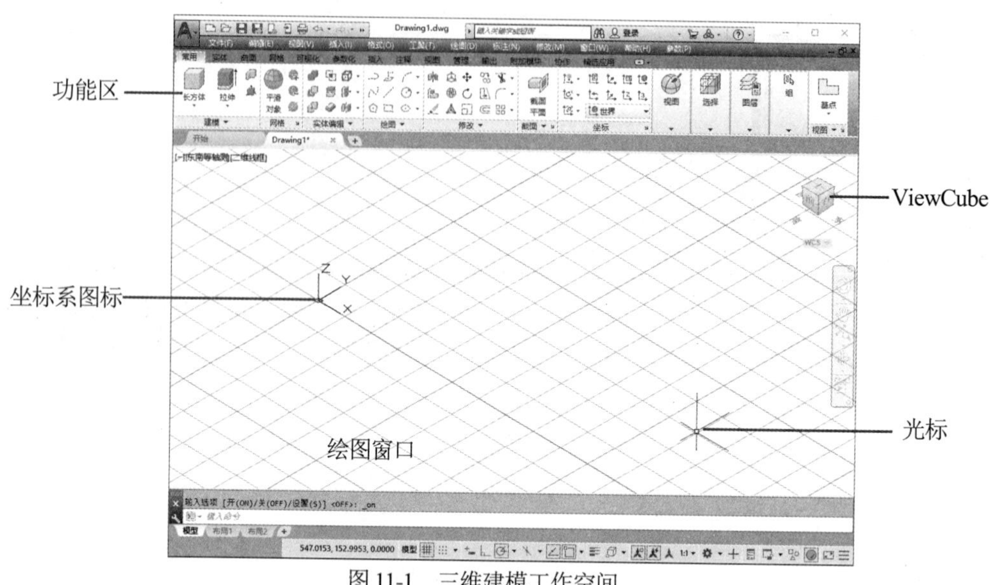

图 11-1　三维建模工作空间

AutoCAD 三维建模工作空间与绘制二维图形时常用的草图与注释工作空间的不同之处有以下几点。

1. 坐标系图标

在三维建模工作空间中，坐标系显示为三维图标，且默认显示在当前坐标系的坐标原点位置。

2. 光标

在图 11-1 所示的三维建模工作空间中，光标显示出了 Z 轴。此外，用户可以单独控制是否在十字光标中显示 Z 轴以及坐标轴标签。

3. 功能区

在三维建模工作空间中，功能区有【常用】【实体】【曲面】【网格】【可视化】【参数化】【插入】【注释】【视图】【管理】【输出】等选项卡，每一个选项卡中又包含一些面板，每一个面板上又有一些对应的按钮。如图 11-1 所示工作界面中显示【常用】选项卡及其面板，其中有【建模】【网格】【实体编辑】【绘图】【修改】【截面】【坐标】【视图】等面板。利用功能区，用户可以方便地执行三维绘图相关的命令。

4. ViewCube

在三维建模空间中，ViewCube 为三维导航工具，可以方便地将视图按不同的方位显示。

11.1.2　三维视图

在 AutoCAD 中绘制三维模型时，由于模型有多个面，仅从一个角度不能观看到模型的其他面，因此，应根据情况选择相应的观察点。在 AutoCAD 中不仅提供了 6 个正交视图(俯视、仰视、

左视、右视、前视和后视)，还提供了 4 个用于绘制三维模型的等轴测视图(西南、西北、东南和东北等轴测视图)。更改三维视图主要有以下两种方法：

- 选择【视图】|【三维视图】命令，在弹出的菜单中选择相应的视图命令，即可切换到相应的视图，如图 11-2 所示。
- 选择【视图】|【命名视图】命令，或在命令提示行中输入 VIEW 命令(快捷命令：V)，打开【视图管理器】对话框，在【查看】列表框中选择相应的视图，然后单击【置为当前】按钮，如图 11-3 所示。

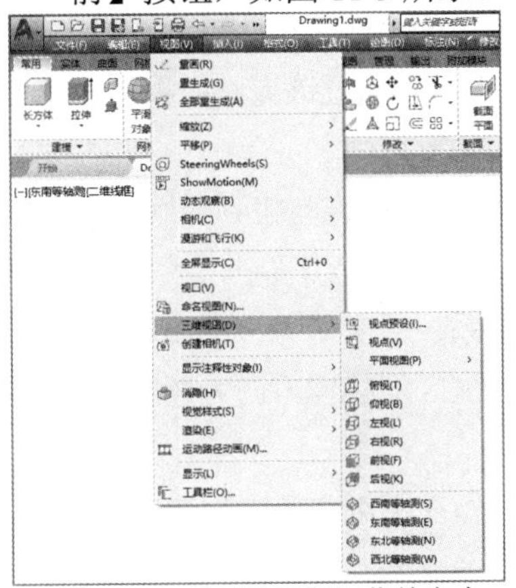

图 11-2　【三维视图】菜单命令

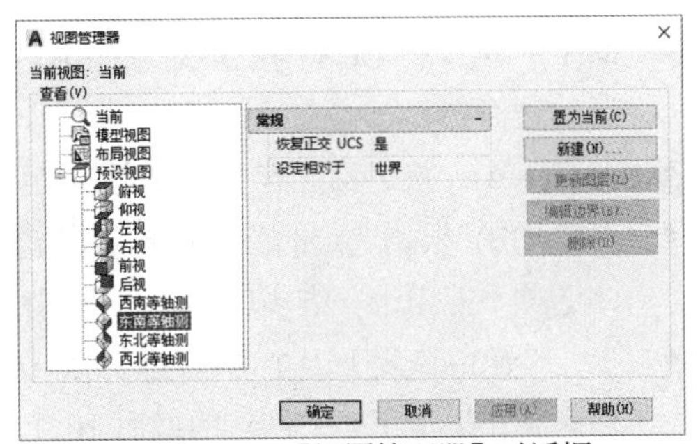

图 11-3　【视图管理器】对话框

11.1.3　三维坐标系

AutoCAD 三维坐标系的默认坐标系为世界坐标系，其坐标原点和方向都是固定不变的，这对于绘制三维模型图不是很方便。在 AutoCAD 中用户可以自定义坐标系，如将世界坐标系进行旋转、移动等操作。使用 UCS 命令可以创建用户坐标系。UCS 命令主要有以下两种调用方法：

- 在命令行中执行 UCS 命令。
- 选择【可视化】选项卡，在【坐标】面板中单击 UCS 按钮。

执行 UCS 命令后，可对坐标系进行旋转、移动以及恢复到世界坐标系等操作。例如，将西南等轴测视图的坐标沿 X 轴旋转 90°，具体操作步骤如下。

(1) 新建图形文件，俯视图坐标如图 11-4 所示。

(2) 选择【视图】|【三维视图】|【西南等轴测】命令，将坐标以三维坐标方式进行显示，如图 11-5 所示。

(3) 在命令行中执行 UCS 命令，命令行提示：

```
指定 UCS 的原点或[面(F)/命名(NA)/对象(OB)/上一个(P)/视图(V)/世界(W)/X/Y/Z/Z 轴(ZA)]<世界>:
```

在命令行提示下输入 X，按 Enter 键，指定绕 X 轴旋转。

(4) 在命令行提示【指定绕 X 轴的旋转角度<90>:】下输入 90，按 Enter 键，指定旋转角度。此时，坐标系效果如图 11-6 所示。

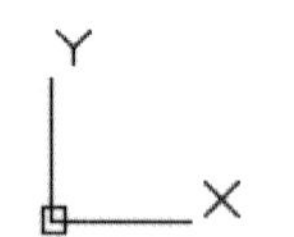

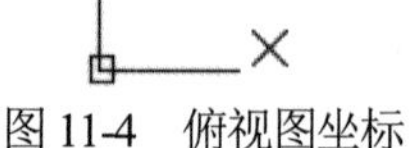

图 11-4　俯视图坐标

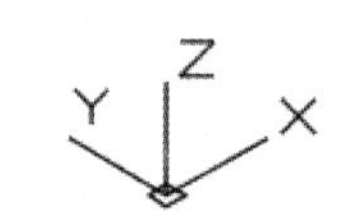

图 11-5　西南等轴测

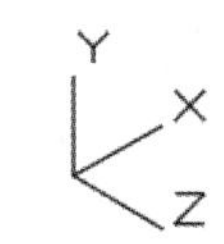

图 11-6　旋转坐标系

使用 UCS 命令定义用户坐标系时，命令提示行中各选项的含义如下。

- 指定 UCS 的原点：使用一点、两点或三点定义一个新的 UCS。指定单个点后，命令提示行将提示“指定 X 轴上的点或<接受>：”，此时，按 Enter 键选择【接受】选项，当前 UCS 的原点将会移动而不会更改 X、Y 和 Z 轴的方向；如果在此提示下指定第二点，UCS 将绕先前指定的原点旋转，以使 UCS 的 X 轴正半轴通过该点；如果指定第三点，UCS 将绕 X 轴旋转，以使 UCS 的 Y 轴正半轴包含该点。
- 面(F)：用于将 UCS 与三维对象的选定面对齐，UCS 的 X 轴将与找到的第一个面上的最近的边对齐。
- 命名(NA)：按名称保存并恢复通常使用的 UCS 坐标系。
- 对象(OB)：根据选定的三维对象定义新的坐标系。新 UCS 的拉伸方向为选定对象的方向。此选项不能用于三维多段线、三维网格和构造线。
- 上一个(P)：恢复上一个 UCS 坐标系，AutoCAD 会保留在图纸空间中创建的最后 10 个坐标系和在模型空间中创建的最后 10 个坐标系。
- 视图(V)：以平行于屏幕的平面为 XY 平面建立新的坐标系，UCS 原点保持不变。
- 世界(W)：将当前用户坐标系设置为世界坐标系。WCS 是所有用户坐标系的基准，不能被重新定义。
- X/Y/Z：绕指定的轴旋转当前 UCS 坐标系。通过指定原点和正半轴绕 X、Y 或 Z 轴旋转。
- Z 轴(ZA)：用指定的 Z 轴正半轴定义新的坐标系。选择该选项后，可以指定新原点和位于新建 Z 轴正半轴上的点；或选择一个对象，将 Z 轴与离选定对象最近的端点的切线方向对齐。

11.1.4　动态 UCS

使用动态 UCS 功能，可以在创建对象时使 UCS 的 XY 平面自动与实体模型上的平面临时对齐。单击 AutoCAD 状态栏上的【允许/禁止动态 UCS】按钮，即可打开或关闭动态 UCS 功能。

【例 11-1】以图 11-7 所示楔体图形的倾斜面为底面，绘制半径为 100 的圆。

(1) 打开图形后，在状态栏中单击【允许/禁止动态 UCS】按钮，打开动态 UCS 功能。

(2) 在命令行中执行 C 命令，将鼠标指针放置在楔体图形的斜面上，使其呈蓝色选中状态，如图 11-8 所示。

(3) 在命令行提示【指定圆的圆心或[三点(3P)/两点(2P)/切点、切点、半径(T)]:】下，单击楔体图形右上方的端点，如图 11-9 所示。

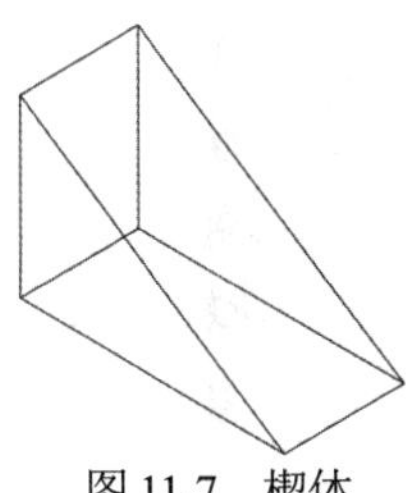

图 11-7　楔体

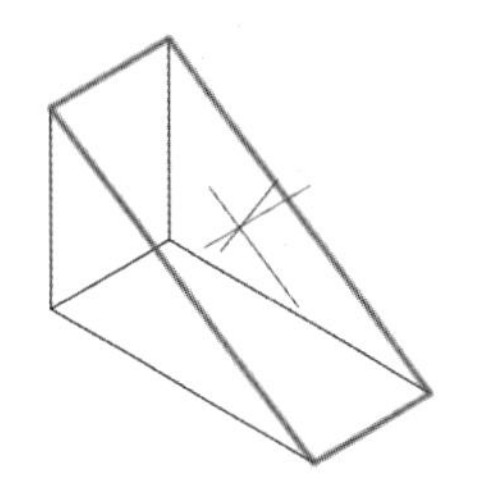

图 11-8　将光标放置在斜面上

(4) 在命令行提示【指定圆的半径或[直径(D)]:】下输入 100，并按 Enter 键，即可绘制如图 11-10 所示的圆。

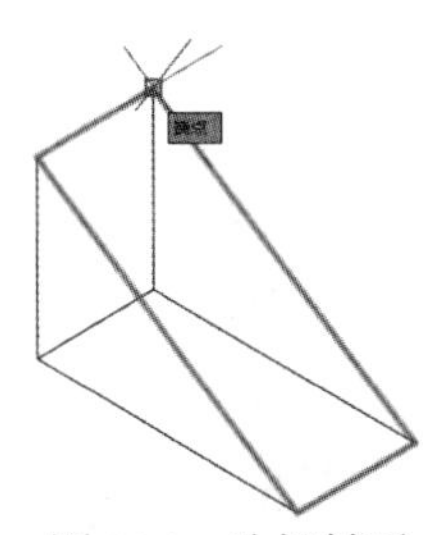

图 11-9　选择斜面

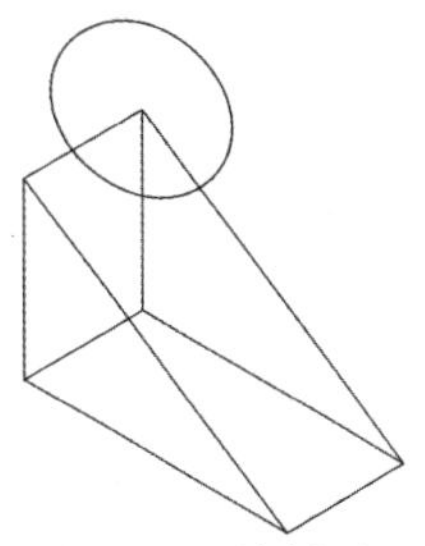

图 11-10　绘制圆

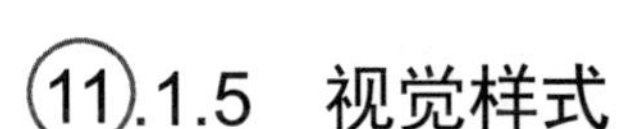

11.1.5　视觉样式

在等轴测视图中绘制三维模型时，默认状态下是以线框方式进行显示的，为了获得直观的视觉效果，用户可以通过更改视觉样式来改善显示效果。更改视觉样式的方法主要有以下两种：

- 选择【视图】|【视觉样式】命令，在弹出的子菜单中选择相应的视觉样式命令。
- 选择【常用】选项卡，在【视图】面板中单击【视觉样式】下拉按钮，在弹出的列表中选择具体的视觉样式。

在 AutoCAD 中提供了多种视觉样式，其中常用的视觉样式的说明如下。

- 二维线框：显示使用直线和曲线表示边界的对象。光栅和 OLE 对象、线型和线宽均可见，如图 11-11 所示。
- 线框：显示使用直线和曲线表示边界的对象，如图 11-12 所示。

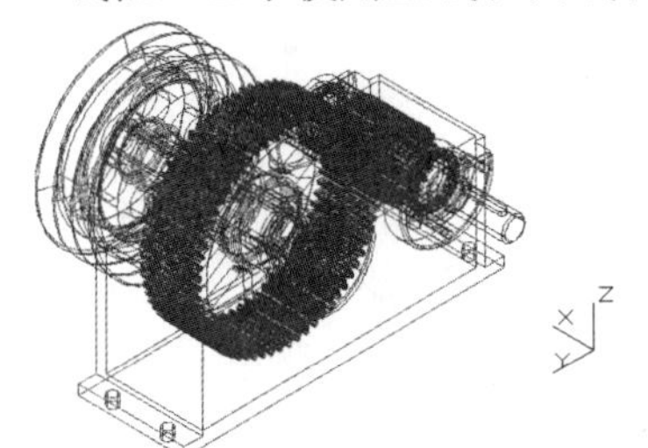

图 11-11　二维线框视觉样式

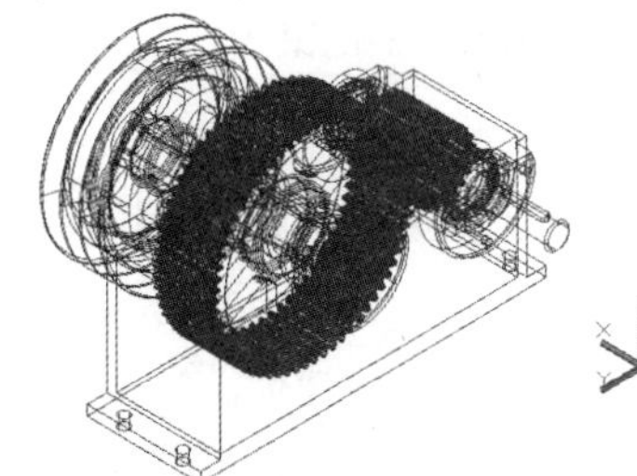

图 11-12　线框视觉样式

- 消隐：显示使用三维线框表示的对象并隐藏表示后向面的直线，如图 11-13 所示。
- 真实：显示着色多边形平面间的对象，并使对象的边平滑化。将显示已附着到对象的材质，如图 11-14 所示。

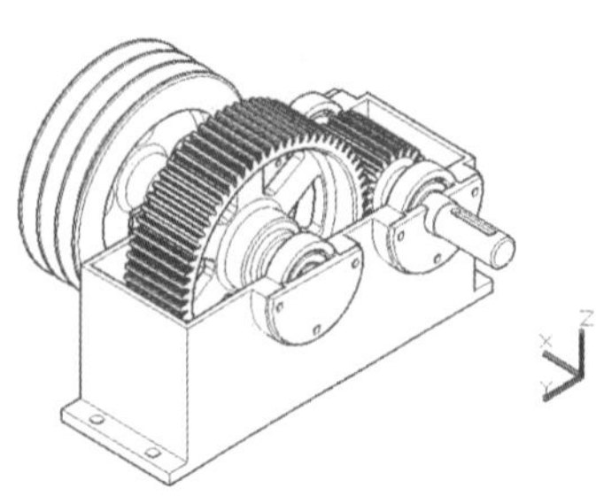

图 11-13　消隐视觉样式

图 11-14　真实视觉样式

- 概念：显示着色多边形平面间的对象，并使对象的边平滑化。着色使用古氏面样式，是一种冷色和暖色之间的过渡，而不是从深色至浅色的过渡。虽然效果缺乏真实感，但是可以更方便地查看模型的细节，如图 11-15 所示。
- 着色：在着色视觉样式中来回移动模型时，跟随视点的两个平行光源将会照亮面。该默认光源被设计为照亮模型中的所有面，以便从视觉上可以辨别这些面，如图 11-16 所示。另外，仅在其他光源(包括阳光)关闭时，才能使用默认光源。

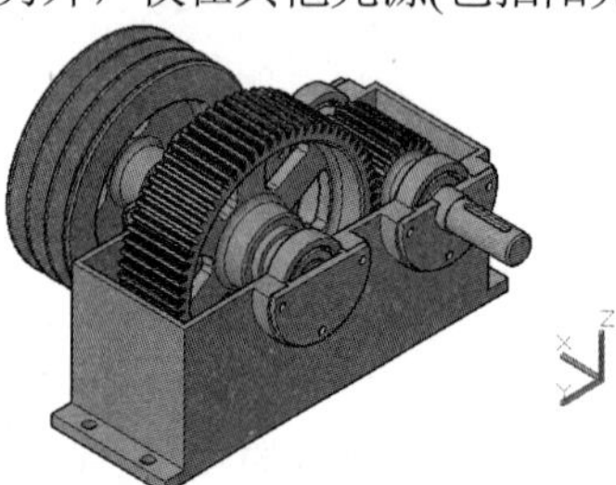

图 11-15　概念视觉样式

图 11-16　着色视觉样式

11.2　绘制三维点和线

在 AutoCAD 2019 中，用户可以使用点、直线、样条曲线、三维多段线及三维网格等命令绘制简单的三维图形。

11.2.1　绘制三维点

选择【绘图】|【点】|【单点】命令，即可在命令行中直接输入三维坐标来绘制三维点。

由于三维图形对象上的一些特殊点，如交点、中点等不能通过输入坐标的方法实现，用户可以使用三维坐标下的目标捕捉法来拾取点。

二维图形方式下的所有目标捕捉方式，在三维图形环境中都可以继续使用。不同之处在于，在三维环境下只能捕捉三维对象的顶面和底面(即平行与 XY 平面的面)的一些特殊点，而不能捕捉柱体等实体侧面的特殊点(即在柱状体侧面竖线上无法捕捉目标点)，因为柱体侧面上的竖线只

是帮助模拟曲线显示的。在三维对象的平面视图中也不能捕捉目标点，因为在顶面上的任意一点都对应着底面上的一点，此时的系统无法辨别所选的点在图形的哪个面上。

11.2.2　绘制三维直线和多段线

在二维平面绘图中，两点决定一条直线。同样，在三维空间中，也是通过指定两个点来绘制三维直线。

例如，若要在视图方向 VIEWDIR 为(3,-2,1)的视图中，绘制过点(0,0,0)和点(1,1,1)的三维直线，可以在【功能区】选项板中选择【常用】选项卡，然后在【绘图】面板中单击【直线】按钮，最后输入这两个点的坐标即可，如图 11-17 所示。

在二维坐标系下，通过使用【功能区】选项板中的【默认】选项卡，并在【绘图】面板中单击【多段线】按钮，可以绘制多段线，此时可以设置各段线条的宽度和厚度，但其必须是共面。在三维坐标系下，多段线的绘制过程和二维多段线基本相同，但其使用的命令不同，并且在三维多段线中只有直线段，没有圆弧段。用户在【功能区】选项板中选择【常用】选项卡，然后在【绘图】面板中单击【三维多段线】按钮，或者在菜单栏中选择【绘图】|【三维多段线】命令(3DPOLY)，此时命令行提示依次输入不同的三维空间点，以得到一个三维多段线。例如，经过点(40,0,0)、(0,0,0)、(0,60,0)和(0,60,30)绘制的三维多段线，如图 11-18 所示。

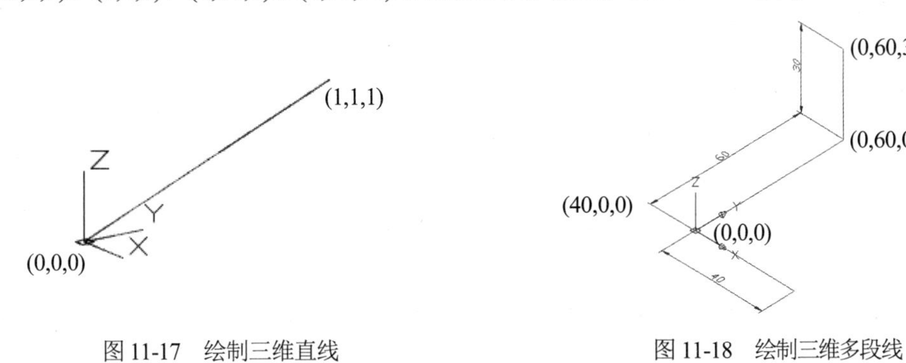

图 11-17　绘制三维直线　　　图 11-18　绘制三维多段线

11.2.3　绘制三维样条曲线和螺旋线

在三维坐标系下，通过使用【功能区】选项板中的【常用】选项卡，然后在【绘图】面板中单击【样条曲线】按钮，或在菜单栏中选择【绘图】|【样条曲线】|【拟合点】或【控制点】命令，即可绘制三维样条曲线，此时定义样条曲线的点不是共面点，而是三维空间点。例如，经过点(0,0,0)、(10,10,10)、(0,0,20)、(-10,-10,30)、(0,0,40)、(10,10,50)和(0,0,60)绘制的三维样条曲线如图 11-19 所示。

同样，在【功能区】选项板中选择【常用】选项卡，然后在【绘图】面板中单击【螺旋】按钮，或在菜单栏中选择【绘图】|【螺旋】命令，即可绘制三维螺旋线，如图 11-20 所示。当分

别指定螺旋线底面的中心点、底面半径(或直径)和顶面半径(或直径)后，命令行显示如下提示信息。

```
指定螺旋高度或 [轴端点(A)/圈数(T)/圈高(H)/扭曲(W)] <2.0000>:
```

在该命令提示下，可以直接输入螺旋线的高度绘制螺旋线。也可以选择【轴端点(A)】选项，通过指定轴的端点，绘制出以底面中心点到该轴端点的距离为高度的螺旋线；选择【圈数(T)】选项，可以指定螺旋线的螺旋圈数，默认情况下，螺旋圈数为 3，当指定螺旋圈数后，仍将显示上述提示信息，此时可以进行其他参数设置；选择【圈高(H)】选项，可以指定螺旋线各圈之间的间距；选择【扭曲(W)】选项，可以指定螺旋线的扭曲方式是【顺时针(CW)】还是【逆时针(CCW)】。

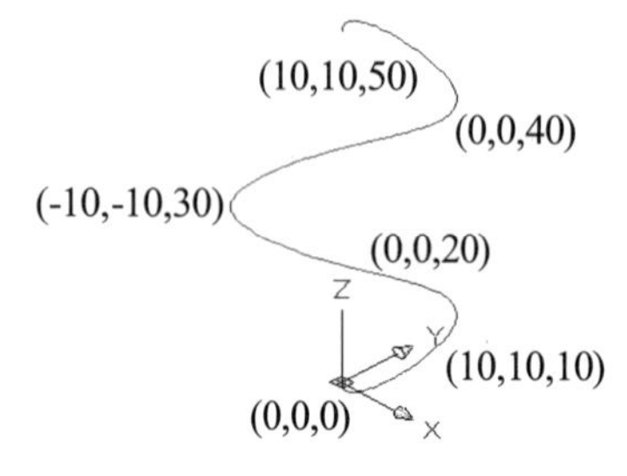

图 11-19　绘制样条曲线

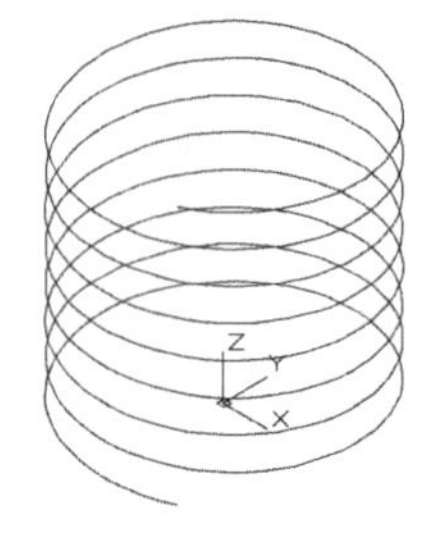

图 11-20　绘制螺旋线

【例 11-2】绘制如图 11-20 所示的螺旋线，其中，底面中心为(0,0,0)，底面半径为 100，顶面半径为 100，高度为 200，顺时针旋转 8 圈。

(1) 选择【视图】|【三维视图】|【东南等轴测】命令，切换至三维东南等轴测视图。

(2) 在【功能区】选项板中选择【常用】选项卡，然后在【绘图】面板中单击【螺旋】按钮。

(3) 在命令行的【指定底面的中心点:】提示信息下输入(0,0,0)，指定螺旋线底面的中心点坐标。

(4) 在命令行的【指定底面半径或 [直径(D)] <1.0000>:】提示信息下输入 100，指定螺旋线底面的半径。

(5) 在命令行的【指定顶面半径或 [直径(D)] <100.0000>:】提示信息下输入 100，指定螺旋线顶面的半径。

(6) 在命令行的【指定螺旋高度或 [轴端点(A)/圈数(T)/圈高(H)/扭曲(W)] <1.0000>:】提示信息下输入 T，以设置螺旋线的圈数。

(7) 在命令行的【输入圈数 <3.0000>: 】提示信息下输入 8，指定螺旋线的圈数为 8。

(8) 在命令行的【指定螺旋高度或 [轴端点(A)/圈数(T)/圈高(H)/扭曲(W)] <1.0000>:】提示信息下输入 W，以设置螺旋线的扭曲方向。

(9) 在命令行的【输入螺旋的扭曲方向 [顺时针(CW)/逆时针(CCW)] <CCW>: 】提示信息下输入 CW，指定螺旋线的扭曲方向为顺时针。

(10) 在命令行的【指定螺旋高度或 [轴端点(A)/圈数(T)/圈高(H)/扭曲(W)] <1.0000>:】提示信息下输入 200，指定螺旋线的高度。此时绘制的螺旋线效果如图 11-20 所示。

11.3　绘制三维网格

在快速访问工具栏中选择【显示菜单栏】命令，在弹出的菜单中选择【绘图】|【建模】|【网格】命令，可以绘制三维网格。

11.3.1　绘制三维面和多边三维面

在菜单栏中选择【绘图】|【建模】|【网格】|【三维面】命令(3DFACE)，即可绘制三维面。三维面是三维空间的表面，既没有厚度，也没有质量属性。由【三维面】命令创建的每个面的各顶点可以有不同的 Z 坐标，但构成各个面的顶点最多不能超过 4 个。如果构成面的 4 个顶点共面，消隐命令认为该面是不透明的，则可以消隐。反之，消隐命令对其无效。

【例 11-3】绘制如图 11-22 所示的图形。

(1) 在菜单栏中选择【视图】|【三维视图】|【东南等轴测】命令，切换三维东南等轴测视图。

(2) 在菜单栏中选择【绘图】|【建模】|【网格】|【三维面】命令(3DFACE)，执行绘制三维面命令。

(3) 在命令行提示下，依次输入三维面上的点坐标 A(60,40,0)、B(80,60,40)、C(80,100,40)、D(60,120,0)、E(140,120,0)、F(120,100,40)、G(120,60,40)、H(140,40,0)，最后按 Enter 键结束命令，效果如图 11-21 所示。

(4) 在菜单栏中选择【视图】|【消隐】命令，效果如图 11-22 所示。

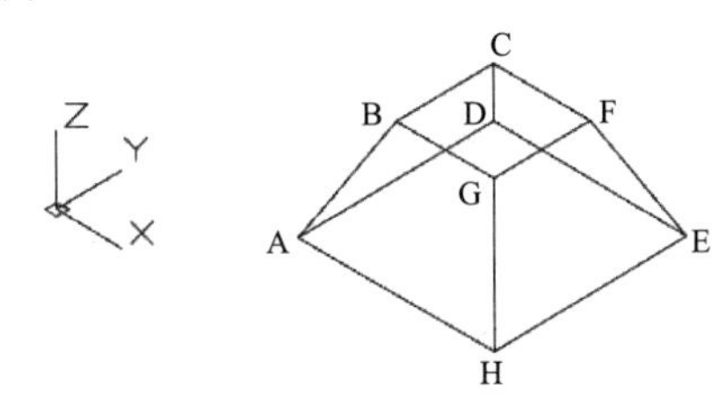

图 11-21　输入三维面上的点坐标

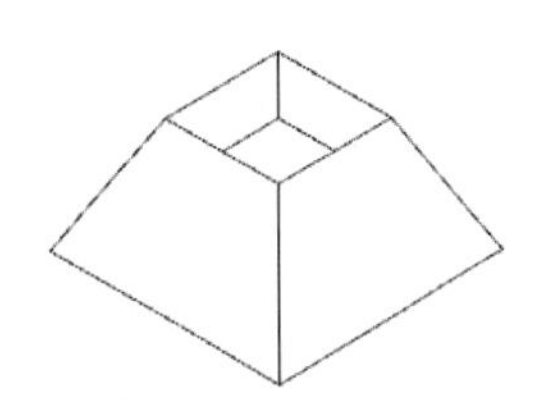

图 11-22　消隐图形

使用【三维面】命令只能生成 3 条或 4 条边的三维面，如果需要生成多边曲面，则必须使用 PFACE 命令。在该命令提示信息下，可以输入多个点。例如，若要在如图 11-23 所示的带有厚度的正六边形中添加一个面，可以在命令行提示下，输入 PFACE，并依次单击点 1~6，然后在命令行提示下，依次输入顶点编号 1~6，消隐后的效果如图 11-24 所示。

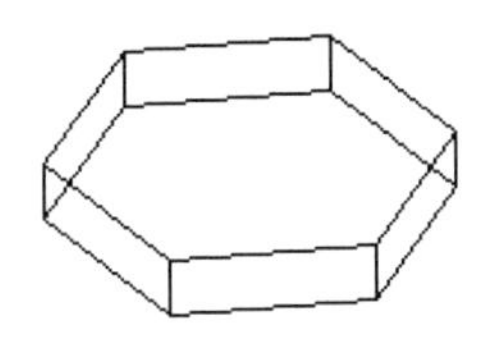

图 11-23　原始图形

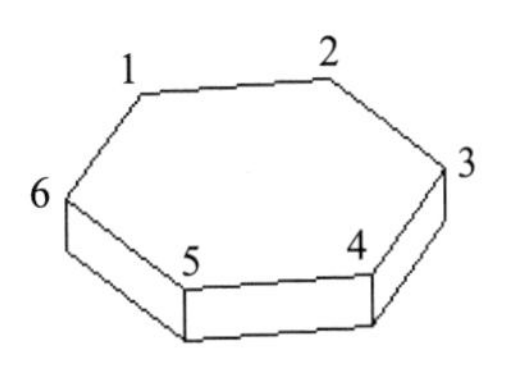

图 11-24　添加三维多重面并消隐后的效果

11.3.2 设置三维面的边的可见性

在命令行中输入【边】命令(EDGE)，可以修改三维面的边的可见性。执行该命令时，命令行显示如下提示信息：

```
指定要切换可见性的三维表面的边或 [显示(D)]:
```

默认情况下，选择三维表面的边后，按 Enter 键将隐藏该边。若选择【显示】选项，则可以选择三维面的不可见边，使其表面的边重新显示，此时命令行显示如下提示信息：

```
输入用于隐藏边显示的选择方法 [选择(S)/全部选择(A)] <全部选择>:
```

其中，选择【全部选择】选项，则可以将已选中图形的所有三维面的隐藏边显示出来；选择【选择】选项，则可以选择部分可见的三维面的隐藏边并显示。

例如，在如图 11-21 所示中，若要隐藏 AD、DE、DC 边，可以在命令行提示中输入【边】命令(EDGE)，然后依次单击 AD、DE、DC 边，最后按 Enter 键，效果如图 11-25 所示。

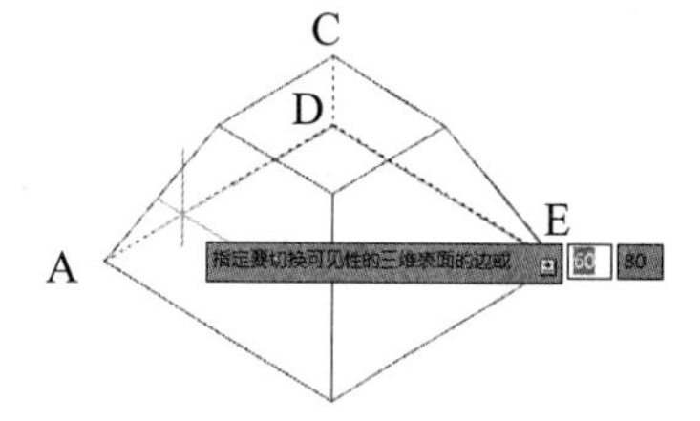

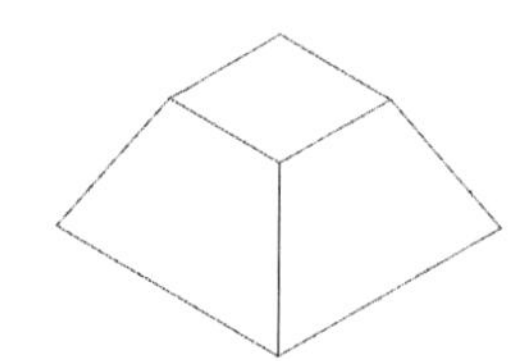

图 11-25　隐藏边

11.3.3 使用 3DMESH 命令绘制三维网格

在命令行提示中输入【三维网格】命令(3DMESH)，可以根据指定的 M 行 N 列个顶点和每一顶点的位置生成三维空间多边形网格。M 和 N 的最小值为 2，表示定义多边形网格至少需要 4 个点，其最大值为 256。例如，若要绘制如图 11-26 所示的 4×4 网格，可在命令行提示中输入【三维网格】命令(3DMESH)，并设置 M 方向的网格数量为 4，N 方向的网格数量为 4，然后依次指定 16 个顶点的位置，如图 11-26 所示。

如果选择【修改】|【对象】|【多段线】命令，则可以编辑绘制的三维网格。其中，若选择该命令的【平滑曲面】选项，则可以将该三维网格转换为平滑曲面，效果如图 11-27 所示。

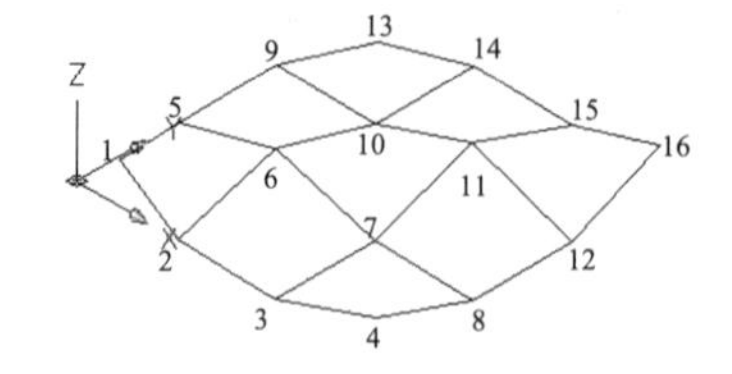

图 11-26　绘制网格

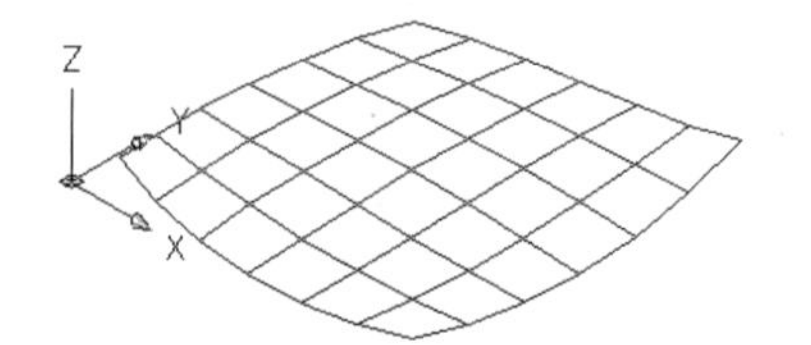

图 11-27　对三维网格进行平滑处理后的效果

11.3.4　绘制旋转网格

在菜单栏中选择【绘图】|【建模】|【网格】|【旋转网格】命令(REVSURF)，可以将曲线绕旋转轴旋转一定的角度，形成旋转网格。

例如，当系统变量 SURFTAB1=40、SURFTAB2=30 时，将如图 11-28 所示的样条曲线绕直线旋转 360° 后，将显示如图 11-29 所示的效果。其中，旋转方向的分段数由系统变量 SURFTAB1 确定，旋转轴方向的分段数由系统变量 SURFTAB2 确定。

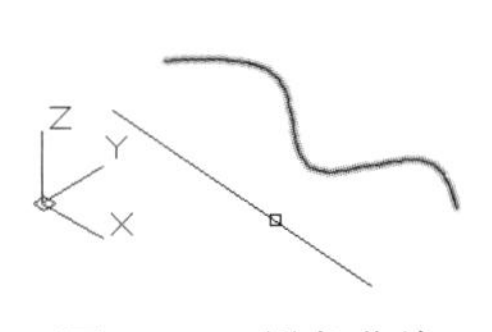

图 11-28　样条曲线

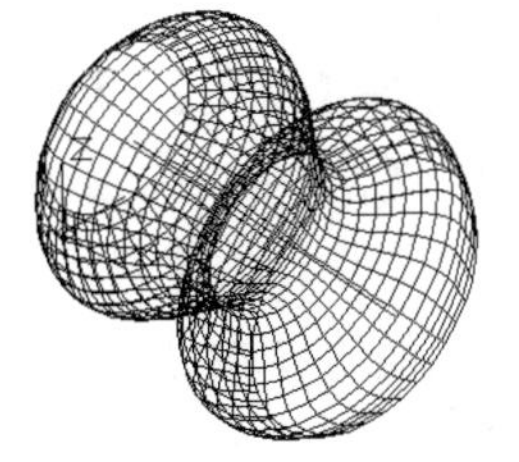

图 11-29　旋转网格效果

11.3.5　绘制平移网格

在菜单栏中选择【绘图】|【建模】|【网格】|【平移网格】命令(TABSURF)，可以将路径曲线沿方向矢量进行平移后构成平移网格，如图 11-30 所示。此时可以在命令行的【选择用作轮廓曲线的对象:】提示信息下选择曲线对象，在【选择用作方向矢量的对象:】提示信息下选择方向矢量。当确定拾取点后，系统将向方向矢量对象上远离拾取点的端点方向创建平移网格。平移网格的分段数由系统变量 SURFTAB1 确定。

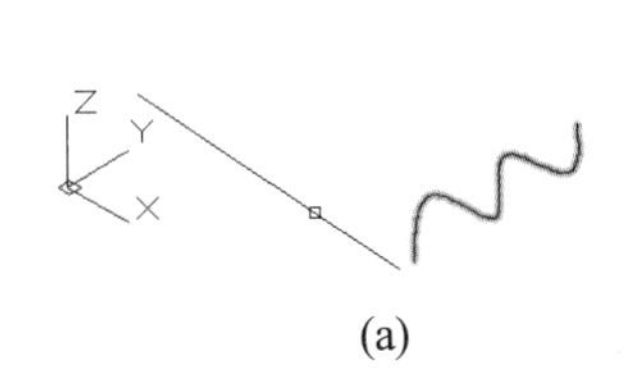

(a)

(b)

图 11-30　创建的平移网格

11.3.6　绘制直纹网格

在菜单栏中选择【绘图】|【建模】|【网格】|【直纹网格】命令(RULESURF)，可以在两条曲线之间使用直线连接从而形成直纹网格。此时可在命令行的【选择第一条定义曲线:】提示信息下选择第一条曲线，在命令行的【选择第二条定义曲线:】提示信息下选择第二条曲线。例如，对如图 11-31(a)所示中的样条曲线和直线使用【直纹网格】命令，将显示图 11-31(b)所示的效果。

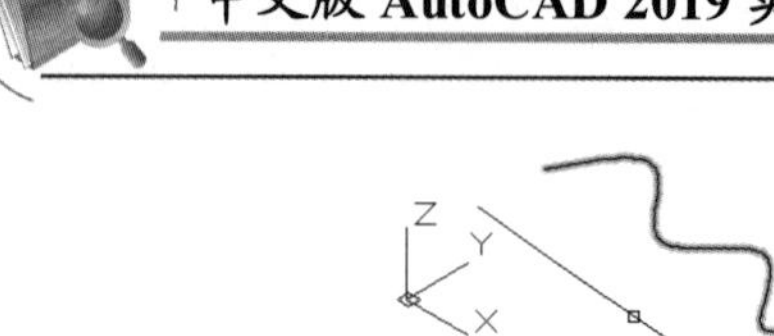

(a)

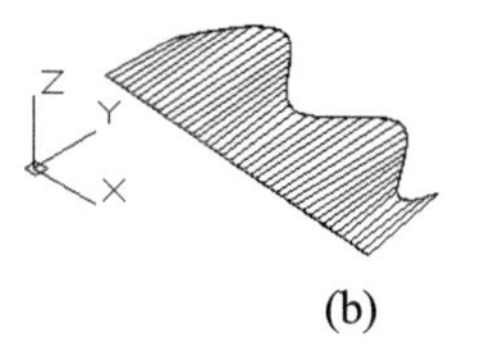

(b)

图 11-31　创建直纹网格

11.3.7　绘制边界网格

在菜单栏中选择【绘图】|【建模】|【网格】|【边界网格】命令(EDGESURF)，可以使用 4 条首尾连接的边创建边界网格。此时可在命令行的【选择用作曲面边界的对象 1:】提示信息下选择第一条曲线，在命令行的【选择用作曲面边界的对象 2:】提示信息下选择第二条曲线，在命令行的【选择用作曲面边界的对象 3:】提示信息下选择第三条曲线，在命令行的【选择用作曲面边界的对象 4:】提示信息下选择第四条曲线。

例如，可以通过对如图 11-32(a)中的边界曲线使用【边界网格】命令，将显示如图 11-32(b)所示的效果。

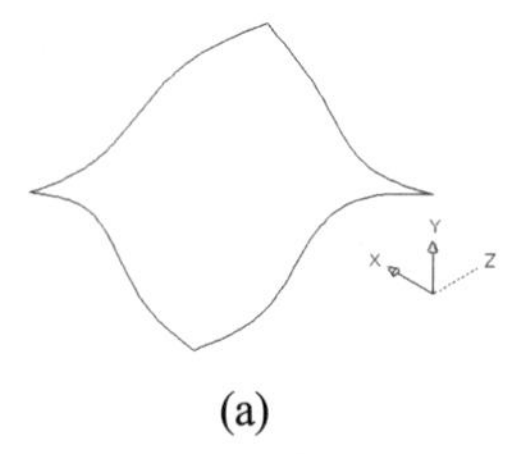

(a)

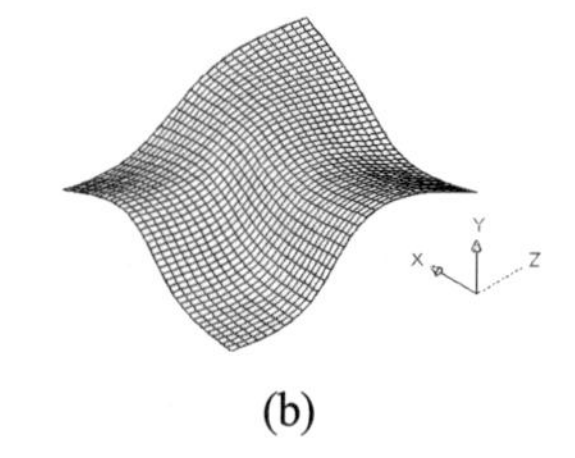

(b)

图 11-32　创建边界网格

11.4　绘制三维实体模型

在 AutoCAD 中，最基本的实体对象包括多段体、长方体、楔体、圆锥体、球体、圆柱体、圆环体及棱锥体等，需要绘制这些实体对象，可以在菜单栏中选择【绘图】|【建模】子菜单中的命令来创建。另外，将工作空间切换为【三维建模】，在【常用】选项卡的【建模】面板中，可以选择相应的命令按钮进行绘图。

11.4.1　绘制多段体

在 AutoCAD 中，用户可以通过以下几种方法绘制多段体。

- 在命令行中执行 POLYSOLID 命令。
- 选择【绘图】|【建模】|【多段体】命令。
- 选择【常用】选项卡，在【建模】面板中单击【多段体】按钮。

执行以上命令绘制多段体时，命令行显示如下提示信息：

```
指定起点或 [对象(O)/高度(H)/宽度(W)/对正(J)] <对象>:
```

选择【高度】选项，可以设置多段体的高度；选择【宽度】选项，可以设置多段体的宽度；选择【对正】选项，可以设置多段体的对正方式，如左对正、居中和右对正，系统默认为居中对正。当设置高度、宽度和对正方式后，可以通过指定点绘制多段体，也可以选择【对象】选项将图形转换为多段体。

【例 11-4】绘制 U 形多段体。

(1) 选择【视图】|【三维视图】|【东南等轴测】命令，切换至三维东南等轴测视图。

(2) 在【功能区】选项板中选择【常用】选项卡，然后在【建模】面板中单击【多段体】按钮，执行绘制三维多段体命令。

(3) 在命令行的【指定起点或 [对象(O)/高度(H)/宽度(W)/对正(J)] <对象>: 】提示信息下，输入 H，并在【指定高度 <10.0000>:】 提示信息下输入 80，指定三维多段体的高度为 80。

(4) 在命令行的【指定起点或 [对象(O)/高度(H)/宽度(W)/对正(J)] <对象>: 】提示信息下，输入 W，并在【指定宽度 <2.0000>:】 提示信息下输入 8，指定三维多段体的宽度为 8。

(5) 在命令行的【指定起点或 [对象(O)/高度(H)/宽度(W)/对正(J)] <对象>: 】提示信息下，输入 J，并在【输入对正方式 [左对正(L)/居中(C)/右对正(R)] <居中>:】提示信息下输入 C，设置对正方式为居中。

(6) 在命令行的【指定起点或 [对象(O)/高度(H)/宽度(W)/对正(J)] <对象>:】提示信息下指定起点坐标为(0,0)。

(7) 在命令行的【指定下一个点或 [圆弧(A)/放弃(U)]:】提示信息下指定下一点的坐标为(100,0)。

(8) 在命令行的【指定下一个点或 [圆弧(A)/放弃(U)]:】提示信息下输入 A，绘制圆弧。

(9) 在命令行的【指定圆弧的端点或 [闭合(C)/方向(D)/直线(L)/第二个点(S)/放弃(U)]:】提示信息下，输入圆弧端点为(@0,50)。

(10) 在命令行的【指定下一个点或[圆弧(A)/闭合(C)/放弃(U)]:指定圆弧的端点或[闭合(C)/方向(D)/直线(L)/第二个点(S)/放弃(U)]:】提示信息下，输入 L，绘制直线。

(11) 在命令行的【指定下一个点或 [圆弧(A)/ 闭合(C)/放弃(U)]:】提示信息下输入坐标(@-100,0)。

(12) 按 Enter 键，结束多段体绘制命令，效果如图 11-33 所示。

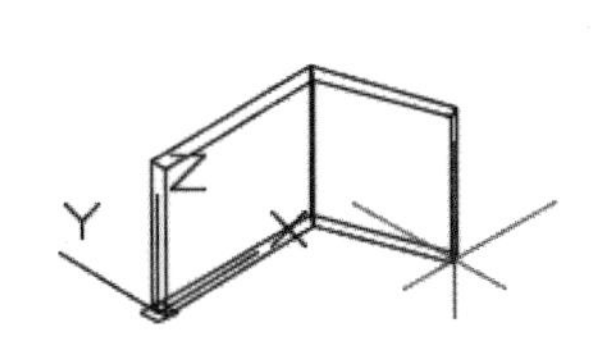

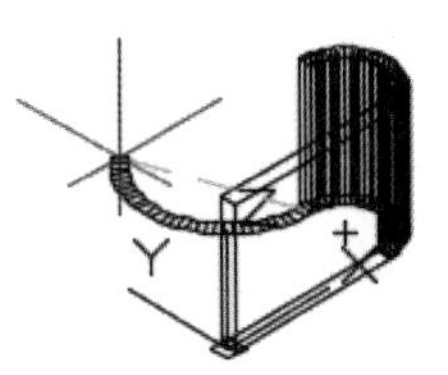

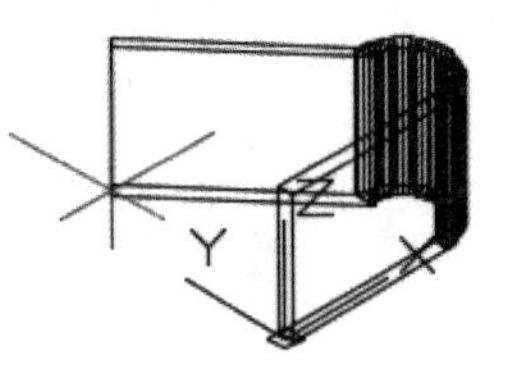

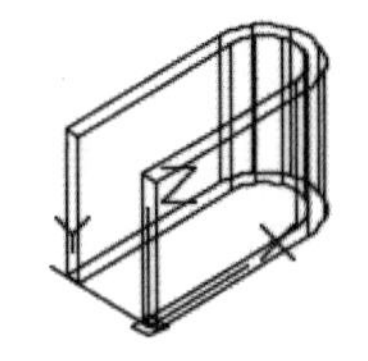

图 11-33　U 形多段体及其消隐后的效果

11.4.2 绘制长方体

在 AutoCAD 中，用户可以通过以下几种方法执行【长方体】命令绘制实心长方体或立方体。

- 在命令行中执行 BOX 命令。
- 选择【绘图】|【建模】|【长方体】命令。
- 选择【常用】选项卡，在【建模】面板中单击【长方体】按钮。

执行以上命令绘制长方体时，命令行显示如下提示信息：

```
指定第一个角点或 [中心(C)]:
```

在创建长方体时，其底面应与当前坐标系的 XY 平面平行，方法主要有：指定长方体角点和中心两种。

默认情况下，可以根据长方体的某个角点位置创建长方体。当在绘图窗口中指定一角点后，命令行将显示如下提示：

```
指定其他角点或 [立方体(C)/长度(L)]:
```

如果在该命令提示下直接指定另一角点，可以根据另一角点位置创建长方体。当在绘图窗口中指定角点后，如果该角点与第一个角点的 Z 坐标不一样，系统将以这两个角点作为长方体的对角点创建出长方体。如果第二个角点与第一个角点位于同一高度，系统则需要用户在【指定高度:】提示下指定长方体的高度。

在命令行提示下，选择【立方体(C)】选项，可以创建立方体。创建时需要在【指定长度:】提示下指定立方体的边长；选择【长度(L)】选项，可以根据长、宽、高创建长方体，此时，用户需要在命令行提示下，依次指定长方体的长度、宽度和高度值。

在创建长方体时，如果在命令的【指定第一个角点或 [中心(C)]:】提示下，选择【中心(C)】选项，则可以根据长方体的中心点位置创建长方体。在命令行的【指定中心:】提示信息下指定中心点的位置后，将显示如下提示信息，用户可以参照【指定角点】的方法创建长方体。

```
指定角点或 [立方体(C)/长度(L)]:
```

创建长方体的各边应分别与当前 UCS 的 X 轴、Y 轴和 Z 轴平行。在根据长度、宽度和高度创建长方体时，长、宽、高的方向分别与当前 UCS 的 X 轴、Y 轴和 Z 轴方向平行。在系统提示中输入长度、宽度及高度时，输入的值可以是正或者是负，正值表示沿相应坐标轴的正方向创建长方体，反之沿坐标轴的负方向创建长方体。

【例 11-5】绘制一个 200×100×150 的长方体。

(1) 选择【视图】|【三维视图】|【东南等轴测】命令，切换至三维东南等轴测视图。

(2) 在【功能区】选项板中选择【常用】选项卡，然后在【建模】面板中单击【长方体】按钮，执行长方体绘制命令。

(3) 在命令行的【指定第一个角点或 [中心(C)]:】提示信息下，输入(0,0,0)，通过指定角点绘制长方体。

(4) 在命令行的【指定其他角点或 [立方体(C)/长度(L)]:】提示信息下输入 L，根据长、宽、高绘制长方体。

(5) 在命令行的【指定长度:】提示信息下输入 200，指定长方体的长度。

(6) 在命令行的【指定宽度:】提示信息下输入 100，指定长方体的宽度。

(7) 在命令行的【指定高度:】提示信息下输入 150，指定长方体的高度，此时绘制的长方体效果如图 11-34 所示。

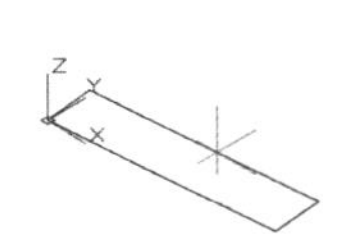

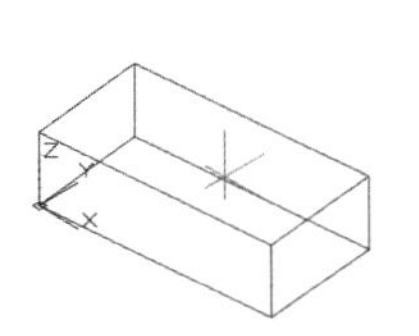

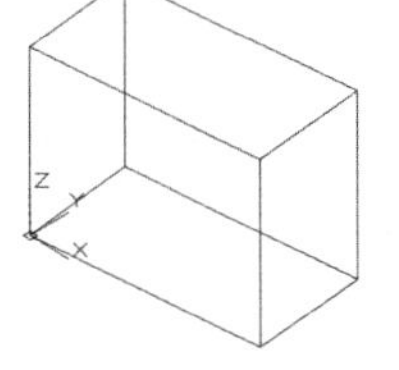

图 11-34　绘制的长方体

11.4.3　绘制楔体

楔体实际上是一个三角形的实体模型，常用于绘制垫块、装饰品等。在 AutoCAD 中，用户可以通过以下几种方法使用【楔体】命令绘制楔体。

- 在命令行中执行 WEDGE 命令。
- 选择【绘图】|【建模】|【楔体】命令。
- 选择【常用】选项卡，在【建模】面板中单击【长方体】按钮边的▼，在弹出的列表中选择【楔体】选项。

创建【长方体】和【楔体】的命令不同，但创建方法却相同，因为楔体是长方体沿对角线切成两半后的结果。因此可以使用与绘制长方体同样的方法绘制楔体。例如，可以使用与例11-5 中绘制长方体完全相同的方法绘制楔体，效果如图 11-35 所示。

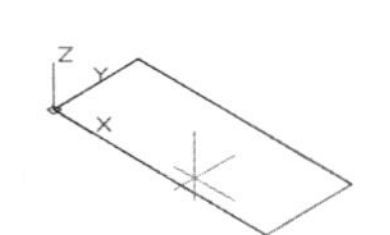

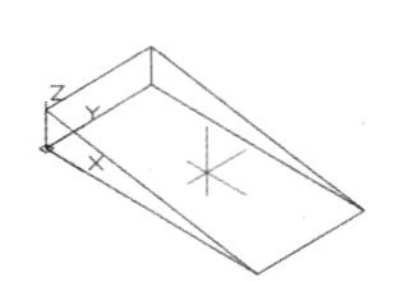

图 11-35　绘制楔体

11.4.4　绘制圆柱体

在 AutoCAD 中，用户可以通过以下几种方法创建圆柱体或椭圆柱体，效果如图 11-36 所示。

- 在命令行中执行 CYLINDER 命令。
- 选择【绘图】|【建模】|【圆柱体】命令。

◉ 选择【常用】选项卡，在【建模】面板中单击【长方体】按钮边的▼，在弹出的列表中选择【圆柱体】选项。

执行以上命令绘制圆柱体或椭圆柱体时，命令行将显示如下提示：

```
指定底面的中心点或 [三点(3P)/两点(2P)/相切、相切、半径(T)/椭圆(E)]
```

默认情况下，可以通过指定圆柱体底面的中心点位置绘制圆柱体。在命令行的【指定底面半径或 [直径(D)]:】提示下指定圆柱体底面的半径或直径后，命令行显示如下提示信息：

```
指定高度或 [两点(2P)/轴端点(A)]:
```

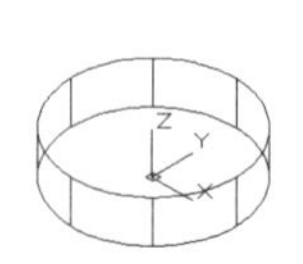

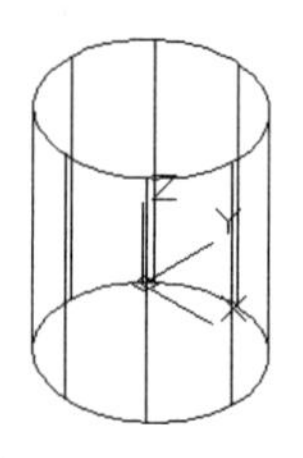

图 11-36　绘制圆柱体或椭圆柱体

可以直接指定圆柱体的高度，根据高度创建圆柱体；也可以选择【轴端点(A)】选项，根据圆柱体另一底面的中心位置创建圆柱体。此时，两中心点位置的连线方向为圆柱体的轴线方向。

当执行 CYLINDER 命令时，如果在命令行提示下，选择【椭圆(E)】选项，可以绘制椭圆柱体。此时，用户首先需要在命令行的【指定第一个轴的端点或 [中心(C)]:】提示下指定基面上的椭圆形状(其操作方法与绘制椭圆相似)，然后在命令行的【指定高度或 [两点(2P)/轴端点(A)]:】提示下指定椭圆柱体的高度或另一个圆心位置即可。

11.4.5　绘制圆锥体

在 AutoCAD 中，用户可以通过以下几种方法创建圆锥体或椭圆锥体，效果如图 11-37 所示。

◉ 在命令行中执行 CONE 命令。

◉ 选择【绘图】|【建模】|【圆锥体】命令。

◉ 选择【常用】选项卡，在【建模】面板中单击【长方体】按钮边的▼，在弹出的列表中选择【圆锥体】选项。

绘制圆锥体或椭圆锥体时，命令行显示如下提示信息。

```
指定底面的中心点或 [三点(3P)/两点(2P)/相切、相切、半径(T)/椭圆(E)]:
```

在以上提示信息下，如果直接指定点即可绘制圆锥体。此时，需要在命令行的【指定底面半径或 [直径(D)]:】提示信息下指定圆锥体底面的半径或直径，以及在命令行的【指定高度或 [两点(2P)/轴端点(A)/顶面半径(T)]:】提示下，指定圆锥体的高度或圆锥体的锥顶点位置。如果选择【椭圆(E)】选项，则可以绘制椭圆锥体。此时，需要先确定椭圆的形状(方法与绘制椭圆的方法相同)，

然后在命令行的【指定高度或 [两点(2P)/轴端点(A)/顶面半径(T)]:】提示信息下，指定椭圆锥体的高度或顶点位置即可。

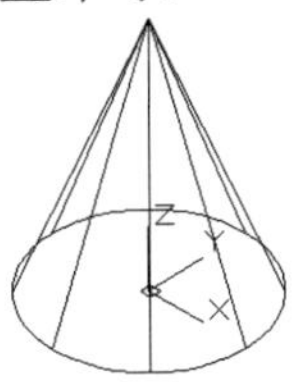

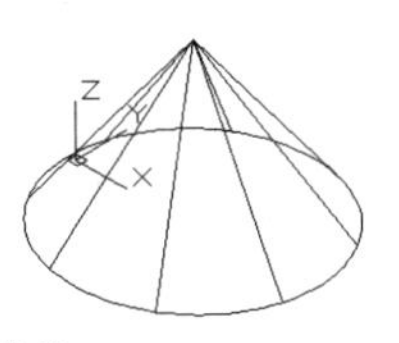

图 11-37　绘制圆锥体和椭圆锥体

11.4.6　绘制球体

球体常用于绘制球形门把手、球形建筑主体和轴承的钢珠等。在 AutoCAD 中，用户可以通过以下几种方法执行【球体】命令绘制球体。

- 在命令行中执行 SPHERE 命令。
- 选择【绘图】|【建模】|【球体】命令。
- 选择【常用】选项卡，在【建模】面板中单击【长方体】按钮边的▼，在弹出的列表中选择【球体】选项。

使用以上命令绘制球体时，只需要在命令行的【指定中心点或 [三点(3P)/两点(2P)/相切、相切、半径(T)]:】提示信息下指定球体的球心位置，在命令行的【指定半径或 [直径(D)]:】提示信息下指定球体的半径或直径即可。绘制球体时可以通过改变 ISOLINES 变量来确定每个面上的线框密度，如图 11-38 所示。

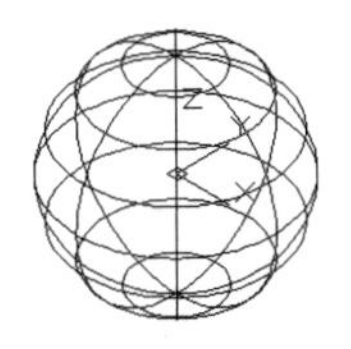

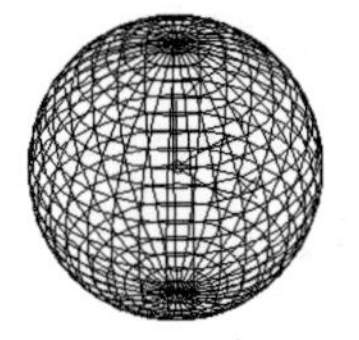

图 11-38　球体实体

11.4.7　绘制圆环体

在 AutoCAD 中，用户可以通过以下几种方法绘制圆环体(圆环体可以用于绘制环形装饰品或手镯等实体)。

- 在命令行中执行 TORUS 命令。
- 选择【绘图】|【建模】|【圆环体】命令。
- 选择【常用】选项卡，在【建模】面板中单击【长方体】按钮边的▼，在弹出的列表中选择【圆环体】选项。

执行以上命令绘制圆环体时，需要指定圆环的中心位置、圆环的半径或直径，以及圆管的半径或直径。

【例 11-6】绘制一个圆环半径为 150，圆管半径为 50 的圆环体。

(1) 选择【视图】|【三维视图】|【东南等轴测】命令，切换至三维东南等轴测视图。

(2) 在【功能区】选项板中选择【常用】选项卡，然后在【建模】面板中单击【圆环体】按钮，执行圆环体绘制命令。

(3) 在命令行的【指定中心点或 [三点(3P)/两点(2P)/切点、切点、半径(T)]:】提示信息下，指定圆环的中心位置(0,0,0)。

(4) 在命令行的【指定半径或 [直径(D)]:】提示信息下，输入 150，指定圆环的半径。

(5) 在命令行的【指定圆管半径或 [两点(2P)/直径(D)]:】提示信息下，输入 50，指定圆管的半径。此时，绘制的圆环体效果如图 11-39 所示。

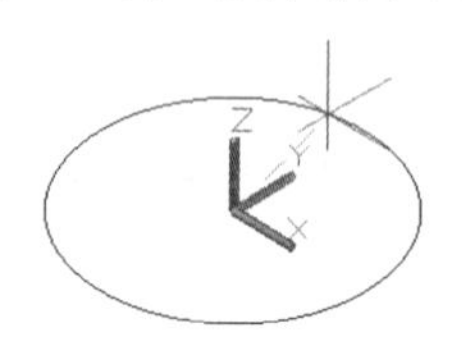

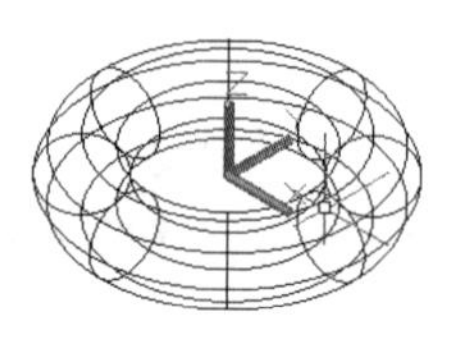

图 11-39　绘制圆环体以及消隐后的效果

11.4.8　绘制棱锥体

在 AutoCAD 中，用户可以通过以下几种方法绘制棱锥体。

- 在命令行中执行 PYRAMID 命令。
- 选择【绘图】|【建模】|【棱锥体】命令。
- 选择【常用】选项卡，然后在【建模】面板中单击【棱锥体】按钮。

绘制棱锥体时，命令行显示如下提示信息：

```
指定底面的中心点或 [边(E)/侧面(S)]:
```

在该提示信息下，如果直接指定点即可绘制棱锥体。此时，需要在命令行的【指定底面半径或 [内接(I)]:】提示信息下指定棱锥体底面的半径，以及在命令行的【指定高度或 [两点(2P)/轴端点(A)/顶面半径(T)]:】提示下指定棱锥体的高度或棱锥体的锥顶点位置。如果选择【顶面半径(T)】选项，可以绘制有顶面的棱锥体，在命令行【指定顶面半径:】提示下输入顶面的半径，然后在【指定高度或[两点(2P)/轴端点(A)]:】提示下指定棱锥体的高度或棱锥体的锥顶点位置即可。

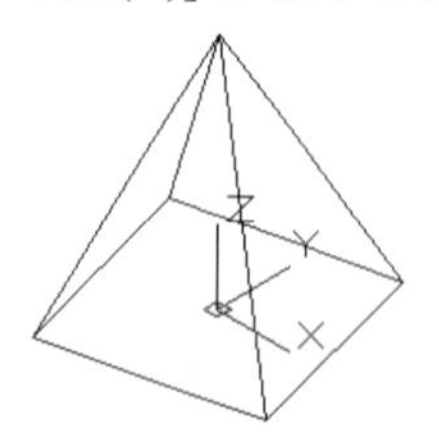

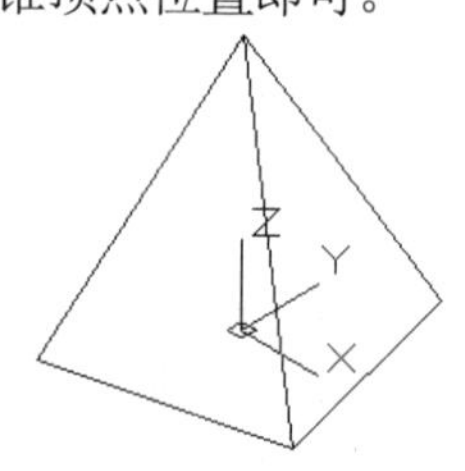

图 11-40　棱锥体

11.5　通过二维对象创建三维对象

在 AutoCAD 中，除了可以通过实体绘制命令绘制三维实体外，还可以使用拉伸、旋转、扫掠、放样等方法，通过二维对象创建三维实体或曲面。用户可以在菜单栏中选择【绘图】|【建模】命令的子命令，或在【功能区】选项板中选择【常用】选项卡，然后在【建模】面板中单击相应的工具按钮即可实现。

11.5.1　将二维对象拉伸成三维对象

在 AutoCAD 中，用户可以通过以下几种方法使用【拉伸】命令，创建拉伸实体。

- 在命令行中执行 EXTRUDE 命令(快捷命令：EXT)。
- 选择【绘图】|【建模】|【拉伸】命令。
- 选择【常用】选项卡，在【建模】面板中单击【拉伸】按钮。

拉伸对象被称为断面，在创建实体时，断面可以是任何二维封闭多段线、圆、椭圆、封闭样条曲线和面域。其中，多段线对象的顶点数不能超过 500 个且不小于 3 个。若创建三维曲面，则断面是不封闭的二维对象。

默认情况下，可以沿 Z 轴方向拉伸对象，此时需要指定拉伸的高度和倾斜角度。

其中，拉伸高度值可以为正或为负，表示拉伸的方向。拉伸角度也可以为正或为负，其绝对值不大于 90°，默认值为 0°，表示生成的实体的侧面垂直于 XY 平面，没有锥度。如果为正，将产生内锥度，生成的侧面向内；如果为负，将产生外锥度，生成的侧面向外，效果如图 11-41 所示。

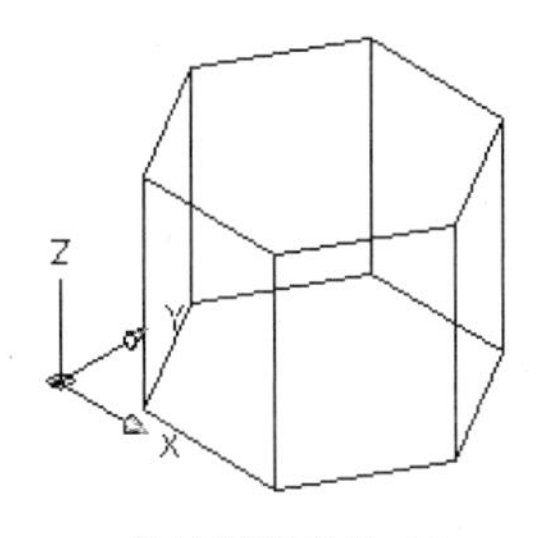

拉伸倾斜角为 0°

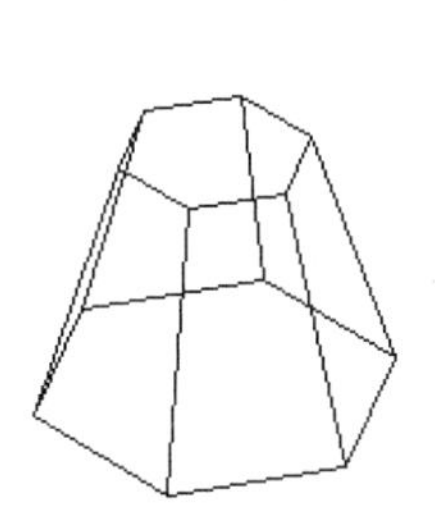

拉伸倾斜角为 15°

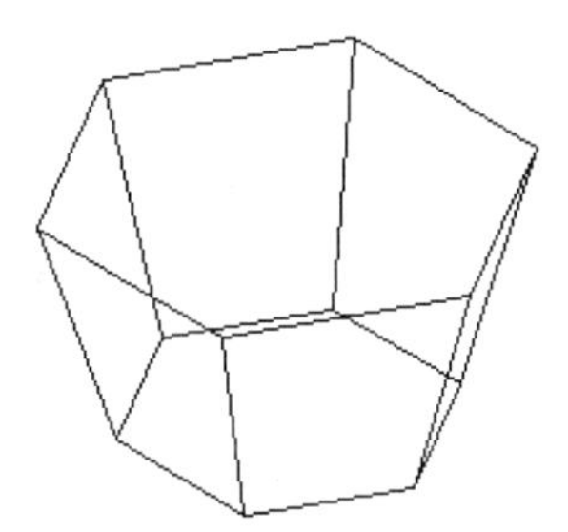

拉伸倾斜角为-10°

图 11-41　拉伸锥度效果

通过指定一个拉伸路径，也可以将对象拉伸为三维实体，拉伸路径可以是开放的，也可以是封闭的。

【例 11-7】绘制 S 型轨道。

(1) 选择【视图】|【三维视图】|【东南等轴测】命令，切换至三维东南等轴测视图。

(2) 在【功能区】选项板中选择【可视化】选项卡，然后在【坐标】面板中单击 X 按钮，将当前坐标系绕 X 轴旋转 90°。

(3) 在【功能区】选项板中选择【常用】选项卡，然后在【绘图】面板中单击【多段线】按钮，依次指定多段线的起点和经过点，即(0,0)、(18,0)、(18,5)、(23,5)、(23,9)、(20,9)、(20,13)、(14,13)、(14,9)、(6,9)、(6,13)和(0,13)，绘制闭合多段线，效果如图 11-42 所示。

(4) 在【功能区】选项板中选择【常用】选项卡，然后在【修改】面板中单击【圆角】按钮，设置圆角半径为 2，然后对绘制的多段线 A、B 处修圆角，效果如图 11-43 所示。

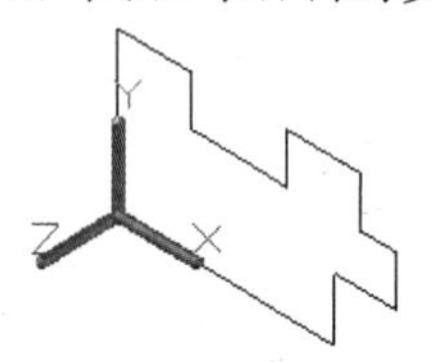

图 11-42 绘制闭合多段线

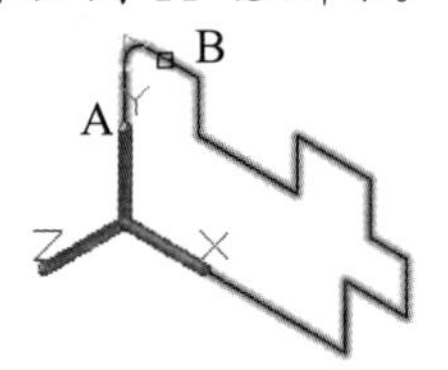

图 11-43 对多段线修圆角

(5) 在【功能区】选项板中选择【常用】选项卡，然后在【修改】面板中单击【倒角】按钮，设置倒角距离为 1，然后对绘制的多段线 C、D 处修倒角，效果如图 11-44 所示。

(6) 在【功能区】选项板中选择【可视化】选项卡，然后在【坐标】面板中单击【世界】按钮，恢复到世界坐标系，如图 11-45 所示。

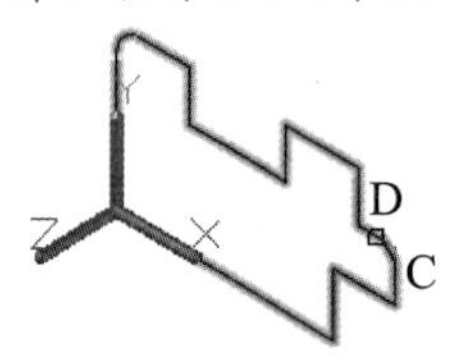

图 11-44 对多段线修倒角

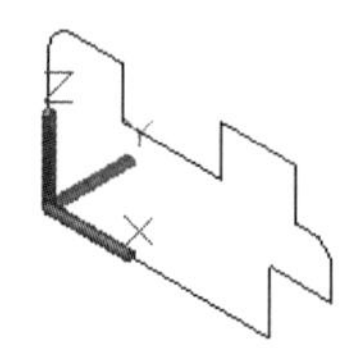

图 11-45 恢复世界坐标系

(7) 在【功能区】选项板中选择【常用】选项卡，然后在【绘图】面板中单击【多段线】按钮，以点(18,0)为起点，点(68,0)为圆心，角度为 180° 和以(118,0)为起点，点(168,0)为圆心，角度为-180° ，绘制两个半圆弧，效果如图 11-46 所示。

(8) 在【功能区】选项板中选择【常用】选项卡，然后在【建模】面板中单击【拉伸】按钮，将绘制的多段线沿圆弧路径拉伸。

(9) 在菜单栏中选择【视图】|【消隐】命令，消隐图形，效果如图 11-47 所示。

图 11-46 绘制圆弧

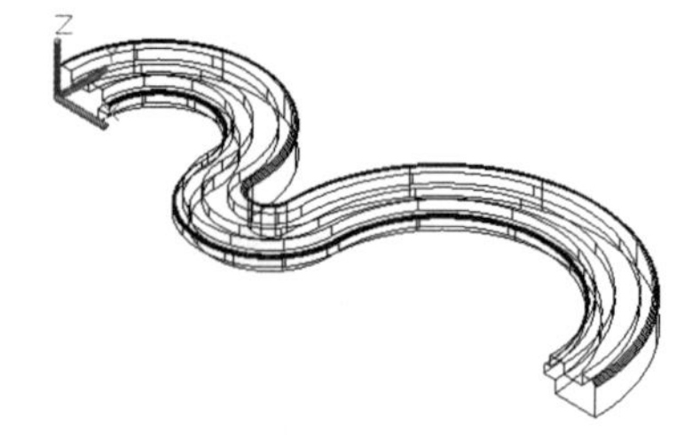

图 11-47 拉伸图形

11.5.2 将二维对象旋转成三维对象

在 AutoCAD 中，用户可以通过以下几种方法使用【旋转】命令，通过绕轴旋转二维对象创建三维实体或曲面。

- 在命令行中执行 REVOLVE 命令。
- 选择【绘图】|【建模】|【旋转】命令。
- 选择【常用】选项卡，在【建模】面板中单击【拉伸】按钮边的▼，在弹出的列表中选择【旋转】选项。

在创建实体时，用于旋转的二维对象可以是封闭多段线、多边形、圆、椭圆、封闭样条曲线、圆环及封闭区域。三维对象包含在块中的对象，有交叉或自干涉的多段线不能被旋转，而且每次只能旋转一个对象。若创建三维曲面，则用于旋转的二维对象是不封闭的。

【例 11-8】通过旋转的方法，绘制如图 11-51 所示的实体模型。

(1) 在【功能区】选项板中选择【常用】选项卡，然后在【绘图】面板中综合运用多种绘图命令，绘制如图 11-48 所示的直线和图形，其中尺寸可由用户自行确定。

(2) 在菜单栏中选择【视图】|【三维视图】|【视点】命令，并在命令行【指定视点或 [旋转(R)] <显示坐标球和三轴架>:】提示下输入 (1,1,1)，指定视点，如图 11-49 所示。

图 11-48　绘制多段线　　图 11-49　调整视点

(3) 在【功能区】选项板中选择【常用】选项卡，然后在【建模】面板中单击【旋转】按钮，执行 REVOLVE 命令。

(4) 在命令行的【选择对象：】提示下，选择多段线作为要旋转的二维对象，并按 Enter 键。

(5) 在命令行的【指定轴起点或根据以下选项之一定义轴 [对象(O)/X /Y /Z 】提示下，输入 O，绕指定的对象旋转。

(6) 在命令行的【选择对象：】提示下，选择直线作为旋转轴对象。

(7) 在命令行的【指定旋转角度<360>:】提示下输入 360，指定旋转角度，效果如图 11-50 所示。

(8) 在菜单栏中选择【视图】|【消隐】命令，消隐图形，效果如图 11-51 所示。

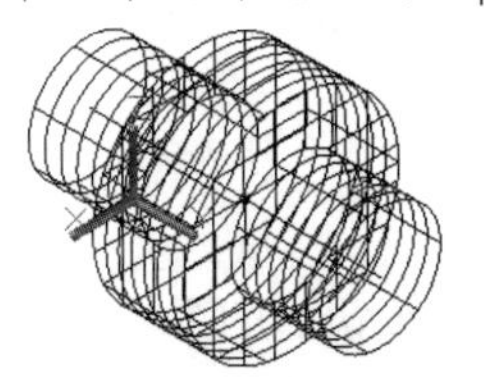

图 11-50　将二维图形旋转成实体

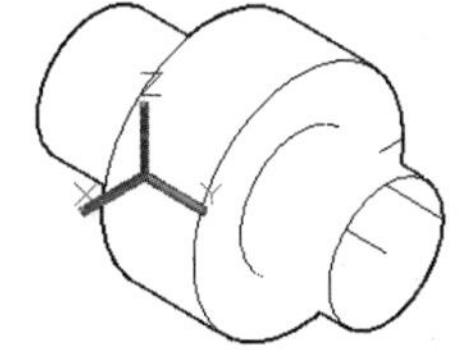

图 11-51　图形消隐效果

11.5.3　将二维对象扫掠成三维对象

在 AutoCAD 中，用户可以通过以下几种方法使用【扫掠】命令创建扫掠实体。该命令可以通过沿开放或闭合的二维或三维路径，扫掠开放或闭合的平面曲线(轮廓)来创建新实体或曲面。

- 在命令行中执行 SWEEP 命令。
- 选择【绘图】|【建模】|【扫掠】命令。
- 选择【常用】选项卡，在【建模】面板中单击【拉伸】按钮边的▼，在弹出的列表中选择【扫掠】选项。

如果扫掠的对象不是封闭的图形，那么使用【扫掠】命令后得到的将是网格面，如果扫掠的对象是封闭的图形，得到的是三维实体。

使用【扫掠】命令绘制三维对象时，当用户指定封闭图形作为扫掠对象后，命令行显示如下提示信息：

```
选择扫掠路径或 [对齐(A)/基点(B)/比例(S)/扭曲(T)]:
```

在该命令提示下，可以直接指定扫掠路径创建三维对象，也可以设置扫掠时的对齐方式、基点、比例和扭曲参数。其中，【对齐】选项用于设置扫掠前是否对齐垂直于路径的扫掠对象；【基点】选项用于设置扫掠的基点；【比例】选项用于设置扫掠的比例因子，当指定该参数后，扫掠效果与单击扫掠路径的位置有关；【扭曲】选项用于设置扭曲角度或允许非平面扫掠路径倾斜。如图 11-52 所示为对圆形进行螺旋路径扫掠绘制实体的效果。

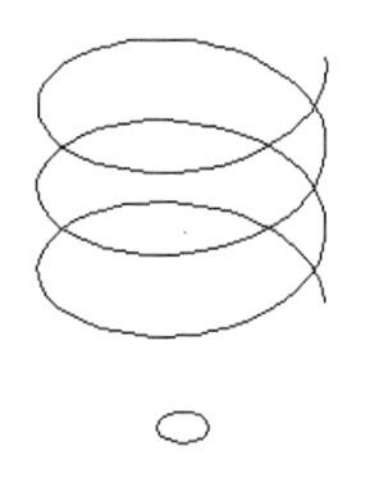
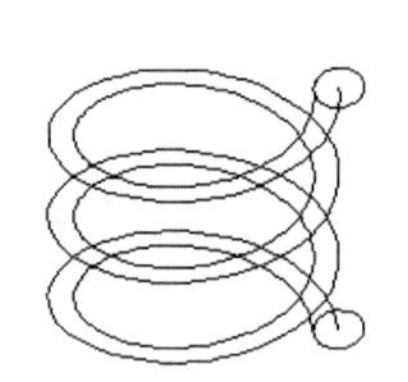

图 11-52　通过扫掠绘制实体

11.5.4　将二维对象放样成三维对象

在 AutoCAD 中，用户可以通过以下几种方法使用【放样】命令，通过对两条或两条以上的横截面曲线来放样创建实体，效果如图 11-53 所示。

- 在命令行中执行 LOFT 命令。
- 选择【绘图】|【建模】|【放样】命令。
- 选择【常用】选项卡，在【建模】面板中单击【拉伸】按钮边的▼，在弹出的列表中选择【放样】选项。

如果放样的对象不是封闭的图形，那么使用【放样】命令后得到的将是网格面，如果放样的对象是封闭的图形，得到的是三维实体。如图 11-53 所示即是三维空间中 3 个圆放样后得到的实体。

在放样时，当依次指定放样截面后(至少两个)，命令行显示如下提示信息：

```
输入选项 [导向(G)/路径(P)/仅横截面(C)/设置(S)] <仅横截面>:
```

在该命令提示下，需要选择放样方式。其中，【导向】选项用于使用导向曲线控制放样，每

条导向曲线必须与每一个截面相交，并且起始于第 1 个截面，结束于最后一个截面；【路径】选项用于使用一条简单的路径控制放样，该路径必须与全部或部分截面相交；【仅横截面】选项用于只使用截面进行放样，选择【设置】选项可打开【放样设置】对话框，可以设置放样横截面上的曲面控制选项，如图 11-54 所示。

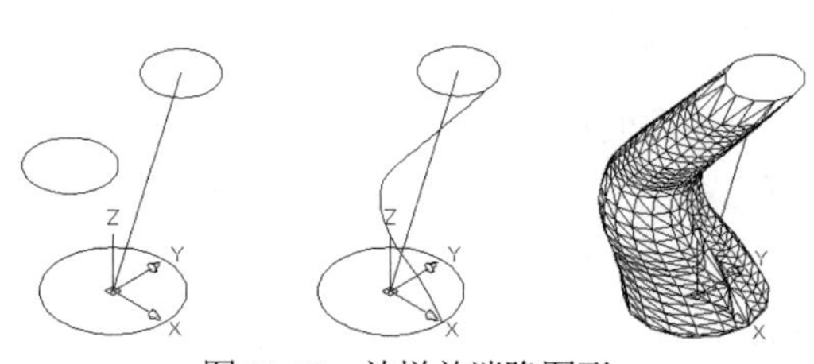

图 11-53　放样并消隐图形

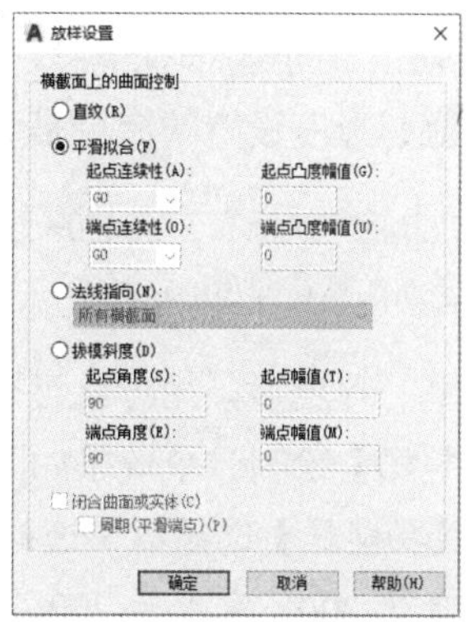

图 11-54　【放样设置】对话框

【例 11-9】在(0,0,0)、(0,0,20)、(0,0,50) 、(0,0,70) 、(0,0,90)5 点处绘制半径分别为 30、10、50、20 和 10 的圆，然后以绘制的圆为截面进行放样创建放样实体。

(1) 选择【视图】|【三维视图】|【东南等轴测】命令，切换至三维东南等轴测视图。

(2) 在【功能区】选项板中选择【常用】选项卡，然后在【建模】面板中单击【圆心，半径】按钮，分别在点(0,0,0)、(0,0,20)、(0,0,50)、(0,0,70) 、(0,0,90)5 点处绘制半径分别为 30、10、50、20 和 10 的圆，如图 11-55 所示。

(3) 在【功能区】选项板中选择【常用】选项卡，然后在【建模】面板中单击【放样】按钮，执行放样命令。

(4) 在命令行的【按放样次序选择横截面:】提示下，从下向上，依次单击绘制的圆作为放样截面，效果如图 11-56 所示。

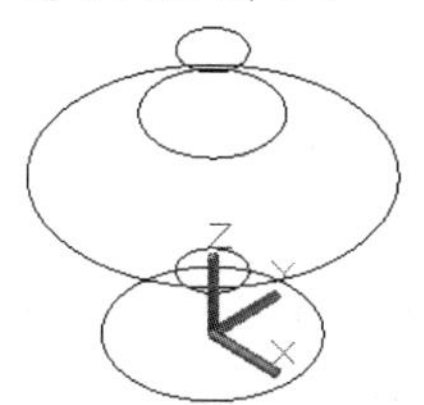

图 11-55　绘制圆

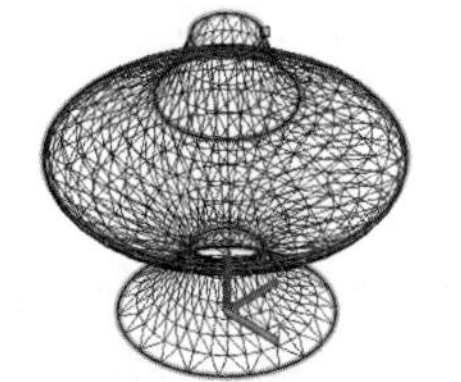

图 11-56　绘制放样截面

(5) 在命令行的【输入选项 [导向(G)/路径(P)/仅横截面(C)] <路径>:】提示下，输入 C，仅通过横截面进行放样。

(6) 在菜单栏中选择【视图】|【消隐】命令，消隐图形。

11.5.5　根据标高和厚度绘制三维图形

用户在绘制二维对象时，可以为对象设置标高和延伸厚度。如果设置了标高和延伸厚度，就可以使用二维绘图的方法绘制出三维图形对象。

绘制二维图形时，绘图面应是当前 UCS 的 XY 面或与其平行的平面。标高就是用于确定这个面的位置，它用绘图面与当前 UCS 的 XY 面的距离表示。厚度则是所绘二维图形沿当前 UCS 的 Z 轴方向延伸的距离。

在 AutoCAD 中，规定当前 UCS 的 XY 面的标高为 0，沿 Z 轴正方向的标高为正，沿负方向为负。沿 Z 轴正方向延伸时的厚度为正，反之则为负。

实现标高、厚度设置的命令是 ELEV。执行该命令，AutoCAD 提示如下信息：

```
指定新的默认标高 <0.0000>:  (输入新标高)
指定新的默认厚度 <0.0000>:  (输入新厚度)
```

设置标高、厚度后，用户就可以创建在标高方向上各截面形状和大小相同的三维对象。

【例 11-10】绘制一个效果如图 11-66 所示的三维图形。

(1) 在【功能区】选项板中选择【默认】选项卡，然后在【绘图】面板中单击【矩形】按钮，绘制一个长度为 300，宽度为 200，厚度为 50 的矩形。

(2) 在菜单栏中选择【视图】|【三维视图】 |【东南等轴测】命令，此时将看到绘制的是一个有厚度的矩形，如图 11-57 所示。

(3) 在【功能区】选项板中选择【可视化】选项卡，然后在【坐标】面板中单击【原点】按钮，再单击矩形的角点 A 处，将坐标原点移到该点上，如图 11-58 所示。

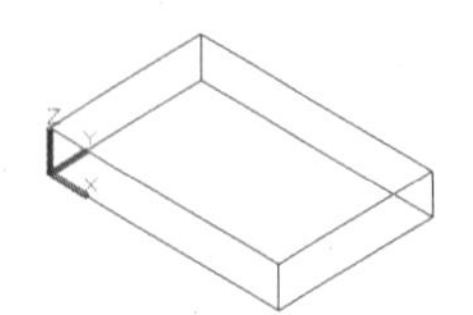

图 11-57　绘制有厚度的矩形

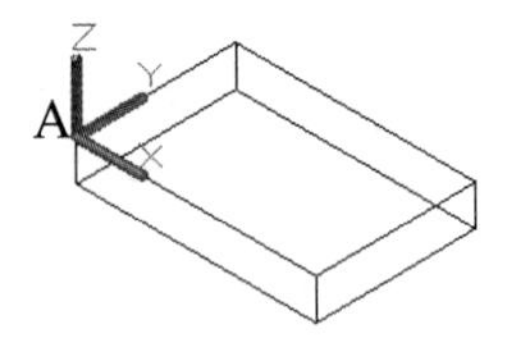

图 11-58　移动 UCS

(4) 在菜单栏中选择【视图】|【三维视图】|【平面视图】|【当前 UCS】命令，将视图设置为平面视图，如图 11-59 所示。

(5) 在命令行中输入命令 ELEV，在【指定新的默认标高 <0.0000>:】提示信息下，设置新的标高为 0，在【指定新的默认厚度 <0.0000>:】提示信息下，设置新的厚度为 100。

(6) 在【功能区】选项板中选择【默认】选项卡，然后在【绘图】面板中单击【正多边形】按钮，绘制一个内接于半径为 15 的圆的正六边形，如图 11-60 所示。

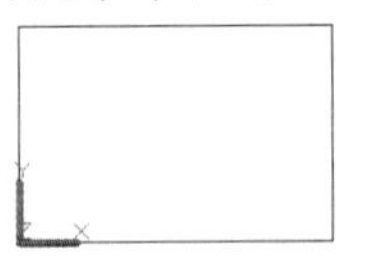

图 11-59　将视图设置为平面视图

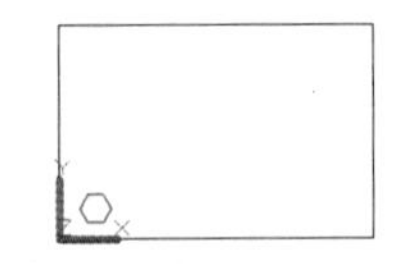

图 11-60　绘制正六边形

(7) 在【功能区】选项板中选择【默认】选项卡，然后在【修改】面板中单击【阵列】按钮，打开【阵列】对话框，选择阵列类型为【矩形阵列】，并设置阵列的行数为 2，列数为 2，行偏移为 140，列偏移为 230，然后单击【确定】按钮，阵列效果如图 11-61 所示。

(8) 在菜单栏中选择【视图】|【三维视图】 |【东南等轴测】命令，绘图窗口将显示如图 11-62 所示的三维视图效果。

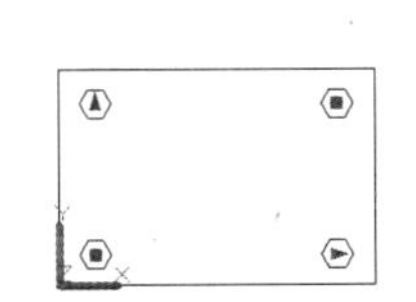

图 11-61　阵列复制后的效果

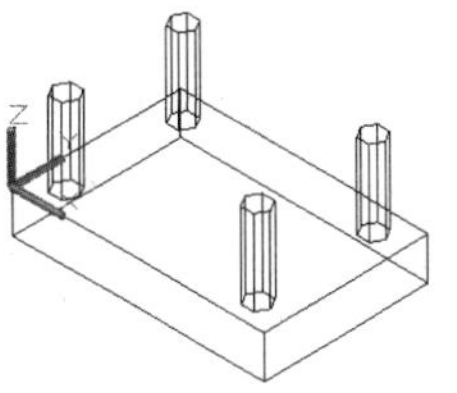

图 11-62　调整视点

(9) 在【功能区】选项板中选择【可视化】选项卡，然后在【坐标】面板中单击【原点】按钮⊾，再单击矩形的角点 B，将坐标系移动至该点上，如图 11-63 所示。

(10) 在【功能区】选项板中选择【可视化】选项卡，然后在【坐标】面板中分别单击 Y 按钮和 Z 按钮，将坐标系分别绕 Z 轴和 Y 轴旋转 90° ，如图 11-64 所示。

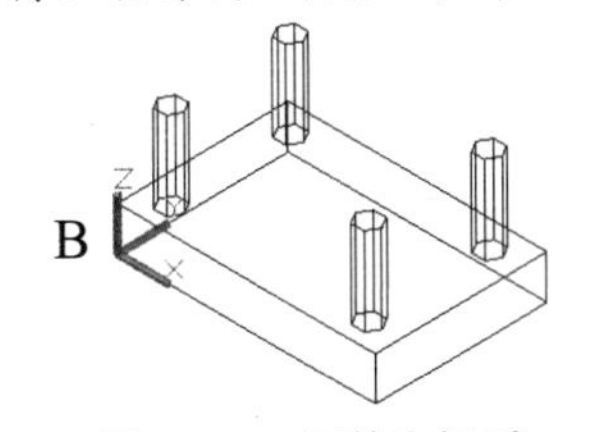

图 11-63　调整坐标系

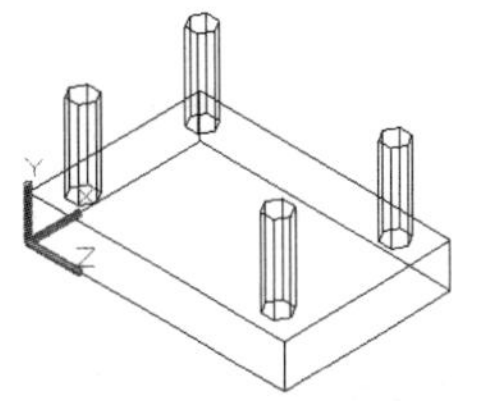

图 11-64　旋转坐标轴

(11) 在菜单栏中选择【视图】|【三维视图】|【平面视图】|【当前 UCS】命令，将视图设置为平面视图，效果如图 11-65 所示。

(12) 在命令行中输入命令 ELEV，在【指定新的默认标高 <0.0000>:】提示信息下，设置新的标高为 0，在【指定新的默认厚度 <0.0000>:】提示信息下，设置新的厚度为 255。

(13) 在【功能区】选项板中选择【默认】选项卡，然后在【绘图】面板中单击【直线】按钮，通过端点捕捉点 C 和点 D 绘制一条直线。

(14) 在菜单栏中选择【视图】|【三维视图】 |【东南等轴测】命令，得到如图 11-66 所示的三维视图效果。

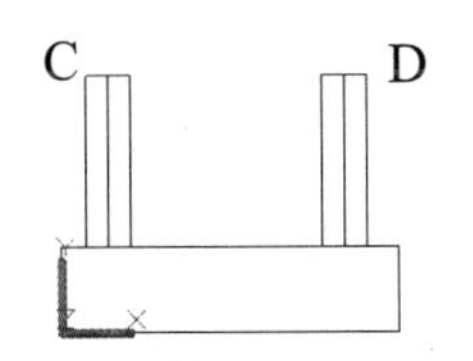

图 11-65　将视图设置为平面视图

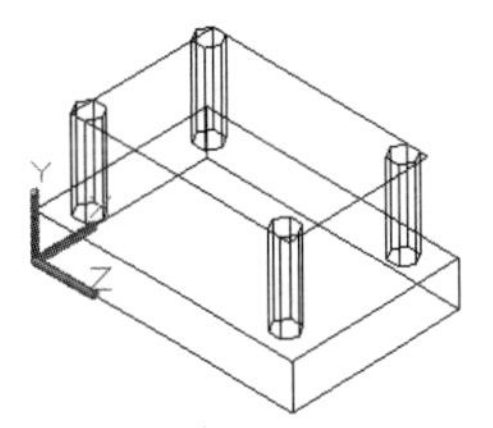

图 11-66　三维效果图

11.6　上机练习

通过本章的学习，读者已经掌握绘制多段体、长方体、圆柱体、拉伸实体以及放样实体的操作方法。本节的上机练习将介绍使用 AutoCAD 绘制一些简单三维实体的具体操作。

11.6.1 绘制挡板模型

使用 AutoCAD 2019 绘制一个挡板模型。

(1) 打开图 11-67 所示的图形文件，在【默认】选项卡的【绘图】面板中单击【面域】按钮，将挡板图形轮廓的直线及圆弧转换为面域，如图 11-68 所示。

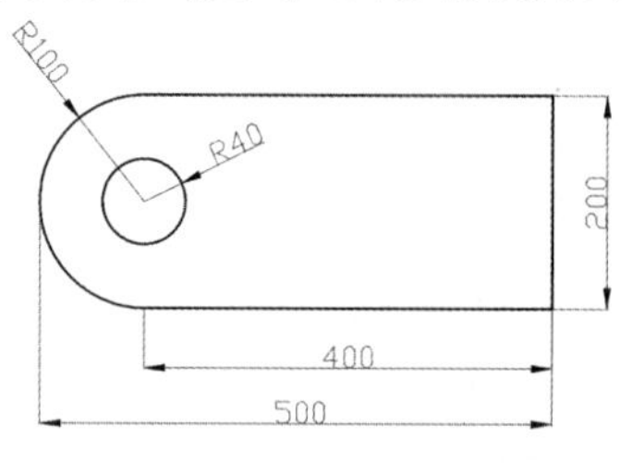

图 11-67 打开挡板图形

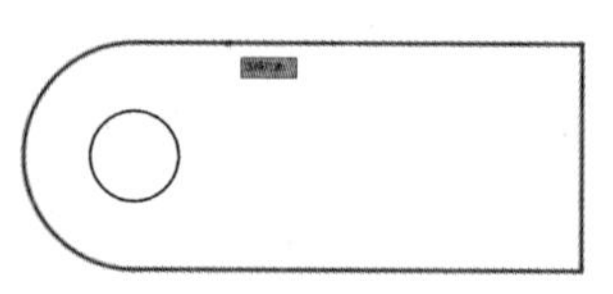
图 11-68 将直线与圆弧转换为面域

(2) 在【常用】选项卡的【视图】面板中单击【三维导航】下拉列表按钮，在弹出的列表中选择【西南等轴测】选项，将视图切换为【西南等轴测】视图，如图 11-69 所示。

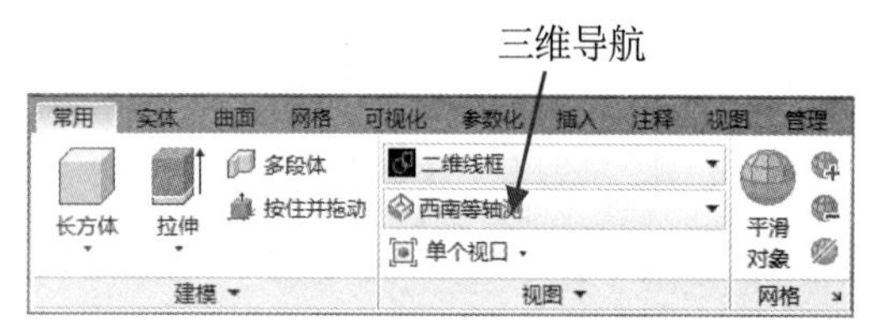

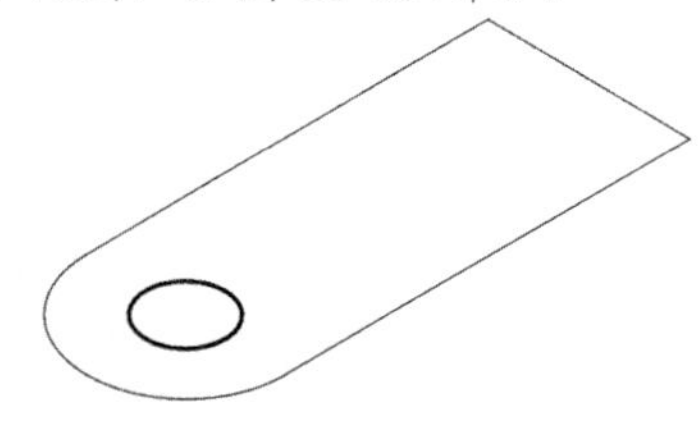
图 11-69 切换为【西南等轴测】视图

(3) 在【建模】面板中单击【拉伸】按钮，执行拉伸命令，将转换后的面域及圆进行拉伸，拉伸高度为 50，效果如图 11-70 所示。

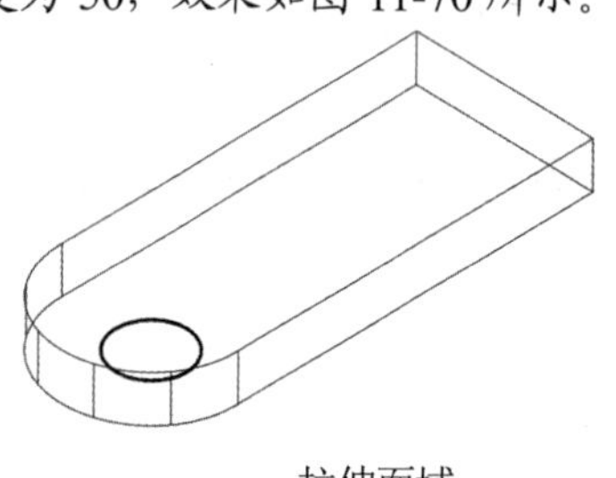
拉伸面域

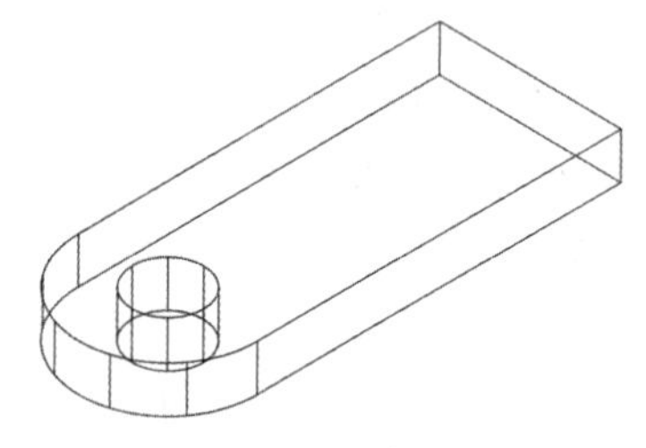
拉伸圆

图 11-70 通过拉伸创建三维实体

(4) 在【建模】面板中单击【长方体】按钮，执行长方体命令，以拉伸实体右上角端点 A 为起点，绘制如图 11-71 所示的长方体，该长方体的长度为 50，宽度为 200，高度为 100。

(5) 在命令行中输入 UCS，执行 UCS 命令，将坐标系沿 Y 轴进行旋转，旋转角度为 90°，如图 11-72 所示。

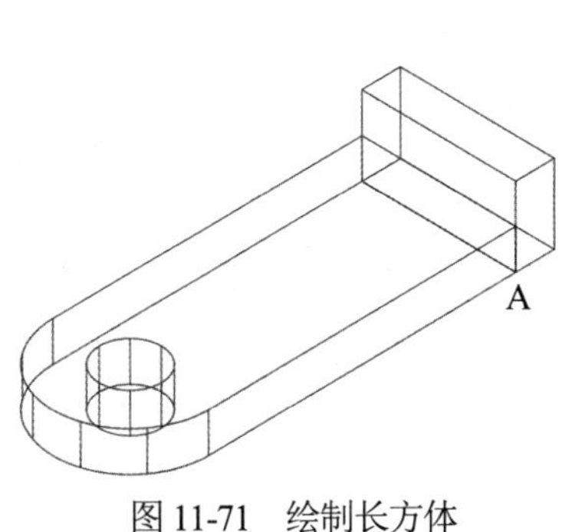

图 11-71　绘制长方体

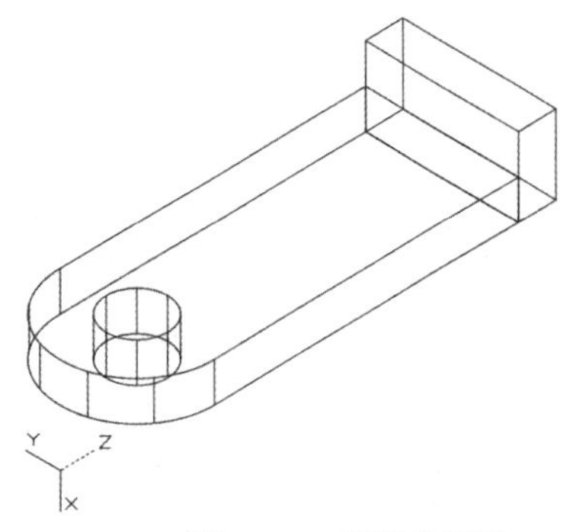

图 11-72　旋转坐标系

(6) 在【建模】面板中单击【圆柱体】按钮，执行圆柱体命令，以绘制的长方体的中点为底面圆心，绘制底面半径为 100，高度为 50 的圆柱体，如图 11-73 所示。

(7) 在【实体编辑】面板中单击【实体，并集】按钮，执行并集命令，将绘制的长方体、圆柱体及面域拉伸后的实体进行并集运算，效果如图 11-74 所示。

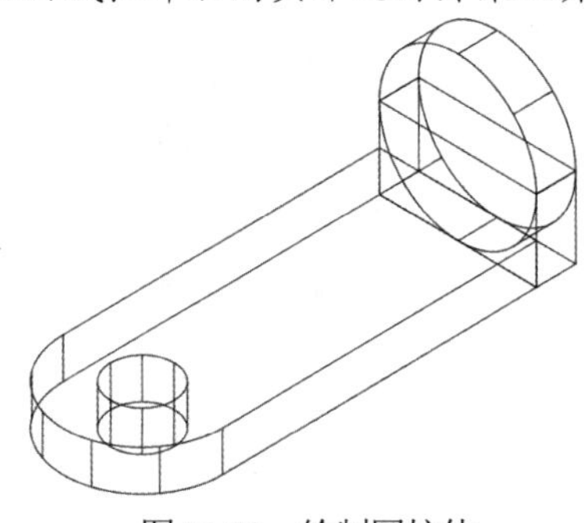

图 11-73　绘制圆柱体

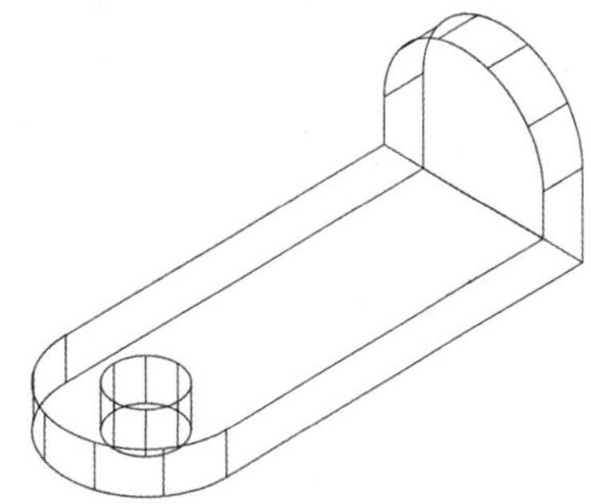

图 11-74　并集运算实体

(8) 在【建模】面板中单击【圆柱体】按钮，执行圆柱体命令，以组合体的圆心为圆柱体的底面圆心，绘制底面半径为 50，高度为 50 的圆柱体，如图 11-75 所示。

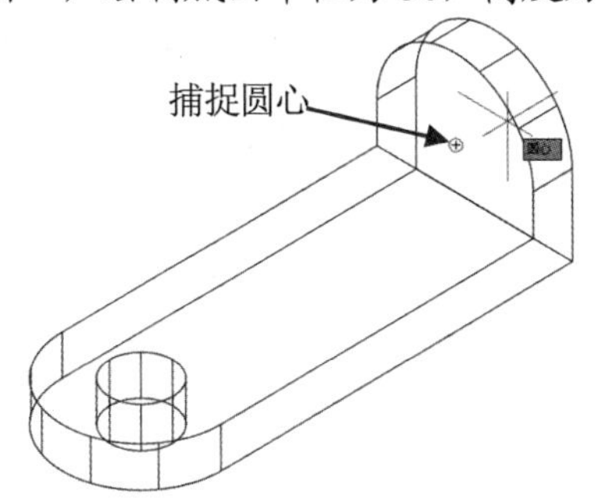

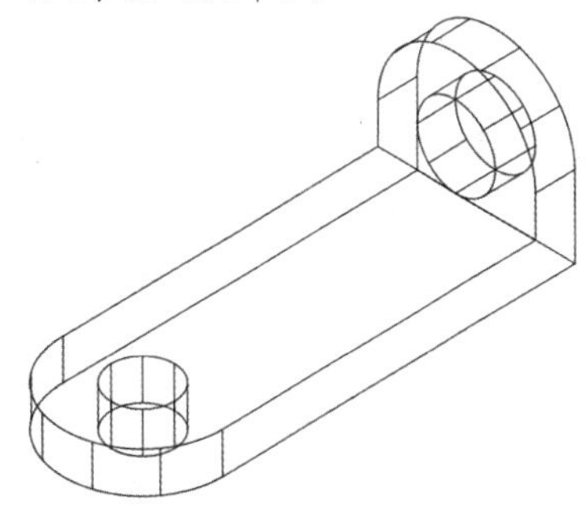

图 11-75　绘制底面半径 50、高度 50 的圆柱体

(9) 在【实体编辑】面板中单击【实体，差集】按钮，执行差集命令，将底面半径为 50 的圆柱体从组合体中删除，如图 11-76 所示。

(10) 选择【视图】|【消隐】命令，消隐图形。

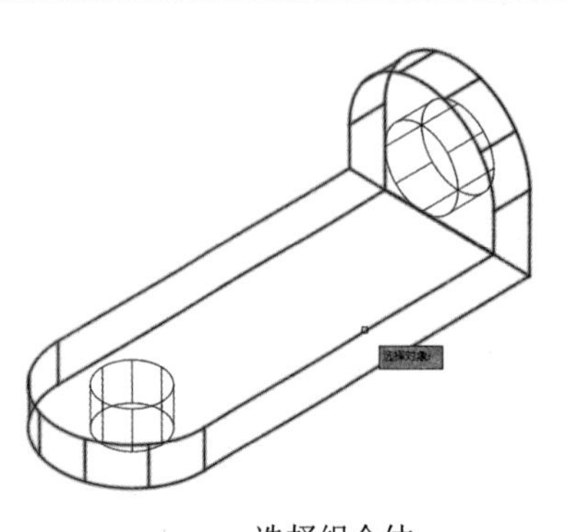

选择组合体

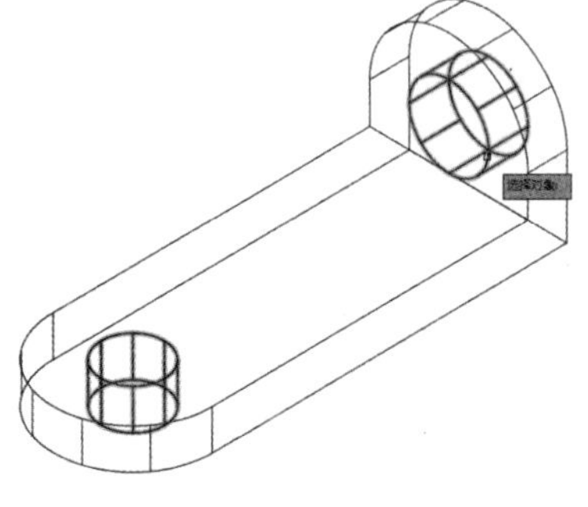

选择被减实体

图 11-76　三维模型的差集运算

11.6.2　绘制方形接头模型

使用 AutoCAD 2019 绘制一个方形接头模型。

(1) 新建一个图形文件，选择【视图】|【三维视图】|【东南等轴测】命令。

(2) 选择【绘图】|【建模】|【长方体】命令，以(0,0,0)为角点，绘制长为 80，宽为 80，高为 8 的长方体，如图 11-77 所示。

(3) 选择【修改】|【圆角】命令，对长方体的 4 条棱边修圆角，圆角半径为 5，如图 11-78 所示。

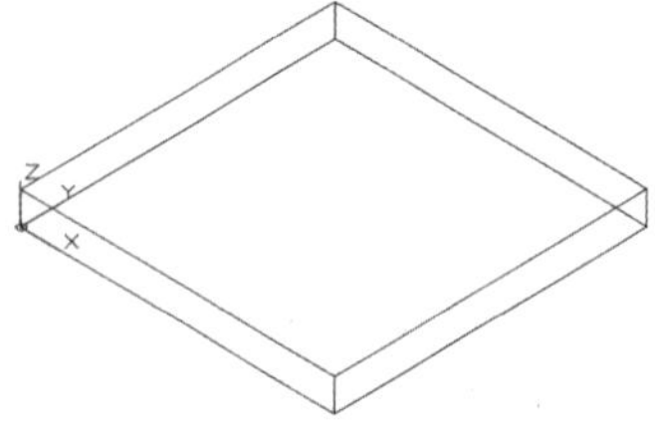

图 11-77　绘制长方体

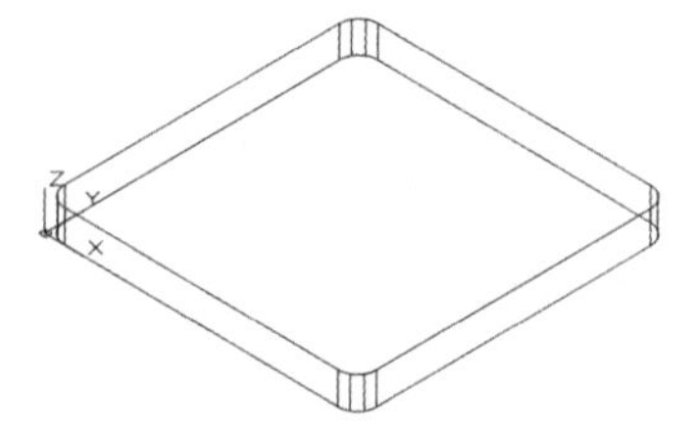

图 11-78　修圆角

(4) 选择【绘图】|【建模】|【圆柱体】命令，以点(10,10,0)为底面圆心，绘制直径为 7，高为 8 的圆柱体，如图 11-79 所示。

(5) 选择【修改】|【阵列】|【矩形阵列】命令，设置阵列行数为 2，列数为 2，行偏移为 60，列偏移为 60，对刚绘制的圆柱体进行阵列复制，如图 11-80 所示。

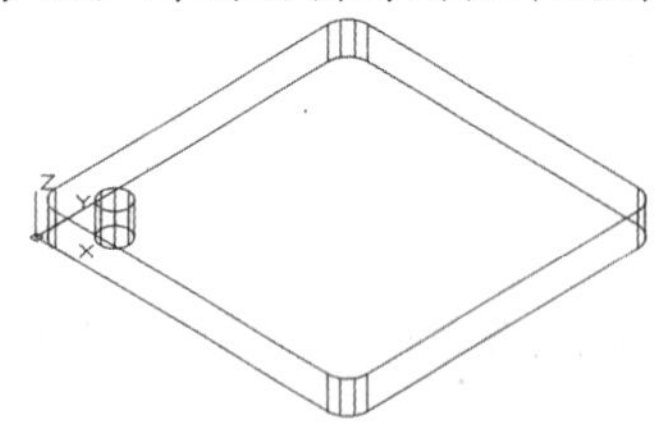

图 11-79　绘制圆柱体

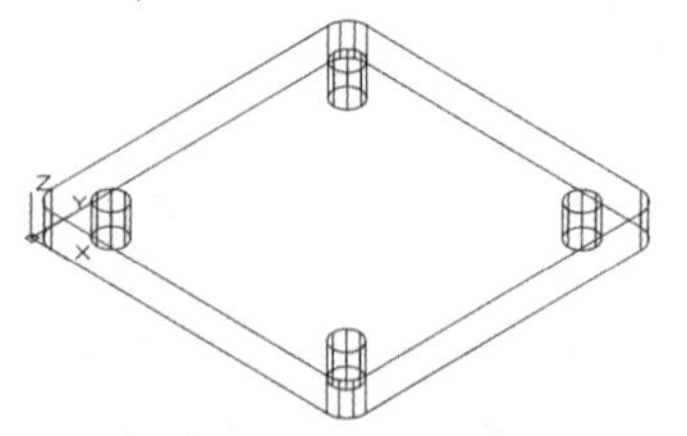

图 11-80　阵列复制圆柱体

(6) 选择【修改】|【实体编辑】|【差集】命令，对长方体和四个小圆进行差集运算，如图 11-81 所示。

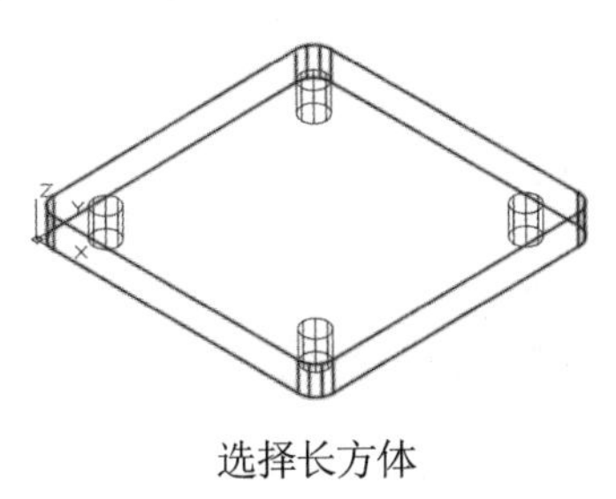

选择长方体

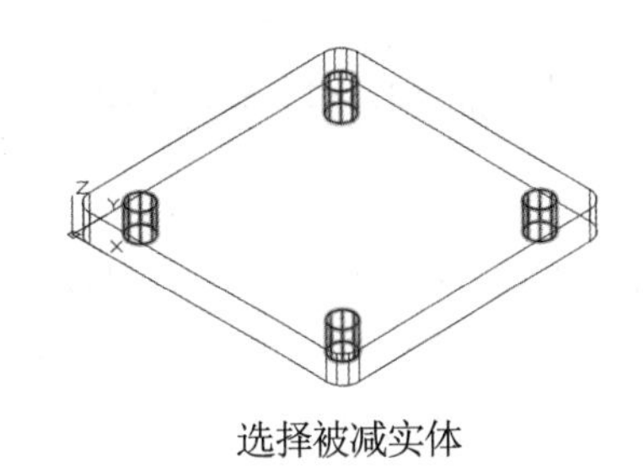

选择被减实体

图 11-81　三维模型的差集运算

(7) 最后，选择【视图】|【消隐】命令，消隐图形。

11.6.3　绘制通孔模型

使用 AutoCAD 2019 绘制一个通孔模型。

(1) 打开图 11-81 所示的方形接头模型，选择【绘图】|【建模】|【圆柱体】命令，以点(40,40,8)为底面中心，绘制直径为 40，高为 40 的圆柱体，如图 11-82 所示。

(2) 选择【绘图】|【建模】|【圆柱体】命令，以点(40,40,8)为底面中心，绘制直径为 28，高为 40 的圆柱体，如图 11-83 所示。

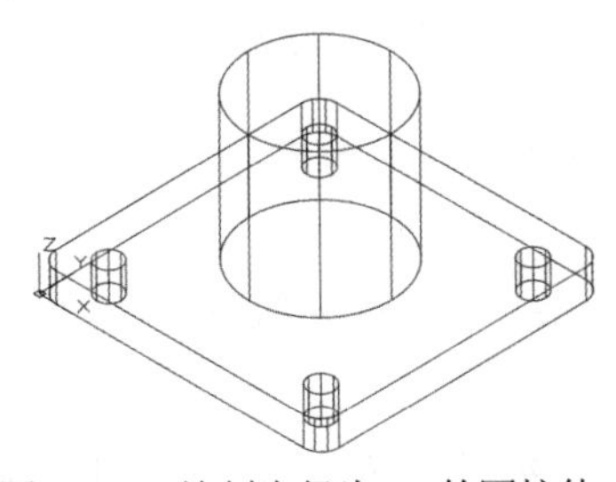

图 11-82　绘制直径为 40 的圆柱体

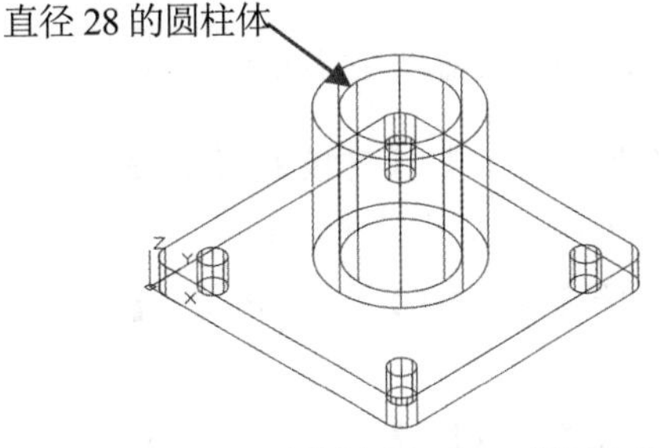

图 11-83　绘制直径为 28 的圆柱体

(3) 选择【修改】|【实体编辑】|【并集】命令，对方形接头和直线为 40 的圆柱体进行并集运算，如图 11-84 所示。

(4) 选择【视图】|【消隐】命令，消隐图形，对图形进行消隐处理，如图 11-85 所示。

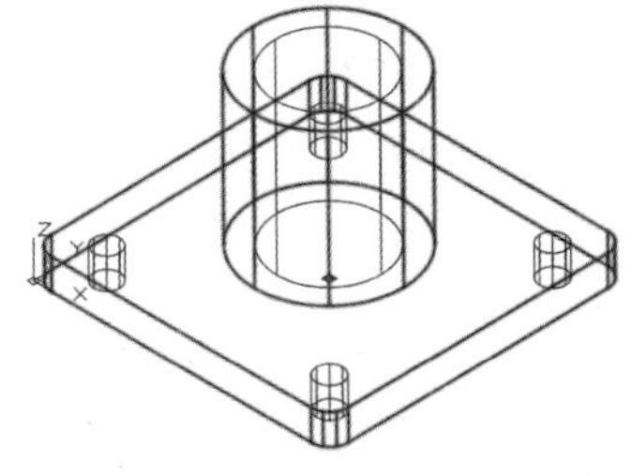

图 11-84　三维模型的并集运算

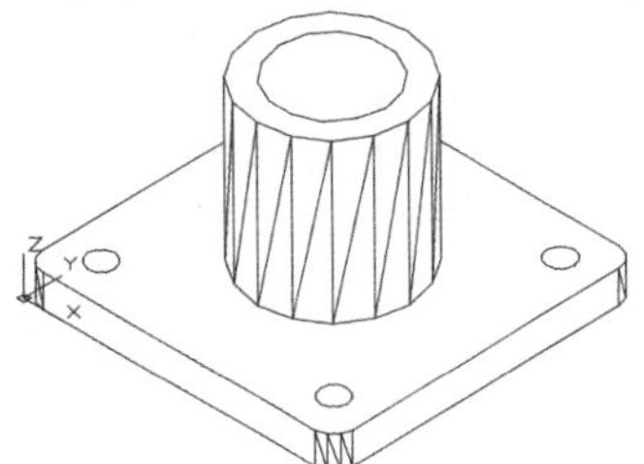

图 11-85　实体模型消隐效果

11.6.4 绘制圆心接头模型

使用 AutoCAD 2019 绘制一个圆心接头模型。

(1) 打开图 11-85 所示的图形文件后，选择【绘图】|【建模】|【圆柱体】命令，以点(40,40,48)为底面中心，绘制直径为 40，高为 65 的圆柱体，如图 11-86 所示。

(2) 选择【绘图】|【建模】|【圆柱体】命令，以点(40,40,48)为底面中心，绘制直径为 48，高为 65 的圆柱体，如图 11-87 所示。

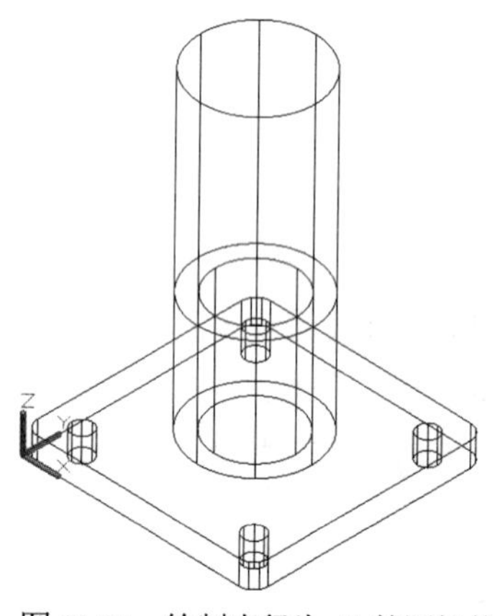

图 11-86　绘制直径为 40 的圆柱体

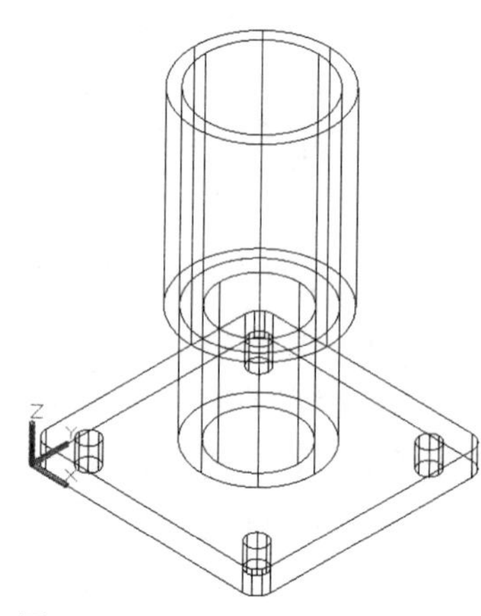

图 11-87　绘制直径为 48 的圆柱体

(3) 选择【绘图】|【建模】|【圆柱体】命令，以点(40,40,102)为底面中心，绘制直径为 80，高为 8 的圆柱体，如图 11-88 所示。

(4) 选择【修改】|【实体编辑】|【并集】命令，对方形接头与直径分别为 48、80 的圆柱体进行并乘运算。

(5) 选择【视图】|【消隐】命令，消隐图形，对图形进行消隐处理，效果如图 11-89 所示。

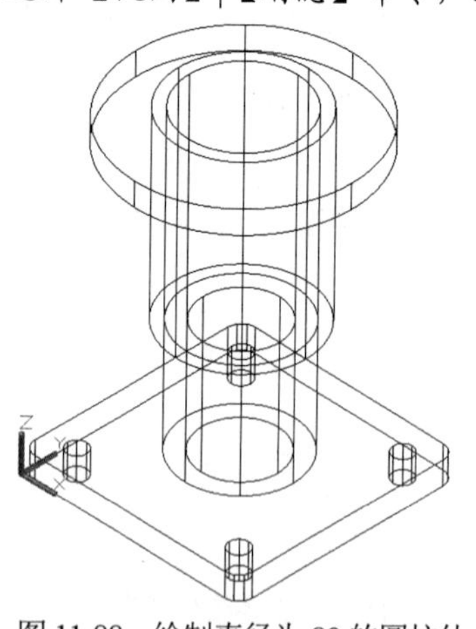

图 11-88　绘制直径为 80 的圆柱体

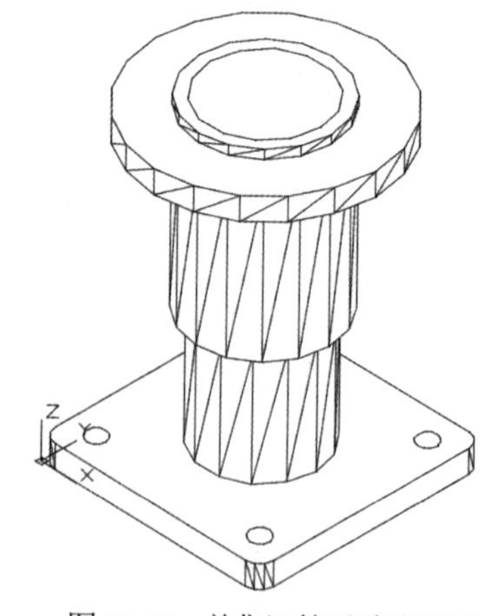

图 11-89　并集运算后消隐图形

(6) 选择【绘图】|【建模】|【圆柱体】命令，以点(40,10,102)为底面圆心，绘制直径为 7，高为 8 的圆柱体，如图 11-90 所示。

(7) 选择【修改】|【阵列】|【环形阵列】命令，设置中心点为(40,40)，对刚绘制的圆柱体进行阵列复制，如图 11-91 所示。

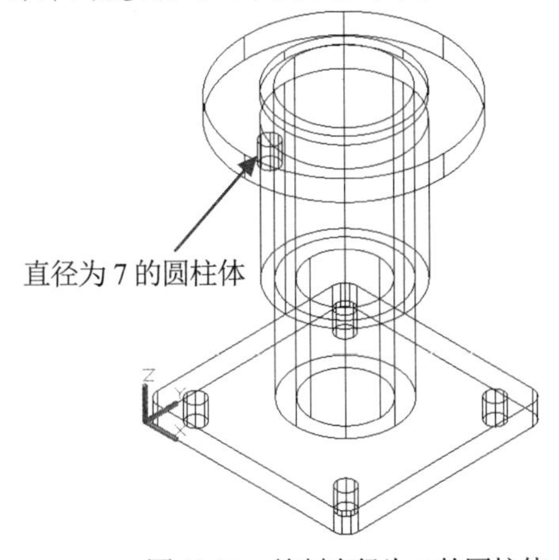

图 11-90　绘制直径为 7 的圆柱体

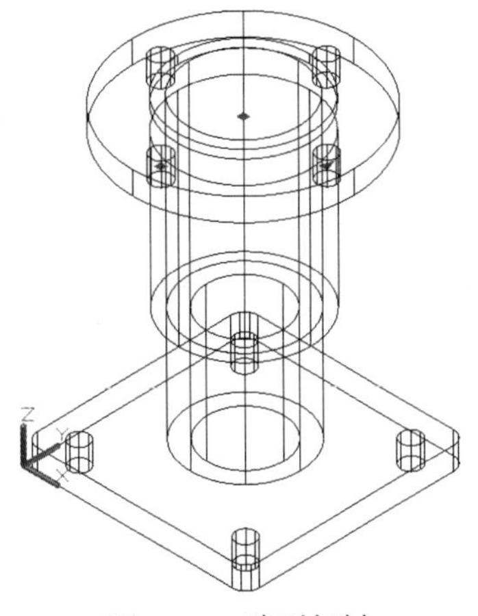

图 11-91　阵列复制

(8) 选择【修改】|【实体编辑】|【差集】命令，用步骤(4)合并后的实体减去阵列复制的 4 个小圆柱体，如图 11-92 所示。

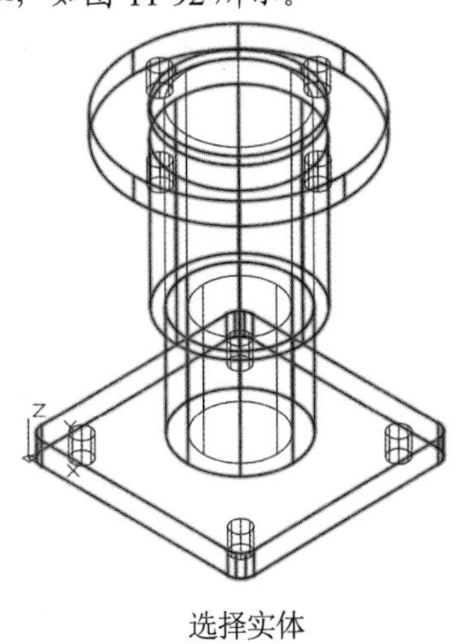

选择实体

选择被减实体

图 11-92　差集运算

11.6.5　绘制分支接头模型

使用 AutoCAD 2019 绘制一个分支接头模型。

(1) 打开图 11-92 所示的图形文件后，选择【工具】|【新建 UCS】| Y 命令，将坐标系绕 Y 轴旋转 90°。

(2) 选择【绘图】|【建模】|【圆柱体】命令，以点(-65,40,40)为底面中心，绘制直径为 40，高为 52 的圆柱体，如图 11-93 所示。

(3) 选择【绘图】|【建模】|【圆柱体】命令，以点(-65,40,40)为底面中心，绘制直径为 30，高为 52 的圆柱体，如图 11-94 所示。

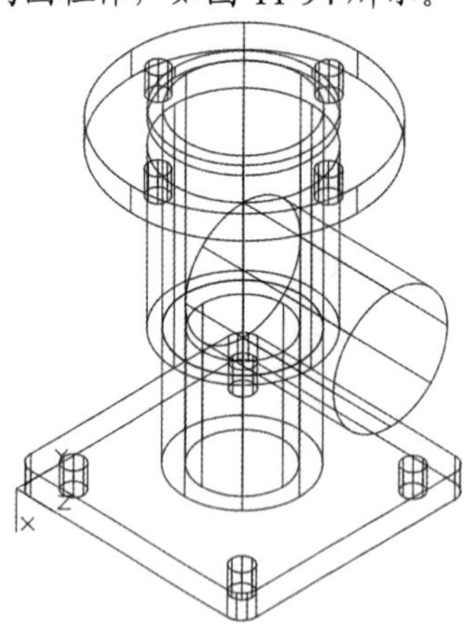

图 11-93　绘制直径为 40 的圆柱体

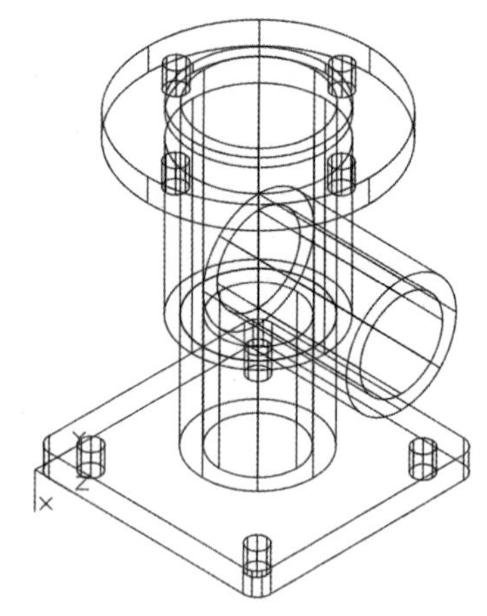

图 11-94　绘制直径为 30 的圆柱体

(4) 选择【修改】|【实体编辑】|【并集】命令，将三通实体与所绘制的直径为 40 的圆柱体合并，如图 11-95 所示。

(5) 选择【修改】|【视图编辑】|【差集】命令，用步骤(4)合并后的实体减去模型中直径为 28 和 40 的圆柱体，效果如图 11-96 所示。

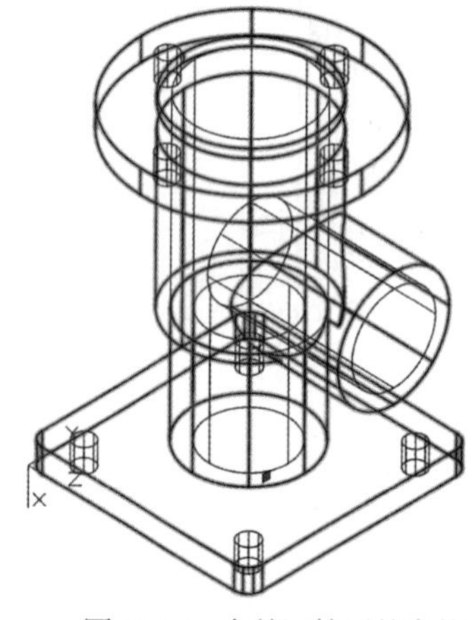

图 11-95　合并运算后的实体

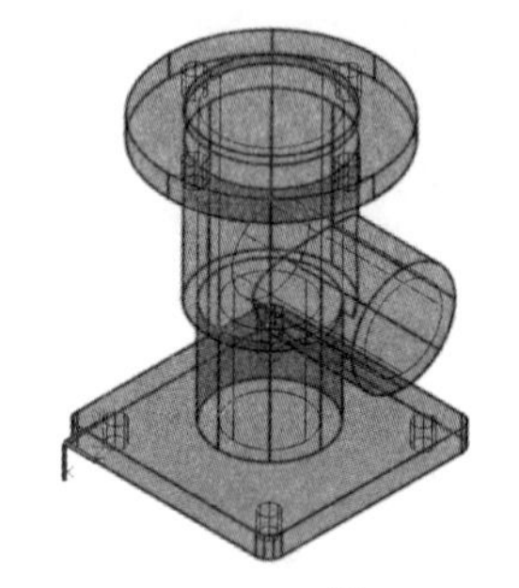

图 11-96　差集运算

(6) 选择【工具】|【新建 UCS】|【原点】命令，将坐标系原点移动到(-65,40,92)，也可以通过捕捉原点命令直接在绘图区域中指定新原点。

(7) 选择【绘图】|【圆】|【圆心、半径】命令，以点(0,0)为圆心，在绘图区域中绘制直径为 50 的圆，如图 11-97 所示。

(8) 选择【绘图】|【圆】|【圆心、半径】命令，以点(0,35)为圆心，绘制直径为 24 的圆，如图 11-98 所示。

(9) 选择【修改】|【镜像】命令，以(0,0)和(10,0)两点为镜像点，将直径为 24 的圆进行镜像复制，效果如图 11-99 所示。

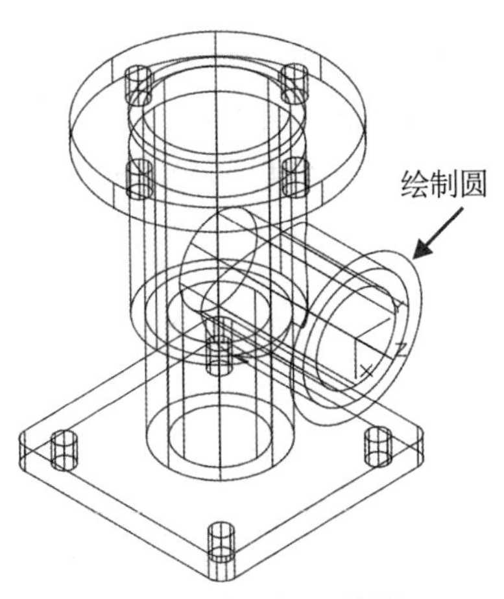

图 11-97　绘制直径为 50 的圆

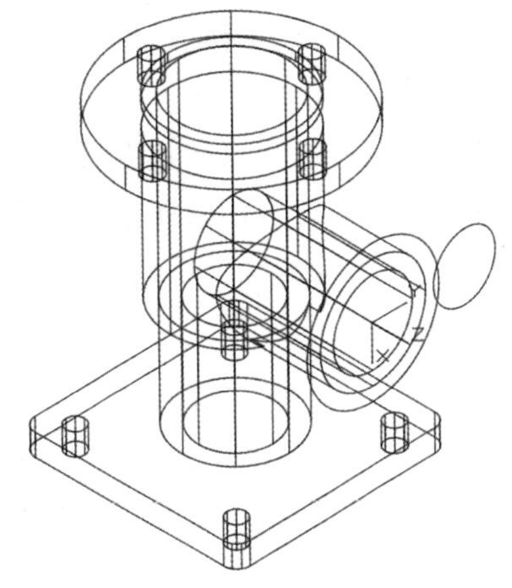

图 11-98　绘制直径为 24 的圆

(10) 选择【绘图】|【直线】命令，通过捕捉切点，将直径为 50 和 24 的圆连接起来，如图 11-100 所示。

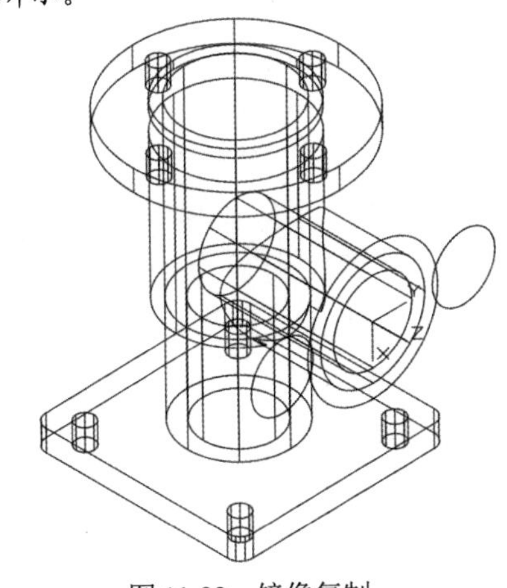

图 11-99　镜像复制

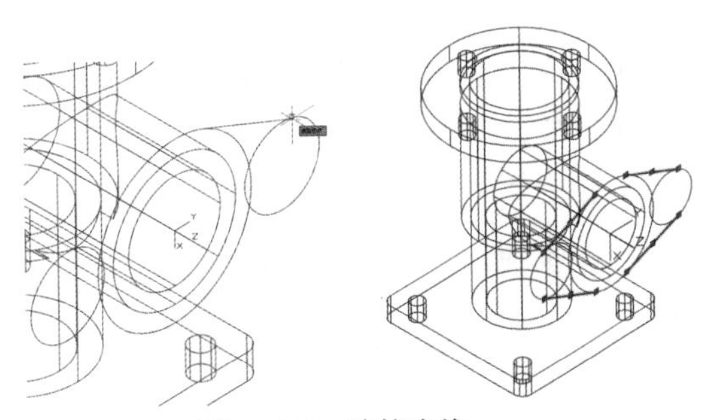

图 11-100　连接直线

(11) 选择【修改】|【修剪】命令，对轮廓进行修剪处理，然后选择【绘图】|【面域】命令，将修剪后的线条转换为面域，如图 11-101 所示。

(12) 选择【修改】|【建模】|【拉伸】命令，将步骤(11)绘制的面域沿 Z 轴拉伸负 8 个单位，如图 11-102 所示。

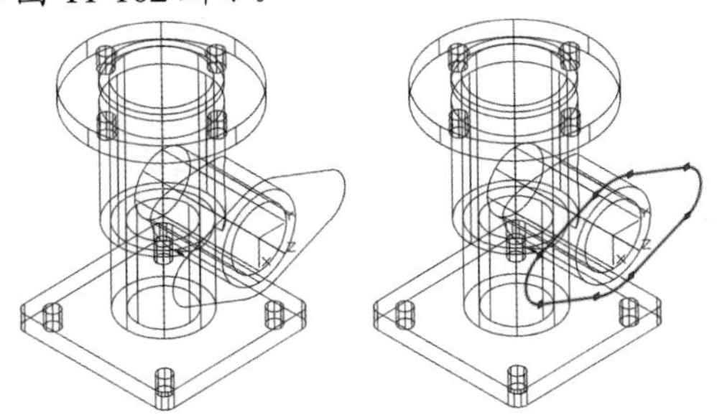

图 11-101　绘制轮廓

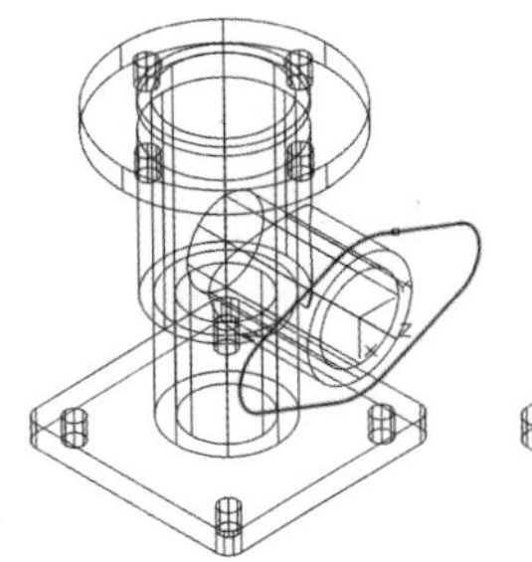

图 11-102　拉伸操作

(13) 选择【修改】|【实体编辑】|【并集】命令，将合并后的实体与拉伸实体进行并集操作，并选择【视图】|【消隐】命令，对图形进行消隐处理，如图 11-103 所示。

(14) 选择【绘图】|【建模】|【圆柱体】命令，分别以(0,35,0)和(0,-35,0)为底面圆心，各绘制一个直径为 13，高为-8 的圆柱体，如图 11-104 所示。

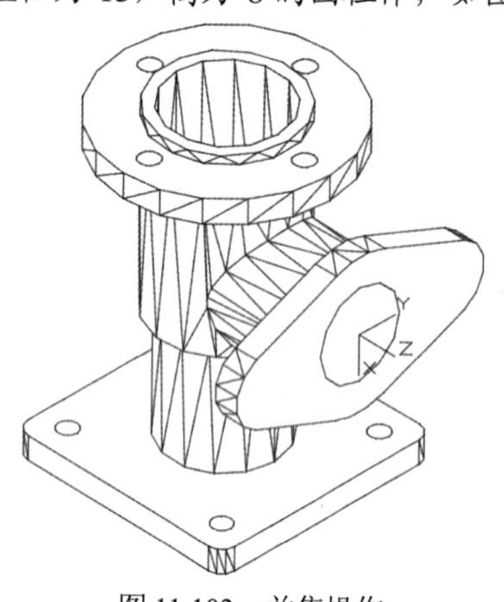

图 11-103　并集操作

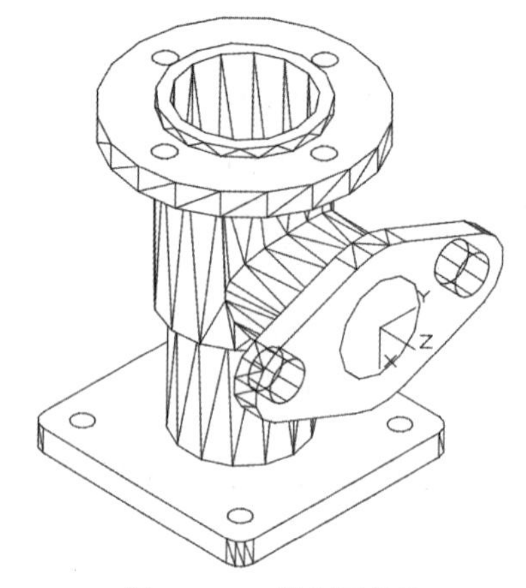

图 11-104　绘制圆柱体

(15) 选择【修改】|【实体编辑】|【差集】命令，用合并后的实体减去直径为 30 和两个直径为 13 的圆柱体，如图 11-105 所示。

(16) 选择【修改】|【圆角】命令，对圆柱体的边进行圆角处理，圆角半径为 3，然后选择【视图】|【消隐】命令，对图形进行消隐处理，效果如图 11-06 所示。

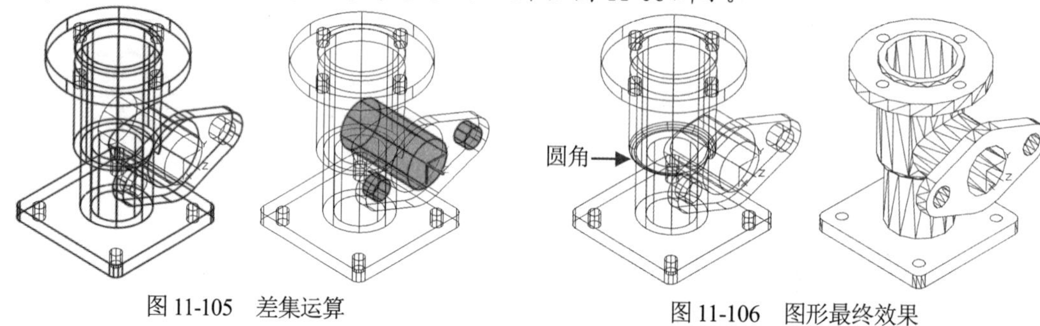

图 11-105　差集运算

图 11-106　图形最终效果

11.7　习题

1. 简述如何根据标高和厚度绘制三维图形。

2. 在 AutoCAD 2019 中绘制一个底面中心为(0,0)，底面半径为 10，顶面半径为 10，高度为 20，顺时针旋转 10 圈的弹簧。

编辑三维模型

学习目标

在进行三维模型绘制时，只使用三维绘图命令是无法绘制出复杂的三维模型的，而通过三维编辑命令则可以快速、准确地完成三维模型的绘制。本章将详细介绍三维编辑及修改命令的相关操作，主要包括三维移动、三维旋转、三维阵列、三维镜像以及剖切等命令，并介绍实体边及实体面的编辑等操作。

本章重点

- 调整三维对象
- 修改三维对象
- 标注三维对象的尺寸

12.1 调整三维对象

在二维图形编辑中的许多修改命令，如移动、复制、删除等，同样适用于三维对象。另外，用户可以在菜单栏中选择【修改】|【三维操作】菜单中的子命令，对三维空间中的对象进行三维阵列、三维镜像、三维旋转以及对齐位置等操作。

12.1.1 三维移动

在 AutoCAD 中，用户可以通过以下几种方法移动三维实体：

- 在命令行中执行 3DMOVE 命令。
- 选择【修改】|【三维操作】|【三维移动】命令。
- 选择【常用】选项卡，在【修改】面板中单击【三维移动】按钮。

执行【三维移动】命令时，命令行显示如下提示信息。

```
指定基点或 [位移(D)] <位移>:
```

默认情况下，当指定一个基点后，再指定第二点，即可以第一点为基点，以第二点和第一点之间的距离为位移，移动三维对象，如图 12-1 所示。如果选择【位移】选项，则可以直接移动三维对象。

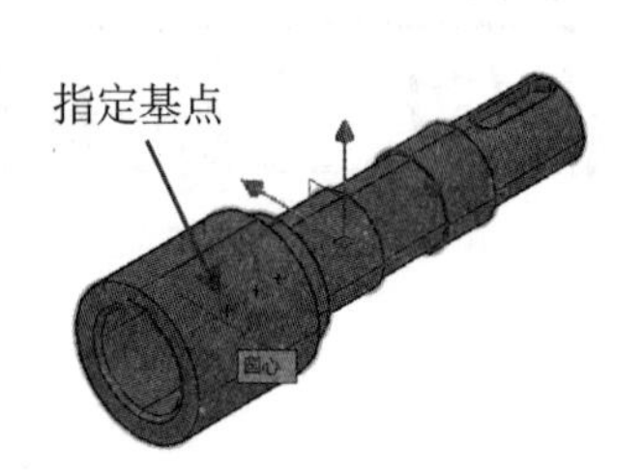

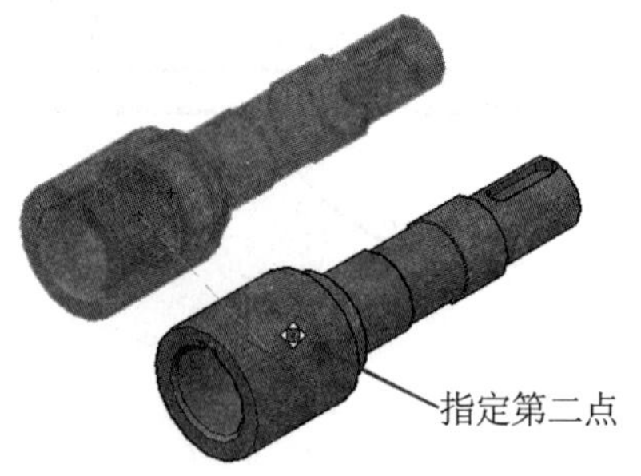

图 12-1　在三维空间中移动对象

12.1.2　三维旋转

在 AutoCAD 中，用户可以通过以下几种方法旋转三维实体。使对象绕三维空间中的任意轴(X 轴、Y 轴或 Z 轴)、视图、对象或两点旋转。

- 在命令行中执行 3DROTATE 命令。
- 选择【修改】|【三维操作】|【三维旋转】命令。
- 选择【常用】选项卡，在【修改】面板中单击【三维旋转】按钮。

【例 12-1】在 AutoCAD 中将模型绕 X 轴旋转 90°，然后再绕 Z 轴旋转 45°。

(1) 在【功能区】选项板中选择【常用】选项卡，然后在【修改】面板中单击【三维旋转】按钮，最后在【选择对象:】提示下选择需要旋转的对象，如图 12-2 所示。

(2) 在命令行的【指定基点:】提示信息下，确定旋转的基点(0,0)。

(3) 此时，在绘图窗口中出现一个球形坐标，红色代表 X 轴，绿色代表 Y 轴，蓝色代表 Z 轴，单击红色环形线确认绕 X 轴旋转，如图 12-3 所示。

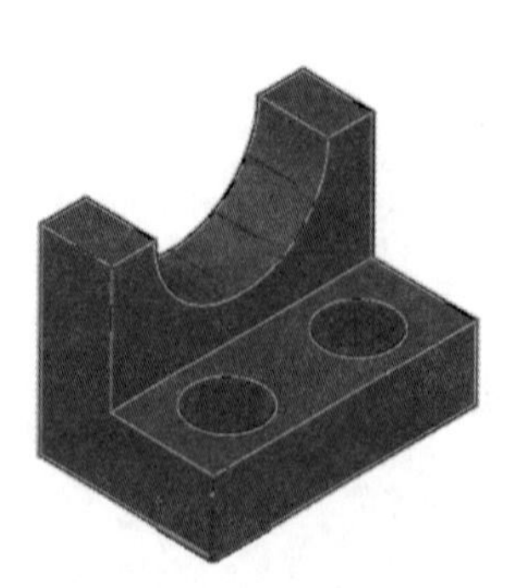

图 12-2　选择图形

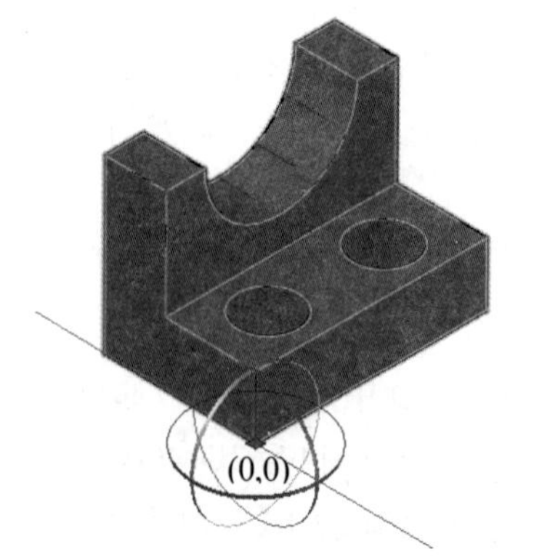

图 12-3　确认旋转轴

(4) 在命令行的提示信息下输入 90，并按 Enter 键，此时图形将绕 X 轴旋转 90°，效果如图 12-4 所示。

(5) 使用同样的方法，将图形绕 Z 轴旋转 45°，效果如图 12-5 所示。

图 12-4　绕 X 轴旋转 90°后的图形

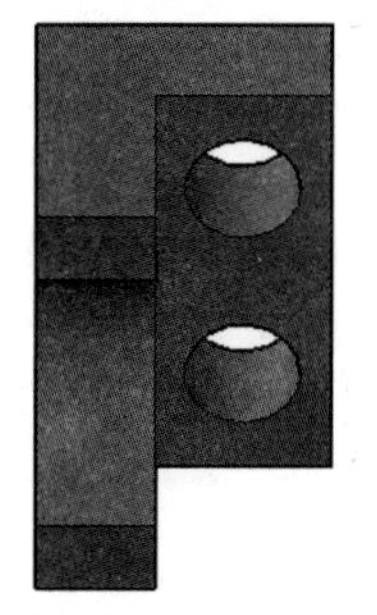

图 12-5　绕 Z 轴旋转 45°后的图形

12.1.3　三维对齐

在 AutoCAD 中，用户可以通过以下几种方法对齐三维实体(即在二维或三维空间中将选定对象与其他对象对齐)。

- 在命令行中执行 3DALIGN 命令。
- 选择【修改】|【三维操作】|【三维对齐】命令。
- 选择【常用】选项卡，在【修改】面板中单击【三维对齐】按钮。

执行【三维对齐】命令的具体操作方法如下。

(1) 打开图形后，在命令行中输入 3DALIGN，按 Enter 键。在命令行提示下选中棱锥体，如图 12-6 所示。

(2) 按 Enter 键确认，在命令行提示下选中棱锥体上的 A 点，指定基点，如图 12-7 所示。

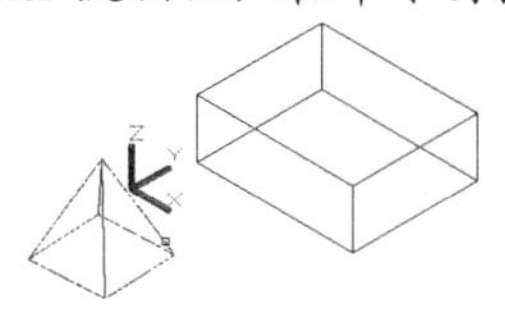

图 12-6　选中对齐对象

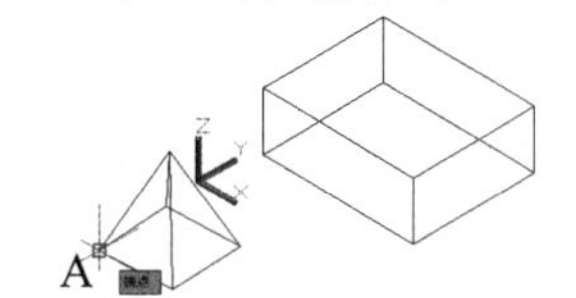

图 12-7　指定基点

(3) 在命令行提示下选中棱锥体上的 B 点，指定第二点，如图 12-8 所示。

(4) 在命令行提示下选中棱锥体上的 C 点，指定第三点，如图 12-9 所示。

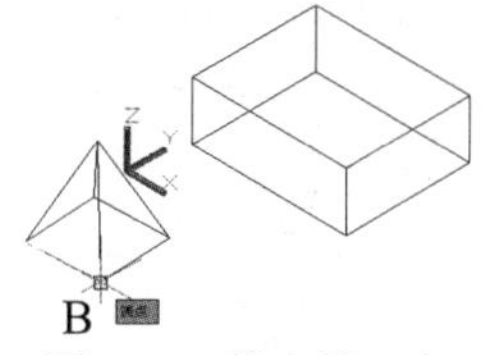

图 12-8　指定第二点

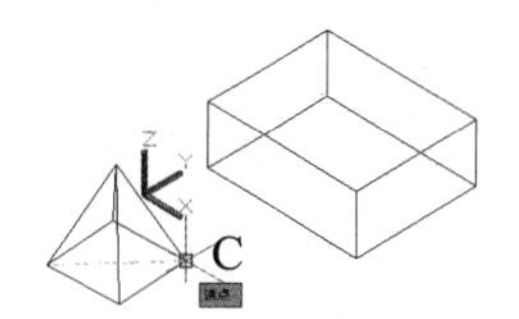

图 12-9　指定第三点

(5) 在命令行提示下依次选中长方体上的 D、E、F 点，如图 12-10 所示。

(6) 完成以上操作后，三维对齐后的棱锥体和长方体效果如图 12-11 所示。

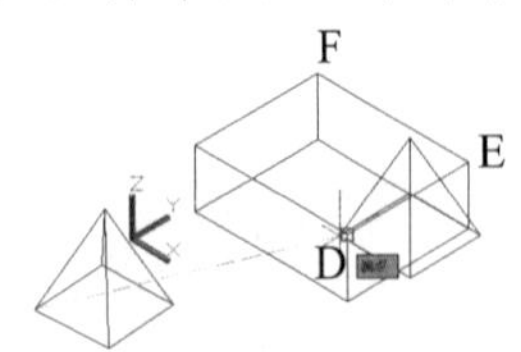

图 12-10　选中长方体上的点

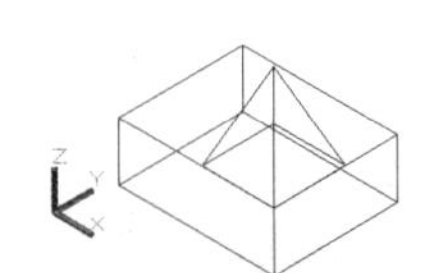
图 12-11　三维对齐效果

12.1.4　三维镜像

在 AutoCAD 中，用户可以通过以下几种方法镜像三维实体(在三维空间中将指定对象相对于某一平面镜像)：

- 在命令行中执行 MIRROR3D 命令。
- 选择【修改】|【三维操作】|【三维镜像】命令。
- 选择【常用】选项卡，在【修改】面板中单击【三维镜像】按钮。

执行三维镜像命令，并选择需要进行镜像的对象，然后指定镜像面。镜像面可以通过 3 点确定，也可以是对象、最近定义的面、Z 轴、视图、XY 平面、YZ 平面和 ZX 平面。

【例 12-2】使用三维镜像功能对图形进行镜像复制。

(1) 在【功能区】选项板中选择【常用】选项卡，然后在【修改】面板中单击【三维镜像】按钮，并选择如图 12-12 所示的图形。

(2) 在命令行的【指定镜像平面 (三点) 的第一个点或[对象(O)/最近的(L)/Z 轴(Z)/视图(V)/XY 平面(XY)/YZ 平面(YZ)/ZX 平面(ZX)/三点(3)] <三点>:】提示信息下，输入 XY，以 XY 平面作为镜像面。

(3) 在命令行中的【指定 XY 平面上的点 <0,0,0>:】提示信息下，指定 XY 平面经过的点(10,0,0)。

(4) 在命令行中的【是否删除源对象？[是(Y)/否(N)]:】提示信息下，输入 N，表示镜像的同时不删除源对象，效果如图 12-13 所示。

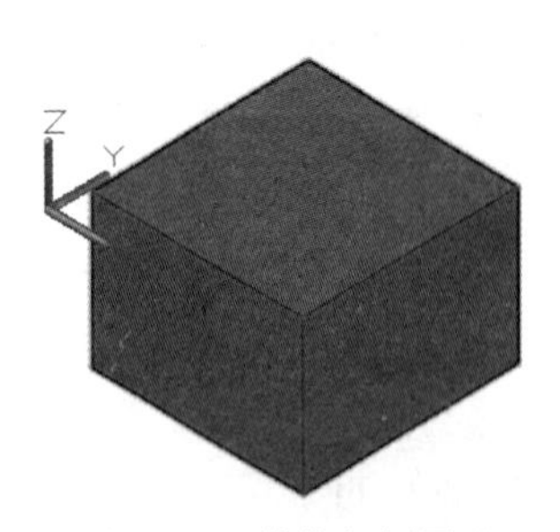
图 12-12　镜像复制图形

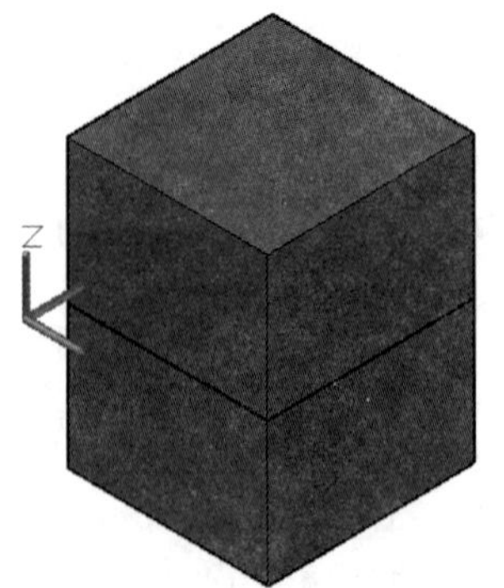
图 12-13　镜像复制效果

12.1.5　三维阵列

三维阵列命令与二维阵列命令相似，都可以对三维模型对象进行矩形阵列或环形阵列复制操作。对模型对象进行阵列复制时，使用三维阵列命令可以在三维空间中快速创建指定对象的多个模型副本，并按指定的形式排列。

三维阵列命令的调用方法主要有以下两种。

- 在命令行中执行 3DARRAY 命令。
- 选择【修改】|【三维操作】|【三维阵列】命令。

执行以上命令后，在绘图窗口中选中阵列对象并按 Enter 键，命令行提示如下：

```
输入阵列类型[矩形(R)/环形(P)]<矩形>:
```

在以上提示中，用户可以选择对三维模型执行矩形或环形阵列。

1. 三维模型的矩形阵列

使用三维阵列命令的矩形选项，可以将实体模型以行、列、层的方式进行阵列复制。例如在图 12-14 所示的图形文件中，对圆柱体进行三维阵列，其具体操作方法如下。

(1) 打开图形文件后，在命令行中执行 3DARRAY 命令并按 Enter 键。

(2) 在命令行提示下，选择绘图窗口中的圆柱体为阵列对象，如图 12-14 所示。

(3) 按 Enter 键，在命令行提示下输入 R，设置使用矩形阵列。

(4) 按 Enter 键，在命令行提示【输入行数(---)<1>:】下输入 3，指定阵列行数为 3。

(5) 按 Enter 键，在命令行提示【输入列数(|||)<1>:】下输入 2，指定阵列列数为 2。

(6) 按 Enter 键，在命令行提示下依次设置阵列的层数为 1，行间距为 150，列间距为-150，然后按 Enter 键，阵列效果如图 12-15 所示。

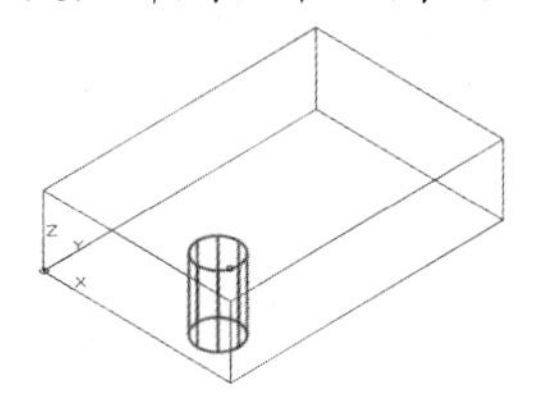

图 12-14　选择阵列对象

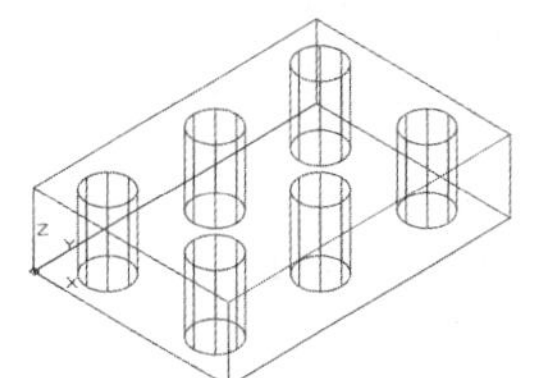

图 12-15　矩形阵列效果

2. 三维模型的环形阵列

使用三维阵列命令的环形选项阵列复制图形时，需指定阵列的角度等参数。在阵列命令的操作过程中，指定的角度或旋转的数目不同，进行阵列复制后，得到的效果也会有所不同。例如，将图 12-16 所示的图形文件中的圆柱体进行环形阵列操作，具体操作方法如下。

(1) 打开图形文件后，在命令行中执行 3DARRAY 命令并按 Enter 键。

(2) 在命令行提示下，选择绘图窗口中的圆柱体为阵列对象，如图 12-16 所示。

(3) 按 Enter 键确认，在命令行提示下输入 P，设置使用环形阵列。

(4) 按 Enter 键，在命令行提示【输入阵列中的项目数目:】下输入 6，指定阵列对象数目。

(5) 按 Enter 键，在命令行提示【指定要填充的角度(+=逆时针,-=顺时针)<360>:】下输入 360，指定填充角度。

(6) 按 Enter 键，在命令行提示【旋转阵列对象？[是(Y)/否(N)]<Y>:】下输入 Y。

(7) 按 Enter 键，在命令行提示【指定阵列的中心点:】下，捕捉图 12-17 所示的底面圆心 A。

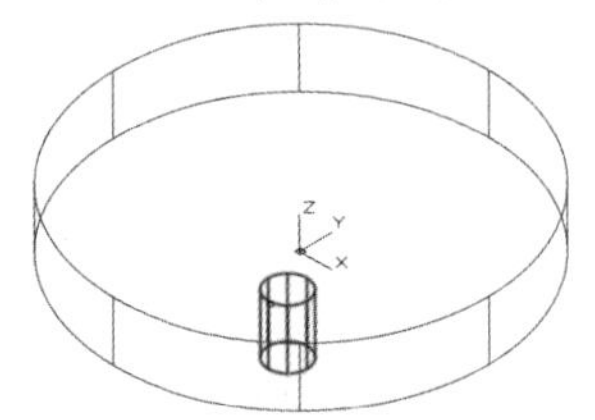

图 12-16　选择环形阵列对象

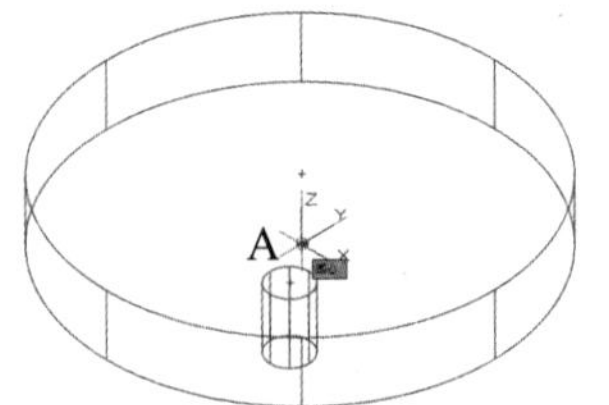

图 12-17　指定阵列中心点 A

(8) 按 Enter 键，在命令行提示【指定旋转轴上的第二点:】下，捕捉图 12-18 所示的顶面圆心 B，即可得到如图 12-19 所示的环形阵列效果。

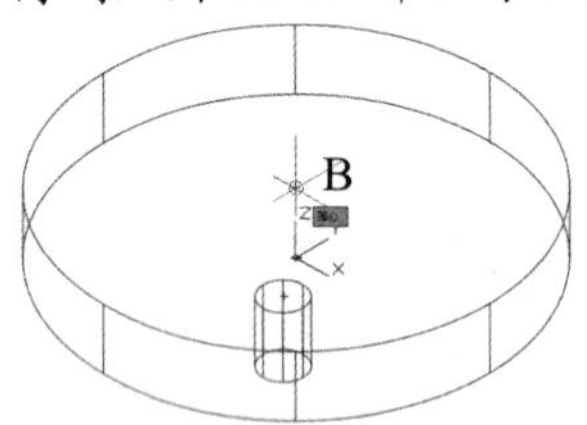

图 12-18　指定旋转轴上的第二点 B

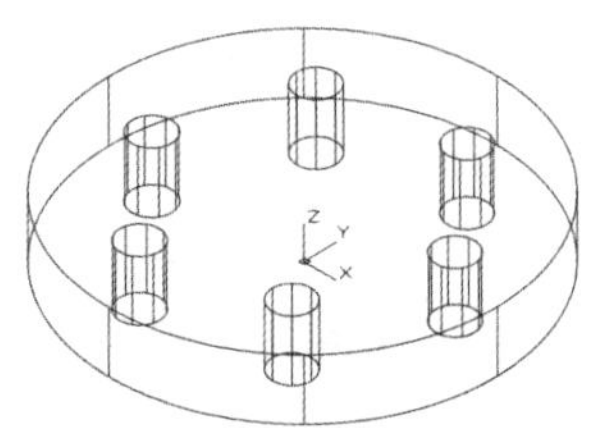

图 12-19　环形阵列效果

12.2　修改三维对象

在绘制三维模型的过程中，用户不仅可以对整个三维实体对象进行编辑，还可以单独对某个三维实体对象进行剖切、对实体的边进行倒角、圆角、着色、复制等操作。

12.2.1　剖切实体

使用剖切命令可以将实体模型以某一个平面剖切成为多个三维实体，剖切面可以是对象、Z 轴、视图、XY/YZ/ZX 平面或者以三点定义的面。剖切命令主要有以下几种调用方法：

- 在命令行中执行 SLICE 命令。
- 选择【修改】|【三维操作】|【剖切】命令。
- 选择【常用】选项卡，在【实体编辑】面板中单击【剖切】按钮。

执行以上命令后，在绘图窗口中选择实体对象，命令行提示如下信息：

```
指定剖切面的起点或[平面对象(O)/曲面(S)/Z 轴(Z)/视图(V)/XY(XY)/YZ(YZ)/ZX(ZX)/三点(3P)]<三点>:
```

该提示中各选项的说明如下：

- 平面对象(O)：将剖切面与圆、椭圆、圆弧、椭圆弧、二维样条曲线或二维多段线对齐进行剖切。
- 曲面(S)：将剖切面与曲面对齐进行剖切。
- Z 轴(Z)：通过平面上指定的点和在 Z 轴上指定的一点来确定剖切平面进行剖切。
- 视图(V)：将剖切面与当前视口的视图平面对齐进行剖切。指定一点可确定剖切平面的位置。
- XY(XY)：将剖切面与当前 UCS 的 XY 平面对齐进行剖切，指定一点可确定剖切面的位置。
- YZ(YZ)：将剖切面与当前 UCS 的 YZ 平面对齐进行剖切。指定一点可确定剖切面的位置。
- 三点(3P)：用三点确定剖切面进行剖切。

使用剖切平面的对象可以是曲面、圆、椭圆、圆弧或椭圆弧、二维样条曲线和二维多段线。在剖切实体时，可以保留剖切实体的一半或全部。剖切实体不保留创建其原始形式的历史记录，仅保留原实体的图层和颜色特性，如图 12-20 所示。

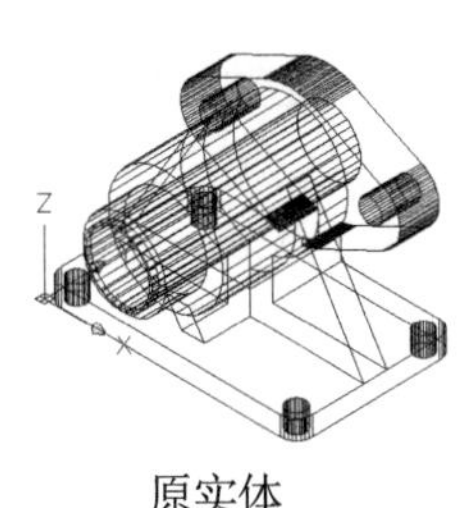

原实体

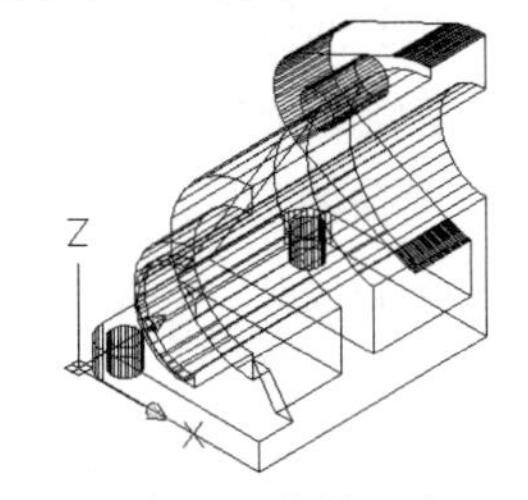

保留对象的一半

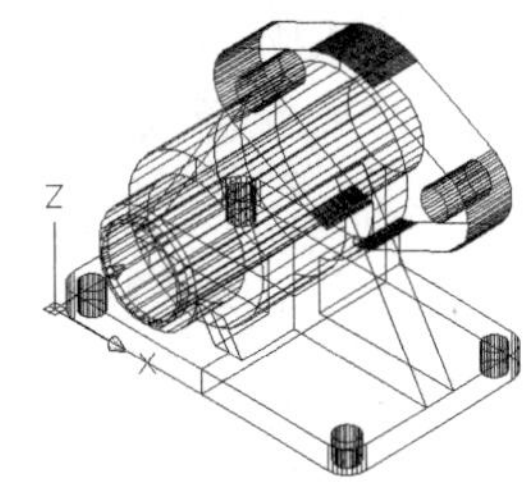

全部都保留

图 12-20　实体剖切效果

剖切实体的默认方法是指定两个点定义垂直于当前 UCS 的剖切平面，然后选择需要保留的部分。也可以通过指定 3 个点，使用曲面、其他对象、当前视图、Z 轴，或者 XY 平面、YZ 平面、ZX 平面定义剖切平面。

执行【剖切】命令的具体操作方法如下。

(1) 打开图形文件后，在命令行中输入 SLICE 命令，按 Enter 键。

(2) 在命令行提示下，选择所有图形为剖切对象。

(3) 按 Enter 键，捕捉左上方的象限点 A 为第一切点，如图 12-21 所示。

(4) 捕捉右侧象限点 B 点为第二切点，如图 12-22 所示。

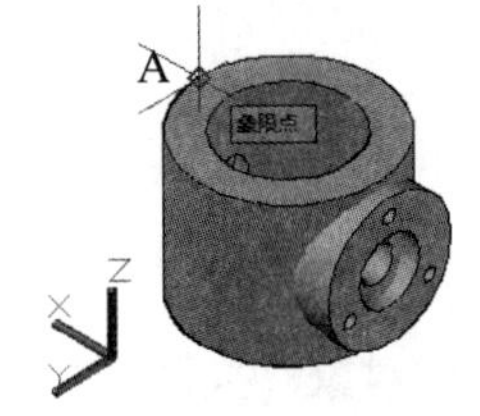

图 12-21　选择第一切点

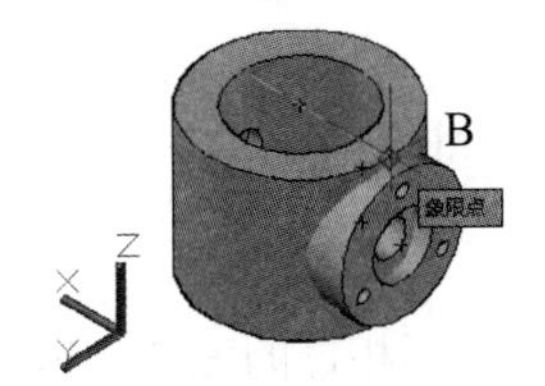

图 12-22　选择第二切点

(5) 捕捉右下角象限点 C 为第三切点，如图 12-23 所示。

(6) 在所需保留的实体上单击，剖切三维实体后的效果如图 12-24 所示。

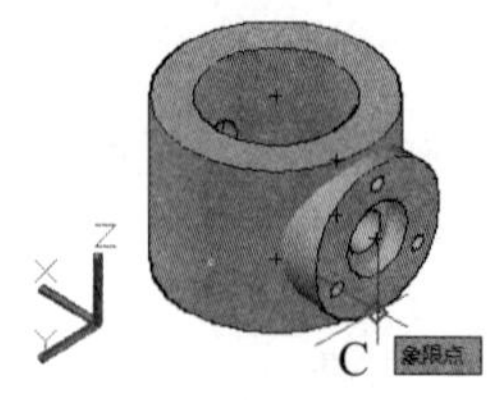

图 12-23　选择第三切点

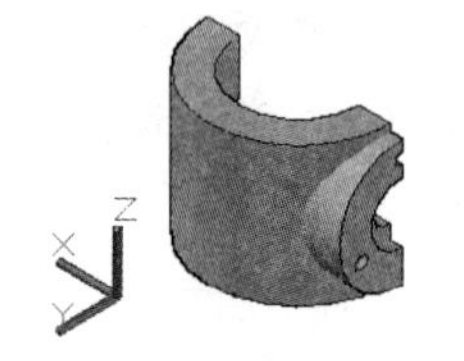

图 12-24　实体剖切效果

12.2.2　抽壳实体

抽壳指的是在三维实体对象中创建具有指定厚度的壁，执行抽壳命令主要有以下几种方法：

- 在命令行中执行 SOLIDEDIT 命令。
- 选择【修改】|【实体编辑】|【抽壳】命令。
- 选择【常用】选项卡，在【实体编辑】面板中单击【抽壳】按钮。

执行以上命令后，在命令行提示中指定要进行抽壳的实体对象，然后指定抽壳偏移距离即可。例如，将长方体图形进行抽壳，具体操作步骤如下。

(1) 在【实体编辑】面板中单击【抽壳】按钮，在命令行提示下选中绘图区域中图 12-25 所示的长方体。

(2) 按 Enter 键，在命令行提示【删除面或[放弃(U)/添加(A)/全部(ALL)]:】下按 Enter 键删除面。

(3) 在命令行提示【输入抽壳偏移距离:】下输入 10，指定抽壳距离，即可得到效果如图 12-26 所示的图形。

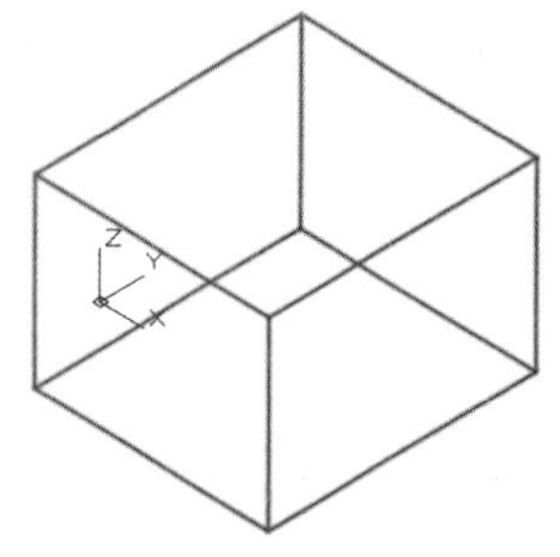

图 12-25　选择抽壳对象

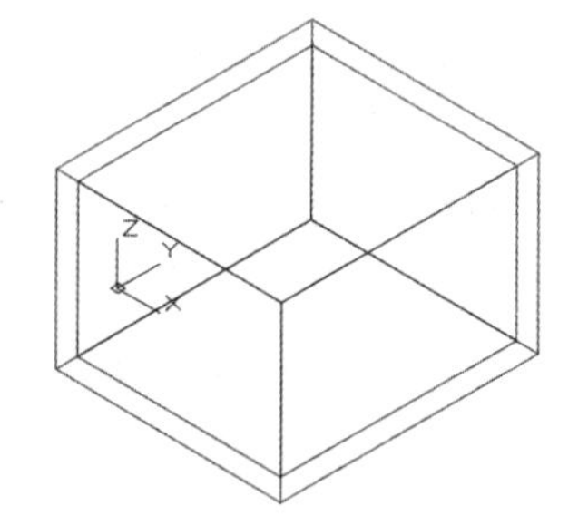

图 12-26　抽壳效果

12.2.3　分割实体

分割实体可将不相连的三维实体对象分割成独立的三维实体对象，执行分割命令主要有以下两种方法：

- 选择【修改】|【实体编辑】|【分割】命令。
- 选择【常用】选项卡，然后在【实体编辑】面板中单击【分割】按钮。

例如，使用【分割】命令，分割如图 12-27 所示的三维实体后，效果如图 12-28 所示。

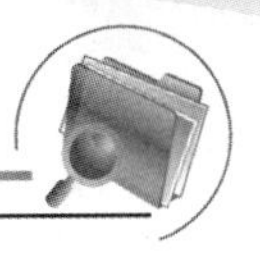

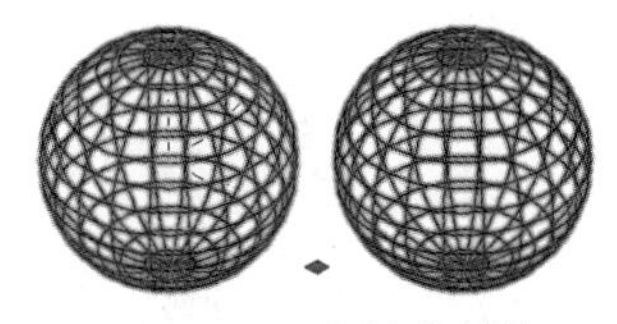

图 12-27　实体分割前

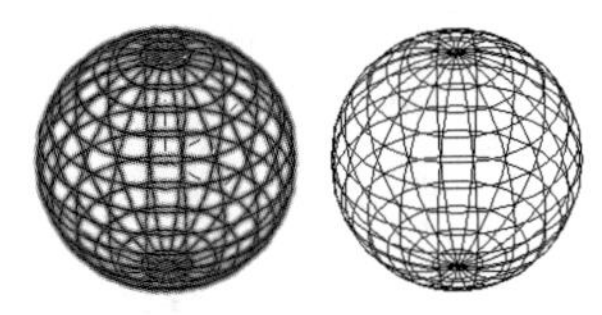

图 12-28　实体分割后

12.2.4　清除实体

清除实体可删除共享边以及那些在边或顶点具有相同表面或曲线定义的顶点，还可以删除所有多余的边、顶点以及不使用的几何图形，但不能删除压印的边。执行清除命令主要有以下两种方法。

- 选择【修改】|【实体编辑】|【清除】命令。
- 选择【常用】选项卡，然后在【实体编辑】面板中单击【清除】按钮。

例如，使用【清除】命令，清除如图 12-29 所示的三维实体后，效果如图 12-30 所示。

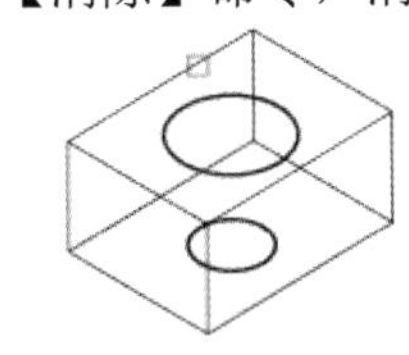

图 12-29　实体清除前

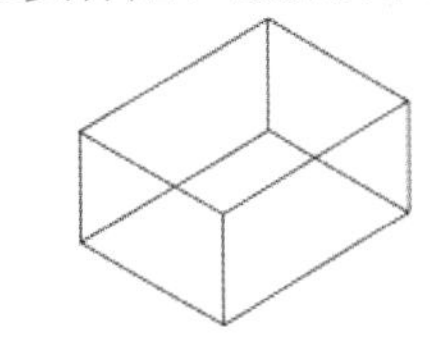

图 12-30　实体清除后

12.2.5　对实体修倒角或圆角

使用二维修改命令中的倒角和圆角命令，同样可以对三维实体进行倒角或圆角处理。

【例 12-3】对如图 12-31 所示图形中的 A 处的棱边修倒角，倒角距离都为 5；对 B 和 C 处的棱边修圆角，圆角半径为 15。

(1) 在【功能区】选项板中选择【默认】选项卡，然后在【修改】面板中单击【倒角】按钮，再在【选择第一条直线或 [放弃(U)/多段线(P)/距离(D)/角度(A)/修剪(T)/方式(E)/多个(M)]: 】提示信息下，单击 A 处作为待选择的边。

(2) 在命令行的【输入曲面选择选项 [下一个(N)/当前(OK)] <当前(OK)>:】提示信息下按 Enter 键，指定曲面为当前面。

(3) 在命令行的【指定基面的倒角距离:】提示信息下输入 5，指定基面的倒角距离为 5。

(4) 在命令行的【指定基面的倒角距离<5.000>: 】提示信息下按 Enter 键，指定其他曲面的倒角距离也为 5。

(5) 在命令行的【选择边或 [环(L)]:】提示信息下，单击 A 处的棱边，效果如图 12-32 所示。

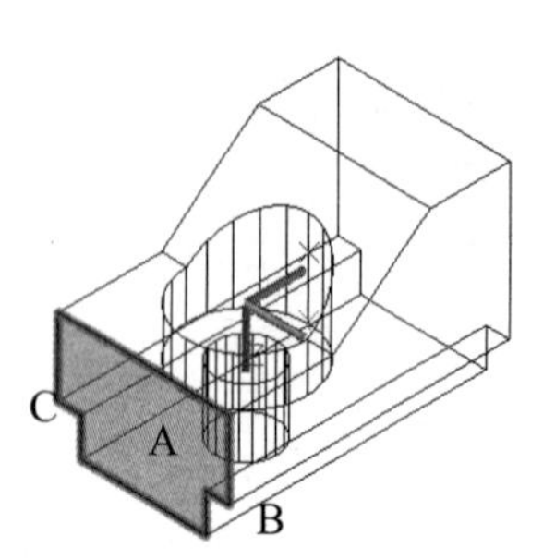

图 12-31　对实体修圆角和倒角

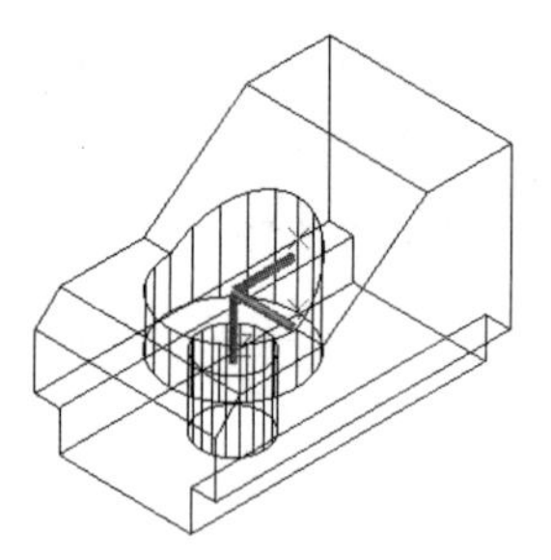

图 12-32　对 A 处的棱边修倒角

(6) 在【功能区】选项板中选择【默认】选项卡，然后在【修改】面板中单击【圆角】按钮，再在命令行的【选择第一个对象或 [放弃(U)/多段线(P)/半径(R)/修剪(T)/多个(M)]:】提示信息下，单击 B 处的棱边。

(7) 在命令行的【输入圆角半径:】提示信息下输入 3，指定圆角半径，按 Enter 键，效果如图 12-33 所示。

(8) 使用同样的方法，对 C 处的棱边修圆角，完成后的效果如图 12-34 所示。

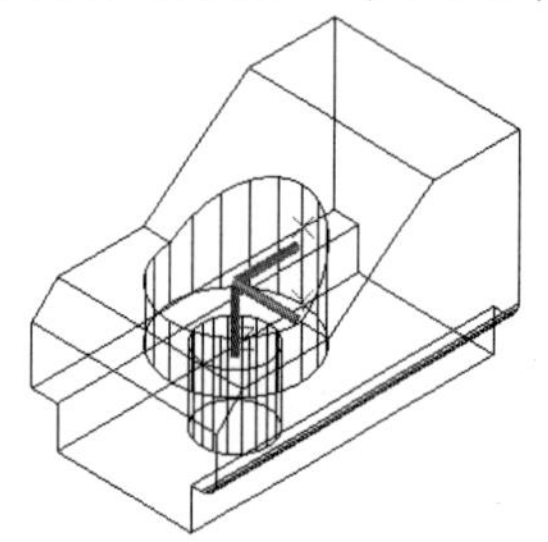

图 12-33　对 B 处的棱边修圆角

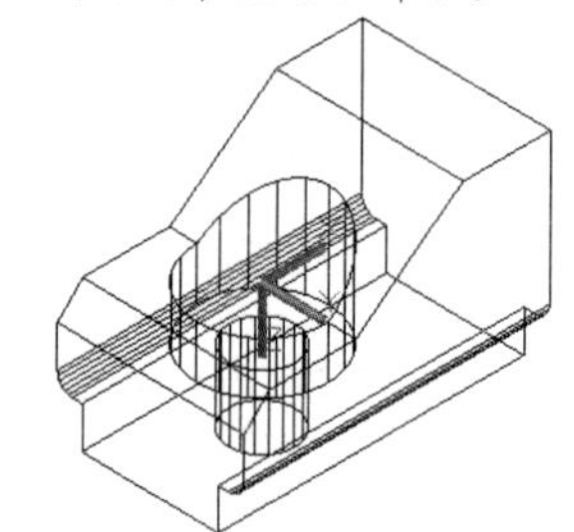

图 12-34　图形效果

12.2.6　编辑三维实体的边

选择【常用】选项卡，在【实体编辑】面板中单击相关按钮，或在菜单栏中选择【修改】|【实体编辑】子菜单中的命令，即可编辑实体的边，如提取边、复制边、着色边等。

1. 提取边

在 AutoCAD 中通过以下几种方法执行【提取边】命令，可以通过在三维实体或曲面中提取边创建线框几何体。

- 在命令行中执行 XEDGES 命令。
- 选择【修改】|【三维操作】|【提取边】命令。
- 选择【常用】选项卡，然后在【实体编辑】面板中单击【提取边】按钮。

例如，若要提取如图 12-35 左图所示长方体中的边，可以在【功能区】选项板中选择【常用】选项卡，然后在【实体编辑】面板中单击【提取边】按钮，最后选择长方体，按 Enter 键即可。如图 12-35 右图所示为提取出的一条边。

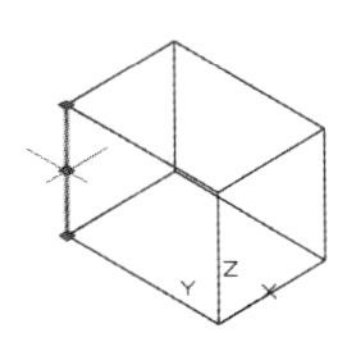

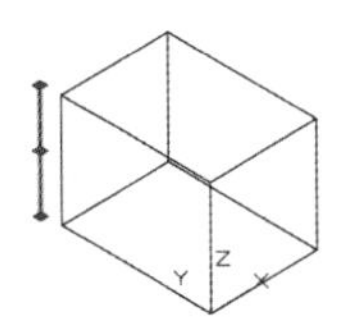

图 12-35　从长方体中提取的边

2. 压印边

在 AutoCAD 中通过以下几种方法执行【压印边】命令，可以将对象压印到选定的实体上。

- 在命令行中执行 IMPRINT 命令。
- 选择【修改】|【实体编辑】|【压印】命令。
- 选择【常用】选项卡，然后在【实体编辑】面板中单击【压印】按钮。

例如，若要在长方体上压印圆，可以在【功能区】选项板中选择【常用】选项卡，然后在【实体编辑】面板中单击【压印】按钮，选择长方体作为三维实体，再选择圆作为需要压印的对象，若要删除压印对象，可以在命令行的【是否删除源对象 [是(Y)/否(N)] <N>:】提示信息下输入 Y，然后连续按 Enter 键即可，效果如图 12-36 所示。

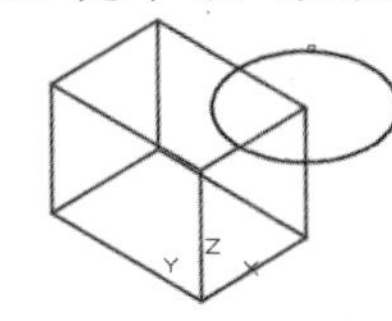

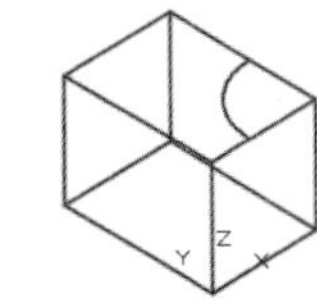

图 12-36　压印边

为了使压印操作成功，被压印的对象必须与选定对象的一个或多个面相交。压印对象仅限于圆弧、圆、直线、二维和三维多段线、椭圆、样条曲线、面域、体和三维实体对象。

3. 着色边

在 AutoCAD 中通过以下两种方法执行【着色边】命令，可以着色实体的边。

- 选择【修改】|【实体编辑】|【着色边】命令。
- 选择【常用】选项卡，然后在【实体编辑】面板中单击【着色边】按钮。

用户在执行着色边命令时，选定边后，将弹出【选择颜色】对话框，其中可以选择用于着色边的颜色，如图 12-37 所示。

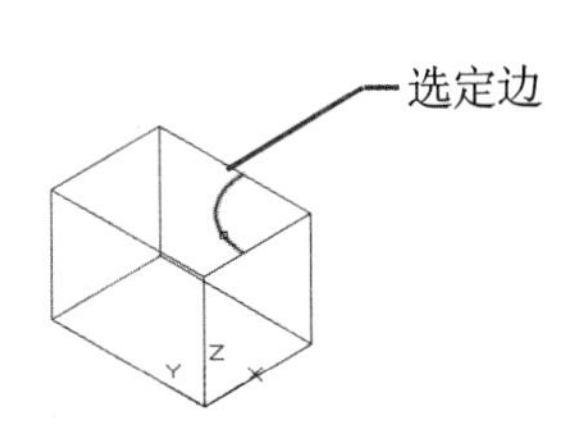

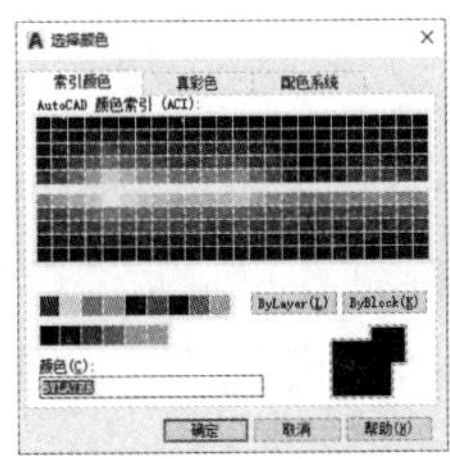

图 12-37　着色边

4. 复制边

在 AutoCAD 中通过以下两种方法执行【复制边】命令，可以将三维实体边复制为直线、圆弧、圆、椭圆或样条曲线，如图 12-38 所示。

◉ 选择【修改】|【实体编辑】|【复制边】命令。

◉ 选择【常用】选项卡，然后在【实体编辑】面板中单击【复制边】按钮。

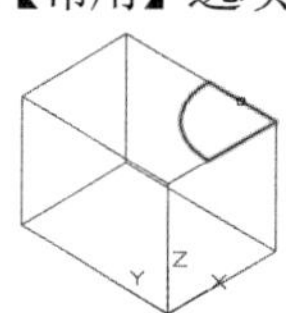

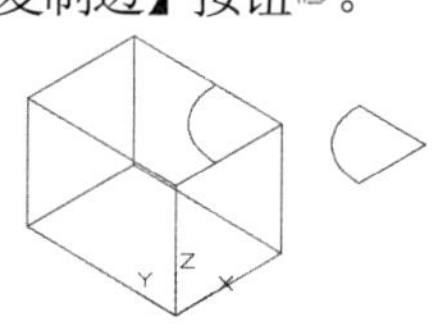

图 12-38　复制边

12.2.7　编辑三维实体的面

在 AutoCAD 的【功能区】选项板中选择【常用】选项卡，然后在【实体编辑】面板中单击相关按钮，或在菜单栏中选择【修改】|【实体编辑】子菜单中的命令，即可对实体面进行拉伸、移动、偏移、删除、旋转、倾斜、着色和复制等操作。

1. 拉伸面

在 AutoCAD 中通过以下两种方法执行【拉伸面】命令，可按指定的长度或沿指定的路径拉伸实体面。

◉ 选择【修改】|【实体编辑】|【拉伸面】命令。

◉ 选择【常用】选项卡，然后在【实体编辑】面板中单击【拉伸面】按钮。

例如，若要将如图 12-39 所示图形中 A 处的面拉伸 40 个单位，可以在【常用】选项卡的【实体编辑】面板中单击【拉伸面】按钮，并单击 A 处所在的面，然后在命令行的提示信息下输入拉伸高度为 20，其效果如图 12-40 所示。

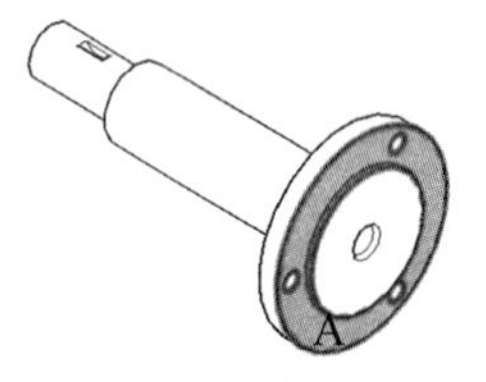

图 12-39　待拉伸的图形

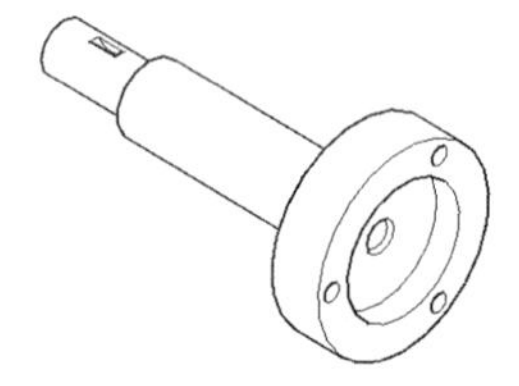

图 12-40　拉伸后的效果

2. 移动面

在 AutoCAD 中通过以下两种方法执行【移动面】命令，可按指定的距离移动实体的指定面。

◉ 选择【修改】|【实体编辑】|【移动面】命令。

◉ 选择【常用】选项卡，然后在【实体编辑】面板中单击【移动面】按钮。

例如，若要将如图 12-41 所示对象中点 A 处的面进行移动，并指定位移的基点为(0,0,0)，位移的第 2 点为(0,20,0)，移动后的效果如图 12-42 所示。

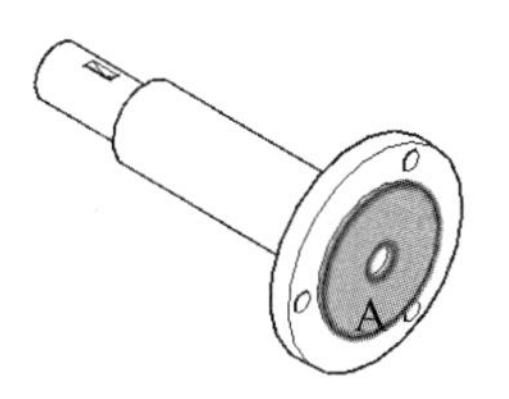

图 12-41　选中 A 面

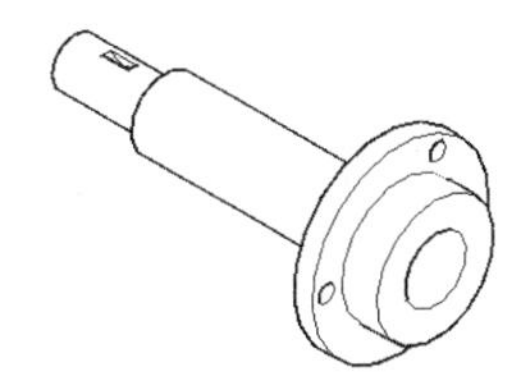

图 12-42　移动面效果

3. 偏移面

在 AutoCAD 中通过以下两种方法执行【偏移面】命令，可以等距离偏移实体的指定面。

- 选择【修改】|【实体编辑】|【偏移面】命令。
- 选择【常用】选项卡，然后在【实体编辑】面板中单击【偏移面】按钮。

例如，若将如图 12-41 所示对象中点 A 处的面进行偏移，并指定偏移距离为 20，偏移的效果如图 12-42 所示。

4. 旋转面

在 AutoCAD 中通过以下两种方法执行【旋转面】命令，可以绕指定轴旋转实体的面。

- 选择【修改】|【实体编辑】|【旋转面】命令。
- 选择【常用】选项卡，然后在【实体编辑】面板中单击【旋转面】按钮。

例如，将如图 12-43 中 A 处的面绕 X 轴旋转 45°，可以在【功能区】选项板中选择【常用】选项卡，然后在【实体编辑】面板中单击【旋转面】按钮，并单击点 A 处的面作为旋转面，指定轴为 X 轴，旋转原点的坐标为(0,0,0)，旋转角度位 45°，则旋转后的效果如图 12-44 所示。

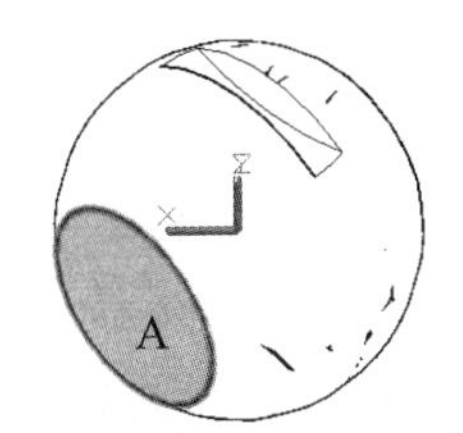

图 12-43　需要旋转面的实体

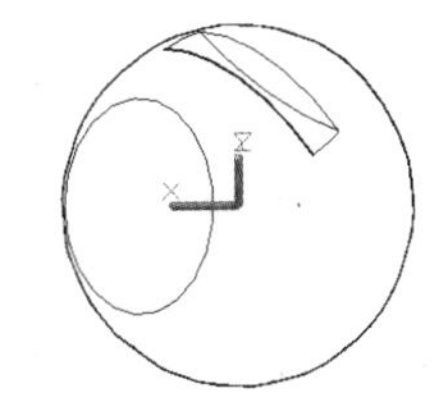

图 12-44　旋转面后的效果

5. 删除面

在 AutoCAD 中通过以下两种方法执行【删除面】命令，可以删除实体上指定的面。

- 选择【修改】|【实体编辑】|【删除面】命令。
- 选择【常用】选项卡，然后在【实体编辑】面板中单击【删除面】按钮。

例如，若要删除如图 12-45 所示图形中 A 处的面，选择【常用】选项卡，然后在【实体编辑】面板中单击【删除】按钮，并单击 A 处所在的面，最后按 Enter 键，效果如图 12-46 所示。

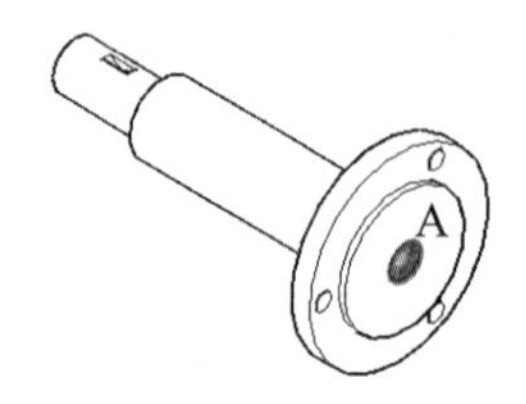

图 12-45　需要删除其面的实体

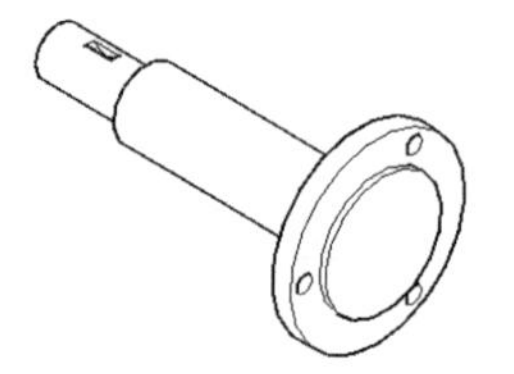

图 12-46　删除面后的效果

6. 着色面

在 AutoCAD 中通过以下两种方法执行【着色面】命令，可以修改实体上单个面的颜色。

- 选择【修改】|【实体编辑】|【着色面】命令。
- 选择【常用】选项卡，然后在【实体编辑】面板中单击【着色面】按钮。

当执行着色面命令时，在绘图窗口中选择需要着色的面，然后按 Enter 键，将打开如图 12-47(a)所示的【选择颜色】对话框。在颜色调色板中可以选择需要的颜色，最后单击【确定】按钮即可。

当为实体的面着色后，可以选择【视图】|【渲染】|【渲染】命令渲染图形，以观察其着色效果，如图 12-47(b)所示。

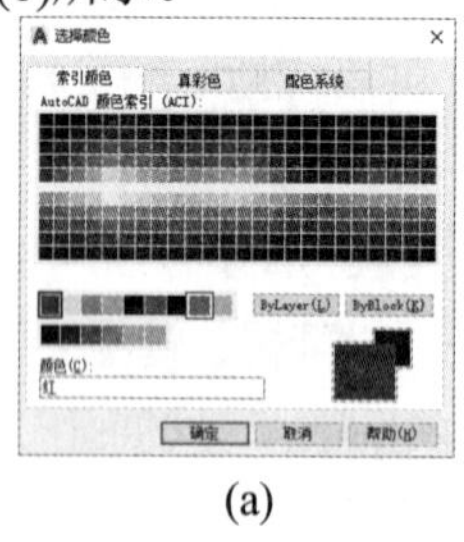

(a)　　(b)

图 12-47　着色面

7. 倾斜面

在 AutoCAD 中通过以下两种方法执行【倾斜面】命令，可将实体面倾斜为指定角度。

- 选择【修改】|【实体编辑】|【倾斜面】命令。
- 选择【常用】选项卡，然后在【实体编辑】面板中单击【倾斜面】按钮。

例如，将如图 12-48 中 A 处的面以(0,0,0)为基点，以(0,10,0)为沿倾斜轴上的一点，倾斜角度为－45°，倾斜面后的效果如图 12-49 所示。

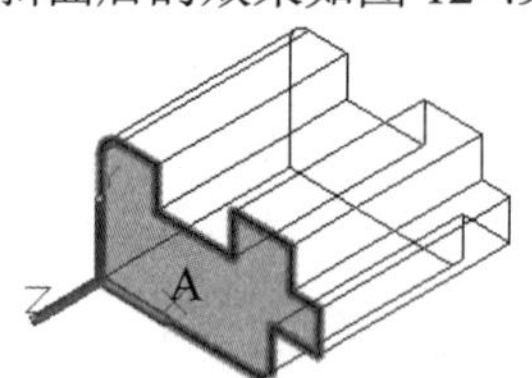

图 12-48　需要倾斜面的实体

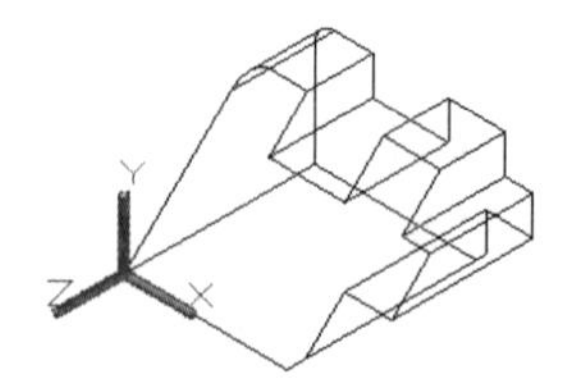

图 12-49　倾斜面后的效果

8. 复制面

在 AutoCAD 中通过以下两种方法执行【复制面】命令，可以复制指定的实体面。

- 选择【修改】|【实体编辑】|【复制面】命令。

◉ 选择【常用】选项卡，然后在【实体编辑】面板中单击【复制面】按钮。

例如，若要复制图形中的圆环面，可以在【功能区】选项板中选择【常用】选项卡，然后在【实体编辑】面板中单击【复制面】按钮，并单击需要复制的面，最后指定位移的基点和位移的第 2 点，并按 Enter 键，效果如图 12-50 所示。

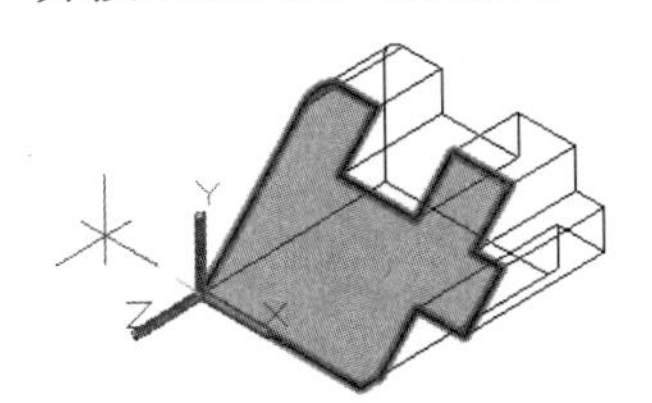

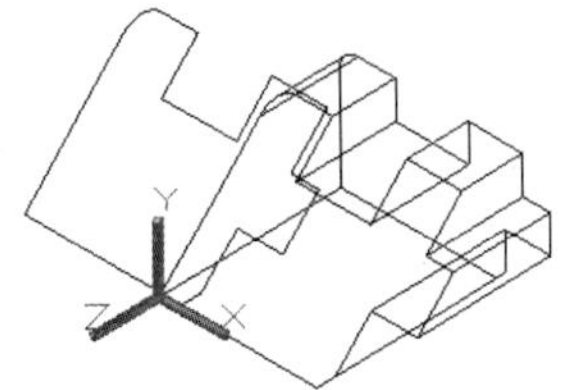

图 12-50　复制实体面

12.2.8　分解三维实体

分解三维实体可将三维对象分解为一系列面域和主体。其中，实体中的平面被转换为面域，曲面被转化为主体。用户还可以继续使用该命令，将面域和主体分解为组成实体的基本元素，如直线、圆及圆弧等。执行分解命令主要有以下几种方法。

◉ 在命令行中执行 EXPLODE 命令。

◉ 选择【修改】|【分解】命令。

◉ 选择【常用】选项卡，然后在【修改】面板中单击【分解】按钮。

例如，对如图 12-51(a)所示的图形进行分解，然后移动生成的面域或主体，效果如图 12-51(b)所示。

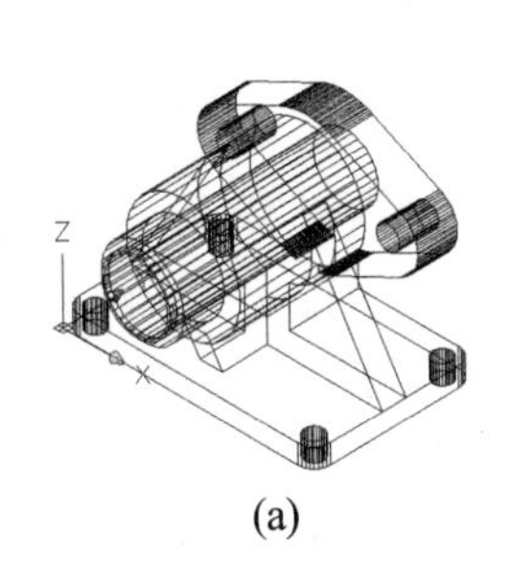

(a)

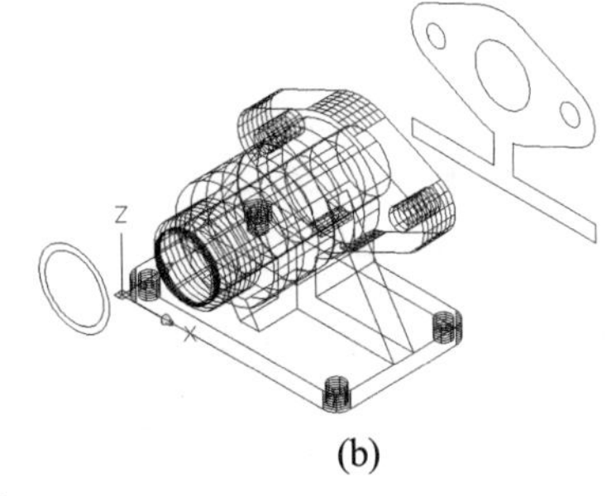

(b)

图 12-51　分解实体

12.2.9　加厚操作

加厚操作可通过加厚曲面从任何曲面类型创建三维实体，该命令主要有以下几种执行方法。

◉ 在命令行中执行 THICKEN。

◉ 选择【修改】|【三维操作】|【加厚】命令。

◉ 选择【常用】选项卡，然后在【实体编辑】面板中单击【加厚】按钮。

例如，使用【加厚】命令，将长方形曲面加厚 50 个单位后，效果如图 12-52 所示。

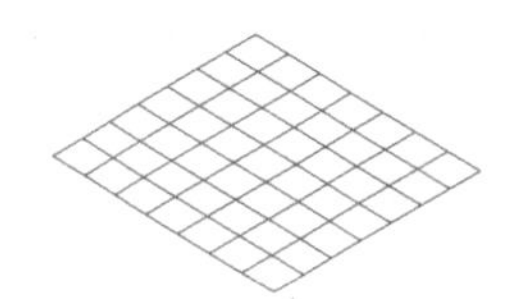

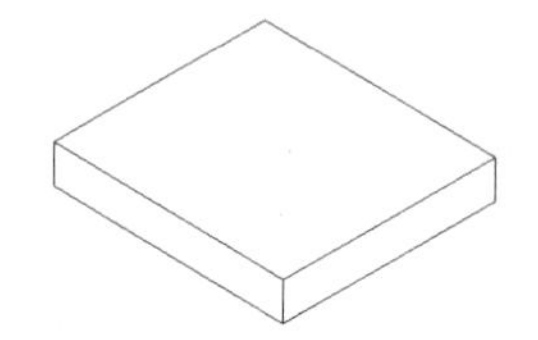

图 12-52　加厚操作

12.2.10　干涉检查

干涉检查通过从两个或多个实体的公共体积创建临时组合三维实体，用于亮显重叠的三维实体。如果定义了单个选择集，干涉检查将对比检查选择集中的全部实体。如果定义了两个选择集，干涉检查将对比检查第一个选择集中的实体与第二个选择集中的实体。如果在两个选择集中都包括同一个三维实体，干涉检查将该三维实体视为第一个选择集中的一部分，而在第二个选择集中忽略该三维实体。

【干涉】命令的主要执行方法有以下几种。

- 在命令行中执行 INTERFERE 命令。
- 选择【修改】|【三维操作】|【干涉检查】命令。
- 选择【常用】选项卡，然后在【实体编辑】面板中单击【干涉】按钮。

执行以上操作后，命令行将提示：

```
选择第一组对象或 [嵌套选择(N)/设置(S)]:
```

默认情况下，选择第一组对象后，按 Enter 键，命令行将显示【选择第二组对象或 [嵌套选择(N)/检查第一组(K)] <检查>: 】提示信息，此时按 Enter 键，将打开【干涉检查】对话框，如图 12-53 所示。

【干涉检查】对话框能够使用户在干涉对象之间循环并缩放干涉对象，也可以指定关闭对话框时是否删除干涉对象。其中，在【干涉对象】选项区域中，显示执行【干涉检查】命令时选中的每组对象的数目及在其间找到的干涉数目；在【亮显】选项区域中，单击【上一个】和【下一个】按钮，可以在循环选取对象时亮显干涉对象；可以选中【缩放对】复选框缩放干涉对象；单击【实时缩放】【实时平移】和【三维动态观测器】按钮，可以关闭【干涉检查】对话框，并分别启动【实时缩放】【实时平移】和【三维动态观测器】，进行缩放、移动和观察干涉对象，如图 12-54 所示。

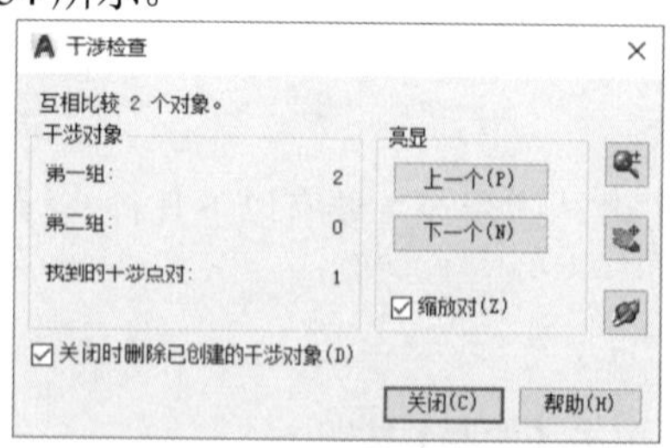

图 12-53　【干涉检查】对话框

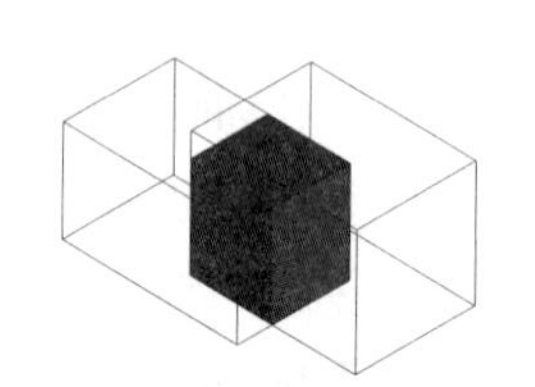

图 12-54　观察干涉对象

此外，若选中【关闭时删除已创建的干涉对象】复选框，可以在关闭【干涉检查】对话框时删除干涉对象；单击【关闭】按钮，可以关闭【干涉检查】对话框并删除干涉对象。

在命令行的【选择第一组对象或 [嵌套选择(N)/设置(S)]:】提示信息下，选择【嵌套选择(N)】选项，用户可以选择嵌套在块和外部参照中的单个实体对象。此时，命令行将显示【选择嵌套对象或 [退出(X)] <退出>:】提示信息，可以选择嵌套对象或按 Enter 键返回普通对象选择。

在命令行的【选择第一组对象或 [嵌套选择(N)/设置(S)]:】提示信息下，选择【设置(S)】选项，将打开【干涉设置】对话框，如图 12-55 所示。

【干涉设置】对话框用于控制干涉对象的显示。其中，【干涉对象】选项区域用于指定干涉对象的视觉样式和颜色，表示是亮显实体的干涉对象，还是亮显从干涉点对中创建的干涉对象；【视口】选项区域则用于指定检查干涉时的视觉样式。例如，对两个长方体求干涉集后，在绘图窗口显示的干涉对象如图 12-56 所示。

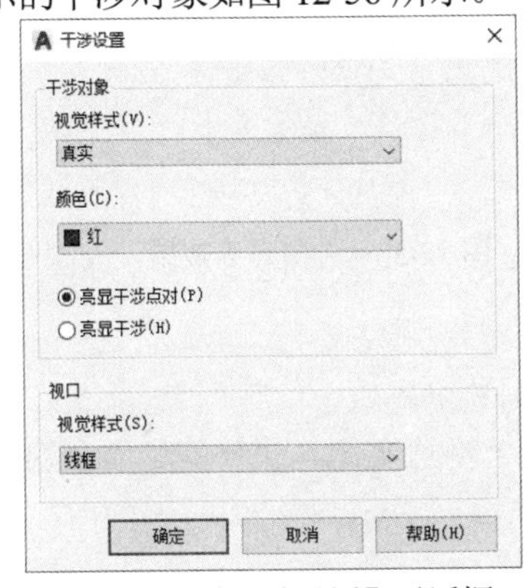

图 12-55　【干涉设置】对话框

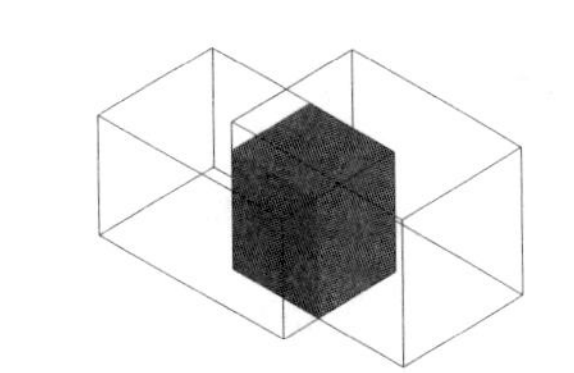

图 12-56　求干涉集后的效果

12.2.11　转换为实体和曲面

在 AutoCAD 2019 中，【转换为实体】和【转换为曲面】命令的使用方法如下：

- 在【功能区】选项板中选择【常用】选项卡，然后在【实体编辑】面板中单击【转换为实体】按钮，或在菜单栏中选择【修改】|【三维操作】|【转换为实体】命令(CONVTOSOLID)，即可将具有厚度的统一宽度的宽多段线、闭合的或具有厚度的零宽度多段线、具有厚度的圆转换为实体。
- 在【功能区】选项板中选择【常用】选项卡，然后在【实体编辑】面板中单击【转换为曲面】按钮，或在菜单栏中选择【修改】|【三维操作】|【转换为曲面】命令(CONVTOSURFACE)，即可将二维实体、面域、体、开放的或具有厚度的零宽度多段线、具有厚度的直线、具有厚度的圆弧以及三维平面转换为曲面。

12.2.12　三维实体的布尔运算

通过布尔运算可以创建出不易绘制的三维实体，布尔运算包括并集运算、差集运算和交集运算。下面将分别介绍其具体操作。

1. 并集运算

并集运算可以合并选定的三维实体，生成一个新实体。该命令主要用于将多个相交或相接触的对象组合在一起。当组合一些不相交的实体时，其显示效果还是多个实体，但实际上却被当作一个合并的对象。在使用该命令时，只需要依次选择待合并的对象即可。

执行并集命令的主要方法有以下几种：

- 在命令行中执行 UNION 命令。
- 选择【修改】|【实体编辑】|【并集】命令。
- 选择【常用】选项卡，然后在【实体编辑】面板中单击【实体,并集】按钮。

例如，对如图 12-57 所示的两个长方体做并集运算，可在【功能区】选项板中选择【常用】选项卡，然后在【实体编辑】面板中单击【实体,并集】按钮，再分别选择两个长方体，按 Enter 键，即可完成并集运算，效果如图 12-58 所示。

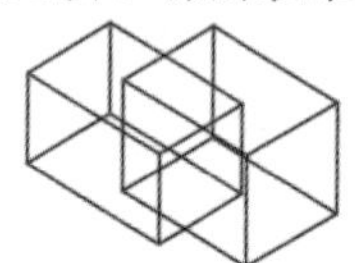

图 12-57　用作并集运算的实体

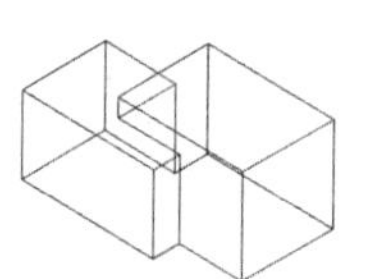

图 12-58　并集运算效果

2. 差集运算

差集运算可以从某实体中删除部分实体，从而得到一个新的实体。执行差集命令的主要方法有以下几种：

- 在命令行中执行 SUBTRACT 命令。
- 选择【修改】|【实体编辑】|【差集】命令。
- 选择【常用】选项卡，然后在【实体编辑】面板中单击【实体,差集】按钮。

例如，若要从如图 12-59 所示的长方体 A 中减去长方体 B，可以在【功能区】选项板中选择【常用】选项卡，然后在【实体编辑】面板中单击【实体,差集】按钮，再单击长方体 A，将其作为被减实体，按 Enter 键，最后单击长方体 B 后按 Enter 键确认，即可完成差集运算，效果如图 12-60 所示。

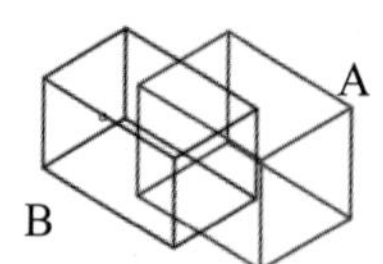

图 12-59　用作差集运算的实体

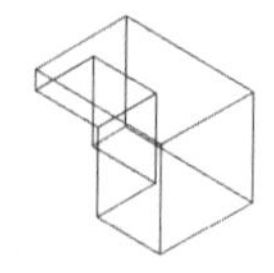

图 12-60　差集运算效果

3. 交集运算

交集运算可利用各实体的公共部分创建新实体。执行交集命令的主要方法有以下几种：

- 在命令行中执行 INTERSECT 命令。
- 选择【修改】|【实体编辑】|【交集】命令。
- 选择【常用】选项卡，然后在【实体编辑】面板中单击【实体,交集】按钮。

例如，若要对如图 12-61 所示的两个长方体求交集，可以在【功能区】选项板中选择【常用】选项卡，然后在【实体编辑】面板中单击【交集】按钮，再单击所有需要求交集的长方体，按 Enter 键，即可完成交集运算，效果如图 12-62 所示。

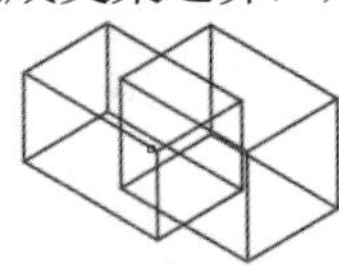

图 12-61　用作交集运算的实体

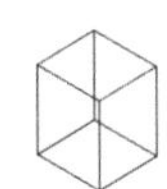

图 12-62　交集运算效果

12.3　标注三维对象

在 AutoCAD 2019 的【功能区】选项板中选择【注释】选项卡，然后在【标注】面板中单击标注工具，或在菜单栏中选择【标注】菜单中的命令，不仅可以标注二维对象的尺寸，还可以标注三维对象的尺寸。由于所有的尺寸标注都只能在当前坐标的 XY 平面中进行，因此为了准确标注三维对象中各部分的尺寸，需要不断地变换坐标系。

下面通过一个具体实例介绍三维对象的标注方法。

【例 12-4】标图形中长方体的长度、高度和宽度。

(1) 在【功能区】选项板中选择【常用】选项卡，然后在【图层】面板中单击【图层特性】按钮，打开【图层特性管理器】面板，新建一个【标注层】，并将该层设置为当前层。

(2) 在【功能区】选项板中选择【常用】选项卡，然后在【坐标】面板中单击【原点】按钮，将坐标系移动至如图 12-63 所示的位置。

(3) 在【功能区】选项板中选择【注释】选项卡，然后在【标注】面板中单击【线性】按钮，标注长方体底面的长和宽，如图 12-64 所示。

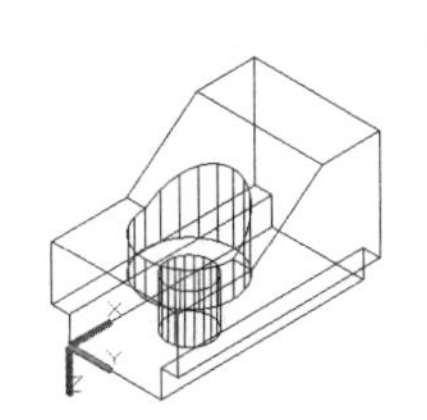

图 12-63　移动坐标系

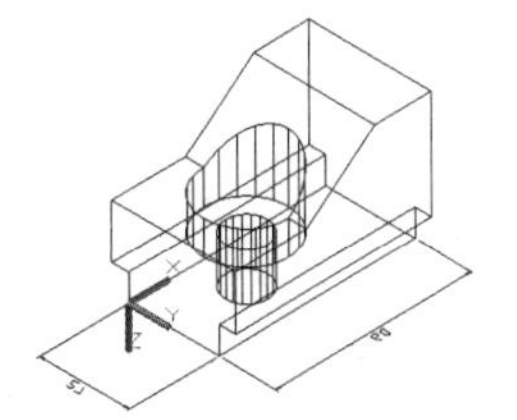

图 12-64　线性标注

(4) 在【功能区】选项板中选择【常用】选项卡，然后在【坐标】面板中单击 Y 按钮，将坐标系绕 Y 轴旋转 90°，如图 12-65 所示。

(5) 在【功能区】选项板中选择【注释】选项卡，然后在【标注】面板中单击【线性】按钮，标注长方体的高度，如图 12-66 所示。

计算机基础与实训教材系列

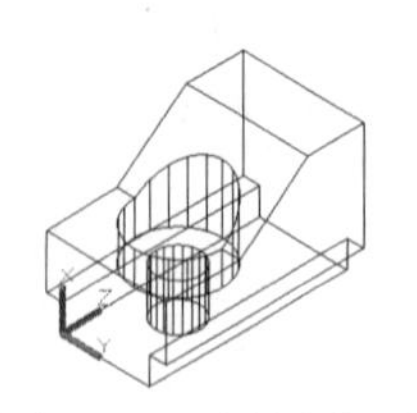

图 12-65　旋转坐标系

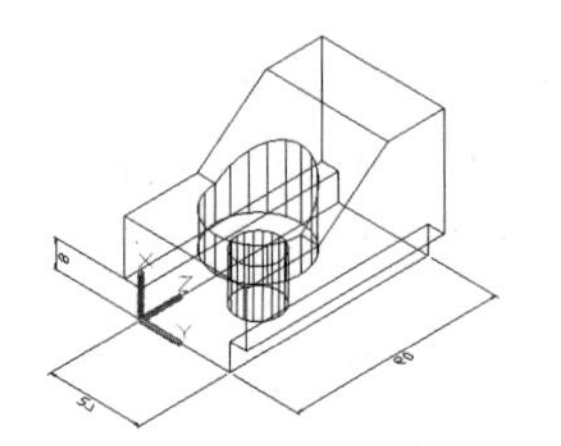

图 12-66　标注长方体高度

12.4　上机练习

本章的上机练习将通过在 AutoCAD 2019 中绘制各种三维实体，帮助用户巩固所学的知识。

12.4.1　绘制餐桌模型

使用 AutoCAD 2019 练习绘制一个餐桌实体模型。

(1) 新建一个图形文件，将视图切换为【西南等轴测】，然后在【常用】选项卡的【建模】面板中单击【长方体】按钮，在命令行提示下输入(0,0,0)。

(2) 按 Enter 键，在命令行提示下输入(@600,1200)。

(3) 按 Enter 键，在命令行提示下输入 50，绘制如图 12-67 所示的长方体。

(4) 在命令行中输入 F，按 Enter 键，执行【圆角】命令，在命令行提示下选中长方体上的一条垂直边，如图 12-68 所示。

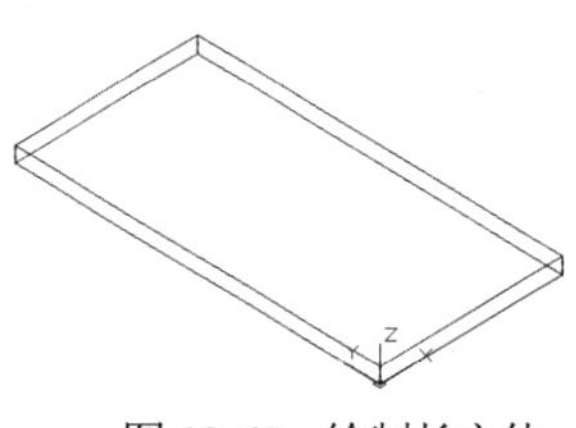

图 12-67　绘制长方体

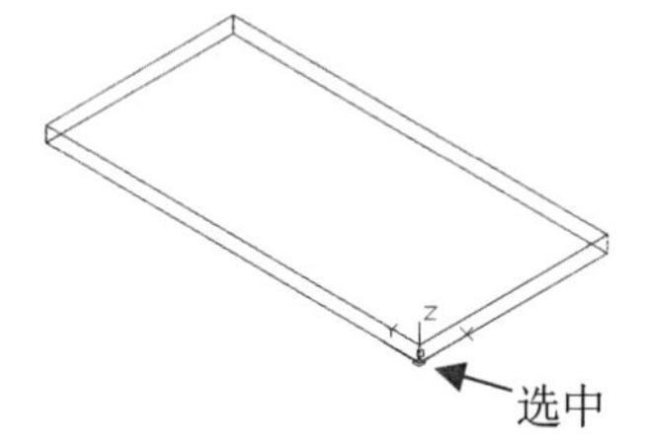

图 12-68　选中垂直边

(5) 按 Enter 键，在命令行提示下输入 50，设置圆角半径。

(6) 按 Enter 键，对长方体执行圆角操作。

(7) 重复以上操作，对长方体的其余三个角进行圆角处理，如图 12-69 所示。

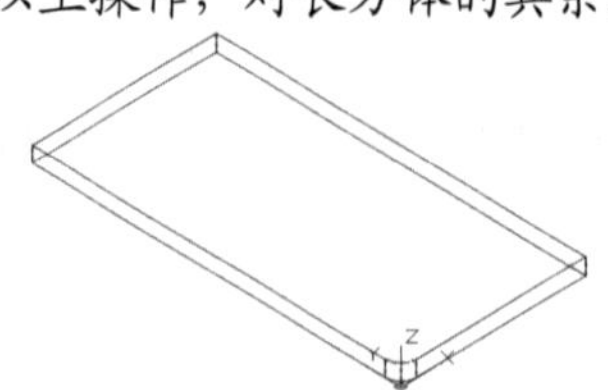

图 12-69　圆角效果

(8) 在命令行中输入 C，按 Enter 键，执行【圆】命令，在命令行提示下输入 FROM。

(9) 按 Enter 键，在命令行提示下捕捉长方体底面中如图 12-70 所示的圆心。

(10) 在命令行提示下输入(@100,100)，输入偏移距离，按 Enter 键。

(11) 在命令行提示下输入 50，按 Enter 键，绘制如图 12-71 所示的圆。

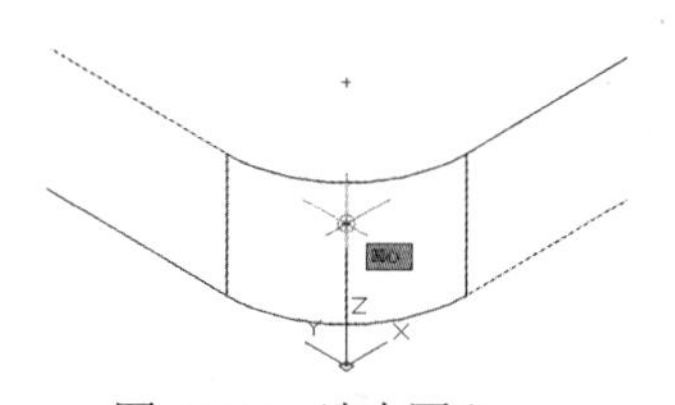

图 12-70　选中圆心

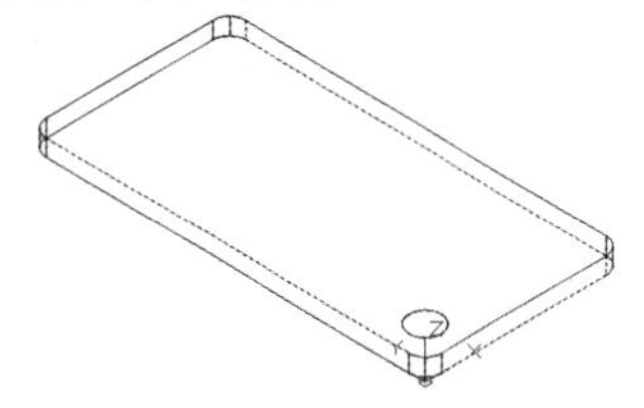

图 12-71　绘制半径为 50 的圆

(12) 在命令行中输入 C，按 Enter 键，执行【圆】命令，以半径为 50 的圆的圆心为圆心绘制一个半径为 30 的圆，如图 12-72 所示。

(13) 在命令行中输入 POLYGON 命令，按 Enter 键，执行【正多边形】命令。

(14) 在命令行提示下输入 4，按 Enter 键，指定正多边形的边数。

(15) 在命令行提示下捕捉半径为 30 的圆的圆心为正多边形的中心点。

(16) 在命令行提示下输入 I，按 Enter 键，选择【内接于圆】选项，按 Enter 键。

(17) 在命令行中输入 50，按 Enter 键，绘制如图 12-73 所示的正多边形。

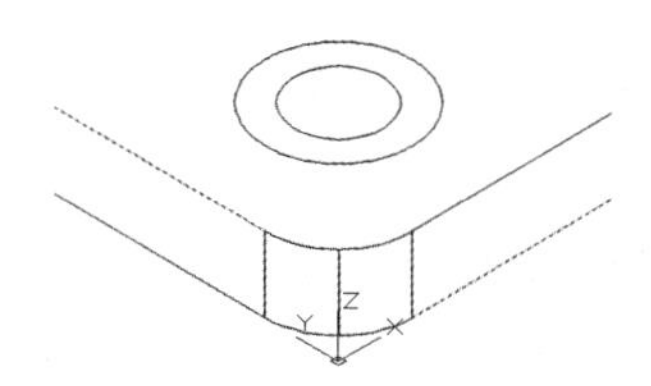

图 12-72　绘制半径为 30 的圆

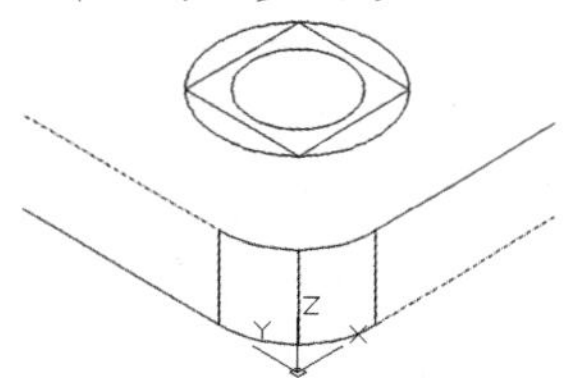

图 12-73　绘制正多边形

(18) 在命令行中输入 M，按 Enter 键，执行【移动】命令。

(19) 在命令行提示下选中半径为 50 的圆。

(20) 按 Enter 键，在命令行提示下选中圆的圆心为基点。

(21) 按 Enter 键，在命令行提示下输入(0,0,-200)，如图 12-74 所示。

(22) 按 Enter 键，将半径为 50 的圆向下移动 200 个单位。

(23) 重复以上操作，将半径为 30 的圆向下移动 650 个单位，效果如图 12-75 所示。

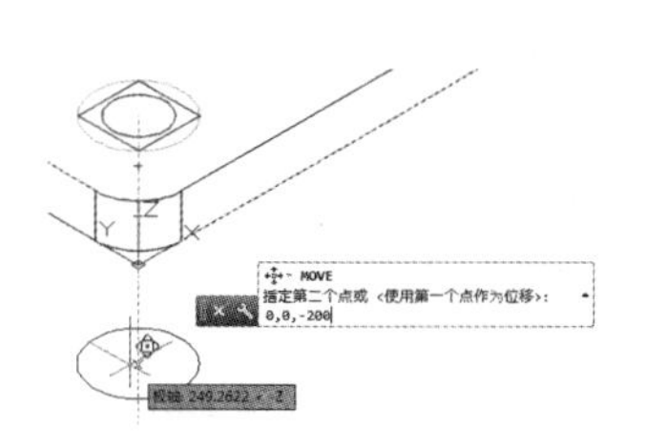

图 12-74　移动圆

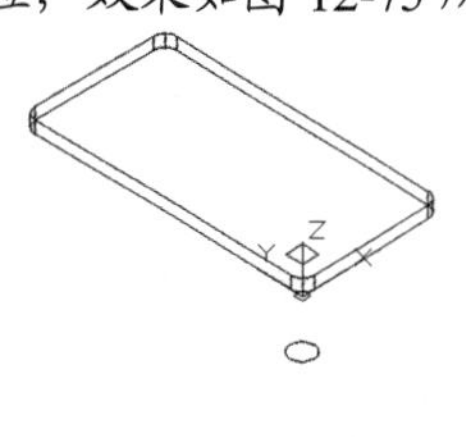

图 12-75　图形移动效果

(24) 在【建模】组中单击【放样】按钮，执行【放样】命令，分别选中半径为 30、50 的圆以及正四边形，如图 12-76 所示。

(25) 按 Enter 键，在命令行提示下输入 S。

(26) 按 Enter 键，打开【放样设置】对话框，选中【平滑拟合】单选按钮，单击【确定】按钮，如图 12-77 所示。

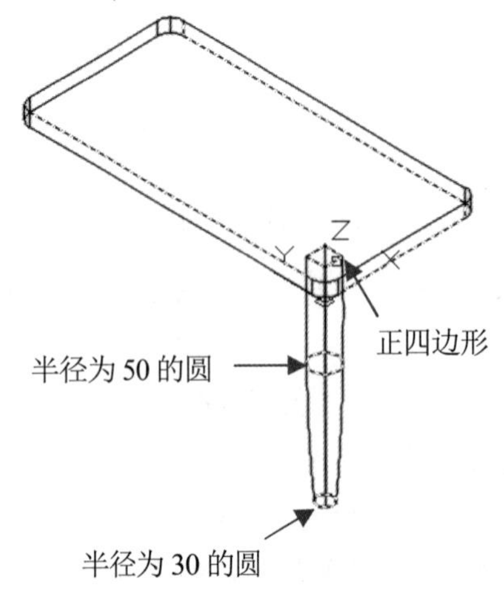

图 12-76　选中图形

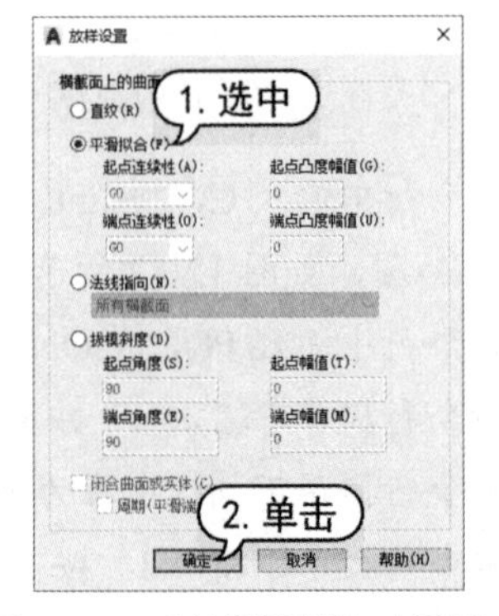

图 12-77　【放样设置】对话框

(27) 在命令行中输入 3DARRAY，按 Enter 键，执行【三维阵列】命令。

(28) 在命令行提示下选中图 12-78 所示的放样图形。

(29) 按 Enter 键，在命令行提示下，输入 R，选择【矩形】阵列选项。

(30) 按 Enter 键，在命令行提示下输入 2，指定阵列的行数。

(31) 按 Enter 键，在命令行提示下输入 2，指定阵列的列数。

(32) 连续按两下 Enter 键，在命令行提示下输入 900，指定阵列的行间距。

(33) 按 Enter 键，在命令行提示下输入 300，指定阵列的列间距。

(34) 按 Enter 键，即可创建如图 12-79 所示的餐桌模型。

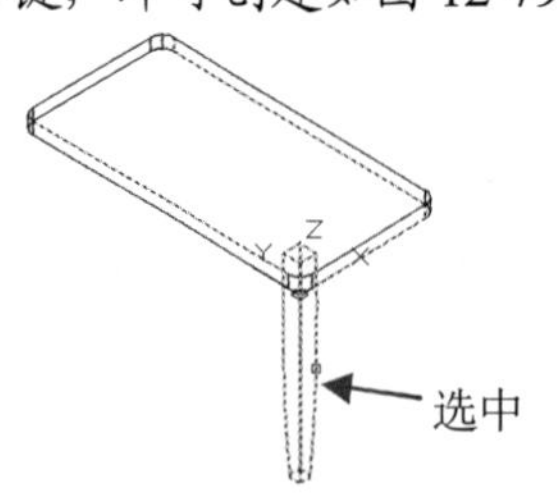

图 12-78　选中放样图形

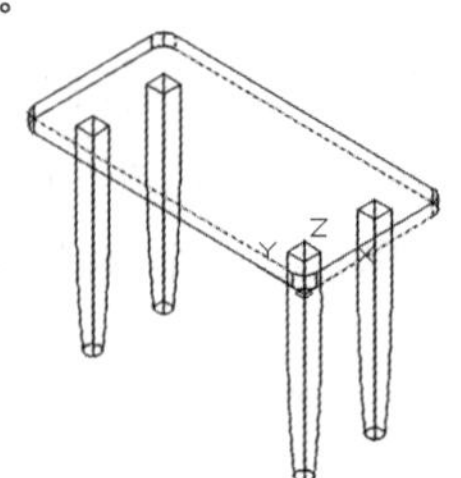

图 12-79　餐桌模型效果

12.4.2　绘制茶杯模型

使用 AutoCAD 2019 绘制一个茶杯实体模型。

(1) 新建一个图形文件，选择【视图】|【三维视图】|【西南等轴测】命令，将视图切换为“西南等轴测”，如图 12-80 所示。

(2) 在命令行中输入 ELLIPSE，执行【椭圆】命令，然后按 Enter 键，在命令行提示下输入 C，指定圆心中心点为(0,0)。

(3) 按 Enter 键，在命令行提示下输入 0.5，指定椭圆图形的轴端点。

(4) 按 Enter 键，在命令行提示下输入 1，指定椭圆另一长半轴的长度。

(5) 按 Enter 键，在命令行提示下输入 UCS。

(6) 按 Enter 键，在命令行提示下输入 X，如图 12-81 所示。

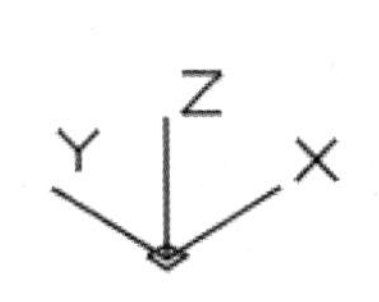

图 12-80　西南等轴测

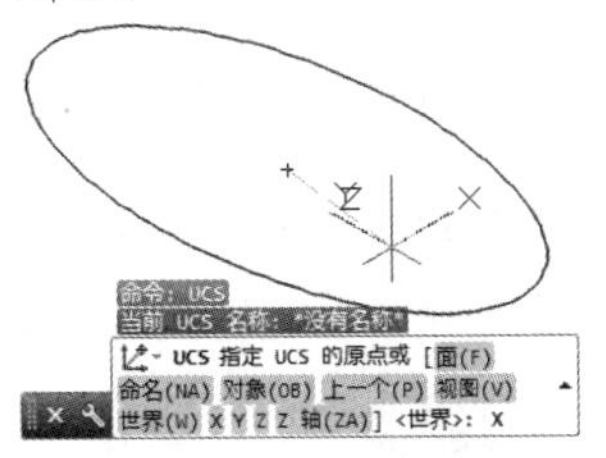

图 12-81　绘制椭圆

(7) 按 Enter 键，在命令行提示下输入 90，按 Enter 键，将坐标系沿 X 轴旋转 90°，效果如图 12-82 所示。

(8) 在命令行中输入 PLINE 命令，按 Enter 键确认，执行多段线命令。

(9) 在命令行提示下输入(0,0)，按 Enter 键，指定多段线起点。在命令行提示下输入(@-3,3)，指定多段线的下一点。

(10) 按 Enter 键，在命令行提示下输入 A，选择【圆弧】选项。

(11) 按 Enter 键，在命令行提示下输入 7，指定下一点的位置，如图 12-83 所示。

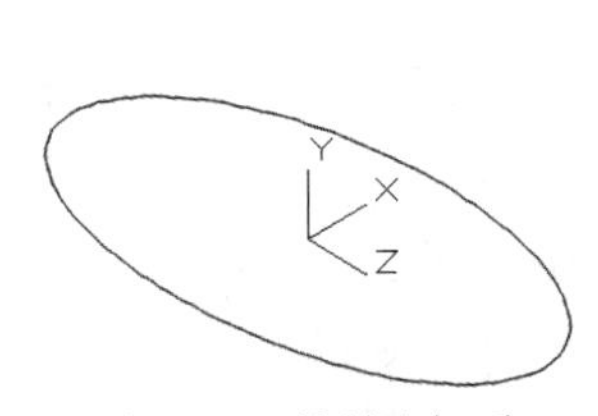

图 12-82　旋转坐标系

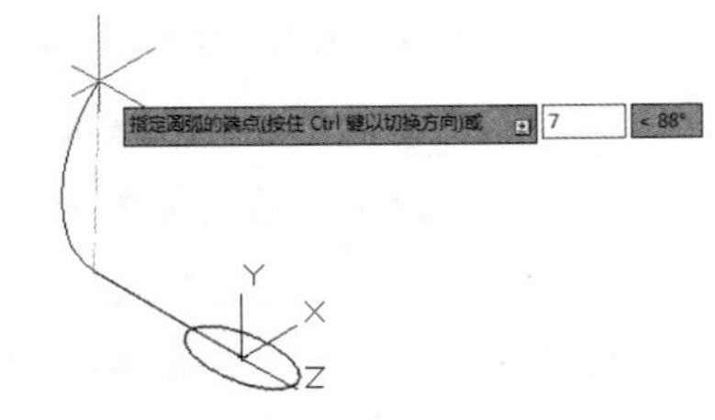

图 12-83　指定下一点

(12) 按 Enter 键，在命令行提示下输入 3，指定最后一点的位置，效果如图 12-84 所示。

(13) 按 Enter 键结束多段线的绘制。在命令行中输入 SWEEP 后，按 Enter 键执行【扫掠】命令。

(14) 在命令行提示下，依次单击绘图窗口中的椭圆和多段线，将绘制的椭圆沿着多段线路径进行扫掠，如图 12-85 所示。

(15) 在命令行中输入 UCS 后，按 Enter 键确认。

(16) 在命令行提示下输入 X，按 Enter 键。在命令行提示下输入-90，按 Enter 键，将坐标系恢复到世界坐标系。

(17) 在命令行中输入 CYLINDER，按 Enter 键确认，执行【圆柱体】命令。

(18) 在命令行提示下输入 2P，按 Enter 键，选择【两点】选项。在命令行提示下，捕捉绘图窗口中如图 12-86 所示的象限点。

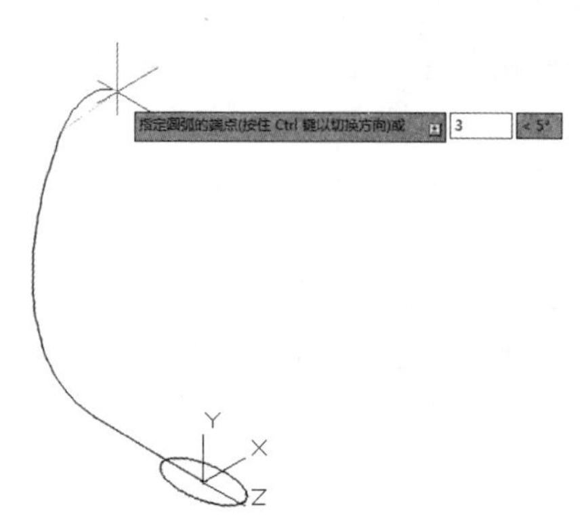

图 12-84　绘制多段线

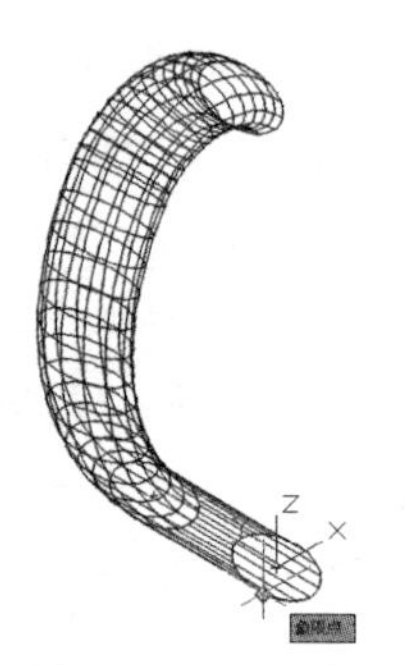

图 12-85　扫掠图形

(19) 在命令行提示下输入 15，按 Enter 键，指定圆柱体的直径。

(20) 在命令行提示下输入 20，按 Enter 键，指定圆柱体的高度。绘制如图 12-87 所示的圆柱体。

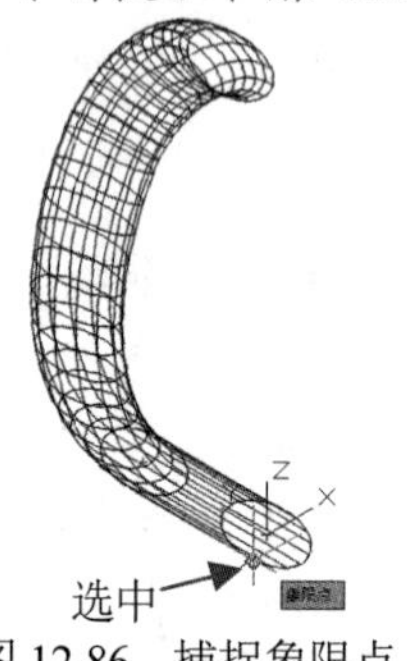

图 12-86　捕捉象限点

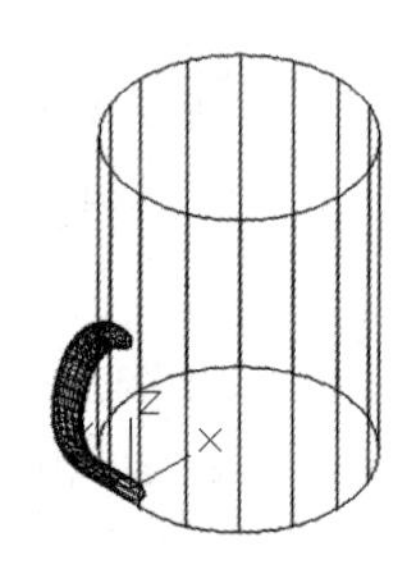

图 12-87　绘制圆柱体

(21) 在命令行中输入 M，按 Enter 键，执行【移动】命令，将扫掠后的实体对象沿着 Z 轴方向进行移动，距离为 5，如图 12-88 所示。

(22) 选择【常用】选项卡，在【实体编辑】面板中单击【并集】按钮，执行【并集】命令，在绘图窗口中选择扫掠生成的实体和圆柱体，将其进行并集运算。

(23) 在命令行中输入 CYLINDER 命令后，按 Enter 键，执行【圆柱体】命令，以组合体的顶面圆形为圆柱体的底面圆形，绘制半径为 7，高度为-18 的圆柱体，如图 12-89 所示。

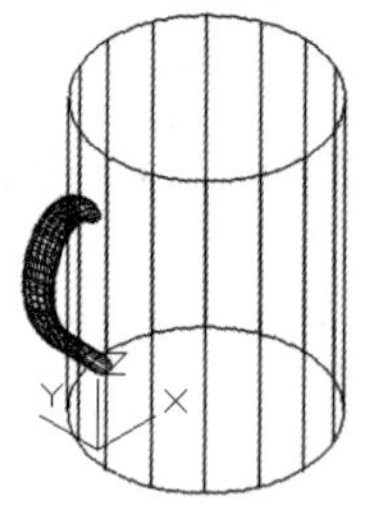

图 12-88　移动实体对象

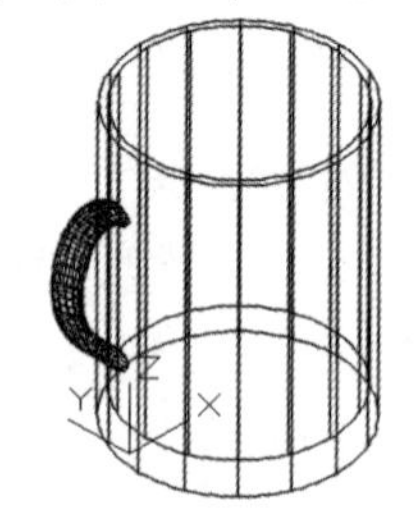

图 12-89　绘制半径为 7 的圆柱体

(24) 在【实体编辑】面板中单击【差集】按钮，执行【差集】命令，在绘图窗口中将半径为 7 的圆柱体从经过并集运算后的组合体中减去，完成茶杯实体的绘制。

(25) 最后，选择【视图】|【视觉样式】|【概念】命令，使用“概念”视觉样式显示制作的三维实体。

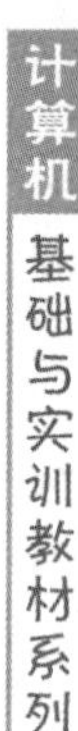

12.4.3　绘制垫圈模型

使用 AutoCAD 2019 绘制一个垫圈实体模型。

(1) 新建一个图形文件，选择【视图】|【三维视图】|【西南等轴测】命令，将视图切换为“西南等轴测”。

(2) 在【常用】选项卡的【建模】面板中单击【圆柱体】按钮，执行圆柱体命令，绘制底面半径为 8，高度为 1 的圆柱体，如图 12-90 所示。

(3) 在【建模】面板中单击【圆柱体】按钮，执行圆柱体命令，以圆柱体底面中心点为圆心，绘制底面半径为 4、高度为 1 的圆柱体，如图 12-91 所示。

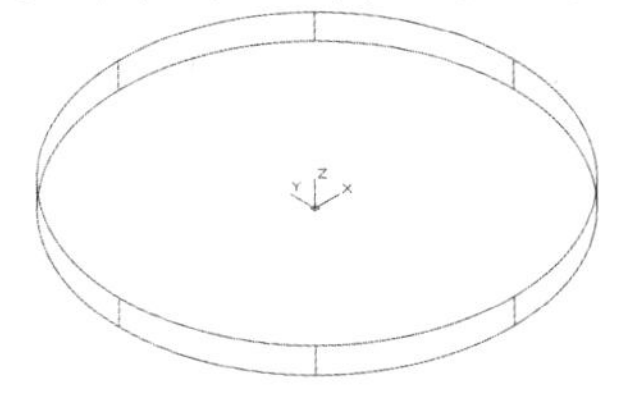

图 12-90　绘制底面半径为 8 的圆柱体

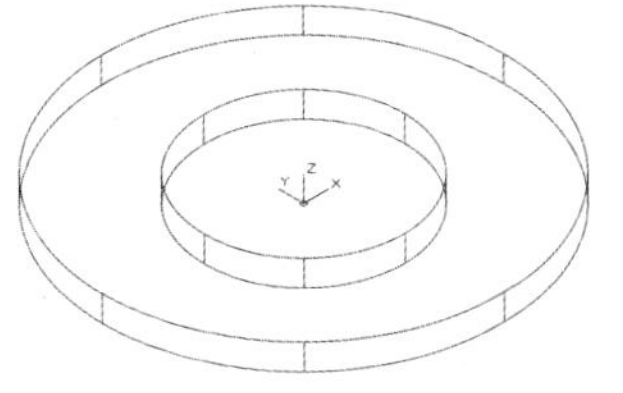

图 12-91　绘制底面半径为 4 的圆柱体

(4) 在【常用】选项卡的【视图编辑】面板中单击【差集】按钮，执行差集命令，将底面半径为 4 的圆柱体从底面半径为 8 的圆柱体中减去，如图 12-92 所示。

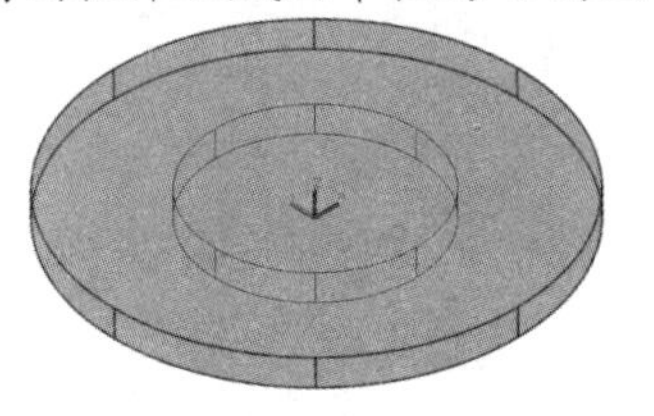

选择实体

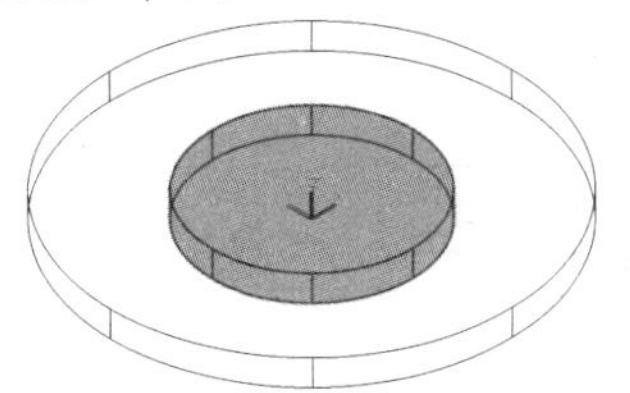

选择被减实体

图 12-92　对圆柱体执行差集运算

(5) 在【建模】面板中单击【圆柱体】按钮，执行圆柱体命令。

(6) 在命令行提示【指定底面的中心点或[三点(3p)/两点(2p)切点、切点、半径(T)/椭圆(E)]:】下输入 2p 并按 Enter 键，然后选中图 12-93 左图所示的象限点 A，绘制底面直径为 2，高度为 1 的圆柱体，如图 12-93 右图所示。

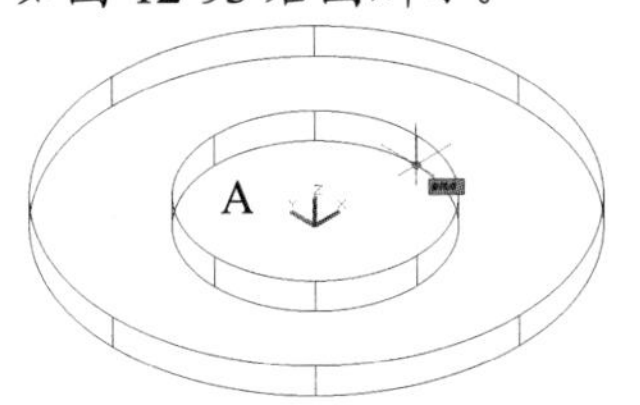

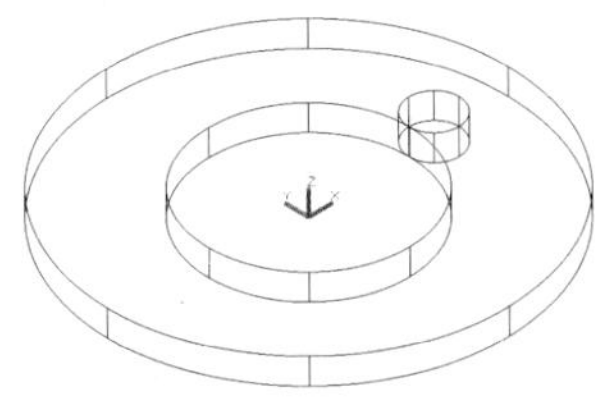

图 12-93　绘制底面直径为 2 的圆柱体

(7) 在【建模】面板中单击【长方体】按钮，执行长方体命令，以底面直径为 2 的圆柱体底面象限点 B 为起点，如图 12-94 所示。

(8) 在命令行提示【指定其他角点或[立方体(C)/长度(L)]:】下输入(@-2,2,1)，然后按 Enter 键，创建长度为-2，宽度为 2，高度为 1 的长方体，如图 2-95 所示。

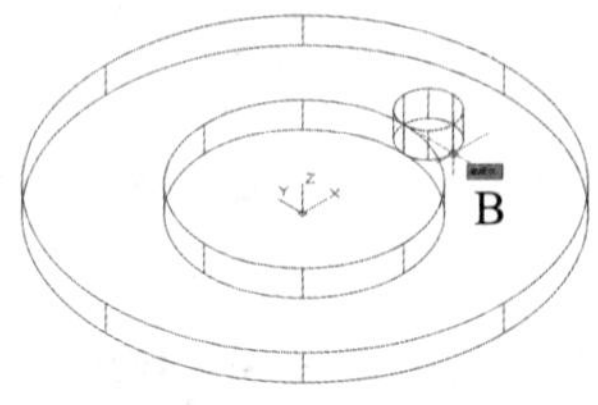

图 12-94　捕捉象限点 B

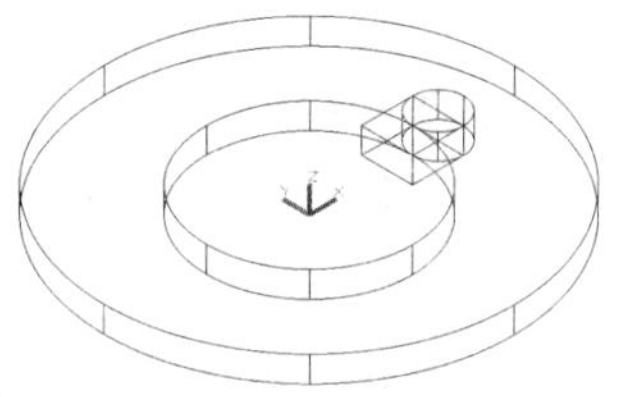

图 12-95　绘制长方体

(9) 选择【修改】|【三维操作】|【三维阵列】命令，执行三维阵列命令，将绘制的圆柱体和长方体进行三维阵列复制，如图 12-96 所示。

(10) 在【实体编辑】面板中单击【差集】按钮，执行差集命令，将阵列复制的三维实体从组合实体中减去，完成图形的绘制，如图 12-97 所示。

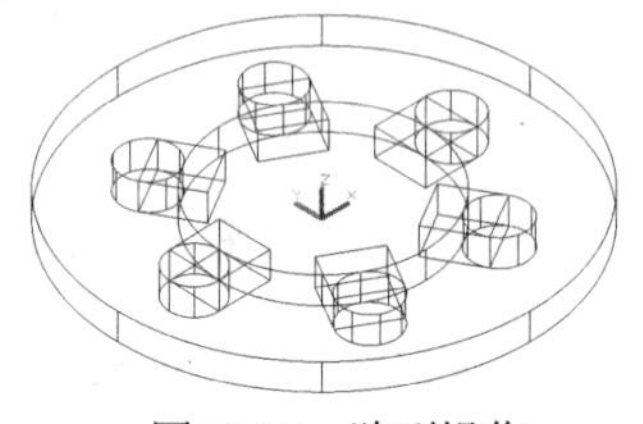

图 12-96　阵列操作

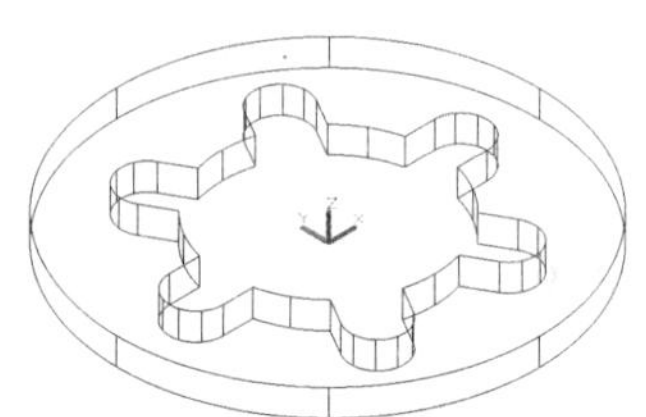

图 12-97　垫圈模型

12.5　习题

1. 简述如何编辑三维实体的面。
2. 简述如何对三维实体执行布尔运算。

三维模型后期处理

学习目标

使用 AutoCAD 绘制三维模型后，为了能够更好地表现图形，需要对实体模型进行渲染处理。如为模型添加光源、设置材质、贴图等。本章将重点介绍渲染三维模型的相关知识，包括光源的创建与设置以及材质、贴图的创建与设置等。

本章重点

- 使用光源
- 使用材质
- 使用贴图
- 渲染实体模型

13.1 使用光源

当场景中没有用户创建的光源时，AutoCAD 将使用系统默认光源对场景进行着色或渲染。默认光源是来自视点后面的两个平行光源，模型中所有的面均被照亮，以使其可见。用户可以控制其亮度和对比度，而无须创建或放置光源。

若要插入自定义光源或启用阳光，可以在【功能区】选项板中选择【可视化】选项卡，然后在【光源】面板中单击相应的按钮，或在菜单栏中选择【视图】|【渲染】|【光源】中的子命令。另外，插入自定义光源或启用阳光后，默认光源将会被禁用。

13.1.1 创建光源

AutoCAD 提供了 3 种常用的光源，即平行光、点光源和聚光灯。下面将分别介绍常用光源的属性和使用方法。

1. 点光源

创建点光源的方法主要有以下几种：

- 在命令行中执行 POINTLIGHT 命令。
- 选择【视图】|【渲染】|【光源】|【新建点光源】命令。
- 选择【可视化】选项卡，在【光源】面板中单击【创建光源】按钮旁的▼，在弹出的下拉列表中选择【点】选项。

用户也可以使用 TARGETPOINT 命令创建目标点光源。目标点光源和点光源的区别在于可用的其他目标特性，目标点光源可以指向一个对象。将点光源的【目标】特性从【否】更改为【是】，即从点光源更改为目标点光源，其他目标特性也将会启用。

创建点光源时，当指定光源位置后，还可以设置光源的名称、强度因子、状态、光度、阴影、衰减、过滤颜色等选项，此时命令行显示如下提示信息：

```
输入要更改的选项 [名称(N)/强度因子(I)/状态(S)/光度(P)/阴影(W)/衰减(A)/过滤颜色(C)/退出(X)] <退出>:
```

在点光源的【特性】选项板中，可以查看和修改点光源的特性，如图 13-1 所示。

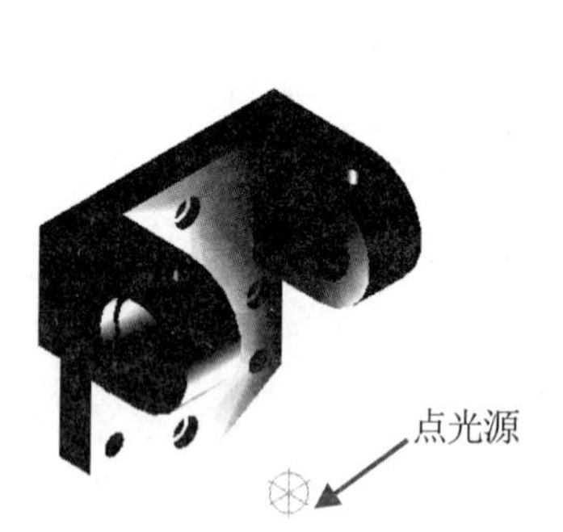

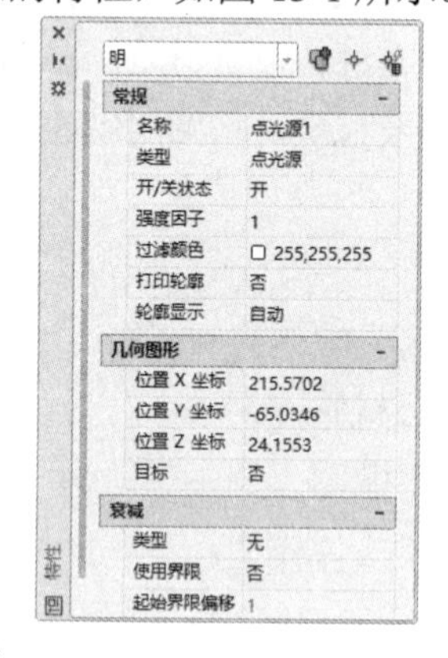

图 13-1　查看点光源的特性

2. 聚光灯

聚光灯(如闪光灯、剧场中的跟踪聚光灯或前灯)分布投射一个聚焦光束，发射定向锥形光，可以控制光源的方向和圆锥体的尺寸。创建聚光灯的方法主要有以下几种：

- 在命令行中执行 SPOTLIGHT 命令。
- 选择【视图】|【渲染】|【光源】|【新建聚光灯】命令。
- 选择【可视化】选项卡，然后在【光源】面板中单击【聚光灯】按钮。

创建聚光灯时，当指定光源位置和目标位置后，还可以设置光源的名称、强度因子、状态、光度、聚光角、照射角、阴影、衰减、过滤颜色等选项，此时命令行显示如下提示信息：

```
输入要更改的选项 [名称(N)/强度因子(I)/状态(S)/光度(P)/聚光角(H)/照射角(F)/阴影(W)/衰减(A)/过滤颜色(C)/退出(X)]<退出>
```

像点光源一样，聚光灯也可以手动设置为强度随距离衰减。但是，聚光灯的强度始终还是根

据相对于聚光灯的目标矢量的角度衰减。此衰减是由聚光灯的聚光角角度和照射角角度控制的。聚光灯也可用于亮显模型中的特定特征和区域。另外，聚光灯具有目标特性，可以通过聚光灯的【特性】选项卡进行设置，如图 13-2 所示。

明

常规	
名称	聚光灯1
类型	聚光灯
开/关状态	开
聚光角角度	71
衰减角度	72
强度因子	1
过滤颜色	□ 255,255,255
打印轮廓	否
轮廓显示	自动
几何图形	
位置 X 坐标	853.6227
位置 Y 坐标	-72.9446
位置 Z 坐标	8.9055
目标 X 坐标	789.05
目标 Y 坐标	-72.9446
目标 Z 坐标	80.5848

特性

图 13-2　查看聚光灯的特性

3. 平行光

平行光是指仅向一个方向发射统一的平行光光线。可以在视口中的任意位置指定 FROM 点和 TO 点，以定义光线的方向，如图 13-13 所示。创建平行光的方法主要有以下几种：

- 在命令行中执行 DISTANTLIGHT 命令。
- 选择【视图】|【渲染】|【光源】|【新建平行光】命令。
- 选择【可视化】选项卡，然后在【光源】面板中单击【平行光】按钮。

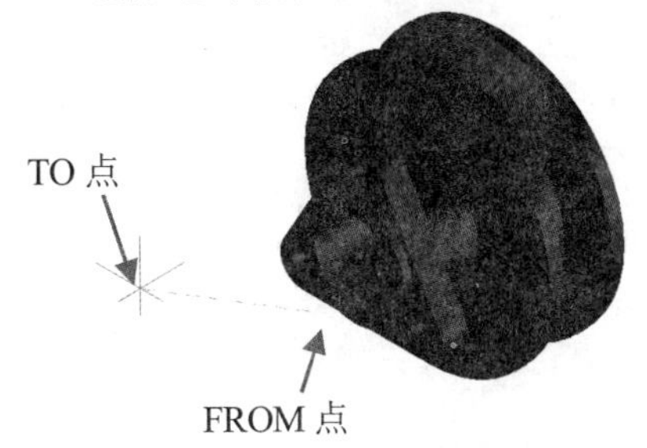

图 13-3　创建平行光

创建平行光时，当指定光源的矢量方向后，还可以设置光源的名称、强度因子、状态、光度、阴影、过滤颜色等选项，此时命令行显示如下提示信息。

```
输入要更改的选项 [名称(N)/强度因子(I)/状态(S)/光度(P)/阴影(W)/过滤颜色(C)/退出(X)] <退出>:
```

在图形中，可以使用不同的光线轮廓表示每个聚光灯和点光源，但不会使用轮廓表示平行光和阳光。因为该轮廓没有离散的位置并且也不会影响整个场景。

13.1.2 查看光源列表

成功创建光源后，用户可以通过光源列表查看创建的光源类型。在 AutoCAD 中，用户可以通过以下几种方法查看光源列表：

- 在命令行中执行 LIGHTLIST 命令。
- 选择【视图】|【渲染】|【光源】|【光源列表】命令。
- 选择【可视化】选项卡，在【光源】面板中单击【模型中的光源】按钮。

此时，将打开如图 13-4 所示的【模型中的光源】选项板，在该选项板中列出了图形中的光源。单击【类型】列表中的图标，可以指定光源的类型(如点光源、聚光灯或平行光)，并可以指定它们处于打开还是关闭状态；选择列表中的光源名称便可以在图形中选择它；单击【类型】或【光源名称】列标题可以对列表进行排序。

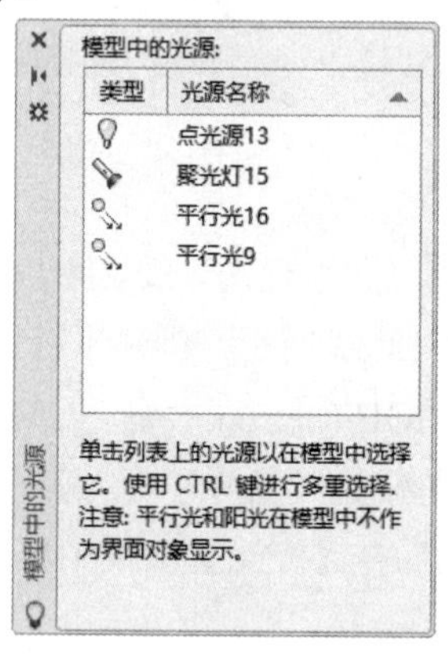

图 13-4　打开【模型中的光源】选项板

13.2 使用材质

在渲染图形时，为对象添加材质，可以使渲染效果更加逼真和完美。

13.2.1 打开【材质浏览器】选项板

使用材质编辑可以创建材质，并可以将新创建的材质赋予图形对象，为渲染视图提供逼真的效果。在 AutoCAD 中，用户可以通过以下几种方法打开【材质浏览器】选项板。

- 在命令行中执行 MATERIALS 或 MATBROWSEROPEN 命令。
- 选择【视图】|【渲染】|【材质浏览器】命令。
- 选择【视图】选项卡，在【选项板】面板中单击【材质浏览器】按钮，如图 13-5 所示。

在文档中创建新材质

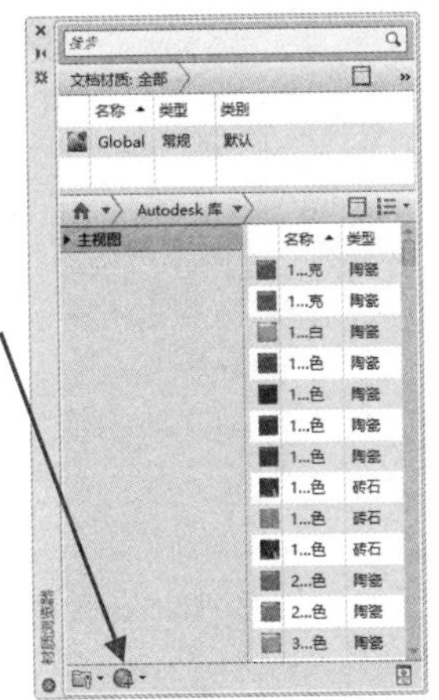

图 13-5　打开【材质浏览器】选项板

13.2.2　创建新材质

一个完整的图形对象一般由两种或多种以上的材质组成，使用多种材质对图形进行设置时，就需要创建新材质。创建新材质的方法是：在【材质浏览器】选项板中单击【在文档中创建新材质】按钮，在弹出的下拉列表中选择【新建常规材质】选项，如图 13-6 左图所示，打开【材质编辑器】选项板创建新材质，如图 13-6 右图所示。

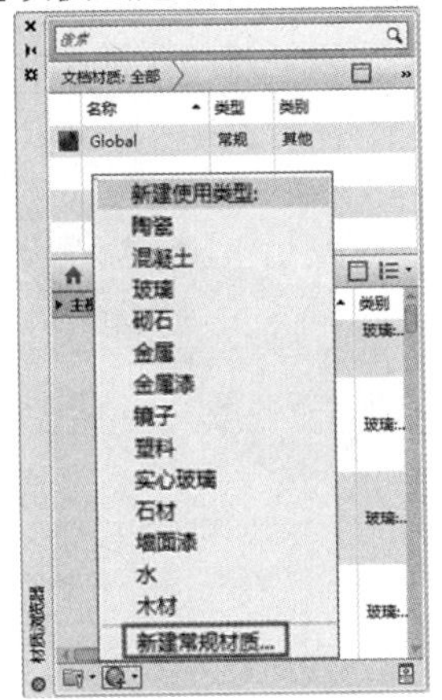

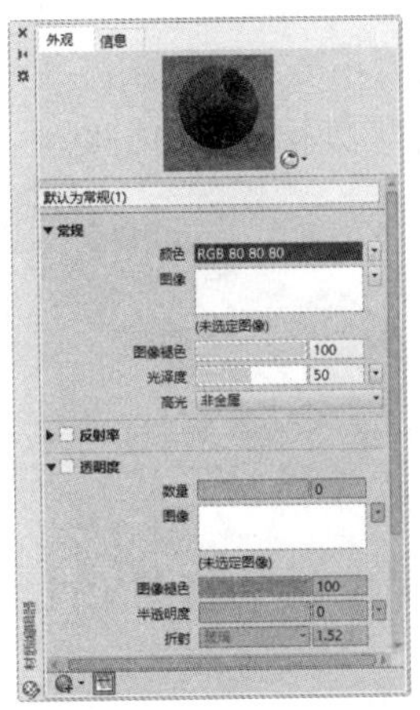

图 13-6　打开【材质编辑器】选项板

在【材质编辑器】选项板中，用户可以为需要创建的新材质选择材质类型和样板。

13.2.3　将材质应用到实体

用户可以将材质应用到单个的面和对象上，或将其附着到一个图层上的对象上。若要将材质应用到对象或面上(曲面对象的三角形或四边形部分)，可以将材质从【材质浏览器】选项板拖动至对象中。此时，材质将添加到图形中，如图 13-7 所示。

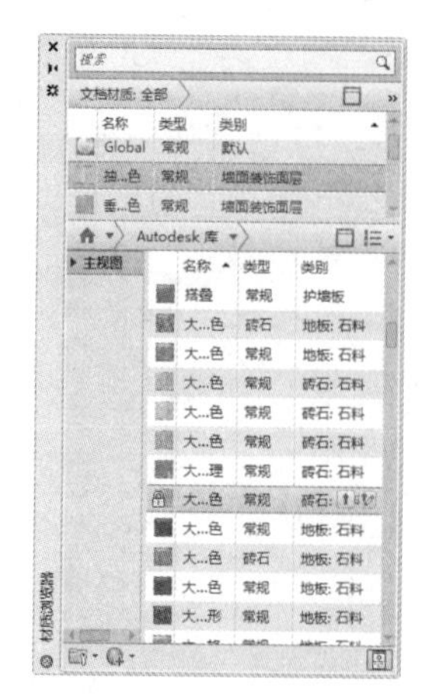

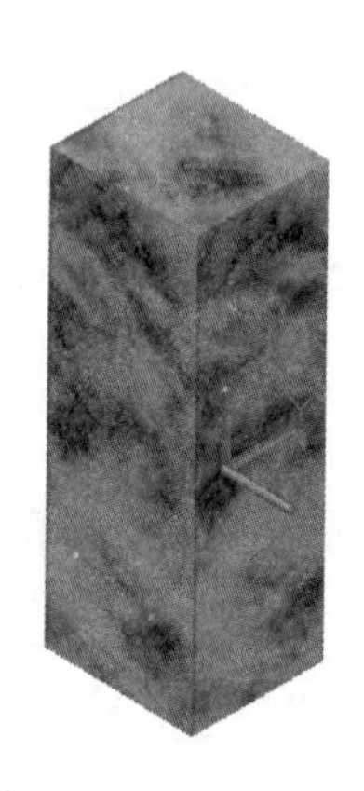

图 13-7　将材质应用于对象

将材质应用到实体对象后，需要注意的是，在【真实】视觉样式下才能看到应用材质后的效果，在其他的视觉样式下，可通过渲染对应用的材质进行查看。

13.3　使用贴图

贴图就是将二维图像贴到三维对象的表面上，从而在渲染时产生照片级的真实效果，如图 13-8 所示。此外，还可以将贴图和光源组合起来，产生各种特殊的渲染效果。在 AutoCAD 中不仅可以通过材质设置各种贴图，并将其附着到模型对象上，还可以通过指定贴图坐标来控制二维对象与三维模型表面的映射方式。

原始模型

贴图后的模型

图 13-8　将模型贴图

14.3.1　添加贴图

在 AutoCAD 中可以使用多种类型的贴图。可用于贴图的二维图像包括 BMP、PNG、TGA、TIFF、GIF、PCX 和 JPEG 等格式的文件。这些贴图在光源的作用下将产生不同的特殊效果。

1. 纹理贴图

纹理贴图可以表现物体的颜色纹理，就如同将图像绘制在对象上一样。纹理贴图与对象表面特征、光源和阴影相互作用，可以产生具有高度真实感的图像。例如，将各种木纹理应用在家具

模型的表面，在渲染时便可以显示各种木质的外观。

在【材质编辑器】选项板的【常规】选项区域中展开【图像】下拉列表，在该下拉列表中选择【图像】选项；然后在打开的对话框中指定图片，如图 13-9 所示，返回【材质编辑器】选项板可以发现材质球上已显示该图片，并且应用该材质的物体已应用贴图。

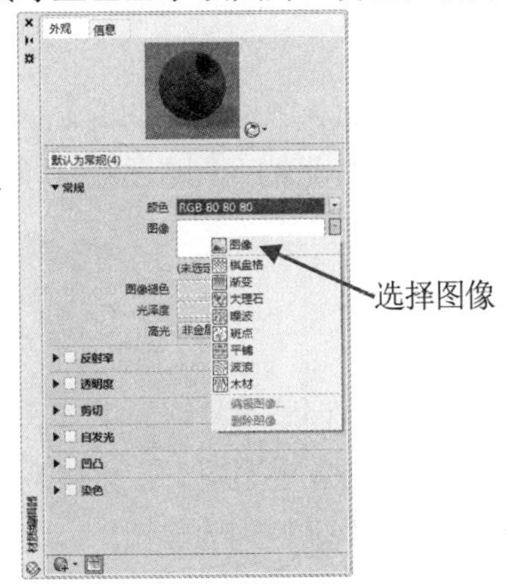

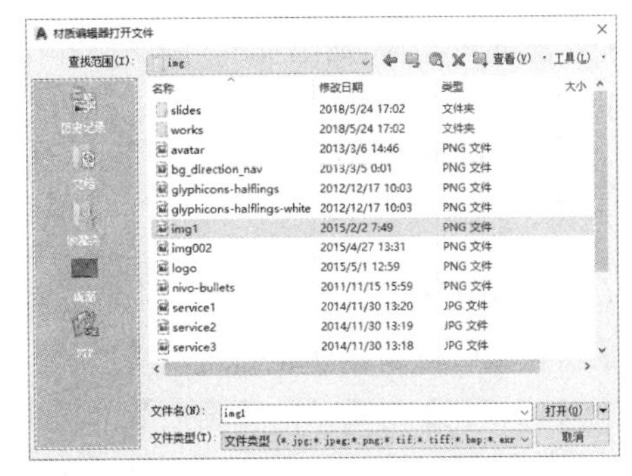

图 13-9　添加纹理贴图

选择贴图图像后，单击【图像】区域中的图像，即可在打开的【纹理编辑器】选项板中调整图像文件的亮度、位置和比例等参数，如图 13-10 所示。

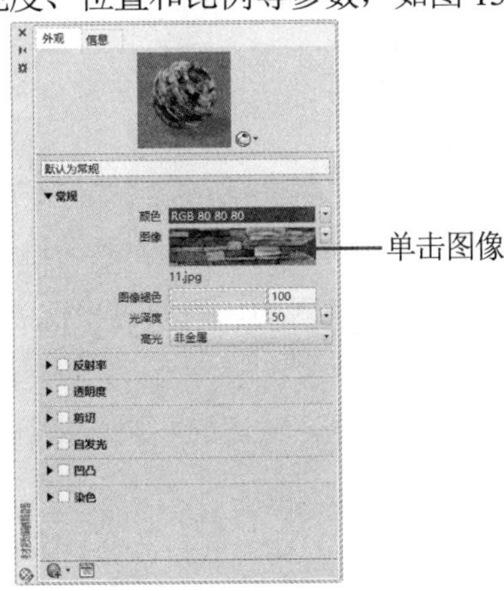

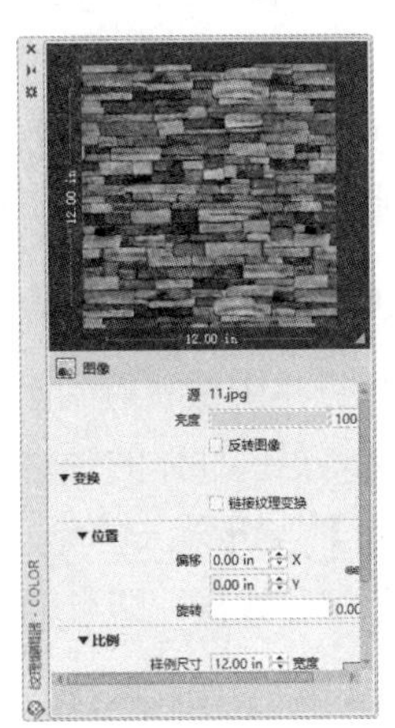

图 13-10　打开【纹理编辑器】选项板

2. 透明贴图

透明贴图可以根据二维图像的颜色来控制对象表面的透明区域。在对象上应用透明贴图后，图像中白色部分对应的区域是透明的，而黑色部分对应的区域是完全不透明的，其他颜色将根据灰度的程度决定相应的透明程度。如果透明贴图是彩色的，则 AutoCAD 将使用等价的颜色灰度值进行透明转换。

要使用透明贴图，在【材质编辑器】选项板的【透明度】选项区域的【图像】下拉列表中选择【图像】选项，在打开的对话框中指定一个图像作为透明贴图，并在【数量】文本框中设置透明度数值即可。

3. 凹凸贴图

凹凸贴图可以根据二维图像的颜色来控制对象表面的凹凸程度，从而产生浮雕效果。在对象上应用凹凸贴图后，图像中白色部分对应的区域将相对凸起，而黑色部分对应的区域则相对凹陷，其他颜色将根据灰度的程度决定相应区域的凹凸程度。如果凹凸贴图的图案是彩色的，AutoCAD将使用等价的颜色灰度值进行凹凸转换。

要使用凹凸贴图，在【凹凸】选项区域的【图像】下拉列表中选择【图像】选项，在打开的对话框中指定一个图像作为凹凸贴图，并在【数量】文本框中设置凹凸贴图数量即可。

13.3.2 调整贴图

在 AutoCAD 中给对象或者面附着带纹理的材质后，可以调整对象或面上纹理贴图的方向。这样使得材质贴图的坐标适应对象的形状，从而使对象贴图的效果不变形，更接近真实效果。

在【可视化】选项卡的【材质】面板中单击【材质贴图】下拉列表按钮，将展开 4 种类型的纹理贴图图标，其各自的贴图设置方法如下。

1. 平面贴图

平面贴图用于将图像映射到对象上，就像将其从幻灯片投影器投影到二维曲面上一样。图像不会失真，但是将会被缩放以适应对象，该贴图常用于面上。

单击【平面】按钮，并选取平面对象，此时绘图区将显示矩形线框。通过拖动夹点或依据命令行的提示输入相应的移动、旋转命令，可以调整贴图坐标。

2. 柱面贴图

柱面贴图用于将图像映射到圆柱体对象上，水平边将同时弯曲，但顶边和底边不会弯曲。另外，图像的高度将沿圆柱体的轴进行缩放。

单击【柱面】按钮，选择圆柱面则显示一个圆柱体线框。默认的线框体与圆柱体重合，此时如果依据提示调整线框，即可调整贴图。

3. 球面贴图

使用球面贴图，可以在水平和垂直两个方向上同时使图像弯曲。纹理贴图的顶边在球体的【北极】压缩为一个点；同样，底边在【南极】也压缩为一个点。

单击【球面】按钮，选择球体则显示一个球体线框，调整线框位置即可调整球面贴图。

4. 长方体贴图

长方体贴图用于将图像映射到类似长方体的实体上，该图像将会在对象的每个面上重复使用。单击【长方体】按钮，选取对象则显示一个长方体线框。此时，通过拖动夹点或依据命令行提示输入相应的命令，可以调整长方体的贴图坐标。

13.4　渲染实体模型

对材质、贴图进行设置，并将其应用到实体中后，可通过渲染查看即将生产的产品的真实效果，渲染是运用几何图形、光源和材质将三维实体渲染为最具有真实感的图像。

渲染命令主要主要有以下两种调用方法：

- 在命令行中执行 RENDER 命令。
- 选择【可视化】选项卡，在【渲染】面板中单击【渲染到尺寸】按钮，如图 13-11 所示。

执行以上操作后，将打开图 13-12 所示的渲染窗口，在其中可以查看渲染的实体效果。

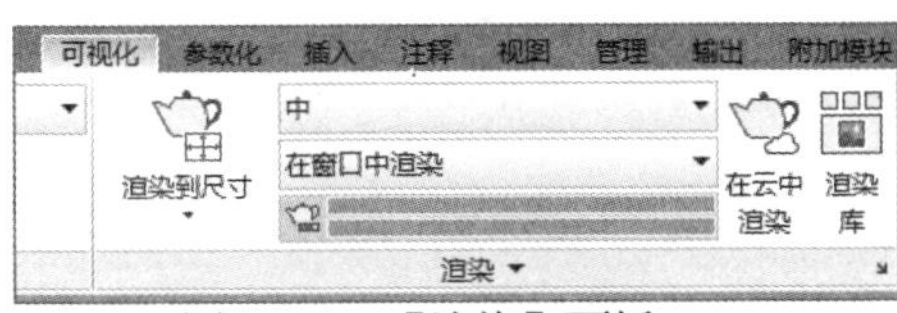

图 13-11　【渲染】面板

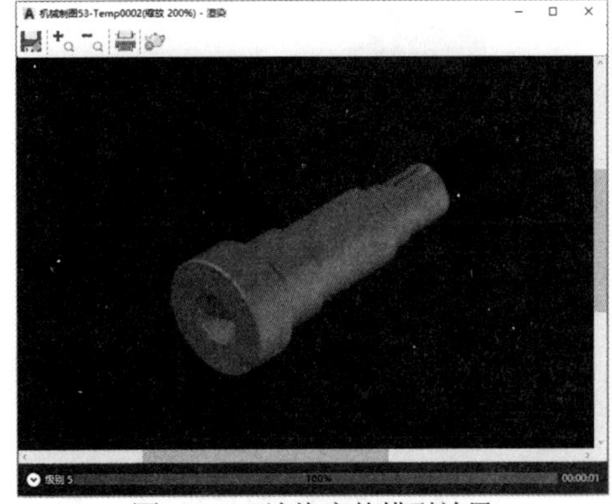

图 13-12　渲染实体模型效果

13.4.1　高级渲染设置

在【功能区】选项板中选择【可视化】选项卡，然后在【渲染】面板中单击【高级渲染设置】按钮；或在菜单栏中选择【视图】|【渲染】|【高级渲染设置】命令，打开【渲染预设管理器】选项板，即可设置渲染高级选项，如图 13-13 所示。

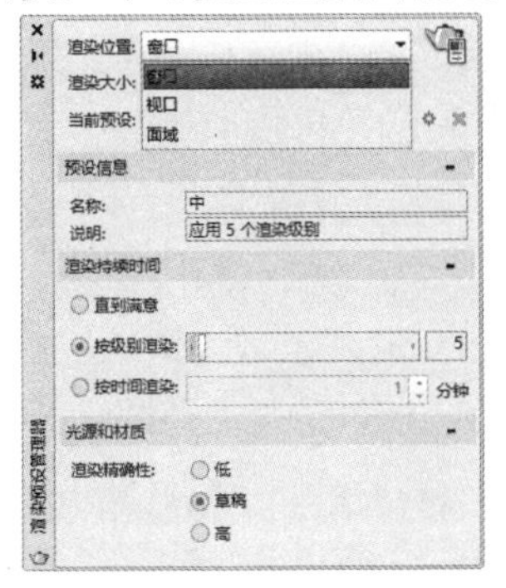

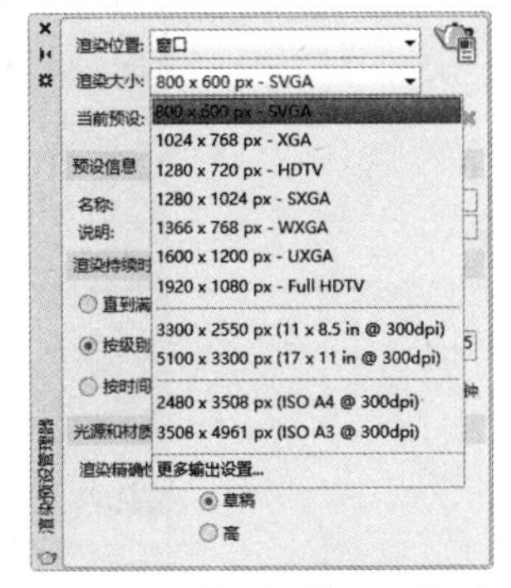

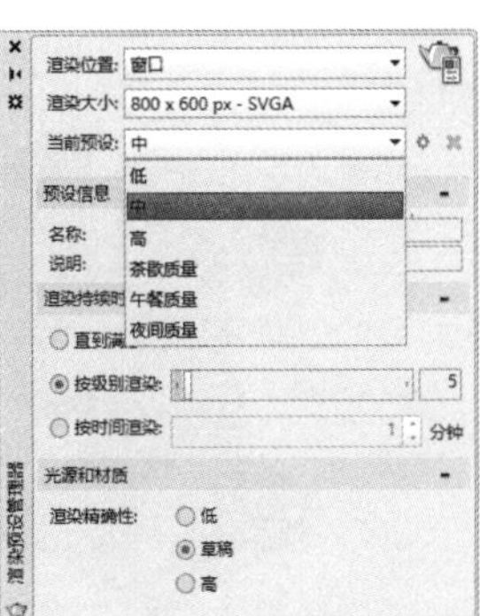

图 13-13　【渲染预设管理器】选项板

13.4.2　控制渲染

选择【可视化】选项卡，然后在【渲染】面板中单击【渲染环境和曝光】按钮，打开【渲染环境和曝光】选项板，即可使用环境功能设置雾化效果或背景图像，如图 13-14 所示。

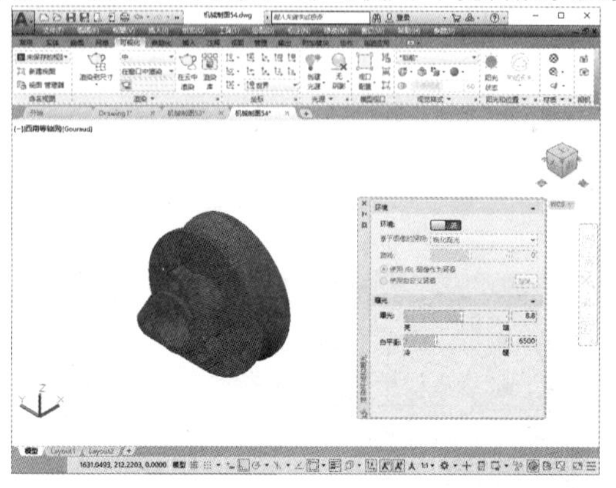

关闭环境

启用环境

图 13-14　在【渲染环境和曝光】选项板中关闭与启用环境效果

13.4.3　输出渲染图像

对实体进行渲染后，可以将渲染的结果保存为图片文件，以便做进一步的处理。要将渲染后的图像输出，可在渲染后打开的渲染窗口中进行保存操作。

【例 13-1】渲染模型，并将渲染后的图形输出，以 BMP 格式进行保存。

(1) 打开图 13-15 所示的图形文件后，在命令行中执行 RENDER 命令。

(2) 打开【渲染】窗口，将模型进行渲染处理，如图 13-16 所示。

图 13-15　打开图形文件

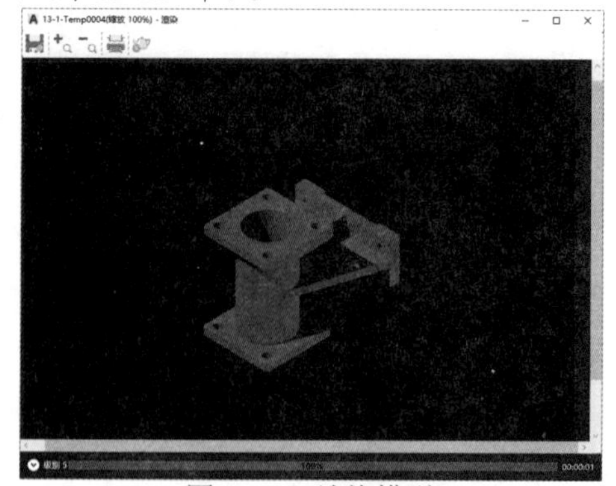

图 13-16　渲染模型

(3) 在【渲染】窗口中单击【将渲染的图像保存到文件】按钮，打开【渲染输出文件】对话框，设置【文件类型】为 BMP，设置【文件名】为“输出渲染图形”，如图 13-17 所示，然后单击【保存】按钮。

(4) 打开【BMP 图像选项】对话框，选中【24 位(16.7 百万色)】单选按钮，然后单击【确定】按钮，如图 13-18 所示，即可将渲染图形输出。

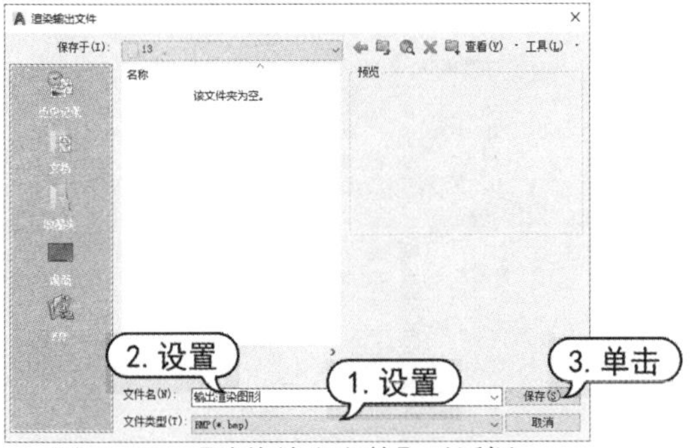

图 13-17　【渲染输出文件】对话框

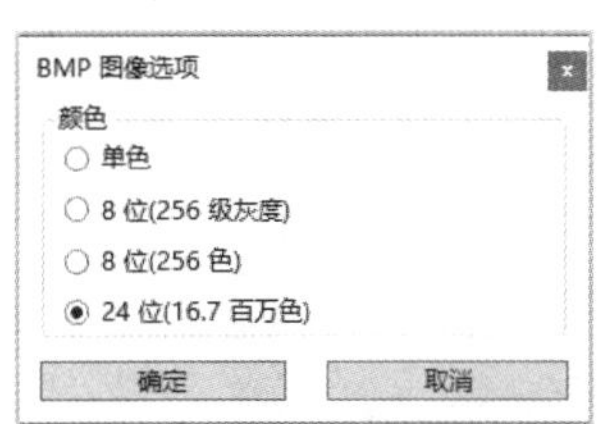

图 13-18　设置图像选项

13.5　上机练习

本章的上机练习将对三维模型设置光源，应用材质并渲染。用户可以通过实例操作巩固所学的知识。

13.5.1　渲染茶杯模型

使用 AutoCAD 2019 渲染茶杯实体模型。

(1) 打开如图 13-19 所示的实体模型后，在菜单栏中选择【视图】|【视觉样式】|【真实】命令。此时，模型将以【真实】视觉样式显示。

(2) 在菜单栏中选择【视图】|【渲染】|【光源】|【新建点光源】命令，打开【光源】对话框。单击【关闭默认光源】链接，返回至绘图窗口。在命令行的提示信息下，在图形窗口的适当位置单击，确定点光源的位置，如图 13-20 所示。

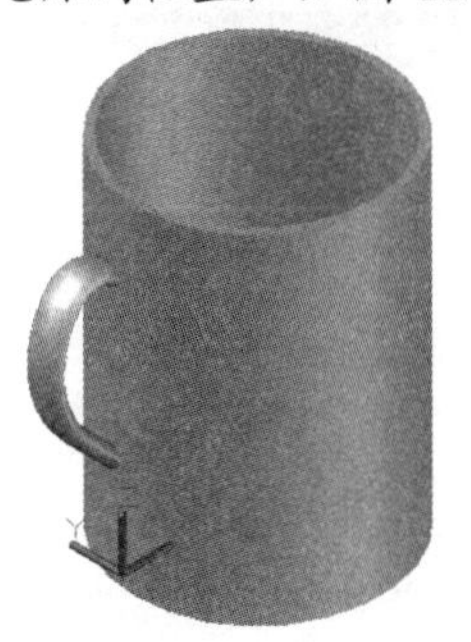
图 13-19　茶杯模型

图 13-20　创建点光源

(3) 在命令行的提示信息下，输入 C。按 Enter 键，切换至【颜色】状态。再在命令行的提示信息下，输入真彩色为(150,100,250)，并按 Enter 键完成输入。

(4) 按 Enter 键，完成点光源的设置，如图 13-21 所示。

(5) 选择【视图】选项卡，在【选项板】面板中单击【材质浏览器】按钮，打开【材质浏览器】选项板，如图 13-22 所示。

图 13-21　设置点光源

图 13-22　【材质浏览器】选项板

(6) 选中【材质浏览器】选项板中的一个材质，将其拖动至茶杯模型上，如图 13-23 所示。

(7) 选择【可视化】选项卡，然后在【渲染】面板中设置渲染输出图像的大小、渲染质量等，最后在【渲染】面板中单击【渲染到尺寸】按钮，效果如图 13-24 所示。

图 13-23　应用材质

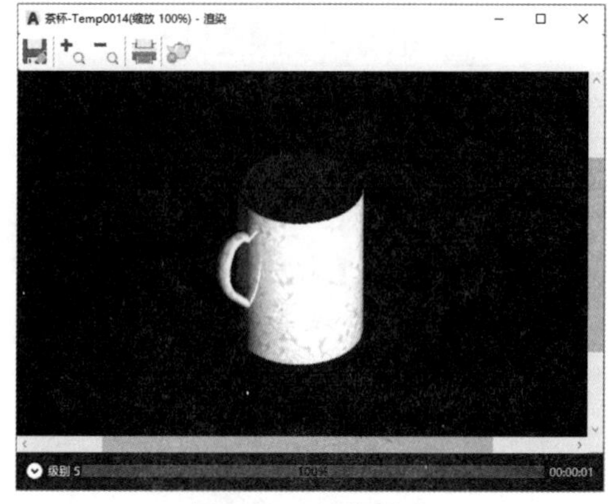

图 13-24　渲染图形

13.5.2　渲染垫圈模型

使用 AutoCAD 2019 渲染垫圈实体模型。

(1) 打开如图 13-25 所示的垫圈模型后，选择【可视化】选项卡，在【光源】面板中单击【聚光灯】按钮，执行聚光灯命令。

(2) 在绘图区域中合适的位置上单击，创建图 13-26 所示的聚光灯光源。

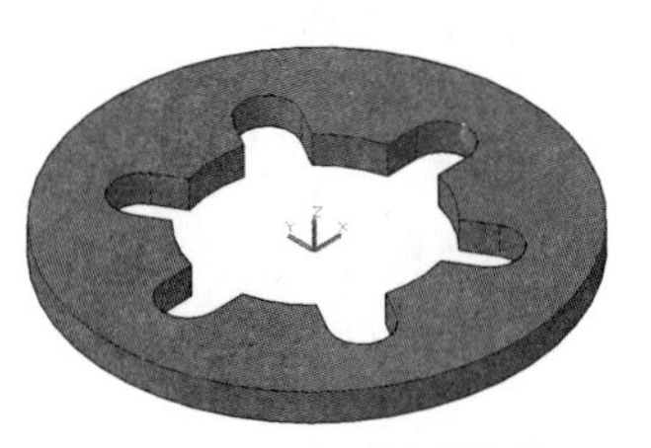

图 13-25　垫圈模型

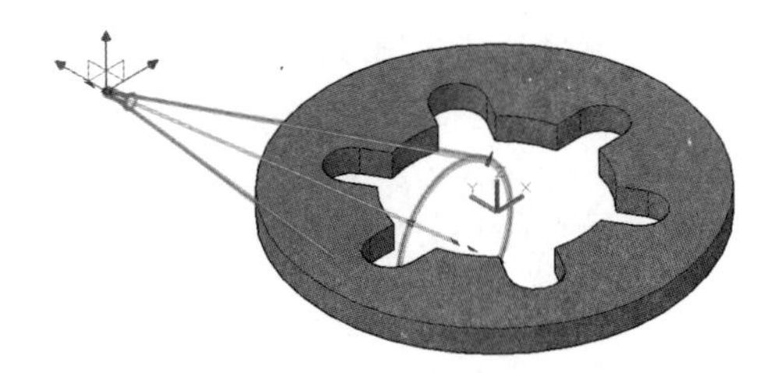

图 13-26　创建聚光灯光源

(3) 选择【视图】选项卡，在【选项板】面板中单击【材质编辑器】按钮，打开【材质编辑器】选项板，在【常规】选项区域中单击【图像】框，如图 13-27 所示。

(4) 打开【材质编辑器打开文件】对话框，选择图 13-28 所示的图片文件，单击【打开】按钮。

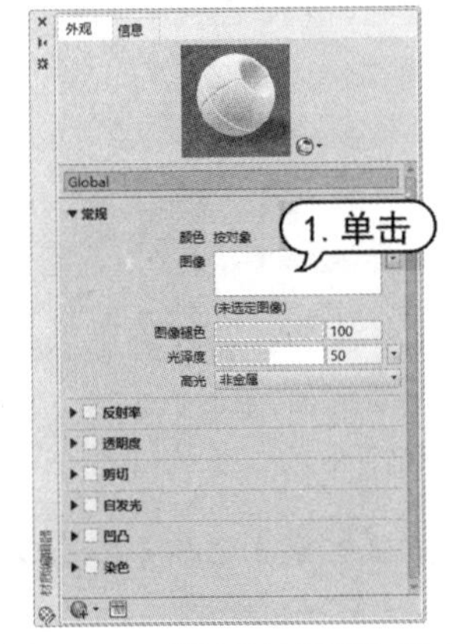

图 13-27　【材质编辑器】选项板

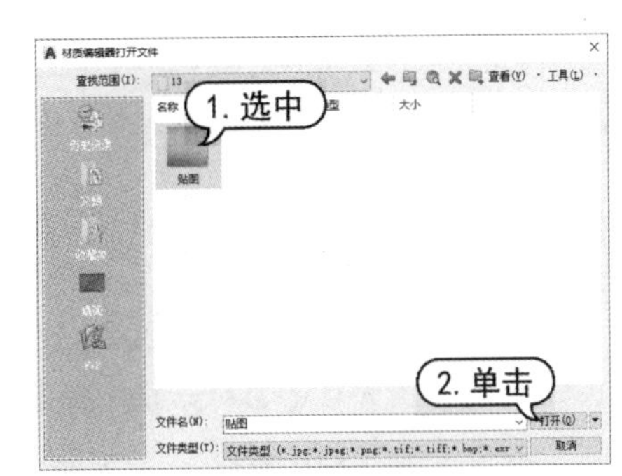

图 13-28　【材质编辑器打开文件】对话框

(5) 返回【材质编辑器】选项板，设置【图像褪色】和【光泽度】等参数，并选中【反射率】复选框，设置【直接】和【倾斜】参数，如图 13-29 所示。

(6) 在命令行中输入 V，执行视图命令，打开图 13-30 所示的【视图管理器】对话框，单击【新建】按钮。

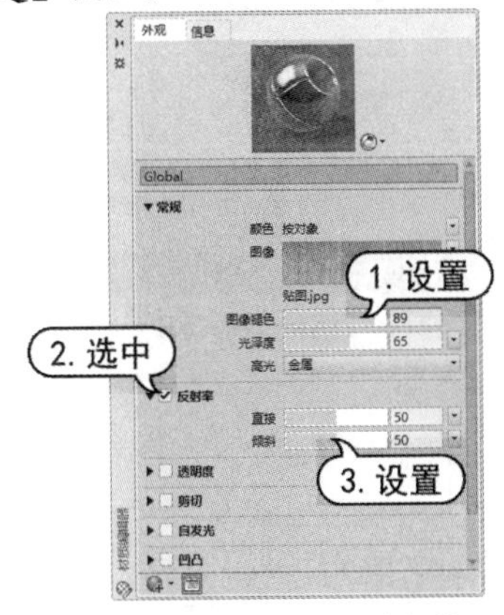

图 13-29　设置参数

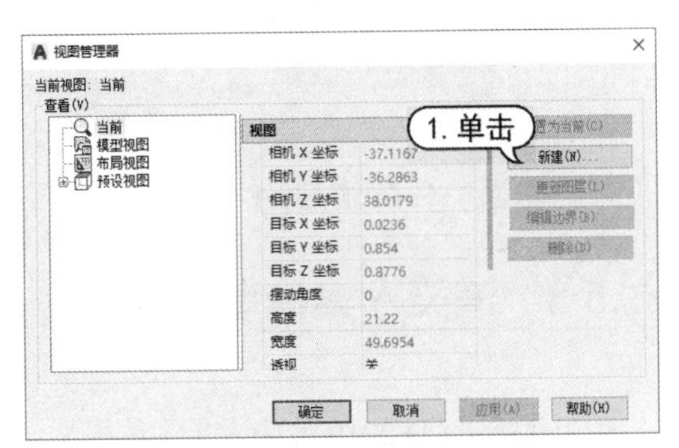

图 13-30　【视图管理器】对话框

(7) 打开【新建视图/快照特性】对话框，在【视图名称】文本框中输入【背景】，在【背景】选项的下拉列表中选择【纯色】选项，如图 13-31 所示。

(8) 打开【背景】对话框，单击【颜色】按钮，如图 13-32 所示。

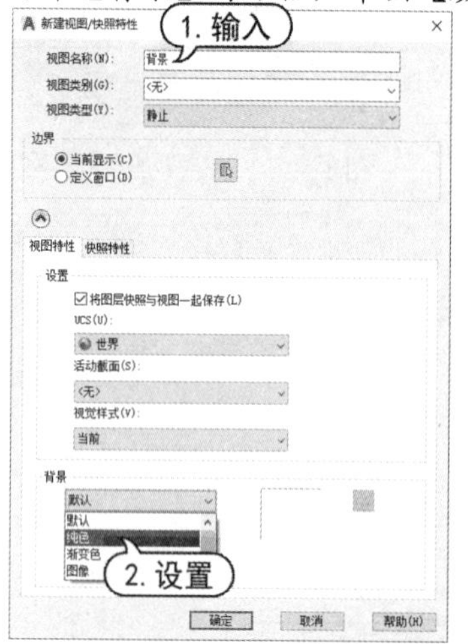

图 13-31 【新建视图/快照特性】对话框

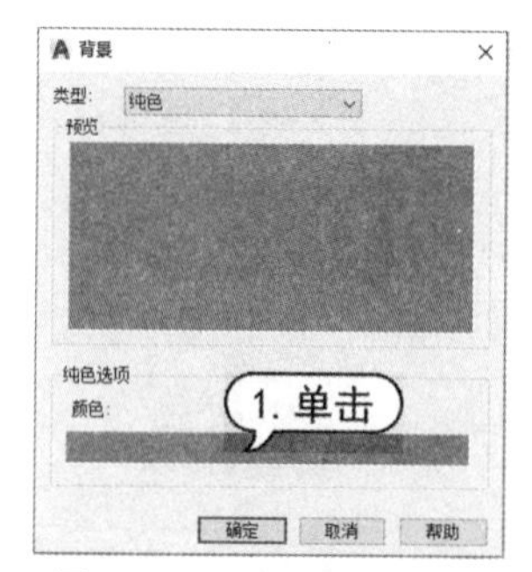

图 13-32 【背景】对话框

(9) 打开【选择颜色】对话框，选择一种颜色，如图 13-33 所示，单击【确定】按钮。

(10) 返回【背景】对话框，单击【确定】按钮，返回【新建视图/快照特性】对话框，再次单击【确定】按钮。

(11) 返回【视图管理器】对话框，在【查看】列表框中选中【背景】选项，单击【置为当前】按钮，然后单击【确定】按钮。

(12) 在命令行中执行 RENDER 命令，对图形进行渲染，效果如图 13-34 所示。

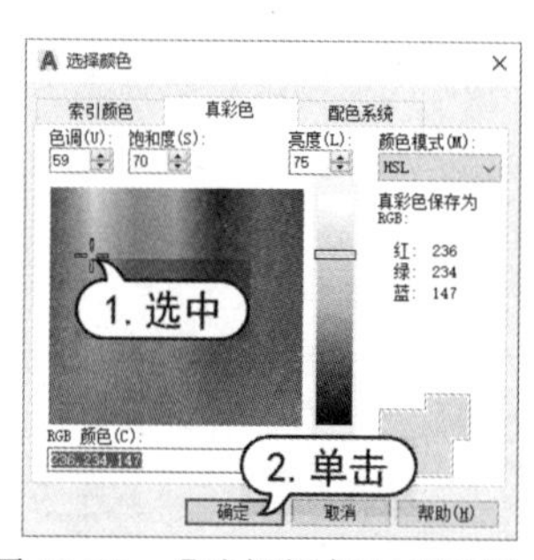

图 13-33 【选择颜色】对话框

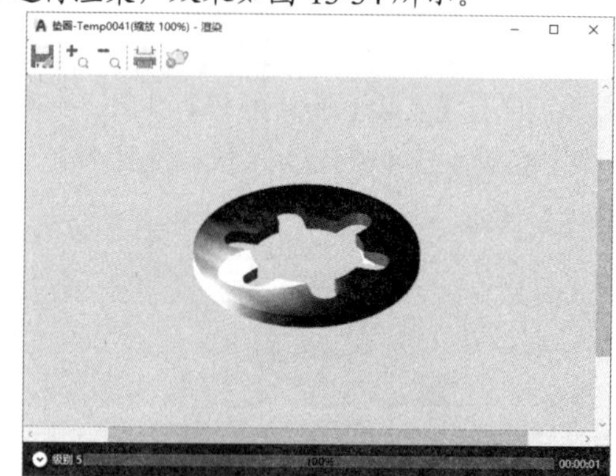

图 13-34 渲染图形对象

13.5.3 渲染木桌模型

使用 AutoCAD 2019 渲染木桌实体模型。

(1) 打开木桌模型后，选择【视图】|【视觉样式】|【真实】命令，显示【真实】视觉样式，如图 13-35 所示。

(2) 选择【可视化】选项卡，在【材质】面板中单击【材质浏览器】按钮，打开【材质浏览器】选项板，单击按钮，在弹出的菜单中选择【新建常规材质】命令。

(3) 打开【材质编辑器】选项板，在该选项板上方的文本框中输入“木材”，然后单击【常规】选项区域中的【图像】框，如图 13-36 所示。

图 13-35　木桌模型

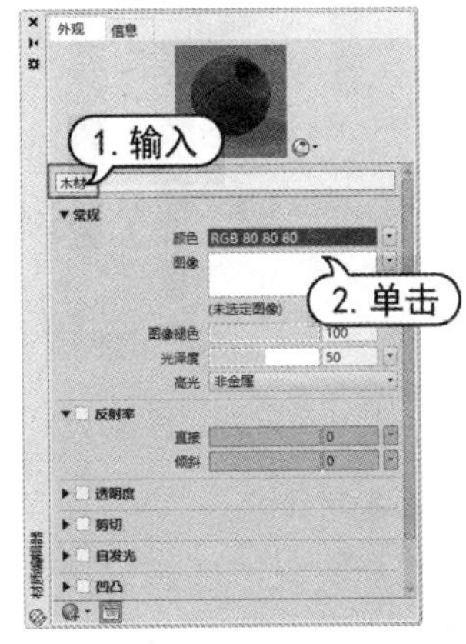

图 13-36　【材质编辑器】选项板

(4) 打开【材质编辑器打开文件】对话框，选择木材贴图素材图片文件，单击【打开】按钮，返回【材质编辑器】选项卡。

(5) 此时，在【材质浏览器】选项卡的【文档材质：全部】列表框中将显示创建的【木材】材质，如图 3-37 所示。

(6) 选中【木材】材质，将其拖动至木桌模型上，对模型应用材质，如图 3-38 所示。

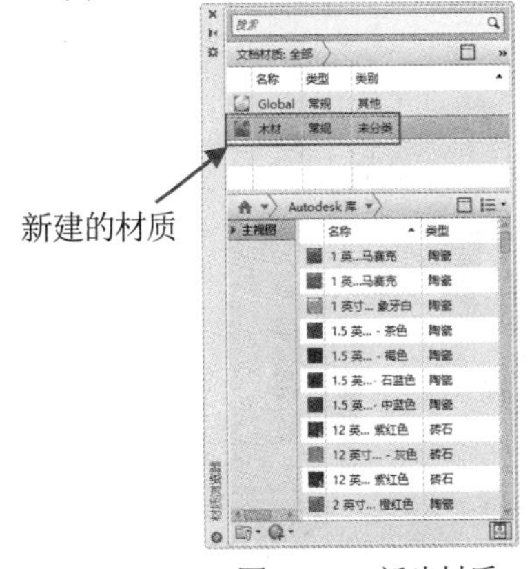

图 13-37　新建材质

图 13-38　应用材质

(7) 选择【可视化】选项卡，在【光源】面板中单击【创建光源】下拉按钮，在弹出的列表中选择【光域网灯光】选项。

(8) 在绘图窗口中合适的位置上单击，确定光域网灯光的位置，如图 13-39 所示，然后按 Enter 键，创建光域网灯光。

(9) 选中绘图区域中创建的光域网灯光，通过调整 X、Y、Z 轴控制线，调整光域网灯光的位置，如图 13-40 所示。

图 13-39　创建光域网灯光

图 13-40　调整灯光位置

(10) 在命令行中执行 V 命令，打开【视图管理器】对话框，单击【新建】按钮，打开【新建视图/快照特性】对话框。

(11) 在【新建视图/快照特性】对话框的【视图名称】文本框中输入【背景】，在【背景】选项的下拉列表框中选择【纯色】选项，打开【背景】对话框，单击【颜色】选项，打开【选择颜色】对话框，设置 RGB 颜色为 255,255,255，如图 13-41 所示。

(12) 单击【确定】按钮，返回【背景】对话框，然后再次单击【确定】按钮，返回【新建视图/快照特性】对话框。

(13) 单击【确定】按钮，返回【视图管理器】对话框，在【查看】列表框中选中【背景】选项，单击【置为当前】按钮，单击【确定】按钮。

(14) 在命令行中执行 RENDER 命令，对图形进行渲染，效果如图 13-42 所示。

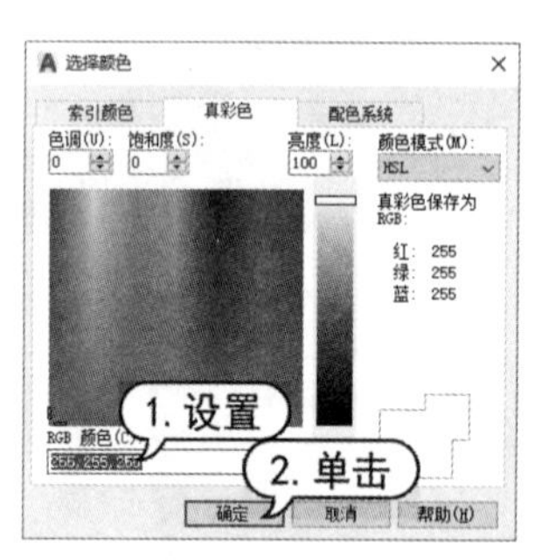

图 13-41　【选择颜色】对话框

图 13-42　渲染木桌模型

13.6　习题

1. 在 AutoCAD 2019 中有哪几种光源，各有什么特点？
2. 在 AutoCAD 2019 中如何创建和调整光源？

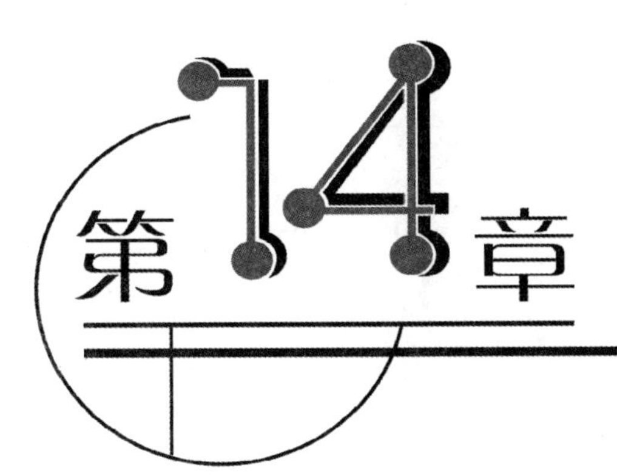

第14章 输出与共享图形

学习目标

AutoCAD 提供了图形输入与输出接口，不仅可以将其他应用程序中处理好的数据传送给AutoCAD，以显示其图形，还可以将 AutoCAD 中绘制的图形打印出来，或者将其输出为其他图形文件。此外，为了适应互联网的快速发展，使用户可以快速、有效地共享设计信息，AutoCAD 还可以创建 Web 格式的文件，或者发布 AutoCAD 图形文件到 Web 页面。

本章重点

- 导入与输出图形
- 在图形中添加超链接
- 在 Internet 上使用图形文件
- 使用电子传递

14.1 输入与输出图形

AutoCAD 2019 除了可以打开和保存 DWG 格式的图形文件以外，还可以导入或导出其他格式的图形文件。

14.1.1 输入图形

在 AutoCAD 中执行以下两种方法，可以打开【输入文件】对话框，将图形文件输入 AutoCAD：

- 选择【文件】|【输入】命令。
- 选择【插入】选项卡，在【输入】面板中单击【输入】按钮。

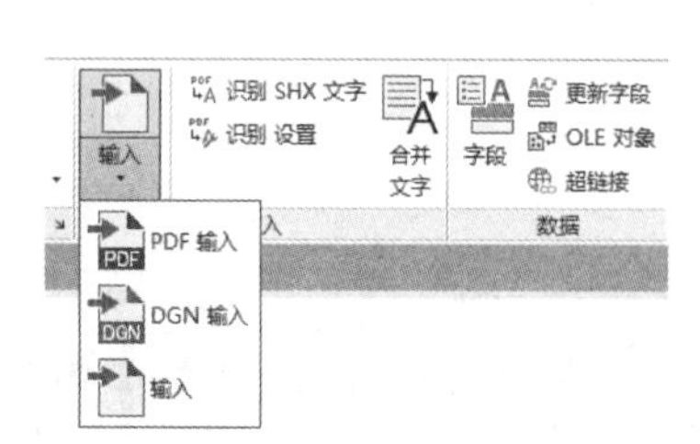

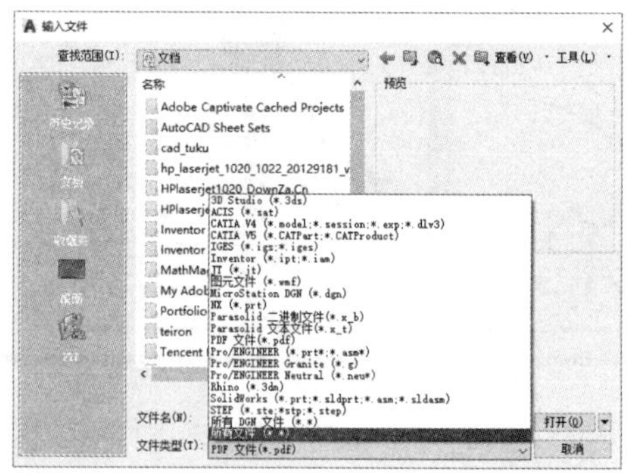

图 14-1　打开【输入文件】对话框

在【输入文件】对话框中的【文件类型】下拉列表中可以选择图形输入的文件类型。

14.1.2　输入与输出 DXF 文件

DXF 格式文件即图形交换文件，可以把图形保存为 DXF 格式。

1. DXF 图形文件的结构

DXF 文件是标准的 ASCII 码文本文件，由以下 5 个信息段构成。

(1) 标题段

存储图形的一般信息，由用来确定 AutoCAD 作图状态和参数的标题变量组成，而且大多数变量与 AutoCAD 的系统变量相同。

(2) 表段

表段包含以下 8 个列表，每个表中又包含不同数量的表项。

- 线型表：描述图形中的线型信息。
- 层表：描述图形的图层状态、颜色及线型等信息。
- 字体样式表：描述图形中字体样式信息。
- 视图表：描述视图的高度、宽度、中心及投影方向等信息。
- 用户坐标系统表：描述用户坐标系统原点、X 轴和 Y 轴方向等信息。
- 视口配置表：描述各视口的位置、高宽比、栅格捕捉及栅格显示等信息。
- 尺寸标注字体样式表：描述尺寸标注字体样式及有关标注信息。
- 登记申请表：该表中的表项用于为应用建立索引。

(3) 块段

描述图形中块的有关信息。例如块名、插入点、所在图层以及块的组成对象等。

(4) 实体段

描述图中所有图形对象及块的信息，是 DXF 文件的主要信息段。

(5) 结束段

DXF 文件结束段，位于文件的最后两行。

2. DXF 文件的输入与输出

在 AutoCAD 中，可以使用以下两种方法打开 DXF 格式的文件。

◉ 在命令行中执行 DXFIN 命令。

◉ 选择【文件】|【打开】命令，使用【选择文件】对话框打开。

如果要以 DXF 格式输出图形，可以选择【文件】|【保存】命令或选择【文件】|【另存为】命令，在打开的【图形另存为】对话框的【文件类型】下拉列表框中选择 DXF 格式，然后单击【工具】按钮，在弹出的菜单中选择【选项】命令，如图 14-2 所示，打开图 14-3 所示的【另存为选项】对话框，在【DXF 选项】选项卡中设置保存格式，如 ASCII 格式或者【二进制】格式。

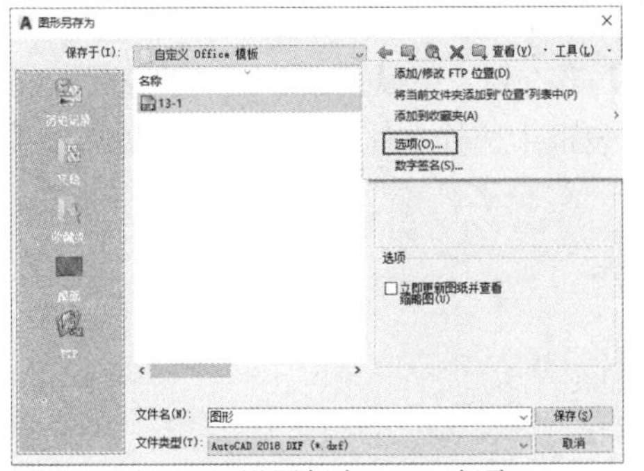

图 14-2　设置保存 DXF 选项

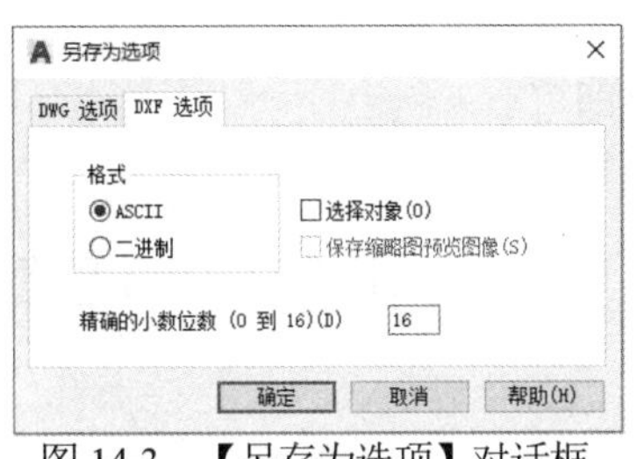

图 14-3　【另存为选项】对话框

14.1.3　插入 OLE 对象

执行以下操作，可以打开【插入对象】对话框(如图 14-4 右图所示)，插入对象链接或者嵌入对象。

◉ 选择【插入】|【OLE 对象】命令。

◉ 选择【插入】选项卡，在【数据】面板中单击【OLE 对象】按钮，如图 14-4 左图所示。

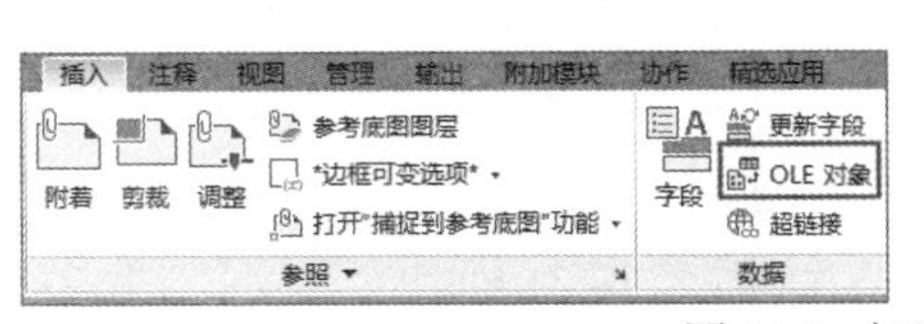

图 14-4　打开【插入对象】对话框

14.1.4　输出图形

选择【文件】|【输出】命令，可以打开如图 14-5 所示的【输出数据】对话框。

图 14-5 【输出数据】对话框

在【输出数据】对话框中，用户可以在【保存于】下拉列表中设置文件输出的路径，在【文件名】文本框中输入文件名称，在【文件类型】下拉列表框中选择文件的输出类型，最后单击【保存】按钮即可。

14.2 在图形中添加超链接

超链接提供了一种简单而有效的方式，可以快速地将各种文档(例如其他图形、BOM 表或工程计划)与图形相关联。

在 AutoCAD 中，用户可以通过以下方法打开【插入超链接】对话框，将超链接添加到图形中，以方便跳转至特定文件或网站。

- 选择【插入】|【超链接】命令。
- 选择【插入】选项卡，在【数据】面板中单击【超链接】按钮。

【例 14-1】为图形添加超链接。

(1) 选中绘图区域中需要添加超链接的图形对象后，选择【插入】|【超链接】命令，打开【插入超链接】对话框。

(2) 在【键入文件或 Web 页名称】文本框中输入 Web 页地址后，单击【确定】按钮，即可为选中的图形添加超链接，如图 14-6 所示。

(3) 将鼠标指针放置在设置超链接的图形上，将显示如图 14-7 所示的提示。

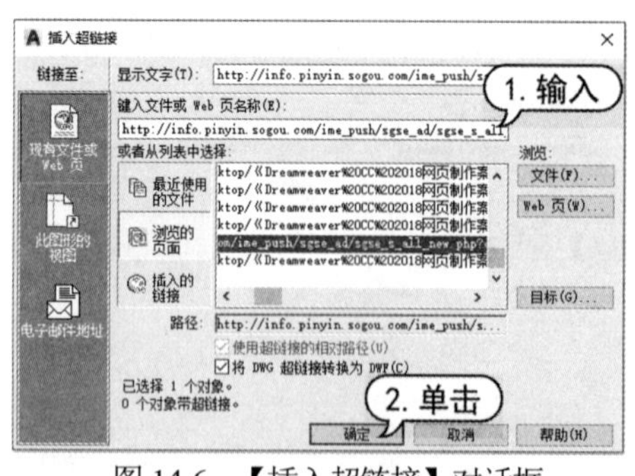

图 14-6 【插入超链接】对话框

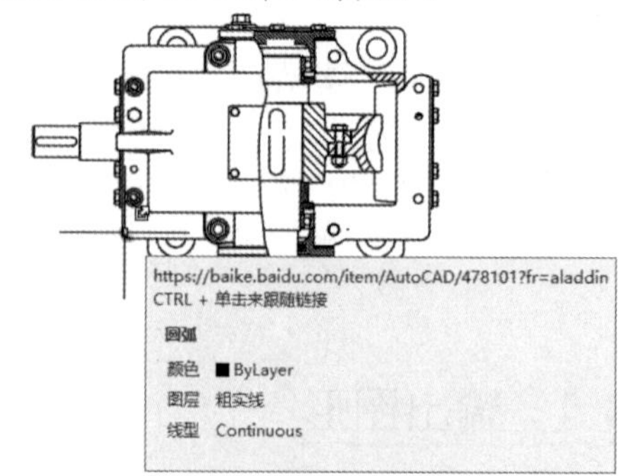

图 14-7 超链接提示

(4) 按住 Ctrl 单击图形即可通过超链接访问指定的 Web 页面。

14.3　在 Internet 上使用图形文件

在 AutoCAD 中，可以直接从 Internet 下载和保存文件。在进入 Internet 中的某站点后，选择需要的图形文件，确认后即可下载到本地计算机中，并在 AutoCAD 绘图区中打开。然后，可对该图形进行各种编辑，再保存到本地计算机或有访问权限的任何 Internet 站点。另外，利用 AutoCAD 的 I-drop 功能，还可以直接从 Web 站点将图形文件拖入到当前图形中，作为块插入。

14.3.1　使用【浏览 Web】对话框

选择【文件】|【打开】命令，在弹出的【选择文件】对话框中单击【搜索 Web】按钮，软件将打开【浏览 Web-打开】对话框，并链接到 www.autodesk.com.cn 网址，如图 14-8 所示。

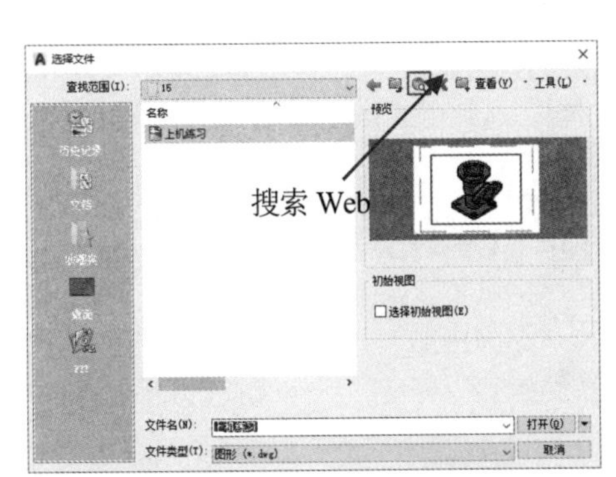

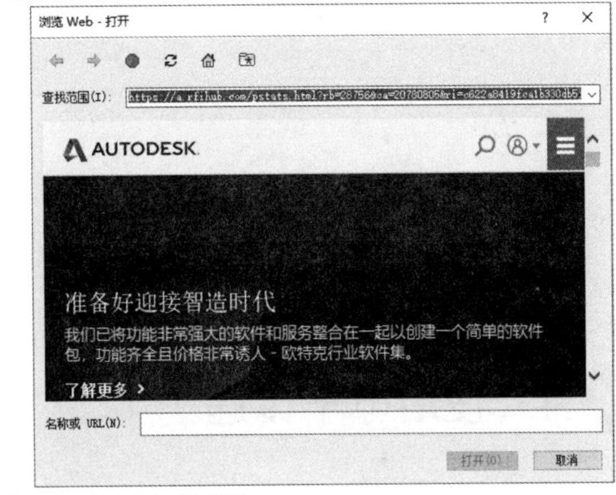

图 14-8　打开【浏览 Web-打开】对话框

在【浏览 Web-打开】对话框中，从所加载的 HTML 页面中选定一个超链接，可以快速定位到某个具体 Internet 位置，以便打开或保存文件。当然，前提是该 Internet 位置提供文件下载或上传服务。如果是保存文件，只能通过使用 FTP 协议把 AutoCAD 文件保存到 Internet 上。如果是打开文件，在 HTML 页中单击要打开文件的超链接，则该文件路径和名称将出现在【浏览 Web-打开】对话框底部的【名称或 URL】文本框中，单击【打开】按钮，即可将该文件下载到本地计算机上，并在图形窗口中打开。

要从某个 Internet 位置打开文件而不知道其正确的 URL，或者想避免每次访问该位置时都要输入较长的 URL 时，使用此对话框就特别方便。

14.3.2　处理 Internet 外部参照

在 AutoCAD 中，可以把存储在 Internet 或 Internet 上的外部引用图形链接到存储在系统上的图形。例如，用户可能拥有一组每天都由许多外包人员修改的建筑图形。这些图形被存储在 Internet

上的一个目录中。此时，可以在当前计算机上保存一个主控图形，并将 Internet 图形作为外部引用链接到主控图形。当任何 Internet 图形得到修改时，在下次打开主控图形时，所做的变化就被包含在其中。此功能可用于开发由设计组共享的精确而最新的复合图形。

为了把外部引用链接到存储在 Internet 上的图形中，可在快速访问工具栏中选择【显示菜单栏】命令，在显示的菜单栏中选择【插入】|【外部参照】命令，打开【外部参照】选项板，如图 14-9 所示，单击其上方的【附着 DWG】按钮。

此时，将打开【选择参照文件】对话框，选择参照文件后，将打开【附着外部参照】对话框，利用该对话框可以将图形文件以外部参照的形式插入到当前图形中，如图 14-10 所示。

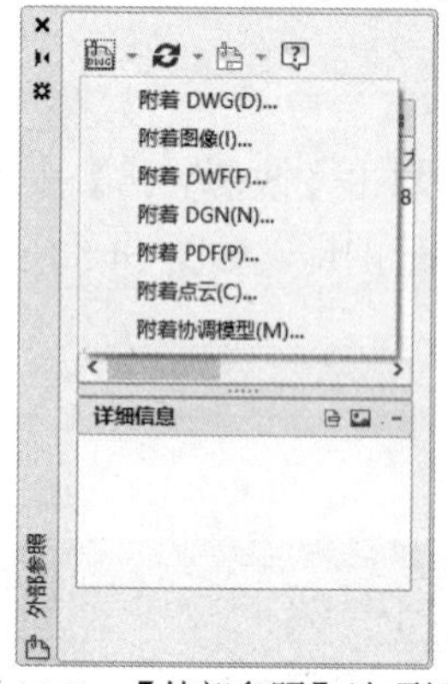

图 14-9 【外部参照】选项板

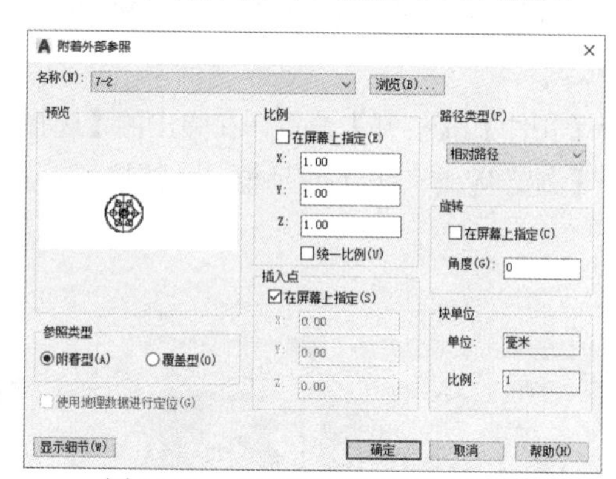

图 14-10 【附着外部参照】对话框

14.4 使用电子传递

在 AutoCAD 中，使用电子传递功能可以为绘制的图形创建传递包并在 Internet 上发布或作为电子邮件的附件发送给其他用户。

【例 14-2】使用电子传递功能创建相关文件的传递包。

(1) 选择【文件】|【电子传递】命令，打开【电子传递】对话框，单击【传递设置】按钮，如图 14-11 所示。

(2) 打开【传递设置】对话框，单击【新建】按钮，如图 14-12 所示。

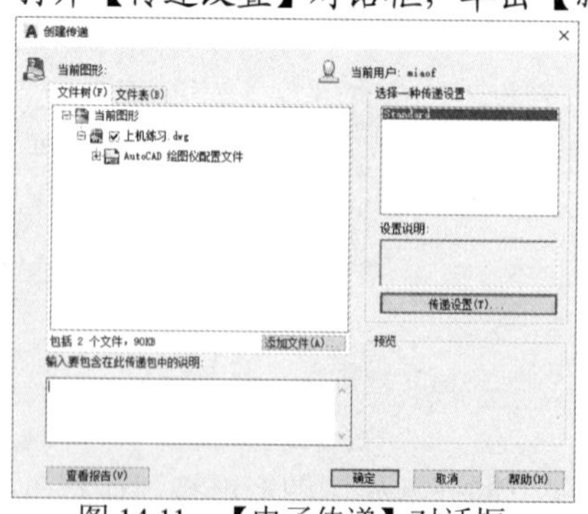

图 14-11 【电子传递】对话框

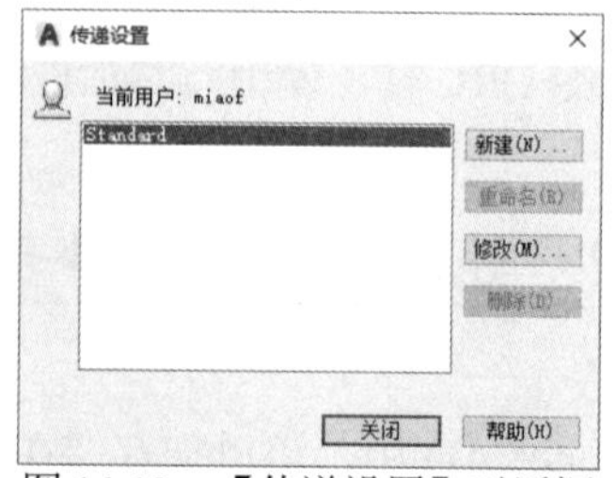

图 14-12 【传递设置】对话框

(3) 打开【新传递设置】对话框，在【新传递设置名】文本框中输入【我的传递集】，单击【继续】按钮，如图 14-13 所示。

(4) 打开【修改传递设置】对话框，对传递类型、位置和传递选项进行设置，如图 14-14 所示。

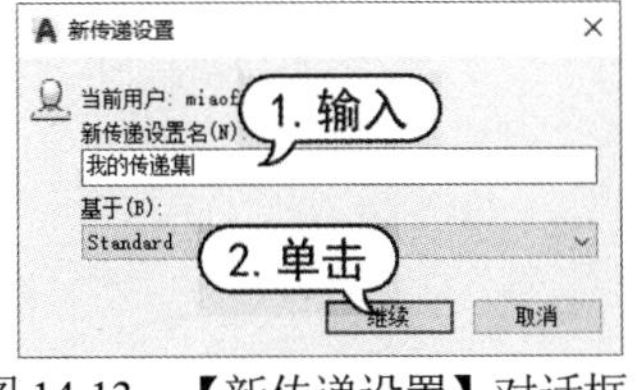

图 14-13　【新传递设置】对话框

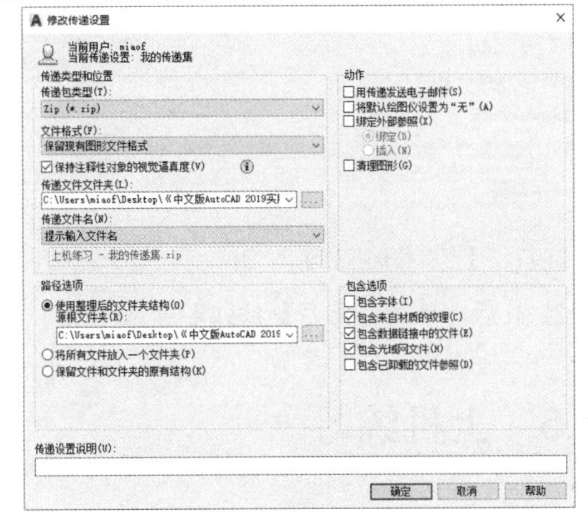

图 14-14　【修改传递设置】对话框

(5) 单击【确定】按钮，返回【传递设置】对话框，单击【关闭】按钮。

(6) 返回【创建传递】对话框，在【选择一种传递设置】选项区域中显示新建的设置，单击【添加文件】按钮，如图 14-15 所示。

(7) 打开【添加要传递的文件】对话框，如图 14-16 所示，选择一个图形文件，单击【打开】按钮，将图形添加到【创建传递】对话框的【当前图形】列表中。

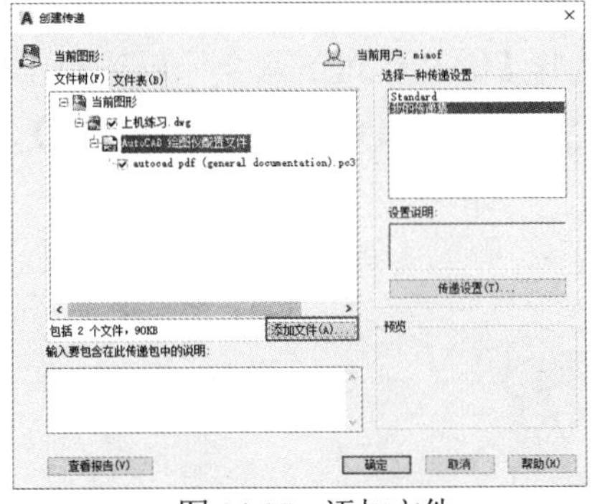

图 14-15　添加文件

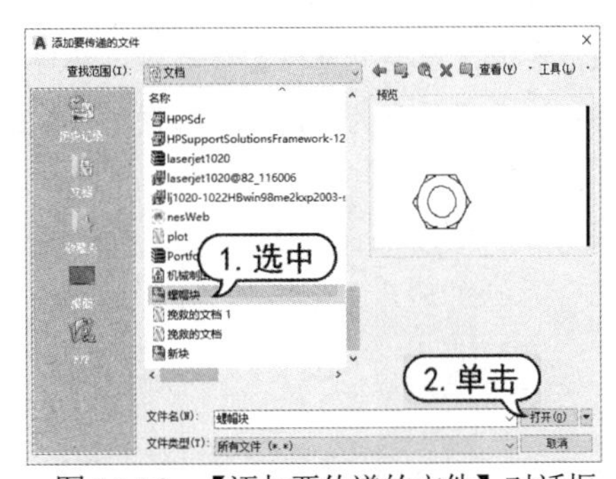

图 14-16　【添加要传递的文件】对话框

(8) 单击【查看报告】按钮，打开【查看传递报告】对话框，在该对话框中列出了所有传递信息，如图 14-17 所示。

(9) 单击【另存为】按钮，打开【报告文件另存为】对话框，设置保存路径。

(10) 单击【保存】按钮，关闭【报告文件另存为】对话框，返回【查看传递报告】对话框，单击【关闭】按钮，关闭【查看传递报告】对话框。

(11) 返回【创建传递】对话框，单击【确定】按钮。打开【指定 Zip 文件】对话框，设置保存路径，如图 14-18 所示。

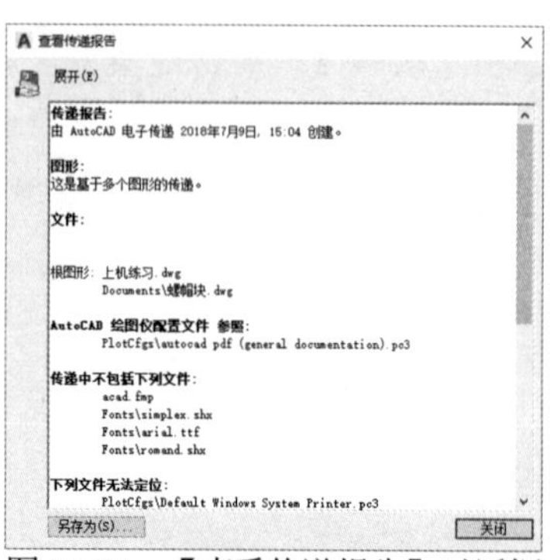

图 14-17 【查看传递报告】对话框

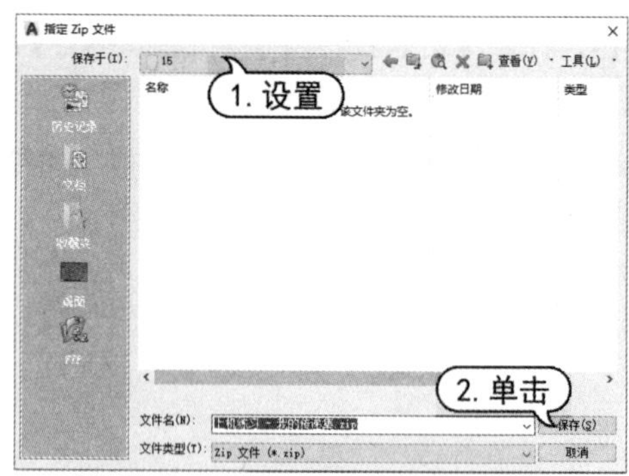

图 14-18 【指定 ZIP 文件】对话框

(12) 最后，单击【保存】按钮即可。

14.5 上机练习

本章的上机练习将通过实例讲解将图纸输出为 PDF 文件和 JPG 图片的方法，用户通过练习从而巩固本章所学知识。

14.5.1 输出 PDF 文件

使用 AutoCAD 2019 将图形中的一部分内容输出为 PDF 文件。

(1) 单击【菜单浏览器】按钮，在弹出的菜单中选择【输出】|PDF 命令，如图 14-19 所示。

(2) 打开【另存为 PDF】对话框，单击【输出】选项，在弹出的列表中选择【窗口】选项，如图 14-20 所示。

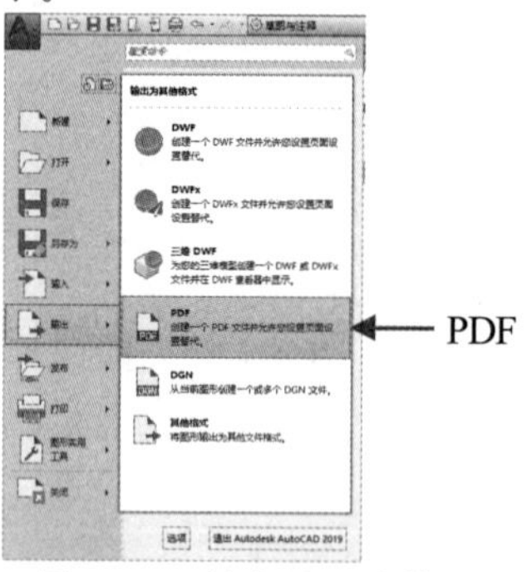

图 14-19 输出 PDF 文件

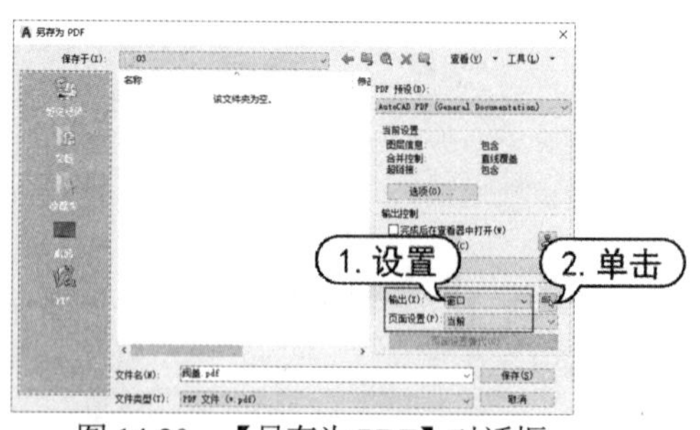

图 14-20 【另存为 PDF】对话框

(3) 单击【输出】选项右侧的【选择窗口】按钮，然后在绘图区域中选择需要输出为 PDF 文件的图形区域，如图 14-21 所示。

(4) 返回【另存为 PDF】对话框，单击【页面设置】选项，在弹出的列表中选择【替代】选项，然后单击【页面设置替代】按钮，如图 14-22 所示。

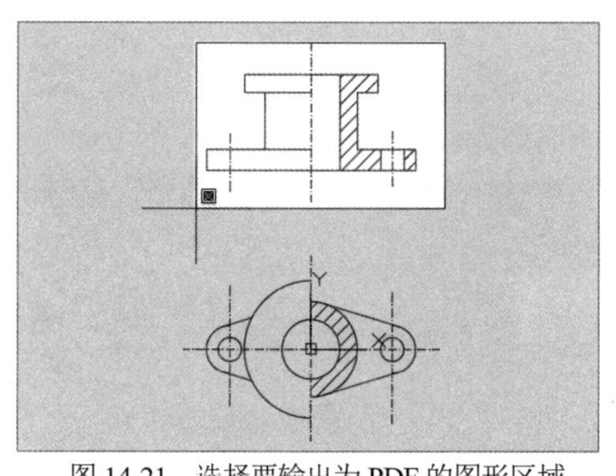

图 14-21　选择要输出为 PDF 的图形区域

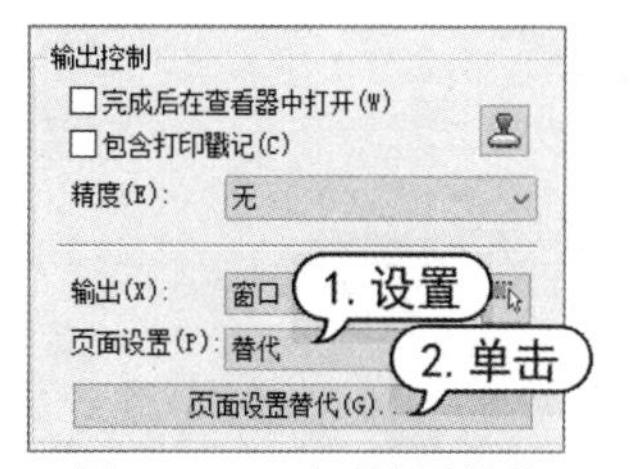

图 14-22　页面设置替代

(5) 打开【页面设置替代】对话框，在【图形方向】选项区域中设置图形的输出方向，在【图纸尺寸】选项区域中设置图形的输出尺寸，在【打印比例】选项区域中选中【布满图纸】复选框，如图 14-23 所示。

(6) 单击【确定】按钮，返回【另存为 PDF】对话框，设置 PDF 文件的导出路径和文件名后，单击【保存】按钮，即可将绘图区域中指定的范围输出为 PDF 文件，效果如图 14-24 所示。

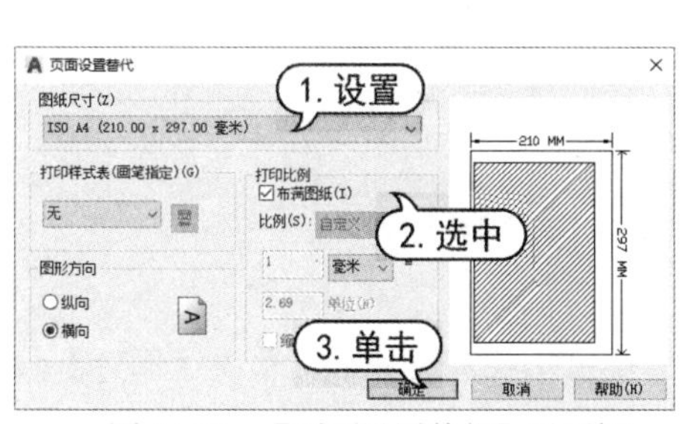

图 14-23　【页面设置替代】对话框

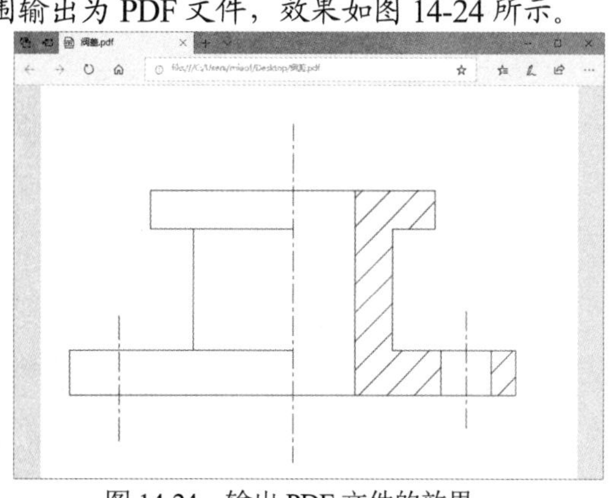

图 14-24　输出 PDF 文件的效果

14.5.2　输出 JPG 文件

使用 AutoCAD 2019 将图纸输出为 JPG 文件。

(1) 选择【文件】|【打印】命令，打开【打印-模型】对话框，单击【名称】按钮，在弹出的列表中选择 PublishToWeb.JPG.pc3 选项，在弹出的提示对话框中选择合适的图纸尺寸，如图 14-25 所示。

(2) 在【图纸尺寸】选项区域中设置打印图纸的尺寸，在【打印区域】选项区域中单击【打印范围】按钮，在弹出的列表中选择【窗口】选项。

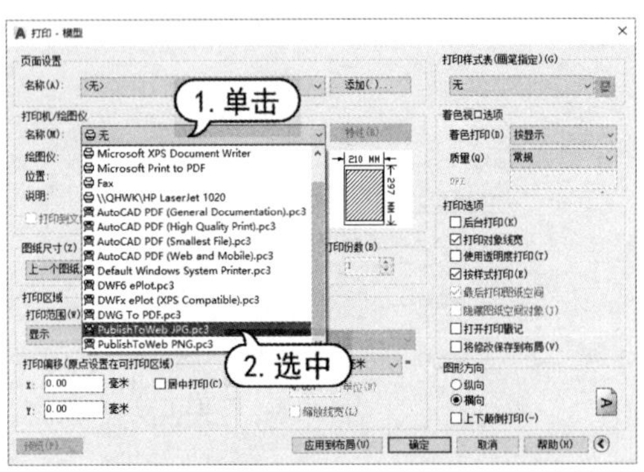

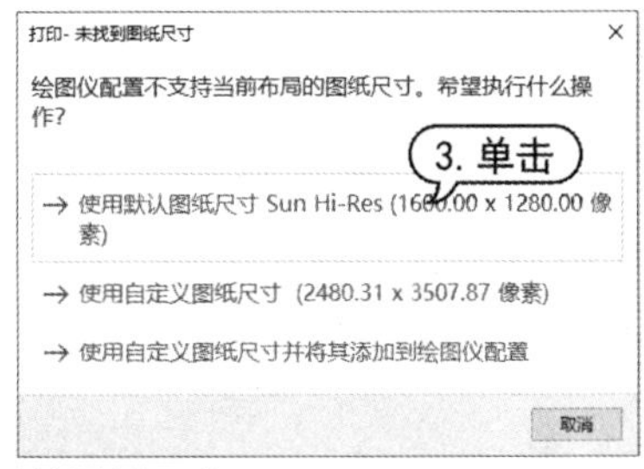

图 14-25　设置打印机并选择合适的图纸尺寸

(3) 在绘图区域中设置需要输出为图片的图形范围，返回【打印-模型】对话框，单击【确定】按钮，效果如图 14-26 所示。

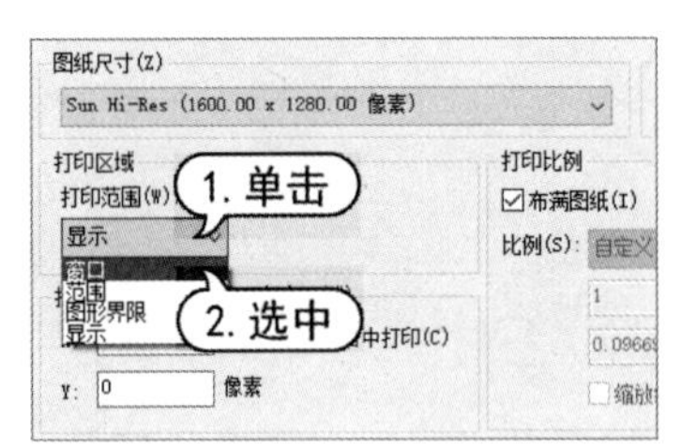

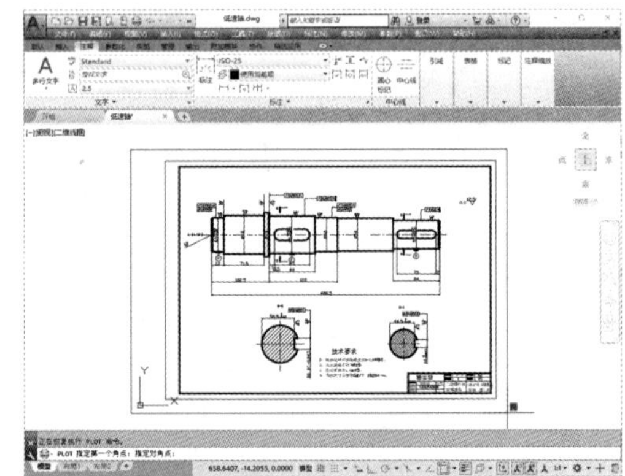

图 14-26　设置输出 JPG 图片的图形范围

(4) 打开【浏览打印文件】对话框，设置图片文件的输出路径和文件名，单击【保存】按钮即可。

14.6　习题

1. 在 AutoCAD 2019 中，如何输入与输出 DXF 文件？
2. 在 AutoCAD 2019 中，如何在外部浏览器中浏览 DWF 文件？
3. 在 AutoCAD 2019 中，如何输出图形？

第15章 使用模型空间、图纸空间和图纸集

学习目标

AutoCAD 提供了工作空间和图纸空间两种绘图空间，用户可以根据需要选择一种空间。另外，用户还可以使用【图纸集管理器】管理多个图形文件。

本章重点

- 使用模型空间与图纸空间
- 创建与管理图纸集

15.1 使用模型空间

模型空间指的是用户绘制的实物(因为 1:1 绘图)，例如一个零件、一栋房子。虽然还没有造出来，还只是模型，但它反映了真正的物体，所以称为“模型空间”。模型空间是放置 AutoCAD 对象的两个主要空间之一，用于创建图形，如图 15-1 所示。

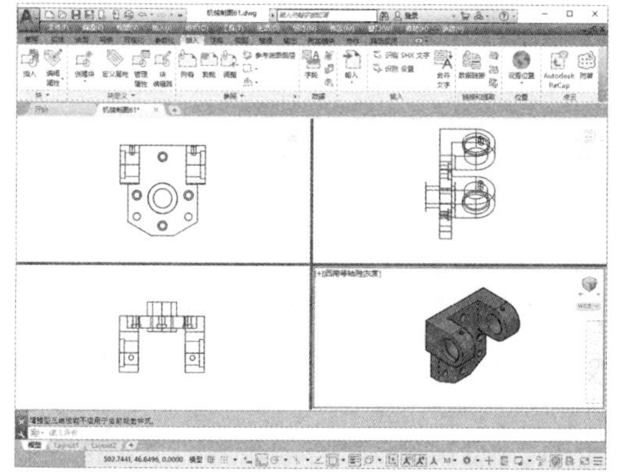
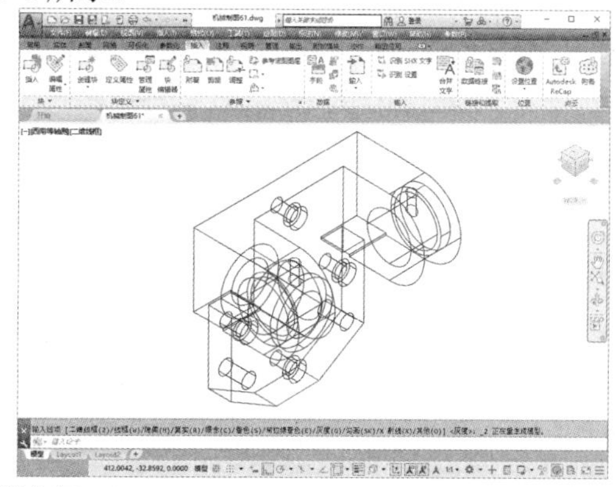

图 15-1　模型空间

在模型空间中建立的模型可以完成二维或三维物体的造型，并且可以根据需要用多个二维或三维视图来表示物体，同时配有必要的尺寸标注和注释完成所需要的全部绘图工作。在模型空间中，用户可以创建多个不重叠的视口来展示图形的不同视图。

若从模型空间中绘制和打印图形，必须在打印前为注释对象应用一个比例因子。在模型空间完整绘制和打印图形，尤其对具有一个视图的二维图形很有用。在此方法中，可以应用以下步骤。

(1) 确定图形的测量单位(图形单位)。

(2) 指定图形单位的显示样式。

(3) 计算并设置标注、注释和块的比例。

(4) 在模型空间中按实际比例(1:1)进行绘制。

(5) 在模型空间中创建注释并插入块。

(6) 按预先确定的比例打印图形。

15.2 使用图纸空间

图纸空间是图纸布局环境，可以在此指定图纸大小、添加标题栏、显示模型的多个视图以及创建图形标注和注释等。

使用布局选项卡打印图形时，需要执行以下步骤。

(1) 在【模型】选项卡上创建主体模型。

(2) 切换至【布局】选项卡。指定布局页面设置，例如打印设备、图纸尺寸、打印区域、打印比例和图形方向。

(3) 将标题栏插入到布局中(除非使用已具有标题栏的图形样板)。

(4) 创建要用于布局视口的新图层。

(5) 创建布局视口并将其置于布局中。

(6) 在每个布局视口中设置视图的方向、比例和图层可见性。

(7) 根据需要在布局中添加标注和注释。

(8) 关闭包含布局视口的图层，打印布局。

15.2.1 切换模型空间与图纸空间

在模型空间和图纸空间之间切换来执行某些任务具有多种优点。使用模型空间可以创建和编辑模型。使用图纸空间可以构造图纸和定义视图。

AutoCAD 既可以在模型空间和图纸空间中工作，也可以在模型空间和图纸空间之间切换，这由系统变量 TILEMODE 来控制。当系统变量 TILEMODE 设置为 1 时，将切换到【模型】选项卡，用户工作在模型空间中(平铺视口)。当系统变量 TILEMODE 设置为 0 时，将打开【布局】选项卡，工作在图纸空间中。

当在图形中第一次改变 TILEMODE 的值为 0 时，AutoCAD 将从【模型】选项卡切换到【布局】选项卡。而在【布局】选项卡中，既可以工作在图纸空间中，又可以工作在模型空间中(在浮

动视口中)。如果在图纸空间中，AutoCAD 将显示图纸空间图标。同时，在图形窗口中，有一个矩形的轮廓框表示在当前配置的打印设备下的图纸大小。图形内的边界表示了图纸的可打印区域。

在打开【布局】选项卡后，用户可以按以下方式在图纸空间和模型空间之间切换。

- 通过使一个视口成为当前视口而工作在模型空间中。要使一个视口成为当前视口，双击该视口即可。要使图纸空间成为当前状态，可双击浮动视口外布局内的任何位置。
- 使用 MSPACE 命令从图纸空间切换到模型空间，使用 PSAPCE 命令从模型空间切换到图纸空间。
- 通过状态栏上的【模型】按钮或【图纸】按钮来切换在【布局】选项卡中的模型空间和图纸空间，如图 15-2 所示。当通过此方法由图纸空间切换到模型空间时，最后活动的视口成为当前视口。

图 15-2　状态栏上的【模型】或【图纸】按钮

15.2.2　创建和修改布局视口

用户可以创建布满整个布局的单一布局视口，也可以在布局中创建多个布局视口。创建视口后，可以根据需要更改其大小、特性、比例并对其进行移动。

在【布局】选项卡中，选择【视图】|【视口】|【一个视口】命令，并指定新布局视图的两个角点，可以生成一个新的布局视口对象，如图 15-3 所示。

如果要在布局中创建视口配置，可以选择【视图】|【视口】|【新建视口】命令，打开【视口】对话框，选择【新建视口】选项卡进行设置即可，如图 15-4 所示。

如果要修改布局视口的特性，可以右击要修改其特性的布局视口的边界，在弹出的菜单中选择【特性】命令，打开【特性】选项板，从中修改特性的参数。新的特性设置或参数将被指定给选定的布局视口。

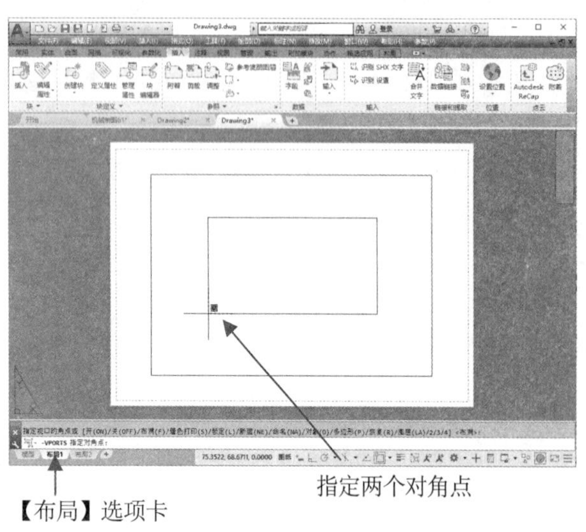

图 15-3　生成新的布局视口

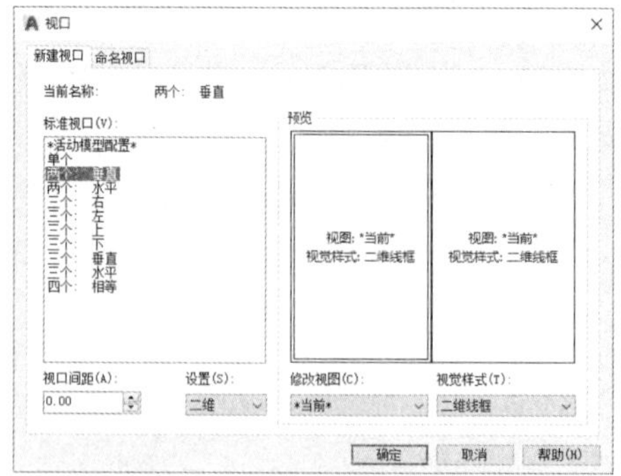

图 15-4　【新建视口】对话框

15.2.3　控制布局视口中的视图

创建布局时，可以在模型空间中添加与窗口有类似作用的布局视口。用户可以控制在每个布局视口中显示的视图。

1. 在布局视口中缩放视图

要在打印图形中精确地缩放每个显示视图，需要设置每个视图相对于图纸空间的比例。要更改视口的视图比例，可以在图纸空间的【布局】选项卡右击要修改其比例的视口的边界，在弹出的菜单中选择【特性】命令，打开【特性】选项板，在【标准比例】下拉列表中选择某个比例即可，如图 15-5 所示。

在布局中工作时，布局视口中视图的比例因子代表显示在视口中的模型的实际尺寸与布局尺寸的比率。图纸空间单位除以模型空间单位即可以得到此比率。例如，对于四分之一比例图形，比率是一个比例因子，该比例因子是一个图纸空间单位对应 4 个模型空间单位(1:4)。缩放或拉伸布局视口的边界不会改变视口中视图的比例。

设置视口比例后，如果不更改视口比例将无法在视口中缩放。如果先将视口的比例锁定，放大视口以查看不同层次的细节时可以保持视口比例不变。

锁定视口比例将锁定选定视口中设置的比例。锁定视口比例后，可以继续修改当前视口中的几何图形而不影响视口比例。如果打开视口比例锁定，则大多数查看命令(如 VPOINT、DVIEW、3DORBIT、PLAN 或 VIEW)在该视口中将不可用。要锁定视口比例，在【特性】选项板的【显示锁定】下拉列表中选择【是】选项即可，如图 15-6 所示。

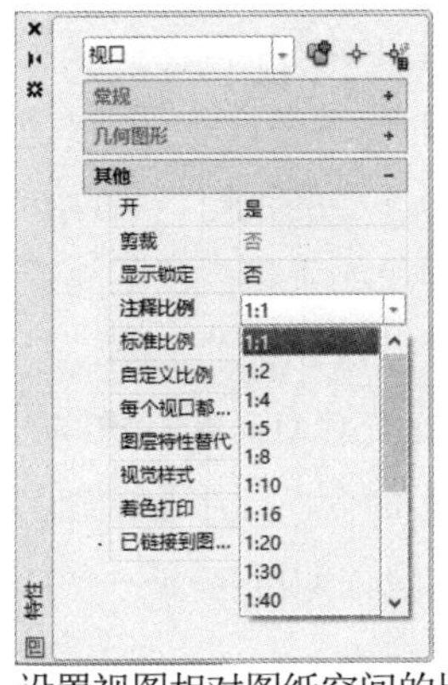

图 15-5　设置视图相对图纸空间的比例

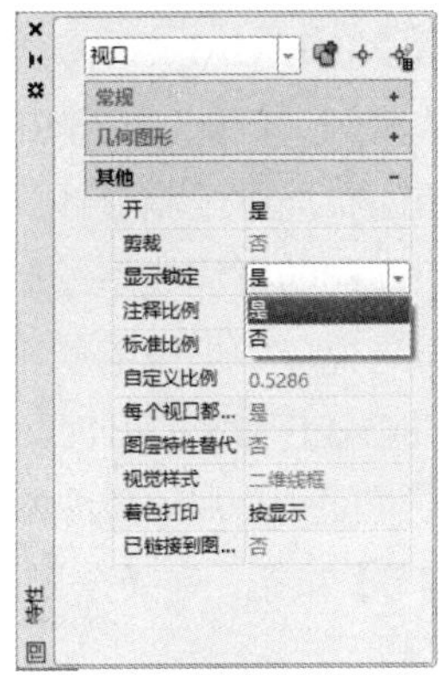

图 15-6　锁定视口比例

2. 控制布局视口的可见性

在 AutoCAD 中，可以使用多种方法控制布局视口中对象的可见性。这些方法有助于突出显示或隐藏不同图形元素以及缩短屏幕重生成的时间。

(1) 冻结布局视口中的指定布局

使用布局视口的一个主要优点是：可以在每个布局视口中有选择地冻结图层。还可以为新视口和新图层指定默认可见性设置。因此，可以查看每个布局视口中的不同对象。

用户可以冻结或解冻当前和以后布局视口中的图层而不影响其他视口。冻结的图层是不可见的。它们不能被重生成或打印。

解冻图层可以恢复可见性。在当前视口中冻结或解冻图层的最简单方法是使用图层特性管理器。使用标记为【视口冻结】的列冻结当前布局视口中的一个或多个图层。要显示【视口冻结】列，必须位于【布局】选项卡上。要指定当前布局视口，可双击边界内的任意位置。

(2) 在布局视口中淡显对象

淡显是指在打印对象时用较少的墨水。在打印图纸和屏幕上，淡显的对象显得比较暗淡。淡显有助于区分图形中的对象，而不必修改对象的颜色特性。

要指定对象的淡显值，必须先指定对象的打印样式，然后在打印样式中定义淡显值。淡显值可以为 0~100 的数字。默认设置为 100，表示不使用淡显，而是按正常的墨水浓度显示。淡显值设置为 0 时表示对象不使用墨水，在视口中不可见。

(3) 打开或关闭布局视口

重生成每个布局视口的内容时，显示较多数量的活动布局视口会影响系统性能。可以通过关闭一些布局视口或限制活动视口数量来节省时间。在图纸空间的布局选项卡上，右击要打开或关闭的视口的边界，在弹出的菜单中选择【特性】命令，打开【特性】选项板，在【开】下拉列表中选择【否】命令以关闭视口。对于非矩形视口，在【特性】选项板中选择【全部(2)】，然后在更改视口特性之前选择【视口(1)】。

3. 在布局视口中缩放线型

用户可以通过在创建对象的空间中设置图形单位缩放线型，也可以在基于图纸空间单位的图纸空间中设置缩放线型。

可以设置 PSLTSCALE 系统变量的值，使在布局和布局视口中按不同比例显示的对象具有相同的线型缩放比例。例如，在 PSLTSCALE 设置为 1(默认值)的情况下，将当前线型设置为虚线，然后在图纸空间布局中绘制直线。在布局中，创建缩放比例为 1X 的视口，将此布局视口置为当前，然后使用同样的虚线线型绘制直线。这两条虚线外观相同。如果将视口的缩放比例改为 2X，那么布局和布局视口中虚线的线型缩放比例仍然一致，而不受缩放比例的影响。

在 PSLTSCALE 命令打开时，仍可以使用 LTSCALE 和 CELTSCALE 控制虚线的长度。

要在图纸空间中全局缩放线型，可以选择【格式】|【线型】命令，打开【线型管理器】对话框，单击【显示细节】按钮，在【全局比例因子】下输入全局缩放比例值即可。

4. 在布局视口中对齐视图

可以通过对齐两个布局视口中的视图来排列图形中的元素。在命令提示下输入 MVSETUP，按 Enter 键，此时，命令行提示以下信息：

```
输入选项[角度(A)/水平(H)/垂直对齐(V)/旋转视图(R)/放弃(U)]:
```

用户可以从中选择一种对齐方式：

- 水平：使一个视口中的点与另一个视口中的基点水平对齐。
- 垂直对齐：使一个视口中的点与另一个视口中的基点垂直对齐。
- 角度：使一个视口中的点按指定的距离和角度与另一个视口中的基点对齐。

确定对齐方式后，需要确保视图中固定的视口为当前视口，并指定基点，选择要重新对齐视图的视口，然后在该视口中指定对齐点。对于按角度对齐方式，需要指定从基点到第二个视口中对齐点的距离和位移角。

5. 在布局视口中旋转视图

在布局视口中可以使用 UCS 和 PLAN 命令，在布局视口内旋转整个视图。使用 UCS 命令，可以以任意角度绕 Z 轴旋转 XY 平面。输入 PLAN 命令时，可以设置视图旋转以匹配 XY 平面的方向。

另一种较快的旋转视图的方法是使用 MVSETUP 命令，并在命令行提示下输入 a，然后使用【旋转视图】选项，将视图旋转到指定角度或使用两点旋转视图。

15.3 创建与管理图纸集

图纸集是由多个图形文件的图纸组合成的图纸集合，每一个图纸引用一个图形文件的布局。可以从任意图形中将一种布局导入一个图纸集中，作为一个编号的图纸。

在 AutoCAD 中，【图纸集管理器】选项板用于打开、组织、管理和归档图纸集。它分为上下两个部分，上面的树形窗口显示当前的图纸集或图纸，下面的详细信息窗口根据用户的选择显示所选图纸的预览或该图纸的详细信息。包括【图纸列表】【图纸视图】和【模型视图】3 个选项卡，如图 15-7 所示。

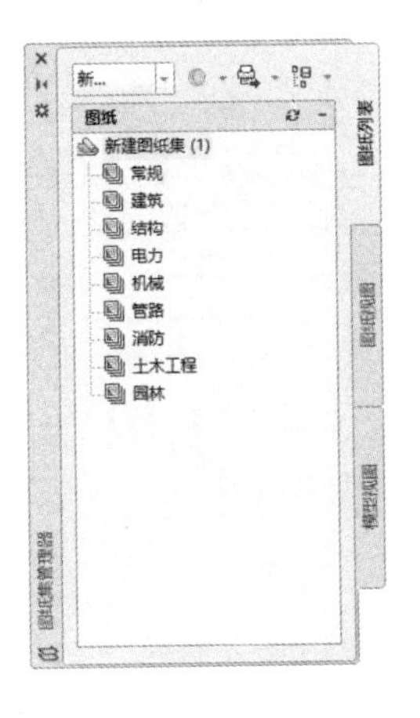

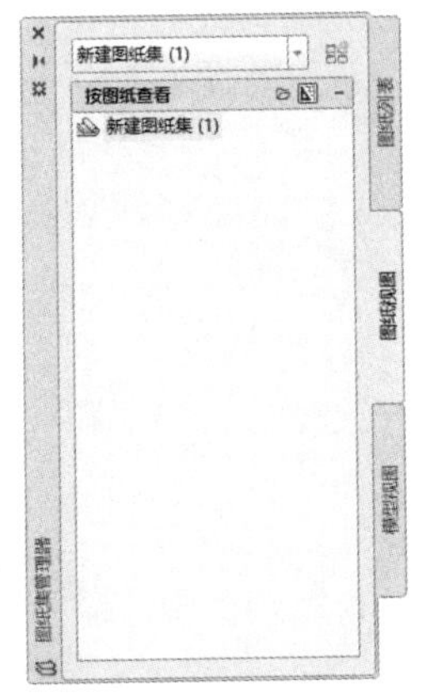

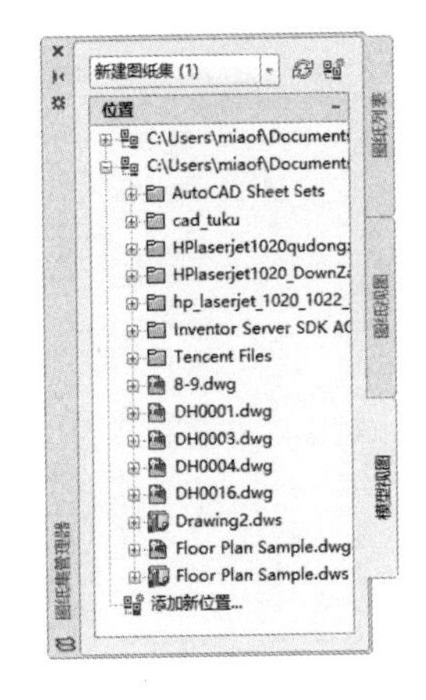

图 15-7　【图纸集管理器】选项板

- 【图纸列表】选项卡：显示图纸集和图纸的有组织列表。
- 【图纸视图】选项卡：显示当前图纸集可用的有组织的视图。
- 【模型视图】选项卡：显示当前图纸集可用的文件夹和图形文件的位置。

15.3.1　打开图纸

执行以下命令之一，可打开图 15-7 所示的【图纸集管理器】选项板。

- 选择【文件】|【打开图纸集】命令，在打开的对话框中选中一个图纸集后，单击【打开】按钮。
- 在命令行中执行 OPENSHEETSET 命令，在打开的对话框中选中一个图纸集后，单击【打开】按钮。
- 选择【视图】选项卡，在【选项板】面板中单击【图纸集管理器】按钮。

在【图纸集管理器】选项板中，可以双击图纸将其打开，也可以右击图纸，在弹出的菜单中选择【打开】命令将其打开。

15.3.2　组织图纸

【图纸集管理器】选项板将图纸和视图组织在一个树形视图中，可以管理大量的图纸。其中，使用【图纸列表】选项卡，可以将图纸层次分明地组织在【组】和【子集】集合中；使用【图纸视图】选项卡，可以将视图组织在【类别】集合中。

在【图纸集管理器】选项板中，图纸集、图纸和子集显示不同的图标，如图 15-8 所示。

15.3.3　图纸集特性

在【图纸集管理器】选项板的【图纸列表】选项卡中右击图纸集，在弹出的菜单中选择【特性】命令，将打开【图纸集特性】对话框，在其中可以查看与修改一个图纸集的详细信息，如图 15-9 所示。

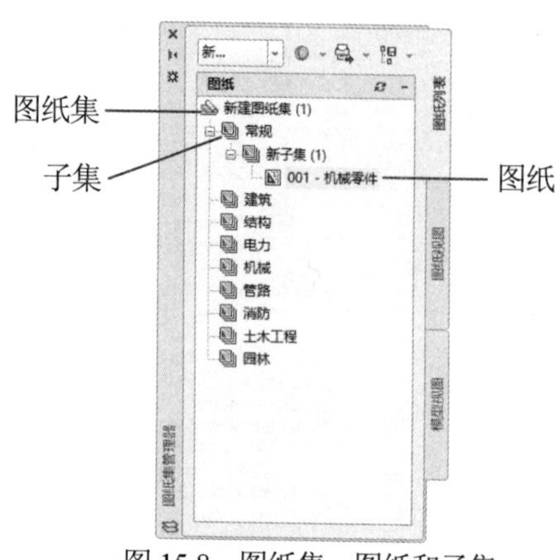

图 15-8　图纸集、图纸和子集

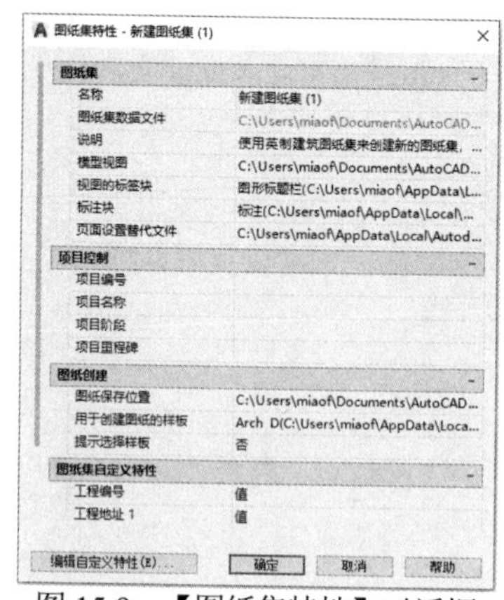

图 15-9　【图纸集特性】对话框

【图纸集特性】对话框中包含【图纸集】【图纸创建】【项目控制】和【图纸集自定义特性】等选项区域，在不同的选项区域中可以查看并修改不同的图纸使用信息。

15.3.4　锁定图纸集

当多个用户同时查看一个图纸集时，为了避免该图纸集被其他用户编辑修改，可以在 Windows【资源管理器】窗口中，将该图纸集的文件属性设置为【只读】。

当一个图纸集被设置为【只读】后，该图纸集将被锁定，此时在【图纸集管理器】中将无法对图纸集进行操作。

15.3.5　归档图纸集

在【图纸集管理器】选项板的【图纸列表】选项卡中选择一个图纸集并右击，在弹出的菜单中选择【归档】命令，将打开【归档图纸集】对话框，使用其中的【图纸】【文件树】和【文件表】选项卡，可以选择希望归档的文件，如图 15-10 所示。

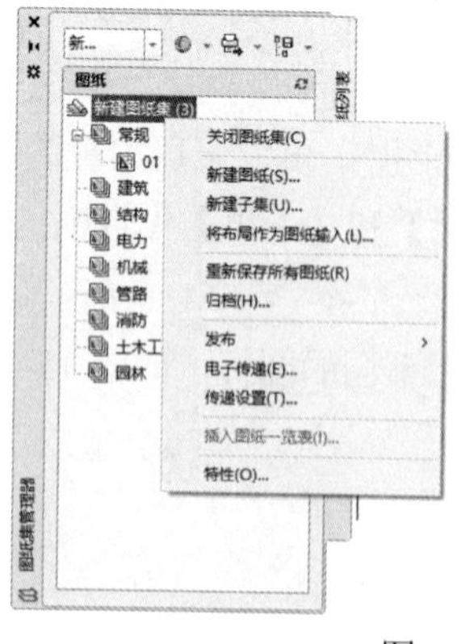

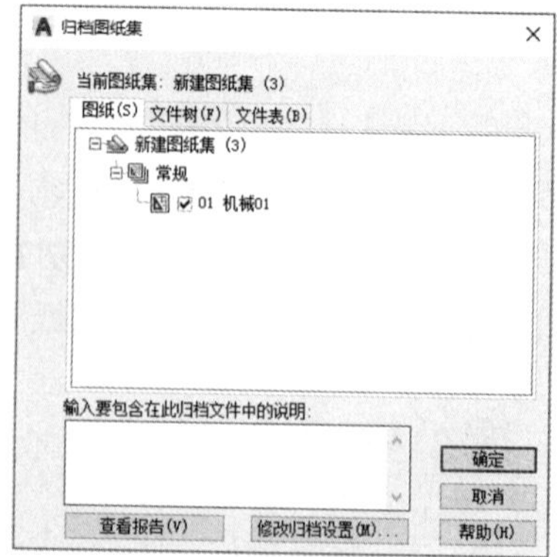

图 15-10　打开【归档图纸集】对话框

在【归档图纸集】对话框中单击【修改归档设置】按钮，将打开【修改归档设置】对话框，在该对话框中可以创建多个命名的归档设置并编辑它们的特性。

15.3.6　创建图纸集

在 AutoCAD 中，可以使用【创建图纸集】向导来创建图纸集。在向导中，既可以基于现有图形创建图纸集，也可以使用现有图纸集作为样板进行创建。使用任意一种方法，都会将一些图形文件中的布局输入到图纸集中。

【例 15-1】使用【创建图纸集】向导创建基于样例图纸集的图纸集。

(1) 选择【文件】|【新建图纸集】命令，打开【创建图纸集-开始】对话框，如图 15-11 所示。

(2) 在【创建图纸集-开始】对话框中选择创建图纸集的方法，这里选择【样例图纸集】单选按钮，从一个样例图纸集创建。

(3) 单击【下一步】按钮，打开【创建图纸集-图纸集样例】对话框，可以选择【选择一个图纸集作为样例】单选按钮，并在其下的列表框中选择图纸集样例；也可以选择【浏览到其他图纸集并将其作为样例】单选按钮，从一个不同的文件夹查找图纸集，如图 15-12 所示。

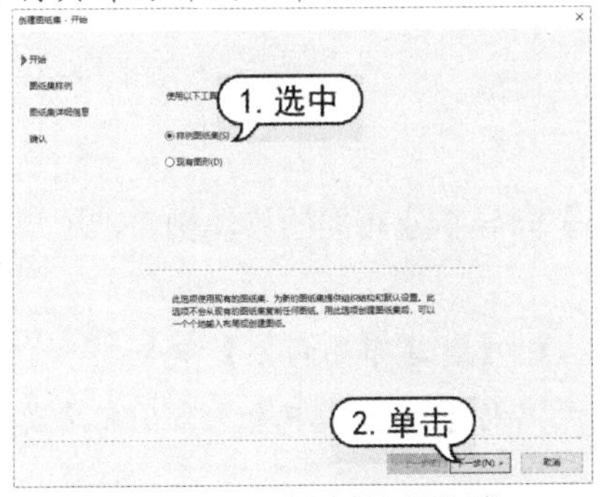

图 15-11　创建样例图纸集

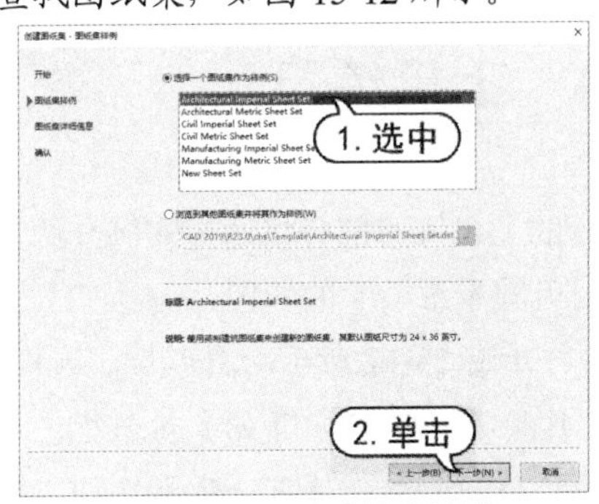

图 15-12　选择样例图纸集

(4) 单击【下一步】按钮，打开【创建图纸集-图纸集详细信息】对话框，可以指定图纸集的名称、说明，以及新图纸集保存的位置，如图 15-13 所示。

(5) 单击【图纸集特性】按钮，可以打开【图纸集特性】对话框查看或者编辑图纸集特性，如图 15-14 所示。单击【确定】按钮。

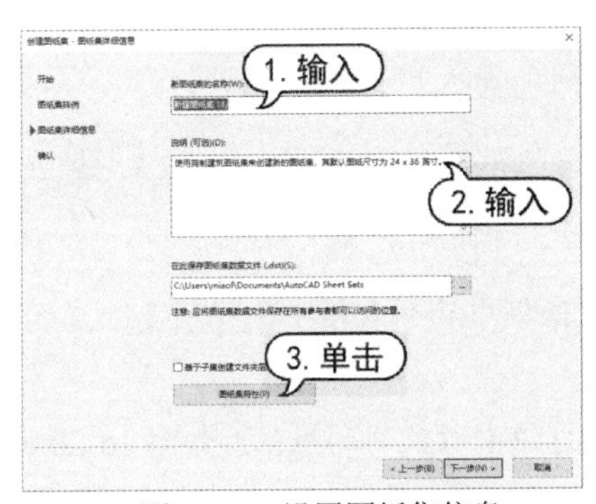

图 15-13　设置图纸集信息

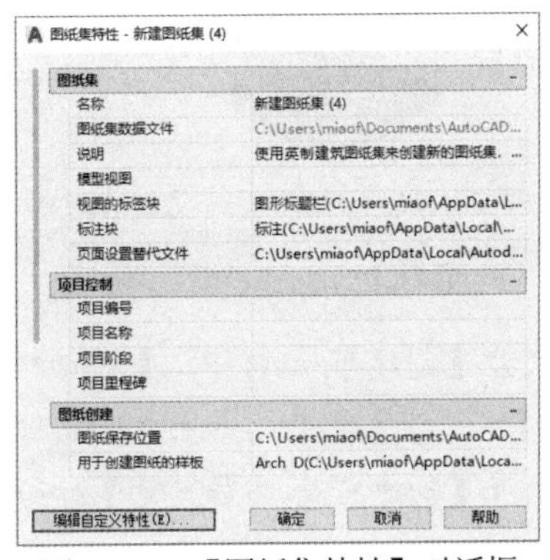

图 15-14　【图纸集特性】对话框

(6) 单击【下一步】按钮，打开【创建图纸集-确认】对话框，在【图纸集预览】列表框中显示了新图纸集的所有详细信息，例如子集、存放路径等，如图 15-15 所示。

(7) 单击【完成】按钮，完成图纸集的创建。此时，在【图纸集管理器】选项板中将显示创建的图纸集，如图 15-16 所示。

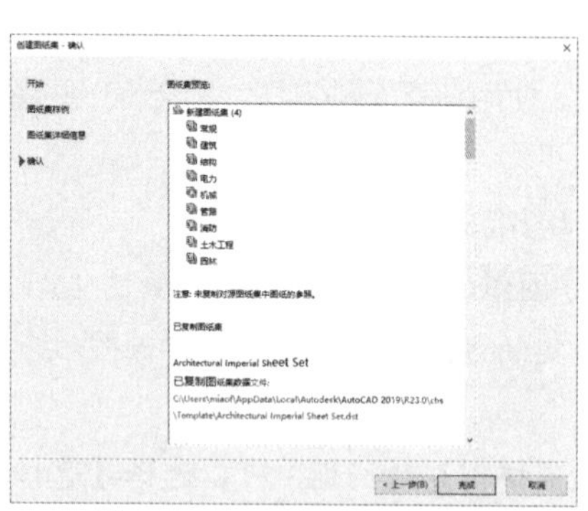

图 15-15　显示图纸集详细信息

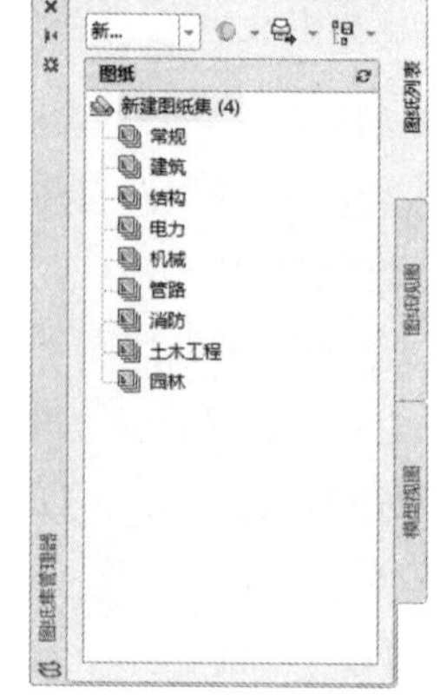

图 15-16　显示创建的图纸集

15.4　上机练习

本章的上机练习部分将通过实例介绍使用【创建布局】向导新建布局的具体操作，用户可以通过练习巩固本章所学的知识。

(1) 打开图 15-17 所示的图形后，选择【插入】|【布局】|【新建布局向导】命令。

(2) 打开【创建布局-开始】对话框，在【输入新布局的名称】文本框中输入布局的名称，例如“三通模型”，单击【下一步】按钮，如图 15-18 所示。

图 15-17　三通模型

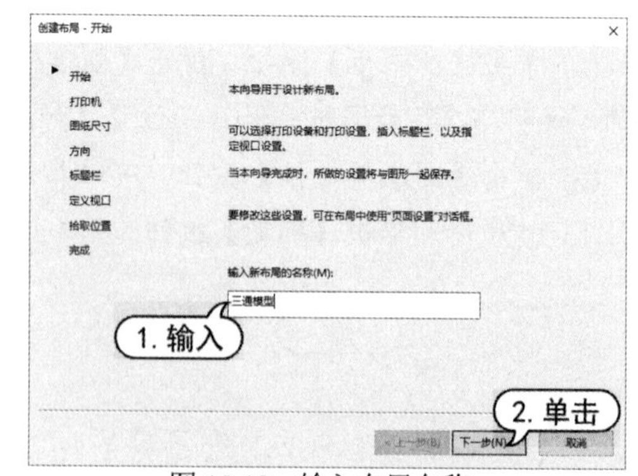

图 15-18　输入布局名称

(3) 打开【创建布局-打印机】对话框，根据需要在对话框中的列表框中选择所要配置的打印机，单击【下一步】按钮，如图 15-19 所示。

(4) 打开【创建布局-布局尺寸】对话框，选择布局在打印中所使用的纸张，如图 15-20 所示。

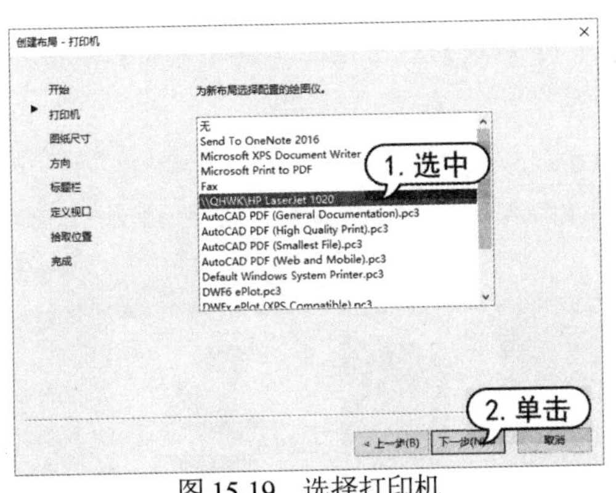

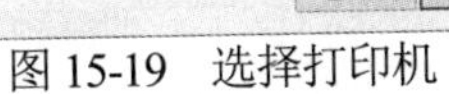

图 15-19　选择打印机

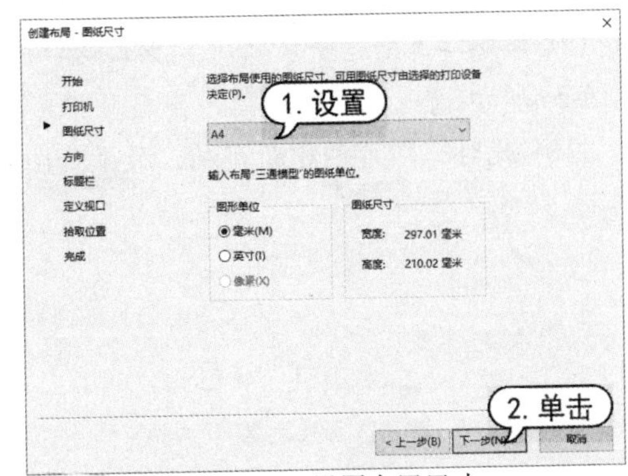

图 15-20　设置布局尺寸

(5) 单击【下一步】按钮，打开【创建布局-方向】对话框，选择图纸的方向，包括横向和纵向两种方式，如图 15-21 所示。

(6) 单击【下一步】按钮，打开【创建布局-标题栏】对话框，可以选择布局在图纸空间所需要的边框或标题栏的样式，这里选择【无】选项，如图 15-22 所示。

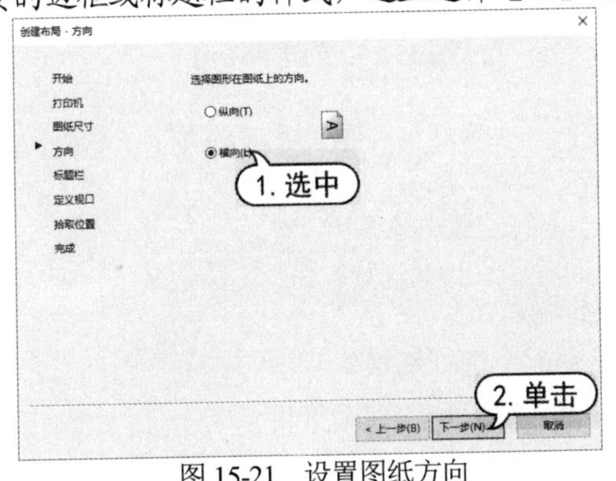

图 15-21　设置图纸方向

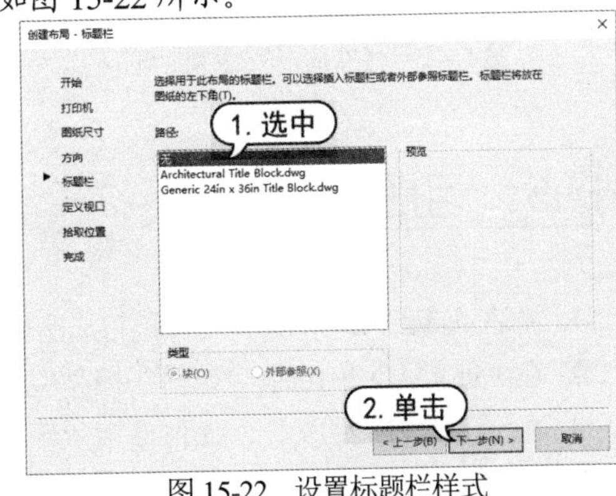

图 15-22　设置标题栏样式

(7) 单击【下一步】按钮，打开【创建布局-定义视口】对话框，设置新创建布局的相应视口，如图 15-23 所示。

(8) 单击【下一步】按钮，打开【创建布局-拾取位置】对话框，如图 15-24 所示，单击【选择位置】按钮，切换到布局窗口，指定两个对角点确定视口的大小和位置。

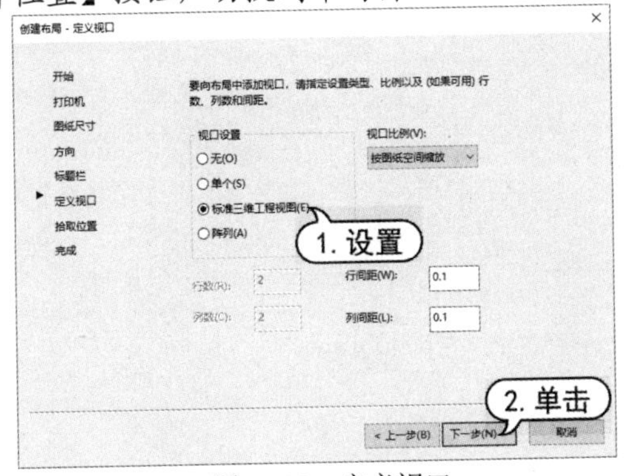

图 15-23　定义视口

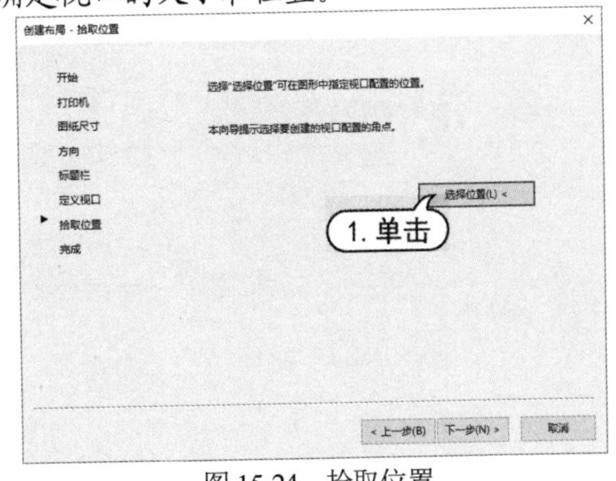

图 15-24　拾取位置

(9) 拾取位置后，单击【下一步】按钮，打开【布局-完成】对话框，单击【完成】按钮，如图 15-25 所示。

(10) 此时，即可创建新布局，效果如图 15-26 所示。

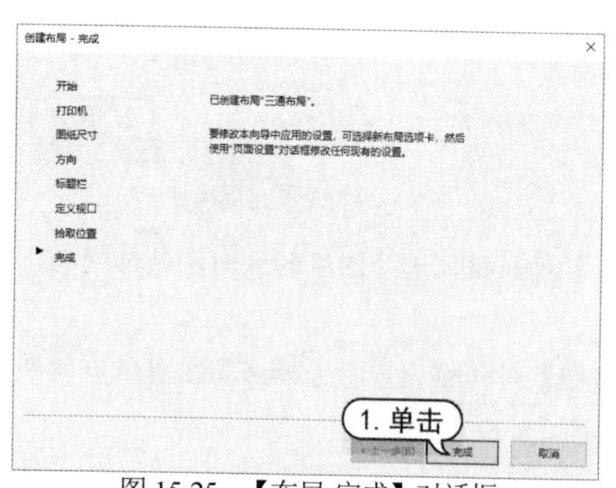

图 15-25 【布局-完成】对话框

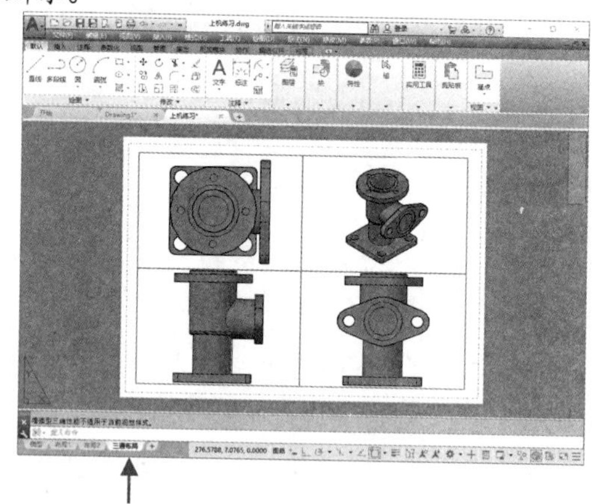

图 15-26 创建新布局

15.5 习题

1. 简述 AutoCAD 中模型空间和布局空间的区别和联系。
2. 在 AutoCAD 2019 中，如何在模型空间和图纸空间中进行切换？
3. 在 AutoCAD 2019 中，如何使用“图纸集管理器”组织和管理图纸集？